Les régions françaises en 2015

1re
L-ES-S

Géographie

Édition 2015

Sous la direction d'Éric Janin

Viviane Bories
Certifiée d'Histoire-Géographie
Professeure au lycée Joseph-Vallot à Lodève

Lise Fournier
Agrégée de Géographie
École des Hautes Études Hispaniques et Ibériques (EHEHI),
Casa de Velázquez à Madrid

Isabelle Greig
Agrégée de Géographie
Professeure au lycée Paul-Valéry à Paris

Éric Janin
Agrégé de Géographie
Professeur en classes préparatoires au lycée Lakanal à Sceaux

Heinrich Jannot
Agrégé de Géographie
Professeur au lycée Étienne-Bézout à Nemours

Nicolas Le Brazidec
Agrégé de Géographie
Professeur en classes préparatoires au lycée Auguste-Mariette
à Boulogne-sur-Mer

Caroline Lechat
Agrégée de Géographie
Professeure en classes préparatoires au lycée Jean-Jaurès à Montreuil

Émilie Morbois-Viney
Agrégée de Géographie
PRAG à l'université Paris-Sorbonne (Paris IV)

Joseph Viney
Agrégé de Géographie
Professeur en classes préparatoires aux lycées Montaigne
et Victor Duruy à Paris

Nathan

Présentation de votre manuel

L'ouverture de chapitre

- Un court texte de présentation.
- Les trois grandes problématiques du chapitre.
- Trois grands documents pour accompagner chaque problématique.

Les études de cas

- Des études de cas en deux double page reprenant les trois problématiques du chapitre.
- De grands documents variés et actuels.
- Un questionnement structuré par les capacités du programme avec de la méthode BAC en contexte.
- Des consignes vers le BAC.

Les bilans des études de cas

- Les notions à retenir.
- Le croquis de l'étude de cas à compléter.
- Un organigramme pour faciliter le passage de l'étude de cas à la généralisation.

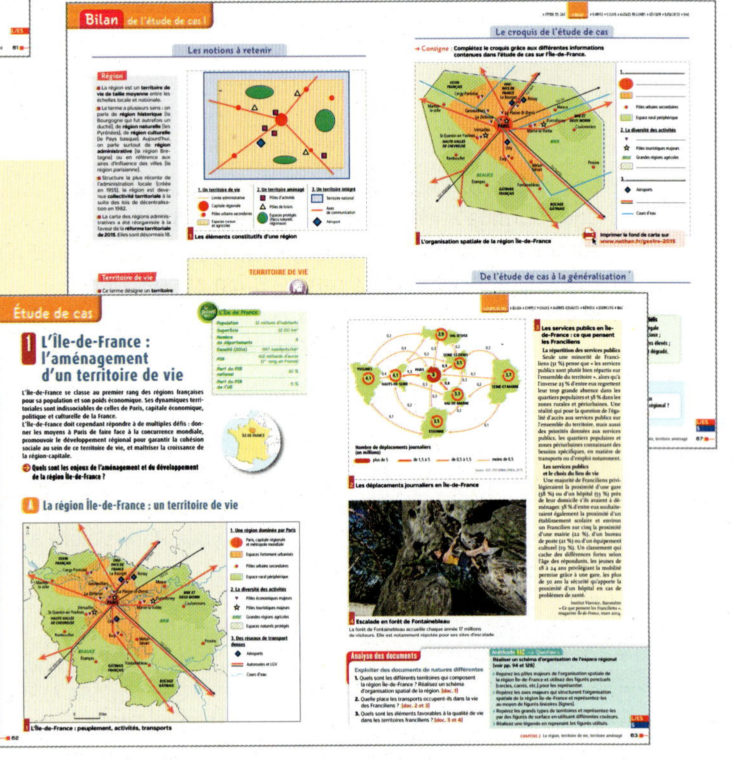

Les cours

- Un cours structuré et complet.
- Des repères statistiques en marge.
- Le vocabulaire.
- Des documents variés et actuels, questionnés, pour illustrer le cours.

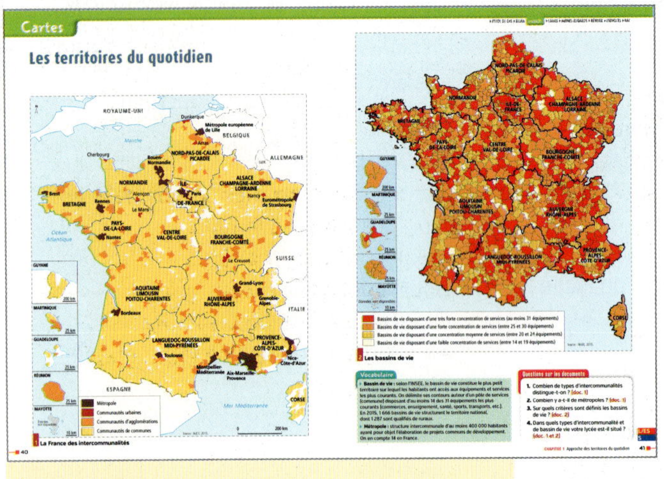

Les cartes

- De grandes cartes accompagnées d'un questionnement et de vocabulaire.

© Éditions Nathan 2015 – ISBN : 978-2-09-172683-0 – 25 avenue Pierre de Coubertin 75013 Paris

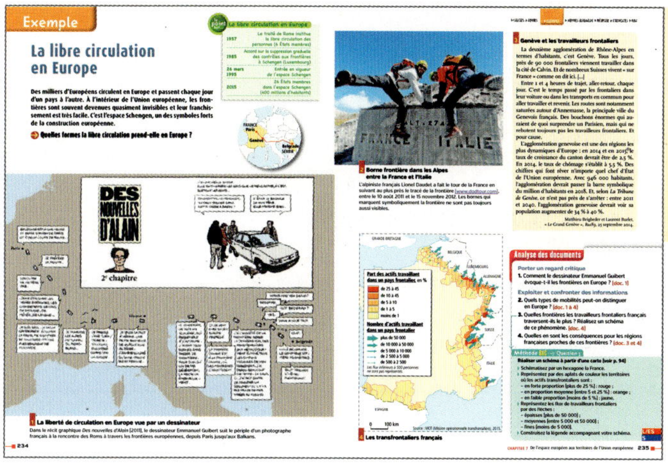

Les exemples

- Un exemple pour illustrer certains thèmes du programme.
- De grands documents variés et actuels.
- Des consignes vers le BAC accompagnées d'une aide pour répondre.

Les dossiers Autres regards

- Une question d'actualité liée au thème du chapitre.
- Une rubrique « Info » pour un éclairage particulier sur un point précis.
- Des questions pour ouvrir la réflexion et préparer le débat.

À la fin de chaque chapitre

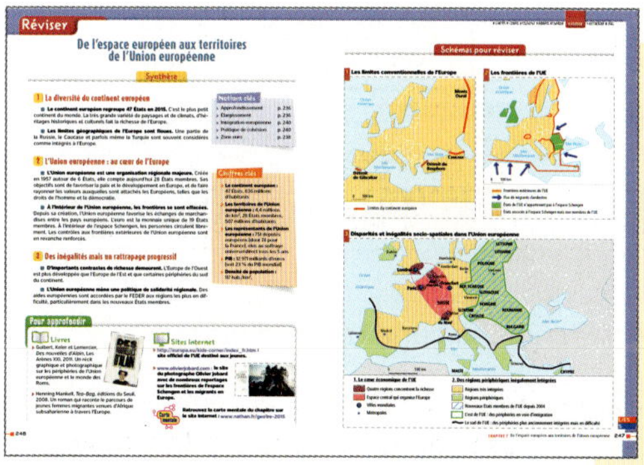

Réviser

- Une synthèse du cours.
- Les notions clés et les chiffres clés du chapitre.
- Des schémas simples à mémoriser.
- Des pistes bibliographiques.
- Un renvoi vers le site Internet pour élaborer ses propres cartes mentales.

Les exercices BAC

- L'étude d'un document accompagnée d'un point méthode BAC, d'une consigne et d'aides pour répondre à la consigne.
- Un exercice TICE pour s'initier aux outils essentiels de la géographie [Géoportail, etc.].

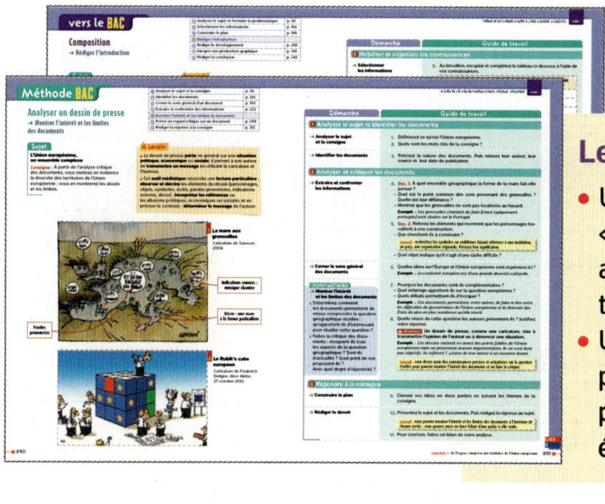

Les pages BAC

- Une première double page « Méthode BAC » pour analyser les différents types de document
- Une deuxième double page « Vers le BAC » pour s'initier aux épreuves du BAC.

À la fin du manuel

Programme de Géographie 1re L-ES

Bulletin officiel spécial n° 9 du 30 septembre 2010
et *Bulletin officiel* n° 46 du 13 décembre 2012

France et Europe : dynamiques des territoires dans la mondialisation

Thème 1 – Comprendre les territoires de proximité	(11-12 heures)
Questions	**Mise en œuvre**
Approches des territoires du quotidien	• Un aménagement choisi dans un territoire proche du lycée (**étude de cas**) • Acteurs et enjeux de l'aménagement des territoires
La région, territoire de vie, territoire aménagé	• La région où est situé le lycée (**étude de cas**) • La place et le rôle des régions en France et dans un autre pays européen
Thème 2 – Aménager et développer le territoire français	**(24-26 heures)**
Questions	**Mise en œuvre**
Valoriser et ménager les milieux	• La gestion durable d'un milieu (**étude de cas**) • Potentialités et contraintes du territoire français (ultramarin compris)
La France en villes	• Mouvements de population, urbanisation, métropolisation • Aménager les villes : réduire les fractures sociales et spatiales • Entre attractivité urbaine et nouvelles formes de développement : les espaces ruraux
Les dynamiques des espaces productifs dans la mondialisation	• Un territoire de l'innovation (**étude de cas**) • Dynamiques de localisation des activités et mondialisation
Mobilités, flux et réseaux de communication dans la mondialisation	• Roissy : plate-forme multimodale et hub mondial (**étude de cas**) • La connexion inégale du territoire français à l'Europe et au monde par les réseaux de transport et le numérique
Thème 3 – L'Union européenne : dynamiques de développement des territoires	**(11-12 heures)**
Questions	**Mise en œuvre**
De l'espace européen aux territoires de l'Union européenne	• L'Union européenne : frontières et limites ; une union d'États à géométrie variable • Disparités et inégalités socio-spatiales : l'action de l'Union européenne sur les territoires
Les territoires ultramarins de l'Union européenne et leur développement	• Le développement d'un territoire ultramarin : entre Union européenne et aire régionale (**étude de cas**) • Discontinuités, distances, insularité, spécificités socio-économiques
Thème 4 – France et Europe dans le monde	**(11-12 heures)**
Questions	**Mise en œuvre**
L'Union européenne dans la mondialisation	• L'Union européenne, acteur et pôle majeurs de la mondialisation • Une façade maritime mondiale : la « Northern Range »
La France dans la mondialisation	• La présence française dans le monde • Paris, ville mondiale

En géographie, comme en histoire, le programme a été conçu pour être traité dans un horaire annuel de 57 à 62 heures.

Retrouvez le texte intégral du programme sur le site www.nathan.fr/geo1re-2015

Programme de Géographie 1re S

Bulletin officiel spécial n° 8 du 21 février 2013

France et Europe : dynamiques des territoires dans la mondialisation

Thème 1 – Comprendre les territoires de proximité	(7-8 heures)
Questions	**Mise en œuvre**
Approches des territoires du quotidien	• **Une étude de cas au choix :** – un aménagement choisi dans un territoire proche du lycée ; – la région où est situé le lycée. • Acteurs et enjeux de l'aménagement des territoires.
Thème 2 – Aménager et développer le territoire français	**(16-17 heures)**
Questions	**Mise en œuvre**
Valoriser et ménager les milieux	• Potentialités et contraintes du territoire français (ultramarin compris).
La France en villes	• Mouvements de population, urbanisation, métropolisation. • Nouvelles formes de développement des espaces ruraux. • Aménager les villes : réduire les fractures sociales et spatiales.
Dynamiques des espaces productifs dans la mondialisation	• **Une étude de cas au choix :** – Roissy : plate-forme multimodale et hub mondial ; – un territoire de l'innovation ; – un espace de production agricole. • Dynamiques de localisation des activités et mondialisation.
Thème 3 – L'Union européenne et la France dans le monde	**(13-14 heures)**
Questions	**Mise en œuvre**
Les territoires de l'Union européenne	• L'Union européenne : frontières et limites, disparités et inégalités socio-spatiales. • Le développement d'un territoire ultramarin : entre Union européenne et aire régionale (**étude de cas**).
L'Union européenne et la France dans la mondialisation	• L'Union européenne, acteur et pôle majeurs de la mondialisation. • La présence française dans le monde. • Un territoire d'intégration de la France et de l'Union européenne au monde **au choix** : – Paris ville mondiale ; – une façade maritime mondiale : la « Northern Range ».

En géographie, comme en histoire, le programme est conçu pour être traité dans un horaire de 36 à 39 heures.

Retrouvez le texte intégral du programme sur le site www.nathan.fr/geo1re-2015

Sommaire

France et Europe : dynamiques des territoires dans la mondialisation

Programme
L/ES | S

Thème 1 Comprendre les territoires de proximité

Thème 2 Aménager et développer le territoire français

Chapitre 3 Valoriser et ménager les milieux

Chapitre 4 La France en villes

Chapitre 5 Les dynamiques des espaces productifs dans la mondialisation

Sommaire

Chapitre 8 Les territoires ultramarins de l'Union européenne et leur développement

Chapitre 9 L'Union européenne dans la mondialisation

Thème 4 France et Europe dans le monde

Chapitre 10 La France dans la mondialisation

Sommaire

Atlas

ANNEXES

Les pages Méthode et le fiches Méthode de votre manuel

Méthode BAC

Vers le BAC

Les pages BAC de votre manuel par type d'épreuves

L'épreuve écrite de géographie au baccalauréat pour les séries L-ES

Définition de l'épreuve écrite

Bulletin officiel spécial n° 7 du 6 octobre 2011

1 Nature de l'épreuve

	Série L	Série ES
Durée	4 heures	4 heures
Coefficient	4	5

- L'épreuve écrite d'histoire-géographie porte sur le programme de la classe de terminale des séries ES et L. Les modalités de l'épreuve sont communes à ces deux séries.

2 Objectifs de l'épreuve

L'épreuve a pour objectif d'évaluer l'aptitude du candidat à :

- mobiliser, au service d'une réflexion historique et géographique, des connaissances fondamentales pour la compréhension du monde et la formation civique et culturelle du citoyen ;
- rédiger des réponses construites et argumentées, montrant une maîtrise correcte de la langue ;
- exploiter, organiser et confronter des informations ;
- analyser des documents de sources et de natures diverses et à en faire une étude critique ;
- comprendre, interpréter et pratiquer différents langages graphiques.

3 Structure de l'épreuve

	1re possibilité (4 heures)	2e possibilité (4 heures)
Première partie **Durée conseillée :** environ 2 heures et demie	**Histoire** Le candidat peut choisir entre 2 compositions	**Géographie** Le candidat peut choisir entre 2 compositions
Deuxième partie **Durée conseillée :** environ 1 heure et demie	**Géographie** – Soit une étude critique d'un ou de deux document(s). – Soit une production graphique (réalisation d'un croquis ou d'un schéma d'organisation spatiale d'un territoire).	**Histoire** – Une étude critique d'un ou de deux document(s)

Épreuve orale de contrôle pour les séries L-ES

Durée	20 minutes
Temps de préparation	20 minutes

- L'épreuve porte à la fois sur le programme d'histoire et sur celui de géographie de la classe de terminale. Le candidat tire au sort un sujet. Chaque sujet comporte une question d'histoire et une question de géographie.
- Les questions du sujet portent sur des thèmes majeurs ou ensembles géographiques du programme. L'une des questions (histoire ou géographie) est accompagnée d'un document.
- Le questionnement qui suit l'exposé peut déborder le cadre strict des sujets proposés et porter sur la compréhension d'ensemble des questions étudiées.

L'épreuve écrite de géographie au baccalauréat pour la série S

Définition de l'épreuve écrite

D'après le *Bulletin officiel* spécial n° 3 du 21 novembre 2013

1 Nature de l'épreuve

Durée	4 heures
Coefficient	4

- L'épreuve écrite d'histoire-géographie au baccalauréat général, série S, porte sur le programme de la classe de terminale de cette série, défini par l'arrêté du **7 janvier 2013** (*Bulletin officiel de l'Éducation nationale* n° 8 du 21 février 2013).

2 Objectifs de l'épreuve

L'épreuve d'histoire-géographie du baccalauréat en série S a pour objectif d'évaluer l'aptitude du candidat à :

- mobiliser, au service d'une réflexion historique et géographique, les connaissances fondamentales pour la compréhension du monde et la formation civique et culturelle du citoyen ;
- exploiter, hiérarchiser et mettre en relation des informations ;
- analyser et interpréter des documents de sources et de natures diverses ;
- rédiger des réponses construites et argumentées, montrant une maîtrise correcte de la langue ;
- comprendre, interpréter et pratiquer différents langages graphiques.

3 Structure de l'épreuve

	1re possibilité (3 heures)	**2e possibilité (3 heures)**
Première partie **Durée conseillée :** environ 2 heures	**Histoire** Le candidat peut choisir entre 2 compositions	**Géographie** Le candidat peut choisir entre 2 compositions
Deuxième partie **Durée conseillée :** environ 1 heure	**Géographie** – Soit l'analyse d'un ou de deux document(s). – Soit une production graphique (réalisation d'un croquis).	**Histoire** – L'analyse d'un ou de deux document(s)

L'épreuve orale de contrôle pour la série S

Durée	20 minutes (10 minutes d'exposé ; 10 minutes de questionnement)
Temps de préparation	20 minutes

- L'épreuve porte à la fois sur le programme d'histoire et sur celui de géographie de la classe de terminale. Le candidat tire au sort un sujet. Chaque sujet comporte une question d'histoire et une question de géographie.
- Les questions du sujet portent sur des thèmes majeurs ou ensembles géographiques du programme. L'une des questions (histoire ou géographie) est accompagnée d'un document.
- Le questionnement qui suit l'exposé peut déborder le cadre strict des sujets proposés et porter sur la compréhension d'ensemble des questions étudiées.

Méthode BAC

La production graphique (croquis ou schéma)

Étape 1. Analyser le sujet → **Étape 2.** Élaborer la légende → **Étape 3.** Choisir les figurés → **Étape 4.** Réaliser le croquis ou le schéma

Travail préparatoire au brouillon (Étapes 1, 2 et 3)
45 minutes pour les séries L-ES
30 minutes pour la série S

Travail au propre sur la copie (Étape 4)
40 minutes pour les séries L-ES
25 minutes pour la série S

Relecture
5 minutes

Étape 1 Au brouillon → *Analyser le sujet*

Sujet : Les **dynamiques** des **espaces industriels** en **France**

- **dynamiques** → **À définir**
- **espaces industriels** → **À définir et à préciser**
- **France** → **À définir et à préciser**

Étape 2 Au brouillon → *Élaborer la légende*

Lister des informations

------------ ;	----------- ;	----------- ;
------------ ;	----------- ;	----------- ;
------------ ;	----------- ;	----------- ;
------------ ;	----------- ;	----------- ;
------------ ;	----------- ;	----------- ;
------------ ;	----------- ;	----------- ;

Classer en 2 ou 3 parties →

Organiser la légende

Partie 1	Partie 2
------------ ;	------------
------------ ;	------------
------------ ;	------------
------------ ;	------------
------------ ;	------------

Étape 3 Au brouillon → *Choisir les figurés*

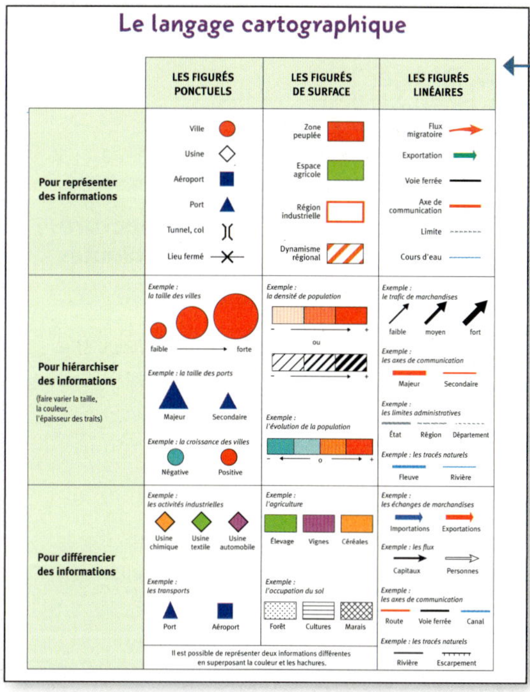

Respecter les règles de cartographie

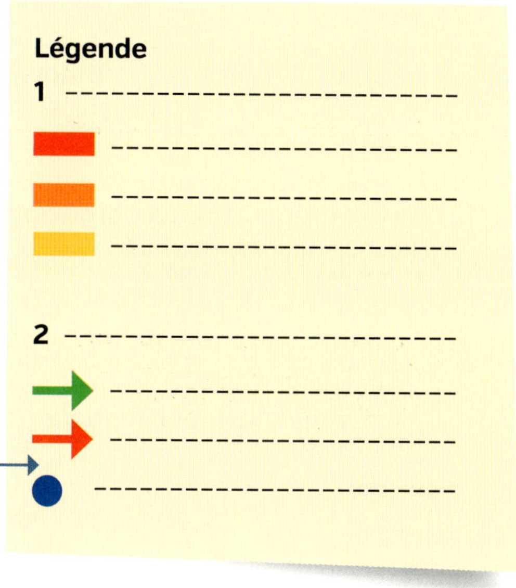

Faire des choix logiques

→ Voir en page de garde arrière

Étape 4 Au propre sur la copie → *Réaliser la production graphique*

→ Le croquis

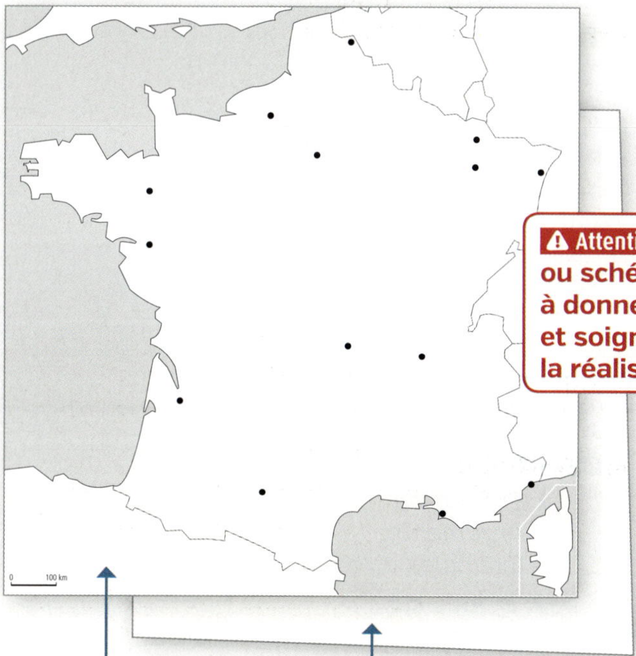

Fond de croquis fourni

Cadre pour la légende sur une feuille à part

→ Le schéma

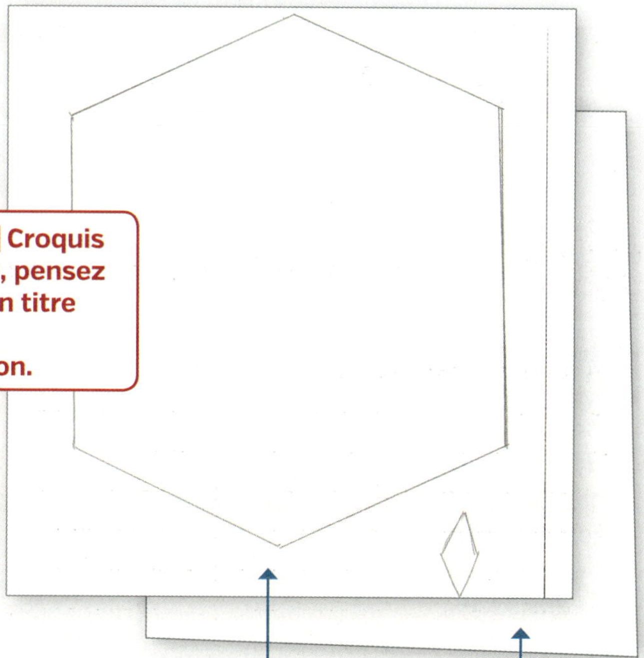

⚠ Attention ! **Croquis ou schéma, pensez à donner un titre et soignez la réalisation.**

Fond à dessiner (non fourni)

Cadre pour la légende sur une feuille à part

La composition

Étape 1. Choisir le sujet

Étape 2. Analyser le sujet et formuler la problématique

Étape 3. Mobiliser et organiser ses connaissances

Étape 4. Rédiger la composition

Travail préparatoire au brouillon
1 heure pour les séries L-ES
45 minutes pour la série S

Travail au propre sur la copie
1h15 minutes pour les séries L-ES
1 heure pour la série S

Relecture
15 minutes

Étape 1 → *Lire les sujets et choisir entre le sujet 1 et le sujet 2*

PREMIÈRE PARTIE
Composition de géographie

Le candidat traite l'un des deux sujets suivants :

Sujet 1 : Le territoire français : valoriser et ménager les milieux

Sujet 2 : Les mutations des espaces urbains en France

Étape 2 Au brouillon → *Analyser le sujet et formuler la problématique*

Sujet : Le territoire français : valoriser et ménager les milieux

- Le territoire français → **Quelles sont les limites spatiales du sujet ?**
- valoriser → **Mettre en valeur : quoi ? où ? pourquoi ?**
- ménager → **À Protéger : pourquoi ? comment ?**
- milieux → **Thème central du sujet. Notion clé à définir.**

→ **Quel est le fil directeur du sujet ?**

Étape 3 Au brouillon → *Mobiliser et organiser ses connaissances*

Mobiliser ses connaissances

Dresser une liste des connaissances personnelles :
- Notions,
- Faits, idées,
- Données chiffrées,
- Exemples à utiliser,
- Schémas à prévoir.

Organiser →

Construire le plan détaillé

1. 1re Idée clé
- *Arguments*
- *Exemples et/ou schéma*

2. 2e Idée clé
- *Argument*
- *Exemples*

3. 3e Idée clé
- *Arguments*
- *Exemples /Schéma*

Étape 4 Au propre sur la copie → *Rédiger la composition*

1 Rédiger l'introduction

Marquer un grand alinéa → Sur ses 551 000 km², le territoire français présente une grande diversité de milieux qui ont été transformés par les sociétés humaines au cours des siècles.

Présenter le sujet → Les aménagements dont ils font l'objet ont pour objectifs d'en exploiter les ressources et d'en surmonter les contraintes. Récemment, les sociétés humaines ont pris conscience de la nécessité d'une gestion plus raisonnée de ces milieux.

Énoncer la problématique → Comment aménager et exploiter les milieux tout en assurant leur développement durable ?

Énoncer le plan → Il s'agit d'abord de montrer comment les atouts des différents milieux sont exploités, puis de mettre en évidence les menaces qui résultent de la pression environnementale et enfin de présenter les acteurs et les politiques de gestion durable du patrimoine naturel.

Sauter une ligne avant le développement →

2 Rédiger le développement

Marquer un alinéa → **Commencer par une phrase énonçant l'idée clé du premier paragraphe.**

Sous partie 1 : annoncer l'argument n° 1 et l'illustrer par des exemples
Sous partie 2 : annoncer l'argument n° 2 et l'illustrer par des exemples
Sous partie 3 : annoncer l'argument n° 3 et l'illustrer par des exemples
Faire une transition

Sauter une ligne

Commencer par une phrase énonçant l'idée clé du second paragraphe.

Sous partie 1 : annoncer l'argument n° 1 et l'illustrer par des exemples
Sous partie 2 : annoncer l'argument n° 2 et l'illustrer par des exemples
Sous partie 3 : annoncer l'argument n° 3 et l'illustrer par des exemples
Faire une transition

Commencer par une phrase énonçant l'idée clé du troisième paragraphe.

Sous partie 1 : annoncer l'argument n° 1 et l'illustrer par des exemples
Sous partie 2 : annoncer l'argument n° 2 et l'illustrer par des exemples
Sous partie 3 : annoncer l'argument n° 3 et l'illustrer par des exemples

Insérer un ou plusieurs schémas simples (maximum 1 par paragraphe)

- Schéma d'organisation spatiale

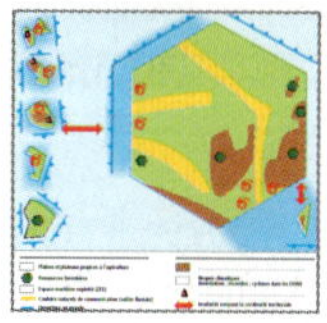

- Organigramme

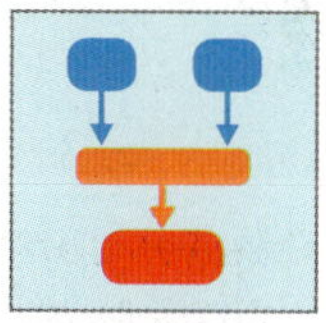

- Graphique

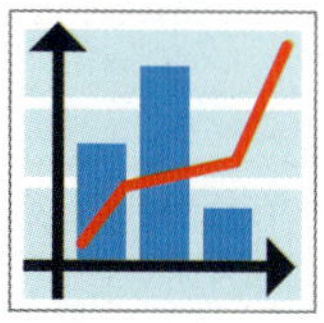

3 Rédiger la conclusion

Bilan du développement → En France, la diversité des milieux est un atout économique dont l'exploitation excessive a entraîné la mise en place de politiques de gestion raisonnées.

Ouverture du sujet vers un autre thème → Cependant un véritable développement durable des milieux nécessite aussi des mesures de prévention des risques.

L'étude critique de document (L-ES) ou Analyse de document (S)

Étape 1. Analyser le sujet et la consigne

Étape 3. Exploiter les informations

Étape 5. Répondre à la consigne

Travail préparatoire au brouillon
45 minutes pour les séries L-ES
30 minutes pour la série S

Travail au propre sur la copie
40 minutes pour les séries L-ES
25 minutes pour la série S

Relecture
5 minutes

Étape 2. Identifier les documents

Étape 4. Organiser ses idées

Étape 1 Au brouillon → *Analyser le sujet et la consigne*

Sujet : **Valoriser** et **ménager** le **milieu littoral français**

Valoriser	ménager	milieu littoral	français
Pourquoi ? comment ?	**Quels moyens ? quels objectifs ?**	**À définir : où ? particularités ?**	**Limites spatiales**

Consigne : À partir de l'analyse des documents, montrez que le littoral français est un espace convoité. En confrontant les documents, expliquez la difficulté à concilier aménagement et protection.

Mots clés du sujet : littoral, espace convoité, aménagement, protection

Ce qu'il faut faire : analyse, montrez, En confrontant les documents, expliquez

Étape 2 Au brouillon → *Identifier les documents*

1 Le lido du Petit-Travers (Hérault)

→ Voir p. 126

Définir les éléments suivants :
- *Nature*
- *Source*
- *Date*

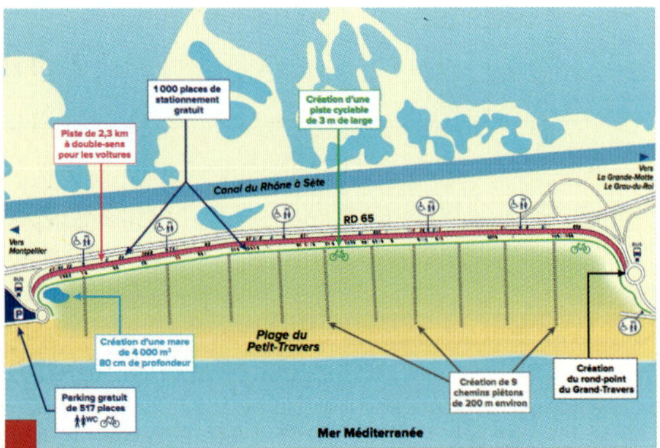

2 Le projet d'aménagement du lido
Carte d'André Yanelle, *La Gazette de Montpellier*, n° 1357, 9-5 juin 2014.

→ Voir p. 126

Étape 3 Au brouillon ➔ *Exploiter les informations*

Analyser les documents

- Informations répondant au sujet
- Notions à définir

➔

Confronter les documents

- Sens général : idée centrale
- Les documents se complètent-ils ? s'opposent-ils ?
- Quels sont les enjeux spatiaux ?
- Regard critique : comment permettent-ils de comprendre le problème géographique posé ?

Étape 4 Au brouillon ➔ *Organiser les informations*

Informations fournies par les documents

➔

Connaissances

➔

PLAN
Regrouper les idées en 2 ou 3 thèmes :

1. ----------------
----
2. ----------------
----
3. ----------------

Étape 5 Au propre sur la copie ➔ *Répondre à la consigne*

- Marquer un grand alinéa ➔ **Introduction** ➔ Présentation du sujet et des documents
- Marquer un petit alinéa ➔ **Paragraphe 1 = thème 1**
- **Paragraphe 2 = thème 2**
- **Paragraphe 3 = thème 3**

(Paragraphes 1 à 3 : Développement)

- **Conclusion** ➔ Bilan de l'analyse et regard critique

Étudier un territoire de proximité

• Une étude de cas en géographie est menée le plus souvent à l'échelle locale (quartier, commune, intercommunalité, etc.) ou à l'échelle régionale. Elle permet d'analyser un territoire proche de votre lycée, de comprendre son organisation, et de mettre en valeur les acteurs (publics et privés) qui élaborent les projets d'aménagement dont le territoire est l'objet.

Démarche		Objectifs
A. Préparer le sujet et se documenter	→	• Proposer et localiser un sujet • Définir les limites géographiques • Choisir un type d'aménagement • Rechercher des sources
B. Réaliser l'enquête sur le terrain	→	• Observer le projet d'aménagement sur le terrain • Rencontrer des acteurs de l'aménagement • Se procurer documents et publications
C. Rédiger un compte-rendu final et mettre en perspective	→	• Mettre en valeur les enjeux du projet • Réaliser un bilan de l'étude • Mettre en perspective les résultats de l'étude

A Préparer le sujet et se documenter

1 Choisir le territoire de proximité et son type d'aménagement

Principaux types d'études de cas

Territoires de vie
- Quartier d'habitation
- Centre culturel ou sportif
- Zone commerciale
- Équipement de transport
- Ville, intercommunalité, région

→ ***exemple :*** *L'île de Ré, territoire de vie*

Territoires de production
- Quartier d'affaires
- Pôle de haute technologie
- Région agricole
- Région industrielle
- Station touristique

→ ***exemple :*** *Le Choletais*

Territoires de protection de la nature
- Parc naturel régional
- Parc national
- Forêt
- Marais, zone humide
- Littoral5

→ ***exemple :*** *Le parc national des Calanques*

2 Définir une problématique à l'étude de cas

● Une étude de cas est nécessairement construite à partir d'une problématique. Une problématique est la formulation d'un questionnement pertinent autour du sujet que l'on veut traiter. Elle sert de fil conducteur au travail, qui sera construit comme une réponse à cette interrogation préalable.

Exemples de sujets

→ **La Beauce, une région de grande culture**

Problématiques possibles

● **Problématique 1** → Quelle est la place de la Beauce dans le dynamisme agricole du Bassin parisien ?

● **Problématique 2** → L'activité céréalière fait-elle de la Beauce un territoire de production mondialisé ?

→ **Le Havre, un grand port européen**

OPA - Port du Havre

● **Problématique 1** → Quelle place occupe le port du Havre dans l'ensemble portuaire français et européen ?

● **Problématique 2** → Les aménagements du port du Havre sont-ils respectueux de l'environnement ?

2 Se documenter au CDI avant le travail sur le terrain

● Après avoir défini le sujet et la problématique, il est nécessaire de préparer le travail de terrain en se documentant au CDI de votre lycée.

Sites Internet

- Sites de cartographie interactive : Geoclip
- SIG (Systèmes d'information géographique) : Géoportail, Google Earth
- INSEE
- Sites officiels des collectivités territoriales ou des agences d'aménagement

Film

- Émissions de télévision ou de radio
- Archives de l'INA ou de l'AFP
- Films de fiction
- Films documentaires

Livres

- Manuels scolaires
- Dictionnaires et encyclopédies
- Atlas
- Journaux, magazines
- Publications des collectivités territoriales
- Ouvrages scientifiques et littéraires

B Réaliser l'enquête sur le terrain

● Le choix d'un territoire de proximité permet de réaliser une enquête sur le terrain. Cela permet d'approfondir et d'enrichir la recherche documentaire et de la compléter par l'observation et le témoignage d'acteurs locaux. La visite doit être soigneusement préparée (prise de rendez-vous, préparation de questionnaires, etc.).

1 Rendre compte de l'opération d'aménagement

→ **Le quartier des Rives de l'Orne à Caen**

→ **Analyser les caractéristiques de l'opération d'aménagement**
- Quelle échelle ?
- Quelles transformations paysagères ?
- Quels types de travaux ?

→ **L'Île-de-France : l'aménagement d'un territoire de vie**

→ **Analyser les objectifs de l'opération d'aménagement**
- Quels besoins ?
- Quels usagers ?
- Quels objectifs ?
- Quelles procédures ?

2 Rencontrer des acteurs locaux de l'aménagement

● Le travail sur le terrain est l'occasion de rencontrer les habitants ou des acteurs publics ou privés de l'aménagement du territoire.

Réaliser des « micro-trottoirs »
- Interroger les habitants du quartier
- Interroger les acteurs économiques locaux (commerçants)
- Assister aux débats publics organisés sur l'aménagement projeté

Rencontrer les acteurs publics
- Maire, président du conseil départemental ou régional
- Responsables de l'urbanisme
- Agences d'aménagement
- Associations

Rencontrer les acteurs privés
- Entreprises (bâtiment, construction)
- Ingénieurs

3 Consulter les documents de l'aménagement des territoires

- Les services municipaux de la commune, la préfecture du département ou de la région, le conseil régional, etc. peuvent mettre à votre disposition un certain nombre de documents relatifs à votre étude de cas lorsque celle-ci porte sur des questions d'aménagement des territoires.
- Ces documents décrivent de manière très précise les projets, les objectifs visés, le cadre dans lequel ils s'inscrivent. Ils prennent le plus souvent en compte la démarche du développement durable.

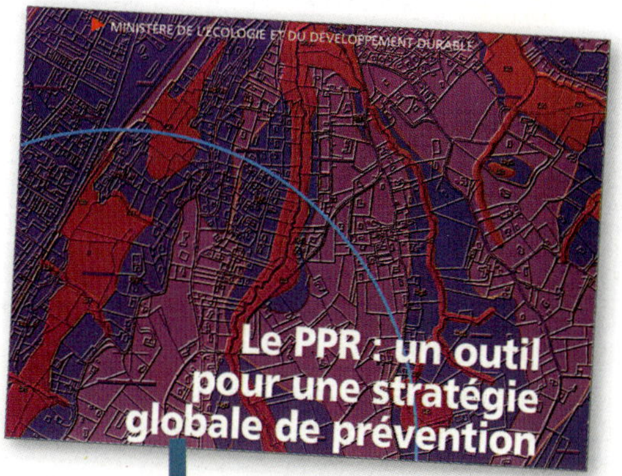

Le plan de prévention des risques (PPR)

Les principaux documents de l'aménagement des territoires

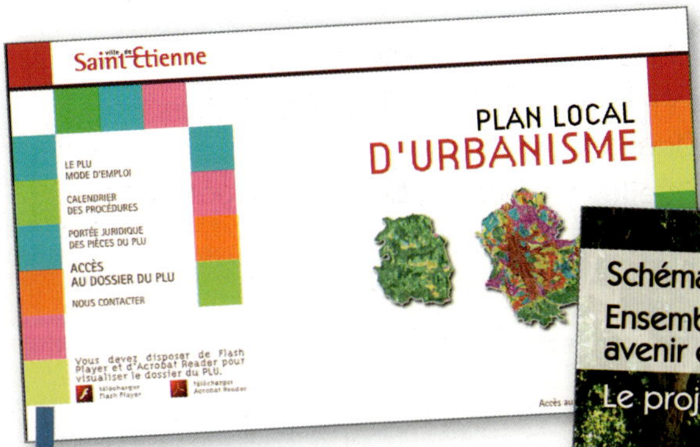

Le plan local d'urbanisme (PLU)

Le schéma de cohérence territoriale (SCOT)

L'agenda 21 d'une commune

Le schéma régional d'aménagement et de développement durable du territoire (SRADDT)

Les principales sources de documentation

Sur les territoires de proximité :

- Les publications des collectivités locales (ex : site Internet, bulletins et brochures d'information des collectivités locales).
- Les argumentaires d'autres acteur locaux (ex : pétitions).
- Les médias locaux ou régionaux.

Sur la région :

- Les publications du conseil régional.
- Les rapports du conseil économique, social et environnemental régional.
- Les dossiers mis en lignes par la préfecture de la région et les services de l'État comme la DREAL (direction régionale de l'environnement, de l'aménagement et du logement).
- Les dossiers de l'association des régions de France **(http://www.arf.asso.fr/)**

Méthode → Étude de cas

C Rédiger un compte-rendu final et mettre en perspective

- L'étude de cas permet de dégager plusieurs idées directrices. Elle a aussi une portée générale : les notions sont réinvesties dans la phase de « généralisation » qui suit l'étude de cas. Par un changement d'échelle, les questions traitées sont replacées dans un cadre spatial élargi.
- Le travail final peut prendre différentes formes : synthèse écrite, site Internet, diaporama, etc. et peut comporter un croquis ou un schéma accompagné de sa légende.

1 Présenter les territoires

De l'étude de cas...

→ **Un territoire intercommunal autour de Toulouse**

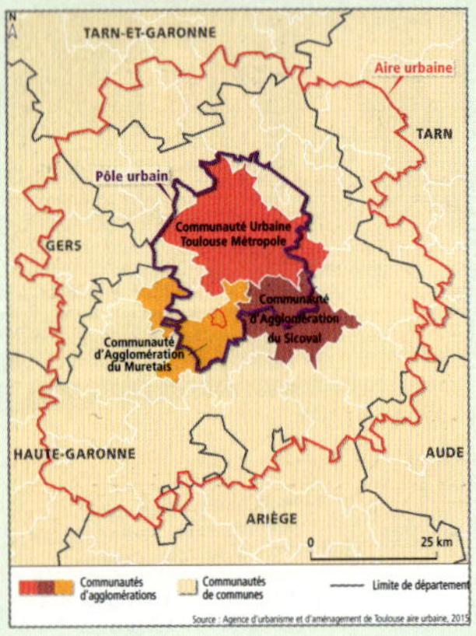

→ Voir doc. 3 p. 45

... À la généralisation

→ **La France des intercommunalités**

→ Voir doc. 1 p. 40

2 Présenter les enjeux du thème abordé

De l'étude de cas...

→ **Roissy, pôle logistique**

3 Roissy-Charles-de-Gaulle : un pôle logistique

Au 1er rang européen (et au 6e mondial) pour le fret, Roissy-Charles-de-Gaulle est articulé à la plus puissante plate-forme logistique du continent. Lieu de transit bénéficiant d'une excellente accessibilité, l'aéroport facilite les déplacements à toutes les échelles de mobilité et les passages d'un mode à l'autre : lui sont en effet interconnectés des axes routiers majeurs (A1, N104) et surtout une gare TGV qui offre des liaisons cadencées à destination de toute la France et d'une partie de l'Europe du Nord.

Conjuguée à des équipements logistiques de haut niveau technologique, cette intermodalité permet à la plateforme de traiter 1,6 million de tonnes de fret par an. FedEx, 1re société mondiale de transport express, a choisi Roissy pour y implanter son hub européen qui, après son extension de 2009, est devenu le plus grand après sa base de Memphis (77 000 m²). L'ensemble des installations, incluant les aérogares de fret, la zone de tri, les entrepôts et les infrastructures des transitaires, occupe plus de 300 hectares.

→ Voir doc. 3 p. 201

- **Problématique** → Quels sont les enjeux spatiaux du développement du pôle logisitique de Roissy-CDG ?

... À la généralisation

→ **La logistique et le développement territorial régional**

→ La généralisation peut prendre appui sur des textes de spécialistes, des rapports disponibles sur Internet. Elle analyse la situation à une échelle plus vaste.

3 Exposer le résultat de l'étude

- Le résultat de l'étude de cas doit présenter les documents retenus, les enquêtes, mettre toutes les informations en relation et répondre à la problématique de départ.
- Cette présentation peut prendre la forme d'un exposé structuré ou d'une synthèse rédigée. Elle peut être enrichie par un organigramme ou un schéma d'organisation spatiale du territoire étudié.

De l'Étude de cas…

→ **Les inondations à Barèges**

→ Voir doc. 2 p. 97

… À la généralisation

→ **Schéma de synthèse : la gestion de la catastrophe**

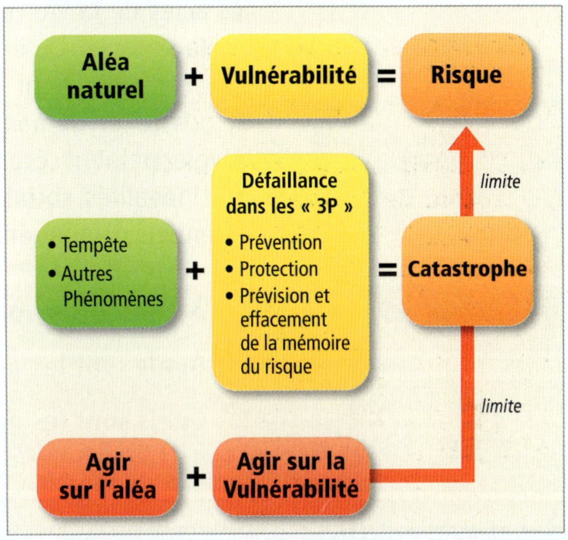

4 Réaliser un schéma de synthèse

De l'étude de cas…

→ **La gestion durable d'un milieu montagnard : le massif des Bauges**

→ Voir doc. 2 p. 105

… À la généralisation

→ **Le croquis d'organisation spatiale du massif des Bauges**

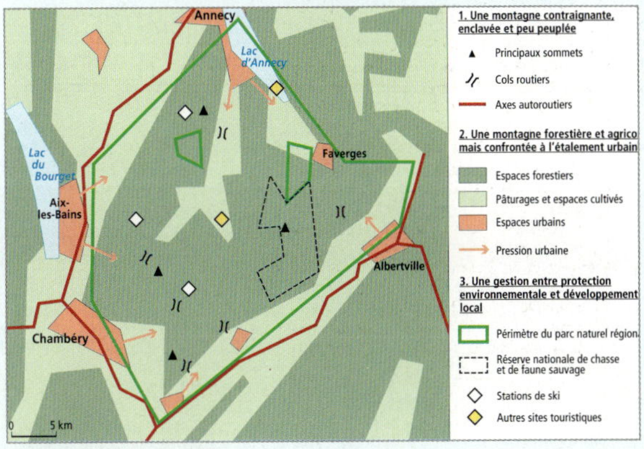

→ Voir doc. 3 p. 111

Chapitre 1

Approche des territoires du quotidien

Les territoires du quotidien regroupent l'ensemble des lieux où s'accomplissent les actes de la vie courante : scolarité, travail, achats, loisirs, accès aux services, déplacements. Qu'il s'agisse des communes, regroupements de communes ou départements, leur organisation fait intervenir de multiples acteurs, publics et privés, et demande la participation active des citoyens. Si la question du développement économique est une préoccupation croissante, la correction des inégalités sociales et la préservation de l'environnement restent des axes essentiels d'un aménagement durable.

- **À quoi correspondent les territoires du quotidien ?**
- **Quels sont les acteurs de l'aménagement des territoires du quotidien ?**
- **Quels sont les enjeux de l'aménagement des territoires du quotidien ?**

1 La grande braderie de Lille

Chaque année, en septembre, la grande braderie est organisée dans toutes les rues de la ville, ici sur la place du Général-de-Gaulle.

Les acteurs du développement local 2

L'aménagement des territoires du quotidien fait intervenir de nombreux acteurs publics et privés dans des domaines variés (urbanisme, transports, culture, économie, etc.). Campagne de promotion de Metz Métropole, 2013.

3 **Des citoyens mobilisés**

L'aménagement des territoires locaux peut être source de tensions économiques, sociales et environnementales. Le 27 octobre 2014, des manifestants protestent dans la ZAD (zone à défendre) de Sivens (Tarn) contre le projet de construction d'un barrage. Un jeune homme est décédé lors des affrontements qui ont suivi cette manifestation entre opposants au projet et forces de l'ordre.

L/ES
S

Étude de cas

1 L'aménagement du quartier des Rives de l'Orne à Caen

Le point sur… Caen

Département	Calvados
Région	Normandie
Superficie	25 km²
Population municipale (2014)	109 000 hab.
Densité (2014)	4 200 hab/km²
Agglomération	35 communes, 222 km²
Population agglomération	236 000 habitants

Situé dans un quartier proche du centre-ville de Caen, entre l'Orne et la gare, le quartier des Rives de l'Orne, inauguré en 2013, est une opération de rénovation urbaine menée sur un ancien espace ferroviaire. Elle combine création de logements, de bureaux et d'un complexe dédié au commerce et aux loisirs. Son aménagement fait intervenir différents acteurs publics et privés.

➔ Quels sont les acteurs et les enjeux de cette opération de rénovation urbaine ?

A Une opération de rénovation urbaine

1 Les rives de l'Orne en 2010 et en 2015

Vocabulaire

▸ **ZAC :** zone d'aménagement concerté ; territoire délimité sur lequel des acteurs publics (commune) et privés (promoteur immobilier) élaborent une opération d'aménagement permettant l'implantation de logements, d'activités, d'équipements collectifs, etc.

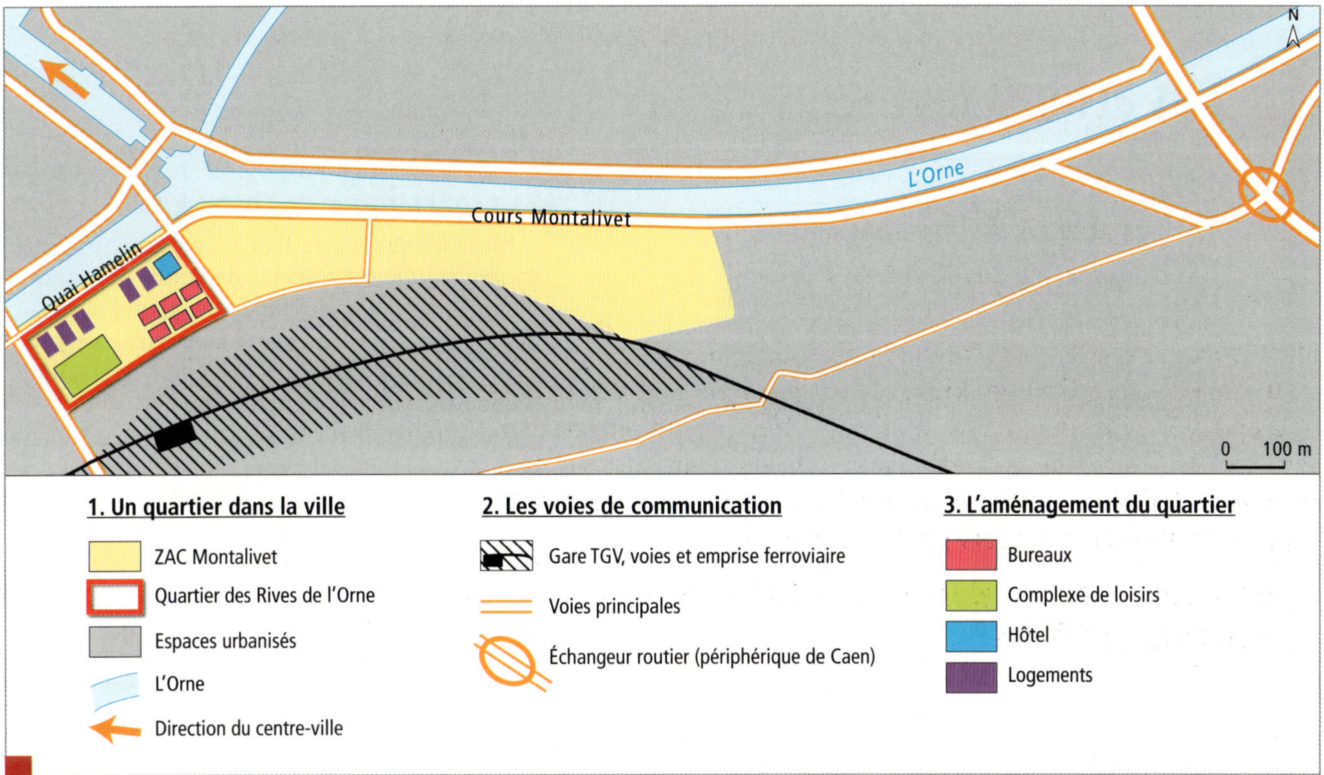

2 Un nouveau quartier dans la ville

3 Un vaste chantier urbain

C'est le plus grand chantier que Caen a connu depuis la reconstruction d'après-guerre. Après 8 ans de travaux, le quartier des Rives de l'Orne est enfin sorti de terre. [...] Les Caennais disposent désormais d'un tout nouveau quartier dédié au shopping et aux loisirs sur la rive droite de l'Orne, près de la gare. Le projet se chiffre à plus de 270 millions d'euros. Il est géré par le spécialiste de l'immobilier commercial Apsys.

Le centre commercial [...] accueille 75 enseignes plutôt haut de gamme, des bars, des restaurants, un hôtel et un cinéma. Le projet prévoit 25 400 m² de bureaux répartis sur 4 tours [...]. L'agglomération Caen-la-Mer a fait l'acquisition de 11 500 m² de bureaux dans le quartier afin d'y regrouper ses services. Le conseil général du Calvados occupera pour sa part 6 500 m². [...] Pour le reste, ce sont des investisseurs et des entrepreneurs privés qui ont acquis des bureaux dans un quartier idéalement situé près de la gare et du périphérique de Caen. 204 nouveaux logements ont été construits dont 130 à loyers encadrés[1]. L'un des immeubles a été acquis [...] pour y aménager une résidence pour seniors de 67 appartements. [...]

De par son envergure, son ambition, la qualité de ses prestations et sa façon de mixer logements, commerces et bureaux, ce projet d'envergure a demandé beaucoup de temps et un maximum d'organisation. Six promoteurs y ont travaillé, associant des entreprises régionales et de nombreuses entreprises locales.

Catherine Berra, « Caen : les Rives de l'Orne ouvrent au public demain mardi à 9 h 30 », France 3 Régions, 13 mai 2013.

1. Loyer encadré : loyer pour lequel est fixé un montant maximal.

Analyse des documents

Décrire et localiser un espace à l'échelle locale

1. Où le quartier des Rives de l'Orne se situe-t-il dans la ville de Caen ? **(doc. 1 à 3)**
2. Quels sont les atouts de cette localisation ? Quelles sont les contraintes de cette localisation ? **(doc. 1 et 2)**

Analyser l'évolution d'un paysage urbain (doc. 1)

3. Montrez les transformations du paysage urbain opérées par l'aménagement du quartier des Rives de l'Orne.
4. En vous appuyant sur cette description, proposez une définition de « rénovation urbaine ».

Méthode BAC → Question 3

Analyser une photographie (voir p. 126)

- Repérez les différents plans de la photographie : premier plan, deuxième plan, arrière-plan.
- Identifiez les différents éléments qui composent l'espace urbain : bâti (en distinguant bâti ancien ou récent, bâtiments d'habitation, industriels, commerciaux), infrastructures de transport et espaces de circulation, espaces verts, etc.
- Mettez en relation ces différents éléments entre eux : par exemple, pourquoi a-t-on choisi de mettre les logements plutôt que les bureaux au bord du fleuve ?

L/ES
S

B Des acteurs multiples

4 Les acteurs du projet

5 La consultation des habitants

Par délibérations en date du 27 avril 2009, le conseil municipal a décidé de lancer des procédures de révision simplifiée du plan d'occupation des sols. [...] Le conseil municipal a également décidé de lancer une procédure de création d'une ZAC sur le secteur Montalivet.

Ces 5 projets de révision et le projet de création de la ZAC Montalivet feront l'objet d'une concertation avec les habitants tout au long du mois de juin. Cette concertation s'organisera selon les modalités suivantes :

– présentation des projets lors de réunions publiques ;

– présentation spécifique dans les conseils de quartiers concernés ;

– plaquettes d'information disponibles à l'hôtel de ville et information continue sur le site Internet de la ville avec la possibilité pour les habitants de faire part de leurs observations.

À partir de septembre, l'ensemble des dossiers des projets de révision et le dossier de création de la ZAC seront soumis à enquêtes publiques conjointes. Il s'agit ici de la première étape d'un projet qui se développera sur plusieurs années et qui vise à améliorer le cadre de vie des Caennais et des Caennaises.

Gérard Laurent, « Révision simplifiée du plan d'occupation des sols : 1re réunion publique de concertation, mardi 9 juin », *Caen savez-vous ?*, 5 juin 2009.

6 L'action des promoteurs immobiliers

Page d'accueil du site Internet du promoteur immobilier du quartier des Rives de l'Orne, www.lesrivesdelorne.com, 2015.

C Les enjeux de l'aménagement du quartier

7 Un nouveau territoire du quotidien

Extrait de la brochure commerciale Apsys présentant les atouts du nouveau quartier, 2015.

8 Les Rives de l'Orne : un premier bilan

Du 14 mai dernier [2013], jour de son ouverture, au 31 août, la galerie commerciale a enregistré 803 220 visiteurs : des chiffres bien inférieurs aux prévisions de l'opérateur immobilier Apsys, qui misait sur 4,5 millions de personnes chaque année. Une association de quatorze commerces indépendants, « les conquérants de l'Orne », est créée ces jours-ci pour faire valoir les atouts de ce « centre de vie ». Devant la faiblesse du flux de visiteurs, ses membres entendent aussi renégocier les loyers fixés par Apsys. [...] La mairie, en charge de l'espace public autour des Rives de l'Orne, est également sollicitée de toutes parts. Plusieurs commerçants pointent du doigt des travaux d'aménagement beaucoup trop longs, qui les auraient pénalisés par manque de visibilité. « La ville de Caen doit aussi nous aider à faire vivre le site par des actions concrètes pour créer un lien réel avec le centre-ville », interpelle la directrice du centre. [...] « La fréquentation est aléatoire, reconnaît Caroline Messina[1], mais nous ne sommes qu'à 5 mois de l'ouverture : nous aurons besoin de 2 à 3 ans pour nous inscrire dans le paysage. » L'arrivée progressive des logements et des bureaux apportera non seulement une clientèle plus régulière mais également une animation constante.

« Les Rives de l'Orne peinent à décoller », *Tendance Ouest Caen*, 1er octobre 2013.

1. La directrice du centre commercial.

Analyse des documents

Synthétiser des informations

5. Quels sont les acteurs de l'aménagement du quartier ? **(doc. 4 à 6)**

6. Quelle est la principale difficulté rencontrée dans la mise en valeur du quartier des Rives de l'Orne ? **(doc. 8)**

Analyser un document de manière critique

7. Décrivez l'image : quelle vue du quartier est privilégiée et pourquoi ? Quels éléments permettent d'identifier un document à caractère publicitaire ? **(doc. 7)**

Vers le BAC

Consigne : Présentez les acteurs et les enjeux de l'aménagement d'un territoire du quotidien (vous vous appuierez sur l'étude de cas réalisée en classe).

Aide pour répondre à la consigne

Vous pouvez organiser votre brouillon en trois colonnes :

- Dans la colonne de gauche, reportez les trois parties de l'étude réalisée en classe.
- Dans la colonne suivante, indiquez pour chaque partie les notions et le vocabulaire géographiques utilisés au cours de l'étude.
- Dans la dernière colonne, indiquez pour chaque partie les références précises au territoire étudié (noms des lieux, noms des acteurs, etc.).

L/ES
S

Bilan de l'étude de cas 1

Les notions à retenir

Quartier

- Le terme désigne le plus souvent une **portion d'espace urbain** située à un **niveau intermédiaire** entre l'îlot (le « pâté de maisons ») et la ville tout entière. Le quartier est un **espace vécu au quotidien**, support d'une identité parfois forte.
- Un quartier **peut se définir** par sa **situation** (centrale, péricentrale, périphérique, etc.), par ses **fonctions** (quartier d'affaires, quartier de la gare, quartier résidentiel, etc.), par sa **morphologie urbaine** (quartier de grands ensembles, quartier pavillonnaire, etc.), par sa **composition sociale** (quartier bourgeois, quartier populaire, etc.).

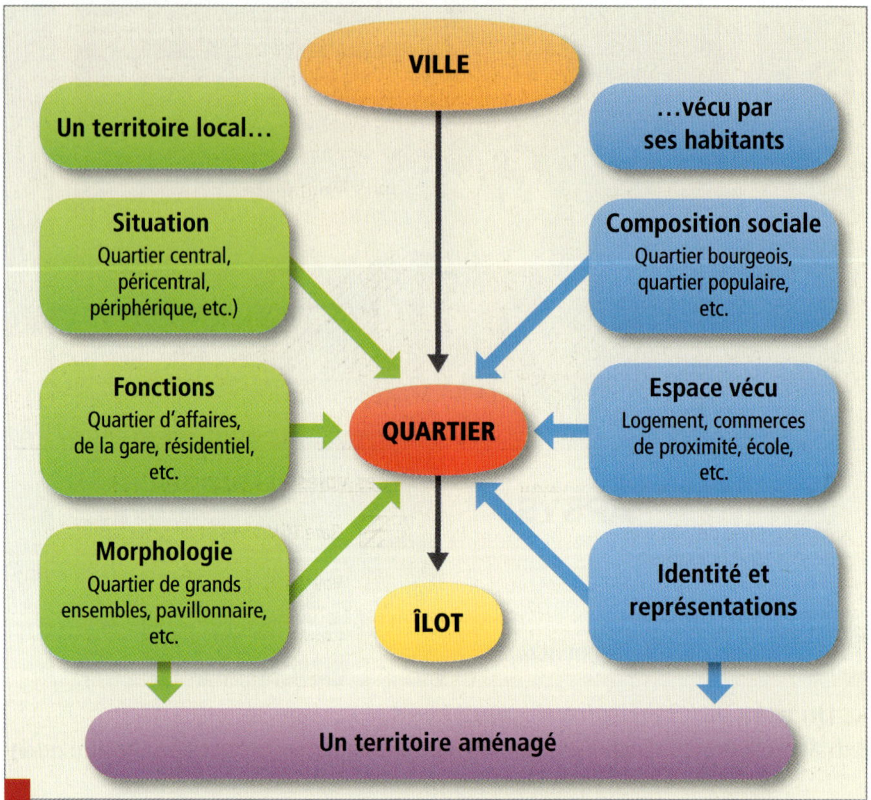

1 **Le quartier : un territoire du quotidien dans l'espace urbain**

Rénovation urbaine

- Action qui consiste à **renouveler entièrement l'organisation** d'un espace urbain en remplaçant son bâti et ses activités anciennes par un bâti moderne et de nouvelles activités.
- Cette politique s'applique à des quartiers urbains dont le **bâti est très dégradé** et/ou dont **l'activité économique a disparu** (friche ferroviaire, industrielle ou commerciale). Elle aboutit généralement à une densification du tissu urbain existant.
- La rénovation urbaine **correspond aux objectifs du développement durable** : viabilité économique, équité sociale, qualité environnementale.

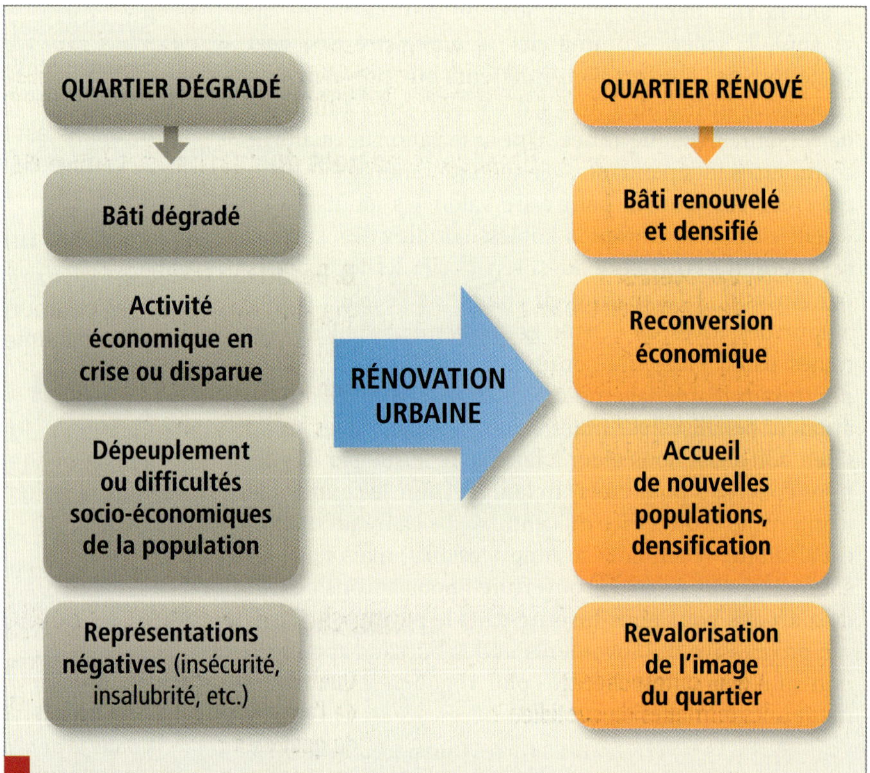

2 **Du quartier dégradé au quartier rénové**

Le croquis de l'étude de cas

→ Consigne : **Complétez le croquis grâce aux différentes informations contenues dans l'étude de cas sur le quartier des Rives de l'Orne à Caen.**

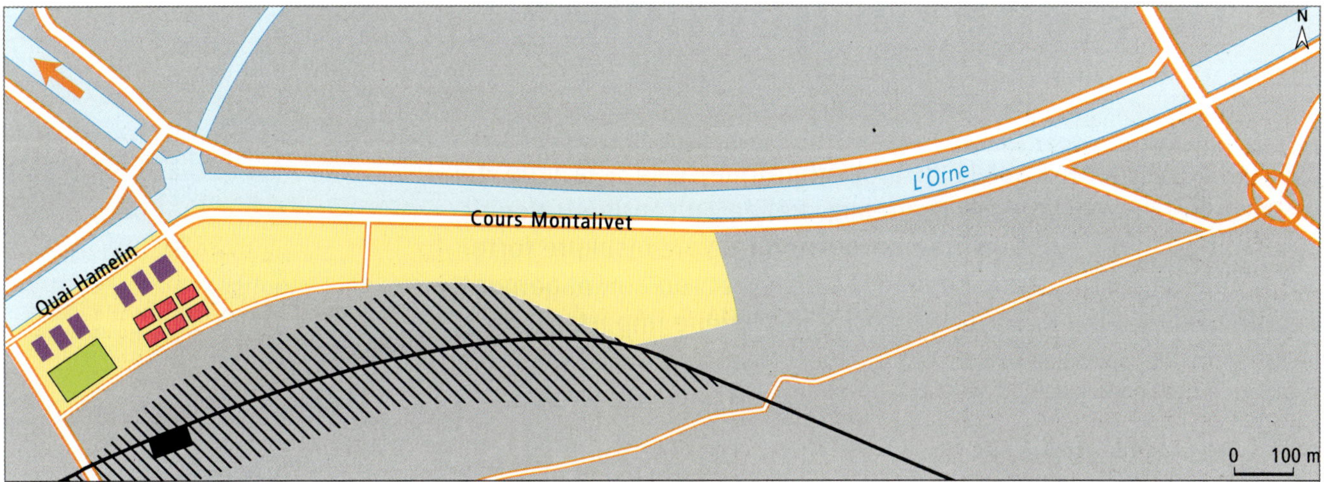

1. ....
- Rives de l'Orne et ZAC Montalivet
- Espaces urbanisés
- L'Orne
- ....

2. Les voies de communication
- Gare TGV, voies et emprise ferroviaire
- Voies principales
- ....

3. ....
- Bureaux
- Complexe de loisirs
- Hôtel et logements

Imprimer le fond de carte sur **www.nathan.fr/geo1re-2015**

L'organisation spatiale du quartier des Rives de l'Orne

De l'étude de cas à la généralisation

L'aménagement du quartier des Rives de l'Orne à Caen

Étude de cas

A. Une opération de rénovation urbaine
- Un ancien quartier d'entrepôts et de voies ferroviaires ;
- la création d'un nouveau quartier : la ZAC.

B. Des acteurs multiples
- La municipalité à l'origine du projet ;
- un promoteur immobilier ;
- les habitants consultés.

C. Les enjeux de l'aménagement du quartier
- Un nouveau territoire du quotidien ;
- le développement des mobilités douces (tram, espaces piétons, etc.).

Généralisation

Approche des territoires du quotidien

À quoi correspondent les territoires du quotidien ?
→ Voir cours 1 p. 44

Quels sont les acteurs de l'aménagement des territoires du quotidien ?
→ Voir cours 2 p. 46

Quels sont les enjeux de l'aménagement des territoires du quotidien ?
→ Voir cours 3 p. 48

L/ES
S

Étude de cas

2 L'île de Ré : un territoire insulaire du quotidien

le point sur… L'île de Ré

Superficie	85 km²
Altitude moyenne	5 mètres
Point culminant	19 mètres
Population permanente	18 000 habitants
Densité	210 hab./km²
Population estivale	entre 120 000 et 150 000 personnes
Nombre de communes	10

L'île de Ré est située sur le littoral atlantique, face à la ville de La Rochelle, entre Nantes et Bordeaux. Reliée au continent depuis 1988 par un pont, elle constitue un territoire de vie insulaire fortement peuplé et très attractif. Son dynamisme et son aménagement s'appuient notamment sur un potentiel touristique important. Mais la pression de l'occupation et des activités humaines sur l'environnement est forte, faisant de l'île de Ré un territoire vulnérable.

➔ À quels enjeux d'aménagement l'île de Ré est-elle confrontée ?

A Un territoire insulaire dynamique

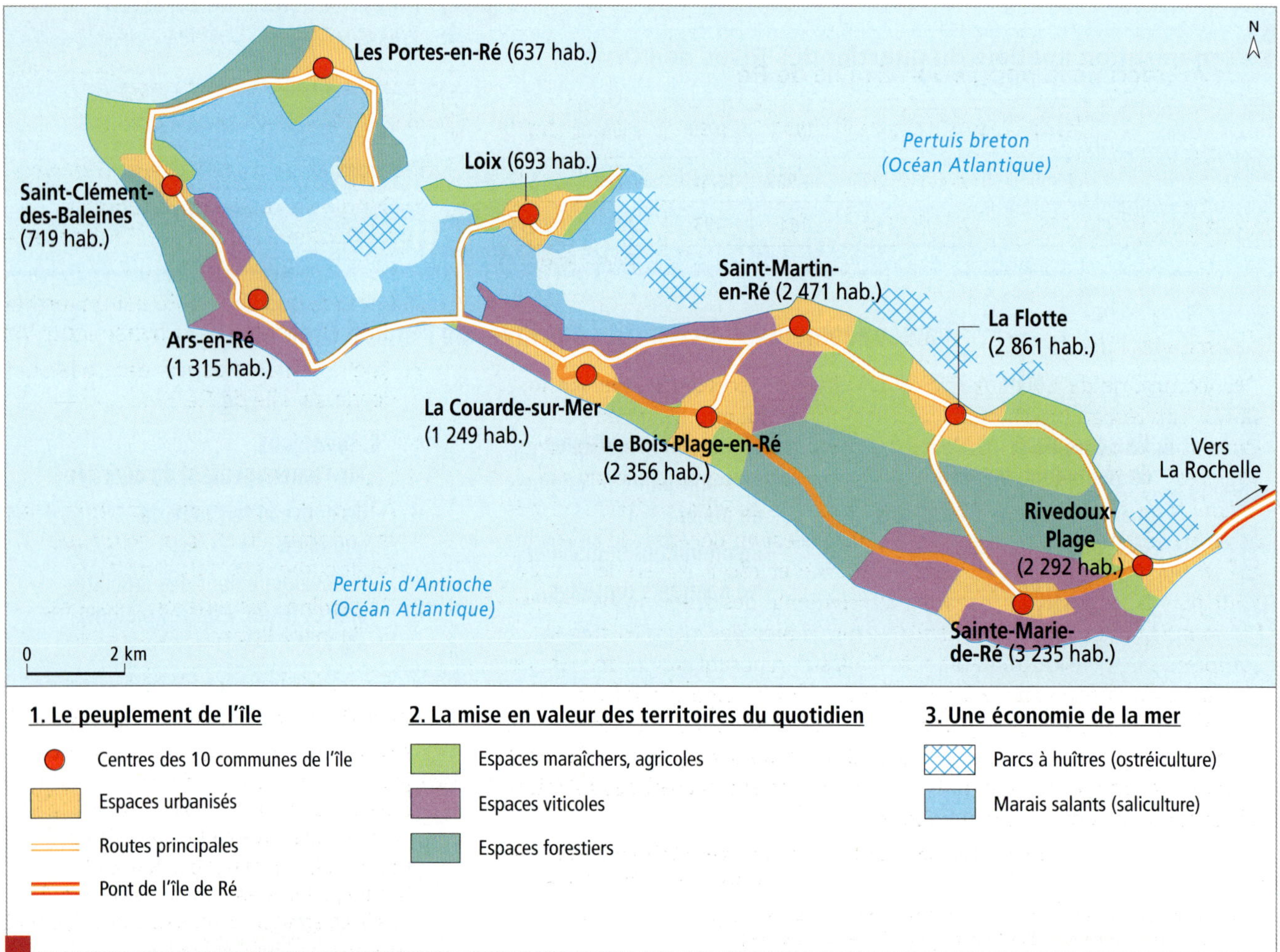

1 Les territoires de l'île de Ré

2 Ars-en-Ré, une commune de l'île

① Commune d'Ars-en-Ré
② Espaces viticoles et agricoles
③ Marais salants
④ Port de plaisance
⑤ Parcs à huîtres

3 L'évolution de la population de l'île de Ré

	1968	1975	1982	1990	1999	2006	2011
Population	9 805	10 274	11 396	13 969	16 499	17 640	17 828
Densité (hab./km²)	115	120	134	164	193	207	210

Source : INSEE, 2015.

4 Vivre sur l'île de Ré

La commune de Loix sur l'île de Ré vient de recevoir le label « Cittaslow[1] », un réseau international de communes qui ont décidé de prendre leur temps et de ne pas troubler la tranquillité de leurs concitoyens. Pour fêter cette récompense, la mairie a organisé une course d'escargots [...]. Cagouillards[2] et fiers de l'être, les habitants de ce village rétais[3] ont fait de la lenteur un art de vivre. La commune s'est vu décerner le label Cittaslow qui regroupe déjà 8 villes en France et 180 à travers le monde. Pour pouvoir adhérer à ce réseau international des villes du bien-vivre, les municipalités doivent répondre à un cahier des charges très strict comprenant 70 recommandations. Celles-ci reposent sur le respect de l'environnement comme le développement des transports alternatifs, des énergies durables et des espaces verts, mais aussi sur la sauvegarde du patrimoine bâti, des coutumes locales et des produits régionaux. Ce label se veut également un gage du bien-vivre en société (accueil des handicapés et solidarité entre les générations).

Christine Hinckel, « De l'éloge de la lenteur à Loix sur l'île de Ré », France 3 Régions, 31 mai 2014.

1. Cittaslow : de l'italien « *citta* » (ville) et de l'anglais « *slow* » (lent).
2. Cagouillards : amateurs d'escargots (cagouille en charentais).
3. Rétais : habitants de l'île de Ré.

Analyse des documents

Décrire un espace à l'échelle locale

1. Sur quelles activités l'économie traditionnelle de l'île de Ré repose-t-elle ? **(doc. 1 et 2)**
2. Montrez que l'île de Ré est un territoire démographiquement dynamique. **(doc. 3)**
3. Quels éléments contribuent à la qualité de vie sur l'île de Ré ? **(doc. 4)**

Analyser une photographie de paysage

4. À l'aide du document 1, repérez le lieu et l'orientation de la prise de vue du document 2. **(doc. 1 et 2)**
5. Déterminez les différents usages de l'espace littoral. **(doc. 2)**

Méthode BAC → Question 2

Analyser un tableau statistique (voir p. 222)

- Calculez et caractérisez l'évolution (augmentation ou diminution, forte ou faible) de la population sur l'ensemble de la période entre la date initiale et la date finale.
- Cette évolution est-elle régulière ? A-t-elle connu des rythmes différents ? des accélérations ou des ralentissements ?
- Précisez la tendance actuelle.

L/ES

B La mise en tourisme du territoire

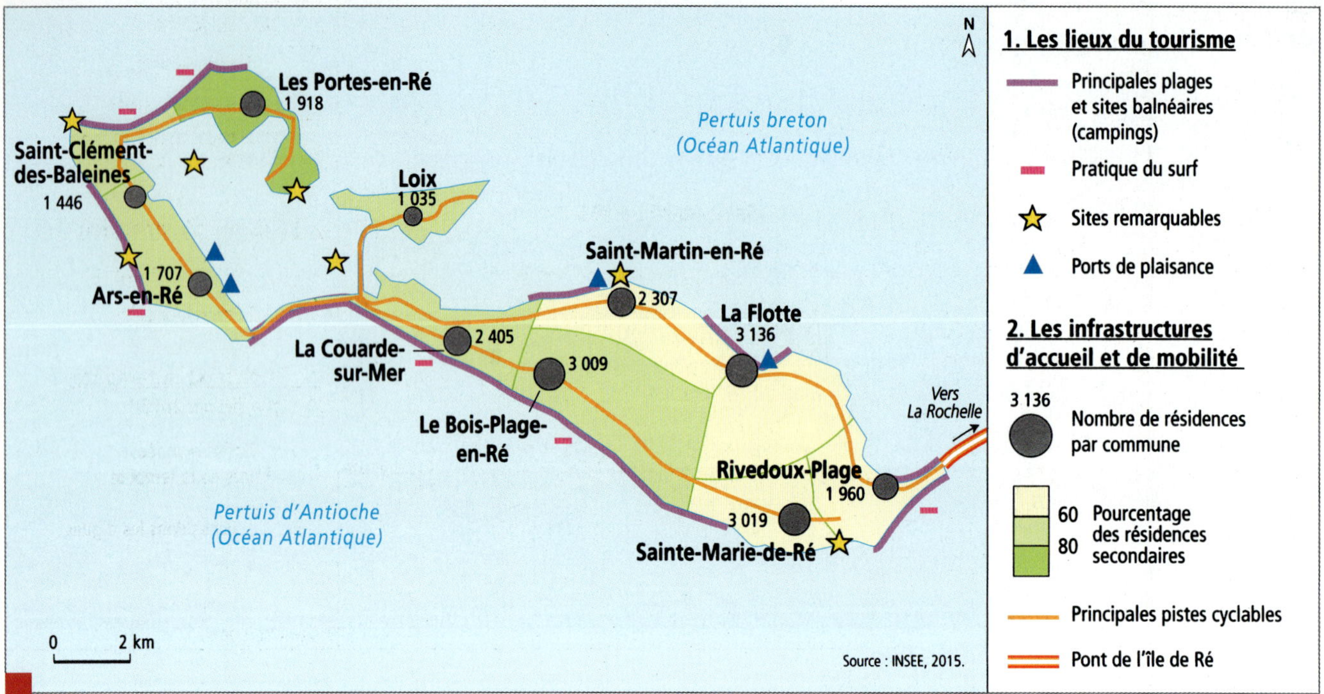

5 Le tourisme sur l'île de Ré

6 Les pistes cyclables sur l'île

Couverture du plan des pistes cyclables de l'île de Ré, 2014-2015.

7 La clientèle touristique sur l'île

Sur un parc d'environ 21 500 logements, les résidences secondaires représentent environ 13 600 logements, soit une proportion de 63 % du parc de logements. Cette proportion montre déjà toute l'importance de l'économie touristique. Ainsi peut-on estimer qu'en période estivale, les résidences secondaires participent à l'accueil d'environ 75 000 personnes.

Pour autant, ce chiffre est à relativiser : en utilisant le nombre moyen de personnes par résidence permanente et par résidence secondaire fourni par l'INSEE (respectivement 2,2 et 5) et en considérant que ces résidences ne sont jamais occupées à 100 % pendant cette période de pointe, les résidences principales et les résidences secondaires totaliseraient environ 89 000 personnes sur un total d'environ 120 000 à 140 000 personnes présentes sur l'île en haute saison.

En effet, il faut compter également avec la forte capacité d'hébergement des campings (34 000 personnes en campings aménagés), des locations de meublés et maisons d'hôtes (6 000 personnes) et dans une moindre mesure des hôtels (2 000 personnes).

Le camping sur parcelle privée et l'hébergement sur les bateaux sont des modes de résidence qui représentent une population non négligeable : respectivement 4 000 et 280 personnes. Si l'on ajoute les visiteurs à la journée (environ 14 000 personnes), c'est environ 60 000 personnes qui viennent s'ajouter aux résidents.

SCOT (Schéma de cohérence territoriale) de l'île de Ré, 2012.

C Un territoire vulnérable

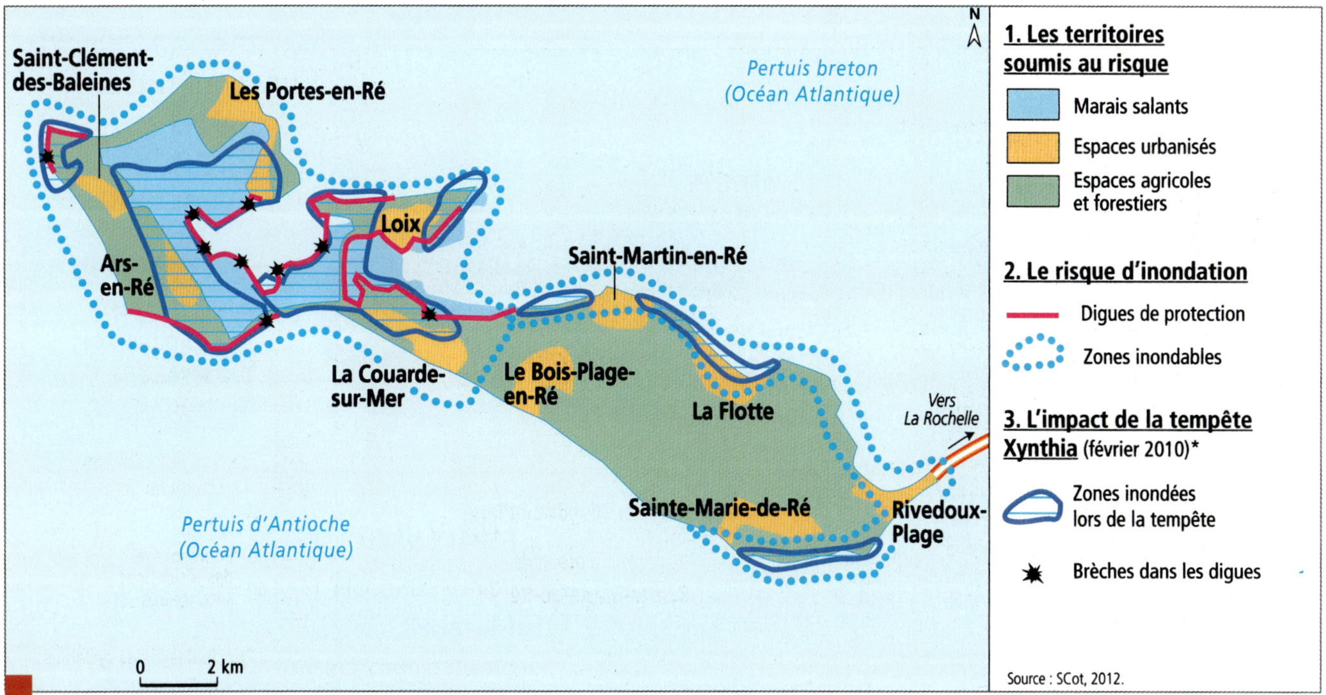

8 Le risque d'inondation sur l'île de Ré

9 Les enjeux du développement de l'île de Ré

Le développement de l'île, en termes d'économie, de logements et de transports, doit s'intégrer dans un espace « fini » où la préservation des paysages et espaces naturels est prioritaire. La tendance [...] est au développement d'une économie verte. La préservation des paysages et du cadre de vie doit être poursuivie. Les milieux doivent être gérés afin de faire face à la pression liée au tourisme.

Par ailleurs, les pics de fréquentation en période estivale induisent des conflits d'usage qui pourraient s'accroître si rien n'est entrepris en ce sens (sensibilisation, gestion, organisation).

[Le SCOT[1] de l'île de Ré] garantit le rapport foncier entre 80 % d'espaces agricoles et naturels et 20 % d'espaces urbanisés et urbanisables. Le SCOT a pour objectif de maîtriser le rythme de construction des résidences secondaires afin de contenir la population de résidents secondaires à 79 600 personnes en 2020. Ainsi, l'objectif fixé par le SCOT est un total de construction de 1 000 résidences secondaires supplémentaires.

SCOT (Schéma de cohérence territoriale) de la Communauté de communes de l'île de Ré, 2012.

1. SCOT : document d'urbanisme élaboré à l'échelle d'une intercommunalité. Il définit les grands projets d'aménagement en matière d'habitat, de développement économique, de loisirs, de transports, d'équipements et d'environnement. Il doit respecter les principes du développement durable.

Analyse des documents

Croiser des documents de nature différente

6. Montrez l'importance de l'activité touristique sur l'île de Ré. **(doc. 5 et 7)**

7. Quels sont les principaux acteurs locaux de l'accueil touristique ? **(doc. 7)**

8. Quel type d'aménagement est mis en avant par les acteurs locaux dans la mise en tourisme de l'île ? **(doc. 6)**

Synthétiser des informations

9. Mettez en relation l'urbanisation de l'île et la vulnérabilité au risque d'inondation. **(doc. 8)**

10. Quelle solution durable est proposée par le SCOT de l'île de Ré ? **(doc. 9)**

Vers le BAC

Consigne : Présentez les caractéristiques, les acteurs et les enjeux de l'aménagement durable de l'île de Ré en tant que territoire du quotidien.

Aide pour répondre à la consigne

- Dans une première partie, vous présenterez les potentialités et les contraintes du territoire.
- Dans une deuxième partie, vous analyserez la mise en valeur économique du territoire et ses acteurs.
- Enfin, vous mettrez en évidence les enjeux d'une mise en valeur durable de ce territoire en tenant compte de sa vulnérabilité.

L/ES
S

Bilan de l'étude de cas 2

Les notions à retenir

Territoire

- Un territoire est **une portion d'espace occupée, appropriée et aménagée par les sociétés humaines**.
- Le territoire n'a pas de dimension particulière, il peut être **local**, **régional**, **national**, etc. Il peut être délimité ou faire partie d'autres territoires. Il peut être composé de portions d'espaces continus (exemple : le quartier d'une ville) ou discontinus (exemple : un État insulaire) ou virtuels (exemple : le réseau Facebook).

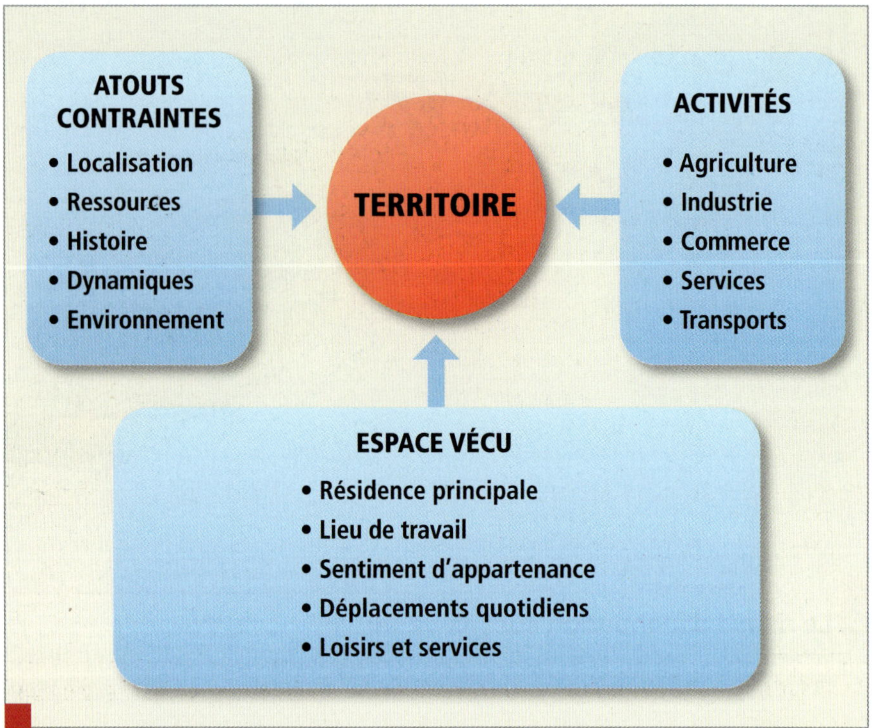

1 **Approches du territoire**

Aménagement

- Un aménagement **résulte de l'intervention volontaire** et **programmée** menée par une collectivité territoriale (commune, région, État) sur le territoire qu'elle contrôle.
- Au sens large, l'aménagement d'un territoire est le **résultat d'actions multiples**, de plus ou moins grande envergure, **menées par des acteurs privés ou publics**, individuels ou collectifs, qui interviennent sur un territoire donné et qui façonnent son paysage.

2 **Les enjeux de l'aménagement d'un territoire : l'exemple de l'île de Ré**

Le croquis de l'étude de cas

➜ **Consigne : Complétez le croquis grâce aux différentes informations contenues dans l'étude de cas sur l'île de Ré.**

1. La diversité des territoires du quotidien
- [jaune] -------------------------
- [vert] -------------------------
- [bleu] -------------------------

2. La mise en tourisme du territoire
- [violet] -------------------------
- Routes et pistes cyclables principales
- Pont de l'île de Ré
- [étoile]

3. Un territoire vulnérable
- Digues de protection
- [pointillés bleus] -------------------

L'île de Ré : un territoire insulaire du quotidien

Imprimer le fond de carte sur **www.nathan.fr/geo1re-2015**

De l'étude de cas à la généralisation

Étude de cas

L'île de Ré : un territoire insulaire du quotidien

A. Un territoire insulaire dynamique
- Un territoire diversifié ;
- une population qui augmente ;
- un espace où il fait bon vivre.

B. La mise en tourisme du territoire
- Des sites remarquables ;
- de nombreuses infrastructures d'accueil et de loisir.

C. Un territoire vulnérable
- Le risque d'inondation ;
- l'érosion des côtes ;
- la pression du tourisme.

Généralisation

Approche des territoires du quotidien

À quoi correspondent les territoires du quotidien ?
➜ Voir cours 1 p. 44

Quels sont les acteurs de l'aménagement des territoires du quotidien ?
➜ Voir cours 2 p. 46

Quels sont les enjeux de l'aménagement des territoires du quotidien ?
➜ Voir cours 3 p. 48

L/ES
S

Les territoires du quotidien

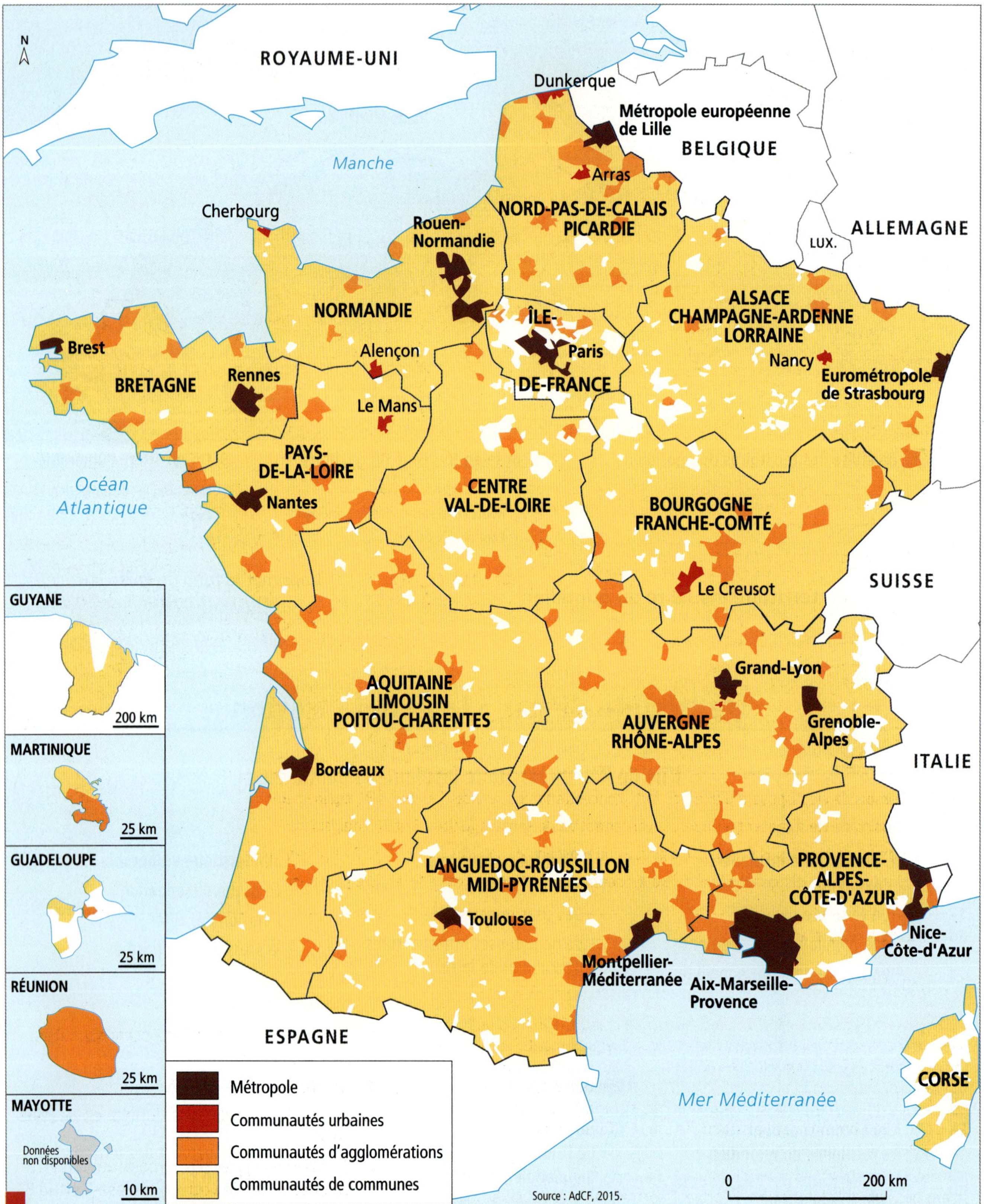

1 **La France des intercommunalités**

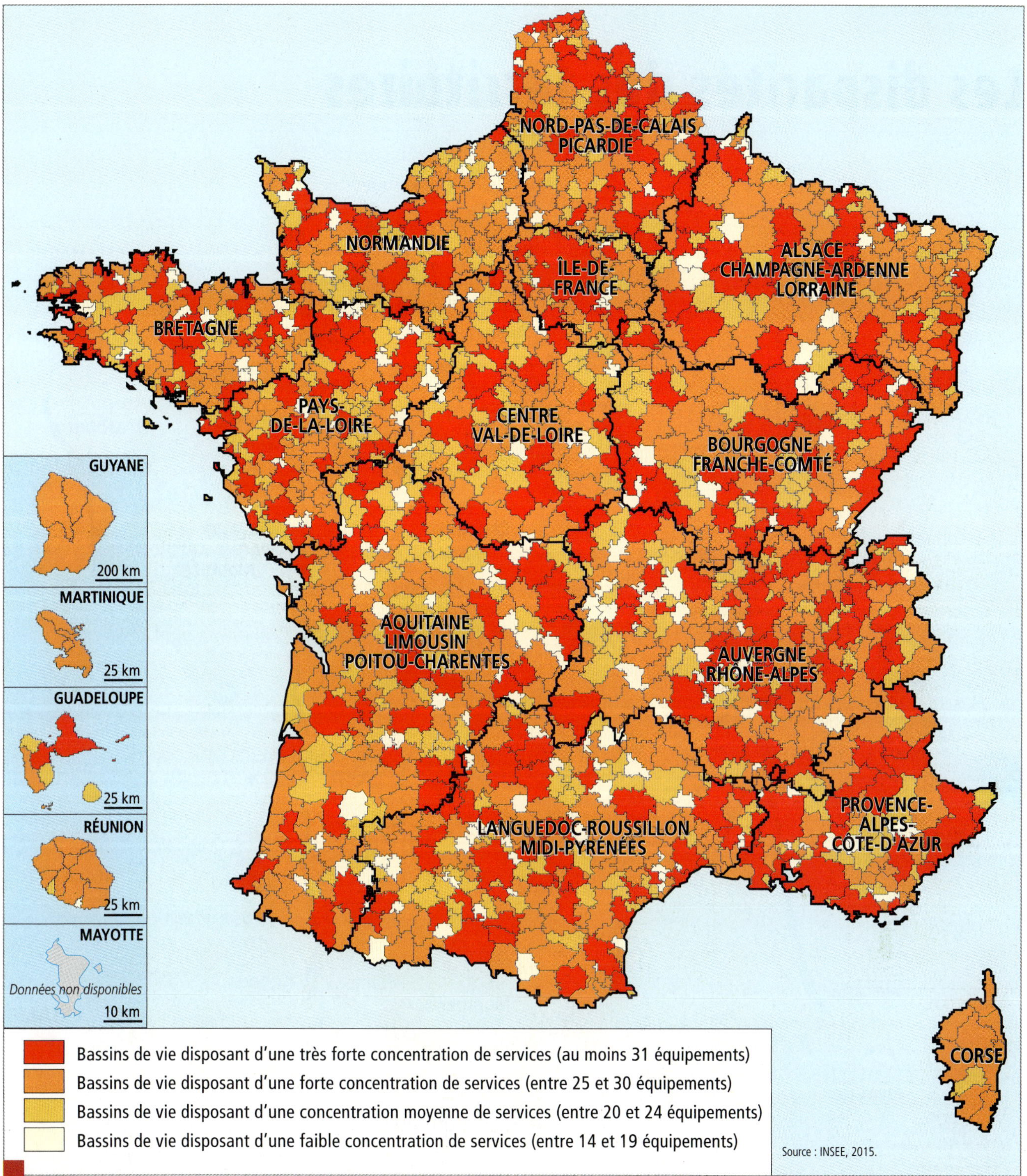

2 **Les bassins de vie**

Vocabulaire

▸ **Bassin de vie :** selon l'INSEE, le bassin de vie constitue le plus petit territoire sur lequel les habitants ont accès aux équipements et services les plus courants. On délimite ses contours autour d'un pôle de services (commune) disposant d'au moins 14 des 31 équipements les plus courants (commerces, enseignement, santé, sports, transports, etc.). En 2015, 1 666 bassins de vie structurent le territoire national, dont 1 287 sont qualifiés de ruraux.

▸ **Métropole :** structure intercommunale d'au moins 400 000 habitants ayant pour objet l'élaboration de projets communs de développement. On en compte 14 en France.

Questions sur les documents

1. Combien de types d'intercommunalités distingue-t-on ? **(doc. 1)**
2. Combien y a-t-il de métropoles ? **(doc. 1)**
3. Sur quels critères sont définis les bassins de vie ? **(doc. 2)**
4. Dans quels types d'intercommunalité et de bassin de vie votre lycée est-il situé ? **(doc. 1 et 2)**

L/ES
S

Les disparités des territoires

1 L'aménagement des territoires en France métropolitaine

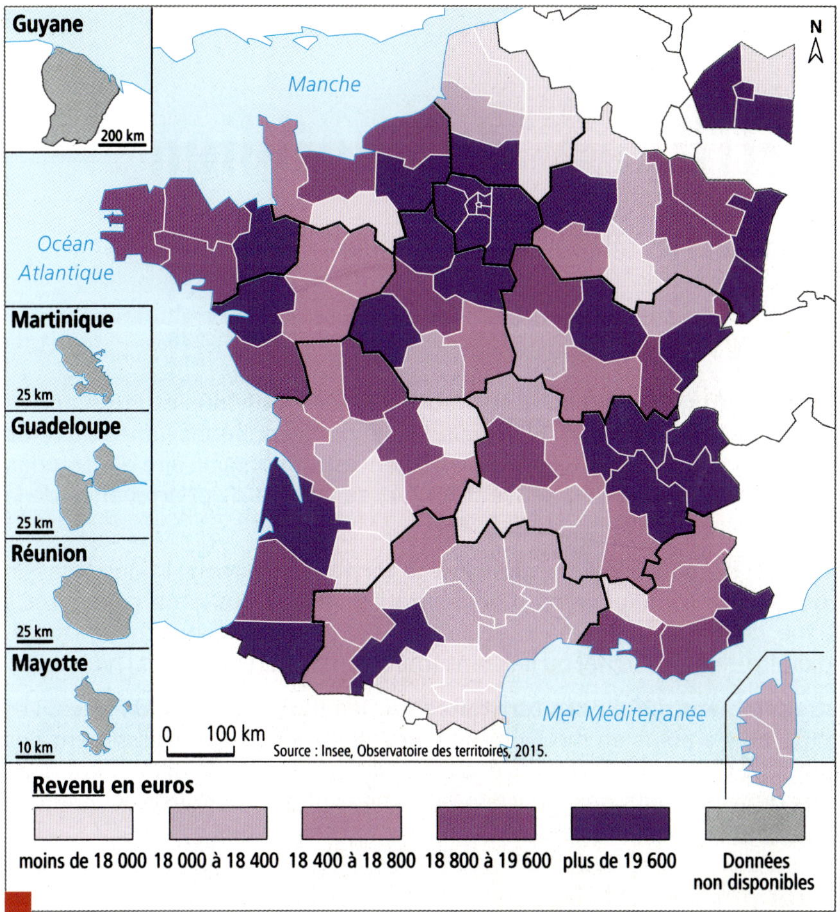

2 Les inégalités de revenus

Vocabulaire

▸ **Pôle de compétitivité :** territoire innovant soutenu par les pouvoirs publics (État français, collectivités locales) qui stimulent et financent la coopération entre des entreprises de tailles diverses, des centres de recherche et des organismes de formation spécialisés dans un même secteur d'activité.

▸ **Revenu médian :** valeur du revenu séparant en deux moitiés égales une population donnée. Le nombre d'individus disposant d'un revenu inférieur au revenu médian est égal au nombre d'individus disposant d'un revenu supérieur à ce même revenu médian.

Questions sur les documents

1. Quelles ont été les principales réalisations de l'aménagement des territoires ? (doc. 1)
2. Quels sont les territoires où le revenu médian par individu est le plus élevé ? Quels sont les territoires où ce revenu est le plus faible ? (doc. 2)
3. Quels sont les territoires où la densité de médecins est la plus élevée ? Quels sont ceux où cette densité est la plus faible ? (doc. 3)
4. Quelle est la situation dans le territoire proche de votre lycée ? (doc. 3)

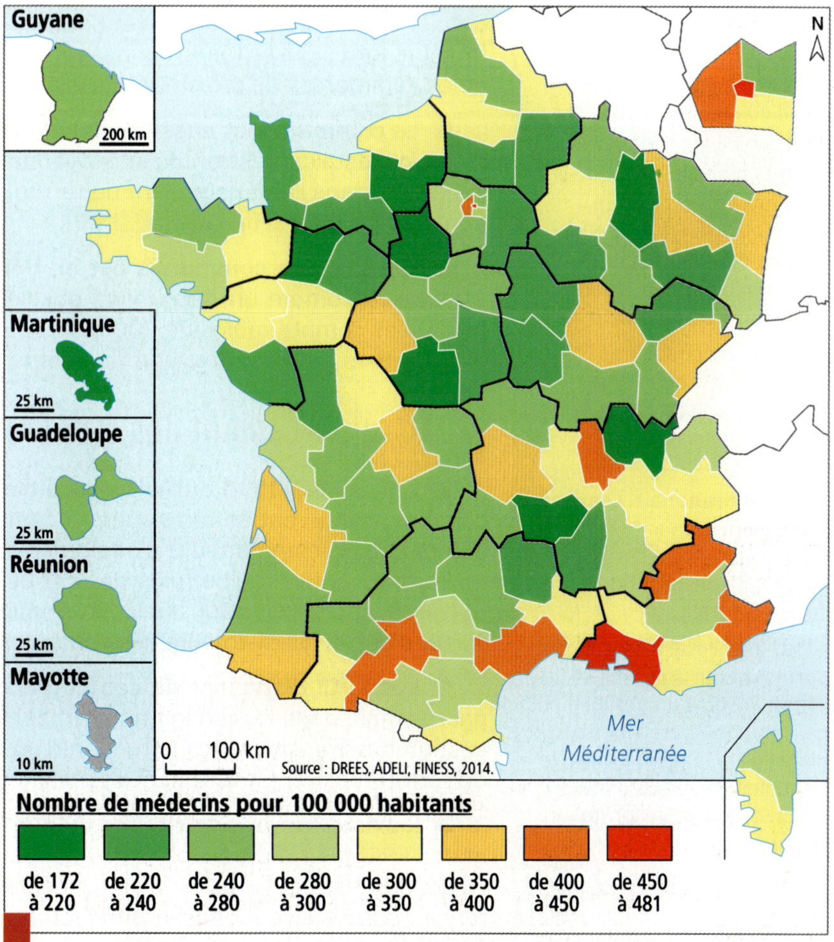

3 Les inégalités territoriales dans l'accès aux soins

L/ES
S

Cours

1. Définir les territoires du quotidien

À quoi correspondent les territoires du quotidien ?

Repères

Les regroupements de communes en 2015

	Nombre
Communautés de communes	1 903
Communautés d'agglomération	222
Communautés urbaines	16
Métropoles	5
Nombre total de communes concernées	36 614 (99,5 % des communes françaises)

Source : Assemblée des communautés de France, 2015.

1 Des territoires vécus au quotidien

Les territoires du quotidien sont structurés par les individus et leurs activités. Ils résultent de la superposition à l'échelle locale de découpages variés : aire de recrutement d'un lycée, **zone de chalandise** d'un centre commercial, aire d'attraction d'un pôle d'emploi, etc. Ils suscitent souvent un fort sentiment d'appartenance de la part des individus qui les habitent.

Plus de 1 600 bassins de vie organisent le territoire français. Chaque bassin de vie s'articule autour d'équipements administratifs (mairie, poste de police, etc.), récréatifs (piscine, etc.), d'enseignement (école, collège), de services marchands (commerces de proximité, supermarché) ou de soins (médecins, pharmacie, etc.) (voir p. 41).

On peut également définir ces territoires par les mobilités quotidiennes. Les individus sont de plus en plus en mouvement comme le montre l'accroissement des **mobilités pendulaires** (doc. 1). Les limites des territoires du quotidien dépendent donc de la nature des déplacements des individus effectués chaque jour : vers leur lieu de travail, leur établissement scolaire, leur centre commercial, etc.

2 Les communes : territoires du local

Les 36 767 communes restent le cadre de la vie quotidienne des Français. Ces derniers sont très attachés à cet héritage de la Révolution. L'identité communale est toujours forte. Elle se fonde sur des repères quotidiens essentiels : la mairie, le marché et les commerces de proximité, l'école primaire, la gare, etc.

La commune est aussi l'échelon de la démocratie locale. L'élection du conseil municipal est l'expression de la citoyenneté à l'échelle locale. Ce dernier joue un rôle important dans l'aménagement du territoire communal, notamment à travers l'adoption du **plan local d'urbanisme (PLU)**.

L'avenir des communes est en débat. Aujourd'hui, la commune est souvent considérée comme un découpage obsolète car trop petit : un tiers des communes françaises compte moins de 200 habitants. Depuis quelques années, les plus petites sont incitées à opérer des regroupements de communes (doc. 2).

3 Le renforcement des coopérations territoriales

Les années 1990 ont vu apparaître de nouvelles structures territoriales. Les communes peuvent se regrouper en communauté de communes (moins de 50 000 habitants), en communauté d'agglomérations (entre 50 000 et 500 000 habitants), en communauté urbaine (plus de 450 000 habitants) ou en métropole (au-delà de 500 000 habitants, pour quelques grandes villes comme Lyon, Nice, etc.) (doc. 3). Aujourd'hui, la quasi-totalité des communes françaises fait partie d'un **EPCI**.

Les EPCI disposent de compétences clés à l'échelle locale. Ils interviennent par exemple dans l'aménagement urbain (rénovation d'un quartier dégradé), dans la gestion des transports (construction d'un réseau de tramway), ou dans la protection de l'environnement (traitement des déchets).

Il existe d'autres territoires du quotidien. Les **pays** regroupent des communes et des EPCI pour promouvoir le développement local, notamment dans l'espace rural. Le département est un échelon intermédiaire entre la commune et la région. Son existence pourrait être menacée à moyen terme par le renforcement des compétences des EPCI et des régions.

Vocabulaire

- **Bassin de vie :** voir p. 41.
- **EPCI :** établissement public de coopération intercommunale, regroupement de communes ayant pour objet l'élaboration de projets communs de développement.
- **Mobilités pendulaires :** déplacements quotidiens des individus entre le domicile et le lieu de travail.
- **Pays :** délimitation administrative et territoriale. Les pays s'articulent autour de la notion d'espace cohérent sur les plans géographique, historique, culturel et social.
- **PLU (plan local d'urbanisme) :** document qui, à l'échelle d'une commune ou d'un groupement de communes, établit un projet global d'aménagement et fixe les règles générales d'utilisation du sol sur le territoire considéré.
- **Zone de chalandise :** zone d'où provient la majorité de la clientèle d'un commerce.

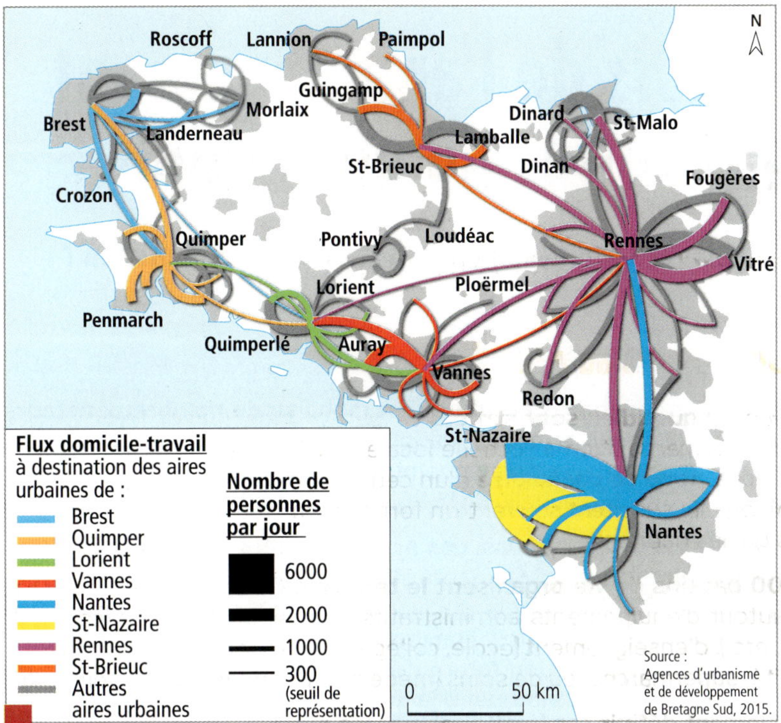

1 Les mobilités quotidiennes en Bretagne

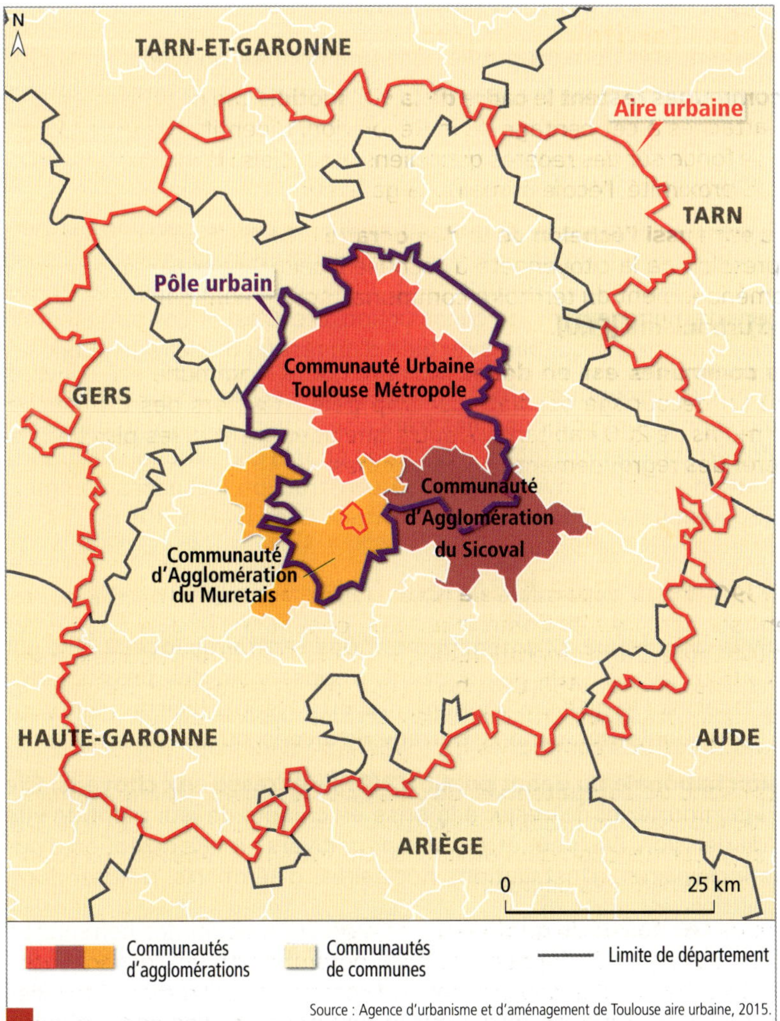

3 Les regroupements de communes à Toulouse

2 Des communes moins nombreuses ?

Les députés ont adopté [une] proposition de loi, qui va [...] faciliter la fusion de communes. Jusqu'à présent, le dispositif des communes nouvelles s'est avéré peu efficace puisqu'on dénombre en France toujours près de 27 000 communes de moins de 1 000 habitants, dont 3 500 de moins de 100. Alors que depuis 1950 le nombre de communes a été réduit de 87 % en Suède, de 75 % en Belgique et de 41 % en Allemagne, il n'a diminué que de 5 % en France où l'on compte plus de 36 500 communes contre environ 8 000 en Espagne et en Italie.

La loi Marcellin de 1971 permettait la fusion administrative des communes, mais après quelques centaines de fusions les premières années, elles sont devenues ensuite ponctuelles [...]. Face à cet échec, le Parlement a créé un nouveau statut de « commune nouvelle » en 2010, censé être plus incitatif. Mais il n'y a eu pour l'instant que 13 communes nouvelles à partir de 35 communes existantes. Voulue par le président de l'Association des maires de France, qui a rappelé que « 64 communes n'ont pas eu de candidats aux dernières municipales » [...], cette proposition de loi vise à faciliter la constitution de ces communes nouvelles [...]. « C'est un pas dans la bonne direction mais cela se heurtera à beaucoup de conservatisme et d'esprit de clocher », a prévenu l'écologiste Paul Molac. « Les Français aiment leur village, leur mairie, leur église et leur cimetière. »

Jérémy Chevreuil, « Jacques Pélissard veut faciliter le regroupement des communes », le blog politique, France 3 Franche-Comté, http://france3-regions.blog.francetvinfo.fr/politiquefranchecomte, 31 octobre 2014.

Questions sur les documents

1. Montrez que les limites des territoires du quotidien associés aux flux domicile-travail sont très inégales. **(doc. 1)**
2. Quelle a été l'évolution du nombre de communes depuis 1950 en France ? Pour quelles raisons les regroupements de communes sont-ils peu nombreux ? **(doc. 2)**
3. Quels sont les différents types de regroupements de communes représentés sur la carte ? Combien y en a-t-il dans l'aire urbaine de Toulouse ? **(doc. 3)**

L/ES
S

2. Les acteurs de l'aménagement des territoires du quotidien

Quels sont les acteurs de l'aménagement des territoires du quotidien ?

1 De nombreux acteurs publics

■ **L'aménagement des territoires du quotidien mobilise de nombreux acteurs publics.** Les communes, les départements, les intercommunalités (EPCI, pays) disposent d'outils d'aménagement et de développement spécifiques à leur échelle : **PLU** à l'échelle de la commune, **SCOT** à l'échelle de l'EPCI **(doc. 1)**, charte à l'échelle du pays.

■ **Ces aménagements impliquent aussi des acteurs publics à d'autres échelles.** L'État, par le biais de lois (loi Littoral, loi Solidarité et renouvellement urbains de 2000, etc.), de financements et d'établissements publics (SNCF, agences de l'eau, Agence nationale pour la rénovation urbaine, etc.), conserve un rôle d'accompagnement. La **DATAR** réalise des études sur l'évolution future des territoires. Les financements de l'Union européenne peuvent aussi contribuer à la mise en œuvre de projets locaux.

■ **On parle parfois de « millefeuille territorial ».** Cette expression péjorative suggère qu'un empilement d'échelons territoriaux et administratifs aux compétences mal délimitées peut nuire à l'efficacité de l'action publique.

2 Des acteurs privés de plus en plus impliqués

■ **Le désengagement des acteurs publics est une donnée nouvelle.** La libéralisation croissante de l'économie depuis les années 1980 ainsi que la diminution des ressources de l'État dans un contexte de récession économique expliquent ce recul. Les petites communes voient par exemple disparaître de plus en plus de services de proximité, comme les bureaux de poste.

■ **Les partenariats public-privé se multiplient.** Dans ce cas, la décision est partagée entre l'acteur public et son partenaire, et ce de l'élaboration du projet à sa mise en œuvre. L'acteur privé apporte un financement, mais aussi son expertise et ses méthodes en matière d'aménagement, de construction, etc. C'est le cas par exemple pour la construction de centres hospitaliers ou bien d'un réseau d'éclairage public.

■ **Des groupes privés deviennent ainsi aménageurs.** C'est le cas de l'entreprise JCDecaux, qui a équipé plusieurs grandes villes françaises (Lyon, Paris, Marseille, etc.) en systèmes de vélos en libre-service **(doc. 2)**, d'Eiffage pour la construction de grands équipements (le stade de Lille) ou d'Apsys pour la construction d'espaces commerciaux et de loisirs (Beaugrenelle à Paris, Rives de l'Orne à Caen (voir p. 30), etc.).

3 Le rôle des citoyens et de la société civile

■ **La société civile prend part à l'aménagement des territoires locaux.** Elle est constituée d'associations de citoyens qui, souvent, s'opposent à des projets jugés nuisibles à l'échelle locale sur le plan environnemental ou paysager (liaison TGV Lyon-Turin, aéroport de Notre-Dame-des-Landes, barrage de Sivens, etc.).

■ **La Commission nationale du débat public (CNDP) s'adresse aux citoyens.** Elle a pour mission de les informer et de veiller à la prise en compte de leur point de vue dans le processus de décision. Elle peut être saisie pour divers projets : création d'autoroutes, de lignes ferroviaires, d'installations nucléaires, d'aéroports, de gazoducs, d'équipements industriels, etc. **(doc. 3)**.

■ **La notion récente de gouvernance met l'accent sur les interactions entre acteurs.** Elle désigne une gestion de l'aménagement des territoires prenant en compte la multiplicité des acteurs (publics, privés et civils, à différentes échelles) et de leurs intérêts.

Vocabulaire

- **DATAR :** Délégation à l'aménagement du territoire et à l'attractivité régionale ; administration qui impulse et coordonne la politique d'aménagement des territoires en France.
- **Gouvernance :** gestion de l'aménagement des territoires prenant en compte la multiplicité des acteurs, leurs intérêts et leurs interactions.
- **PLU (plan local d'urbanisme) :** document qui, à l'échelle d'une commune ou d'un groupement de communes, établit un projet global d'aménagement et fixe les règles générales d'utilisation du sol sur le territoire considéré.
- **SCOT :** schéma de cohérence territoriale ; document d'urbanisme élaboré à l'échelle d'une intercommunalité. Il définit les grands objectifs d'aménagement et d'urbanisme en matière d'habitat, de développement économique, de loisirs, de déplacements, d'équipements et d'environnement. Il doit respecter les principes du développement durable.
- **Société civile :** organisation volontaire de citoyens en dehors du cadre de l'État ou de l'entreprise, sous forme d'associations ou de groupes de pression.

1 Le schéma de cohérence territoriale (SCOT) du pays de la Provence Verte

Extrait de la brochure n° 3 du SCOT Provence Verte, janvier 2013.

2 Les Vélo'V à Lyon

Il y a neuf ans, Lyon était la première ville de France à se doter d'un système de vélos en libre-service. Depuis, les Vélo'V [...] ont clairement remis les Lyonnais en selle. Plus de 110 millions de kilomètres ont été parcourus, le service compte 53 000 abonnés longue durée, 20 000 locations par jour. L'effet de levier du dispositif a été tel que le vélo représente aujourd'hui 5 % des déplacements quotidiens observés dans l'agglomération. Et plus de 7 % à Lyon et Villeurbanne1, équipées des célèbres bicyclettes rouges et grises. « Vélo'V a largement contribué à développer l'usage personnel du vélo, confirme Gilles Vesco, conseiller délégué du Grand Lyon chargé des nouvelles mobilités. Mais il faut aller plus loin. » L'objectif d'ici à 2020, est de porter à 7,5 % la part du vélo dans toute l'agglomération. Pour y parvenir, le Grand Lyon prévoit d'équiper les communes de la première couronne (Tassin, Vénissieux, Bron, etc.) de 1 000 Vélo'V supplémentaires courant 2018. Et de doter les 5 000 bicyclettes d'une assistance électrique au pédalage. « Ces nouveautés feront partie du contrat avec le futur exploitant des Vélo'V. Celui-ci devra être choisi, à l'issue d'un avis public d'appel à la concurrence, fin 2017, moment auquel arrive à échéance le contrat en cours avec JCDecaux », précise Gilles Vesco. [...]

Élisa Riberry, « Les Vélo'V n'ont pas fini de rouler », *20 Minutes*, 26 juin 2014.

1. Villeurbanne est une commune de la banlieue lyonnaise.

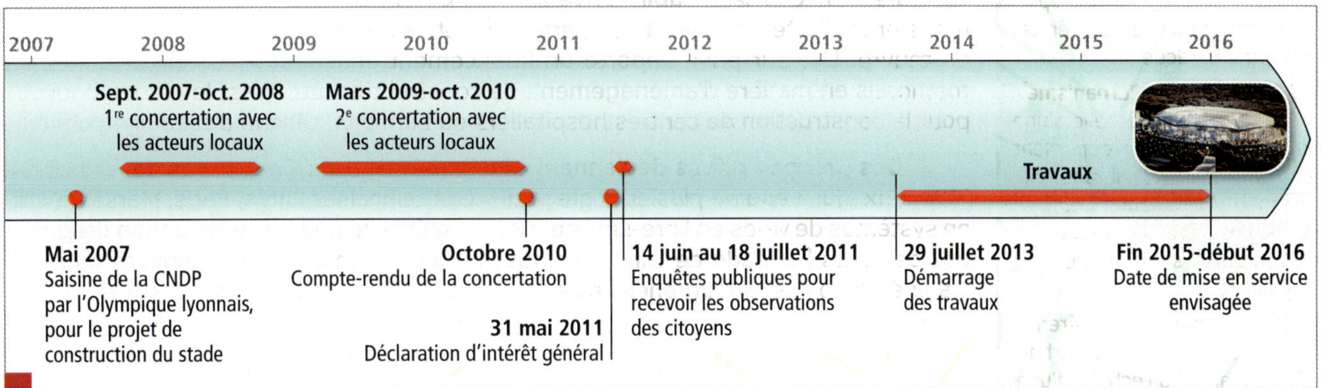

3 Le processus du débat public : le projet du stade des Lumières (Lyon)

Déclaration d'intérêt général : un projet d'aménagement peut s'effectuer sur des propriétés privées lorsqu'il présente un intérêt général (pour la collectivité).

Questions sur les documents

1. Quels sont les différents thèmes abordés dans le SCOT du pays de la Provence Verte ? **(doc. 1)**
2. Qui sont les acteurs du partenariat public-privé pour la mise en service des Vélo'V à Lyon ? En quoi ce partenariat est-il une réussite ? Expliquez-en le fonctionnement. **(doc. 2)**
3. Quelles sont les différentes étapes du débat public ? Combien de temps s'écoule entre la saisine de la CNDP et la mise en service de l'équipement ? Pourquoi selon vous ? **(doc. 3)**

L/ES
S

3. L'avenir des territoires du quotidien

➔ Quels sont les enjeux de l'aménagement des territoires du quotidien ?

1 Des territoires en concurrence : l'enjeu de la compétitivité

La mondialisation met les territoires locaux en concurrence. Les acteurs privés ont un poids croissant dans la conception et le financement des projets d'aménagement. Cela conduit à faire de l'attractivité des territoires et de la rentabilité des aménagements une priorité. L'enjeu de leur **compétitivité** aux échelles européenne et mondiale devient primordial.

La mise en valeur des territoires locaux repose de plus en plus sur leur attractivité. Cela se traduit par des stratégies de **marketing territorial**. Mais c'est surtout l'insertion dans des réseaux de transport (autoroutes, TGV) et de communication performants à différentes échelles qui est déterminante pour conserver et attirer population et activités.

Les territoires locaux les plus compétitifs bénéficient d'un soutien de l'État. C'est le cas pour les territoires industriels mais aussi pour les territoires ruraux. Les pôles d'excellence rurale **(doc. 1)** sont porteurs d'un projet de développement économique qui associe acteurs publics et privés (exemple : volailles de qualité du Gers). Ces labels donnent accès à des subventions spécifiques.

2 Des territoires inégaux : l'enjeu de la cohésion

La cohésion territoriale reste un enjeu déterminant de l'aménagement. Face à l'inégale compétitivité des territoires de proximité, l'accès des populations à l'emploi, aux services, à la culture constitue un défi majeur. En ville, dans les espaces périurbains, en métropole et en outre-mer, les **ZAC** permettent cette accessibilité aux logements et aux services pour tous **(doc. 3)**.

La politique de la ville vise les quartiers marqués par les difficultés socio-économiques. Les « quartiers prioritaires » bénéficient d'aides spécifiques des pouvoirs publics. De plus, la loi Solidarité et renouvellement urbain (2000) impose aux communes de plus de 3 500 habitants de disposer d'au moins 20 % de logements sociaux.

Dans les espaces ruraux, il s'agit de réduire les inégalités. Les zones de revitalisation rurale (ZRR) **(doc. 1)** bénéficient d'aides publiques afin de lutter contre le dépeuplement, le déclin économique et l'enclavement des campagnes les plus fragiles.

3 Des territoires à préserver : l'enjeu de la durabilité

Les territoires du quotidien sont des laboratoires du développement durable. Ils mettent en place des **Agendas 21 locaux**. Ceux-ci sont élaborés à la suite d'une concertation entre acteurs qui essaient de déterminer les atouts et les contraintes du territoire **(doc. 2)**. Ces outils permettent des actions concrètes principalement axées sur la préservation de l'environnement : encouragement de l'habitat écologique, développement des transports propres, événements de sensibilisation au développement durable, etc.

Certains territoires sont spécifiquement dédiés à la protection de l'environnement. Ils font l'objet de périmètres précis (réserves naturelles, zones de protection spéciale, espaces boisés classés, zones naturelles d'intérêt écologique, faunistique et floristique, etc.) qui visent à préserver des territoires fragiles.

Les territoires du quotidien intègrent l'enjeu de durabilité. Les projets d'aménagement et de développement durables (PADD) veillent à l'équilibre entre aménagement et préservation de l'environnement à l'échelle locale.

Repères

■ Les étapes de l'Agenda 21 local

Impulsion politique
↓
Élaboration d'un diagnostic du territoire (atouts et contraintes)
↓
Concertation prenant appui sur ce diagnostic : définition des objectifs
↓
Mise en œuvre
↓
Suivi et évaluation

Vocabulaire

- **Agenda 21 local :** programme de mesures concrètes d'aménagement local visant à appliquer les objectifs du développement durable.
- **Compétitivité :** capacité d'une entreprise, d'un secteur économique ou d'un territoire à vendre ou à fournir durablement un ou plusieurs biens ou services sur un marché concurrentiel.
- **Marketing territorial :** promotion d'un territoire utilisant les techniques publicitaires.
- **Politique de la ville :** ensemble d'actions mises en place par les pouvoirs publics afin de revaloriser les zones urbaines en difficulté.
- **Zone d'aménagement concerté (ZAC) :** voir p. 28

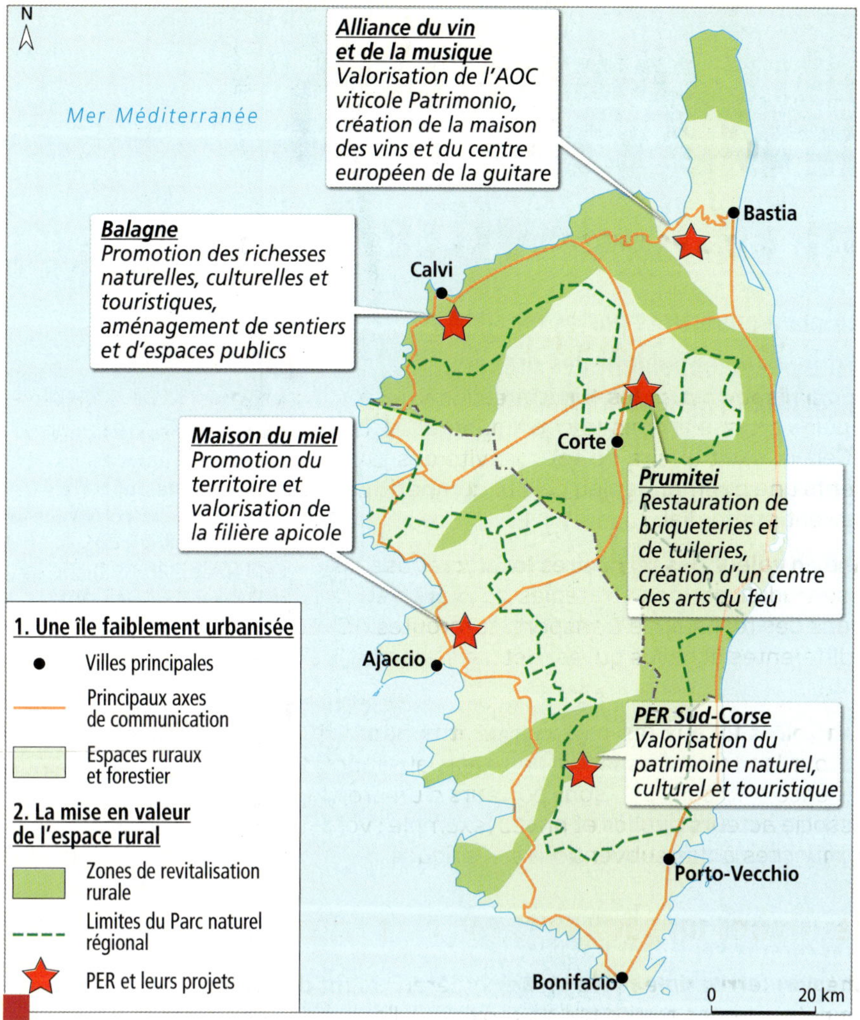

1 **Pôles d'excellence rurale et zones de revitalisation rurale en Corse**

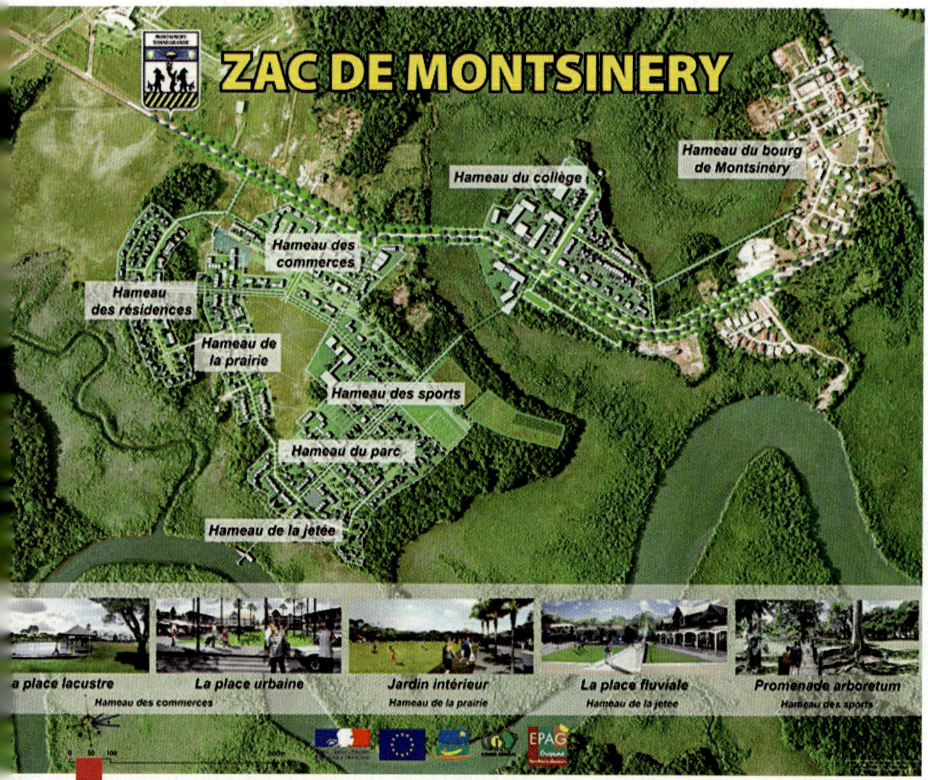

3 **L'aménagement de la ZAC de Montsinery en Guyane (2012)**

2 L'Agenda 21 de Noisy-le-Grand (Seine-Saint-Denis)

Valorisation du patrimoine naturel (bords de Marne, bois Saint-Martin), développement de l'éco-construction, des circulations douces, des pratiques écologiques au sein des services municipaux, etc. Pour impliquer tous les acteurs du territoire dans une démarche de développement durable, Noisy-le-Grand a lancé en 2010 l'élaboration de son Agenda 21, avec la collaboration d'un bureau d'études spécialisé. [...] Le 20 décembre 2012, le conseil municipal a adopté le plan d'actions de l'Agenda 21 [...] pour les 4 années à venir. Au total, soixante-quinze actions ont été retenues, réparties selon six axes stratégiques : aménagement durable des quartiers et qualité de vie des habitants, amélioration des déplacements, préservation de l'environnement, exemplarité de la ville, investissement des citoyens et implication des entreprises. Dans les 3 années à venir, les actions présentées seront mises en place sur le territoire, et certaines l'ont été dès 2013 : [...] formation d'éco-ambassadeurs de quartier parmi les habitants volontaires, sensibilisation des créateurs d'entreprise au développement durable, rénovation énergétique des bâtiments municipaux, mutualisation des véhicules de service de la municipalité, concours de jardins et de balcons fleuris...

Site Internet des Agendas 21, www.agenda21france.org/, 2013.

Questions sur les documents

1. Dans quels secteurs d'activités les pôles d'excellence rurale de Corse sont-ils spécialisés ? **(doc. 1)**
2. Pourquoi peut-on dire que l'Agenda 21 de Noisy-le-Grand inscrit le développement durable dans la vie quotidienne des habitants ? **(doc. 2)**
3. Décrivez les différents aménagements prévus dans la ZAC de Montsinery. **(doc. 3)**

L/ES
S

AUTRES REGARDS

Un nouveau centre commercial en périphérie de Metz : la fin du commerce en centre-ville ?

Waves est un centre commercial moderne qui a ouvert ses portes en 2014 en périphérie de Metz. Il est représentatif du développement des grandes zones commerciales périurbaines en France. Il fait craindre la fermeture des commerces en centre-ville et soulève plus largement le débat sur l'équilibre entre les centres urbains et leurs périphéries.

➔ Les zones commerciales périurbaines menacent-elles les commerces de centre-ville ?

Info

- **En 2013**, 5,7 millions de mètres carrés de nouvelles surfaces commerciales ont été autorisés à la construction en France contre seulement 2,5 millions de mètres carrés en 2012.
- **62 % des zones commerciales** sont situées en **périphérie** des villes. Les espaces périurbains accueillent 83 % des nouveaux projets en 2013.

1 Entretien avec le P-DG de Waves

La Rédaction : *Des boutiques, des restaurants, des spectacles, prochainement un cinéma et des loisirs, etc. Des voix s'élèvent pour dénoncer une « mise à mort du centre-ville ». Qu'en pensez-vous ?*

Philippe Journo, P-DG de Waves : Nous ne voulons pas la mort du centre-ville de Metz et encore moins de son commerce. Il faut travailler en bonne intelligence. Pour un commerce de centre-ville fort, il faut un commerce de périphérie fort et inversement. Si l'hyper-centre, ses commerces, ses musées, ses hôtels et ses animations ne sont pas à la hauteur, les clients ne viendront pas à Waves. Et si Metz ne propose pas des centres commerciaux innovants, les clients iront dans d'autres agglomérations. [...] Waves fera la promotion du centre-ville. Nous avons signé avec les commerçants de la ville une convention « Commerce de centre-ville ». On a décidé d'adhérer à la Fédération des commerçants et de financer une campagne d'animation commerciale pour le centre-ville.

Nicolas Zaugra, « Waves : "nous ne voulons pas la mort du centre-ville de Metz" », www.LOR'Actu.fr, 31 octobre 2014.

2 L'opposition au projet

« Le projet met en péril directement le centre-ville de Metz et déséquilibrera toutes les villes de l'agglomération », tranchait Dominique Gros (PS) qui est de nouveau aux commandes de la ville depuis mars dernier et qui avait voté pour en 2011. La droite messine qui s'est toujours opposée au projet notamment pendant la campagne des municipales de mars 2014 a fustigé la « réaction tardive » de Dominique Gros, estimant que le maire de Metz n'aurait jamais dû voter en faveur de ce gigantesque centre commercial. L'Association des commerçants de Metz et la CGPME (Confédération générale du patronat des petites et moyennes entreprises) sont également vent debout contre le projet, estimant que les commerces de centre-ville sont déjà confrontés à des loyers élevés, à une clientèle qui cherche des offres de transports et de stationnement attractifs et qui est tentée par les achats sur Internet.

Nicolas Zaugra, « Le centre commercial Waves va-t-il tuer le centre-ville de Metz ? », www.LOR'Actu.fr, 29 juillet 2014.

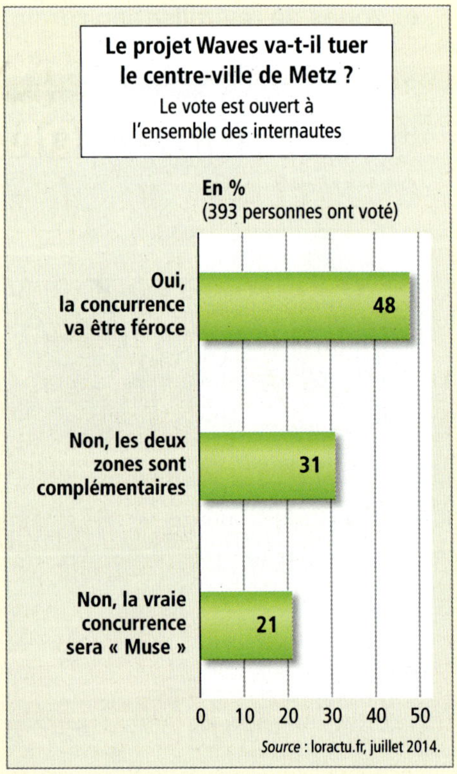

3 Un aménagement qui divise

« Muse » : projet de centre commercial en centre-ville.

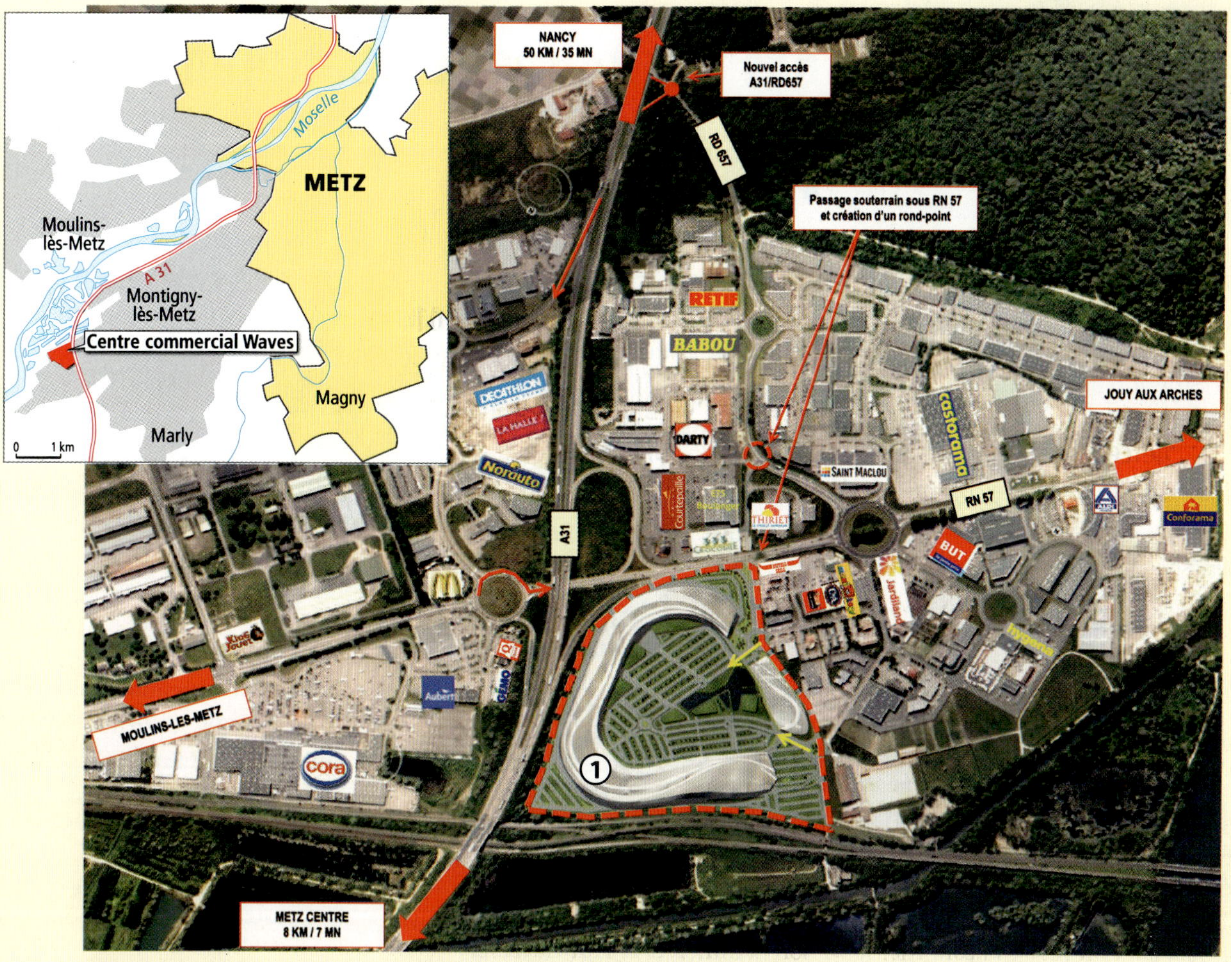

4 Le nouveau centre commercial Waves, à 8 km de Metz

Ce centre commercial ①, dont le projet a débuté en 2011, a ouvert ses portes fin 2014 dans la zone commerciale Actisud. Extrait du plan d'aménagement, 2013.

LesEchos.fr

Zones commerciales périphériques : la mort des centres-villes

ALAIN SIMON / COMMERÇANT DE MONTPELLIER, PRÉSIDENT DE LA FADUC (FÉDÉRATION DES ASSOCIATIONS DE COMMERÇANTS, D'USAGERS ET DE CONSOMMATEURS) | LE 07/10 À 08:48

Zones commerciales périphériques : la mort des centres-villes 1 / 1

+ INFOS
6 RÉAGIR
151 PARTAGER

Avec plus de 1 million de m² de projets commerciaux annoncés pour 2014-2015, la France continue de construire des zones marchandes en périphérie des villes, à un rythme soutenu, au détriment des centres-villes.

5 Un étalement commercial qui inquiète

Extrait de Lesechos.fr, 7 octobre 2014

Préparer le débat

1. Pourquoi Waves peut-il attirer les habitants du centre-ville de Metz ? **(doc. 1 et 4)**
2. Pourquoi peut-on dire que cet aménagement divise l'opinion ? Le sondage est-il représentatif de l'opinion des habitants de Metz ? **(doc. 3 et 5)**
3. Quels acteurs s'opposent sur ce nouvel aménagement ? Quels sont leurs arguments ? **(doc. 1 et 2)**

Débat

Étudiez l'aménagement d'une zone commerciale périphérique près de votre lycée : son extension, ses enjeux. Présentez les arguments des différents acteurs (ceux qui la défendent et ceux qui la rejettent).

L/ES
S

Réviser

Approche des territoires du quotidien

Synthèse

1 Des territoires vécus à l'échelle locale

- **Les territoires du quotidien sont des territoires vécus par leurs habitants dans leurs activités et mobilités quotidiennes.** Ils génèrent un fort sentiment d'appartenance.
- **La commune est considérée comme l'échelon de référence.** Elle est le lieu où s'exerce la démocratie locale. Mais ce repère identitaire fort est de plus en plus considéré comme obsolète.
- **Les communes se regroupent désormais au sein d'intercommunalités.** Elles forment des EPCI ou des pays.

2 Les nombreux acteurs de l'aménagement

- **On distingue différents acteurs publics d'échelles variées.** Collectivités locales, intercommunalités, État, Union européenne : on parle parfois de « millefeuille territorial ».
- **Les acteurs privés jouent un rôle croissant face au recul des acteurs publics.** Ils procurent financement et expertise, et interviennent dans la prise de décision.
- **Les citoyens sont aussi représentés par la société civile.** La bonne gouvernance consiste à encourager la concertation entre tous les types d'acteurs.

3 Les enjeux complexes de l'aménagement

- **L'enjeu de la compétitivité est primordial dans le contexte de la mondialisation.** L'accent est mis sur l'attractivité des territoires.
- **L'enjeu de la cohésion territoriale reste central.** En effet, les écarts se creusent entre territoires dynamiques et territoires fragiles.
- **Le développement durable est désormais déterminant.** La préservation de l'environnement s'inscrit dans les outils de l'aménagement du territoire à l'échelle locale.

Notions clés

- Aménagement p. 38
- EPCI (ou intercommunalité) p. 44
- Quartier p. 32
- Rénovation urbaine p. 32
- Territoire p. 38

Chiffres clés

- **36 767 communes en 2015**
- **2 146 EPCI en 2015**
- **101 départements**
- **Temps quotidien passé en déplacement par personne (2014) : 56 minutes**
- **Distance quotidienne parcourue par personne (2014) : 25 km**

Pour approfondir

Livres

- Nacima Baron-Yelles, *France : Aménager et développer les territoires, La Documentation photographique*, n° 8067, 2009.
- Hervé Le Bras, *Atlas des inégalités*, Autrement, 2014.

Films

- *La France en territoires*, Canopé-CNDP, 2012. Une série de 8 petits films sur les territoires de proximité.
- « La ville, l'habiter, l'aménager », Canopé-CRDP Rennes, 2013. À partir de deux nouveaux quartiers de Montpellier et Rennes, les acteurs de l'aménagement racontent leurs expériences.

Sites Internet

- **Observatoire des territoires de la DATAR :** http://www.datar.gouv.fr/observatoire-des-territoires/fr

Carte mentale **Retrouvez la carte mentale du chapitre sur le site Internet :** www.nathan.fr/geo1re-2015

Schémas pour réviser

1 Le découpage territorial en France

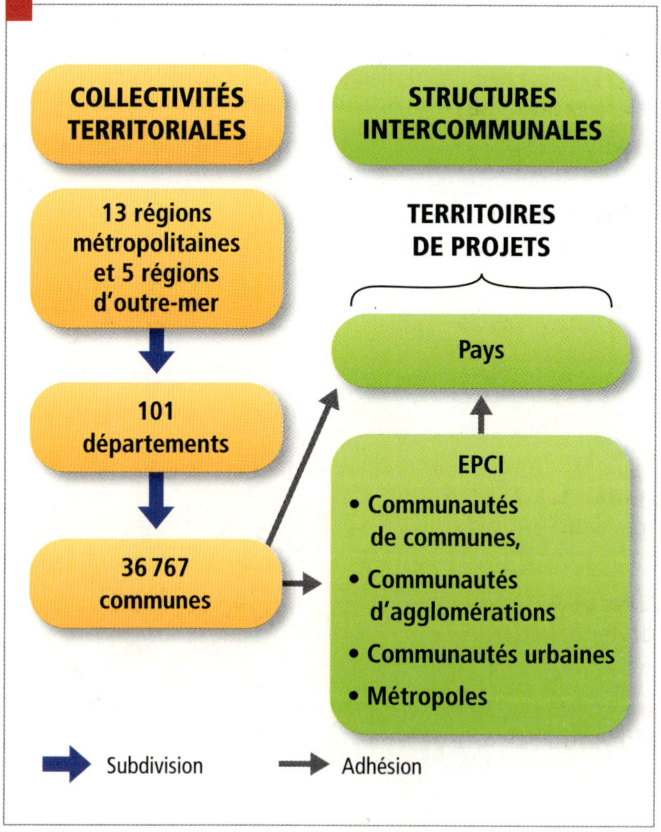

2 Les territoires du quotidien

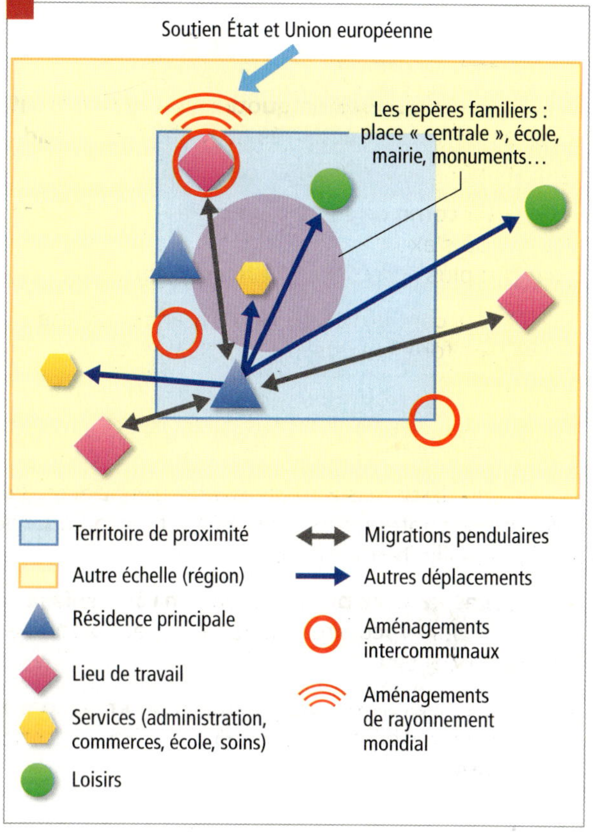

3 Les transformations de la gestion territoriale

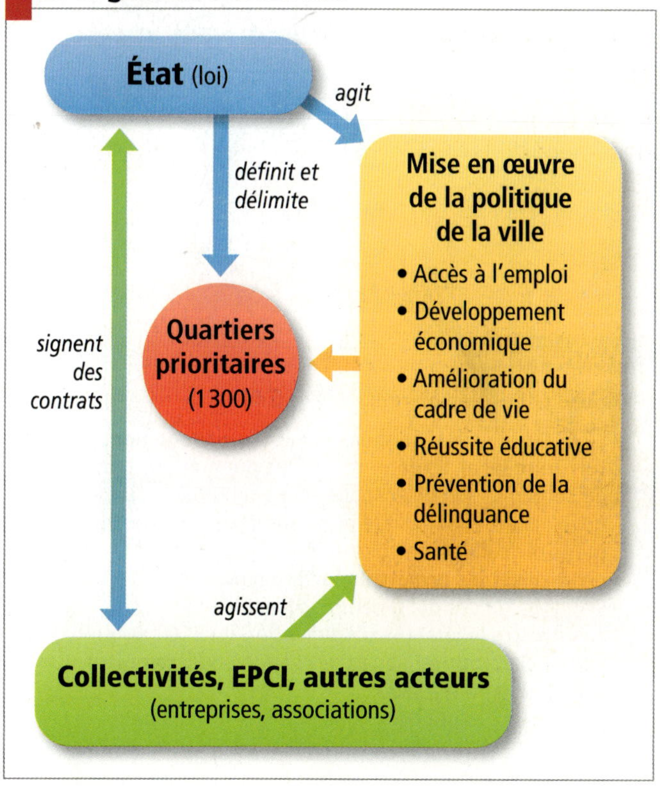

4 Communautés urbaines et métropoles en France

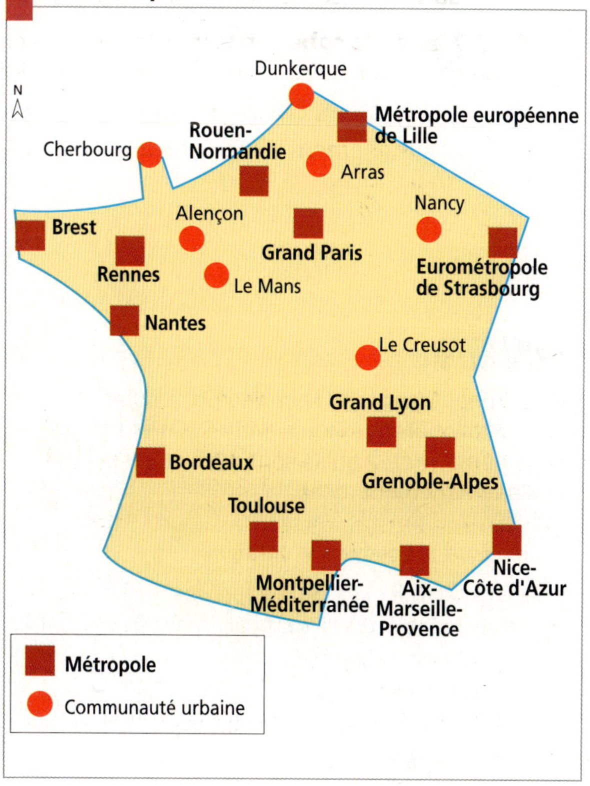

L/ES
S

Exercices BAC

1 Analyser des outils d'aménagement local

→ L'aménagement des territoires du quotidien

Le SCOT et le PLU de Clohars-Carnoët (Finistère)

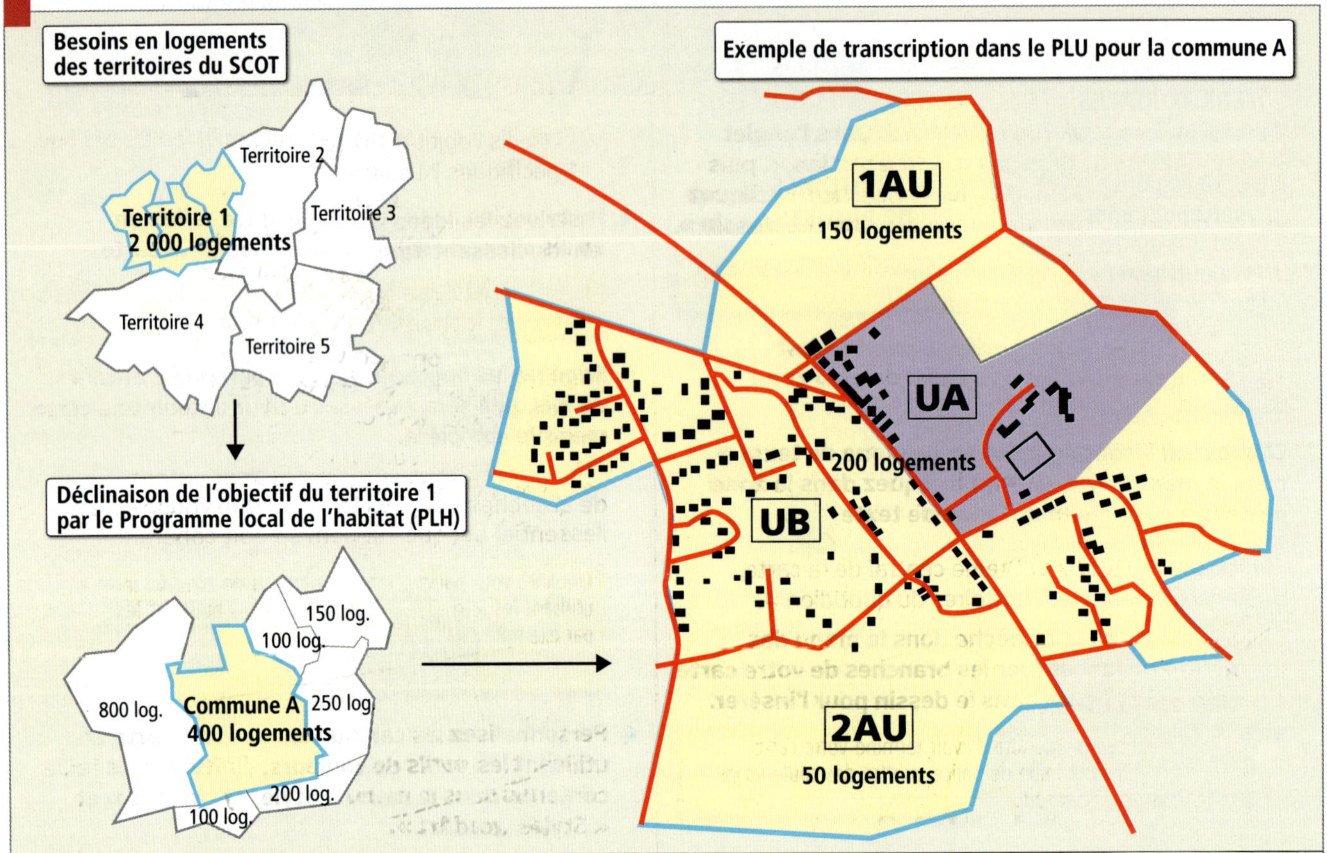

UA	Zone urbaine mixte, à caractère central, à dominante d'habitat, pouvant comporter des commerces, des services, des bureaux, des activités artisanales, des équipements publics, compatibles avec un environnement urbain dense.
UB	Zone urbaine mixte de densité élevée, affectée à l'habitat, pouvant comporter des commerces, des services, des bureaux, des activités artisanales et industrielles, des équipements publics, compatibles avec un environnement urbain.
1AU	Zones à urbaniser, constructible sous conditions.

Vers le BAC

Consigne : À partir de l'analyse du document, vous expliquerez ce que sont le SCOT et le PLU ; vous démontrerez qu'ils sont des outils essentiels de l'aménagement local.

Aide pour répondre à la consigne

- À quelles échelles ces outils s'appliquent-ils ?
- Précisez les objectifs de ces outils en vous appuyant sur l'exemple du logement.
- Pourquoi le PLU divise-t-il le territoire en zones ?
- Quels sont les enjeux de l'aménagement local ?

Méthode BAC

Analyser des documents d'urbanisme

- Le **SCOT** et le **PLU** sont des **outils d'aménagement du territoire local**. Ils déterminent les orientations générales de l'organisation de l'espace et les conditions d'un développement équilibré du territoire. Ils **comportent des plans** divisant le territoire en plusieurs **zones** et permettant de **localiser les projets à mettre en œuvre**.
- L'analyse de ces documents nécessite de :
  - **connaître le champs d'application** du SCOT et du PLU ;
  - **lire la légende** qui les accompagne pour identifier les différentes zones ;
  - **décrire et expliquer** les objectifs et les enjeux des aménagements envisagés.

2 Faire de la géographie avec les TICE

→ Créer une carte mentale avec Word

1. **Ouvrez une page vierge sous Word. Dans l'onglet « Mise en page », cliquez sur « Orientation », puis sur « Paysage ». Dans l'onglet « Insertion », cliquez sur « Formes », puis sur « Nouvelle zone de dessin ».**

   Conseil : le format paysage est plus approprié pour la réalisation d'une carte mentale.

   ⚠ Attention ! La règle d'outils de dessin n'est apparente que lorsque vous êtes dans la zone de dessin.

2. **Cliquez sur l'icône « dessiner une zone de texte » dans le menu « Image », puis cliquez dans la zone de dessin pour créer une zone de texte**  **.**

   → Inscrivez l'intitulé du thème central de la carte, par exemple « Mes territoires du quotidien ».

   Cliquez sur un type de flèche dans le menu des formes afin de constituer les branches de votre carte mentale, puis cliquez dans le dessin pour l'insérer.

   Conseil : il vaut mieux attendre d'avoir terminé votre carte mentale pour choisir la taille de police, mettre des couleurs et varier les épaisseurs de trait.

3. **Posez-vous les questions suivantes afin de remplir votre carte mentale :**
   → Quels sont les différents types de territoires de votre quotidien ? Comment les transports s'y intègrent-ils ?
   → Quelles sont les particularités de chacun d'eux ?
   → Font-ils l'objet d'aménagements et/ou de politiques spécifiques ? Lesquels ?

4. **Inscrivez les idées issues de votre réflexion en les classant dans les branches de la carte.**

   Conseil : dans chaque branche de la carte, les idées doivent être classées de la plus générale à la plus précise.

5. **Répétez les opérations du paragraphe 2 autant de fois qu'il sera nécessaire pour obtenir une carte mentale complète.**

   ⚠ Attention ! Vous pouvez dessiner autant de branches et de cartouches que vous voulez, l'essentiel est que l'ensemble soit cohérent.

   Conseil : vous pouvez varier les formes de zone de texte en utilisant les formes regroupées dans les « bulles et légendes », par exemple 

6. **Personnalisez les cartouches de votre carte en utilisant les outils de couleurs, d'effets et de taille contenus dans le menu « Styles de formes » et « Styles wordArt ».**

   Conseil : vous pouvez remplacer certaines zones de texte par des images prises sur Internet ou dans vos fichiers. Allez dans l'onglet « Insertion », cliquez sur « Images » ou « Images en ligne ».

7. **Donnez un titre à votre travail ; enregistrez-le puis imprimez-le.**

Exemple de carte mentale réalisée avec Word

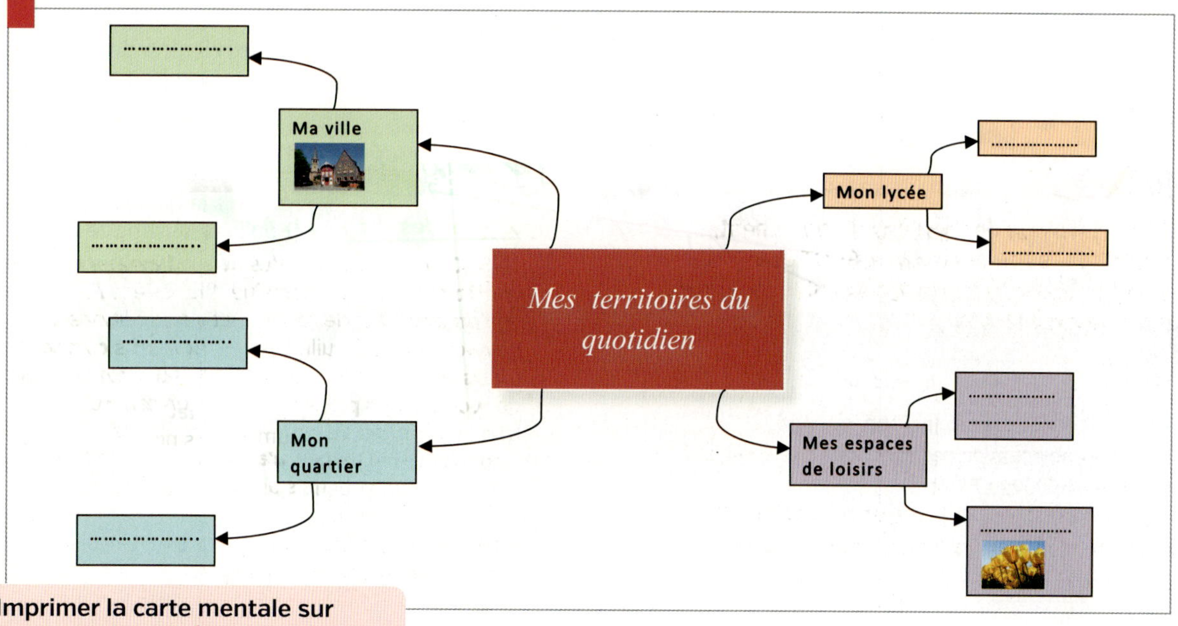

Imprimer la carte mentale sur **www.nathan.fr/geo1re-2015**

Méthode BAC

Analyser des cartes à différentes échelles

→ Analyser le sujet et la consigne

Sujet

Marseille, un territoire en projet ?

Consigne : À partir des documents et à l'aide de vos connaissances, vous montrerez les points forts et les aménagements récents du territoire de Marseille ; vous analyserez les enjeux locaux, nationaux et internationaux liés aux projets pour ce territoire.

À savoir

- **Une carte est une représentation graphique d'un espace terrestre.** Elle illustre des phénomènes géographiques au niveau d'un territoire de quelques km² (**grande échelle**) jusqu'au niveau mondial (**petite échelle**).
- Elle permet de **localiser**, de **décrire** et de **mettre en relation** ces phénomènes géographiques. L'intérêt d'étudier des cartes à différentes échelles est de **mener un raisonnement** qui prenne en compte **toutes les dimensions spatiales** du phénomène étudié.

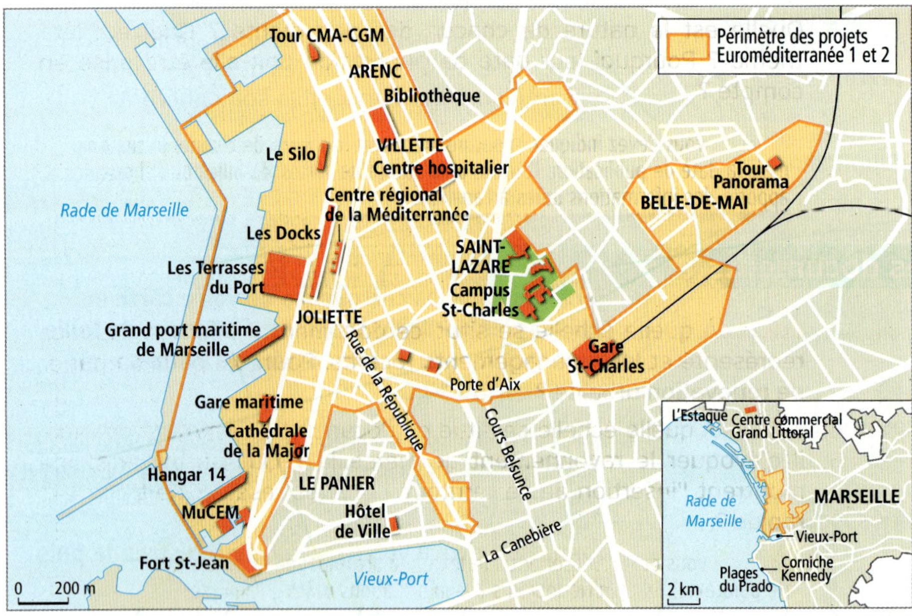

1 Le nouveau visage de Marseille en 2013

Le projet Euroméditerranée est une opération de rénovation urbaine dans plusieurs quartiers de Marseille. Le périmètre du projet rassemble les équipements culturels majeurs de la capitale européenne de la culture 2013. L'objectif est de faire de Marseille une métropole économique et culturelle de premier plan dans le Bassin méditerranéen.

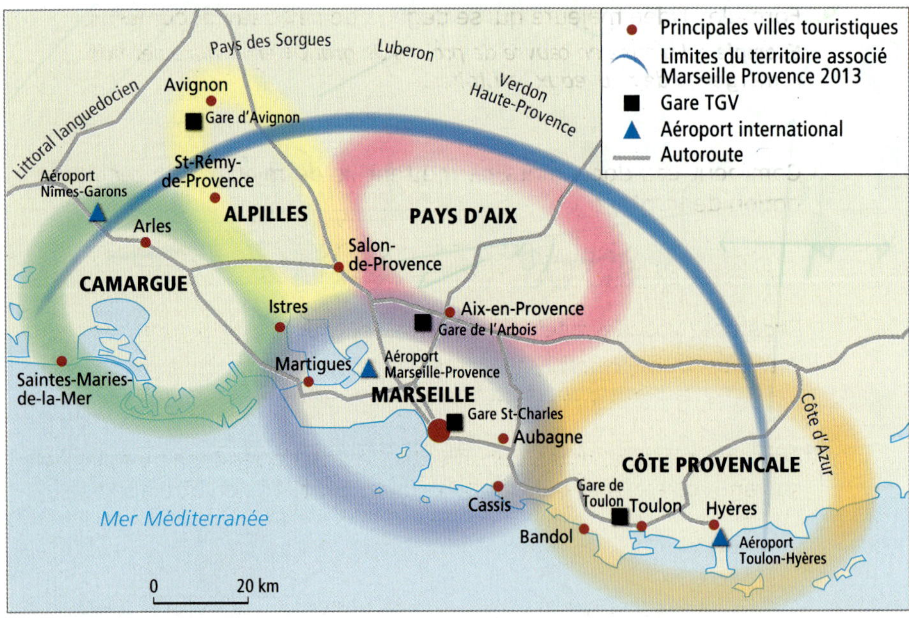

2 Le territoire de Marseille-Provence 2013

Marseille-Provence 2013 est une série d'événements culturels se déroulant à Marseille et dans le département des Bouches-du-Rhône en 2013 à l'occasion du titre de capitale européenne de la culture.

Démarche	Guide de travail

1 Analyser le sujet et identifier les documents

POINT MÉTHODE

→ **Analyser le sujet et la consigne**
- Lisez attentivement l'énoncé et repérez les mots clés.
- Définissez ces termes ou précisez-en le sens.
- Déterminez les limites géographiques du sujet.

Attention ! Une bonne compréhension des énoncés permet d'éviter le hors-sujet.

1. Quel est le thème principal du sujet ?
2. Définissez « territoire », « aménagements », « enjeux ».
3. Quels sens le point d'interrogation donne-t-il au sujet ?
4. Quelles précisions et quelle aide la consigne apporte-t-elle ?
   Exemple → *La consigne détaille ce qu'il faudra étudier. Elle indique aussi les axes de réflexion qui permettront d'organiser l'analyse.*
   Attention ! Il est indiqué dans la consigne « à partir des documents et à l'aide de vos connaissances » : cela signifie qu'il faut faire l'analyse des documents avant tout, puis se servir des connaissances extérieures pour expliquer ou développer certains points.
5. Quel est l'espace concerné par le sujet ? À quelles échelles devez-vous mener l'étude ?
   Conseil : lisez attentivement la consigne pour répondre à cette question.

→ **Identifier les documents**

6. Quelle est la nature de chacun des documents ? Quel est leur thème ? Pourquoi leur date de publication doit-elle être prise en compte ?
   Conseil : vous devez indiquer la nature précise et le thème de chaque document, mais la date de publication, l'auteur et la source ne seront détaillés que si cela apporte des informations utiles à l'analyse.

2 Analyser et critiquer les documents

→ **Extraire et confronter les informations**

7. **Doc. 1.** À quelle échelle se situe ce document ? Décrivez l'espace représenté et les aménagements récents. Pourquoi peut-on parler de rénovation urbaine ?
8. **Doc. 2.** À quelle échelle se situe ce document ? Comment permet-il d'évoquer le rayonnement de Marseille ? Quelles informations montrent l'insertion de ce territoire dans les réseaux de transport rapide ?
   Conseil : vous devez utiliser aussi le texte qui accompagne le document (le paratexte) : il apporte toujours des informations utiles à l'analyse.

→ **Cerner le sens général des documents et déterminer les enjeux spatiaux**

9. Formulez l'idée majeure qui se dégage de ces deux documents.
   Exemple → *La mise en œuvre de projets de grande envergure permet l'émergence de nouveaux territoires.*

→ **Porter un regard critique**

10. Comment ces documents permettent-ils de mieux comprendre la notion de territoire ?

3 Répondre à la consigne

→ **Construire le plan**

11. Organisez vos idées selon les thèmes suggérés par la consigne.
    Exemple → ***I.*** *Les points forts et les aménagements du territoire de Marseille*
    II. *Des enjeux à plusieurs échelles*

→ **Rédiger le devoir**

12. Présentez le sujet et les documents. Rédigez la réponse au sujet en suivant votre plan. Pour conclure, faites un bilan de votre analyse.

L/ES
S

vers le **BAC**

Composition

→ Analyser le sujet et formuler la problématique

Sujet

Acteurs et enjeux de l'aménagement des territoires du quotidien

Consigne : À l'aide de vos connaissances, rédigez une composition répondant au sujet.

À savoir

- L'analyse du sujet est une **étape importante** dans la réalisation d'une composition. Il est nécessaire d'**y consacrer 5 à 10 minutes**. Il s'agit d'une **réflexion sur les termes** et sur **le sens de l'énoncé** afin de bien comprendre le sujet et de limiter le risque de hors-sujet.
- Ce travail débouche sur la formulation de la **problématique**, **question centrale** et **fil conducteur** de la composition.

Acteurs et enjeux de l'aménagement des territoires du quotidien

Acteurs	enjeux	de l'aménagement	des territoires du quotidien
• Qui sont-ils ? • Quels sont leurs moyens ? • Comment interviennent-ils ? • À quelles échelles ?	• Quels sont les objectifs de l'aménagement des territoires du quotidien ? • À quels problèmes ou défis ces territoires sont-ils confrontés ?	• Thème central : notion à définir	• Limites géographiques : à quel type d'espace correspondent ces territoires ? • À quelle échelle se situent-ils ?

Démarche / Guide de travail

1 Analyser le sujet

POINT MÉTHODE

→ Définir les termes du sujet
- Repérez les mots clés du sujet.
- Définissez précisément ces termes afin de bien comprendre le sujet.
- Précisez les limites géographiques du sujet.

1. Faites l'analyse du sujet à l'aide du modèle ci-dessus.

***Exemple** → Aménagement : réalisation menée par un ou des acteurs publics et/ou privés, destinée à un usage public, et qui modifie l'organisation ou l'utilisation d'un territoire.*

⚠ Attention ! Ne négligez pas le pluriel des mots car il oriente l'analyse et la compréhension du sujet.

Conseil : l'analyse du sujet doit être faite sur un brouillon.

→ Formuler la problématique
- La problématique est la question clé ou le problème important soulevé par le sujet et auquel on doit répondre dans la composition.
- Pour la dégager, il est nécessaire de :
  - s'interroger sur le problème géographique posé par le sujet ;
  - déterminer l'idée qui sera le fil conducteur du devoir.

2. Rédigez une question simple à partir du sujet et des interrogations qu'il soulève (qui ? comment ? pourquoi ? où ?, etc.).

***Exemple** → Comment les acteurs de l'aménagement répondent-ils aux nouveaux enjeux liés aux territoires du quotidien ?*

Conseil : vous pouvez faire débuter la problématique par une des expressions suivantes : quel(le)s sont, quel(le) est, en quoi, pourquoi, comment expliquer, etc.

Démarche	Guide de travail

2 Mobiliser et organiser les connaissances

→ Sélectionner les informations

3. Reportez-vous aux pp. 26-53 du manuel afin de rassembler vos connaissances et des exemples précis permettant de répondre au sujet.

Exemple → *le quartier, la commune, la communauté urbaine ou d'agglomération, le pays (territoire de projet), le département, les collectivités territoriales, les organismes publics (conseil municipal, général, régional, État), les entreprises (privées et publiques), les associations, les habitants, les outils de l'aménagement (SCOT, PLU, Agenda 21), etc.*

Conseil : sur un brouillon, notez les informations en colonne au fur et à mesure que vous les relevez.

→ Construire le plan

4. Rassemblez les informations qui se rapportent à un même thème.

Conseil : vous pouvez utiliser des surligneurs de couleurs différentes afin de distinguer les ensembles d'informations sur votre brouillon.

5. Classez les thèmes obtenus selon un déroulement logique répondant à la problématique que vous avez choisie.

Exemple → ***I.*** *Du quartier au département : les échelles de l'aménagement*
II. *Des acteurs nombreux*
III. *Des enjeux sociaux et spatiaux*

3 Rédiger la réponse au sujet

→ Rédiger l'introduction

6. Dans un paragraphe, présentez le sujet, la problématique et le plan.

Conseil : vous pouvez définir brièvement la notion de « territoires du quotidien » en présentant le sujet.

→ Rédiger le développement

7. À partir des notes de votre brouillon, rédigez un paragraphe par thème.

Conseil : illustrez vos connaissances avec des exemples précis.

⚠ Attention ! Les paragraphes du développement doivent se succéder dans l'ordre du plan annoncé.

→ Rédiger la conclusion

8. Répondez à la problématique du sujet.

Exemple → *L'aménagement des territoires du quotidien fait intervenir de multiples acteurs avec pour objectif l'équité et la cohésion territoriales.*

9. Rédigez une phrase ouvrant le sujet vers une perspective différente.

⚠ Attention ! L'ouverture du sujet porte sur un thème différent ou plus général ; par exemple, les villes françaises, ou l'aménagement du territoire en France.

→ Intégrer une production graphique

10. Réalisez un schéma pour illustrer une idée de votre développement et intégrez-le dans la partie correspondante de votre devoir.

Exemple → *Les territoires du quotidien et les acteurs de l'aménagement.*

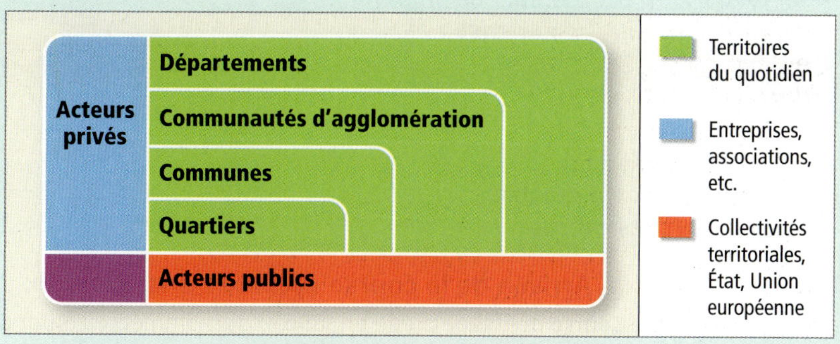

L/ES

Chapitre 2

La région, territoire de vie, territoire aménagé

Les régions sont des espaces géographiques qui s'inscrivent dans le quotidien des Français et des Européens. Échelon intermédiaire entre les territoires de proximité immédiate et le territoire national, les régions françaises sont des collectivités qui accompagnent le dynamisme économique des territoires et mettent en place des politiques d'aménagement.
À l'image des régions autonomes en Espagne, les régions s'affirment comme des acteurs du développement local dans le contexte européen et mondial actuel. Leur poids a été renforcé à l'occasion de la réforme territoriale votée en 2014.

- Pourquoi la région est-elle un territoire de vie ?
- Quels sont les acteurs de l'aménagement régional ?
- Quels sont les enjeux du développement régional ?

1 Arrivée de la course cycliste Paris-Roubaix

Course mythique créée en 1896 et surnommée « l'enfer du Nord », elle est une des plus anciennes manifestations sportives régionales. Elle s'achève au vélodrome de Roubaix.

2 **Les acteurs du développement en région Centre**

La région Centre communique sur les facteurs et les acteurs économiques de son dynamisme et de son attractivité. Depuis le 1er janvier 2015, la région Centre est appelée Centre-Val-de-Loire. Publicité émise par l'agence de développement et de promotion économique de la région Centre, 2013.

3 **Brochure promotionnelle du conseil régional d'Aquitaine (2014)**

Les conseils régionaux consacrent une partie de leur budget à des projets d'aide aux 16-25 ans.

L/ES

1 L'Île-de-France : l'aménagement d'un territoire de vie

le point sur… L'Île de France

Population	12 millions d'habitants
Superficie	12 011 km²
Nombre de départements	8
Densité (2014)	997 habitants/km²
PIB	612 milliards d'euros (1er rang en France)
Part du PIB national	30 %
Part du PIB de l'UE	5 %

L'Île-de-France se classe au premier rang des régions françaises pour sa population et son poids économique. Ses dynamiques territoriales sont indissociables de celles de Paris, capitale économique, politique et culturelle de la France.

L'Île-de-France doit cependant répondre à de multiples défis : donner les moyens à Paris de faire face à la concurrence mondiale, promouvoir le développement régional pour garantir la cohésion sociale au sein de ce territoire de vie, et maîtriser la croissance de la région-capitale.

➔ Quels sont les enjeux de l'aménagement et du développement de la région Île-de-France ?

A La région Île-de-France : un territoire de vie

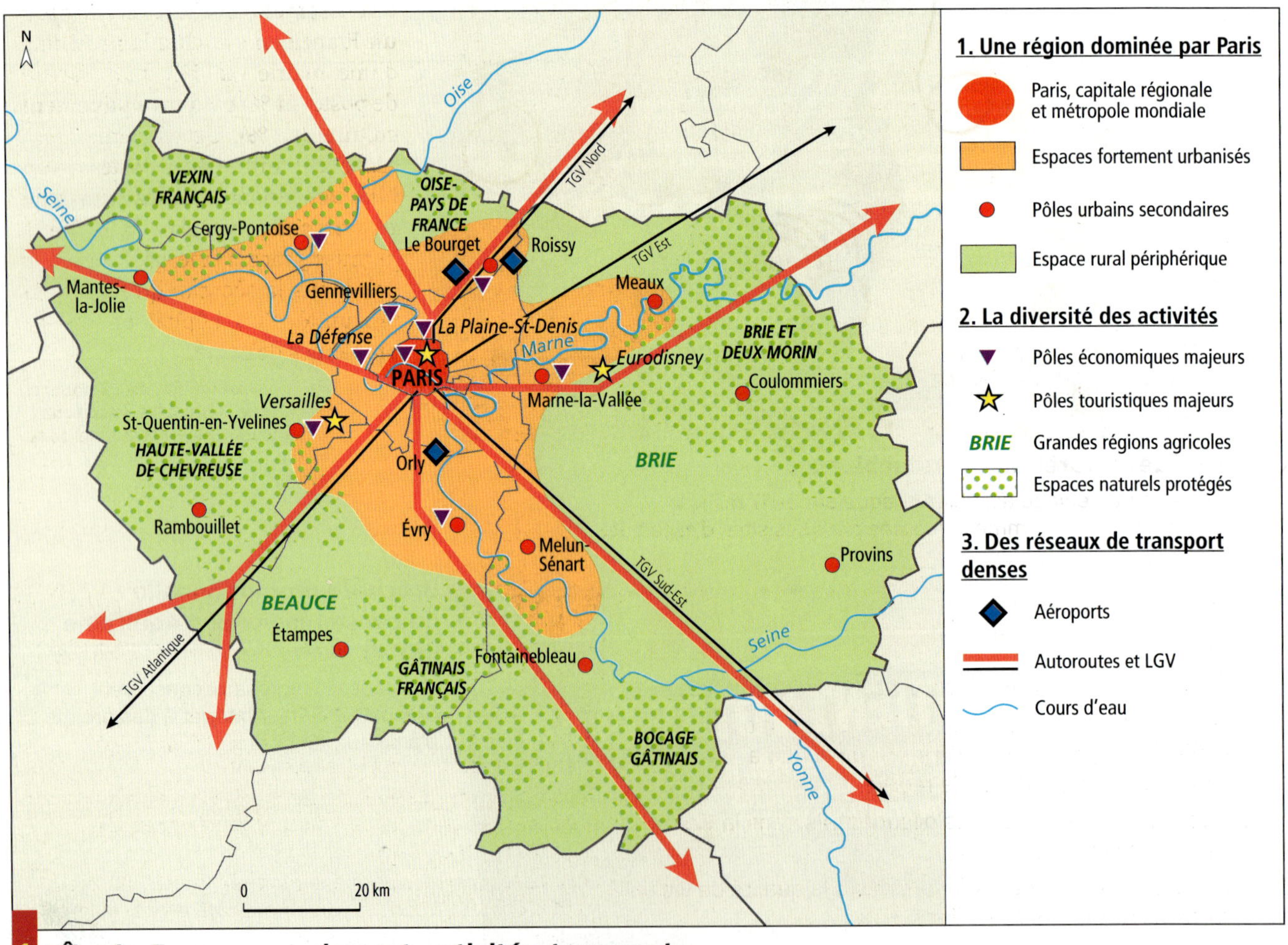

1 L'Île-de-France : peuplement, activités, transports

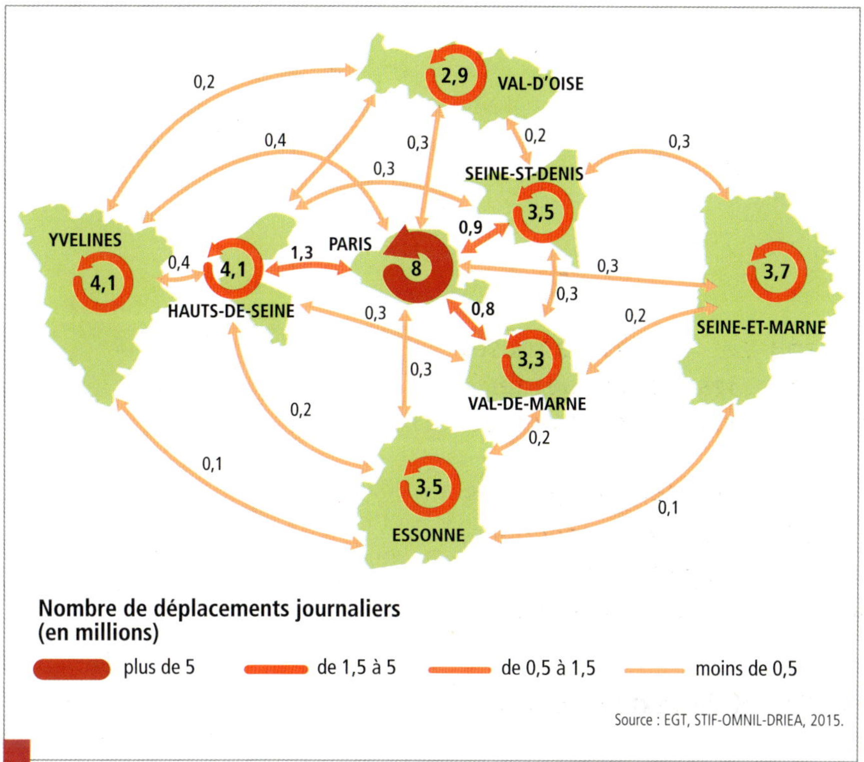

2 **Les déplacements journaliers en Île-de-France**

4 **Escalade en forêt de Fontainebleau**

La forêt de Fontainebleau accueille chaque année 17 millions de visiteurs. Elle est notamment réputée pour ses sites d'escalade.

3 Les services publics en Île-de-France : ce que pensent les Franciliens

La répartition des services publics

Seule une minorité de Franciliens (31 %) pense que « les services publics sont plutôt bien répartis sur l'ensemble du territoire », alors qu'à l'inverse 23 % d'entre eux regrettent leur trop grande absence dans les quartiers populaires et 38 % dans les zones rurales et périurbaines. Une réalité qui pose la question de l'égalité d'accès aux services publics sur l'ensemble du territoire, mais aussi des priorités données aux services publics, les quartiers populaires et zones périurbaines connaissant des besoins spécifiques, en matière de transports ou d'emploi notamment.

Les services publics et le choix du lieu de vie

Une majorité de Franciliens privilégieraient la proximité d'une gare (58 %) ou d'un hôpital (53 %) près de leur domicile s'ils avaient à déménager. 38 % d'entre eux souhaiteraient également la proximité d'un établissement scolaire et environ un Francilien sur cinq la proximité d'une mairie (22 %), d'un bureau de poste (21 %) ou d'un équipement culturel (19 %). Un classement qui cache des différences fortes selon l'âge des répondants, les jeunes de 18 à 24 ans privilégiant la mobilité permise grâce à une gare, les plus de 50 ans la sécurité qu'apporte la proximité d'un hôpital en cas de problèmes de santé.

Institut Viavoice, Baromètre « Ce que pensent les Franciliens », magazine *Île-de-France*, mars 2014.

Analyse des documents

Exploiter des documents de natures différentes

1. Quels sont les différents territoires qui composent la région Île-de-France ? Réalisez un schéma d'organisation spatial de la région. **(doc. 1)**
2. Quelle place les transports occupent-ils dans la vie des Franciliens ? **(doc. 2 et 3)**
3. Quels sont les éléments favorables à la qualité de vie dans les territoires franciliens ? **(doc. 3 et 4)**

Méthode BAC → Question 1

Réaliser un schéma d'organisation de l'espace régional (voir pp. 94 et 128)

- Repérez les pôles majeurs de l'organisation spatiale de la région Île-de-France et utilisez des figurés ponctuels (cercles, carrés, etc.) pour les représenter.
- Repérez les axes majeurs qui structurent l'organisation spatiale de la région Île-de-France et représentez-les au moyen de figurés linéaires (lignes).
- Repérez les grands types de territoires et représentez-les par des figurés de surface en utilisant différentes couleurs.
- Réalisez une légende en reprenant les figurés utilisés.

L/ES
S

B Un territoire aménagé

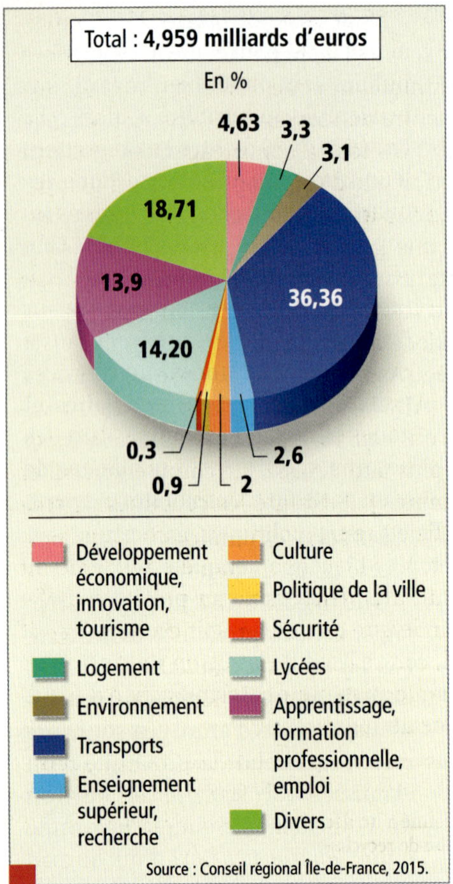

5 Le budget 2015 de la région Île-de-France

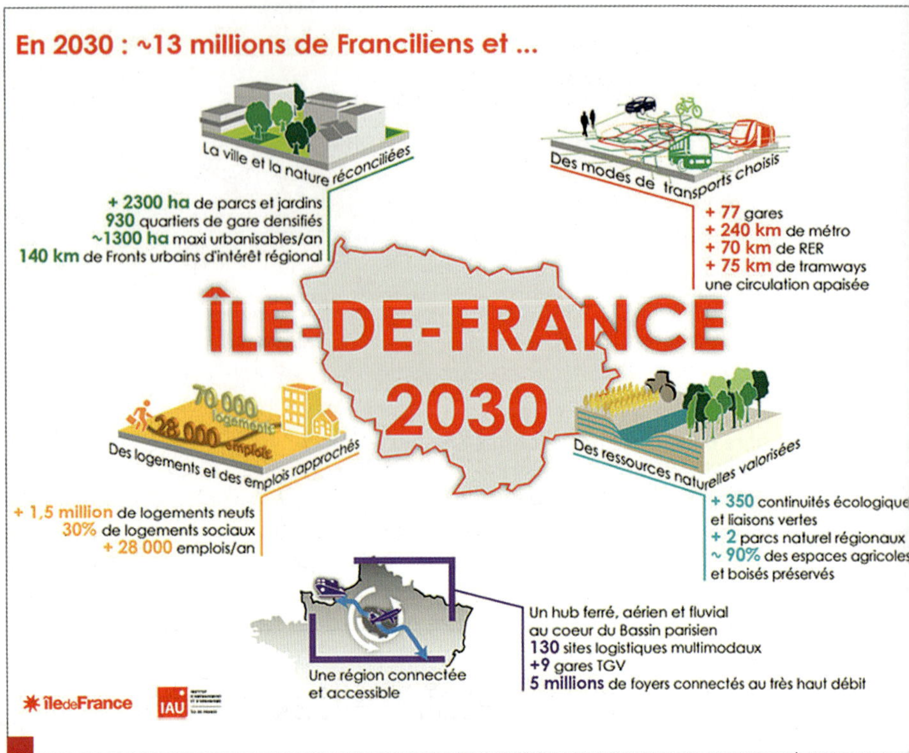

6 Aménager le territoire à l'horizon 2030

Prévisions émises par l'Institut d'aménagement et d'urbanisme (IAU) à l'occasion de l'élaboration du schéma régional d'aménagement et de développement durable (SRADDT) de la région Île-de-France, 2013.

7 Campagne de communication de la région Île-de-France, 2012

C Une région, des défis

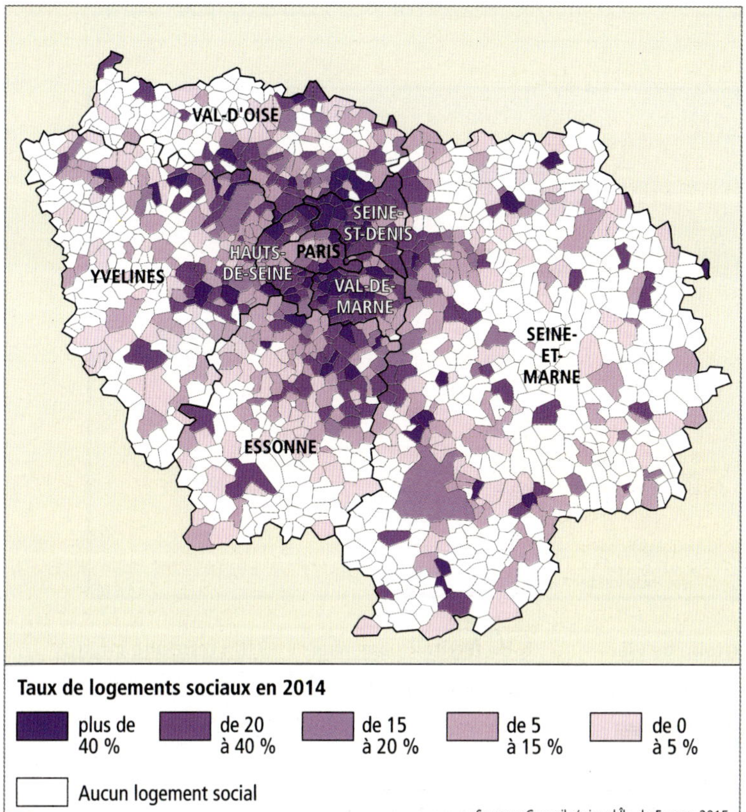

Source : Conseil régional Île-de-France, 2015.

8 Les logements sociaux en 2014

9 La défense locale de l'environnement

Voyons ce qui se passe à Saint-Escobille, petite commune rurale de l'Essonne face à un projet de centre de stockage des déchets ultimes[1] (CSDU) [...]. Tout a commencé avec l'histoire d'une habitante d'un village voisin qui propose en 2002 ses terres d'une superficie de 19 hectares à une grande entreprise [...]. L'industriel souhaite installer un CSDU visant à enfouir 150 000 tonnes de déchets ultimes par an sur une période de 10 ans, renouvelable. Fin 2002 est créée l'Association de défense de Saint-Escobille (ADSE), présidée par le maire du village et qui compte une centaine d'adhérents. 10 ans plus tard, l'ADSE [...] compte un millier de membres [...]. Malgré les centaines de soutiens officiels reçus (politiques, associatifs, agricoles, etc.) et bien que l'enquête publique ait donné un avis défavorable au projet, le préfet a demandé que ce dernier soit classé d'intérêt général, contre l'avis de la région Île-de-France, compétente en matière de planification d'élimination de déchets.

Léa Sébastien, « Le NIMBY contre l'intérêt général ? Tout contre », *L'an 02*, 16 août 2014.

1. Nom donné à un déchet qui ne peut plus subir d'opération de recyclage.

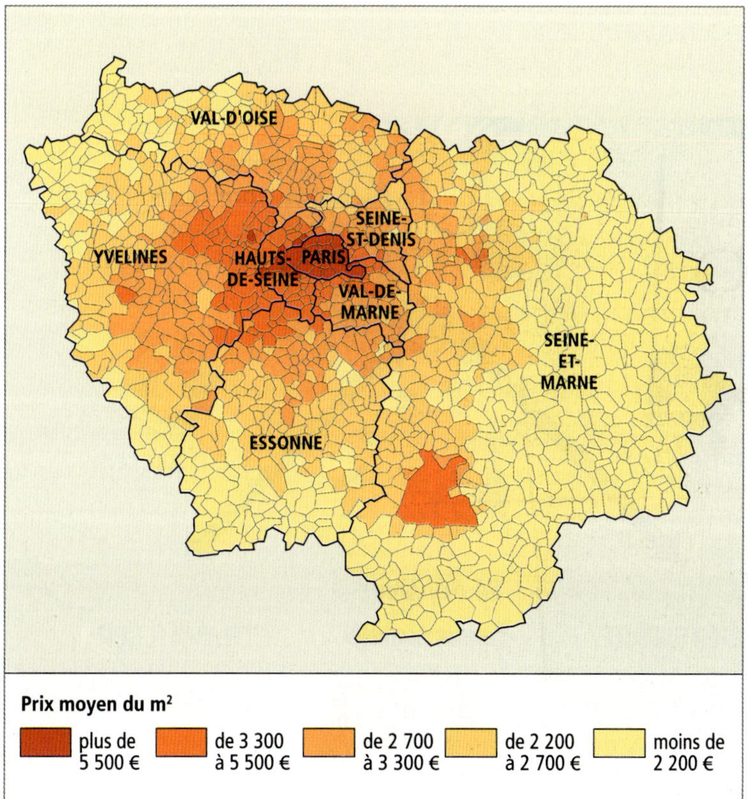

Source : www.meilleursagents.com, 2015.

10 Les prix de l'immobilier en Île-de-France en 2015

Analyse des documents

Prélever des informations

4. Quels sont les domaines dans lesquels intervient la région Île-de-France pour améliorer la vie des Franciliens ? **(doc. 5 à 7)**

5. À quels défis sociaux la région est-elle confrontée ? **(doc. 8 et 10)**

6. Pourquoi peut-il y avoir des oppositions aux projets d'aménagement ? **(doc. 9)**

Vers le BAC

Consigne : À partir des documents, rédigez un texte montrant les caractéristiques, les aménagements et les défis de la région Île-de-France en tant que territoire de vie.

Aide pour répondre à la consigne

- Déterminez d'abord ce qui fait de la région Île-de-France un territoire de vie.
- Indiquez ensuite le rôle des acteurs et des actions qui sont menées dans le cadre de l'aménagement territorial.
- Déterminez enfin la nature des défis (économiques, sociaux, environnementaux).

L/ES
S

Bilan de l'étude de cas 1

Les notions à retenir

Région

- La région est un **territoire de vie de taille moyenne** entre les échelles locale et nationale.
- Le terme a plusieurs sens : on parle de **région historique** (la Bourgogne qui fut autrefois un duché), de **région naturelle** (les Pyrénées), de **région culturelle** (le Pays basque). Aujourd'hui, on parle surtout de **région administrative** (la région Bretagne) ou en référence aux aires d'influence des villes (la région parisienne).
- Structure la plus récente de l'administration locale (créée en 1955), la région est devenue **collectivité territoriale** à la suite des lois de décentralisation en 1982.
- La carte des régions administratives a été réorganisée à la faveur de la **réforme territoriale de 2015**. Elles sont désormais 18.

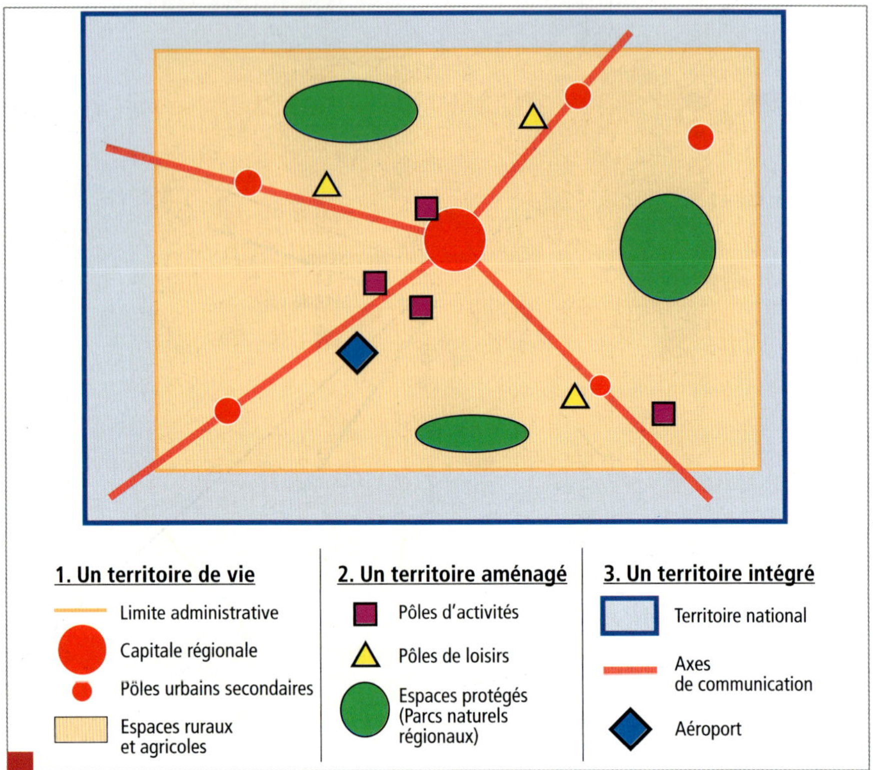

1 Les éléments constitutifs d'une région

Territoire de vie

- Ce terme désigne un **territoire dans lequel les habitants réalisent l'essentiel de leurs activités** familiales, professionnelles et quotidiennes.
- Entre lieu d'habitation, lieu de travail, lieu des loisirs, **les déplacements contribuent à produire ce territoire**. Ainsi ses habitants se l'approprient, développent des liens affectifs et émotionnels. De cette manière, la région peut être considérée comme un **territoire identitaire**.

2 Qu'est-ce qu'un territoire de vie ?

Le croquis de l'étude de cas

→ Consigne : Complétez le croquis grâce aux différentes informations contenues dans l'étude de cas sur l'Île-de-France.

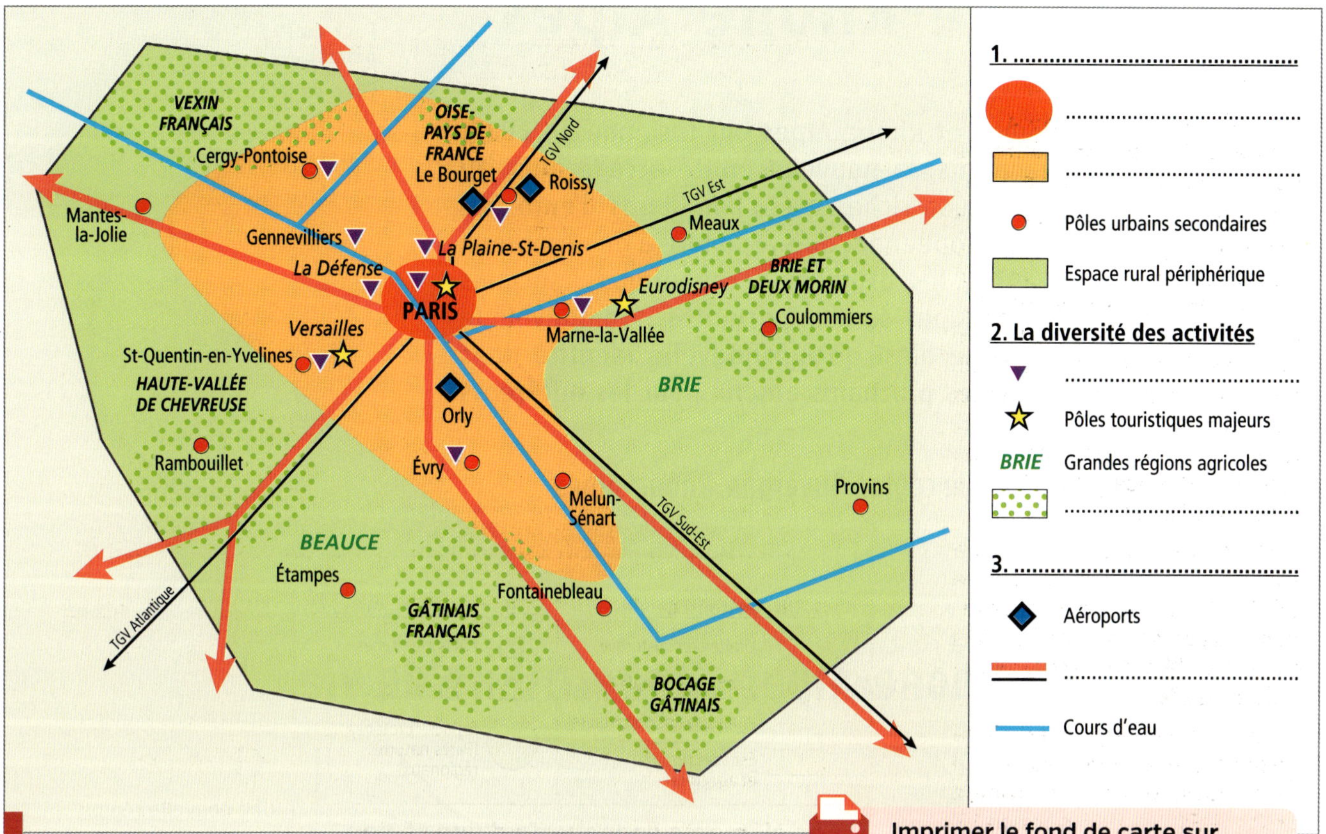

L'organisation spatiale de la région Île-de-France

Imprimer le fond de carte sur **www.nathan.fr/geo1re-2015**

De l'étude de cas à la généralisation

Étude de cas

L'Île-de-France : l'aménagement d'un territoire de vie

A. La région Île-de-France, un territoire de vie
- Des activités multiples et dynamiques ;
- des mobilités intenses ;
- des pôles de loisirs nombreux.

B. Un territoire aménagé
- Un budget important ;
- des investissements à l'horizon 2030 ;
- la modernisation des lycées.

C. Une région, des défis
- Une répartition inégale des logements sociaux ;
- des prix immobiliers élevés ;
- un environnement dégradé.

Généralisation

La région, territoire de vie, territoire aménagé

Pourquoi la région est-elle un territoire de vie ?
→ Voir cours 1 p. 78

Quels sont les acteurs de l'aménagement régional ?
→ Voir cours 2 p. 80

Quels sont les enjeux du développement régional ?
→ Voir cours 3 p. 82

L/ES
S

2 Une nouvelle région : Auvergne-Rhône-Alpes

le point sur... Auvergne-Rhône-Alpes

Population	7,7 millions d'habitants
Superficie	69 711 km²
Nombre de départements	12
Densité	110 hab./km²
PIB	231 milliards d'euros
Part du PIB national	11,5 %
Part du PIB de l'UE	1,8 %

Les deux régions Auvergne et Rhône-Alpes ont fusionné en 2015. Avec 7,7 millions d'habitants, la nouvelle entité accède ainsi au sixième rang européen par sa richesse (231 milliards d'euros de PIB). La région, de taille européenne, doit répondre à de nombreux défis territoriaux. En effet, les disparités économiques, sociales entre Auvergne et Rhône-Alpes sont importantes. Promouvoir le développement économique ainsi qu'une nouvelle identité dans un contexte de crise sont les prochains enjeux pour les différents acteurs de la région.

➔ À quels enjeux la nouvelle région Auvergne-Rhône-Alpes est-elle confrontée ?

A Auvergne-Rhône-Alpes : un territoire de vie

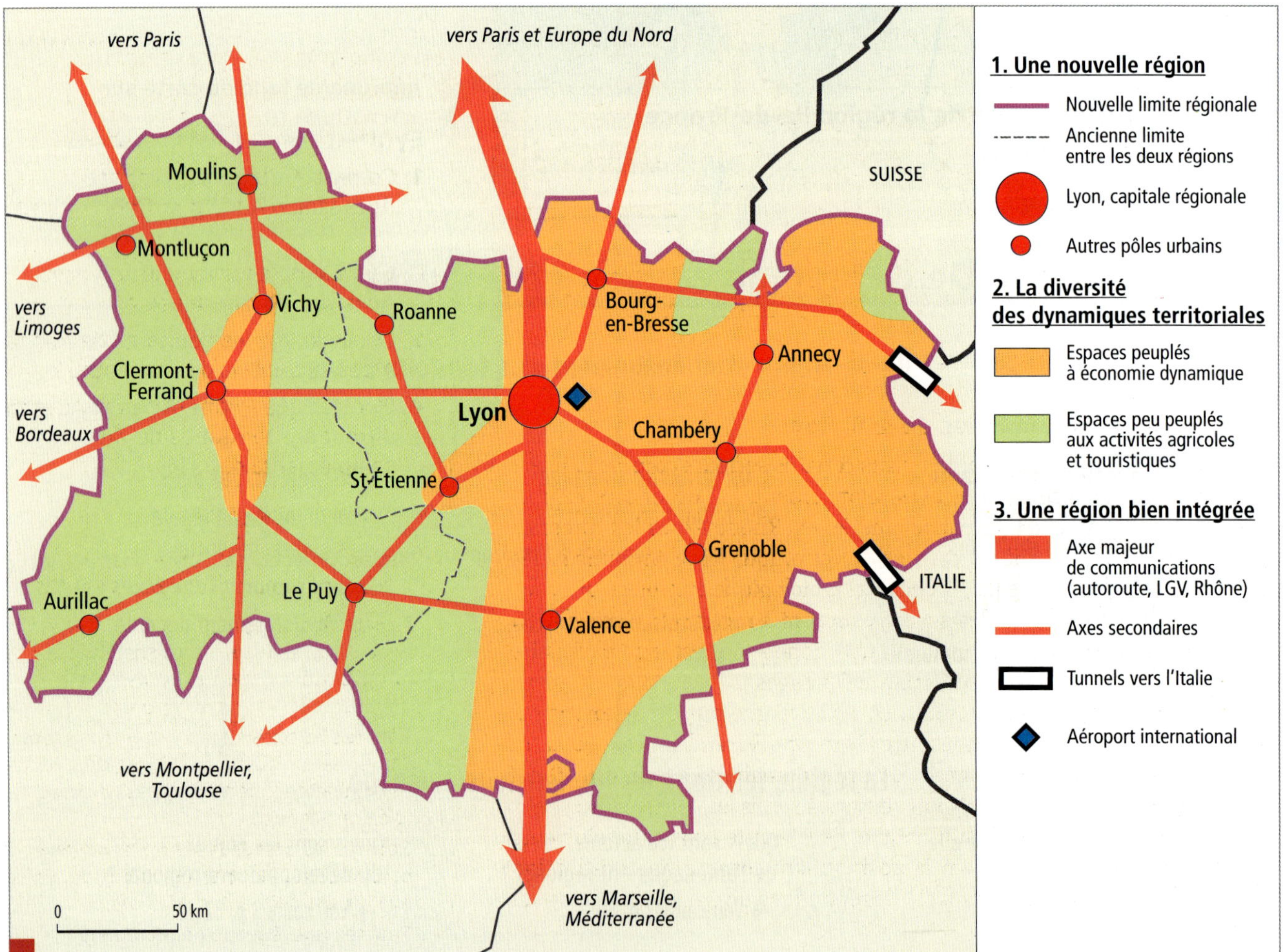

1 L'organisation de l'espace de la nouvelle région

2 La fête des Lumières à Lyon

Depuis 1852, chaque année, la ville de Lyon organise la fête des Lumières. Cette manifestation populaire a attiré 4 millions de visiteurs en 2014.

3 L'Auvergne vue de Rhône-Alpes

Caricature de Deligne paru dans *La Montagne*, 24 septembre 2014.

Analyse des documents

Synthétiser des informations

1. Comment s'organise l'espace de la région Auvergne-Rhône-Alpes ? **(doc. 1)**
2. Quels sont les enjeux de la fusion Auvergne-Rhône-Alpes ? **(doc.4)**
3. Quelle image les habitants de Rhône-Alpes avaient-ils de l'Auvergne ? **(doc. 3)**
4. Montrez que Rhône-Alpes et Auvergne offrent des territoires de vie complémentaires. **(doc. 1 à 4)**

Méthode BAC → Question 1

Réaliser un schéma d'organisation de l'espace régional (voir pp. 94 et 128)

- Repérez les pôles majeurs de l'organisation spatiale de la région Auvergne-Rhône-Alpes et utilisez des figurés ponctuels (cercles, carrés, etc.) pour les représenter.
- Repérez les axes majeurs qui structurent l'organisation spatiale de la région et représentez-les au moyen de figurés linéaires (lignes).
- Repérez les grands types de territoire et représentez-les par les figurés de surface en utilisant différentes couleurs.
- Réalisez une légende en reprenant les figurés utilisés.

L/ES
S

4 Les enjeux économiques de la fusion

Quand l'Auvergne est en pointe dans certains secteurs comme la filière aéronautique, la recherche et le développement, [...] ou encore l'agroalimentaire et l'industrie pharmaceutique, en Rhône-Alpes les forces se concentrent sur des filières comme l'électronique et le multimédia, la chimie et la pétrochimie [...], la recherche biologique et moléculaire, etc. Dans tous ces domaines, des synergies seront à mettre en place au-delà de celles qui existent, car rappelons que Rhône-Alpes est le 1er partenaire économique de l'Auvergne en termes d'échanges.

Si aujourd'hui les liaisons internes à l'Auvergne ont été rénovées [...] il faut encore améliorer la ligne entre Clermont-Ferrand et Lyon, ou entre Le Puy-en-Velay et Saint-Étienne. Dans le domaine du tourisme, il est indiscutable qu'une grande région abritant à la fois les Alpes, l'Ardèche et les départements très verts du Cantal et de la Haute-Loire aura plusieurs cordes à son arc à faire valoir, la positionnant comme une destination touristique grand public et capable de répondre à diverses aspirations, en toutes saisons.

www.auvergne.fr, 2014.

B L'aménagement d'une nouvelle région

5 Le pôle de compétitivité ViaMéca

Créé en 2005, ViaMéca est un pôle de compétitivité[1] qui concentre 4 000 entreprises et a pour principal objectif de faciliter, accélérer, accentuer l'innovation de la filière mécanique dans le Massif central et la région Rhône-Alpes. 235 000 salariés y travaillent, soit plus de 20 % des effectifs français du secteur de la mécanique.

ViaMéca fédère aujourd'hui de nombreux acteurs français dans le domaine de la mécanique sur six régions (Auvergne, Limousin, Rhône-Alpes, Centre, Languedoc-Roussillon et Midi-Pyrénées). En ayant labellisé 281 projets depuis 2005 dont 60 en 2010, le pôle se tourne aujourd'hui vers la coopération européenne avec la signature de deux conventions, l'une avec le pôle allemand d'ingénierie Inplas et l'autre avec le pôle italien de mécatronique Mesap [...].

L'avenir du pôle de compétitivité passera obligatoirement par ces collaborations internationales. « Le but est de devenir une référence incontournable dans notre domaine mais également sur la construction de machines », assure André Malet, vice-président de ViaMéca.

Nicolas Bros, « ViaMéca. Le pôle de compétitivité mise sur l'international », *Le Journal des entreprises de l'Isère*, 9 septembre 2011.

1. Pôle de compétitivité : territoire innovant soutenu par les pouvoirs publics (État français, collectivités locales) qui stimulent et financent la coopération entre des entreprises, des centres de recherche et des organismes de formation dans un même secteur d'activité.

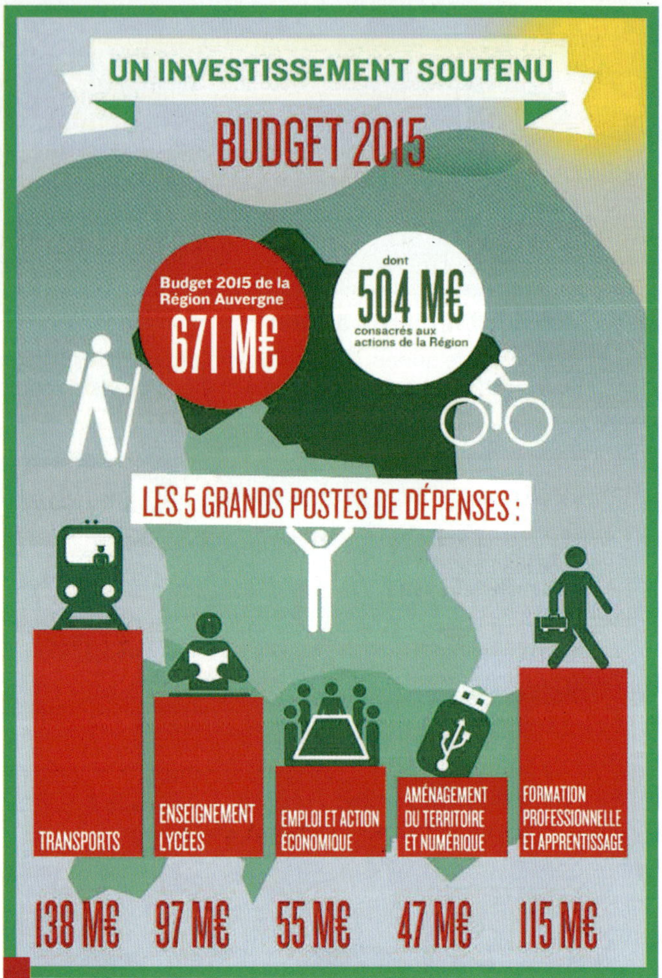

6 Le budget 2015 de l'Auvergne

Extrait du magazine régional *L'Auvergne en grand*, n° 23, hiver 2015.

7 La valorisation de la nature en ville en Rhône-Alpes

Schéma régional d'aménagement durable du territoire (SRADDT) 2014 de la région Rhône-Alpes.

C Une nouvelle région, des défis

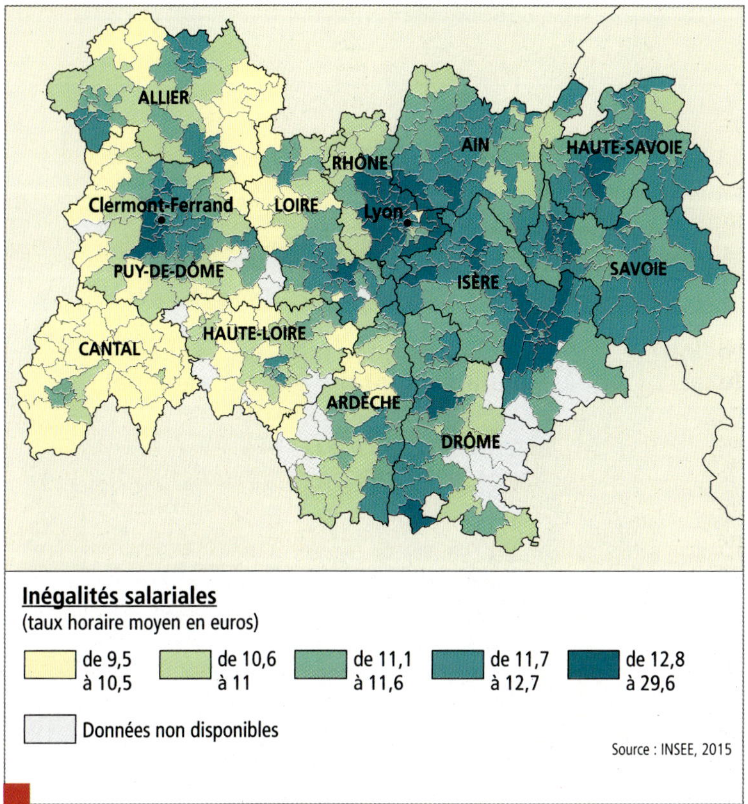

8 Les inégalités salariales en Auvergne-Rhône-Alpes en 2015

9 « Une armature urbaine cohérente »

Alors, l'Auvergne, la bonne idée ?

Oui, répond Daniel Navrot[1], pour qui la future super-région est déjà bâtie autour d'une « armature urbaine cohérente » :

« Clermont-Ferrand, par exemple, était déjà *de facto* avec le réseau des grandes villes de Rhône-Alpes, comme Lyon, Grenoble ou Saint-Étienne.

Ne reste plus qu'à finir l'A89 et à améliorer un peu le trafic ferroviaire, peut-être, pour que la nouvelle région devienne une nouvelle entité, qui forme un tout. Par contre, il est vrai que des départements comme l'Ardèche ou le Cantal vont se retrouver un peu faiblards. »

Matthieu Beigbeder, « Réforme territoriale : 5 questions autour de la fusion Auvergne-Rhône-Alpes », *Rue89Lyon*, 18 décembre 2014.

1. Politologue, spécialiste de la région Rhône-Alpes.

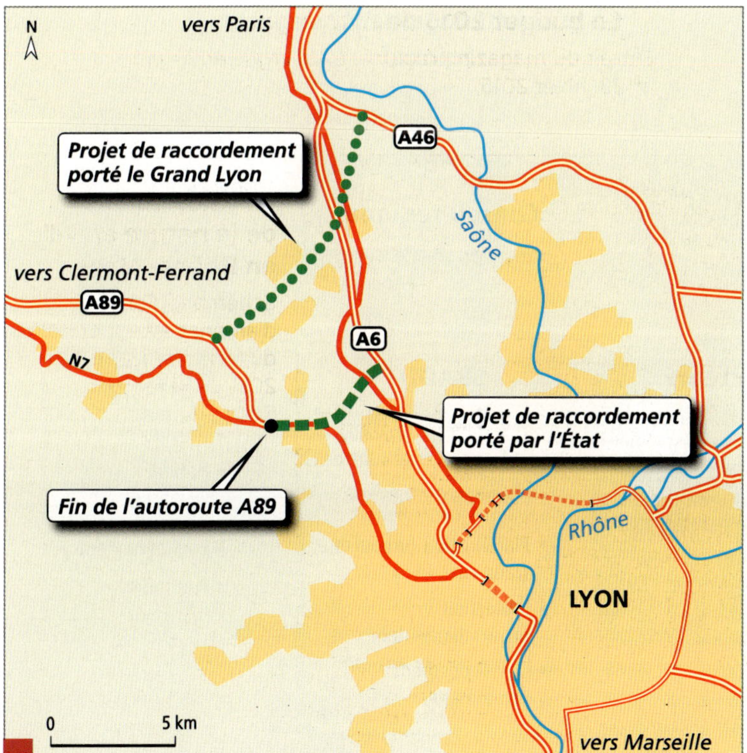

10 A89, l'autoroute inachevée

Analyse des documents

Synthétiser des informations

5. Dans quels domaines l'Auvergne et Rhône-Alpes mènent-elles des actions d'aménagement ? **(doc. 6 et 7)**

6. Montrez que ce pôle de compétitivité peut contribuer à favoriser la fusion entre l'Auvergne et Rhône-Alpes. **(doc. 5)**

7. Quels sont les déséquilibres territoriaux qui peuvent poser problème à l'avenir ? **(doc. 8 et 10)**

8. À quels défis les projets portés par la région répondent-ils ? **(doc. 9 et 10)**

Vers le BAC

Consigne : À partir des documents, rédigez un texte montrant les caractéristiques, les aménagements et les défis de la nouvelle région Auvergne-Rhône-Alpes en tant que territoire de vie.

Aide pour répondre à la consigne

Afin d'organiser vos idées :

- Distinguez d'abord ce qui fait de la région un territoire de vie.
- Indiquez ensuite le rôle des acteurs et les actions qui sont menées dans le cadre de l'aménagement territorial.
- Déterminez enfin la nature des défis (économiques, sociaux, environnementaux).

L/ES
S

Les notions à retenir

Réforme territoriale

- La **réforme territoriale de 2015** a pour objectif **d'adapter administrativement les territoires de proximité** (communes, départements, régions) à la réalité des modes de vie des habitants.
- Elle permet de favoriser la mise en place des **intercommunalités, d'accroître la taille et le poids économique** des régions en diminuant leur nombre. Enfin, elle permettra de donner naissance aux **métropoles** (Paris, Marseille, Lyon, Nice, etc.). Celles-ci disposeront d'un nouveau statut et de compétences territoriales élargies en matière de développement et d'aménagement territorial.

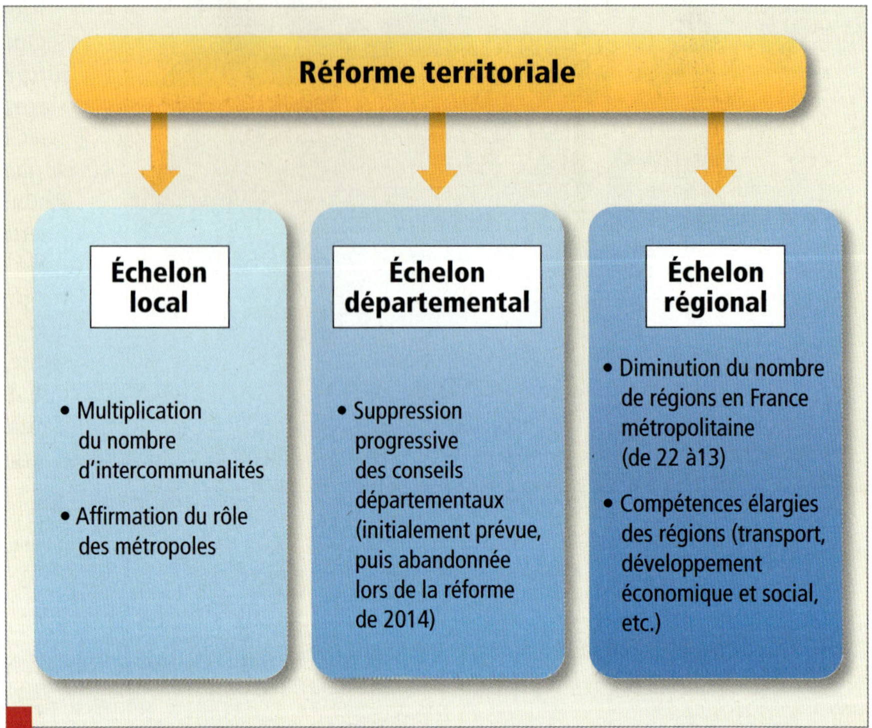

1 La réforme territoriale de 2015

Aménagement régional

- L'aménagement régional est une **politique de développement territorial** à l'échelle d'une région. Elle est **déterminée et conduite par le conseil régional**, qui coordonne, à son échelle, l'ensemble des politiques de développement économique, social et environnemental.
- L'aménagement régional doit **s'effectuer en conformité avec les principes du développement durable**.
- L'outil de planification de l'aménagement régional est le **SRADDT**, schéma régional de développement durable du territoire. Il est élaboré pour une **période de 5 ans**.

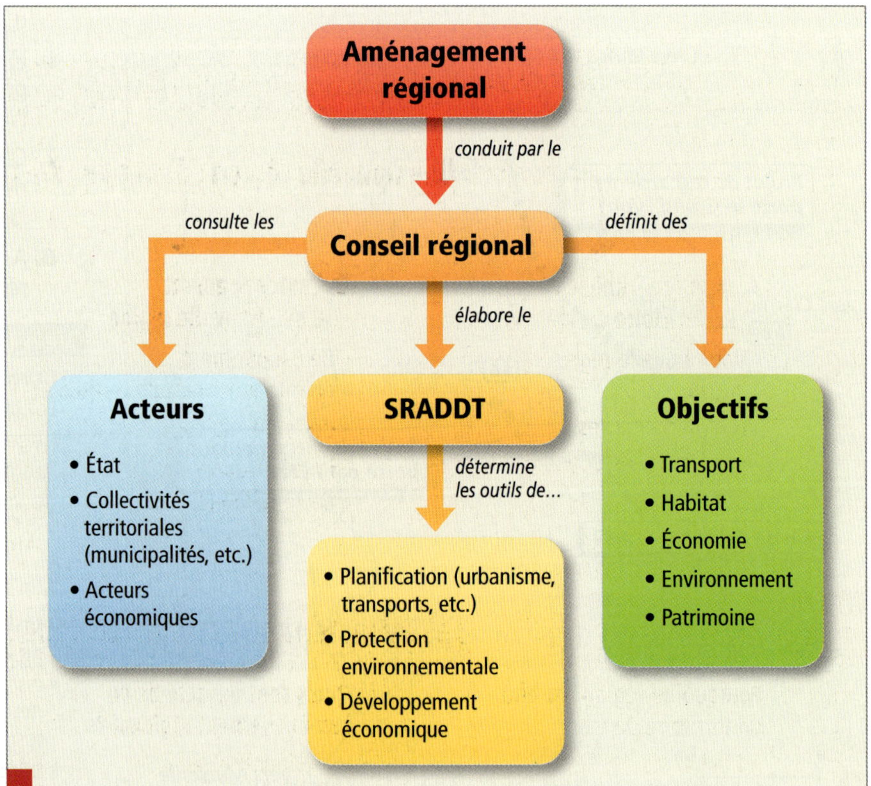

2 L'aménagement régional

Le croquis de l'étude de cas

→ **Consigne : Complétez le croquis grâce aux différentes informations contenues dans l'étude de cas sur Auvergne-Rhône-Alpes.**

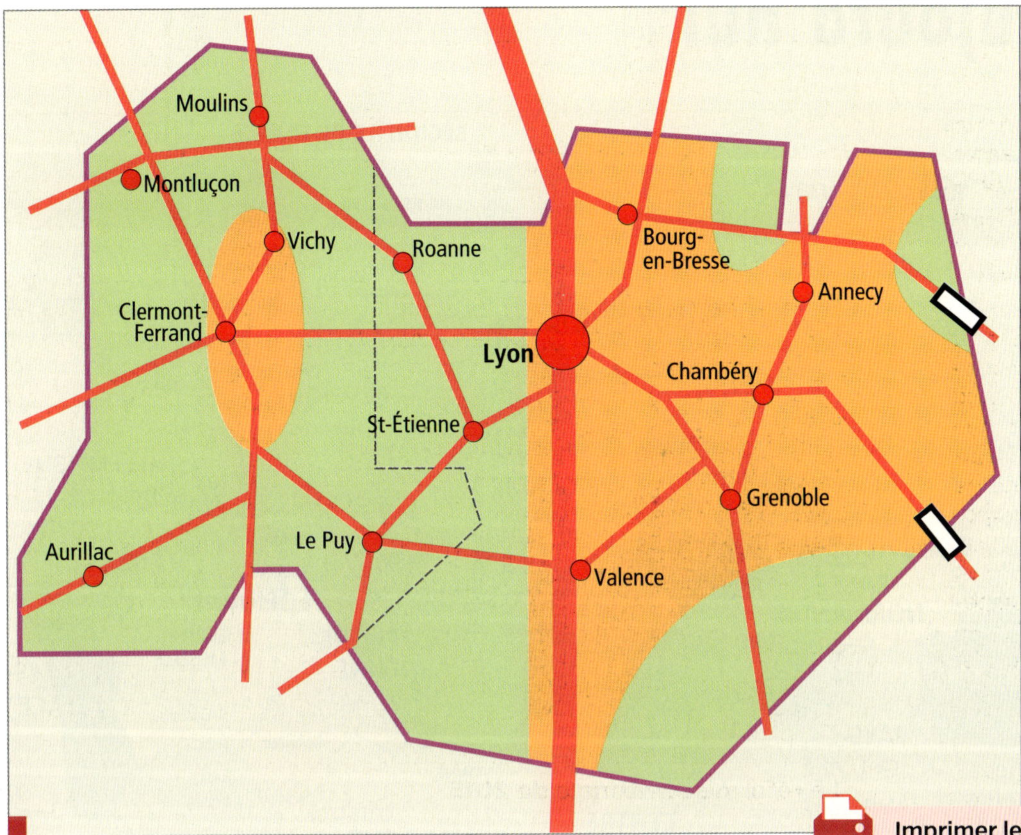

1. Une nouvelle région

- ....
- Ancienne limite entre les deux régions
- ....
- Autres pôles urbains

2. ....
....

- Espaces peuplés à économie dynamique
- Espaces peu peuplés aux activités agricoles et touristiques

3. Une région bien intégrée

- ....
....
- ....
- Tunnels vers l'Italie

....

Imprimer le fond de carte sur **www.nathan.fr/geo1re-2015**

De l'étude de cas à la généralisation

Étude de cas

Une nouvelle région : Auvergne-Rhône-Alpes

A. Auvergne-Rhônes-Alpes : un territoire de vie
- Une nouvelle région ;
- des territoires complémentaires ;
- des territoires de vie attractifs.

B. L'aménagement d'une nouvelle région
- Développement et aménagement du territoire ;
- des pôles de compétitivité ;
- la valorisation de l'environnement.

C. Une nouvelle région, des défis
- Des inégalités de revenus entre les territoires ;
- les enjeux de l'intégration et de l'accessibilité.

Généralisation

La région, territoire de vie, territoire aménagé

Pourquoi la région est-elle un territoire de vie ?
→ Voir cours 1 p. 78

Quels sont les acteurs de l'aménagement régional ?
→ Voir cours 2 p. 80

Quels sont les enjeux du développement régional ?
→ Voir cours 3 p. 82

L/ES
S

Les régions françaises d'hier à aujourd'hui

1 **Les régions françaises en 2014 (avant la réforme territoriale)**

2 **Les régions françaises en 2015 (après la réforme territoriale)**

Les nouvelles régions métropolitaines doivent déterminer leur capitale régionale en 2016.

Questions sur les documents

- La région où se trouve votre lycée a-t-elle été concernée par la réforme territoriale de 2015 ? Quelle image avez-vous de cette nouvelle région ?

L/ES
S

Les nouvelles régions françaises : poids démographique et économique

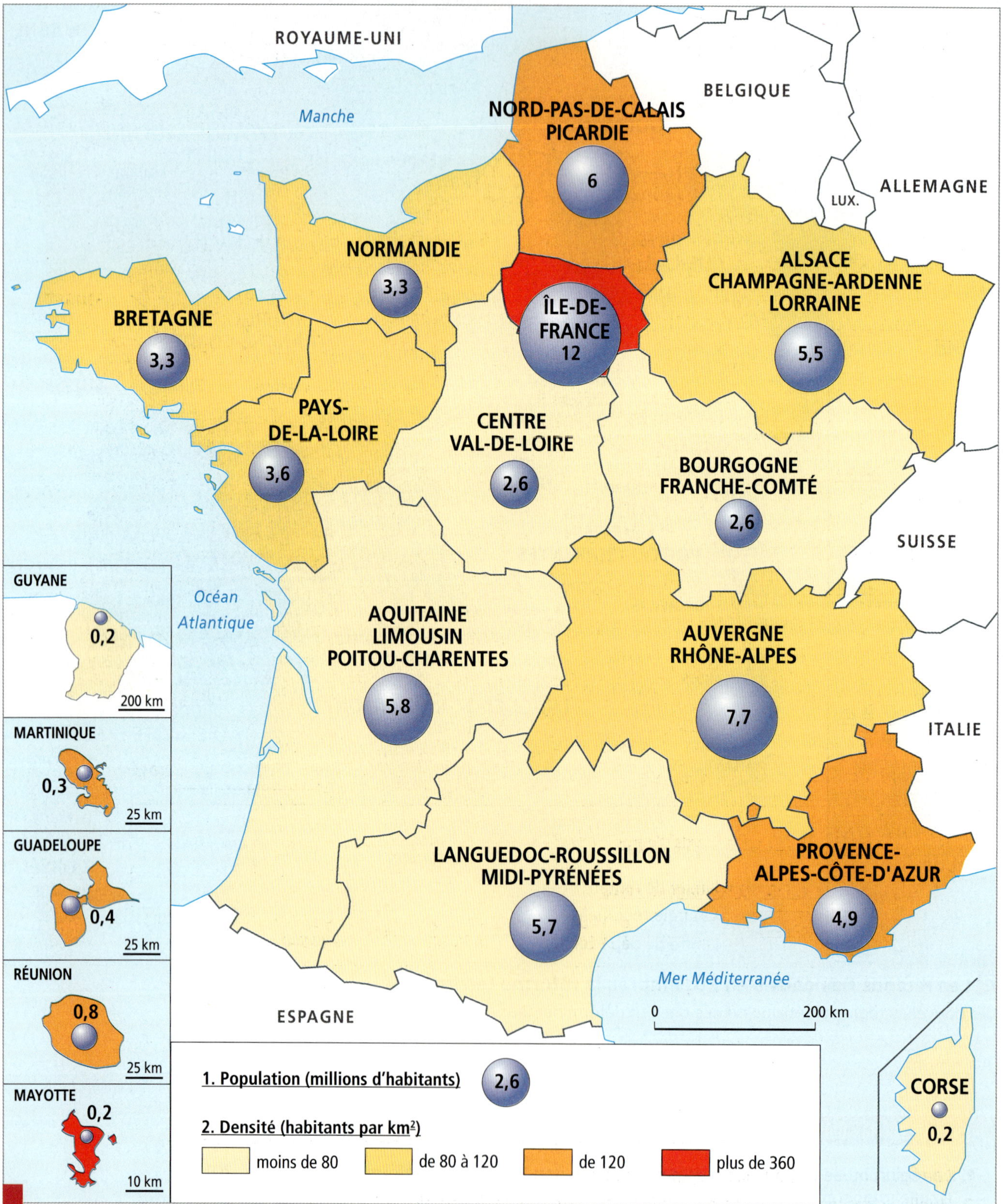

1 **Les nouvelles régions : population et densité**

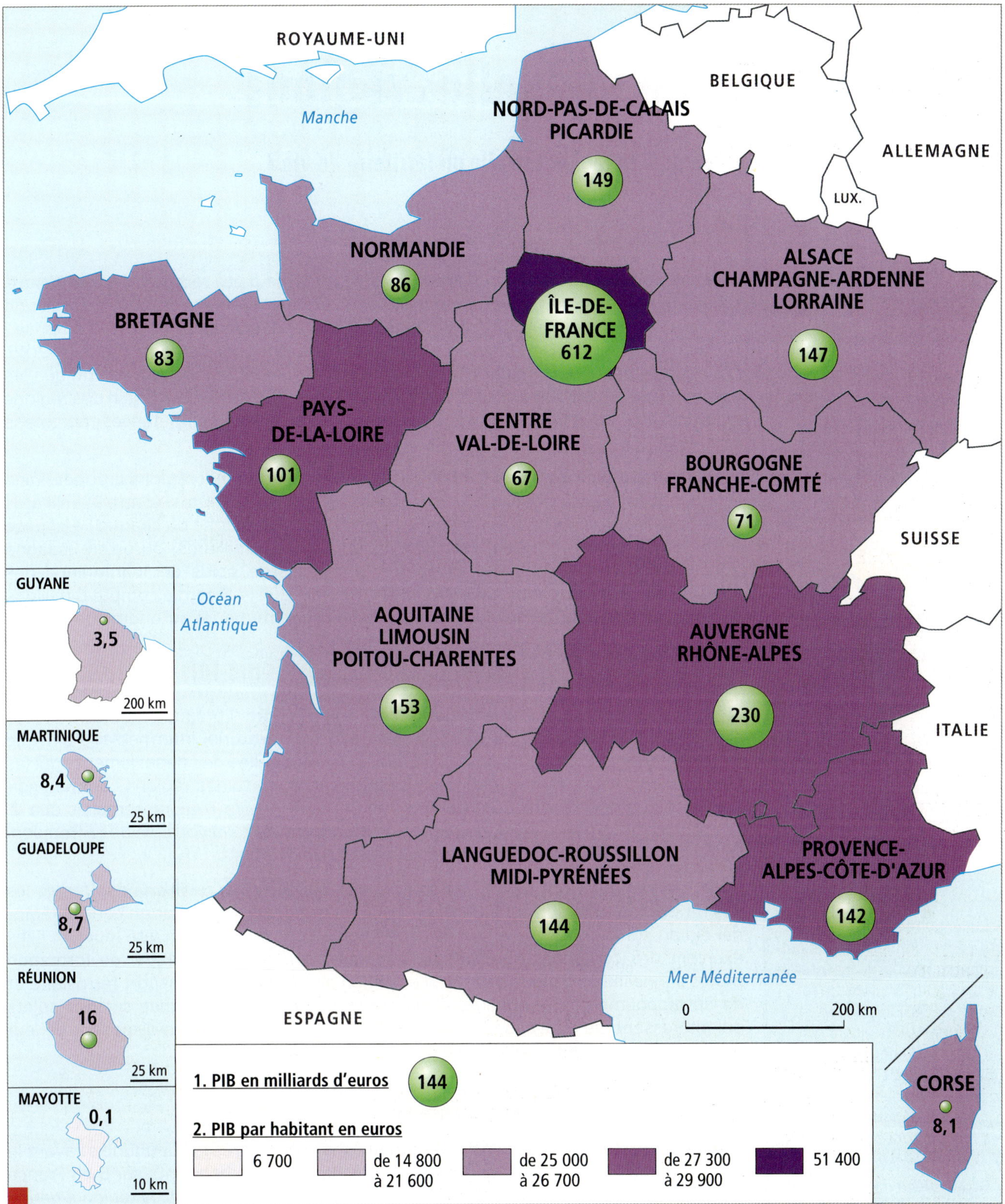

2 La richesse des nouvelles régions

Questions sur les documents

1. Quelles sont les régions les plus peuplées ? (doc. 1)
2. Quelles sont les régions les plus puissantes sur le plan économique ? (doc. 2)

L/ES

1. De nouvelles régions

Pourquoi la région est-elle un territoire de vie ?

1 Un nouveau découpage régional

Le nombre de régions en France métropolitaine a été réduit. La réforme territoriale élaborée par le gouvernement et débattue au Parlement en 2014 a établi une nouvelle carte avec 13 entités régionales en France métropolitaine (Corse comprise ; 18 avec les régions ultramarines). Ce découpage est entré en vigueur le 1er janvier 2015. Les départements qui veulent changer de région pourront le faire à condition que les assemblées des régions d'accueil et de départ y soient favorables. Au sein des régions recomposées, les **métropoles** sont amenées à exercer des compétences renforcées **(doc. 1)**.

Les régions françaises sont désormais comparables aux régions européennes. Le PIB moyen des 13 nouvelles régions atteint 160 milliards d'euros, contre 95 milliards avec l'ancien découpage. C'est presque autant qu'en Allemagne où chaque Land pèse 163 milliards en moyenne, et bien plus qu'en Italie (75 milliards) ou qu'en Espagne (55 milliards). Le nouveau découpage renforce aussi le poids démographique des régions françaises. La nouvelle région Nord-Pas-de-Calais-Picardie compte 6 millions d'habitants, une population comparable à celle la communauté autonome de Madrid.

2 La région, une invention récente plusieurs fois modifiée

Les régions sont une création territoriale récente. Lorsque l'État les a élaborées en 1955, il s'agissait de disposer d'un échelon territorial intermédiaire entre le département et l'État. Leurs limites ont coïncidé avec celles des départements qui les composaient. Avant le nouveau découpage de 2015, certaines régions comme Midi-Pyrénées regroupaient 8 départements alors que l'Alsace n'en rassemblait que 2. Les régions ultramarines (Guadeloupe, Guyane, Martinique, Mayotte, île de La Réunion) ne sont constituées en revanche que d'un seul département.

Les régions sont devenues ensuite des collectivités territoriales. Depuis les **lois de décentralisation** de 1982 et de 2003, elles sont dirigées par un conseil régional élu au suffrage universel qui désigne le président de la collectivité **(doc. 2)**. Elles exercent des compétences en matière d'aménagement du territoire, de formation professionnelle, de construction et d'entretien des lycées, de transport ferroviaire et de développement économique. Elles interviennent en permanence sur des sujets qui intéressent les citoyens dans leur vie quotidienne. Les régions disposent de leur propre budget qui leur confère une grande autonomie financière.

3 Un territoire de vie en débat

L'identité régionale est une réalité qui s'affirme. Après la commune et avant le département, la région est l'**espace vécu** des habitants. 4 habitants sur 5 en France métropolitaine vivent et travaillent dans leur région. Depuis 30 ans, la région a gagné en popularité et les citoyens s'identifient de plus en plus à cette circonscription administrative. En 2014, 75 % des Français se déclarent attachés à leur région. Beaucoup ont exprimé leur rejet à l'égard de la réforme territoriale **(doc. 3)**.

Les découpages régionaux font l'objet de contestations. Des mouvements régionalistes (Savoie, Bretagne) souhaiteraient faire coïncider les limites de leur région avec d'anciennes provinces historiques ou des aires linguistiques transfrontalières (Pays basques français et espagnol). Avec l'intégration européenne, la coopération entre régions frontalières s'est développée au point de voir émerger l'idée de région économique autour d'enjeux et problèmes communs (équipements collectifs, gestion des travailleurs transfrontaliers, protection de l'environnement).

Repères

Les 5 régions les plus peuplées

En %	
Île-de-France	18,2
Auvergne-Rhône-Alpes-	11,8
Nord-Pas-de-Calais-Picardie	9,1
Aquitaine-Limousin-Poitou-Charentes	8,9
Languedoc-Roussillon-Midi-Pyrénées	8,7

Les 5 régions les moins peuplées

En %	
Guyane	0,4
Corse	0,5
Mayotte	0,3
Martinique	0,6
Guadeloupe	0,6

Source : INSEE, 2015.

Vocabulaire

- **Collectivités territoriales :** structures administratives qui prennent en charge les intérêts de la population dans un territoire précis. Elles disposent de représentants élus ayant un pouvoir de décision et elles ont des compétences propres (transport, social). Les communes, les départements et les régions sont des collectivités territoriales de la France.
- **Espace vécu :** manière dont les populations perçoivent et se représentent l'espace dans lequel elles vivent.
- **Lois de décentralisation :** lois de 1982 et 2003 qui ont transféré une partie des pouvoirs de l'État aux collectivités territoriales. Lorsque ces pouvoirs sont transférés aux régions, on parle aussi de « régionalisation ».
- **Métropole :** voir p. 41.

1 Des communes moins nombreuses ?

La réforme territoriale engagée par le gouvernement renforcera les compétences des régions et des métropoles aux dépens des autres collectivités territoriales. [...] Un changement majeur semble acquis : majeur pour les élus concernés, naturellement, mais majeur aussi pour tous les acteurs privés des territoires – habitants et usagers des services publics, entreprises et organisations professionnelles. L'équilibre existant entre les communes, les intercommunalités, les départements et les régions est en effet profondément modifié au profit de deux acteurs : d'une part, la région ; d'autre part, la métropole, qui naîtra le 1er janvier 2015 de chaque agglomération de plus de 400 000 habitants. [...] Les régions se voient également attribuer de nombreuses compétences historiques des départements (routes, collèges, transports scolaires et transports interurbains). [...] Pour chaque couple région-métropole, il reviendra aux exécutifs locaux d'inventer les formes de collaboration qui leur conviennent. La recherche d'efficacité des politiques publiques doit l'emporter sur toute autre considération, afin que des synergies utiles se dessinent au profit des entreprises et des habitants des territoires métropolitains et non métropolitains.

Jacques-Henri Semelle, « Région-métropole, le nouveau couple majeur de la réforme territoriale », *Les Échos*, 14 novembre 2014.

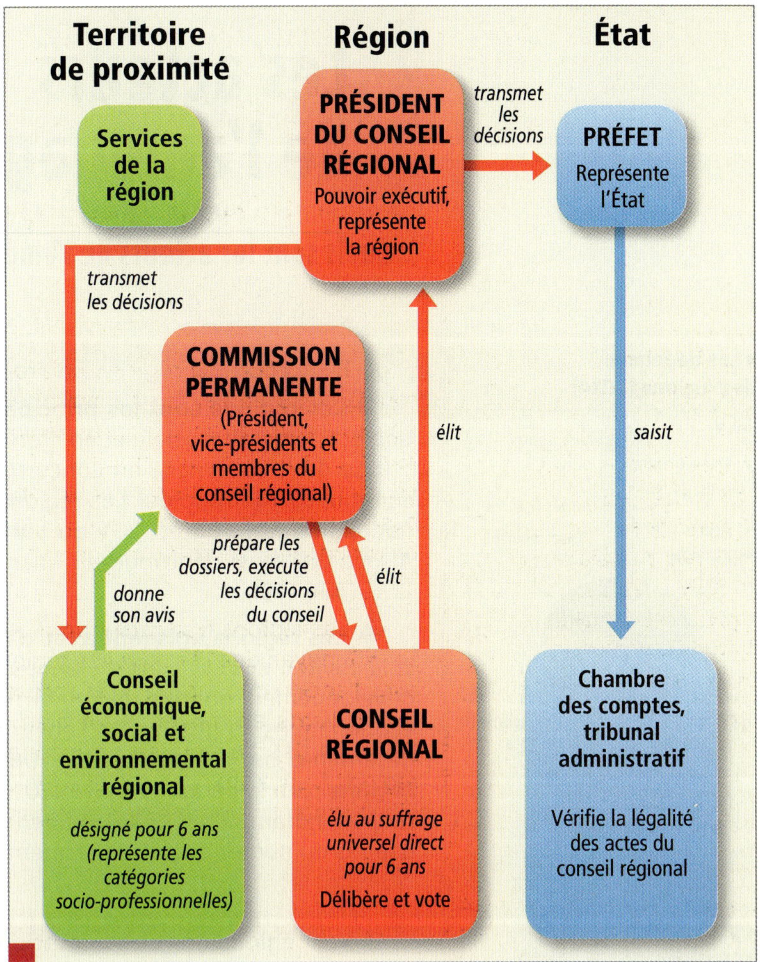

2 L'organisation institutionnelle de la région

3 « Égoïstes Alsaciens »

Caricature de Patrice Seiler, 2014.

Questions sur les documents

1. Quels sont les principaux changements liés à la réforme territoriale ? **[doc. 1]**
2. Comment s'organisent les relations de pouvoir entre l'échelon régional et les échelons national et local ? **[doc. 2]**
3. Commentez la caricature. Quelle impression transmet-elle sur la fusion des deux régions ? **[doc. 3]**

L/ES

Cours

2. Les acteurs de l'aménagement régional

Quels sont les acteurs de l'aménagement régional ?

Repères

■ Les dépenses des régions (2014)

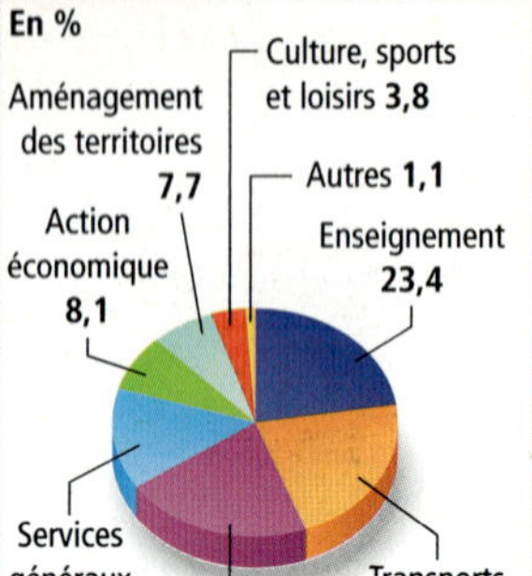

Source : www.collectivites-locales.gouv.fr, 2015.

1 De nombreux acteurs publics

■ **Les régions sont les principaux acteurs de leurs territoires.** Selon leur situation économique, sociale et environnementale, les conseils régionaux fixent les objectifs de développement en concertation avec les autres collectivités (départements, communes, métropoles). Les régions peuvent investir dans des infrastructures (routes nationales, autoroutes, LGV ou ports). Les régions Champagne-Ardenne, Lorraine et Alsace ont ainsi contribué au financement de la LGV est-européenne à hauteur de 12 % (386 M€).

■ **Les régions agissent avec d'autres acteurs publics.** En accord avec les autres collectivités et l'État, elles élaborent les schémas régionaux d'aménagement et de développement durable de leur territoire **(SRADDT)**. Les équipements futurs, les choix économiques, la gestion de l'environnement, du patrimoine et du cadre de vie sont déterminés par ces documents. Une nouvelle génération de **contrats de plan État-régions** pour la période 2015-2020 a été lancée. Ils portent plusieurs orientations prioritaires, notamment l'enseignement supérieur et la recherche, le développement des usages du numérique, l'environnement **(doc. 1)**.

2 L'Union européenne et les régions : des relations privilégiées

■ **L'Union européenne agit au profit des régions.** Une seule politique européenne concerne directement les régions : la politique régionale. Elle remonte à la création du **FEDER** (Fonds européen de développement régional), créé en 1975. Elle a pour objectif de réduire l'écart entre les niveaux de développement des diverses régions en Europe. En Normandie, l'Union européenne finance avec d'autres le rétablissement du caractère maritime du Mont-Saint-Michel permettant la valorisation de ses paysages et la promotion de son dynamisme économique **(doc. 2)**.

■ **Les régions agissent au niveau européen à travers le Comité des régions (CDR).** Créé en 1992, le CDR est une instance consultée par la Commission européenne ou le Conseil de l'Union européenne sur de nombreux domaines (cohésion économique et sociale, transports, santé publique, etc.). Les collectivités territoriales essaient également d'intervenir dans le processus de décision à travers deux associations, l'Assemblée des régions d'Europe (ARE) et le Conseil des communes et régions d'Europe (CCRE).

3 Une société civile impliquée dans le développement régional

■ **Le dynamisme économique est entretenu par l'implantation des entreprises.** Celles-ci investissent dans les régions et permettent le développement de l'emploi. Aussi les régions cherchent-elles à les attirer en leur proposant par exemple des espaces aménagés, en aidant la recherche ou en améliorant la qualité de la vie. Créée en 2005, l'agence régionale de développement de Franche-Comté soutient financièrement les projets développés au sein des **pôles de compétitivité** et propose un accompagnement renforcé aux entreprises.

■ **Les associations et les citoyens participent au dynamisme régional.** Dans le domaine économique et culturel, les associations favorisent souvent le développement des liens sociaux. Les régions les incitent donc à se développer en apportant des aides financières. Enfin, les citoyens sont appelés à jouer un rôle dans les choix pris par la région : la **démocratie participative** est encouragée. En Rhône-Alpes, des ateliers citoyens sont créés pour que des avis issus de la population puissent être donnés aux élus **(doc. 3)**.

Vocabulaire

- **Contrat de plan État-région (CPER) :** document par lequel l'État et une région s'engagent sur le programme et le financement de projets importants d'aménagement du territoire (création d'infrastructures, soutien à des filières innovantes, etc.). Ces contrats ont une durée de 5 ans.
- **Démocratie participative :** désigne l'ensemble des procédures, instruments et dispositifs qui favorisent l'implication directe des citoyens au gouvernement des affaires publiques.
- **FEDER :** Fonds européen de développement régional. Créé en 1975, le FEDER finance des infrastructures et des projets de développement locaux dans l'Union européenne grâce aux contributions financières des différents États.
- **Pôle de compétitivité :** territoire innovant soutenu par les pouvoirs publics qui stimulent et financent la coopération entre des entreprises, des centres de recherche et des organismes de formation dans un même secteur d'activité.
- **SRADDT :** voir p. 72.

1 Les contrats de plan État-régions 2015-2020

La nouvelle génération des contrats de plan État-régions 2015-2020 constitue un enjeu majeur pour l'investissement public et la mise en œuvre d'un partenariat renouvelé entre l'État et les régions. Pour les 6 années à venir, l'État mobilisera 12,5 milliards d'euros. « Je veux insister sur ce chiffre qui témoigne de l'effort réalisé. Il est supérieur au montant engagé lors de la précédente génération des CPER », a rappelé Manuel Valls à Nantes le 1er décembre. Le rôle de l'État, c'est de catalyser les énergies, de fédérer les volontés autour de projets structurants. [...]

Les contrats de plan État-régions permettront donc la relance de l'investissement dans les territoires. Ils sont au service d'une priorité transversale : l'emploi durable, et comprennent 5 volets thématiques correspondant aux grands enjeux d'avenir pour les territoires : mobilité multimodale ; enseignement supérieur, recherche et innovation ; transition écologique et énergétique ; numérique ; innovation, filières d'avenir et usines du futur.

www.gouvernement.fr, décembre 2014.

UNE OPÉRATION PARTENARIALE

Le rétablissement du caractère maritime du Mont-Saint-Michel représente 184,74 millions d'euros d'investissement public direct.

Europe Fonds Feder 21,15 millions €
État 84,93 millions €

Syndicat Mixte via ses adhérents, les collectivités territoriales : **74,86 millions d'€**

Région Basse-Normandie 35,36 millions €
Région Bretagne 15,77 millions €
Département de la Manche 11,79 millions €
Département de l'Ille-et-Vilaine 4,44 millions €
Autofinancement : 7,50 millions €

Agence de l'eau Seine-Normandie **Agence de l'eau Loire-Bretagne** 3,80 millions €

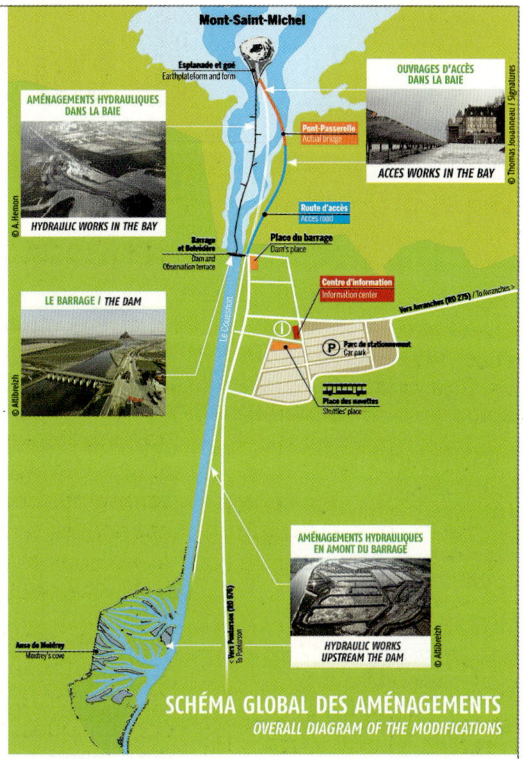

Coût des ouvrages : 184,74 M€

- **Ouvrages hydrauliques :** 68,52 M€
  - Barrage : 33,90 M€
  - Hydraulique amont : 24,04 M€
  - Hydraulique aval : 10,58 M€
- **Ouvrages d'accueil**
  - Espaces et bâtiments publics (hors Délégation de Service Public) : 9,31 M€
  - Délégation de Service Public (subvention d'équipement pour les navettes et le parc de stationnement) : 12,3 M€ État et Syndicat Mixte
- **Ouvrages d'accès :** 38,04 M€
  - Pont-passerelle : 35,24 M€
  - Travaux sur Monuments Historiques : 2,80 M€
- **Frais de maîtrise d'ouvrage :** 29,55 M€
- **Provisions d'indices :** 22,82 M€
- **Solde de TVA :** 4,2 M€

La société Veolia Transport finance à hauteur de 24 M€ la construction du parc de stationnement et des navettes, dans le cadre d'un contrat de Délégation de Service Public.

Maître d'ouvrage du projet

SYNDICAT MIXTE BAIE DU MONT-SAINT-MICHEL
16 route de La Caserne
50170 Beauvoir

Conducteur d'opération
Mission Mont-Saint-Michel
Direction Départementale des Territoires et de la Mer de la Manche

2 L'Union européenne et l'aménagement de la baie du Mont-Saint-Michel

Schéma global des aménagements, syndicat mixte baie du Mont-Saint-Michel, 2012.

3 La démocratie participative dans les lycées et les CFA

Campagne émise par la région Rhône-Alpes, 2014.

Questions sur les documents

1. Pourquoi les contrats de plan État-régions constituent-ils un enjeu majeur du développement régional ? **(doc. 1)**
2. À quoi servent les aides européennes dans les régions ? **(doc. 2)**
3. Comment la région Rhône-Alpes cherche-t-elle à renouveler la prise de décisions dans ses lycées ? **(doc. 3)**
4. Quels sont les différents acteurs du développement et de l'aménagement des régions ? **(doc. 1 à 3)**

L/ES

3. Enjeux et défis des régions

Quels sont les enjeux du développement régional ?

1 Des réalités régionales contrastées

Les régions ont un dynamisme économique inégal. Certaines, comme l'Île-de-France, tirent profit de leurs poids dans l'économie nationale. Trois régions réalisent avec l'Île-de-France 57 % du PIB total du pays. Dotées chacune d'une métropole dynamique, Auvergne-Rhône-Alpes (Lyon), Aquitaine-Limousin-Poitou-Charentes (Bordeaux) et Nord-Pas-de-Calais-Picardie (Lille) contribuent au dynamisme économique du pays. D'autres régions sont plus isolées (Corse) ou apparaissent confrontées à des défis majeurs pour leur développement dans les prochaines décennies malgré la réforme territoriale **(doc. 2)**.

Les régions d'outre-mer (ROM) cumulent les handicaps. La Guyane, la Guadeloupe, la Martinique, la Réunion et Mayotte rencontrent des difficultés liées à l'éloignement géographique, à leur structure économique héritée du passé colonial et à leur exposition à des risques naturels récurrents. Considérées par l'Union européenne comme des **régions ultrapériphériques**, elles reçoivent des aides financières spéciales qui atténuent en partie leurs difficultés malgré l'atout du tourisme international.

2 Réduire les inégalités territoriales pour développer les territoires

Les régions françaises demeurent disparates et inégales. Les inégalités intra-régionales sont de plus en plus marquées entre villes et campagnes, entre littoraux et montagnes, comme cela est perceptible en Corse **(doc. 1)**. Les zones de pauvreté et d'exclusion où règnent le chômage et les difficultés sociales, concernent aussi des zones urbaines et périurbaines de régions à forte croissance économique (Île-de-France, PACA, Auvergne-Rhône-Alpes). Les populations aisées cherchent de plus en plus à s'en éloigner. Ce phénomène de **ségrégation** entraîne le développement de résidences fermées et des comportements de type **NIMBY** ou **BANANA**.

Les écarts entre les régions s'estompent. Grâce au développement de l'économie de services, les régions bénéficient de l'interdépendance des territoires et de l'accroissement des mobilités des populations. Touristes et retraités dépensent dans des régions touristiques les revenus gagnés ailleurs. Les régions à important développement littoral ou incluant des espaces de montagne (Aquitaine-Poitou-Charentes-Limousin, Languedoc-Roussillon-Midi-Pyrénées) bénéficient de ces transferts.

3 Les régions face à la mondialisation et au développement durable

La mondialisation est une opportunité pour des régions dynamiques. En intégrant certaines régions autrefois « périphériques » (Limousin, Auvergne) à des entités plus compétitives (Aquitaine, Rhône-Alpes), la réforme territoriale permettra leur adaptation à la mondialisation. Elle impose de concilier différentes politiques en matière d'aménagement : aux rééquilibrages du territoire sont préférées les politiques qui permettent aux régions les plus dynamiques de répondre à la concurrence internationale et d'accroître leur compétitivité (Île-de-France, Languedoc-Roussillon-Midi-Pyrénées).

Le développement durable est également une chance pour les régions. Les zones de déprise industrielle ou agricole peuvent se reconvertir en s'appuyant sur une démarche durable (protection environnementale, cohésion sociale et territoriale). Les **agendas 21** sont des outils utilisés par les régions pour porter les politiques de développement durable, comme c'est le cas en région Pays de la Loire **(doc. 3)**.

Repères

Les 5 PIB/habitant les plus élevés

Régions	PIB/hab.
Île-de-France	51 420
Rhône-Alpes-Auvergne	29 900
Provence-Alpes-Côtes d'Azur	28 400
Pays de la Loire	27 300
Alsace-Lorraine-Champagne-Ardenne	26 700

Source : INSEE, 2015.

Vocabulaire

- **Agenda 21 local :** voir p. 48.
- **BANANA :** de l'anglais *Build Absolutely Nothing Anywhere Near Anyone* (« absolument ne rien construire nulle part ni près de personne »). Le syndrome « BANANA » renvoie aux phénomènes de résistance locale aux projets. De connotation plus extrême que NIMBY, il exprime mieux la volonté d'opposition de la part d'une partie de l'opinion concernant des projets d'aménagement.
- **NIMBY :** de l'anglais *Not In My Backyard* (« pas dans mon jardin »). Comportement d'individus ou de groupes, qui s'opposent à des aménagements considérés comme générateurs de nuisances pour les riverains.
- **Régions ultrapériphériques :** territoires ultramarins faisant partie intégrante de l'Union européenne. Ce statut repose sur plusieurs critères dont les contraintes de l'éloignement, de l'insularité, et de la dépendance économique, etc.
- **Ségrégation :** processus, volontaire ou non, de séparation des populations dans l'espace selon des critères sociaux, ethniques ou d'âge.

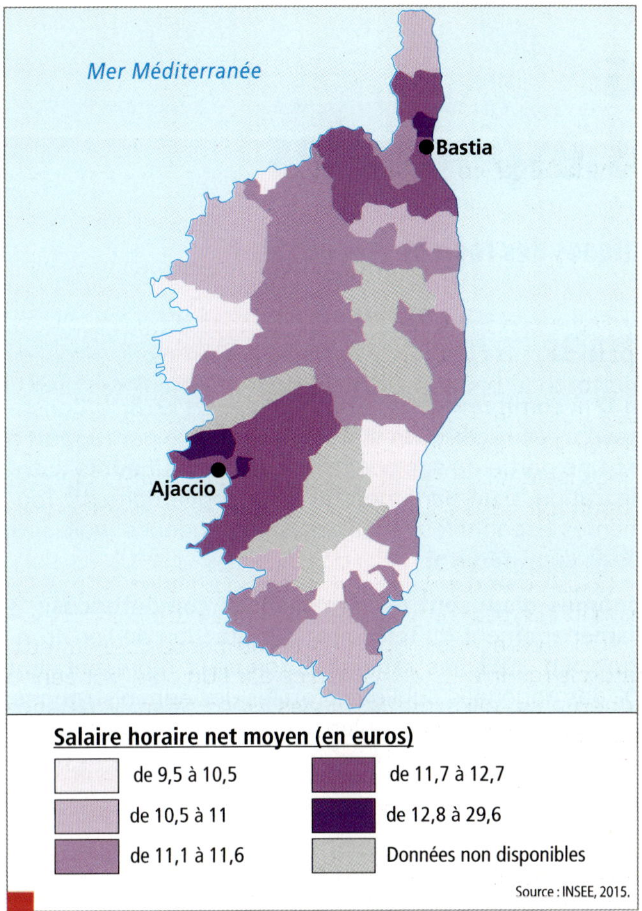

1 Les inégalités de revenus en Corse

2 Les défis de la région PACA

La région Provence-Alpes-Côte d'Azur compte aujourd'hui 5 millions d'habitants. Il est difficile de dire combien nous serons en 2030 en raison d'incertitudes sur le modèle de calcul et l'estimation du poids des migrations à venir. [La région concentre de nombreux problèmes :]

– difficultés de déplacements, [...] forte dépendance énergétique ;

– banalisation des espaces avec un risque de perte d'identité ;

– conflits d'usage des sols, manque de logements accessibles et spéculation foncière ;

– mise en danger et fragilisation des espaces naturels, épuisement des ressources, érosion du trait de côte et accroissement de la vulnérabilité ;

– concentration de l'activité économique et des emplois, mais également des risques industriels et technologiques [...] ;

– concentration d'une grande partie de la pauvreté et des inégalités sociales et territoriales ;

– rejet croissant du modèle urbain ou périurbain actuel, incertitudes sur les conséquences de la métropolisation par les populations, perte de repère de la gouvernance publique (éloignement des citoyens et de leurs élus, etc.), enjeux démocratiques (vote extrême, abstention).

Schéma régional d'aménagement et de développement durable du territoire (SRADDT), http://2030.regionpaca.fr, 2015.

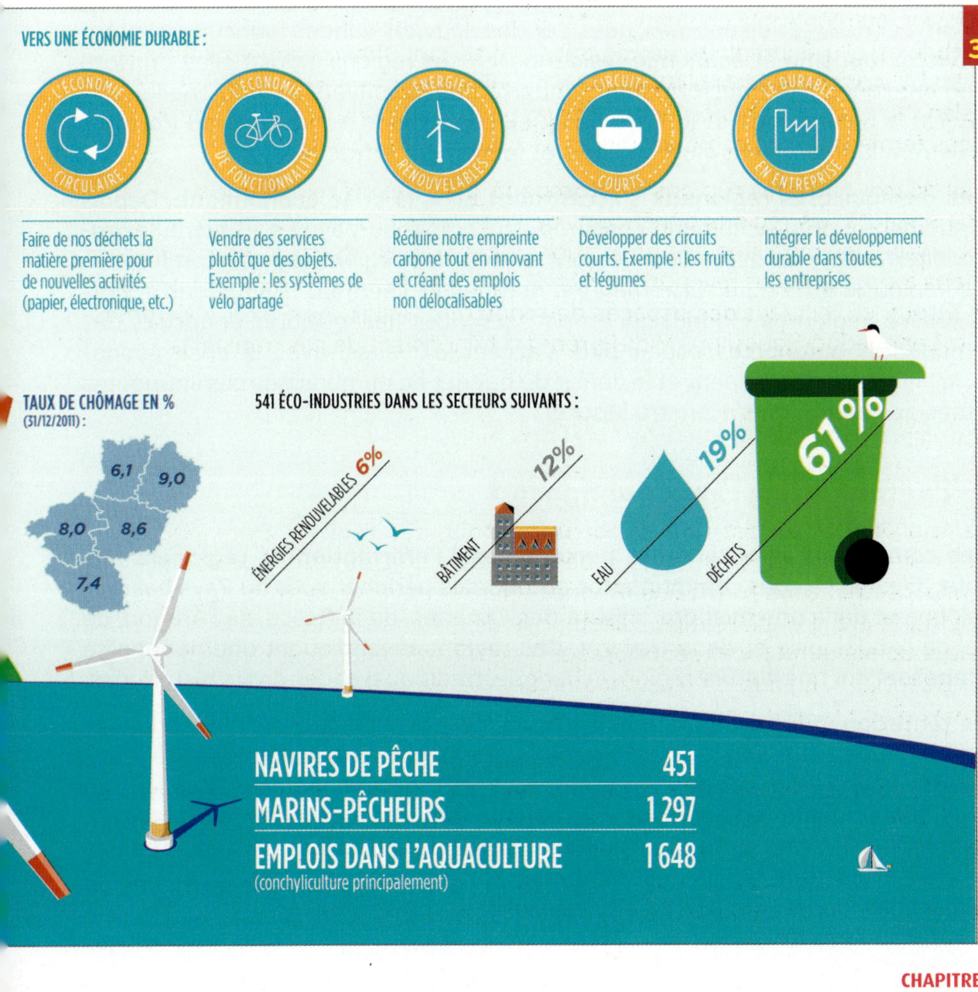

3 Le développement durable en région Pays de la Loire

Extrait du magazine *Développement durable* des Pays de la Loire, 2012.

Questions sur les documents

1. Quelles sont les régions pour lesquelles le salaire horaire net moyen est le plus élevé en Corse ? **[doc. 1]**
2. À quels défis devra répondre la région PACA à l'avenir ? **[doc. 2]**
3. Dans quels secteurs du développement durable la région Pays de la Loire vante-t-elle ses actions ? **[doc. 3]**

L/ES

4. Les régions autonomes espagnoles

➔ Quelles sont les caractéristiques des régions espagnoles ?

1 Des compétences élargies

■ **L'Espagne est divisée en 17 « communautés autonomes ».** En 1978, la Constitution de l'État espagnol a octroyé à ces régions un statut d'autonomie par rapport à l'État central qui leur a transféré une partie de ses pouvoirs. Les communautés autonomes disposent d'une administration, d'un parlement et d'un gouvernement. Toutefois, les communautés autonomes espagnoles n'ont pas l'indépendance judiciaire. L'Espagne est ainsi qualifiée d'**État semi-fédéral**.

■ **Les communautés autonomes disposent de nombreuses compétences :** le développement économique, l'aménagement du territoire, la protection de l'environnement, l'éducation et la culture. En 2012, les régions autonomes représentaient 42 % des fonctionnaires et 35 % des dépenses publiques totales des administrations. Toutes les communautés autonomes ne se ressemblent cependant pas : le degré d'autonomie, le poids démographique et l'attractivité varient assez nettement d'une région à l'autre **(doc. 1)**.

2 De très fortes disparités régionales

■ **Les communautés autonomes sont inégalement dynamiques.** Les régions dynamiques sont situées sur le littoral méditerranéen, à l'exception de la communauté autonome de Madrid. Les économies de la Catalogne, de la Communauté valencienne, des Baléares et de Madrid sont marquées par des activités variées (agriculture intensive, services, tourisme et économie résidentielle). Les régions industrielles du Nord et du Sud ont connu des transformations importantes (reconversion industrielle dans les Asturies, la Cantabrique et le Pays basque). Les régions frontalières du Portugal (Galice, Estrémadure) restent plutôt rurales et faiblement attractives.

■ **Les déséquilibres régionaux s'accentuent avec la crise économique.** Depuis 2008, l'augmentation du chômage concerne l'ensemble du pays : s'il touche les régions méditerranéennes et les îles, ce sont surtout les régions agropastorales, minières (Andalousie intérieure, Estrémadure, Asturies et León) ou d'industries exportatrices (Galice, région de Madrid) qui en pâtissent. Les déséquilibres financiers des 17 communautés autonomes espagnoles s'accentuent aussi avec la crise économique : le niveau d'endettement et le déficit du budget de nombreuses communautés autonomes ne cessent de s'accroître **(doc. 2)**.

3 De l'autonomie à l'indépendance ?

■ **Les communautés autonomes portent aussi l'affirmation de régionalismes nationaux.** C'est le cas des communautés autonomes périphériques du Pays basque, de Catalogne et dans une moindre mesure des Canaries, de la Galice, de l'Aragon, de Valence, de l'Andalousie et de la Navarre. Ces régions revendiquent une nationalité propre reposant sur une culture régionale (langue, traditions) et des droits historiques.

■ **La tentation indépendantiste est grande.** Les revendications d'indépendance des communautés autonomes frontalières (notamment la Catalogne et le Pays basque) se sont affirmées ces dernières années. Elles s'inscrivent aujourd'hui dans un processus démocratique en appelant à un référendum d'autodétermination **(doc. 3)**. À l'automne 2014, un vote portant sur l'indépendance de la Catalogne organisé par les partis nationalistes de la région s'est tenu mais a été déclaré inconstitutionnel par le Tribunal constitutionnel saisi par le gouvernement.

Repères

■ **PIB des 5 régions espagnoles les plus riches (2014)**

En milliards d'euros	
Catalogne	192
Madrid	183
Andalousie	138
Valence	97
Pays Basque	62

■ **PIB des 5 régions espagnoles les plus pauvres (2014)**

En milliards d'euros	
Asturies	21
Navarre	17
Estrémadure	16
Cantabrie	12
La Rioja	8

Source : datasmacro.com, 2015.

Vocabulaire

- **État semi-fédéral :** État souverain composé de plusieurs entités autonomes (entités fédérées) dotées de leur propre gouvernement. Toutefois, le fédéralisme n'y est pas complet, comme c'est le cas des régions autonomes en Espagne qui ne disposent pas de l'indépendance judiciaire.
- **Régionalisme :** revendication d'une autonomie, affirmation d'une culture ou d'un particularisme régional, parfois favorisée par le renforcement de la décentralisation et de la compétition entre les régions dans la mondialisation.

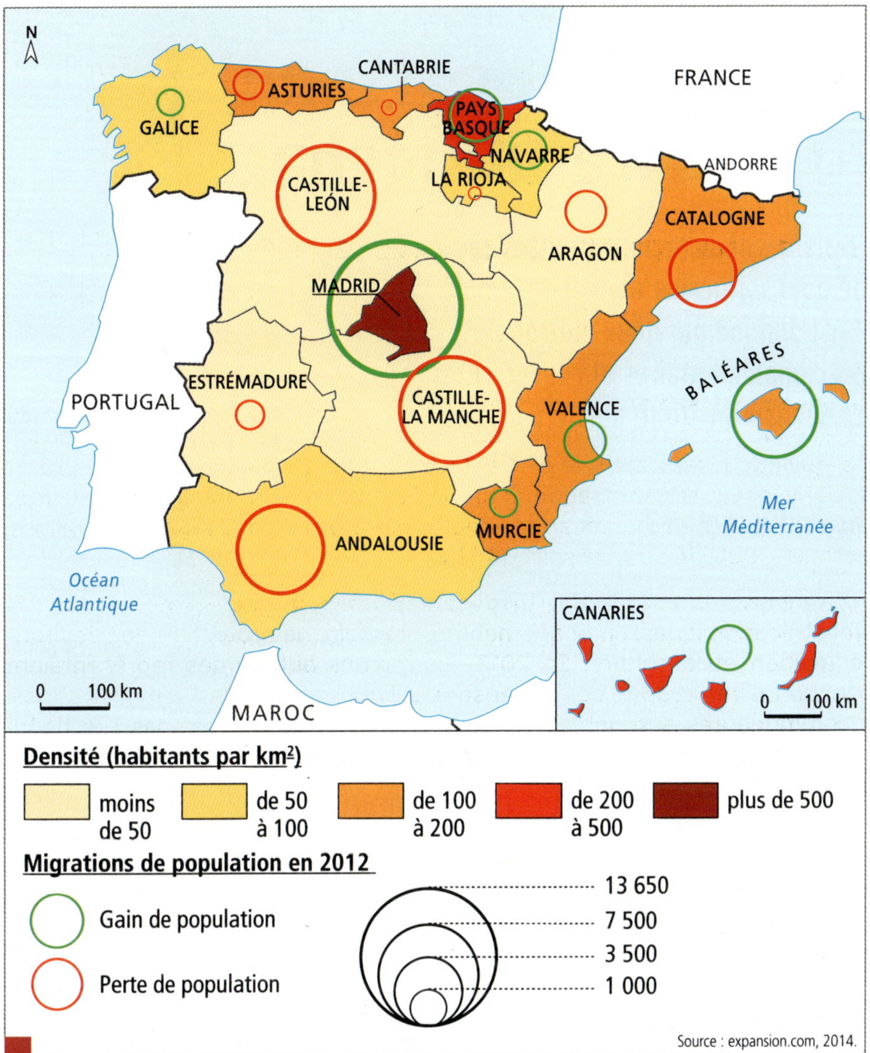

Source : expansion.com, 2014.

1 Population et densité des régions espagnoles (2014)

2 Les communautés autonomes face à la crise économique

La méfiance des marchés financiers à l'égard des communautés autonomes renvoie tout d'abord à un constat de nature constitutionnelle. La répartition des compétences aux termes de la Constitution de 1978 conduit ces entités à devoir assumer une grande partie des services associés à l'État Providence : écoles et lycées, hôpitaux, services sociaux, mais aussi financement des universités et des programmes de recherche. À partir des années 1980, ceci a donné lieu à un important transfert de personnels de l'administration centrale vers les services des communautés autonomes qui, en 2012, employaient, tous niveaux confondus (régional, provincial, local), les trois quarts des fonctionnaires espagnols.

Le manque de confiance des marchés renvoie aussi à deux considérations. D'une part, les observateurs internationaux sont conscients que les communautés autonomes ont des besoins financiers incompressibles et en augmentation constante. D'autre part, le bond démographique (environ 5 millions de migrants ont rejoint l'Espagne entre la fin des années 1990 et le début des années 2000) a obligé les communautés autonomes les plus peuplées à renforcer leurs services publics (construction d'écoles, de centres sociaux, etc.).

Nacima Baron, « Espagne. Confrontée à l'endettement de ses communautés autonomes », *P@ges Europe*, 13 février 2012 – La Documentation française.

3 Manifestation pour l'indépendance de la Catalogne (juin 2013)

90 000 personnes se sont rassemblées au Camp Nou (le stade du club de football de Barcelone) pour un concert en faveur de l'indépendance de la Catalogne et du droit à l'autodétermination.

Questions sur les documents

1. Les communautés autonomes les plus densément peuplées sont-elles celles qui attirent le plus ? **(doc. 1)**
2. Quels éléments expliquent que les communautés autonomes connaissent des difficultés économiques avec la crise ? **(doc. 2)**
3. Quel est l'objectif de ce genre de manifestation ? **(doc. 3)**

L/ES

AUTRES REGARDS

La fusion Languedoc-Roussillon-Midi-Pyrénées : chance ou menace ?

Depuis la réforme territoriale de 2014, les anciennes régions Languedoc-Roussillon et Midi-Pyrénées ont fusionné pour former un nouvel ensemble territorial de 5,6 millions d'habitants. Il est dominé par deux métropoles, Toulouse et Montpellier, qui sont à la fois complémentaires et concurrentes. Cette fusion doit donner naissance à un nouveau territoire de vie pour ses habitants.

➔ Quels sont les enjeux pour cette nouvelle région ?

Info

- Créées au milieu des années 1950, **les régions françaises** étaient au nombre de **vingt-deux** sur le territoire métropolitain et de cinq dans l'outre-mer **jusqu'en 2014**.
- Leur **nombre a été réduit** au moyen de **sept fusions**. Les **13 régions métropolitaines** sont désormais de taille équivalente aux autres régions des pays de l'Union européenne.

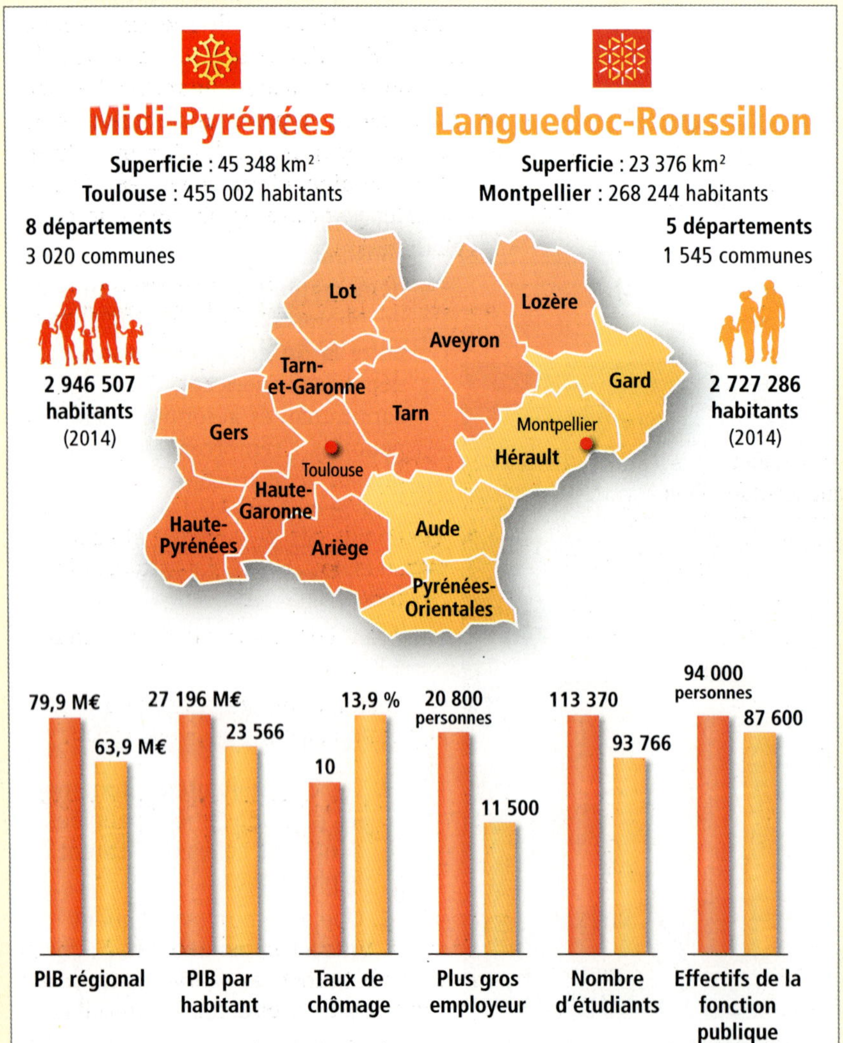

Source : « Midi-Pyrénées et Languedoc-Roussillon : une fusion à hauts risques », *Midi Libre*, 3 juin 2014.

1 Midi-Pyrénées et Languedoc-Roussillon en chiffres

2 La fusion vue comme une chance

En séparant haut et bas Languedoc, Midi-Pyrénées et Languedoc-Roussillon, la régionalisation des années 1960 a méconnu des solidarités territoriales anciennes au profit d'une logique administrative qui a contribué à affaiblir le potentiel régional. Diviser pour mieux régner ?

La réforme territoriale propose de réunir à nouveau ces deux entités au sein d'une même région. Une région forte de près de 6 millions d'habitants réunis par une histoire commune et des liens culturels vivants. Une région riche de ses complémentarités géographiques entre plaines et montagnes, littoral méditerranéen et intérieur. Une région maillée par un véritable réseau de villes et de pays apte à rééquilibrer l'influence, parfois excessive, de ses deux métropoles que sont Toulouse et Montpellier. Une région carrefour européen. C'est pourquoi nous disons que cette réforme n'est pas une menace, mais bien une chance.

Christophe Cavard (député EELV du Gard), « Vive la région Languedoc-Roussillon ! », Blog *Espaces et Territoires* de Mediapart, 5 juin 2014.

Midi Libre

S DIVERS | SPORT | SOCIÉTÉ | ÉCONOMIE | CULTURE & LOISIRS

Midi-Pyrénées & Languedoc-Roussillon : une usion à hauts risques

il y a 260 jours · 121 · PIERRE BRUYNOOGHE

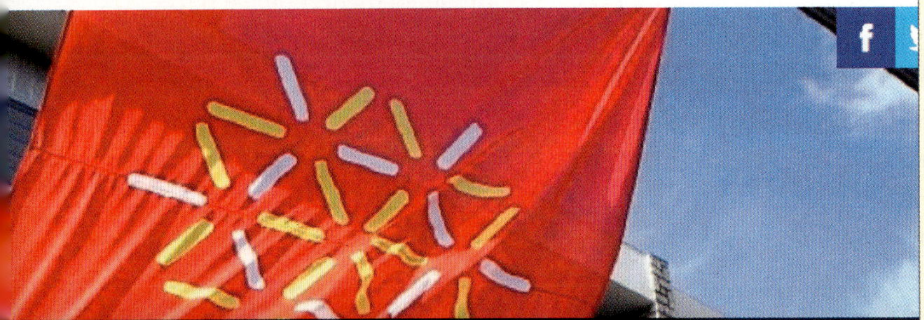

a fusion avec Midi-Pyrénées aura certainement des répercussions économiques sur le anguedoc-Roussillon. Par exemple : le départ, plus massif, des centres de décision publics t privés.
RCHIVE - MICHEL PIEYRE

Recommander · Partager · 1 150 personnes le recommandent. · TWITTER · 8+1 · 0

'union avec Midi-Pyrénées pourrait affaiblir les territoires du Languedoc-Roussillon.

3 La fusion vue comme une menace

Article paru sur www.midilibre.fr *Midi Libre*, 4 juin 2014.

4 Quelle capitale ?

a. La bataille s'annonce très féroce entre les deux métropoles du Sud. Si Toulouse, quatrième ville de France, semble s'imposer comme future capitale, Montpellier et la région Languedoc-Roussillon semblent bien décidés à ne pas se laisser annexer par leur puissant voisin.

« L'efficacité d'un territoire n'augmente pas forcément s'il devient plus grand. Ce n'est pas mécanique. Je ne lâcherai rien ! » a prévenu dans *Les Échos* le président PS Christian Bourquin. On comprend pourquoi la lutte entre Toulouse et Montpellier ne laisse pas la place au moindre outsider.

© Sandrine Chesnel, « La guerre des capitales régionales aura bien lieu », Express.fr, 3 juin 2014.

b. Voici deux métropoles qui aiment bien se comparer : normal, elles ont bien des points communs, mais aussi quelques rivalités. Ce sont toutes les deux des villes étudiantes : ils sont près de 100 000 à Toulouse, 70 000 à Montpellier, mais il s'agit de la plus ancienne faculté de médecine du monde, créée en 1289 ! Ces deux villes se « tirent la bourre » aussi en matière de recherche avec des laboratoires de pointe notamment dans le domaine médical. Sur le plan industriel, Toulouse domine Montpellier avec l'aéronautique et 35 000 emplois rien que dans l'agglomération.

« Midi-Pyrénées et Languedoc-Roussillon : ce qui nous sépare », *La Dépêche du Midi*, 18 novembre 2014.

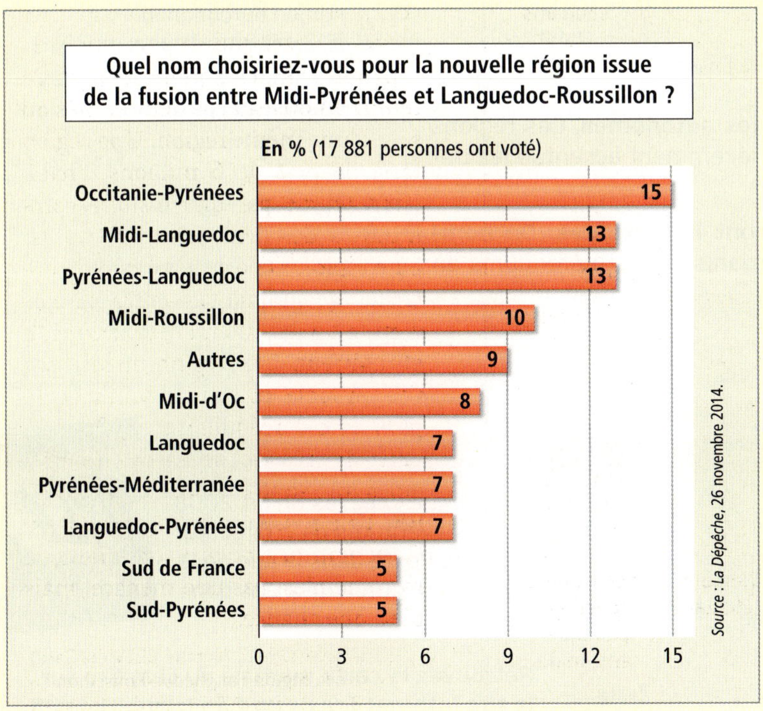

5 Quel nom choisir ?

Préparer le débat

1. Quel poids démographique et économique la nouvelle région représente-t-elle ? **(doc. 1)**
2. Comment cette fusion est-elle perçue ? **(doc. 2 à 4)**
3. Quels problèmes sont posés par la création de cette nouvelle région ? **(doc. 4 et 5)**
4. Le choix du nom de la nouvelle région est-il important d'après vous ? **(doc. 5)**

Débat

Et vous, votre région a-t-elle fusionné avec une autre en 2014 ? Comment le nouveau territoire est-il perçu ?

L/ES
S

Réviser

La région, territoire de vie, territoire aménagé

Synthèse

1 De nouvelles régions

■ **Depuis 2015, on compte 13 régions métropolitaines.** La réforme territoriale a conduit à la fusion d'anciennes régions. Elles ont désormais le poids économique et démographique des autres régions de l'Union européenne.

■ **La région est un territoire de vie.** 80 % des Français travaillent dans la région dans laquelle ils vivent. Ils s'identifient de plus en plus à ce territoire, tant en métropole que dans les 5 régions d'outre-mer.

2 Les acteurs de l'aménagement régional

■ **Les acteurs publics sont nombreux.** L'Union européenne (FEDER), l'État et les collectivités sont engagés auprès des régions dans l'aménagement des territoires.

■ **On compte également de nombreux acteurs non institutionnels.** Entreprises, associations et citoyens participent aussi au dynamisme économique, culturel et favorisent souvent le développement des liens sociaux en région.

3 Enjeux et défis des régions françaises

■ **Les régions ont un dynamisme économique inégal.** Malgré la réforme territoriale, certaines tirent profit de leur poids dans l'économie nationale, alors que d'autres sont confrontées à des difficultés importantes.

■ **Le développement des territoires passe par la réduction des fractures territoriales.** Les politiques d'aménagement permettent aux régions les plus dynamiques de relever le défi de la mondialisation tout en intégrant les enjeux du développement durable.

4 Les régions autonomes espagnoles

■ **L'Espagne est divisée en 17 communautés autonomes.** Ces régions disposent de compétences élargies. La crise a récemment accentué les déséquilibres économiques et sociaux des régions.

■ **Les revendications indépendantistes sont importantes.** De nombreuses régions organisent ou envisagent d'organiser des référendums en vue de leur indépendance.

Notions clés

- Aménagement régional p. 72
- Réforme territoriale p. 72
- Région p. 66
- Territoire de vie p. 66

Chiffres clés

- **13 régions** en France métropolitaine (situation au 1er janvier 2015)
- **5 régions d'outre-mer :** Guyane, Martinique, Guadeloupe, La Réunion, Mayotte
- La **Guyane** est la **plus grande région** d'outre-mer (86 000 km²)
- **L'Île-de-France** est la **région la plus peuplée** (12 millions d'habitants)
- La **Guyane** est la **région la moins peuplée** (250 000 habitants)
- La région Île-de-France est **la plus riche** des régions de l'Union européenne (612 milliards d'euros en 2014)
- **17 communautés autonomes** en Espagne

Pour approfondir

Sites Internet

- **Site sur les collectivités territoriales :** www.vie-publique.fr/decouverte-institutions/institutions/collectivites-territoriales/
- **Site de la communauté autonome de Madrid :** http://www.madrid.org/cs/Satellite?pagename=ComunidadMadrid%2FHome

Films

- Dany Boon, *Bienvenue chez les Ch'tis*, 2008. Le film raconte les aventures d'un directeur d'une agence de La Poste dans le sud de la France muté pour une durée de 2 ans dans le Nord-Pas-de-Calais.

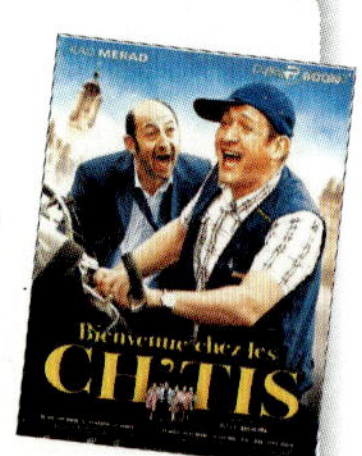

Carte mentale

Retrouvez la carte mentale du chapitre sur le site Internet : www.nathan.fr/geo1re-2015

Schémas pour réviser

1 Les compétences des régions françaises

DOMAINES D'INTERVENTION DE LA RÉGION

Pas de pouvoir législatif

- **Développement économique** : aide financière aux entreprises.
- **Aménagement du territoire et planification** : élaboration du SRADDT, signature des CPER, entretien des aérodromes civils, des ports, organisation des services de transport urbain.
- **Éducation, formation et culture** : construction et entretien des lycées, apprentissage, musées régionaux, archives, inventaire du patrimoine culturel, enseignement artistique.
- **Santé** : vaccination, équipements sanitaires.

2 Les compétences des communautés autonomes espagnoles

PRINCIPALES COMPÉTENCES DES COMMUNAUTÉS AUTONOMES

- **Organisation des institutions de la communauté autonome** (gouvernement, parlement et administration régionale)
- **Aménagement du territoire, urbanisme et habitat** (travaux publics, infrastructures de transport et de communication)
- **Croissance et développement économique** (aides à l'artisanat, promotion du tourisme, etc.)
- **Mise en valeur et protection de l'environnement**
- **Éducation, culture et patrimoine** (aide à la culture, à la recherche et, le cas échéant, à l'enseignement de la langue de la communauté autonome)

3 Île-de-France et communauté autonome de Madrid : deux régions-capitales

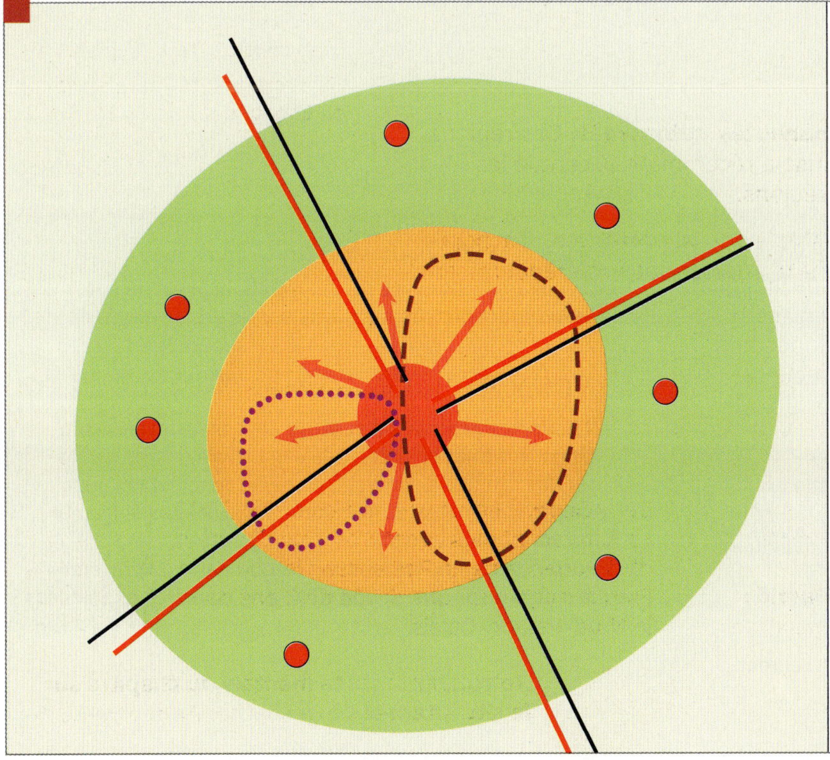

1. Un espace dominé par l'agglomération de la ville capitale
- Agglomération
- Couronne périurbaine
- Espaces ruraux à dominante agricole
- Croissance urbaine

2. Des territoires disparates
- Espaces du tertiaire supérieur
- Espaces industriels et du tertiaire marchand

3. Une région ouverte
- Réseau routier principal
- Lignes ferroviaires à grande vitesse
- Villes satellites

L/ES

1 Analyser un éditorial de magazine

→ La région, territoire administratif ou espace vécu ?

Éditorial du magazine *GEO* sur les Français et les identités régionales

Comment, dans une France qui vit dans un monde où les frontières s'effacent et les migrations s'accélèrent, une identité régionale peut-elle se définir, se vivre et se développer ? [...]

L'âme des régions françaises n'est pas incarnée dans ses corps officiels, PACA, Rhône-Alpes ou Midi-Pyrénées, mais dans ses « pays », la Gascogne, la Provence ou le Nord. La régionalisation a produit ce que la France sait faire de pire : un mille-feuille administratif, des roitelets locaux qui ont transformé leur « capitale » régionale en mini-Versailles. [...]

Le deuxième repoussoir de l'expression des identités régionales est la folklorisation : fête de la transhumance, de la prune, de la rave... Le moindre pan d'une histoire locale est aujourd'hui livré au marketing touristique. Le passé doit faire vendre. C'est oublier qu'une identité régionale authentique ne se construit pas grâce à des slogans. Elle résulte d'une alchimie, composée d'une langue, d'une histoire et d'un territoire, qui dessinent des valeurs et un destin communs, et elle se découvre par les cinq sens, dit le sociologue Jean-Didier Urbain.

Enfin, dans ce pays qui croit aux valeurs universelles et veut les défendre, naît parfois le sentiment que les identités régionales appartiendraient à un ordre anecdotique, voire rétrograde et dangereux. Le terroir serait synonyme de repli, l'attachement à un village ou à une tradition, un luxe futile face à la présence croissante de nouvelles langues, cultures et façons de vivre. [Au contraire] les plus fervents défenseurs de l'identité bretonne ou chti sont aussi des gens venus d'ailleurs ou arrivés récemment. On peut être fermement breton et passionnément ouvert au monde.

Éric Meyer, « Les Français : nos identités, nos caractères, nos passions », éditorial paru dans *GEO*, n° 420, février 2014.

Vers le BAC

Consigne : À partir de l'étude du document, vous mettrez en évidence les deux conceptions de la région développées par l'auteur. Vous définirez ce qu'est l'identité régionale et vous dégagerez ses fondements. Vous analyserez l'opinion exprimée par l'auteur au regard des débats actuels sur la réforme territoriale.

Aide pour répondre à la consigne

- Définissez ou expliquez les mots « régionalisation », « pays », « terroir ».
- Relevez les informations correspondant à une définition administrative de la région.
- Quelles informations montrent que la région est un espace vécu ?
- Relevez les mots et expressions montrant que l'auteur exprime une opinion.
- Que reproche l'auteur à la régionalisation ?

Méthode BAC

Analyser un éditorial de magazine (voir p. 154)

- Un éditorial est **un article qui reflète le point de vue de la rédaction** d'un magazine sur un thème d'actualité. Il exprime une **opinion** et **vise à persuader le lecteur**. Ce type de texte nécessite une lecture critique. Pour cela, il faut notamment :
- **Relever les procédés d'écriture** utilisés pour l'argumentation : affirmation présentée comme vraie et soutenue par des exemples concrets, verbe au conditionnel pour exprimer le doute, termes identitaires incluant le lecteur (on, nous, ce pays, etc.).
- **Porter un regard critique** sur l'argumentation présentée afin de dégager les enjeux à l'origine des idées exprimées.

2 Faire de la géographie avec les TICE

→ Constituer une bibliographie numérique sur sa région

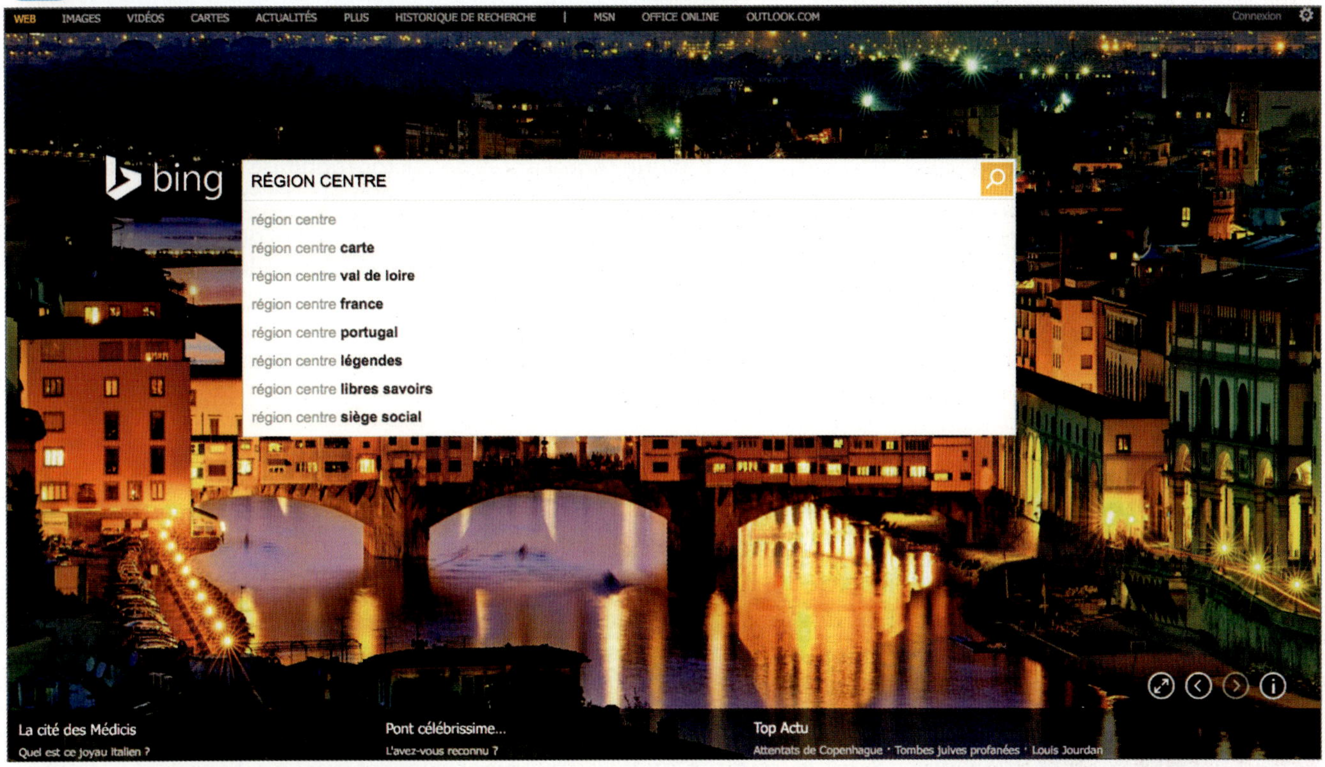

1. **Ouvrez l'outil de traitement de texte de votre ordinateur (Word ou OpenOffice).**
   → Créez un fichier intitulé « TICE-ma région et moi » ; vous y inscrirez vos réponses après chaque étape.

2. **Sur Internet, ouvrez un moteur de recherche (Google, Yahoo, Bing, etc.).**
   → Saisissez le mot « région » suivi du nom de votre région ; par exemple région Centre-Val-de-Loire, région Provence-Alpes-Côte d'Azur, etc.

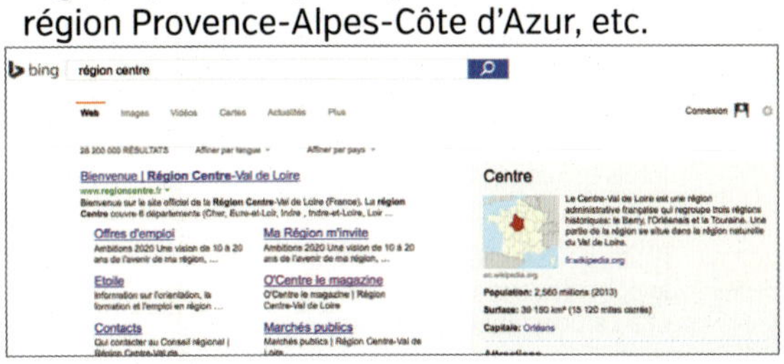

3. **En tête de liste des réponses se trouve le site du conseil régional : faites un clic-gauche sur l'intitulé pour ouvrir le site dans une autre fenêtre.**
   → Quelles informations concernant les lycéens trouve-t-on sur ce site ?
   → Quels sont les actions et les projets pour les lycées dans votre région ?

Conseil : explorez les différentes rubriques dans le menu du site ou bien saisissez « lycées » dans la barre de recherche du site.

4. **Revenez sur la page d'accueil du site ; dans le moteur de recherche, faites une première recherche avec les mots « lycéens, citoyens », puis une seconde avec les mots « citoyenneté lycéenne » :**
   → Quelles différences observez-vous ? Quelle recherche vous paraît la plus pertinente ?
   → Quels sont les projets en faveur de la citoyenneté lycéenne dans votre région ?
   → Si une image est disponible pour illustrer ce ou ces projets, copiez-la (ctrl+C) et collez-la (ctrl+V) dans votre fichier.

Conseil : vous pouvez également trouver des images en allant sur un moteur de recherche général (Google, Yahoo, Bing, etc.).

⚠ Attention ! Toutes les images ont un copyright. N'oubliez pas de noter dans votre document qui a réalisé l'image.

5. **À l'aide d'un moteur de recherche, faites une recherche sur les mobilités internationales des jeunes de votre région en Europe et dans le monde :**
   → Quels sont les programmes d'aide à la mobilité des jeunes en Europe ?
   → Quels sont leurs objectifs ?
   → Comment sont-ils financés dans votre région ?

⚠ Attention ! Soyez précis lorsque vous saisissez les mots clés ou les critères de votre recherche.

6. **Dans votre fichier « TICE-ma région et moi », organisez vos réponses avec des titres.**
   → Créez une rubrique « Ressources numériques ».
   → Pour chaque recherche effectuée, notez le nom du site, cliquez sur l'adresse en haut de la page, copiez-la et collez-la dans votre fichier.
   → Classez ces sources du plus général au particulier.

7. **Sauvegardez votre travail.**
   → Dans « Mes documents », créez un dossier « Géographie » et un sous-dossier « TICE » dans lequel vous classerez votre fichier.

1 Qu'est-ce qu'un croquis régional ?	
2 Construire la légende	p. 224

Qu'est-ce qu'un croquis régional ?

Sujet

L'organisation du territoire de la région de votre lycée

Consigne : Vous réaliserez un croquis d'organisation spatiale de votre région.

À savoir

- Réaliser un croquis permet de **retenir l'essentiel d'une représentation cartographique** en illustrant les principaux éléments qui la structurent.
- On peut ainsi **mettre en évidence l'organisation de l'espace représenté et ses dynamiques.**

Un exemple de croquis régional : la Corse, une périphérie peu exploitée

Imprimer le fond de carte sur **www.nathan.fr/geo1re-2015**

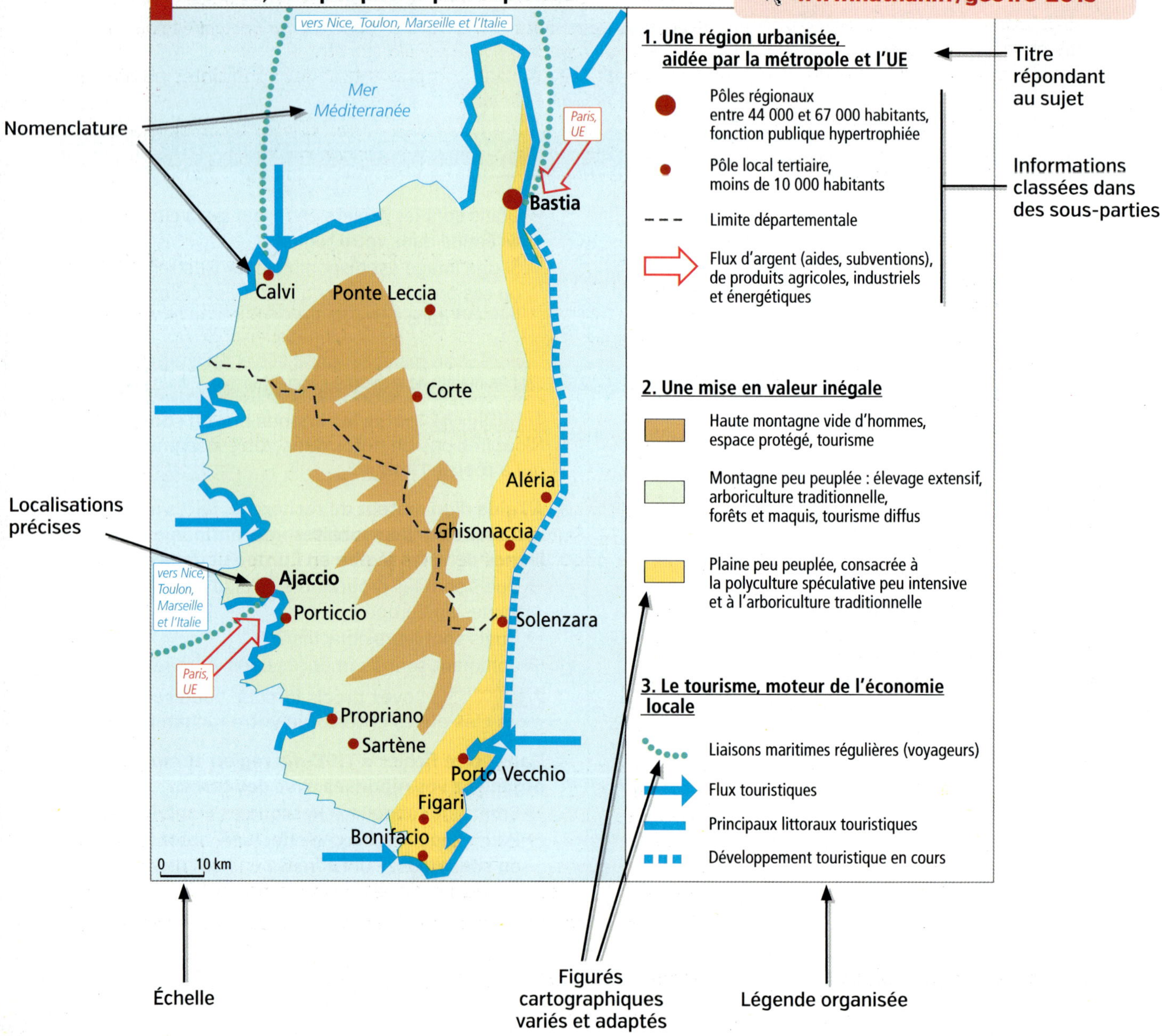

Démarche	Guide de travail
1 Analyser le sujet	
→ **Définir les termes du sujet et ses limites spatiales**	**1.** Définissez « organisation du territoire», « région ». **2.** Quelle idée directrice pouvez-vous donner à votre croquis ?
2 Mobiliser les connaissances	
POINT MÉTHODE → **Extraire les informations** ▸ Faites une liste des principaux éléments composant le territoire régional : - son organisation administrative ; - sa structure urbaine ; - ses infrastructures de communication et de transport ; - ses espaces économiques ; - ses disparités socio-spatiales ; - éventuellement son relief, ses fleuves ou rivières s'ils ont une influence particulière sur l'organisation de l'espace.	**3.** Recherchez les informations répondant aux questions suivantes : - Quelles sont la ou les métropole(s) régionale(s) et les principales villes ? Combien comptent-elles d'habitants ? - Quels sont les axes de communication routiers, autoroutiers, ferroviaires ? S'il y a un aéroport, quel est son trafic annuel ? **Conseil :** ne retenez que les principaux axes de communication : vous ne devez pas cartographier tout le réseau routier ! - Quelles sont les principales activités économiques ? Où se localisent-elles ? - Quelles inégalités existent entre certaines parties du territoire ? ***Exemple*** → *Des espaces dynamisés ou dominés par une activité ou une ville ; inégale répartition de la population, etc.* - Y a-t-il des éléments naturels présentant des contraintes ou offrant des atouts pour la région ? ***Exemple*** → *Un fleuve, navigable ou non ; des montagnes abritant un parc naturel ou faisant obstacle aux communications, etc.*
→ **Choisir les figurés** Reportez-vous au langage cartographique à la fin du manuel.	**4.** Quelle logique devrez-vous respecter dans le choix des figurés et des couleurs ? ***Exemple*** → *Dégradé de couleurs pour hiérarchiser des phénomènes ; couleurs chaudes pour les points forts et les dynamiques positives.*
3 Répondre à la consigne	
POINT MÉTHODE → **Construire la légende** ▸ Classez les informations sélectionnées dans deux ou trois thèmes. Chacun des thèmes est une partie de la réponse au sujet. ▸ Hiérarchisez les informations à l'intérieur de chaque thème, en commençant par la plus importante.	**5.** Regroupez les informations en deux ou trois thèmes. **Conseil :** vous devez déterminer les différents thèmes de la légende à partir de l'idée directrice que vous avez formulée. **⚠ Attention !** Évitez de faire une légende du type : I. Villes et population ; 2. Économie et transports, etc.
→ **Compléter le croquis**	**6.** Imprimez le fond de carte de votre région sur le site www.nathan.fr/geo1re-2015 et complétez-le : - localisez précisément les villes et les autres éléments de la région ; - indiquez les principaux noms de lieux, ainsi que les destinations des grands axes de communication pour montrer la connexion de la région au reste du territoire national, voire européen. **7.** Mettez la légende au propre sous le croquis ou sur une feuille à part.
→ **Insérer le titre du croquis**	**8.** Donnez un titre au croquis.

L/ES
S

1 Sélectionner les informations	
2 Choisir les figurés	p. 128

Schéma

→ Sélectionner les informations

Sujet

L'organisation spatiale de la région Auvergne-Rhône-Alpes

Consigne : vous réaliserez un schéma sur l'organisation spatiale de la région Auvergne-Rhône-Alpes.

À savoir

- Un schéma d'organisation spatiale est une **représentation très simplifiée** d'un territoire. Il **en montre les principales caractéristiques** : les différents espaces qui le composent et leur hiérarchisation mais aussi les évolutions de ces espaces et les flux qui les mettent en relation.
- Le schéma est **plus synthétique qu'un croquis** : il est de forme **géométrique** ; il comporte un nombre d'informations réduit car il montre uniquement les composantes et les dynamiques essentielles de l'organisation d'un territoire.
- Le schéma doit être précis, **soigné, respecter les règles du langage cartographique**, posséder une **légende organisée**, un **titre** et une **nomenclature**.

Imprimer le fond de carte sur **www.nathan.fr/geo1re-2015**

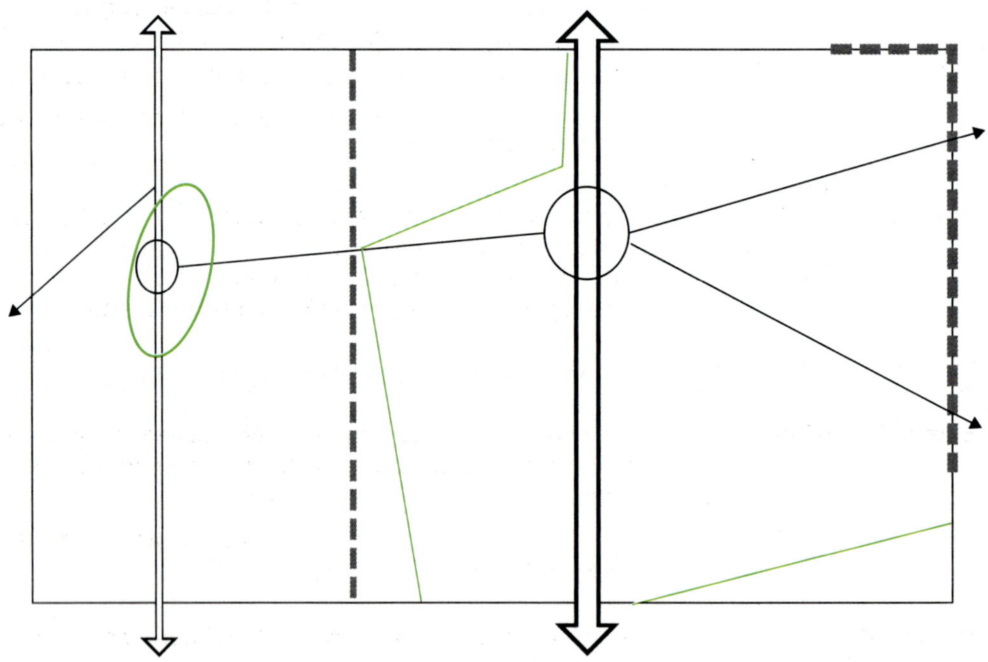

1. .... 2. .... 3. ....

....

Démarche	Guide de travail
1 Analyser le sujet et identifier les documents	
→ Définir les termes du sujet	**1.** Définissez « organisation spatiale ».
→ Déterminer les limites spatiales du sujet	**2.** Quel est l'espace concerné par le sujet ? **3.** Que devra montrer le schéma ? **Conseil :** posez-vous la question de l'objectif du schéma, ce qui permet de répondre correctement au sujet posé.
2 Mobiliser les connaissances	
POINT MÉTHODE **→ Sélectionner les informations** ▸ Les informations à retenir pour faire un schéma sont : – les éléments structurant l'espace concerné ; – les dynamiques, les facteurs d'évolution de cet espace.	**4.** Reportez-vous au croquis de l'étude de cas sur la région Auvergne-Rhône-Alpes p. 73 : – Repérez les éléments qui structurent cet espace : villes, infrastructures de communication, frontières et limites de territoire, etc. – Faut-il prendre en compte tous les axes routiers et toutes les villes ? Pourquoi ? – Quels éléments montrent que cet espace évolue ? **Conseil :** sélectionnez uniquement les informations essentielles pour montrer l'organisation de l'espace. **⚠ Attention !** **Le nombre d'informations figurant dans un schéma est plus réduit que dans un croquis. Il comporte une dizaine d'informations au maximum.**
→ Choisir les figurés	**5.** Observez les figurés et les couleurs utilisés dans le croquis p. 73 : – Quelle idée est représentée par la couleur rouge ? – Comment est figurée l'importance des flux de communication ? **6.** Attribuez un figuré à chaque information que vous avez retenue. **Conseil :** vous pouvez utiliser une couleur identique pour plusieurs figurés afin d'en renforcer le sens.
→ Organiser la légende	**7.** Classez les informations sélectionnées en trois thèmes : – la fusion de deux régions ; – la diversité économique et de peuplement ; – une région bien intégrée en France et en Europe.
3 Réaliser le schéma	
→ Dessiner le fond de schéma	**8.** Observez le fond de schéma p. 94 : quelle forme est utilisée pour représenter les contours du territoire concerné par le sujet ? Pourquoi ? **Conseil :** pour créer le fond de schéma, vous devez dessiner une forme géométrique la plus proche possible de la forme réelle du territoire.
→ Compléter le fond de schéma et la légende	**9.** Recopiez le fond de schéma p. 94 ou imprimez-le sur le site : – complétez-le avec les figurés que vous avez choisis ; – écrivez les noms de lieux. **10.** Complétez la légende du schéma en y indiquant les informations et les figurés correspondants et rédigez le titre de chaque partie de la légende.
→ Insérer le titre du schéma	**11.** Donnez un titre au schéma.

Chapitre 3

Valoriser et ménager les milieux

Le territoire français présente une grande variété de milieux, en métropole comme dans les régions ultramarines. Les ressources multiples de ces milieux ont souvent conduit à des mises en valeur excessives, qui ont pu rendre les populations vulnérables aux aléas. Aujourd'hui, de nombreuses politiques de prévention cherchent à maîtriser les contraintes et les risques liés à ces milieux. Leur préservation implique une gestion concertée entre les différents acteurs pour assurer leur développement durable.

- **Comment les atouts des différents milieux sont-ils exploités ?**
- **Comment peut-on maîtriser les risques et les contraintes des milieux ?**
- **Comment les acteurs de l'aménagement limitent-ils leurs impacts sur l'environnement ?**

1 La maîtrise des contraintes du littoral vendéen (Bouin)

Au premier plan, les bassins ostréicoles ont été aménagés derrière des digues sur des polders, terrains gagnés sur la mer. À l'arrière-plan, les marais ont été drainés pour laisser place aux espaces agricoles.

2 Aménagement de digues à Barèges (Hautes-Pyrénées)

Le 18 et le 19 juin 2013, de fortes pluies et la fonte rapide des neiges hivernales ont entraîné une crue brutale du Bastan. Le cours d'eau a dévasté la station thermale pyrénéenne de Barèges. Depuis juillet 2014, les aménagements se poursuivent pour réduire l'exposition du village au risque d'inondation.

3 La protection de la faune dans le massif de la Chartreuse (Isère)

Le massif montagneux de la Chartreuse fait partie d'un parc naturel régional, riche en biodiversité, où niche le tétras-lyre, oiseau très sensible aux aménagements humains.

Étude de cas

1 Protéger un milieu fragile : le parc national des Calanques

le point sur... Le parc national des Calanques

Création du parc national	Avril 2012
Superficie terrestre	12 000 hectares
Superficie marine	48 000 hectares
Population aux alentours	900 000 habitants (Marseille, Cassis, La Ciotat)
Biodiversité	140 espèces terrestres et 60 espèces marines protégées (faune et flore)
Fréquentation globale	1,5 à 2 millions de visiteurs par an

Les Calanques de la région marseillaise sont constituées de profondes vallées calcaires plongeant dans la mer Méditerranée. Les habitants comme les touristes y pratiquent de multiples activités : sports, chasse, pêche, baignade, navigation. Ces loisirs et la proximité de Marseille sont des facteurs de dégradation du milieu, et peuvent entrer en contradiction avec la préservation du site. La création du parc national en 2012 a comme objectif de faire cohabiter ces différents usages.

→ Comment les acteurs de l'aménagement concilient-ils la valorisation des Calanques et leur protection environnementale ?

A Un milieu exposé aux conflits d'usage

1 Les Calanques : un milieu entre terre et mer

① Calanques de Cassis ② Calanques de Marseille ③ Archipel de Riou ④ Archipel du Frioul ⑤ Ville de Marseille ⑥ Garrigue et massif forestier des Calanques

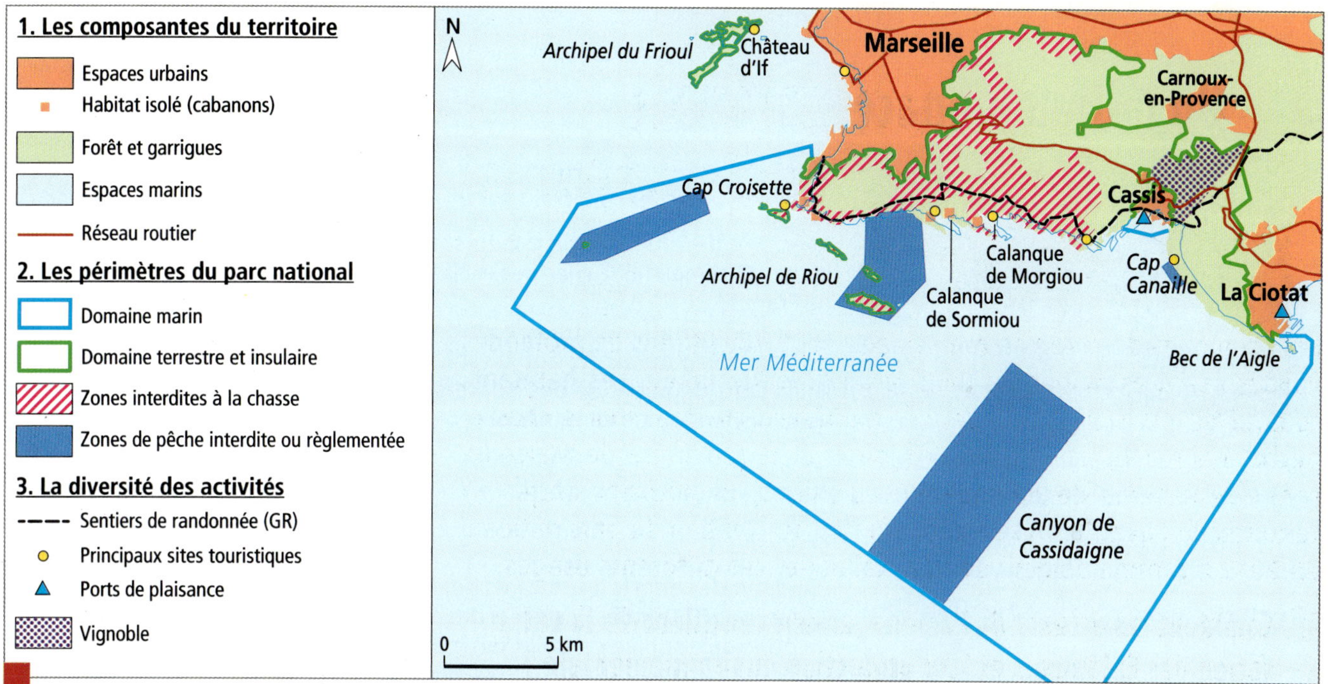

2 Le parc national des Calanques

3 Le débat autour de la création du parc national des Calanques

Sur la question de faire un parc national dans les Calanques, tout le monde aujourd'hui est d'accord. Même les plus vifs opposants du moment, regroupés sous la bannière « Des calanques et des hommes », l'inscrivent sur leur site Internet. « Oui au parc national, peut-on y lire, oui pour la protection de la nature et de l'environnement... »

Car tout le monde est bien conscient qu'il y a urgence à protéger ces 12 000 hectares de terre et ces 48 000 hectares en mer. Un territoire longtemps mis à mal et qui court sur cinq communes : Marseille, Cassis, La Ciotat, Roquefort-la-Bédoule et Ceyreste. [...]

Le problème, c'est que personne ne veut changer ses habitudes. [...] Les grimpeurs, plutôt respectueux de la nature, ont sonné le rappel et recueilli 10 000 signatures contre le projet. Motif de leur colère : la proposition de réserves intégrales, qui leur interdiraient l'accès, selon eux, à 50 % des zones de grimpe. [...] L'association, qui a aussi fédéré des marcheurs et des kayakistes, ne lâche pas sur deux autres points : l'interdiction du bivouac et des randos de nuit. D'autres groupes constitués avant eux avaient eu gain de cause. Les chasseurs, qui pourront continuer de chasser en cœur de parc, avaient eu l'assurance [...] que le parc ne se ferait pas sans eux. Les cabanonniers[1] bénéficient de l'exception inscrite dans la loi de 2006[2]. En jeu : les fameux laisser-passer pour aller en voiture jusqu'à Sormiou ou Morgiou. De leur côté, les bateliers, qui promènent les touristes, craignent que des restrictions ne viennent limiter leur activité. [...] Enfin, ce sont les communes de la « zone d'adhésion[3] » qui y vont parfois à reculons. [...] En question, les extensions urbaines futures des villes autour du parc.

Valérie Simonet, « Parc national des Calanques : l'heure des frictions », *La Provence*, 30 décembre 2009.

1. Propriétaires d'anciens cabanons de pêcheurs aménagés dans les Calanques au début du XXe siècle.
2. Loi relative aux parcs nationaux, régionaux et marins.
3. Zone périphérique du parc non soumise à la réglementation stricte du cœur mais où les projets de gestion durable sont encouragés.

Vocabulaire

▸ **Potentialités :** ensemble des caractéristiques d'un territoire pouvant être considérées comme des atouts pour leur mise en valeur (fertilité d'un sol, ressource en matières premières, etc.).

Analyse des documents

Prélever et confronter des informations

1. Quels sont les différents types de territoires dans les Calanques ? **(doc. 1 et 2)**

2. Identifiez les acteurs spatiaux des Calanques ainsi que leurs différents usages. **(doc. 2 et 3)**

3. Quelles sont les fonctions des différents territoires des Calanques ? **(doc. 2 et 3)**

Synthétiser les informations

4. Montrez que le parc des Calanques fait l'objet d'importants conflits d'usage. **(doc. 1 à 3)**

Méthode BAC → Question 1

Analyser une carte (voir p. 312)

- Identifiez le thème général de la carte.
- Localisez les phénomènes géographiques particuliers représentés sur la carte.
- Dégagez les informations contenues dans la légende de la carte.
- Interprétez ces informations. Ici, ne vous contentez pas de lister les différents territoires, efforcez-vous de les classer en les qualifiant (espaces urbains, marins, etc.).

L/ES

B Un milieu menacé

› La croissance de la fréquentation marine et terrestre

La plage de la calanque de Port-Pin en été

Avec près de 2 millions de visiteurs sur terre et en mer par an, le parc national des Calanques est l'un des lieux les plus visités de France.
La surfréquentation se traduit par des dégradations visibles sur le milieu naturel : érosion du sol, jet d'ordures, piétinement sur la flore, dégradation des habitats naturels, réduction voire disparition de certaines espèces, etc.

› Une importante pollution des eaux de mer

Déversement des eaux usées en mer

En dépit des efforts importants de modernisation des stations d'épuration littorales, les rejets des agglomérations restent la principale source de pollution marine.
Les fonds marins sont aussi le triste décor de déchets abandonnés.

Pollution des fonds marins

Dégradation de la flore sous-marine par les filets de pêche

4 Des pressions multiples
Extrait du site Internet du parc national des Calanques, www.calanques-parcnational.fr, 2015.

5 Un incendie dans la calanque de Sormiou

6 La pollution aux boues rouges

Poussière rouge de bauxite[1] : à Gardanne, dans les Bouches-du-Rhône, l'histoire industrielle nimbe la ville.
[...] Depuis que le groupe Pechiney s'est établi là en 1893 pour produire de l'aluminium, il a toujours fait travailler les ouvriers de ce coin de Provence, au gré des propriétaires. En retour, l'État s'est employé avec constance à ne pas trop lui compliquer la tâche. Quand il est apparu impossible de continuer à stocker des monceaux de résidus de bauxite sur plusieurs terrains alentour, une solution s'est vite imposée : pourquoi ne pas balayer tout cela discrètement au fond de la Méditerranée ? C'était en 1966.

Quelques dizaines de millions de tonnes de boues rouges plus tard, la grosse canalisation court toujours sur 47 km, le long de la route jusqu'au rivage de Cassis, avant de s'enfoncer sous la surface jusqu'au canyon sous-marin de Cassidaigne à 7,7 km de là, par 320 m de fond. Vingt millions de tonnes de sédiments se sont accumulées au cœur du parc national des Calanques. [...] Et le robinet n'est pas près d'être fermé. Alteo a déposé en mai [2014] une demande de renouvellement de la concession d'occupation du domaine public maritime pour 30 ans. L'avis que la direction régionale de l'environnement, de l'aménagement et du logement (Dreal) a rendu public le 12 août [2014] laisse présager une réponse positive.

Martine Valeo, « Le dossier noir des boues rouges de Gardanne », *Le Monde*, 22 août 2014.

1. Minerai, de couleur rougeâtre, permettant la fabrication de l'aluminium.

C Un milieu à protéger

Activités interdites en cœur de parc

- **Fumer ou allumer du feu** (en dehors des zones habitées).
- **Porter atteinte au patrimoine** : arracher, emporter, introduire des espèces animales/végétales, nourrir la faune marine depuis les navires.
- **Jeter tout déchet** en dehors des containers prévus à cet effet.
- **Circuler en véhicule motorisé** en-dehors des voies ouvertes à la signalisation et stationner en dehors des espaces dédiés.
- **Chasser** dans les zones et périodes interdites.
- **Pêcher** dans les zones de non-prélèvement.
- **Pratiquer le jet-ski** et les loisirs nautiques à traction motorisée.
- **Accéder** dans les calanques d'En-Vau et Port-Pin pour les navires de plus de 20 mètres.
- **Survoler** le cœur avec un engin motorisé à une hauteur inférieure à 100 mètres.

7 La réglementation du parc national

Plaquette d'information du parc national des Calanques, 2015.

8 Une opération de nettoyage des Calanques (2014)

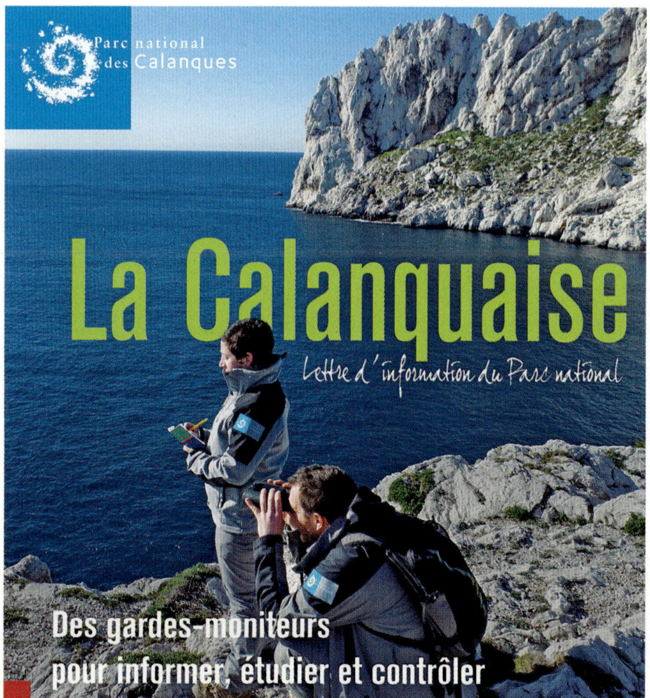

9 Les « écogardes » du parc des Calanques

Le parc national des Calanques emploie des agents saisonniers chargés d'informer les touristes et de les sensibiliser à la protection de l'environnement. Ils participent aussi à la surveillance des incendies. Couverture de *La Calanquaise*, journal du parc national des Calanques, juillet-août 2014.

Analyse des documents

Prélever des informations

5. Quelles menaces pèsent sur les Calanques ? **(doc. 4 à 6)**

6. Qui sont les différents types d'acteurs de la protection des Calanques ? **(doc. 7 à 9)**

7. Quels moyens ces acteurs mettent-ils en œuvre pour limiter les pressions sur les Calanques ? **(doc. 7 à 9)**

Vers le BAC

Consigne : Montrez que le parc national des Calanques constitue un milieu fragile à protéger.

Aide pour répondre à la consigne

Vous rédigerez trois paragraphes pour évoquer :

- Les caractéristiques de ce milieu.
- Les fragilités de ce milieu face aux acteurs spatiaux.
- Les réponses apportées par le parc national des Calanques en vue de la protection de ce milieu.

L/ES

Bilan de l'étude de cas 1

Les notions à retenir

Milieu

■ **Territoire** servant de **cadre de vie** à des **acteurs spatiaux** qui entretiennent de multiples interactions avec lui.

■ Les **milieux** ne sont pas « naturels » mais **dynamiques, évolutifs** et plus ou moins **aménagés**. L'ampleur de leur transformation varie en fonction de leurs **potentialités** (ressources) et de leur **attractivité** pour les sociétés, selon les usages qu'elles en font.

■ Les milieux reposent sur des **équilibres plus ou moins fragiles** et sont inégaux face aux risques, ce qui suppose des **mesures de surveillance** et de **protection** adaptées à chacun d'eux.

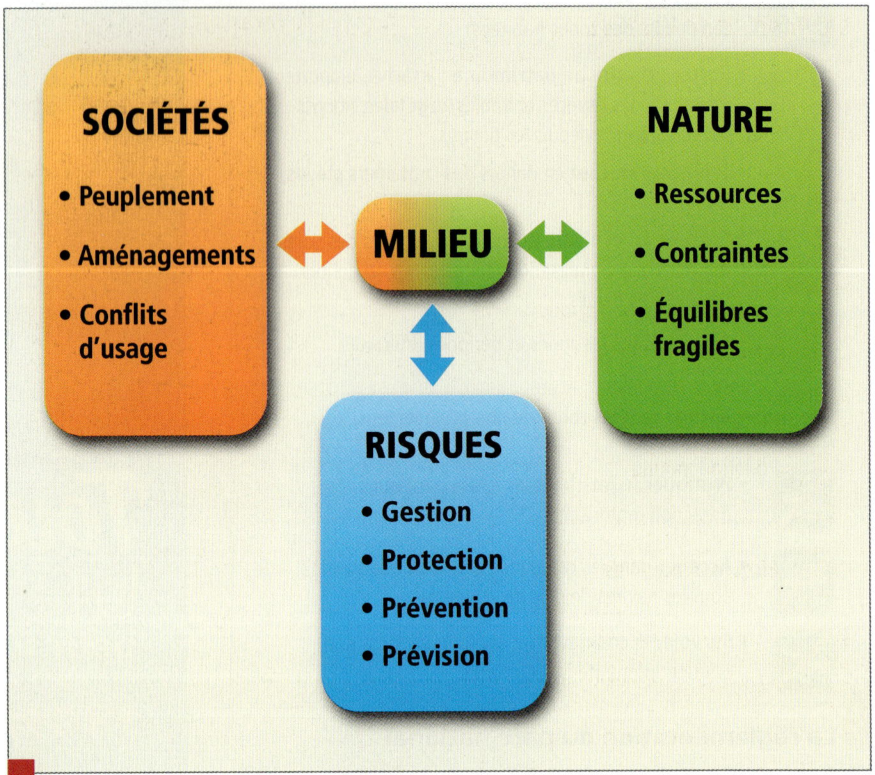

1 **Le milieu, entre nature et société**

Conflit d'usage

■ Un conflit d'usage désigne les **rivalités entre les différents usagers** d'un même territoire ou d'une même ressource pour son appropriation, son exploitation ou sa gestion.

■ Il peut aussi naître de la **difficile conciliation** des différents enjeux d'aménagement de ce territoire (économiques, politiques et écologiques).

■ Si cette concurrence peut impliquer de multiples acteurs, elle se limite généralement à l'**échelle locale** et débouche rarement sur des conflits violents.

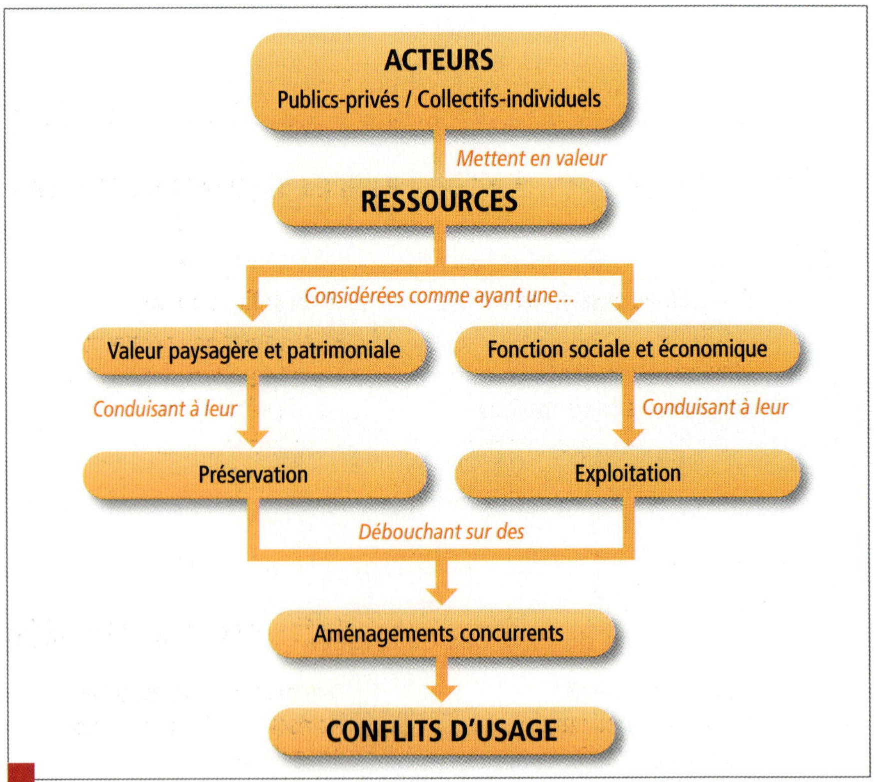

2 **Les conflits d'usage**

Le croquis de l'étude de cas

→ Consigne : Complétez le croquis grâce aux différentes informations contenues dans l'étude de cas sur le parc national des Calanques.

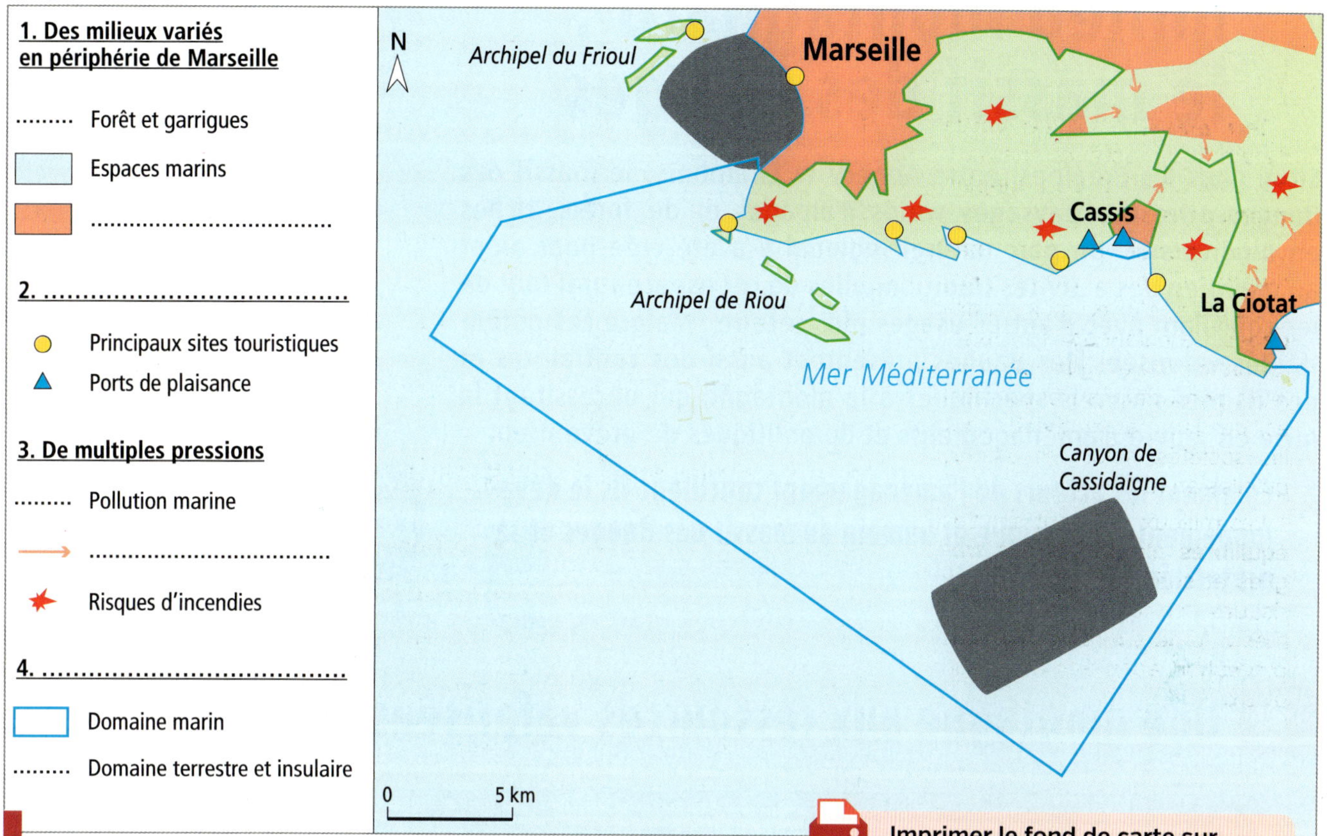

Le parc national des Calanques : une gestion durable

Imprimer le fond de carte sur **www.nathan.fr/geo1re-2015**

De l'étude de cas à la généralisation

Étude de cas

Protéger un milieu fragile : le parc national des Calanques

A. Un milieu exposé aux conflits d'usage
- Ressources variées ;
- nombreux acteurs spatiaux ;
- activités diverses à concilier.

B. Un milieu menacé
- Fréquentation importante ;
- multiples formes de pollution et de dégradation ;
- risque d'incendie.

C. Un milieu à protéger
- Réglementation stricte dans le cadre du Parc national ;
- sensibilisation de la population ;
- mobilisation des acteurs publics et privés.

Généralisation

Valoriser et ménager les milieux

Comment les atouts des différents milieux sont-ils exploités ?
→ Voir cours 1 p. 114

Comment peut-on maîtriser les risques et les contraintes des milieux ?
→ Voir cours 2 p. 116

Comment les acteurs de l'aménagement limitent-ils leurs impacts sur l'environnement ?
→ Voir cours 3 p. 118

L/ES

2 La gestion durable d'un milieu montagnard : le massif des Bauges

Situé dans les Préalpes, entre Annecy et Chambéry, le massif des Bauges offre des paysages variés d'alpages et de forêts, riches en biodiversité. Un parc naturel régional y a été créé pour aider au maintien des activités traditionnelles de cet espace rural tout en les conciliant avec d'autres usages plus récents. Malgré ces potentialités valorisées, les Bauges présentent aussi des contraintes et des risques naturels spécifiques à la montagne qui nécessitent la mise en œuvre d'aménagements et de politiques de prévention.

➔ Comment les acteurs de l'aménagement concilient-ils le développement économique et humain du massif des Bauges et sa protection ?

Le point sur... Le parc naturel régional des Bauges

Superficie	860 km² (65 communes)
Population	60 000 habitants
Point culminant	Sommet de l'Arcalod (2 217 m)
Création du parc naturel régional	1995
Obtention du label Geopark de l'Unesco	2011
Nombre d'espèces protégées	77

Vocabulaire

- **Geopark :** label délivré par l'Unesco à des territoires présentant un patrimoine géologique, naturel et culturel remarquable.
- **Potentialités :** voir p. 99.

A Une montagne aux ressources valorisées

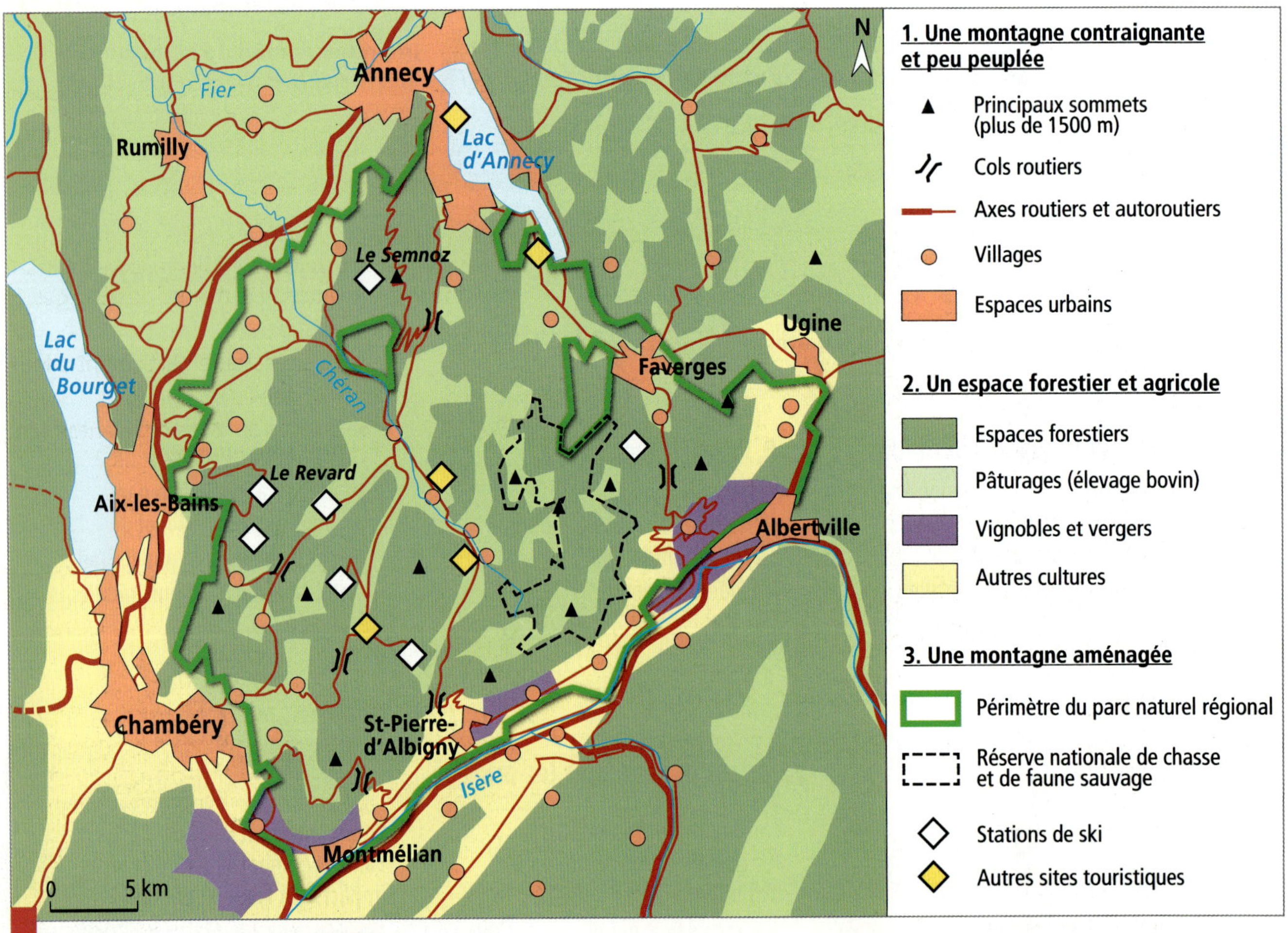

1 Les Bauges, un territoire montagnard

2 Une production locale : la tome des Bauges

Page d'accueil du site Internet www.tome-des-bauges.com, 2015.

3 La mise en valeur de la forêt dans les Bauges

Avec près de 60 % de couverture forestière et son tissu d'entrepreneurs de travaux forestiers, de petites scieries, de charpentiers, de menuisiers, le massif des Bauges offre une filière forêt-bois complète et dynamique. Un maillage qui permet des circuits courts dans la valorisation du bois. De la charpente à l'approvisionnement de chaudières bois en passant par le bois d'industrie, les débouchés sont nombreux et le potentiel de créations d'emplois élevé. Tout comme l'agriculture, la forêt fait partie de l'identité même du massif. Réservoir de biodiversité, la forêt représente une composante essentielle des paysages et influence fortement les activités locales. La forêt joue également un rôle de protection[1], et une fonction d'accueil des populations urbaines de proximité.

Site Internet du Geopark des Bauges, www.parcdesbauges.com, 2014.

1. La forêt des milieux de montagne constitue une protection des populations face aux risques d'avalanches.

4 La station de ski du Semnoz

La station de ski culmine à 1 699 m.

Analyse des documents

Prélever et confronter des informations

1. Quelles sont les ressources dont dispose le massif des Bauges ? **(doc. 2 à 4)**
2. Quels acteurs participent à leur mise en valeur ? **(doc. 2 à 4)**
3. Quelles sont les différentes fonctions du massif des Bauges ? **(doc. 1)**

Décrire une situation géographique

4. Montrez que les Bauges sont un milieu montagnard dont les différentes potentialités ont été valorisées.

Méthode BAC → Question 3

Analyser une carte (voir p. 312)

- Identifiez le thème général de la carte.
- Localisez les phénomènes géographiques.
- Dégagez les informations contenues dans la légende.
- Interprétez ces informations. Efforcez-vous de les classer en les qualifiant (fonction économique, sociale, écologique).

L/ES

B Des contraintes et des risques propres à la montagne

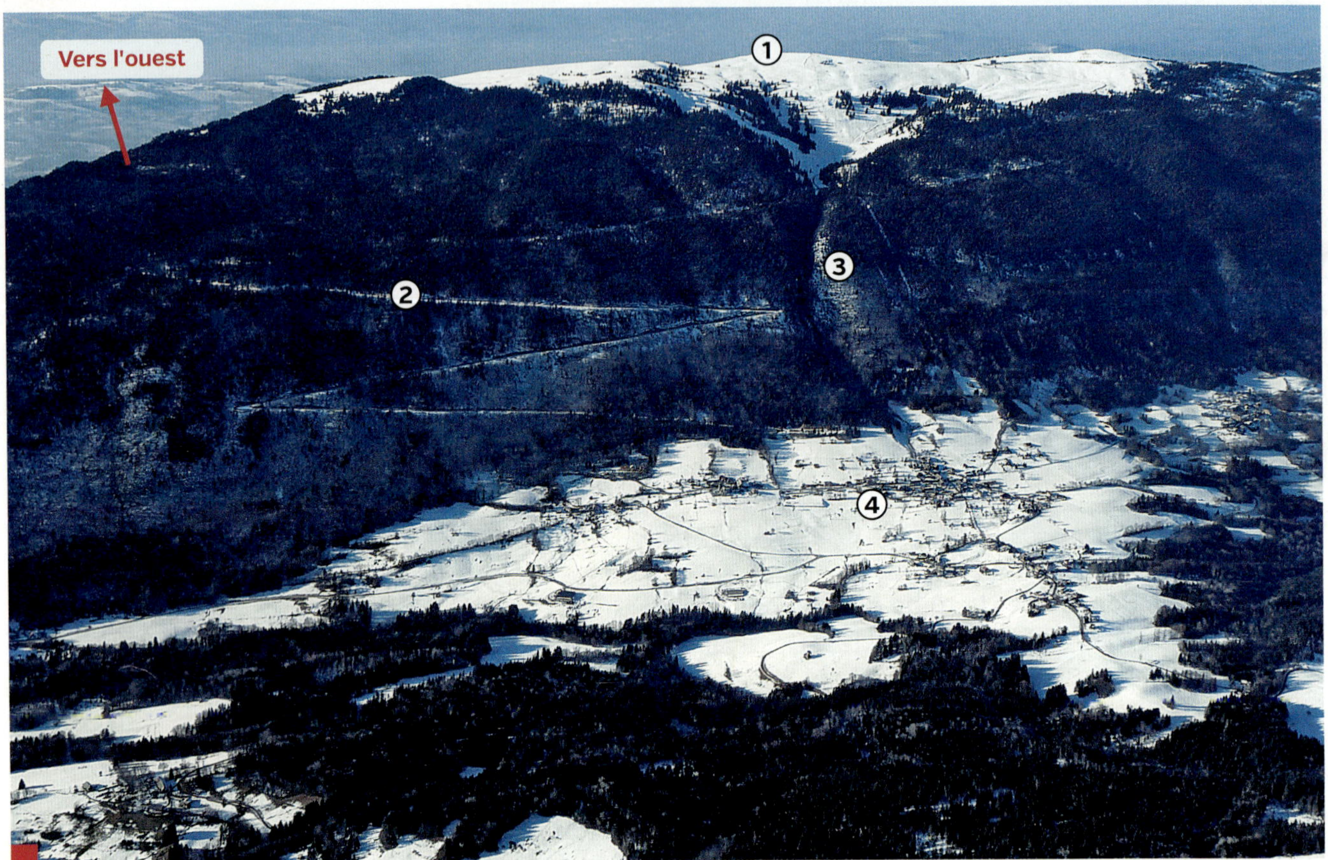

5 Le Semnoz en hiver

Situé au nord du massif des Bauges, le Semnoz culmine à 1 699 mètres.

① Crêt de Chatillon (1 699 m)
② Route
③ Couloir d'avalanche
④ Village de Leschaux (930 m)

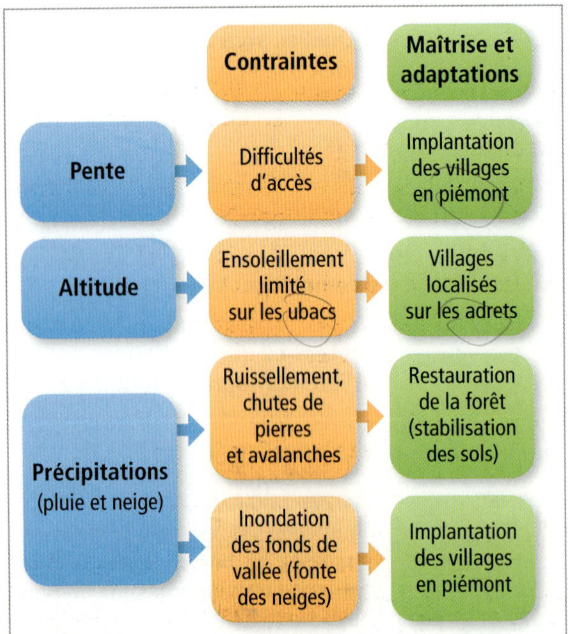

Source : Diagnostic du plan local d'urbanisme de la communauté de commune du pays de Faverges, mai 2013.

6 L'adaptation aux contraintes de la montagne

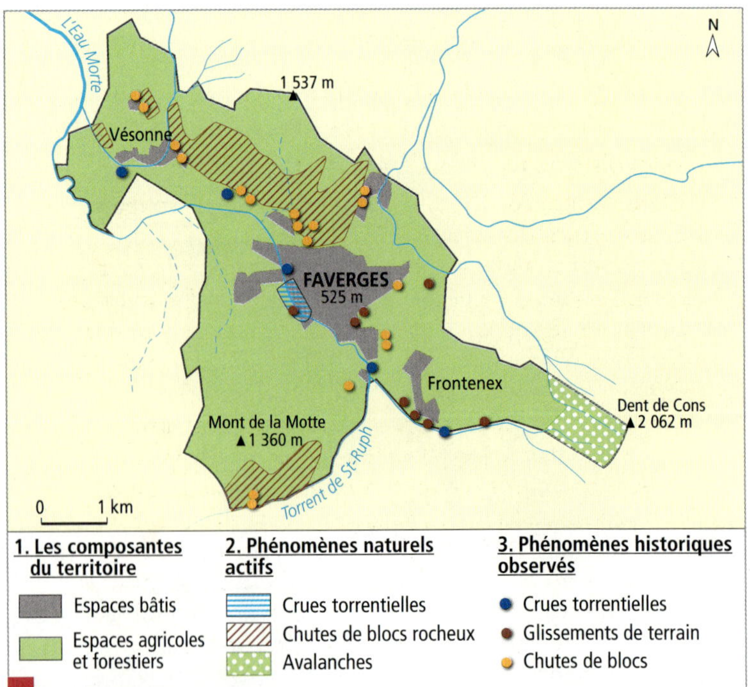

7 Les aléas naturels sur la commune de Faverges

C Un territoire rural, entre protection et développement

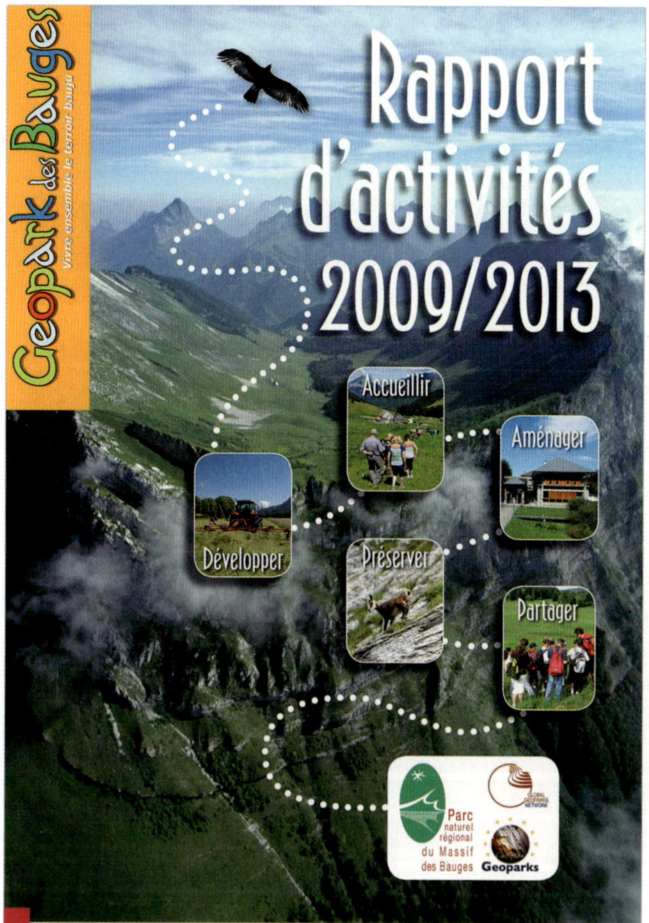

8 Le parc naturel des Bauges : rapport d'activités 2009-2013

Les gestionnaires du parc publient tous les 4 ans les résultats de leur politique d'aménagement et de développement.

Réserve Nationale de Chasse et de Faune Sauvage

LES BAUGES

5205 ha

Faune et flore de montagne : Chamois, Mouflon, Tétras-lyre, Aigle royal, Perdrix bartavelle et Gélinotte des bois. Iris de Perrier, Chardon bleu, Potentille du Dauphiné, Sabot de vénus, Edelweiss

Propriétaires : Forêt domaniale (72%), propriété ONCFS (13.5%), terrains privés (12%), forêt départementale (2.5%), commune de Seythenex (0.3%)

Gestionnaires : ONF, ONCFS et PNR du Massif des Bauges

Partenaires : CNRS, INRA et GIC des Bauges

Statut juridique : RNCFS, Réseau Natura 2000, PNR Massif des Bauges

Massif préalpin calcaire au climat humide et frais, les Bauges forment une citadelle naturelle propice à la conservation des espèces. Dès 1913, l'Administration des Eaux et Forêts y suspend la chasse sur une partie des terrains domaniaux. Dédiée à l'origine au développement de la population de chamois à des fins de captures d'animaux pour repeuplements, la réserve s'est progressivement orientée vers l'étude de l'espèce, de l'équilibre agro-sylvo-cynégétique et a étendu son champ de recherches au mouflon, au tétras-lyre, et désormais aux cervidés.

Nos principales missions dans les Bauges :

Recherche
- Etude du fonctionnement des peuplements herbivores (Chamois, Mouflon, Chevreuil, Cerf)
- Effet des herbivores sur la dynamique de la végétation et le fonctionnement des écosystèmes

Conservation
- Méthodes de gestion des populations d'ongulés en montagne et de l'habitat du Tétras-lyre

9 La réserve nationale de chasse et de faune sauvage des Bauges

Cette réserve et un territoire d'études scientifiques et de gestion durable des espèces animales. Elle concourt à la diversité biologique. Brochure publiée par l'office national de la Chasse et de la Faune sauvage, 2014.

10 L'évolution d'un territoire de montagne

Dans les années 1980, le massif des Bauges connaît un exode rural important [...]. Trente ans plus tard, la situation est en passe de changer. En septembre dernier, le parc des Bauges a décroché le prestigieux label international de l'Unesco « Geopark » [...]. Reconnu pour sa richesse géologique, le parc compte valoriser ce patrimoine en aménageant 54 géo-sites déjà répertoriés. [...]

Le parc est devenu attractif à tel point qu'André Guerraz, président du parc [...], explique batailler contre la pression foncière subie par les éleveurs qui perdent chaque année des terres agricoles. Une politique à contre-courant de la lutte contre la désertification qui prévalait dans les années 1990 [...]. « Nous avons élaboré un document d'urbanisme [...] pour nous prémunir contre la prolifération des habitations et la pression foncière venant des agglomérations », explique-t-il.

Sylvie Martinotti, « Le désert du massif des Bauges est devenu une vallée idyllique », *La Tribune*, 16 mai 2012.

Analyse des documents

Exploiter et confronter les informations

5. Quels sont les aléas naturels et les contraintes de cet espace montagnard ? En quoi peuvent-ils être facteur de risques ? **(doc. 5 à 7)**

6. Comment les acteurs ont-ils maîtrisé les contraintes et les risques de la montagne ? **(doc. 5 à 7)**

7. Montrez que le parc naturel régional est un outil au service du développement local. **(doc. 8 et 10)**

8. Pourquoi les milieux qui composent le massif des Bauges sont-ils à protéger ? **(doc. 9 et 10)**

Vers le BAC

Consigne : Montrez que le parc naturel régional des Bauges fait l'objet d'une politique de gestion durable.

Aide pour répondre à la consigne

- Aidez-vous de la définition de « gestion durable » p. 108 et du schéma qui en expose les principaux objectifs.
- Sélectionnez ceux qui vous paraissent les plus pertinents et confrontez-les à cette étude de cas.
- Hiérarchisez les différentes mesures prises dans ce parc afin de le gérer durablement et rédigez un court paragraphe pour chacune d'elles.

L/ES

Bilan de l'étude de cas 2

Les notions à retenir

Gestion durable

■ La gestion durable d'un milieu consiste à **assurer son développement économique** tout en **respectant ses équilibres environnementaux** en vue d'améliorer les conditions de vie de ses habitants.

■ **Aménagement et préservation** sont conciliables lorsque la valorisation du patrimoine et des ressources respecte les milieux.

■ La gestion durable veille aussi, par la concertation, à la **cohérence des aménagements** en arbitrant les **conflits d'usage**, c'est-à-dire en assurant la compatibilité des activités des différents acteurs spatiaux.

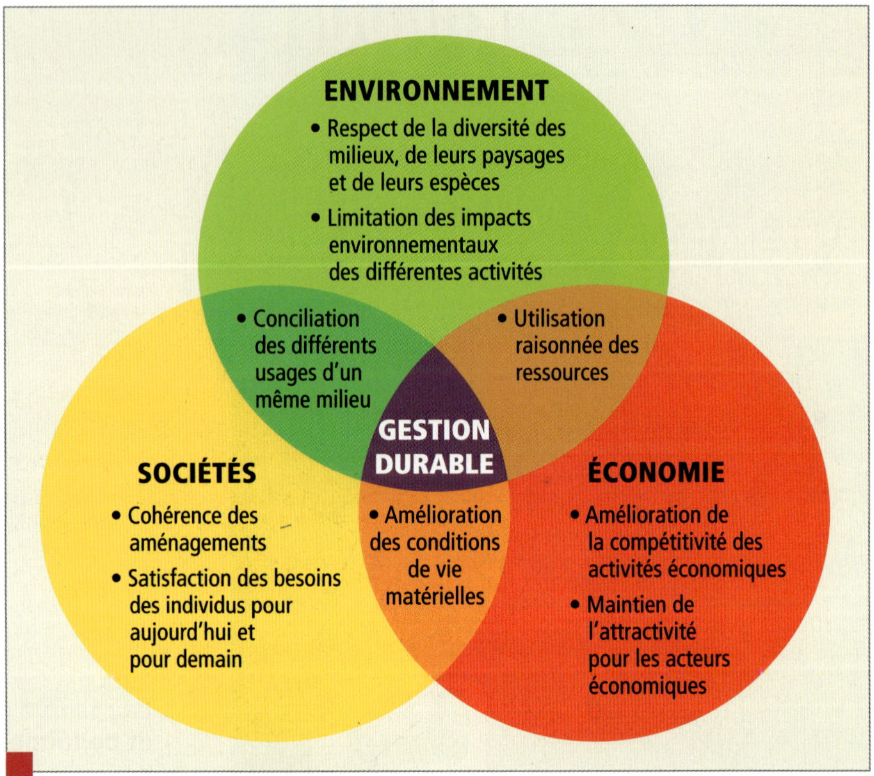

1 **La gestion durable d'un milieu**

Risque

■ Un risque résulte de la **présence simultanée** d'un **événement naturel (l'aléa) et de l'exposition de biens** et/ou de personnes **(l'enjeu ou la vulnérabilité)**. Lorsqu'un risque survient dans une situation de forte vulnérabilité, il peut déboucher sur une **catastrophe**.

■ La **vulnérabilité** dépend aussi de la **capacité** d'une **société à faire face à l'aléa** (outils de prévision, niveau de prévention), donc de son niveau de développement.

■ Il existe des **risques naturels** (inondation, éruption volcanique, séisme, avalanche, glissement de terrain, etc.), des **risques technologiques** (explosion, marée noire, fuite radioactive, etc.) et des **risques sanitaires** (épidémie, infection alimentaire).

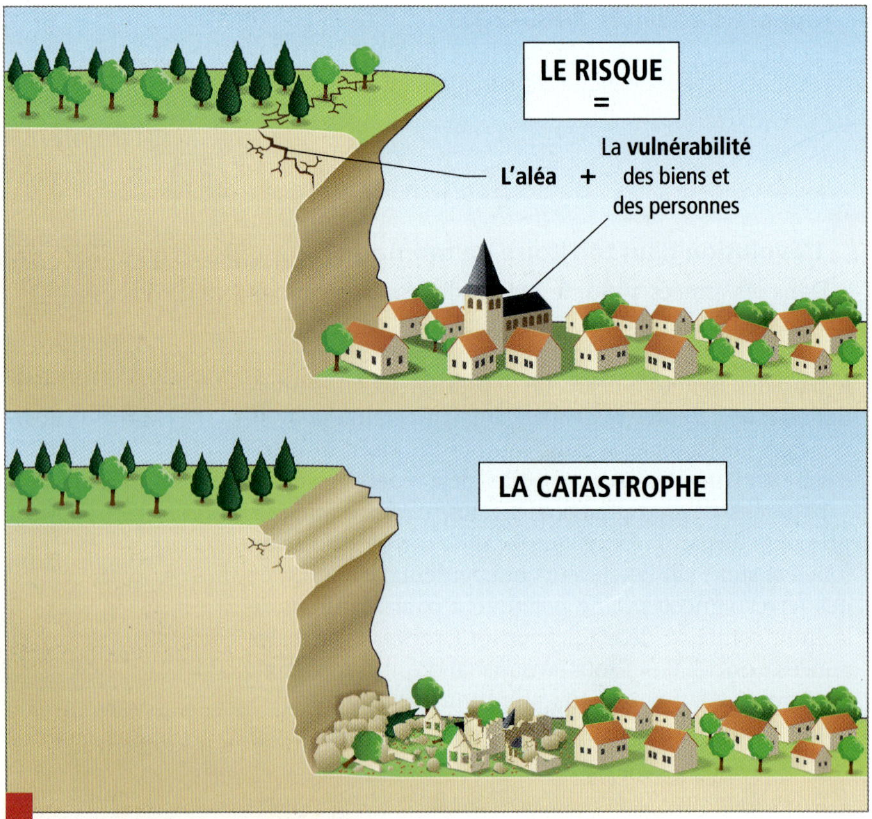

2 **Du risque à la catastrophe**

Le croquis de l'étude de cas

→ Consigne : Complétez le croquis grâce aux différentes informations contenues dans l'étude de cas sur le parc naturel régional des Bauges.

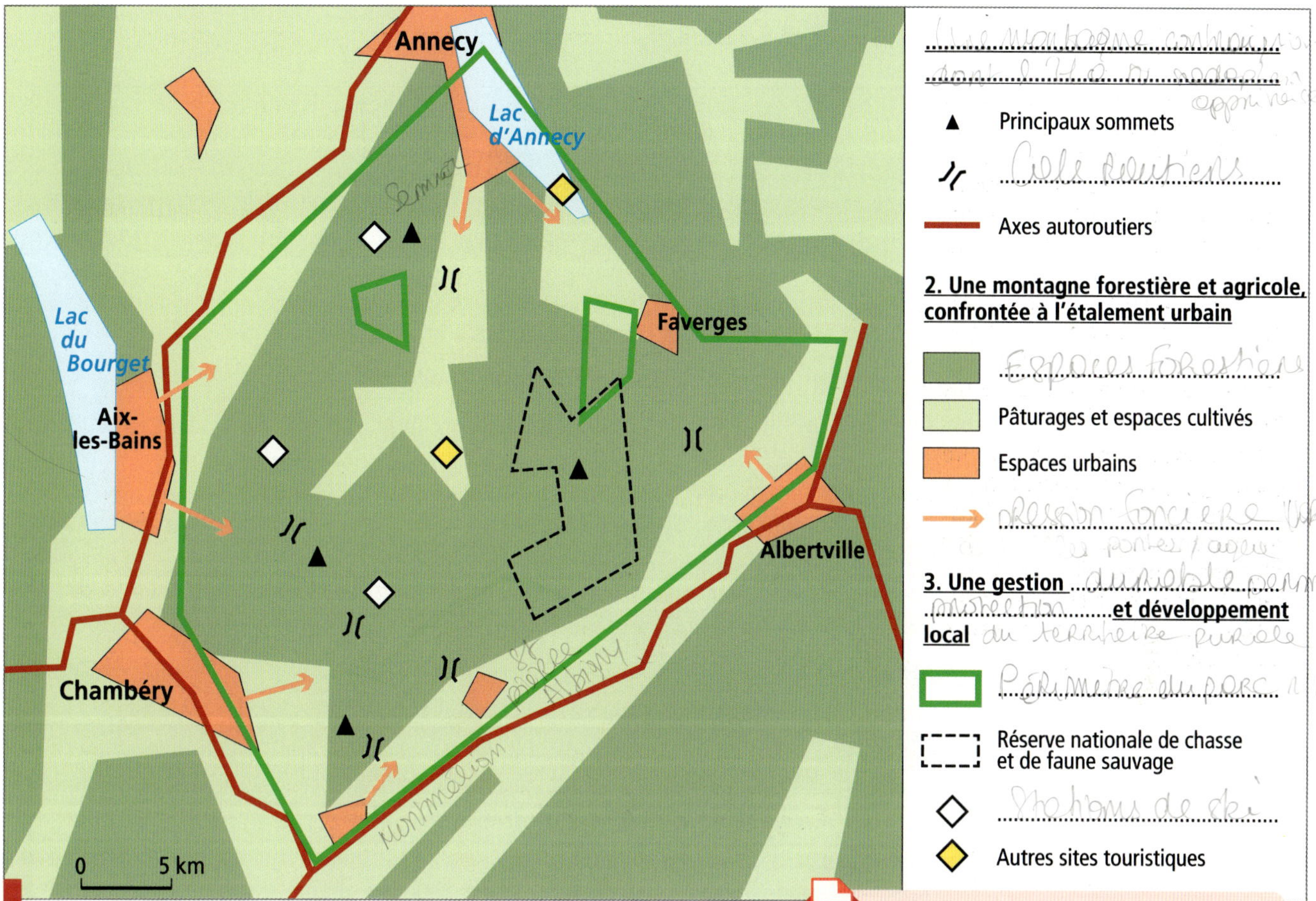

Le parc naturel des Bauges : une gestion durable

Imprimer le fond de carte sur **www.nathan.fr/geo1re-2015**

De l'étude de cas à la généralisation

Étude de cas

La gestion durable d'un milieu montagnard : le massif des Bauges

A. Une montagne aux ressources valorisées
- Ressources variées ;
- nombreux acteurs spatiaux ;
- activités diverses à concilier.

B. Des contraintes et des risques propres à la montagne
- Contraintes de la pente, de l'altitude et du climat ;
- aléas naturels ;
- maîtrise des risques.

C. Un territoire rural, entre protection et développement
- Paysages et biodiversité protégés ;
- attractivité retrouvée ;
- gestion durable.

Généralisation

Valoriser et ménager les milieux

Comment les atouts des différents milieux sont-ils exploités ?
→ Voir cours 1 p. 114

Comment peut-on maîtriser les risques et les contraintes des milieux ?
→ Voir cours 2 p. 116

Comment les acteurs de l'aménagement limitent-ils leurs impacts sur l'environnement ?
→ Voir cours 3 p. 118

L/ES

Gestion et aménagement des milieux en France

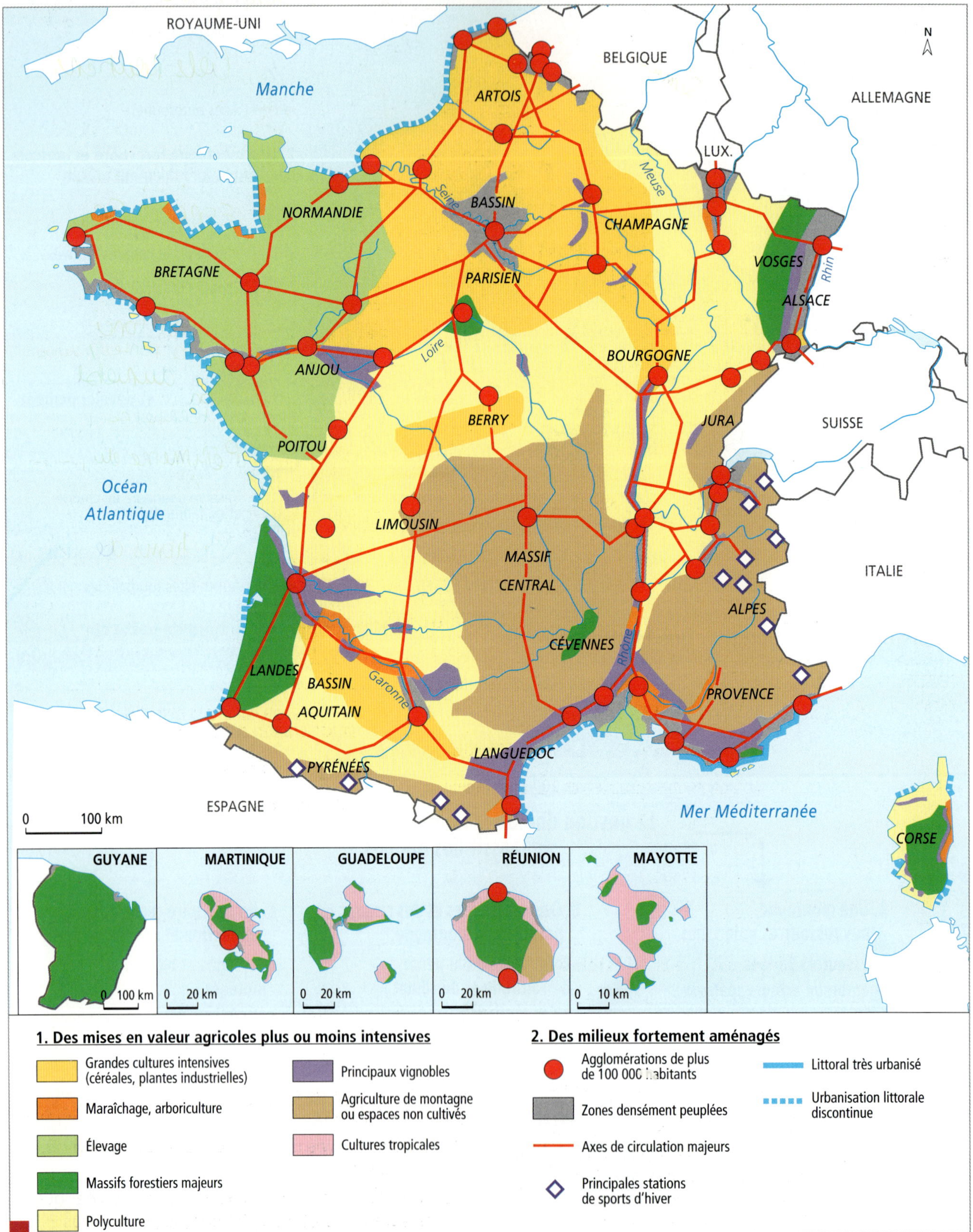

1 La diversité des milieux en France

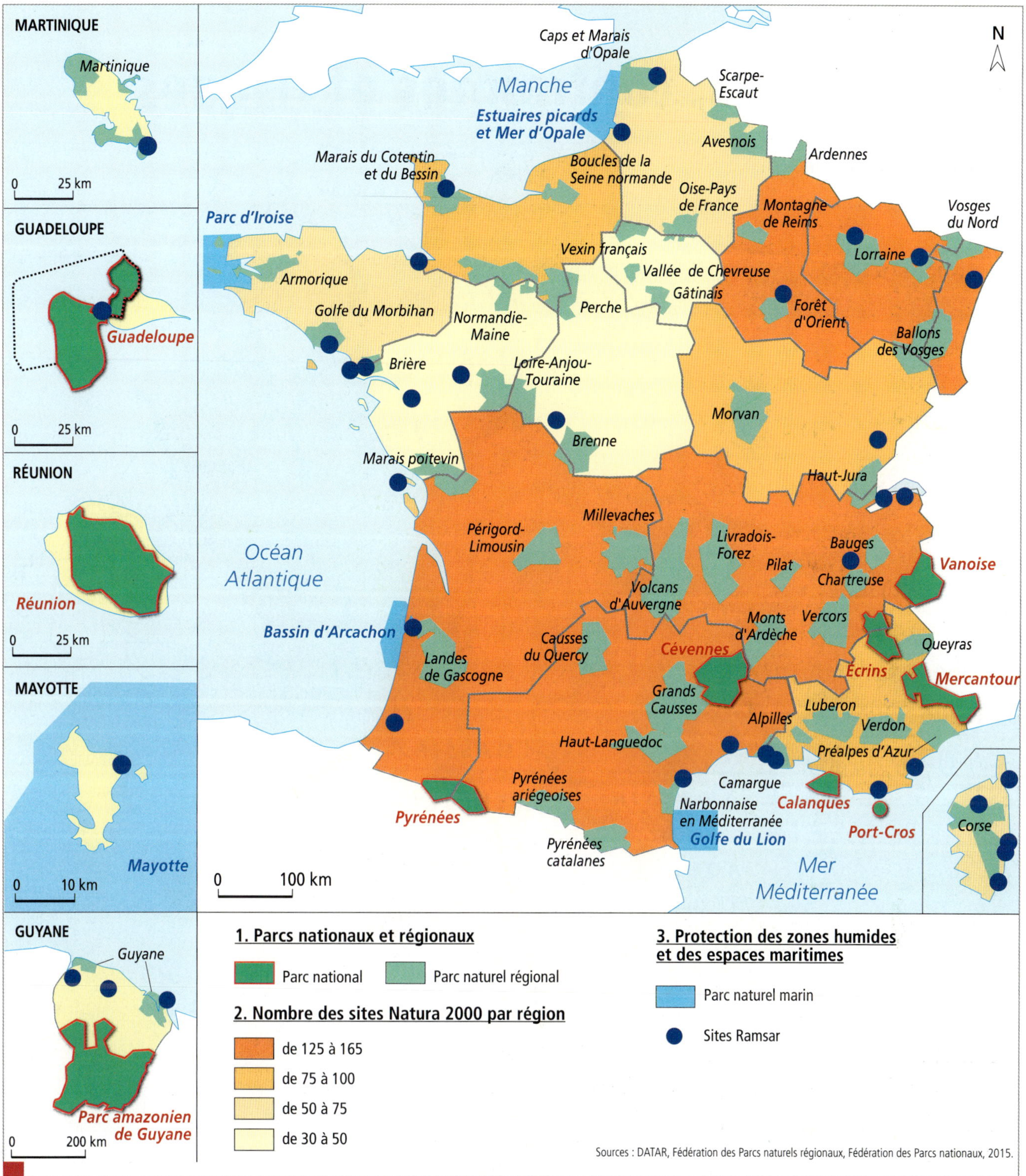

2 **La gestion des espaces naturels sensibles en France**

Vocabulaire

- **Natura 2000 :** label concernant des sites naturels européens, terrestres et maritimes, identifiés pour la rareté ou la fragilité de leur faune et de leur flore.
- **Sites Ramsar :** zones humides (marais, etc.) reconnues pour l'originalité et la fragilité de leur biodiversité. Ces sites bénéficient d'un périmètre de protection. La convention sur les zones humides a été signée à Ramsar (Iran) en 1971, et ratifiée par la France en 1986.

Questions sur les documents

1. Cherchez le type de milieu dans lequel vous vivez. Quel est-il ? **(doc. 1)**
2. Quels sont les milieux les plus concernés par des mesures de protection ? Pourquoi, selon vous ? **(doc. 1 et 2)**

L/ES
S

Potentialités, contraintes et risques

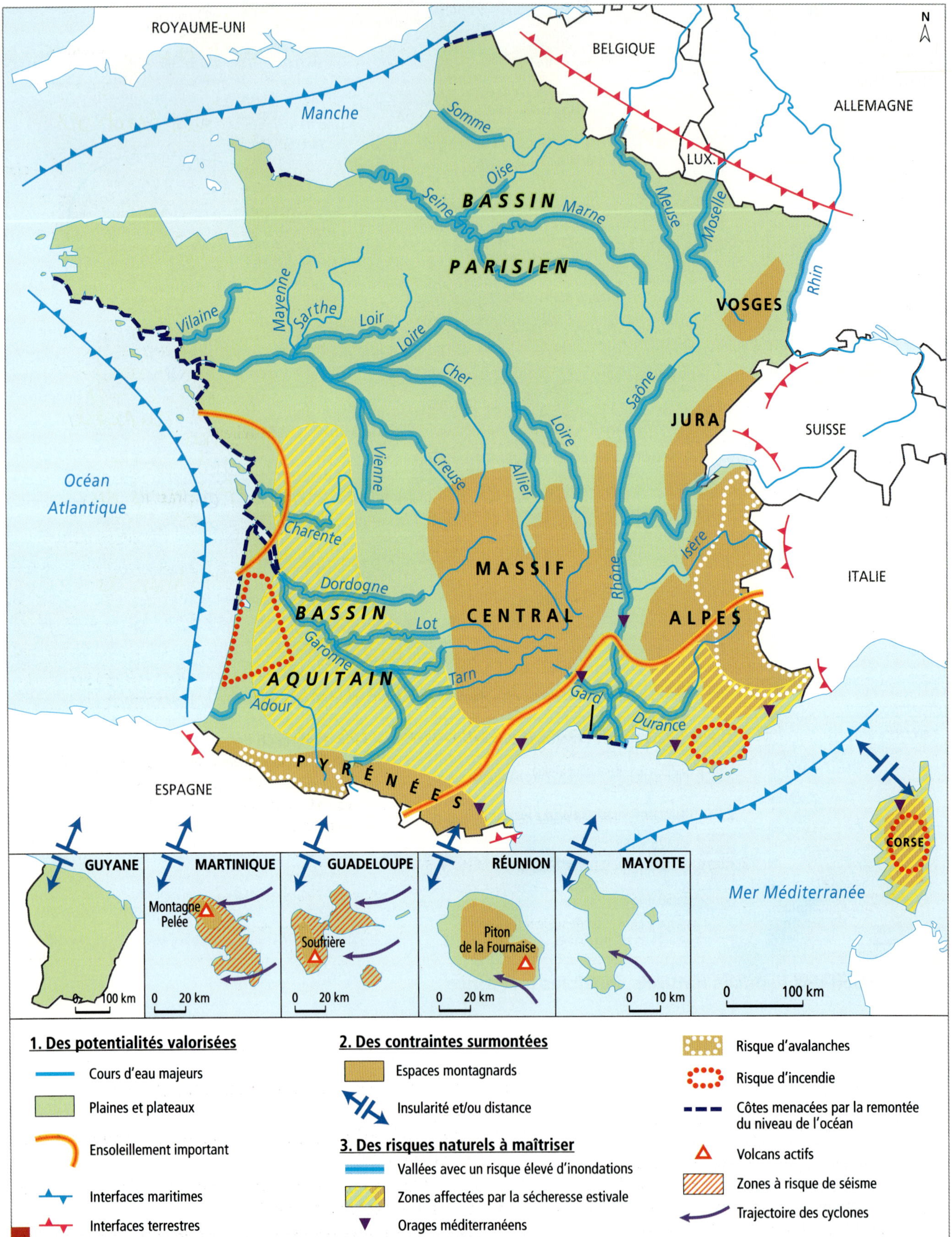

1 Potentialités et contraintes du territoire français

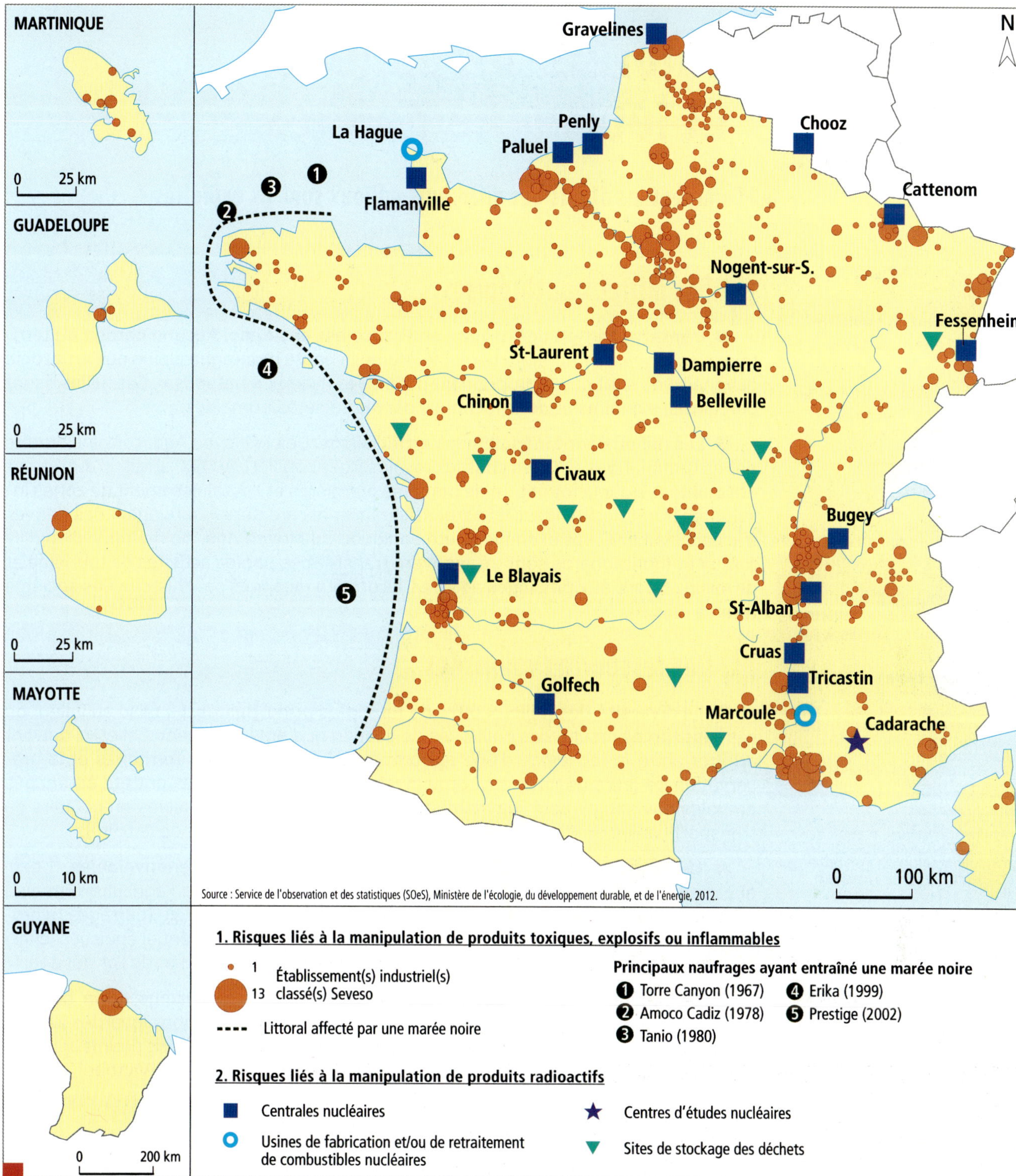

2 Les risques technologiques

Vocabulaire

▸ **Directive Seveso :** acte pris par l'Union européenne en 1982 afin d'identifier les risques liés aux activités industrielles dangereuses et de prendre les mesures nécessaires pour y faire face. Cet acte fait suite à une grave pollution chimique dans la ville de Seveso, en 1976, en Italie.

Questions sur les documents

1. Montrez que l'espace français présente un grand nombre d'atouts. **(doc. 1)**
2. Quels sont les territoires les plus exposés aux risques naturels et pourquoi ? **(doc. 1)**
3. Quels sont les territoires exposés à la fois aux risques naturels et aux risques technologiques ? **(doc. 1 et 2)**
4. Quelles peuvent être les conséquences de cette superposition des risques ? **(doc. 1 et 2)**

L/ES
S

1. Valoriser les milieux et leurs potentialités

Comment les atouts des différents milieux sont-ils exploités ?

Repères

■ L'occupation du territoire en France métropolitaine (en %)

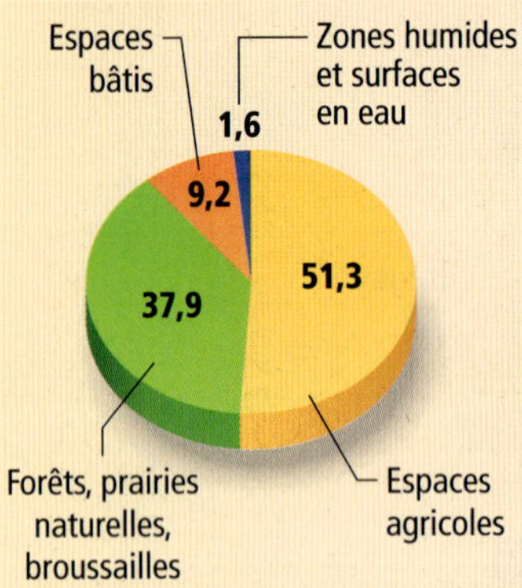

Source : SSP, enquêtes Teruti et Teruti-Lucas, 2015.

1 Des milieux anthropisés

■ **L'anthropisation des milieux en France est ancienne.** Aucune portion du territoire n'échappe à l'empreinte humaine. Même la haute montagne alpine ou l'Amazonie guyanaise ne sont pas, à proprement parler, des milieux « naturels ». Ces milieux sont parcourus, exploités et donc façonnés par les sociétés humaines.

■ **Les milieux sont inégalement artificialisés.** Dès le Moyen Âge, certaines forêts ont été aménagées pour les chasses royales (Rambouillet). Au XIXe siècle, d'autres ont été plantées pour la fourniture de matières premières et l'assainissement de zones insalubres (forêt des Landes). Il faut aussi nuancer le caractère « sauvage » des fleuves français : la Loire, par exemple, a été endiguée au Moyen Âge. De même, milieux littoraux et montagnards sont très souvent transformés par les activités de tourisme et de loisirs. Quant aux **paysages** agraires, ils ont été façonnés par l'histoire des sociétés rurales **(doc. 1)**.

2 Des ressources valorisées

■ **La diversité des milieux offre de multiples potentialités.** La mise en valeur de ces **ressources** résulte des politiques de gestion et d'aménagement. Celles-ci doivent arbitrer entre la recherche d'une performance économique des territoires et la préservation de leurs qualités environnementales. Ainsi, des fleuves ont été aménagés en voies navigables pour les marchandises (Seine, Rhin), des vallées en couloirs de transport (vallée du Rhône, **doc. 2**) et d'autres non (partie amont de la Loire).

■ **La France possède essentiellement des ressources renouvelables.** L'eau, abondante sauf dans le milieu méditerranéen, est utilisée dans l'agriculture (maïsiculture en Aquitaine), l'industrie (papeterie des Vosges) et l'énergie (barrages hydroélectriques). En revanche, les ressources minières sont pour l'essentiel épuisées (charbon, fer, potasse, gaz de Lacq), à l'exception du nickel calédonien et de l'or guyanais.

■ **De nouvelles ressources émergent en fonction des besoins de la société.** La neige et la pente étaient des contraintes pour les sociétés montagnardes jusqu'à l'invention des sports d'hiver. Certains paysages sont préservés tant pour leur valeur marchande que pour leurs qualités patrimoniales (montagne Sainte-Victoire).

3 Concilier les différents usages des milieux

■ **L'appropriation des ressources du territoire peut donner lieu à des conflits d'usage.** Ainsi, l'agriculture (irrigation) et le tourisme (alimentation des piscines et des hôtels) entrent en concurrence pour l'accès à l'eau, notamment l'été, dans le Bassin aquitain.

■ **L'aménagement et la protection du cadre de vie peuvent être difficilement conciliables.** Les conséquences spatiales de certains aménagements sont dénoncées **(doc. 3)**. Certains habitants refusent parfois des nuisances près de leur résidence au nom de leur intérêt propre, sans prendre en compte l'intérêt général des aménagements en jeu (phénomène **NIMBY**).

■ **Les pouvoirs publics arbitrent les conflits d'usage entre les différents acteurs (réglementation de l'utilisation du sol).** Cette médiation passe par l'instauration de dispositifs législatifs, de zonages ou de mesures de classement. Ainsi, les sites Natura 2000 (réseau européen de sites au riche patrimoine naturel) concilient diversité biologique et exigences économiques et sociales des milieux.

Vocabulaire

- **Anthropisation :** transformation d'un milieu due à son occupation et à sa mise en valeur par les hommes.
- **Conflit d'usage :** voir p. 102.
- **Nimby :** de l'anglais *Not In My Backyard* (« pas dans mon jardin »). Comportement d'individus ou de groupes, qui s'opposent à des aménagements considérés comme générateurs de nuisances pour les riverains.
- **Paysage :** ensemble des éléments que l'on peut observer à partir d'un lieu précis. Un paysage est à la fois social et naturel, et connaît de constantes évolutions.
- **Potentialités :** ensemble des caractéristiques d'un territoire pouvant être considérées comme des atouts pour leur mise en valeur (fertilité d'un sol, ressource en matières premières, etc.).
- **Ressource :** richesse potentielle que l'homme peut prélever pour répondre à ses besoins.

1 La mise en valeur des milieux alsaciens

① Forêt des Vosges
② Château du Haut-Kœnigsbourg (757 m d'altitude) XIIe siècle
③ Vignoble alsacien
④ Village de Rodern (250 m d'altitude)

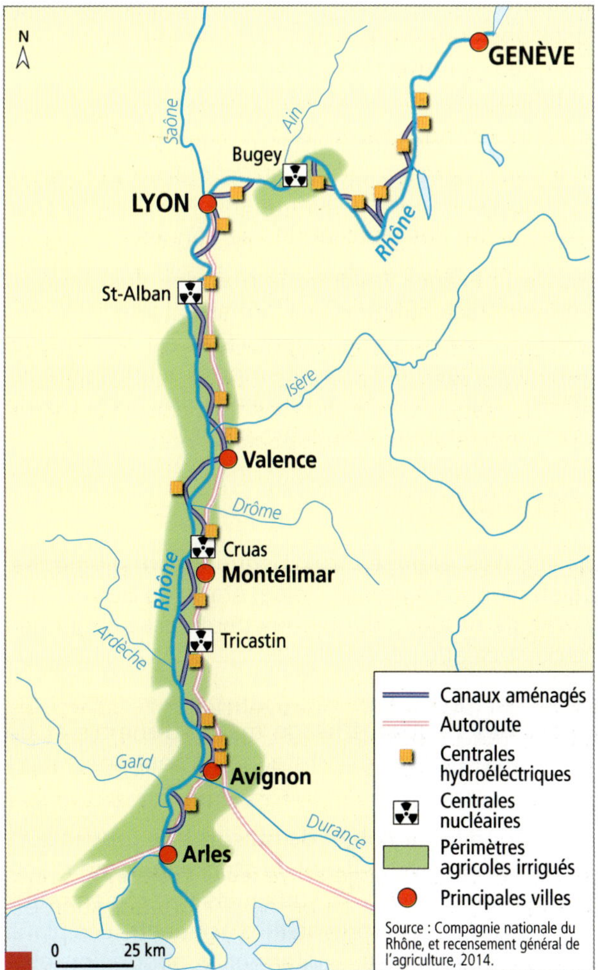

2 Les aménagements de la vallée du Rhône

3 La construction du barrage de Sivens (Tarn)

Entre le manque de précipitations, l'irrigation des surfaces agricoles, les besoins de salubrité du milieu aquatique et la dilution de certaines pollutions [urbaines et industrielles], les autorités départementales prétendent anticiper de futurs déficits en eau. [...]

Depuis le début, associations environnementales, citoyens et experts en biodiversité s'opposent à cet aménagement, jugé « surdimensionné » et, surtout, inutile. [...] Construire ce barrage revient à détruire un bout de nature sauvage où se côtoient une vingtaine d'espèces protégées (amphibiens, reptiles, insectes). D'après un avis de la direction régionale de l'environnement, de l'aménagement et du logement (Dreal) publié en juillet 2012, la construction du barrage « entraînera directement par ennoiement la destruction de 12,7 hectares de zones humides et indirectement, du fait de la création du barrage, la perte de fonctionnalité de 5,4 hectares ». Or, [...] cette zone humide rend également d'innombrables services écologiques aux communautés humaines[1].

Laure Noualhat, « Tarn Barnum autour d'un barrage », *Libération*, 28 août 2014.

1. Purification de l'eau, régulation des crues, etc.

Questions sur les documents

1. Quelles sont les ressources valorisées par les différents aménagements présentés dans les documents ? **(doc. 1 à 3)**
2. Pourquoi certaines de ces mises en valeur peuvent-elles s'avérer conflictuelles ? **(doc. 2 et 3)**

L/ES
S

2. Maîtriser les contraintes des milieux

Comment peut-on maîtriser les risques et les contraintes des milieux ?

1 Aménager pour surmonter les contraintes

Certains milieux du territoire français présentent davantage de contraintes que d'autres. Le milieu méditerranéen est caractérisé par une sécheresse estivale nécessitant d'économiser l'eau. En montagne, la pente constitue un obstacle aux communications tandis que le froid hivernal et la neige limitent les cultures.

Depuis des siècles, les sociétés locales se sont adaptées à ces contraintes. Dès l'Antiquité, l'approvisionnement en eau des villes méditerranéennes repose sur une rigoureuse gestion et d'imposants aménagements (citernes, aqueducs). Sur les fortes pentes, les terrasses permettent la mise en culture des versants tout en maîtrisant la verticalité du relief et en en limitant l'érosion **(doc. 1)**.

La France maîtrise les techniques lui permettant de surmonter les contraintes des milieux. Des ouvrages d'art facilitent le franchissement des vallées et des principaux cours d'eau (viaduc de Millau, pont de Normandie) et la traversée des massifs montagneux (tunnel du Fréjus dans les Alpes, du Somport dans les Pyrénées).

2 Gérer les risques naturels

La France est un des pays européens les plus exposés aux risques naturels. Ses territoires ultramarins sont confrontés à des aléas spécifiques : cyclones, volcanisme et séismes. De récentes catastrophes ont montré que la métropole est surtout exposée aux inondations (plus du tiers des communes sont concernées), comme dans le Gard et l'Hérault en 2014, et aux tempêtes (Klaus en 2009, Xynthia en 2010).

Certains aménagements aggravent les risques. L'imperméabilisation des sols et l'arrachage des haies accentuent le ruissellement. Les constructions près de forêts exposées aux incendies (Provence, Languedoc), en zone inondable ou dans les couloirs d'avalanches, accroissent la vulnérabilité des biens et des personnes.

Le niveau de développement de la France favorise la maîtrise des risques. La **prévision** est facilitée par des moyens scientifiques performants (satellites météorologiques, capteurs sur les volcans). La **prévention**, dont l'État est le principal acteur **(doc. 2)**, repose sur de coûteux aménagements (digues, constructions paracycloniques) et une réglementation (**PPR**) fondée sur les principes de précaution et de développement durable. Mais elle n'est pas toujours respectée.

3 Maîtriser les risques technologiques

Pays industrialisé, la France est très exposée aux risques technologiques. C'est le cas des zones urbaines (région lyonnaise, Basse-Seine, étang de Berre, Dunkerquois, **doc. 3**). Le transport maritime de produits dangereux peut occasionner des marées noires. Le choix énergétique du nucléaire génère des dangers liés à la radioactivité (enfouissement des déchets).

L'agriculture intensive engendre des risques. L'usage massif d'engrais et de pesticides pollue les eaux, provoque des marées vertes (Bretagne) et peut également nuire à la santé des populations.

Une fois répertoriés, les sites à risques font l'objet de mesures de prévention. La France compte environ 1 200 sites classés Seveso (lieux de stockage ou de manipulation de produits toxiques ou inflammables, voir p. 113) auxquels une réglementation européenne impose la prise de mesures visant à prévenir les accidents. Les plans de prévention des risques technologiques cherchent à informer la population et à définir un zonage des constructions.

Repères

Les victimes des dernières catastrophes naturelles et industrielles

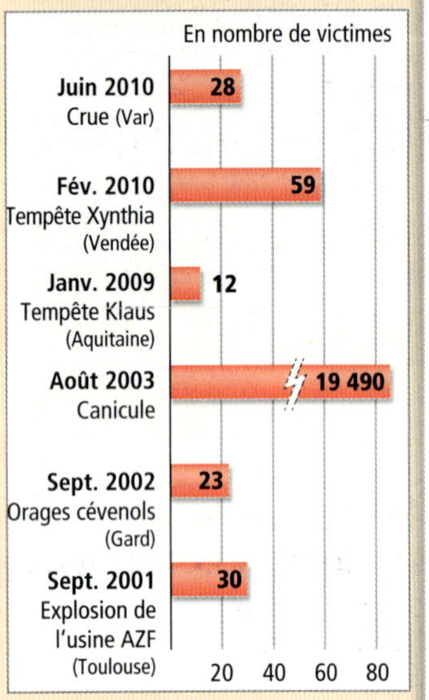

Vocabulaire

- **Contraintes :** difficulté que présente un milieu pour son occupation ou sa mise en valeur. Sa maîtrise dépend des moyens techniques dont dispose une société.
- **PPR (Plan de prévention des risques) :** document d'urbanisme qui vise à limiter l'exposition aux risques majeurs en informant, en organisant les secours et en réglementant l'utilisation des sols d'une commune.
- **Prévention :** ensemble des aménagements ou des réglementations qui cherchent à éviter ou limiter un risque.
- **Prévision :** ensemble des techniques visant à déterminer le lieu, le moment de survenue et l'ampleur d'une catastrophe.

1 Surmonter les contraintes : le vignoble d'Irouléguy (Pays basque)

2 La prévention du risque de tsunami en Polynésie

Brochure d'information du Haut Commissariat de la République en Polynésie française, 2015.

3 Les risques industriels à Mardyck, commune de Dunkerque

1. Ancienne raffinerie transformée en école de formation aux métiers de la pétrochimie
2. Dépôt pétrolier
3. Mardyck, village de 300 habitants
4. Usine pétrochimique

Question sur les documents

▸ Identifiez les différents risques et contraintes présentés dans les documents. Ceux-ci vous semblent-ils totalement maîtrisés par les acteurs ? **(doc. 1 à 3)**

L/ES
S

3. Protéger les milieux fragiles

Comment les acteurs de l'aménagement limitent-ils leurs impacts sur l'environnement ?

1 Des milieux convoités ou fragilisés

Les interactions entre l'homme et son milieu sont facteurs de dégradations. En raison de leur forte anthropisation et de la présence d'industries, les milieux urbains sont particulièrement touchés : nuisances sonores (trafic automobile, proximité des aéroports), rejets toxiques dans les cours d'eau (fuite de fioul d'une raffinerie dans la Loire en 2008), pollution visuelle (pancartes publicitaires) et atmosphérique (concentration d'ozone en été).

Les territoires ruraux ne sont pas épargnés par ces pressions environnementales. L'agriculture intensive exerce de fortes pressions sur les ressources en eau (pompage, pollution). Les aménagements touristiques contribuent au mitage (diffusion non maîtrisée de l'habitat) des littoraux, à l'assèchement des marais (littoral atlantique), ainsi qu'à l'érosion des plages (Landes). En Guyane, l'orpaillage clandestin a des conséquences dévastatrices (doc. 2).

2 La nécessité de protéger l'environnement

L'augmentation des pressions sur les milieux rend nécessaire leur protection. Depuis 1985, la loi Montagne prévoit des restrictions à l'extension du bâti en altitude. Votée en 1986, la loi Littoral limite l'urbanisation et la densification du réseau de transport sur les côtes. Depuis 1993, la loi Paysage vise une meilleure intégration des aménagements.

Les périmètres de protection se multiplient sur le territoire français. La France compte 10 **parcs nationaux** et 49 **parcs naturels régionaux** couvrant respectivement 9 % et 13 % du territoire. Depuis 1975, le Conservatoire du littoral veille à la protection et à l'aménagement raisonné des portions du littoral qu'il acquiert (12 % du linéaire côtier national).

L'État encourage l'adoption de nouveaux modes de vie et de consommation. Un nombre croissant de constructions adopte la **norme HQE**. En outre, si 73 % de l'électricité consommée en France provient encore du nucléaire, la part des énergies renouvelables (hydroélectricité incluse) progresse (14 % de l'énergie et 20 % de l'électricité consommées) (doc. 3).

3 La gestion durable du patrimoine naturel et ses acteurs

La notion de protection a vu son sens évoluer ces dernières années. Après avoir estimé qu'il fallait sanctuariser les milieux fragiles pour les préserver de l'homme, on admet désormais l'utilité de ce dernier dans la préservation des espèces et de leurs habitats. Ainsi, l'élevage de troupeaux (ovins, bovins, caprins) limite la diffusion des broussailles et la propagation des incendies.

Les acteurs publics recherchent l'équilibre entre la protection et le développement des territoires. Or, il est parfois difficile de concilier cadre juridique (international, national ou européen), revendications écologistes et intérêts des acteurs locaux. À défaut d'un consensus, on trouve des compromis, comme c'est le cas entre bergers, État et défenseurs de l'environnement face à la question du retour des loups dans l'est de la France et de la réintroduction des ours dans les Pyrénées (voir p. 120).

La charte de l'Environnement (2004) s'appuie sur le principe de participation. Les citoyens ont le droit et le devoir de s'investir dans la protection de l'environnement. De manière générale, la gestion de l'environnement repose sur la concertation, l'information et la responsabilisation du public, ainsi que la mobilisation des collectivités territoriales (communes, départements, régions) (doc. 1).

Repères

Les parcs nationaux français et leur date de création

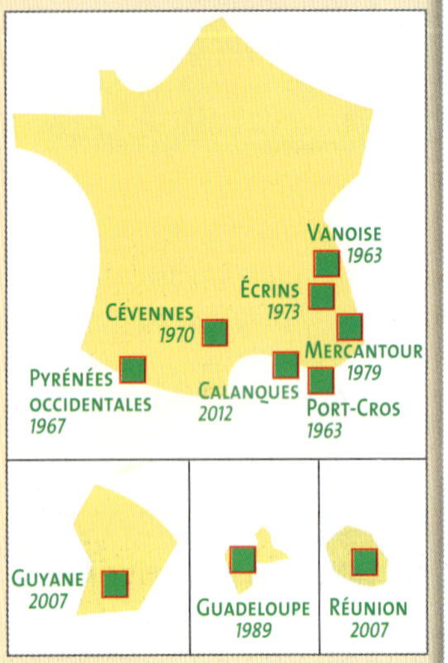

Vocabulaire

- **Norme HQE (haute qualité environnementale) :** norme d'urbanisme visant à limiter les impacts environnementaux en matière de construction (recours aux matériaux recyclables, gestion économe de l'eau, de l'énergie, des déchets, etc.).
- **Parc national :** territoire sous tutelle de l'État dont la mission est de gérer et de protéger le patrimoine naturel et culturel tout en assurant le développement local. Une protection stricte s'applique à certains périmètres réservés aux études scientifiques.
- **Parc naturel régional :** territoire régi par une charte et géré par des représentants des communes, des départements et des régions, autour d'un projet de conservation et de développement local. La protection y est moins stricte que dans un parc national.

1 Agir pour respecter l'environnement

Campagne de la communauté d'agglomération du Pays ajaccien, Corse, 2015.

2 Les conséquences de l'orpaillage clandestin en Guyane

Malgré le déploiement d'opérations de lutte contre l'orpaillage[1] illégal [...], la situation sur le terrain n'a cessé d'empirer : dans le seul parc amazonien de Guyane, territoire du sud de la Guyane qui comprend des populations d'Amérindiens, de Bushinengues et de Créoles, le nombre de chantiers illégaux actifs est fortement à la hausse depuis mars 2012. [...]

Ce pillage de l'or à grande échelle s'appuie sur l'utilisation massive de mercure, qui permet d'amalgamer le minerai, puis se dissémine dans l'environnement et les chaînes alimentaires. Dans le Haut-Maroni, des habitants des communautés locales souffrent de contamination au mercure supérieure au seuil fixé par l'Organisation mondiale de la santé : l'empoisonnement chronique et insidieux vient s'ajouter aux morts violentes. [...] Les populations tirent une grande partie de leurs ressources du fleuve et de la forêt, qui sont fortement dégradés par l'orpaillage illégal, et elles subissent de plein fouet le corollaire de l'orpaillage que sont les divers trafics : drogue, alcool, prostitution, vols de pirogues et moteurs, pillage des cultures sur brûlis, des territoires de chasse, etc.

Tribune signée par des élus et représentants d'ONG, *Le Monde*, 27 juin 2013.

1. Exploitation de l'or dans les rivières.

3 Le développement de parcs éoliens en mer

Affiche diffusée par la région Haute-Normandie, 2014.

L/ES
S

Questions sur les documents

1. Quelles menaces l'orpaillage clandestin fait-il peser sur les milieux guyanais ? **(doc. 2)**
2. Quelles politiques de protection et de gestion durable des milieux sont proposées en Haute-Normandie et en Corse ? **(doc. 1 et 3)**

AUTRES REGARDS

Faut-il avoir peur du « grand méchant loup » dans les Alpes ?

Depuis longtemps traqué par les hommes, le loup avait quasiment disparu dans les années 1930 en France. Son retour se confirme depuis les années 1990 et déchaîne les passions, notamment dans les Alpes. Si sa présence est défendue par les associations écologistes, ce prédateur est devenu la cible des éleveurs des régions où il s'installe.

➔ Cet animal sauvage représente-t-il un danger réel pour les sociétés et leurs activités ?

Info

- À la **fin du XVIII**[e] siècle, il y avait entre **3 000** et **7 000** loups en France.
- En **2013**, il y en aurait environ **250 en France**, dont plus de 90 % se trouveraient dans les Alpes.

1 Le loup : représentation des écologistes...
Extrait du site Internet de l'association FERUS, www.ferus.fr, 2015.

2 ... contre représentation des éleveurs
Manifestation organisée par des éleveurs et chasseurs à Gap (Hautes-Alpes) pour soutenir un chasseur jugé pour avoir tué une louve en 2012.

3 Faut-il abattre les loups ?

Les députés ont autorisé, jeudi 10 juillet, les éleveurs à abattre des loups, dans certaines zones du territoire et à certaines conditions. La convention de Berne, signée par la France, les classe en espèce strictement protégée. [...]

Le gouvernement a fait adopter en commission à l'Assemblée un amendement pour être en conformité avec le droit européen, notamment en autorisant l'abattage des loups dans des zones de protection renforcée, délimitées par les préfets, pour une durée maximale d'un an lorsque des dommages importants sont constatés pour les activités pastorales. [...] « Le loup est un magnifique animal, totémique, mais incompatible avec une activité d'élevage », a lancé [le député] UMP Nicolas Dhuicq, convaincu qu'« il faudra le contenir car nous ne sommes pas en Amérique du Nord ou en Sibérie pour maintenir une espèce de super-prédateur ».

Séverine Husson, « L'Assemblée autorise certains éleveurs à abattre les loups », www.la-croix.com, 10 juillet 2014.

M Planète

CRITIQUE Nestlé et le business de l'eau en bouteille ›

PLANÈTE | Climat | Énergies | Ressources naturelles | Biodiversité | Population | Agriculture & Alimentation | Pandémies | Pollutions | Habitat | Santé-environnement

Le loup a fortement étendu son territoire en vingt ans

Le Monde.fr | 24.10.2013 à 12h15 • Mis à jour le 10.06.2014 à 14h45

Glisser le curseur pour faire défiler les années — en 2014

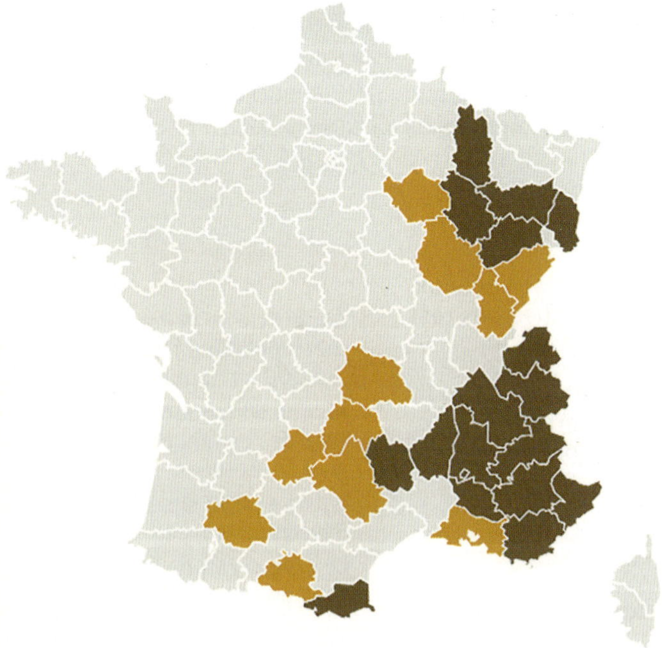

▸ **Nombre de victimes constatées***

* Essentiellement des ovins (95% des victimes), des bovins (environ 2% des victimes) et caprins (environ 2% des victimes)

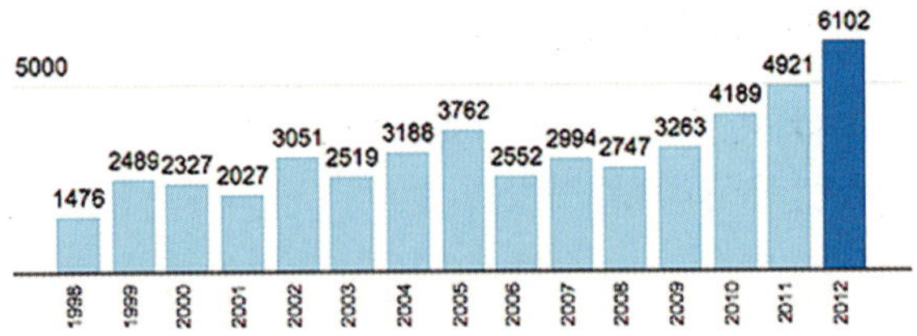

SOURCE: MINISTÈRE DU DÉVELOPPEMENT DURABLE — Le Monde.fr

▸ **Montant des indemnisations**

En milliers d'euros
(des réévaluations ont été faites en 2005 et 2009)

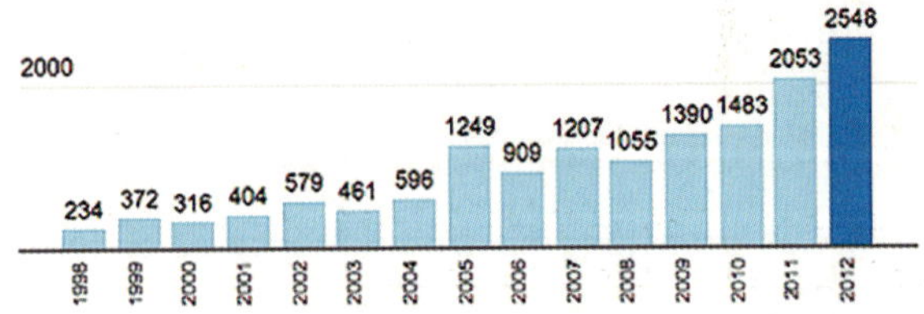

Le Monde.fr

4 Géographie du loup : « loup, y es-tu ? »

Extrait du site Internet www.lemonde.fr, 10 juin 2014. Lorsque les éleveurs ont assuré leurs cheptels, ils perçoivent des indemnités des compagnies d'assurance et des collectivités locales pour la perte de leurs animaux tués par le loup.

5 Le loup remplace-t-il l'homme ?

Pourquoi une telle progression alors que le loup avait officiellement disparu de France en 1940 ?

« En 1970, il ne restait que quelques individus en Italie, dans les Abruzzes. Protégée, l'espèce est remontée par les Apennins pour réapparaître dans le Mercantour français en 1992 », raconte Jean-François Darmstaedter, président de FERUS, l'association pour la conservation du loup, de l'ours et du lynx en France. Sur son chemin, le loup trouve des conditions favorables : alors que presque la moitié des Français vivaient encore à la campagne en 1940, ils ne sont plus que 14 % de ruraux aujourd'hui. Espèce craintive et nocturne, le loup profite ainsi des vastes espaces délaissés par l'homme.

Loïc Chauveau, « France. Le loup reprend du poil de la bête », www.sciencesetavenir.fr, 12 novembre 2013.

Préparer le débat

1. Où le loup est-il le plus présent aujourd'hui en France ? Pour quelles raisons ? **(doc. 4 et 5)**
2. De quelle manière les acteurs évoqués par ces documents perçoivent-ils le retour du loup ? Quel est l'objectif de leur action ? **(doc. 1 à 3)**
3. Quelles sont les conséquences de la prolifération des loups dans les Alpes ? Pour quelles raisons peut-on expliquer la colère des éleveurs ? **(doc. 2 et 4)**

Débat

Faut-il chasser ou protéger le loup ? Confrontez l'opinion d'un éleveur de la montagne alpine à celui d'un membre d'une association écologiste en vous appuyant sur les informations contenues dans les documents.

L/ES
S

Valoriser et ménager les milieux

Synthèse

1 La mise en valeur des milieux et de leurs ressources

- **Les milieux naturels n'existent pas.** Le degré et l'ancienneté de leur anthropisation varient. Leur diversité génère de multiples ressources inégalement valorisées, au gré des évolutions de la société et de ses besoins.

- **Leur exploitation peut engendrer des conflits d'usage.** Ces derniers opposent des acteurs convoitant une même ressource. S'y ajoutent parfois des nuisances qui font l'objet de protestations des riverains. Des arbitrages sont alors nécessaires.

2 La gestion des risques et des contraintes des milieux

- **Pays développé, la France a surmonté les contraintes de ses milieux.** Celles-ci sont donc très relatives, certaines étant même devenues des ressources (la neige et la pente en montagne).

- **La France est exposée aux risques naturels et technologiques.** Ils concernent surtout les territoires ultramarins, le milieu méditerranéen, ainsi que les grandes vallées densément peuplées. Des politiques de prévision et de prévention permettent d'en limiter les conséquences.

3 La protection de milieux convoités et fragilisés

- **Les pressions environnementales concernent tous les milieux du territoire.** Celles-ci sont liées aux rejets industriels, à l'agriculture productiviste et à l'intensivité du tourisme. Certains aménagements ont conduit à une artificialisation excessive des milieux.

- **Fruit d'une prise de conscience collective, la protection des milieux a été renforcée.** Elle repose de plus en plus sur une gestion durable cherchant à concilier le développement local et le respect des équilibres environnementaux.

Notions clés

- Conflit d'usage p. 102
- Contrainte p. 116
- Gestion durable p. 108
- Milieu p. 102
- Potentialité p. 99
- Ressource p. 114
- Risque p. 108

Chiffres clés

- **Superficie de la France métropolitaine :** 550 000 km², 120 000 km² pour les DROM
- **Risque d'inondation :** plus du tiers des communes françaises sont concernées
- Environ **1 200 sites** classés Seveso en France
- **Le Conservatoire du littoral :** 12 % du linéaire côtier national
- Les **parcs naturels régionaux** couvrent 13 % du territoire français et les **parcs nationaux** près de 9 %

Pour approfondir

Livres, dossiers

- *Neige et avalanches*, Textes et Documents pour la classe, n° 1086, 15 décembre 2014.
- Y. Veyret et R. Laganier, *Atlas des risques en France. Prévenir les catastrophes naturelles et technologiques*, Autrement, 2013.

Films

- Olivier Weber, *La Fièvre de l'or*, 2008. Ce film documentaire montre les conséquences environnementales et sociales de l'orpaillage illégal en Guyane.

Sites Internet

- **Parcs nationaux de France : www.parcsnationaux.fr**
- **Parcs naturels régionaux : www.parcs-naturels-regionaux.tm.fr**

Carte mentale **Retrouvez la carte mentale du chapitre sur le site Internet : www.nathan.fr/geo1re-2015**

Schémas pour réviser

1 La mise en valeur des milieux : entre conflits d'usage et protection

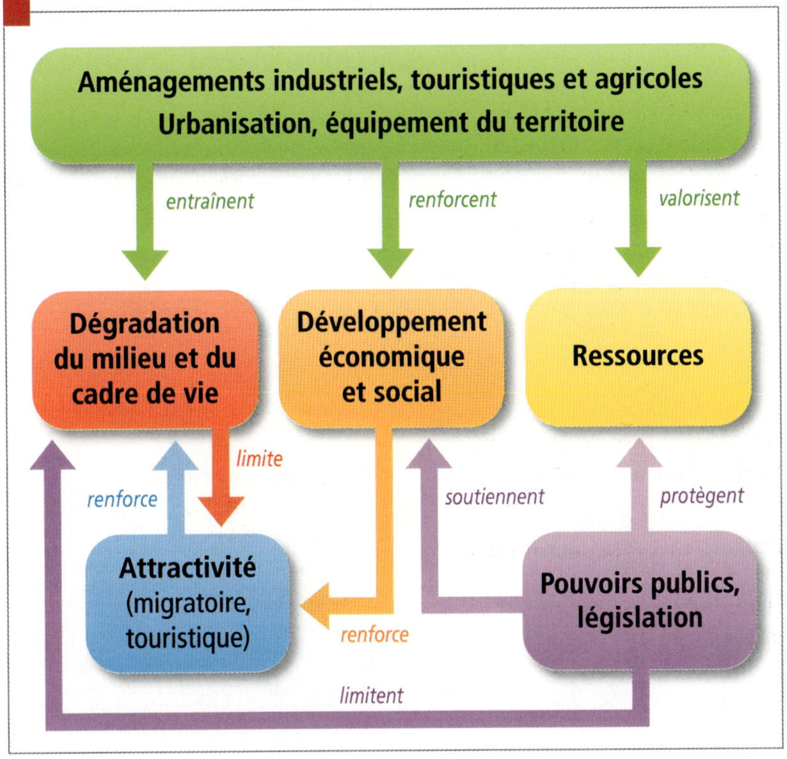

2 Les milieux en France

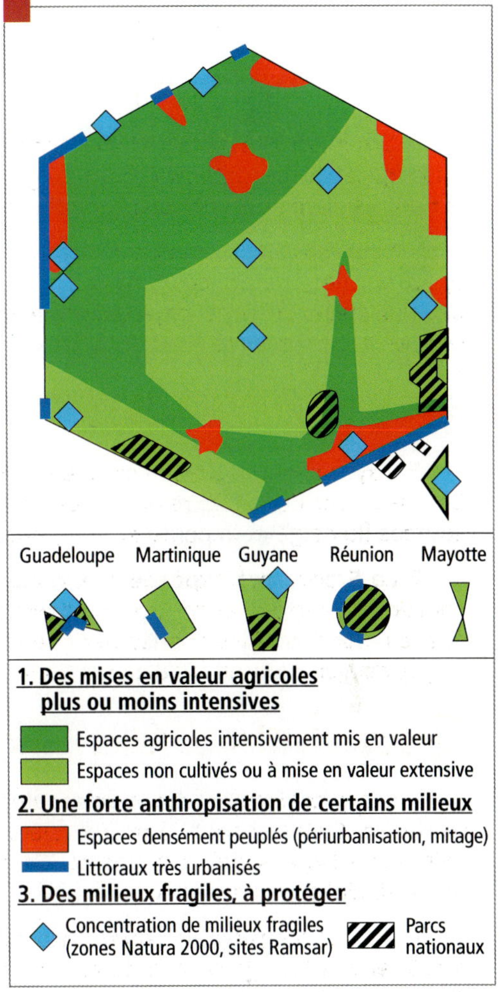

3 Un pays développé face aux risques

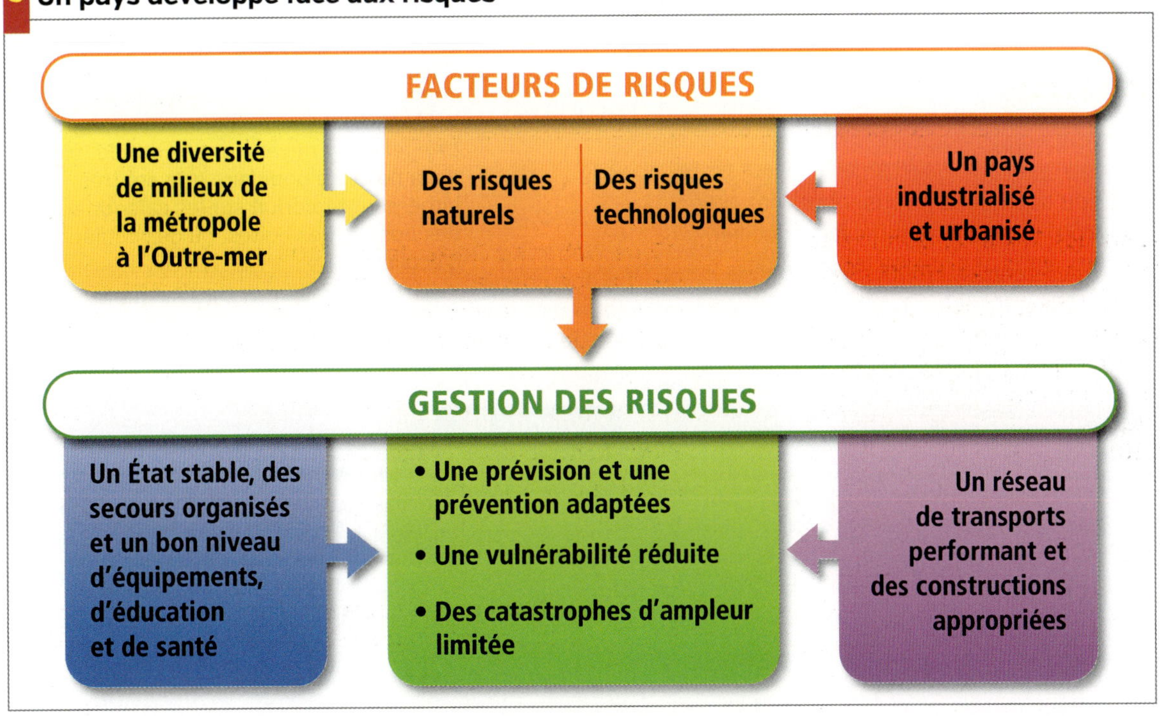

L/ES
S

Exercices BAC

1 Étudier un dessin de presse

→ La construction de l'aéroport du Grand-Ouest à Notre-Dame-des-Landes

1 Caricature de Philippe Tastet

L'aménagement d'un aéroport du Grand-Ouest est prévu à Notre-Dame-des-Landes, au nord de Nantes (Loire-Atlantique). Deux zones naturelles protégées et une cinquantaine d'exploitations agricoles sont concernées par ce projet fortement contesté. Ces oppositions ont plusieurs fois différé le début du chantier (voir pp. 216-217).

2 Une source d'inspiration : *L'Angelus* de Jean-François Millet (1814-1875)

Huile sur toile, 1857, 55,5 x 66 cm, Paris, musée d'Orsay. Ce tableau, un des plus connus au monde, met à l'honneur le monde paysan. Au cours du XXe siècle, *L'Angelus* est devenu une véritable icône de la peinture populaire et a été très largement reproduit sur les calendriers des postes, des boîtes, ou des cahiers d'écolier.

Vers le BAC

Consigne : À partir du document 1, vous montrerez que l'équipement du territoire peut être difficile à concilier avec d'autres usages. Vous analyserez les procédés utilisés par l'auteur pour transmettre son message.

Aide pour répondre à la consigne

- Décrivez le dessin ; dans quel type de milieu la scène est-elle située ?
- De quel projet est-il question ? Quelles seront ses conséquences sur ce milieu et ses activités ?
- Pourquoi les personnages sont-ils en train de prier ?
- Comment l'auteur montre-t-il l'opposition au projet d'aménagement ?
- Quelle notion du cours ce dessin illustre-t-il ?
- Observez le document 2 : que représente-t-il ? Quels éléments ont été empruntés à ce tableau par le dessinateur ? Pour quelles raisons ?

Méthode BAC

Analyser un dessin de presse (voir p. 250)

- **Observez et décrivez** les éléments du dessin (personnages, objets, symboles, textes, indications sonores, décor).
- **Interprétez** les références ou les allusions politiques, économiques ou sociales.
- **Précisez** le contexte de ces références.
- **Déterminez le message** de l'auteur.

2 Faire de la géographie avec les TICE

→ **Utiliser Géoportail pour étudier l'évolution d'un paysage**

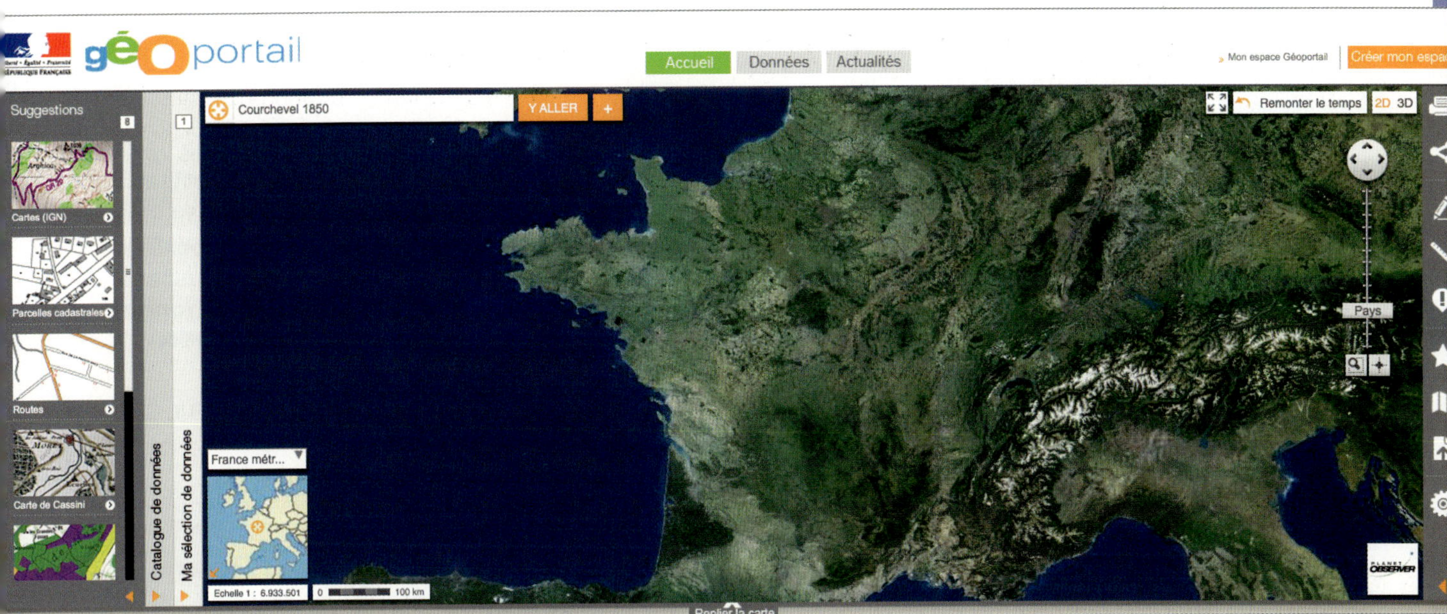

1. **Allez sur le site www.geoportail.gouv.fr. Inscrivez « Courchevel 1850 » dans la barre de recherche.**
   → Décrivez l'image qui s'affiche.

2. **Cliquez sur « Cartes (IGN) » dans le menu à gauche.**
   → Quelles informations obtenez-vous ?

   Conseil : la carte et l'image sont superposées. En ouvrant l'onglet « ma sélection de données », vous trouverez deux curseurs avec lesquels vous pourrez rendre la carte et l'image plus ou moins visibles.

3. **Cliquez sur la barre « Remonter le temps » et choisissez « prises de vues aériennes », puis « zoomez au 1 :54.168 ». Une chronologie des missions photographiques disponibles s'affiche.**

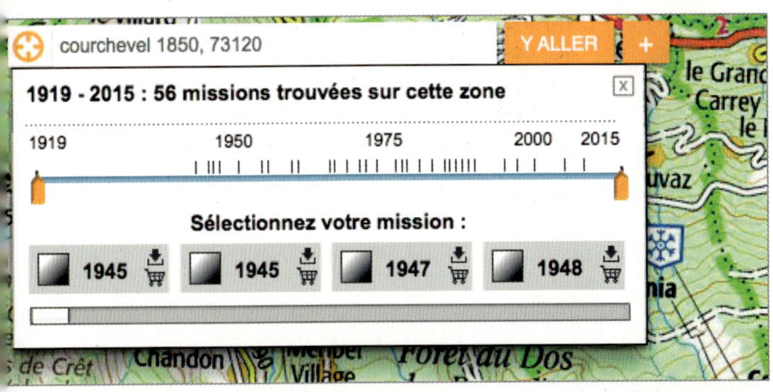

4. **Cliquez sur une des missions de 1948, puis sur la cible orange qui apparaît au niveau de Courchevel-Moriond et enfin sur « Aperçu de l'image ».**

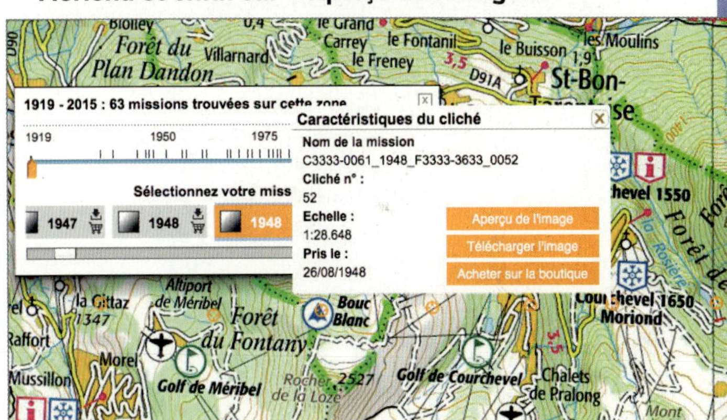

→ Décrivez le site de Courchevel en 1948.

Conseil : vous pouvez mettre l'image en plein écran, mais aussi zoomer et vous déplacer dans l'image.

5. **Revenez à la carte en cliquant sur « Fermer ». Choisissez une mission en 2001, cliquez sur la cible juste au-dessus de « Golf de Courchevel ».**
   → Décrivez le site de Courchevel en 2001 : le paysage, les équipements et constructions.

6. **Vous pouvez aussi découvrir d'autres missions (les années les plus récentes ne sont pas disponibles en téléchargement) et d'autres lieux.**
   → Comment le paysage de votre lieu d'habitation a-t-il évolué depuis le milieu du XXe siècle ?

L/ES
S

Méthode BAC

Analyser une photographie aérienne de paysage

→ Identifier les documents

Sujet

Aménager et valoriser un littoral : le lido du Petit-Travers entre Carnon et La Grande-Motte (Hérault)

Consigne : À partir de l'analyse des documents, vous montrerez comment les aménagements permettent de mettre en valeur et de protéger le littoral languedocien.

À savoir

- **L'analyse du paysage** à partir d'une photographie consiste à **repérer et mettre en relation** les éléments qui structurent ce paysage.
- Cette démarche est effectuée en **trois étapes : localiser et identifier** la prise de vue ; **décrire** la nature de l'espace représenté et les éléments qui le composent ; **confronter les informations** et **mettre en évidence l'organisation générale** de l'espace.
- Les connaissances personnelles sont utilisées pour donner du sens à la photographie.

1 Le lido du Petit-Travers (Hérault)

1. Mer Méditerranée
2. Ville de La Grande-Motte
3. Plages privées et publiques
4. Dunes de sable et végétation naturelle
5. Route départementale 59
6. Route départementale 65
7. Canal du Rhône à Sète
8. Étang de l'Or

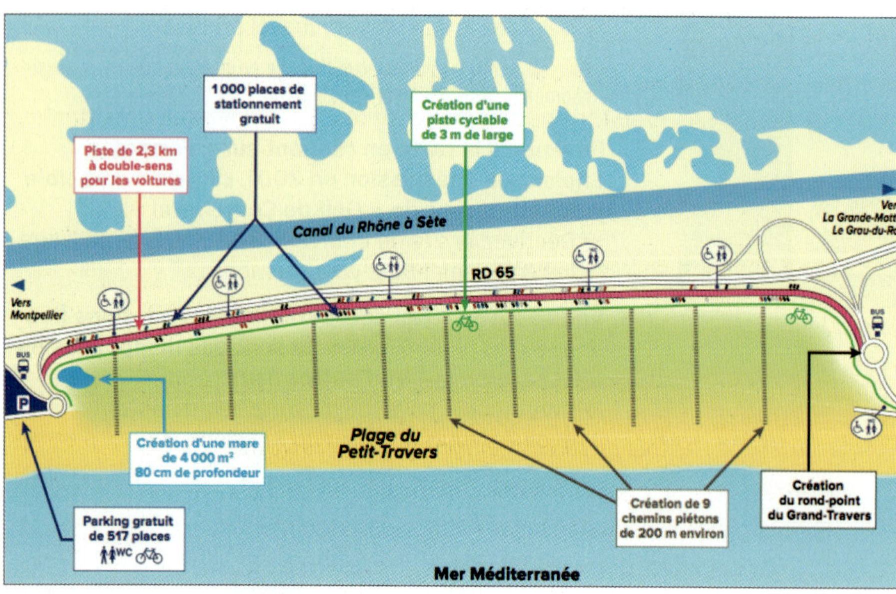

2 Le projet d'aménagement du lido

Carte d'André Yanelle, extraite de *La Gazette de Montpellier*, n° 1357, 9-25 juin 2014.

« Le site se révèle vraiment. C'est fini, le temps où on ouvrait la porte de sa voiture sur le sable. Au Petit-Travers, l'expérience de la plage intègre désormais la découverte de la nature. » Alfred Peter, paysagiste. Propos recueillis par Gwenaël Cadoret, *La Gazette de Montpellier*, n° 1357, 9-25 juin 2014.

Démarche	Guide de travail

1 Analyser le sujet et identifier les documents

→ **Analyser le sujet et la consigne**

1. Définissez les termes importants du sujet.
   Exemple → *Le lido est une bande de sable fermant une lagune.*
2. Quelles précisions et quelle aide la consigne apporte-t-elle ?

POINT MÉTHODE

→ **Identifier les documents**

- **Définir la nature du document :** carte thématique, photographie, schéma, graphique, etc.
- **Préciser la source :** citer le nom de l'auteur s'il est mentionné. Donner des précisions sur la source lorsqu'elle est institutionnelle (Banque mondiale, ONU, INSEE, DATAR, etc.).
- La **date du document** est importante pour préciser l'actualité de l'événement ou du phénomène étudié.

3. Identifiez chacun des deux documents en vous appuyant sur le point méthode ci-contre.
   Exemple → *Le document 1 est une photographie aérienne en vue oblique du lido du Petit-Travers dans l'Hérault, sur le littoral languedocien de la Méditerranée. La vue est prise à quelques dizaines de mètres du sol, en plan large. L'espace représenté s'étend sur 2 ou 3 km en profondeur.*

   Conseil : pour dater une photographie, comparez-la avec les informations fournies dans le corpus documentaire. Ici, le paratexte du document 2 évoque la plage après la fin des travaux d'aménagements en juin 2014, la photographie est donc antérieure.

   ⚠ Attention ! L'identification des documents ne doit être détaillée que si cela apporte des informations utiles pour l'analyse.

2 Analyser et critiquer les documents

→ **Extraire et confronter les informations**

4. **Doc. 1.** Décrivez l'espace représenté et les éléments qui le composent. Quelle est sa fonction dominante ?

   Conseil : distinguez les éléments de la nature (végétation, relief, etc.) et les éléments d'origine humaine (aménagements, activités, etc.).

   ⚠ Attention ! Décomposez la photographie en plans (premier, deuxième, arrière-plan), ou en sous-ensembles (gauche, centre, droite), ou à partir d'un élément central (route, village, etc.).
5. **Doc. 2.** Quels sont les aménagements réalisés dans cet espace ? Quels avantages offrent-ils ?

   ⚠ Attention ! Prenez en compte le texte qui accompagne le document : il apporte toujours des informations utiles à l'analyse.
6. **Doc. 1 et 2.** Quelles infrastructures et quelles pratiques ont disparu ? Quel en est le résultat ?

→ **Cerner le sens général des documents et déterminer les enjeux spatiaux**

7. Formulez l'idée majeure qui se dégage des documents.
8. Quel est l'intérêt du lido sur le plan économique et environnemental ?

→ **Porter un regard critique**

9. Comment ces documents permettent-ils de mieux comprendre la question de la valorisation du littoral ?

3 Répondre à la consigne

→ **Construire le plan**

10. Organisez vos idées selon les thèmes suggérés par la consigne.
    Exemple → *I. Des aménagements pour valoriser le lido*
    II. Des mesures pour ménager l'environnement

→ **Rédiger le devoir**

11. Présentez le sujet et les documents.
12. Rédigez la réponse au sujet en suivant votre plan.
13. Pour conclure, faites un bilan de votre analyse.

1 Sélectionner les informations p. 94
2 Choisir les figurés d'un schéma

Schéma

→ Choisir les figurés d'un schéma

Sujet

Potentialités et contraintes du territoire français

Consigne : réalisez un schéma répondant au sujet.

À savoir

- Réaliser un schéma permet de **retenir l'essentiel d'une représentation cartographique** en illustrant les principaux éléments qui la structurent. On met ainsi **en évidence l'organisation de l'espace**.
- Le **schéma** est **plus simple** que le croquis (formes géométriques simples) et les informations sont moins nombreuses.

....

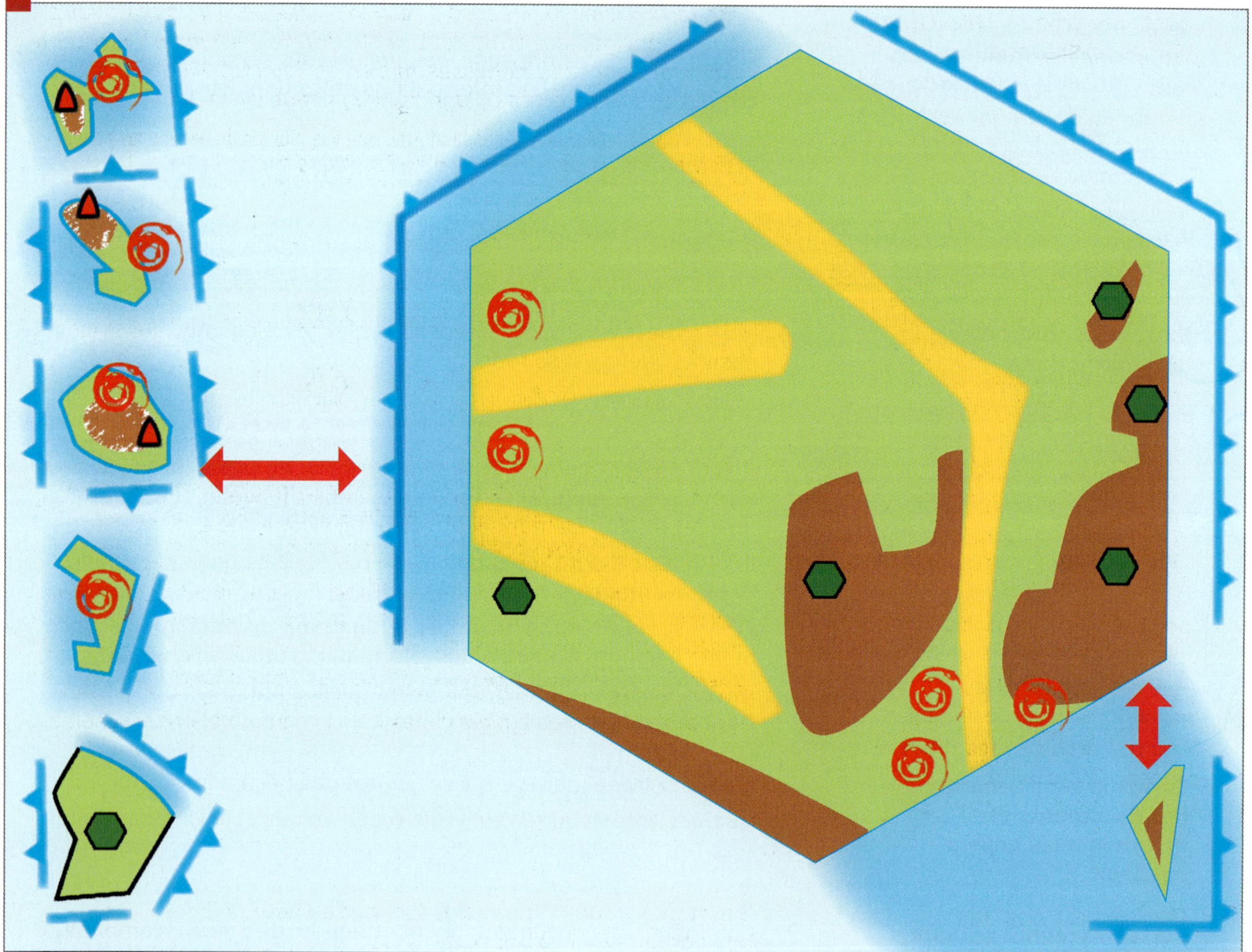

....

- Plaines et plateaux propices à l'agriculture
- Ressources forestières
- Espace maritime exploité (ZEE)
- Couloirs naturels de communication (vallée fluviale)
- Ouverture au monde

....

- ....
- Risques climatiques (inondations ; incendies ; cyclones dans les DOM)
- ....
- Insularité rompant la continuité territoriale

Imprimer le fond de carte sur www.nathan.fr/geo1re-2015

Démarche	Guide de travail

1 Analyser le sujet

→ **Définir les termes du sujet et en déterminer les limites spatiales**

1. Que désigne-t-on par « territoire français » ?
   ⚠ Attention ! Les départements d'outre-mer font partie du territoire français.
2. Que signifient « potentialités », « contraintes » ?
3. Que devra montrer le schéma ?

2 Mobiliser les connaissances

→ **Sélectionner les informations**

⚠ Attention ! Le nombre d'informations figurant dans un schéma est plus réduit que dans un croquis. N'excédez par les dix informations.

4. Sélectionnez huit à dix informations qui vous paraissent importantes dans la liste suivante : *plaines et plateaux ; espaces montagnards ; vallées fluviales ; ensoleillement important ; couloirs naturels de communication ; ouverture maritime ; espace maritime exploité (ZEE) ; ouverture terrestre sur l'Europe ; insularité rompant la continuité territoriale ; ressources forestières ; risque sismique et volcanique ; enneigement important ; col ; risque d'incendie ; territoire vaste ; avalanches ; richesses minières ; inondations fréquentes ; climats et sols propices à l'agriculture ; risque cyclonique.*

Conseil : pour organiser la légende et avoir une vue plus synthétique, vous pouvez associer des informations évoquant des idées proches l'une de l'autre.

POINT MÉTHODE

→ **Choisir les figurés**

Les figurés sont des symboles permettant de représenter et de différencier les informations :
- Pour les **phénomènes étendus** en surface : utilisez des aplats de couleurs ou hachures.
- Pour des **phénomènes ou des lieux précis** : utilisez des figurés ponctuels et des figurés géométriques.
- Pour des **limites** ou des **réseaux de communication** : utilisez des figurés linéaires.
- Pour des **dynamiques** ou des **flux** : utilisez des flèches.
- Pour **hiérarchiser des phénomènes** : faites varier la taille, la couleur et l'épaisseur des figurés.

5. Observez les figurés ci-dessous :

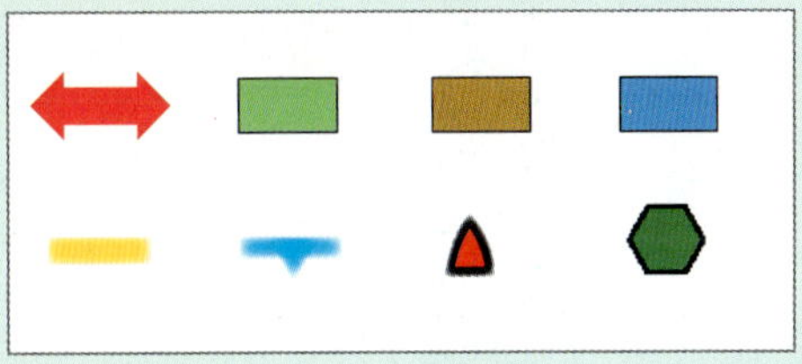

→ Déterminez le figuré qui conviendrait pour symboliser les plaines et plateaux propices à l'agriculture. Justifiez votre choix.
→ Quelle idée est représentée par la couleur rouge ?

Conseil : vous pouvez utiliser une couleur identique pour plusieurs figurés afin d'en renforcer le sens et regrouper des informations proches. Vous devez cependant donner à ces figurés des formes différentes.
Exemple → *Ici, la couleur bleue symbolise l'ouverture de l'espace français.*

6. Attribuez chacun des figurés ci-dessus à une information du schéma.

→ **Organiser la légende**

7. Classez les informations sélectionnées en deux thèmes :
   - **Des potentialités valorisées.**
   - **Des contraintes plus ou moins surmontées.**

3 Réaliser le schéma

→ **Dessiner le fond de schéma**

8. Dessinez des formes géométriques pour représenter les espaces.

→ **Compléter le fond du schéma et sa légende**

9. Reportez sur ce fond les figurés du schéma et les noms des lieux.
10. Recopiez et complétez les informations de la légende.

→ **Insérer le titre du schéma**

11. Donnez un titre au schéma.

L/ES
S

Chapitre 4

La France en villes

Avec près de 95 % de la population résidant dans des territoires sous l'influence des villes, la France est un pays de citadins. L'aménagement des centres-villes, la rénovation des quartiers défavorisés des banlieues, l'étalement périurbain au détriment des territoires ruraux, constituent les principales dynamiques actuelles des villes françaises. Lieux de vie, les villes doivent faire face aux inégalités socio-spatiales, à la mobilité accrue des populations et aux impératifs du développement urbain durable.

- Quelles sont les caractéristiques de l'urbanisation en France ?
- Quels sont les enjeux de l'aménagement urbain en France ?
- Quelles sont les conséquences de l'urbanisation des campagnes ?

1 L'étalement urbain de Rennes

Avec plus de 700 000 habitants en 2015, l'aire urbaine de Rennes connaît la croissance démographique la plus importante des métropoles françaises avec Toulouse.

2 La place Stanislas à Nancy

Située au cœur de Nancy, la place Stanislas est un des hauts lieux de la vie urbaine de la métropole lorraine. La place et son ensemble architectural sont inscrits au patrimoine mondial de l'Unesco.

3 Un parc d'attractions en milieu rural (Center Parcs de Verneuil-sur-Avre, Eure)

À l'image de ce Center Parcs, les parcs de loisirs se sont multipliés à proximité des grandes villes depuis deux décennies.

La France des aires urbaines

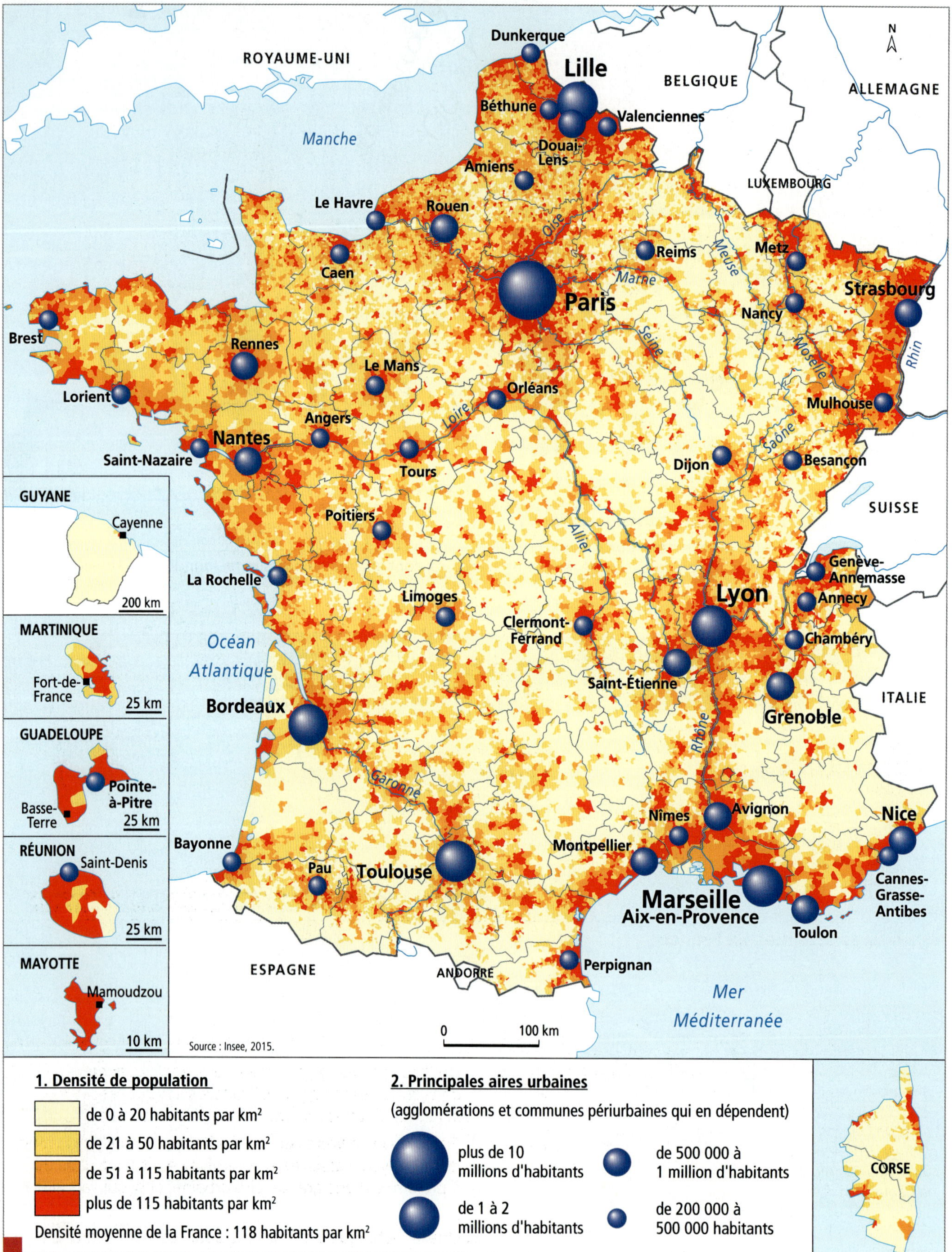

1 Population et grandes aires urbaines en France

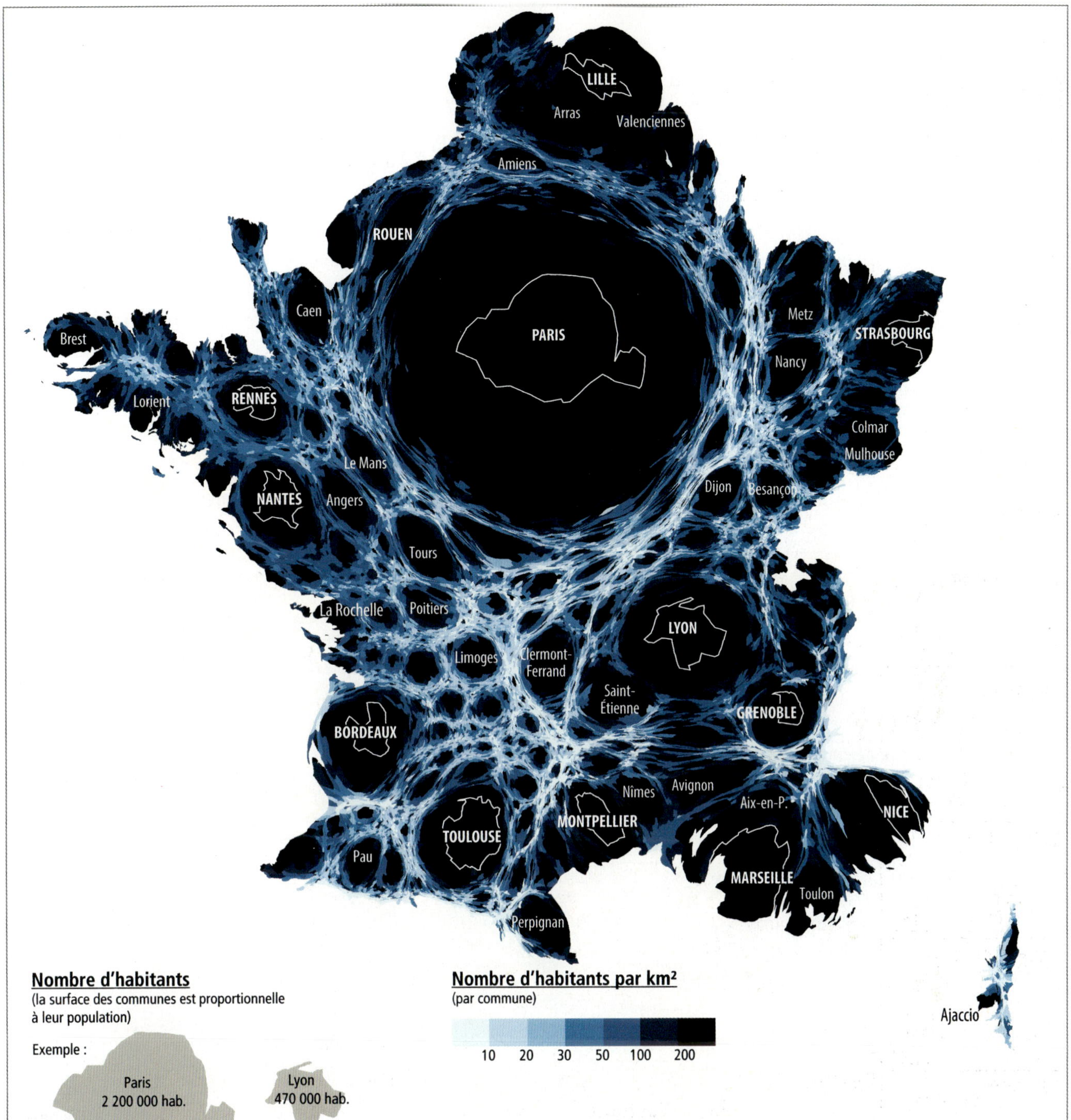

Source : Insee, Recensement de la population, Datar, 2011. Réalisé par la Datar. Stéphane Cordobes, Karine Hurel, Florian Muzard, 2012 d'après les travaux dirigés par Michel Lussault dans le cadre de Territoires 2040, 2011.

2 Les aires urbaines en France

Vocabulaire

▸ **Aire urbaine :** espace continu qui se compose d'une ville-centre, de ses banlieues immédiates et d'une couronne périurbaine. Cette dernière regroupe des communes dans lesquelles au moins 40 % de la population résidente ayant un emploi travaille dans la ville-centre.

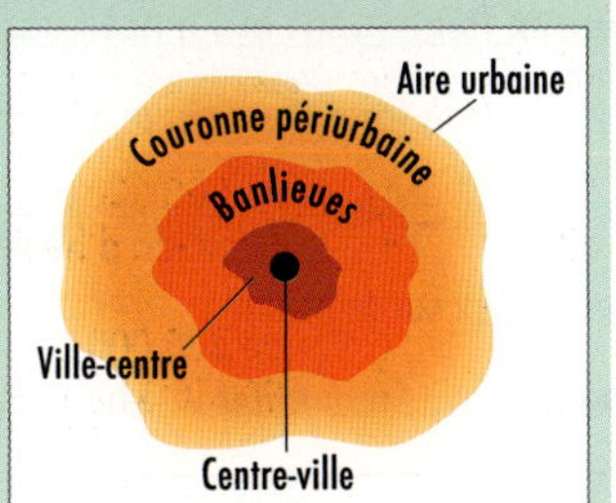

Questions sur les documents

1. Quelles sont les régions marquées par l'absence de grandes aires urbaines ? Quelles sont celles où le nombre d'aires urbaines est le plus important ? **(doc. 1)**
2. En fonction de votre lieu de résidence et de la localisation de votre lycée, précisez si vous vivez et étudiez dans ou à proximité d'une grande aire urbaine, et si oui, laquelle ? **(doc. 1 et 2)**
3. Quelle technique a été utilisée pour réaliser la carte 2 ? Dans quel objectif ? **(doc. 2)**

L/ES
S

Diversité et dynamiques des territoires

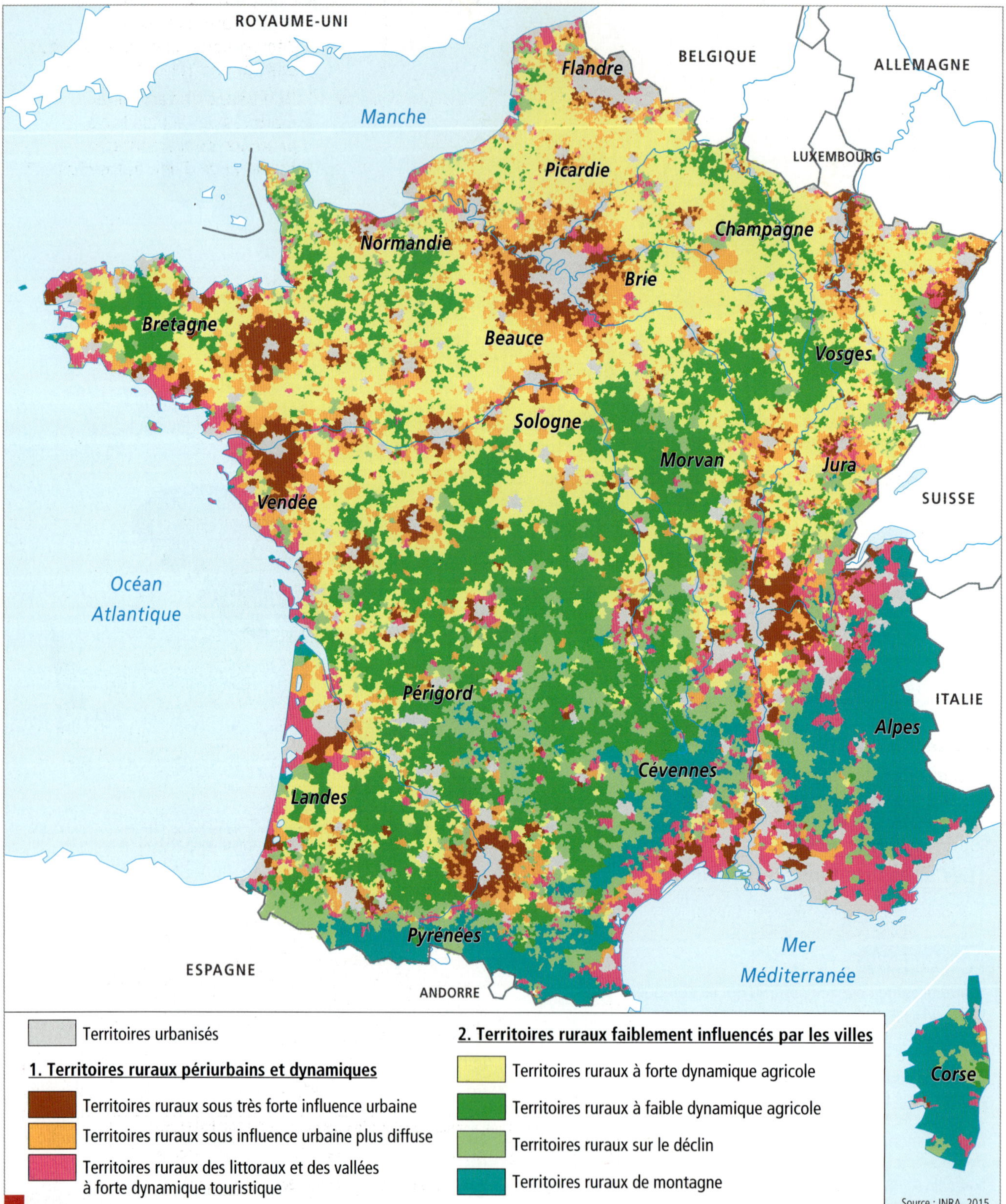

1 Les territoires ruraux en France

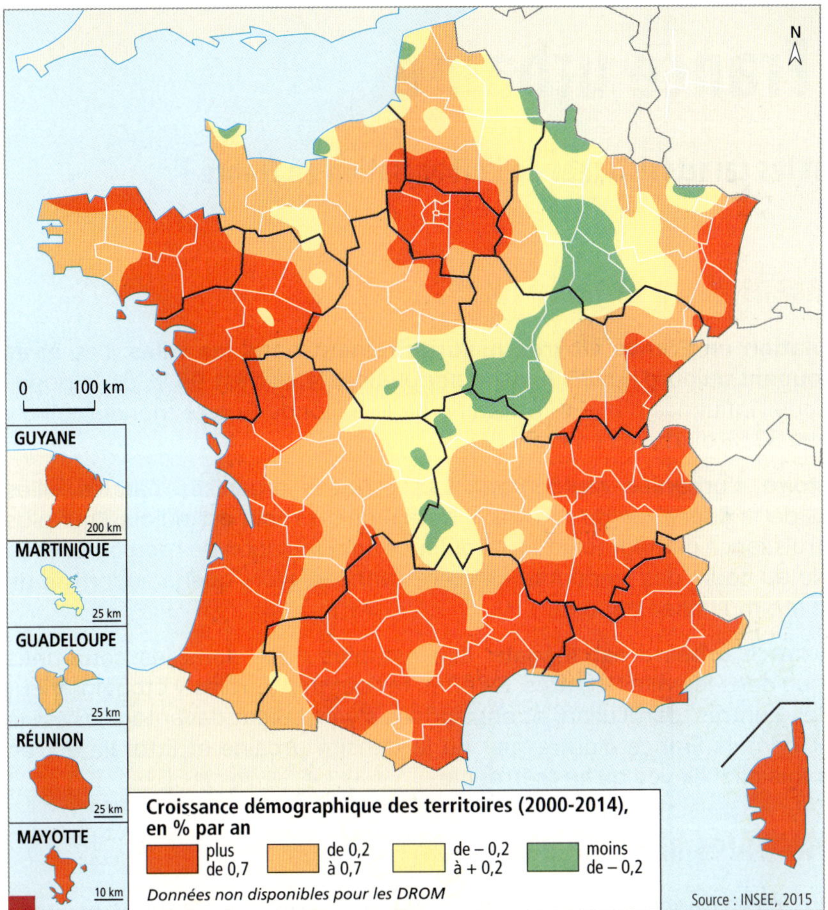

2 **La croissance démographique des territoires (1999-2015)**

Questions sur les documents

1. Combien de types de territoires ruraux distingue-t-on sur la carte ? **(doc. 1)**
2. Quels sont les deux critères utilisés pour établir cette classification des espaces ruraux ? **(doc. 1)**
3. Quels territoires connaissent la plus forte croissance démographique depuis le début des années 2000 ? **(doc. 2)**
4. Quels sont les territoires marqués par la plus forte présence de résidents en provenance d'une autre région ? **(doc. 3)**

Méthode BAC

Analyser une carte (voir p. 312)

- Identifiez le phénomène cartographié.
- Repérez l'échelle du phénomène cartographié.
- Observez la légende et dégagez les informations contenues sur la carte.
- Interprétez les informations contenues sur la carte (formulez des hypothèses, confrontez-les à d'autres cartes).

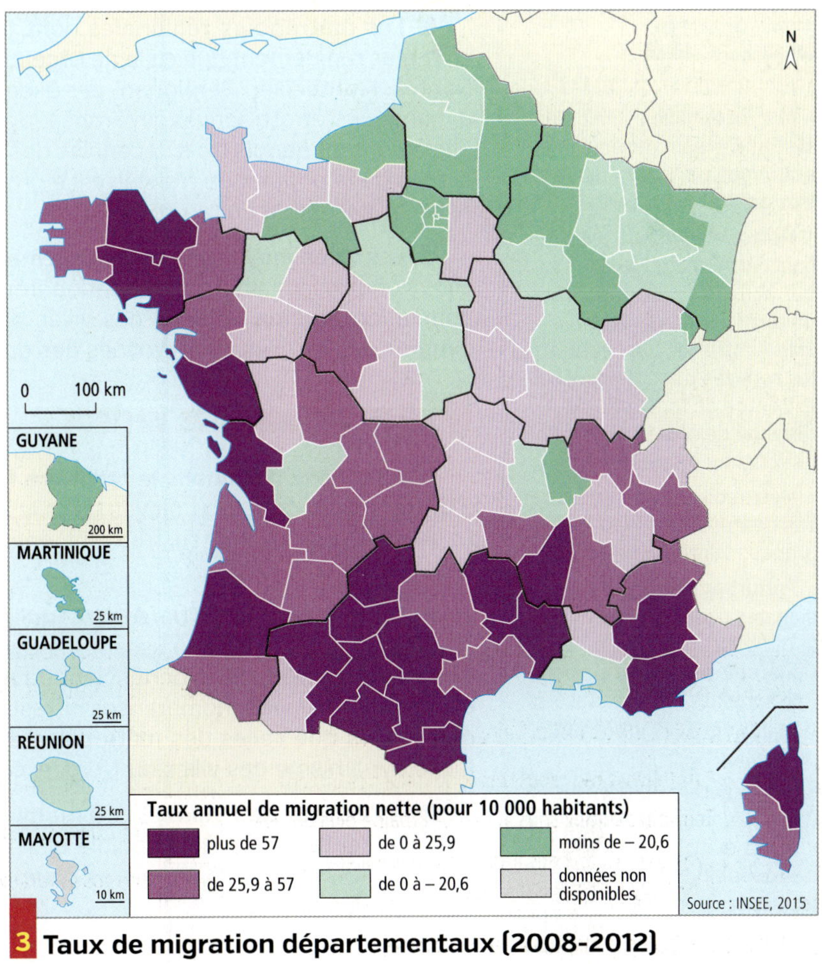

3 **Taux de migration départementaux (2008-2012)**

Cours

1. Une France urbaine

Quelles sont les caractéristiques de l'urbanisation en France ?

Repères

■ Les cinq aires urbaines les plus peuplées

En millions d'habitants

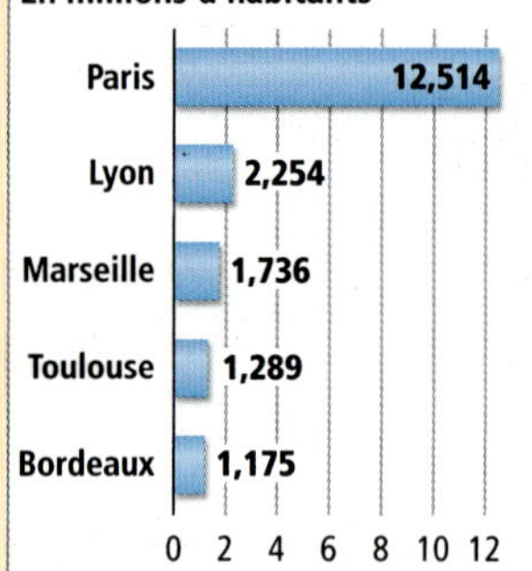

Source : INSEE, 2015.

1 Une concentration urbaine importante

■ **La population en France vit très majoritairement dans les villes.** Les **aires urbaines** regroupent aujourd'hui 85 % de la population. Mais c'est 95 % de la population qui vit sous l'influence d'une ville. À la fin de la Seconde Guerre mondiale, il n'y avait encore que 53 % d'urbains en France.

■ **Le territoire s'urbanise rapidement.** Les espaces organisés par les villes couvrent 42 % de la superficie du territoire. L'étalement urbain est aujourd'hui plus rapide que la croissance démographique. À Toulouse, la population de l'agglomération a presque triplé au cours des cinquante dernières années, alors que la superficie de l'aire urbaine a été multipliée par 6 **(doc. 1)**.

■ **La croissance urbaine est inégale.** Elle est plus forte dans les couronnes **périurbaines** que dans les villes-centres. En effet, le coût des terrains y étant inférieur à celui des villes-centres, particuliers et entreprises s'y installent davantage. C'est le cas également dans la France d'outre-mer où la densité urbaine et littorale est en moyenne trois fois plus élevée qu'en métropole.

2 Des métropoles hiérarchisées

■ **Le réseau urbain français se caractérise par sa macrocéphalie.** Parmi les 792 aires urbaines en France, Paris est la plus vaste et la plus peuplée. Seule **métropole** française de rayonnement mondial, elle domine largement Lyon et Marseille.

■ **Les métropoles régionales sont toutefois très dynamiques.** Leur population croît plus rapidement que celle de l'agglomération parisienne. Rennes, Toulouse, Lyon, Nantes, Montpellier, Perpignan, par exemple, qui font partie des métropoles les plus dynamiques et attractives en France, organisent leurs territoires régionaux **(doc. 2)**. Elles profitent depuis trois décennies des effets de la décentralisation et de la mobilité accrue de la population française. Le processus de **métropolisation** s'est ainsi généralisé à l'ensemble du territoire.

■ **Les villes moyennes sont désormais attractives.** Après les grandes métropoles, elles connaissent une augmentation importante de leur population. La moitié de la population urbaine vit dans des villes de moins de 10 000 habitants, d'autant plus dynamiques qu'elles sont proches des grandes métropoles.

3 Des dynamiques variées

■ **À l'échelle nationale, le territoire français est inégalement urbanisé.** Les taux d'**urbanisation** sont plus élevés dans les départements situés à l'est de la « ligne » Le Havre-Marseille, où se trouvent également la majorité des 41 principales aires urbaines **(doc. 3)**.

■ **On assiste aujourd'hui à un rééquilibrage de l'armature urbaine.** Les métropoles du Sud et de l'Ouest connaissent les dynamiques démographiques les plus élevées (voir pp. 130 et 135). Elles bénéficient de nombreux avantages : cadre de vie agréable, économies tertiaires, nombreuses infrastructures de transport et culturelles, densités plus faibles que celles des métropoles du Nord et de l'Est. Elles s'opposent ainsi au faible dynamisme des villes du Nord, exception faite de l'agglomération parisienne.

■ **À l'échelle des villes, les dynamiques varient.** La population des centres se stabilise, faute de place disponible et en raison de l'augmentation des prix immobiliers. La croissance des premières couronnes périphériques, longtemps élevée, s'est aujourd'hui ralentie.

Vocabulaire

- **Aire urbaine :** voir p. 133.
- **Macrocéphalie :** se dit d'un système urbain déséquilibré et dominé par une seule et très grande métropole.
- **Métropole :** grande ville qui concentre une population et des activités importantes sur un territoire comprenant la ville-centre, les banlieues et les espaces périurbains. Elle est dotée de fonctions de décision de niveau régional, national ou international.
- **Métropolisation :** processus de transformation des grandes villes en métropoles.
- **Périurbanisation :** extension des espaces urbains à la périphérie des agglomérations, soit sous la forme de lotissements, soit par absorption des espaces urbanisés préexistants.
- **Urbanisation :** processus d'expansion spatiale des villes et de concentration des populations dans les espaces urbains.

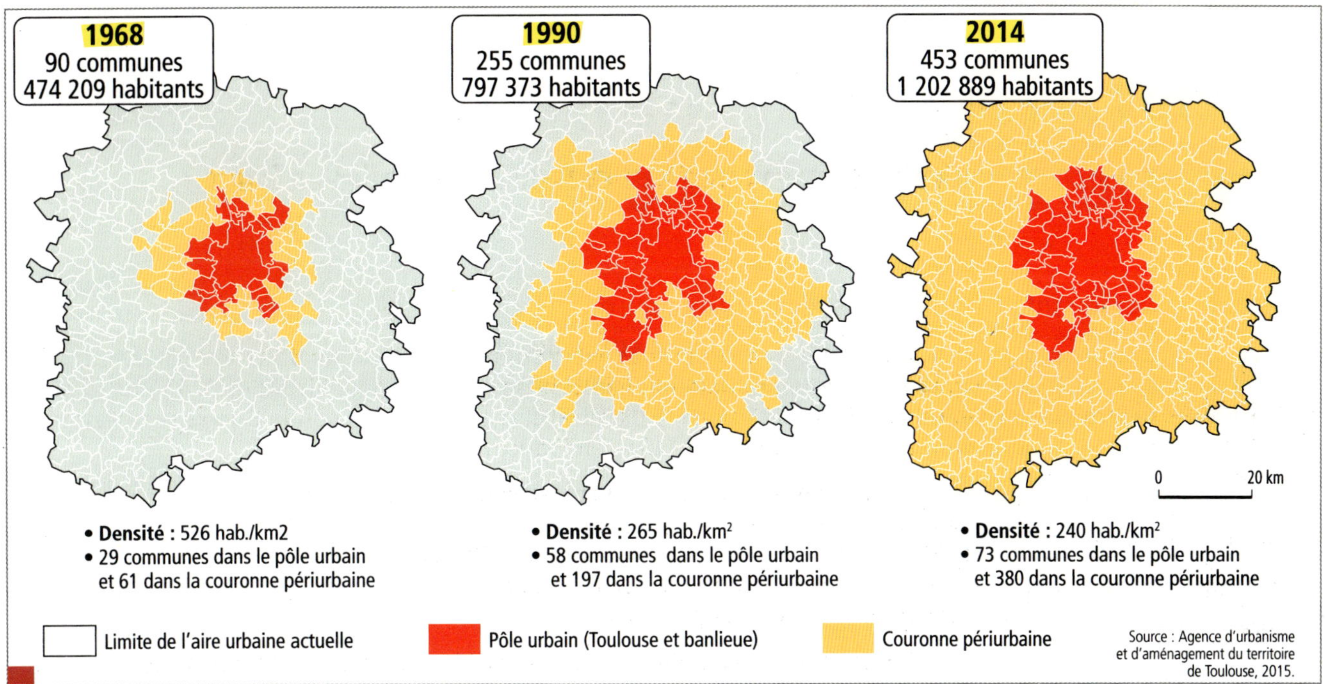

1 L'accroissement de l'aire urbaine de Toulouse

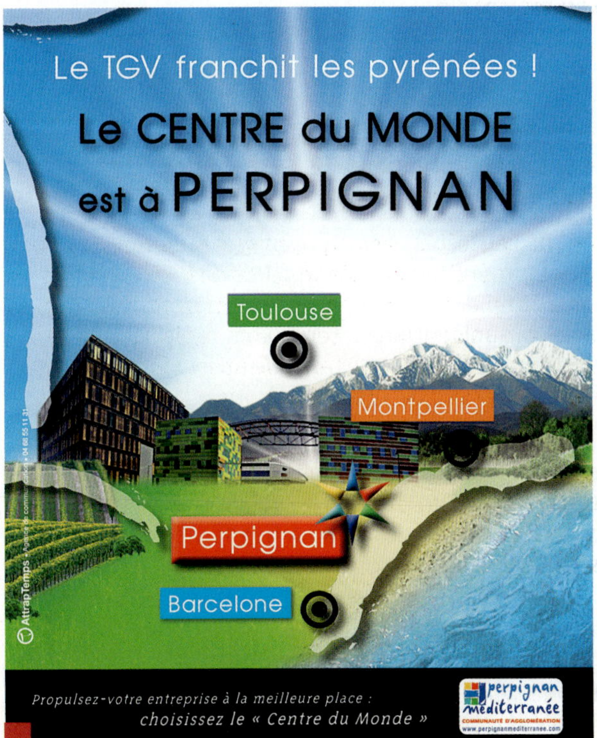

2 Perpignan : une métropole attractive

Affiche de la communauté d'agglomération de Perpignan, 2013. Le « Centre du Monde » est le nom du nouveau centre commercial et d'affaires situé autour de la gare de Perpignan.

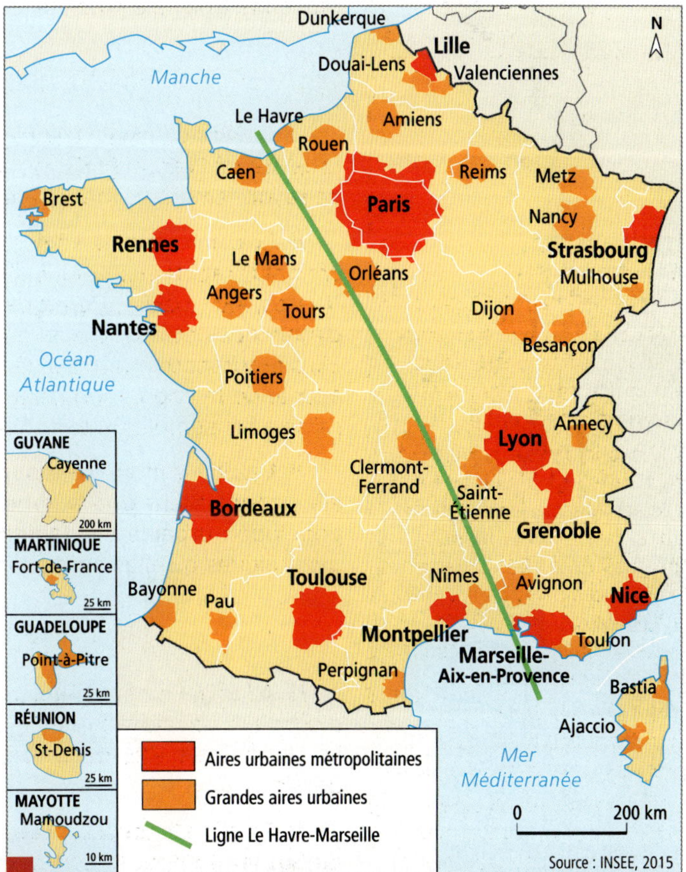

3 Les principales aires urbaines en France (2015)

Questions sur les documents

1. Calculez l'évolution de la superficie, de la population et de la densité de l'aire urbaine de Toulouse depuis la fin des années 1960. Que constatez-vous ? **(doc. 1)**
2. Quels arguments sont utilisés pour faire de Perpignan une métropole attractive ? **(doc. 2)**
3. Où se situent les territoires de la France métropolitaine dépourvus de grandes aires urbaines ? **(doc. 3)**

L/ES
S

Exemple

Bordeaux, la croissance urbaine d'une métropole

le point sur…

BORDEAUX MÉTROPOLE

Superficie de Bordeaux	49,5 km²
Densité urbaine	4 950 hab./km²
Superficie de la métropole	578 km²
Population de la métropole	738 000 habitants
Densité de la métropole	1 277 hab./km²
PIB/hab.	45 000 euros/an

Au cours des cinquante dernières années, Bordeaux et ses communes périphériques ont connu une très importante croissance démographique et territoriale. Le processus d'urbanisation continue et l'agglomération compte aujourd'hui près de 740 000 habitants. Afin de satisfaire aux ambitions de la croissance démographique, c'est-à-dire atteindre 1 million d'habitants en 2030, il faut envisager l'organisation d'une nouvelle métropole.

Quels sont les enjeux de la croissance urbaine de la métropole bordelaise ?

1 L'agglomération bordelaise

① Centre historique
② Gare Saint-Jean
③ Rive droite, quartier de la Bastide
④ Quartier du Lac
⑤ Pont Chaban-Delmas
⑥ Garonne

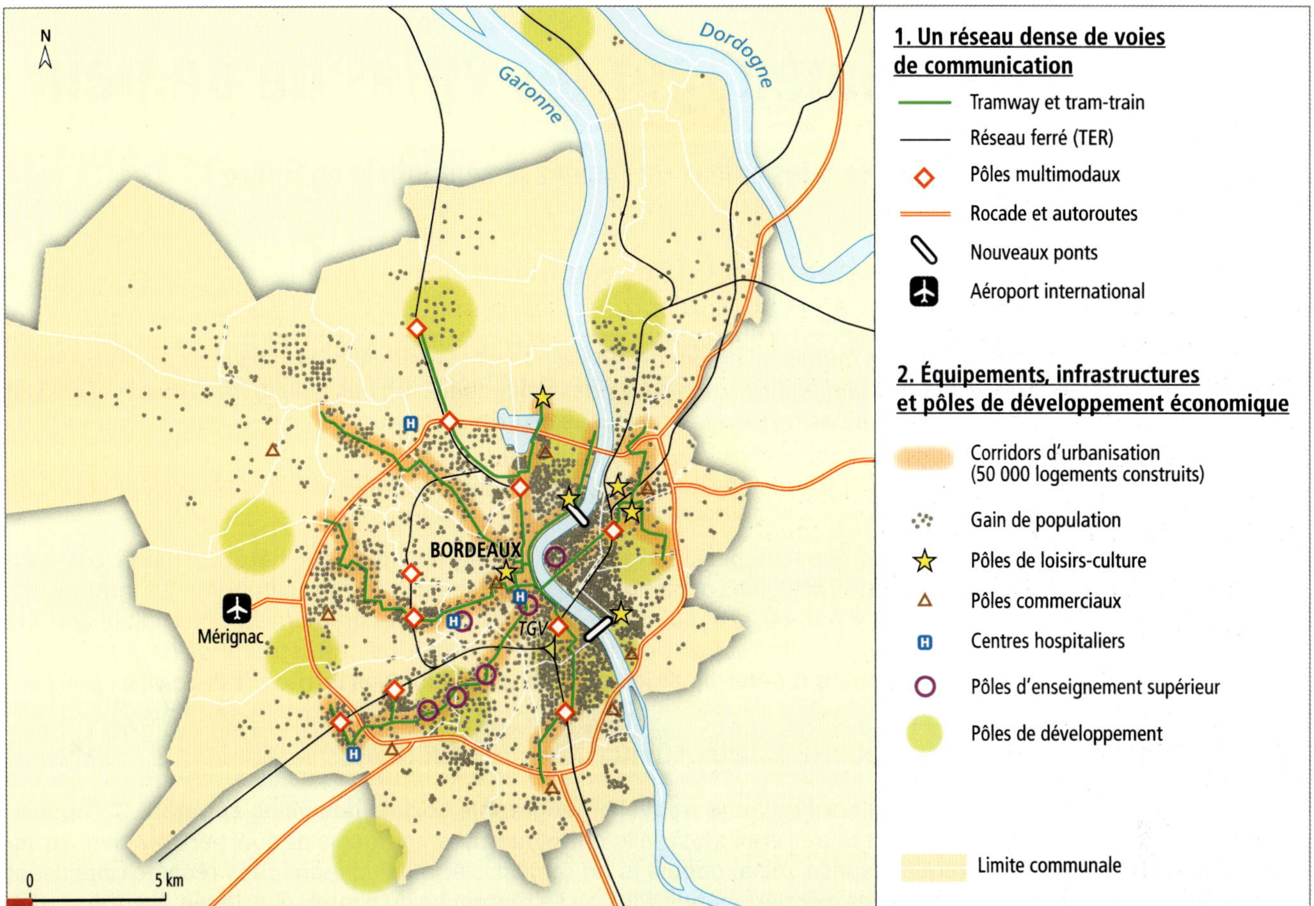

2 Bordeaux 2030 : territoire d'une métropole millionnaire

3 Les enjeux du projet Bordeaux 2030

Aujourd'hui, l'offre de logements est insuffisante, et ce malgré une politique volontariste en matière de construction de logements pour accueillir les nouveaux habitants sur la métropole là où sont les emplois, les services et les infrastructures. L'un des enjeux principaux du projet métropolitain est donc d'améliorer sensiblement la production de logements dans les vingt prochaines années : au travers de grandes opérations d'aménagement qui totalisent une prévision de construction de 20 000 logements d'ici à 2025, mais aussi dans le cœur d'agglomération, le long des axes de transport en commun actuels ou à venir au travers de l'opération « 50 000 logements ».

L'enjeu de cette amélioration n'est cependant pas que quantitatif : il s'agit aussi et surtout de produire des logements adaptés aux besoins des habitants, pour un coût accessible à des ménages qui aujourd'hui sont contraints de se loger hors de la métropole. Dans l'esprit du projet métropolitain, il s'agit de renforcer les fonctions résidentielles de la métropole en améliorant la qualité de vie des habitants, notamment au travers d'une offre en matière d'emplois (75 000 emplois supplémentaires à l'horizon 2030) et d'accessibilité à la nature en préservant l'équilibre de 50 % d'espaces naturels, agricoles et forestiers.

Communauté urbaine de Bordeaux, « Les enjeux en matière de logement du projet métropolitain : la combinaison de vastes projets urbains et d'actions d'amélioration de la qualité de vie », INSEE Aquitaine, septembre 2013.

Vocabulaire

▸ **Métropole de Bordeaux :** territoire intercommunal qui remplace depuis le 1er janvier 2015 l'ancienne communauté urbaine de Bordeaux. La métropole regroupe 28 communes qui mettent en commun leurs moyens en matière de transport, de logement, d'éducation, etc.

Analyse des documents

Prélever et confronter des informations

1. De quelle manière la croissance démographique de Bordeaux s'est-elle traduite dans l'organisation de l'espace urbain ? **(doc. 1 et 2)**
2. Quels sont les aménagements envisagés pour faire face à la croissance urbaine d'ici à 2030 ? **(doc. 2 et 3)**

Réaliser un schéma cartographique

3. Réalisez un schéma d'organisation spatiale de Bordeaux. **(doc. 1 et 2)**

Méthode BAC → Question 3

Réaliser un schéma **(voir pp. 94 et 128)**

- Dessinez un trait vertical bleu (Garonne).
- Représentez les axes routiers par des demi-cercles et/ou des traits convergeant vers le centre.
- Reprenez les éléments de la photographie en simplifiant leur localisation.
- Rédigez une courte légende.

L/ES
S

2. Aménager les villes de demain

➔ **Quels sont les enjeux de l'aménagement urbain en France ?**

1 Des centres et des périphéries

■ **Les villes s'organisent autour de leurs quartiers centraux.** Ils sont fortement valorisés depuis plusieurs décennies : habitat résidentiel réhabilité, patrimoine architectural sauvegardé, rues piétonnes aménagées, friches industrielles reconverties ont bouleversé leur paysage urbain. Ces centres d'activités tertiaires concentrent bureaux et services administratifs, quelle que soit l'échelle d'influence de la ville. La modernisation et la transformation des grandes gares en centres commerciaux et lieux de vie témoignent de cette nouvelle dynamique urbaine.

■ **Les espaces périphériques se distinguent par leur hétérogénéité.** Les banlieues pavillonnaires, anciennes ou plus récentes, se démarquent des grands ensembles d'habitat collectif. Les nouveaux centres commerciaux se multiplient aux marges de la ville, tout comme les parcs de loisirs. Les infrastructures de communication demeurent déterminantes dans l'organisation des territoires de la ville **(doc. 1)**.

2 Des inégalités socio-spatiales fortes

■ **Aujourd'hui, une nouvelle géographie sociale des villes apparaît.** Si l'opposition héritée de l'ère industrielle entre quartiers bourgeois et quartiers ouvriers structurait l'espace social depuis la fin du XIXe siècle, les dynamiques récentes opposent les centres aux périphéries. Plus on se rapproche du centre, plus la représentation des classes aisées est élevée. Un processus de **gentrification**, provoqué par la hausse des prix de l'immobilier, explique très souvent ce phénomène. À l'opposé, les 1 300 **quartiers prioritaires**, dont une grande majorité est située dans les banlieues, concentrent les indicateurs les plus défavorables **(doc. 2)**.

■ **Les inégalités socio-spatiales sont de nature variée :** inégalités face à l'emploi, à l'offre de transports, aux technologies, aux services, à l'encadrement sanitaire et environnemental, à la pollution, aux nuisances sonores, etc. Ces inégalités témoignent d'un contexte de crise caractérisé par des logements coûteux, l'insécurité, des tensions sociales et communautaires, la pauvreté, le chômage, etc., qui renforcent l'idée d'une dégradation de la qualité de vie en milieu urbain.

3 Aménagement urbain et ville durable

■ **Des politiques volontaristes d'aménagement urbain sont menées.** La destruction des grandes cités de banlieue construites dans les années 1960 permet de voir surgir des quartiers d'habitation à dimension plus modeste. Dans la plupart des grandes métropoles, les friches industrielles ont cédé la place à des nouveaux quartiers modernes et attractifs **(doc. 3)**.

■ **Les déplacements urbains sont au cœur des questions d'aménagement.** Les réseaux de tramways **(repères)**, les pistes cyclables, l'aménagement de la voirie en faveur des modes de transport durable, se multiplient afin de limiter l'impact de l'automobile. Un péage à l'entrée de Paris est à l'étude pour réduire la circulation des véhicules.

■ **Les éco-quartiers se multiplient.** Face à la dégradation de l'environnement urbain, de nombreuses métropoles (Grenoble, Strasbourg, Lille, Bordeaux, etc.) développent ce type d'habitat. Malgré leur coût et l'exigence des normes en matière d'habitat, ils constituent un enjeu majeur des prochaines décennies. Développer les espaces verts, mieux gérer l'approvisionnement en eau, établir des règles harmonieuses d'urbanisme, construire des villes nouvelles économes en énergie, sont les défis du **développement urbain durable**.

Repères

■ **Les tramways urbains en France**

Vocabulaire

▸ **Développement urbain durable :** mode de développement dont l'objectif est de concilier à la fois progrès économique, harmonie sociale et préservation de l'environnement dans les villes. La ville, en tant que lieu de vie et d'activités, doit répondre aux besoins des citadins actuels sans compromettre la capacité des générations futures à répondre aux leurs.

▸ **Éco-quartier :** quartier d'une ville relevant d'un projet d'aménagement qui cherche à intégrer des objectifs de développement durable.

▸ **Gentrification :** processus de rénovation urbaine des quartiers centraux dégradés afin d'y faciliter le retour des classes aisées.

▸ **Inégalités socio-spatiales :** contrastes entre les territoires, à différentes échelles, reposant sur des critères sociaux (emploi, revenus, structure de la famille, etc.).

▸ **Quartier prioritaire :** quartier bénéficiant d'aides spécifiques des pouvoirs publics afin de lutter contre le chômage élevé et le déficit d'activités économiques.

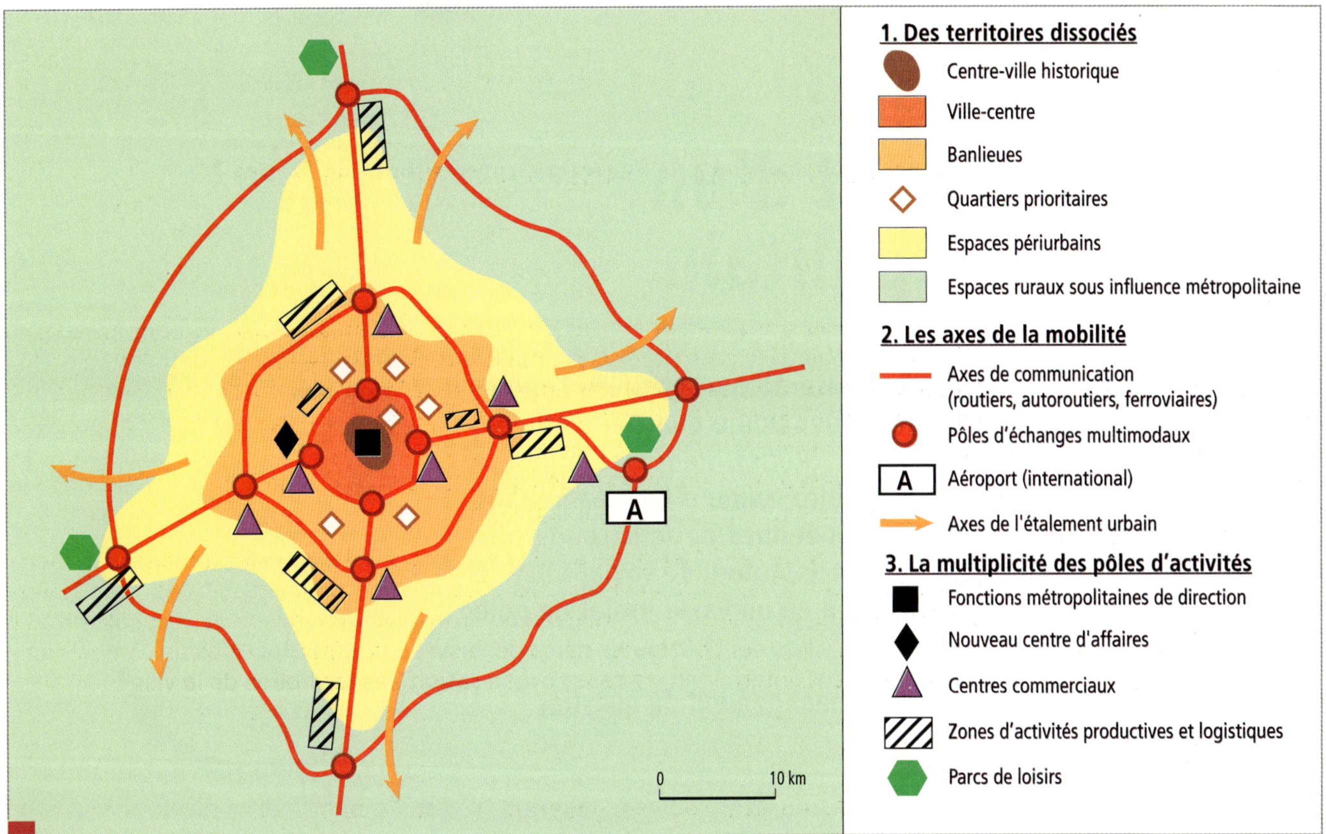

1 Schéma : les territoires de l'espace métropolitain

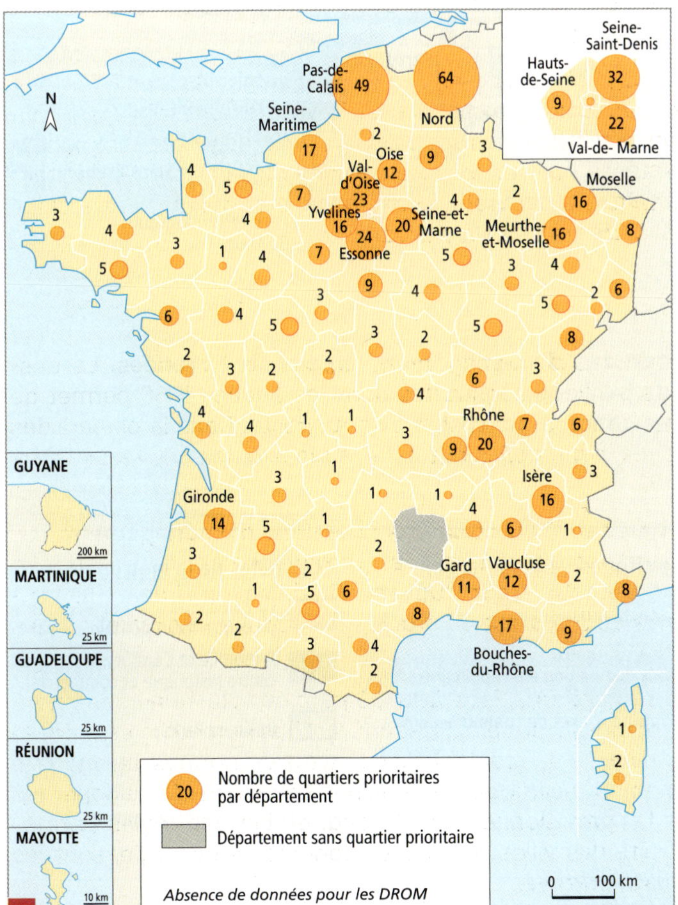

2 Les quartiers prioritaires en 2015

3 Le quartier de la porte de Valenciennes à Lille

Le quartier est en pleine rénovation avec construction de logements, d'équipements publics, etc. dans les principes du développement urbain durable (2014).

L/ES
S

Exemple

Lyon-Part-Dieu : l'aménagement d'un centre métropolitain

le point sur... Lyon

Population	491 500 habitants
Superficie	48 km²
Densité urbaine	10 240 hab./km²
Population de l'aire urbaine	2 200 000

Part-Dieu

Superficie du quartier	135 hectares
Population	5 000 habitants
Activités	45 000 emplois
Fréquentation de la gare	125 000 passagers/jour

Le quartier de la Part-Dieu est le centre administratif de l'agglomération lyonnaise et aujourd'hui le deuxième quartier d'affaires en France après celui de la Défense (Paris). Pensé et organisé dans les années 1960-1970, il doit être aujourd'hui réaménagé afin de satisfaire aux ambitions européennes de la seconde aire métropolitaine la plus peuplée de France. Autour de sa gare TGV, le quartier se modernise et se transforme en un vaste projet de pôle d'échanges multimodal.

➔ Quels sont les projets du nouvel aménagement du quartier de la Part-Dieu ?

1 La rénovation du quartier de la Part-Dieu

Une gare TGV, plusieurs lignes de métro, un tram... la Part-Dieu n'a rien à envier aux grands « hubs » européens. Le quartier profite en outre d'un centre commercial de 200 boutiques et de deux institutions de renom : l'auditorium Maurice-Ravel et la plus grande bibliothèque municipale de France [...].

Gérard Collomb, président de la communauté urbaine de Lyon[1] et maire de la ville, [souhaite] voir le quartier doubler de volume. Il rêve, à l'horizon 2030, de 1 million de mètres carrés supplémentaires, dont 650 000 mètres carrés de bureaux, des hôtels et 2 500 logements [...].

Pour atteindre cette échelle, le quartier, construit sur une dalle à la fin des années 1960 à l'emplacement d'une ancienne garnison, doit être repensé [...] autour de trois principes fondateurs : le « sol facile », censé rendre plus lisibles les cheminements piétons ; les « socles actifs », supposés animer les rez-de-chaussée par des commerces et des services. Enfin, la « skyline[2] » renforcée, en écho à la ligne des Alpes visible au loin, servira de « point d'ancrage aux entreprises d'échelle européenne ».

Marie-Annick Depagneux, « À Lyon, le quartier de la Part-Dieu, en pleine mutation, rêve d'un avenir européen », *Les Échos*, 27 octobre 2011.

1. Aujourd'hui appelée « Métropole Grand Lyon ».
2. Nom donné à la ligne d'horizon formée par la succession de gratte-ciel.

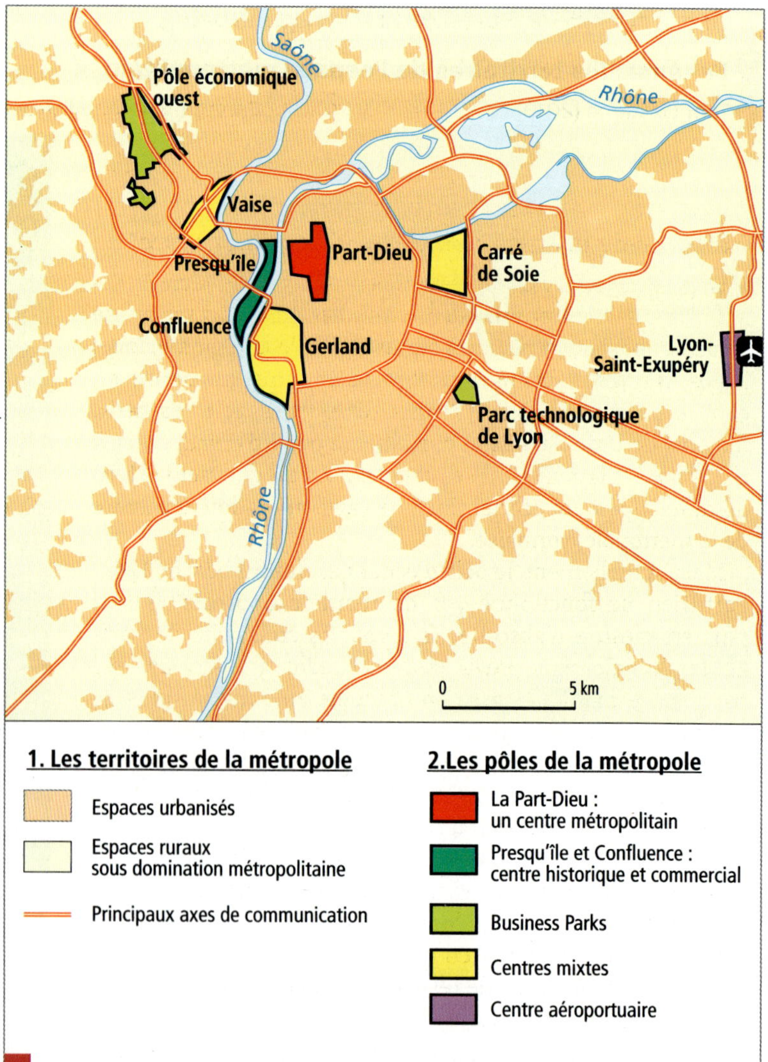

2 Un quartier d'activités tertiaires au cœur de la métropole lyonnaise

3 Le quartier de la Part-Dieu : paysage urbain

① Tour du Crédit Lyonnais (1977)
② Tour Oxygène (2010)
③ Tour Incity (2015)
④ Tour Caisse d'Épargne (1976)

4 La gare de la Part-Dieu et l'aménagement local

La gare de la Part-Dieu, gare majeure du réseau ferré régional, national et européen, est au cœur des différents modes de transport de l'agglomération lyonnaise et de la région Rhône-Alpes. Le pôle d'échanges multimodal (trains, transports en commun urbains et interurbains, deux-roues, voitures, taxis, piétons) de Lyon-Part-Dieu constitue la porte d'entrée dans la métropole et la région. Il se situe au sein du quartier moteur du développement économique de l'agglomération, épicentre de la métropole lyonnaise.

Mais, actuellement, le pôle d'échanges multimodal de Lyon-Part-Dieu ne fonctionne pas de manière optimale. Il n'est plus en mesure d'absorber la demande croissante de voyageurs. Initialement prévu pour accueillir 35 000 usagers par jour, le hall de la gare en accueille aujourd'hui plus de 120 000 par jour. Les études réalisées par les partenaires du projet prévoient plus de 220 000 usagers d'ici à 2030, et près de 300 000 montées et descentes d'usagers des transports en commun urbains par jour à cet horizon.

Pour désaturer le pôle d'échanges, fluidifier et faciliter l'intermodalité [échanges entre les différents modes de transport], et conforter ainsi la fonction de hub métropolitain, régional, national et européen de la Part-Dieu, il est nécessaire de développer un projet de restructuration du pôle d'échanges multimodal de la Part-Dieu.

Réseau ferré de France, Grand Lyon, « Projet du pôle d'échanges multimodal (PEM) de Lyon-Part-Dieu et projet de création de la voie L », dossier de concertation, juin-octobre 2014.

Vocabulaire

- **Hub :** plate-forme de correspondance dans un réseau de transport.
- **Pôle multimodal :** ou plate-forme multimodale ; lieu de correspondance entre différents modes et réseaux de transport.

Analyse des documents

Décrire et mettre en récit une situation géographique

1. Quels sont les atouts du quartier de Lyon la Part-Dieu ? **(doc. 1 et 2)**
2. Quelles sont les transformations envisagées dans les prochaines années ? Pour quelles raisons ? **(doc. 3 et 4)**
3. Quelles sont les ambitions pour ce quartier ? **(doc. 1 et 4)**

Vers le BAC

Consigne : Montrez en quoi consiste l'aménagement du quartier de la Part-Dieu et quels sont ses objectifs.

Aide pour répondre à la consigne

Vous pouvez construire un plan selon les propositions suivantes :

- les facteurs d'un nouvel aménagement ;
- les réalisations envisagées ;
- les objectifs recherchés.

L/ES
S

3. L'urbanisation des campagnes

Quelles sont les conséquences de l'urbanisation des campagnes ?

1 L'étalement urbain sur les territoires ruraux

La limite entre villes et campagnes est devenue floue. Depuis quelques décennies, l'**étalement urbain**, le **mitage** des espaces ruraux, l'aménagement et la densification des axes de communication, ont favorisé l'interpénétration entre les deux types de territoire **(doc. 1)**.

La superficie des territoires ruraux continue à diminuer. En 1999, elle représentait 70 % du territoire, la moitié des communes et un peu plus de 20 % de la population métropolitaine. En 2014, elle ne comprenait plus que 58 % du territoire et 15 % de la population. Quand leur population augmente, ces territoires ruraux fusionnent peu à peu avec les territoires urbanisés.

Une conjonction de facteurs explique le processus d'exode urbain. Le coût de la vie excessif dans les villes, la part importante des migrations de retraite, la multiplication des moyens de communication rapide et l'aspiration des **néoruraux** à la propriété individuelle proche de la nature expliquent le renouveau de ces campagnes citadines.

2 Les mutations des campagnes

Les populations de néoruraux sont très variées. Les ménages avec enfants sont les plus importants et participent au rajeunissement démographique des campagnes **(doc. 2)**. Le phénomène touche aussi les retraités et, à un degré moindre, les étrangers européens. Si les classes moyennes sont majoritaires, les classes populaires contribuent aujourd'hui à modifier la structure de la population des campagnes.

La majorité de ces néoruraux travaille en ville. Ils participent à la production d'une économie de services qui se substitue aux emplois agricoles et industriels. Les déplacements sont nombreux et le taux d'équipement en automobile des ménages ruraux est élevé. Il est désormais de plus de 90 % contre 50 % pour les ménages parisiens.

La périurbanisation concerne l'ensemble des aires urbaines. Après les régions méridionales et la région parisienne, ce sont les territoires de la façade atlantique et des grandes vallées fluviales (Rhône, Garonne, Loire) qui sont concernés. Les résidences secondaires s'y multiplient : on en compte aujourd'hui plus de 3 millions, principalement dans les régions des littoraux de l'Atlantique et de la Méditerranée.

3 Les trois visages des territoires ruraux

Les campagnes périurbaines sont les plus dynamiques. Elles connaissent une évolution d'autant plus rapide que le pôle urbain est important. C'est le cas notamment autour de Lyon, Nantes, Rennes, Toulouse, Montpellier, Bordeaux ou Marseille, qui sont à la fois des foyers de développement économique territorial et des pôles d'attraction des populations (voir p. 134).

Certains territoires ruraux connaissent une renaissance. Leurs potentiels naturels ou culturels leur ont permis d'enrayer le déclin démographique. Bien desservis par les infrastructures de communication, ils ne sont pas très éloignés des pôles urbains. C'est le cas, par exemple, des campagnes de l'arrière-pays méditerranéen.

Le rural profond reste à l'écart des influences de la ville. Dans cette France du vide qui s'étend du piémont pyrénéen aux Ardennes, et qui englobe une grande partie du Massif central, les densités sont inférieures à 25 hab./km². Les activités reposent sur une agriculture souvent peu dynamique. Cette France de l'hyper-ruralité couvre près de 50 % du territoire métropolitain **(doc. 3)**.

Repères

Les 5 départements les plus densément peuplés

	Hab./km²
Paris	21 370
Hauts-de-Seine	8 935
Seine-Saint-Denis	6 449
Val-de-Marne	5 419
Val-d'Oise	940
Moyenne métropolitaine	118 hab./km²

Source : INSEE, 2015.

Vocabulaire

- **Étalement urbain :** processus d'expansion des surfaces urbanisées en périphérie des villes, au détriment des espaces ruraux. Cette urbanisation prend principalement la forme de lotissements d'habitats individuels, de résidences secondaires, de zones d'activités ou commerciales, de plateformes multimodales, etc.
- **Exode urbain :** processus de migration des populations urbaines vers les périphéries immédiates mais aussi vers des territoires à dominante rurale, plus lointains, qu'elles contribuent à urbaniser.
- **Mitage :** processus irrégulier de grignotage de l'espace rural par des formes d'urbanisation (lotissements, habitat isolé) et d'artificialisation (routes, parkings, entrepôts, etc.).
- **Néoruraux :** nom donné aux populations ayant quitté les villes pour s'installer dans les villages ou dans les zones rurales.

1 Un lotissement périurbain à Bussy-Saint-Georges (Seine-et-Marne)

2 Les néoruraux

Tout commence à la fin des années 1960, quand quelques milliers de jeunes urbains, sensibles à l'écologie et rejetant la société de consommation, choisissent de quitter la ville pour s'installer à la campagne [...].

Puis, au milieu des années 1990, une deuxième vague de départs relance l'économie et la démographie des campagnes. Cadres, ouvriers, professions intermédiaires, etc., ces nouveaux migrants quittent la ville [...] parce qu'ils en ont ras le bol du stress, du bruit, de la pollution et des autres désagréments de la vie urbaine. Il s'agit, en majorité, de jeunes adultes âgés de 30 à 45 ans, souvent accompagnés de leurs enfants en bas âge, qu'ils souhaitent voir grandir dans un cadre plus naturel. [...] À cette « motivation résidentielle » s'ajoute un argument beaucoup plus rationnel : le coût de la vie urbaine.

La crise économique a ainsi accentué l'exode urbain, poussant les classes moyennes étouffées financièrement (loyer, école, etc.) à quitter la ville. Le Sud et la côte ouest ont particulièrement la cote. La Bretagne et l'Aquitaine arrivent ainsi en tête des régions les plus attractives pour les migrants actifs, tandis que la région Provence-Alpes-Côte-d'Azur (PACA) attire toujours autant les retraités.

Usbek & Rica, Blog « demain la ville » « powered by Bouygues Immobilier », www.demainlaville.com, 2015.

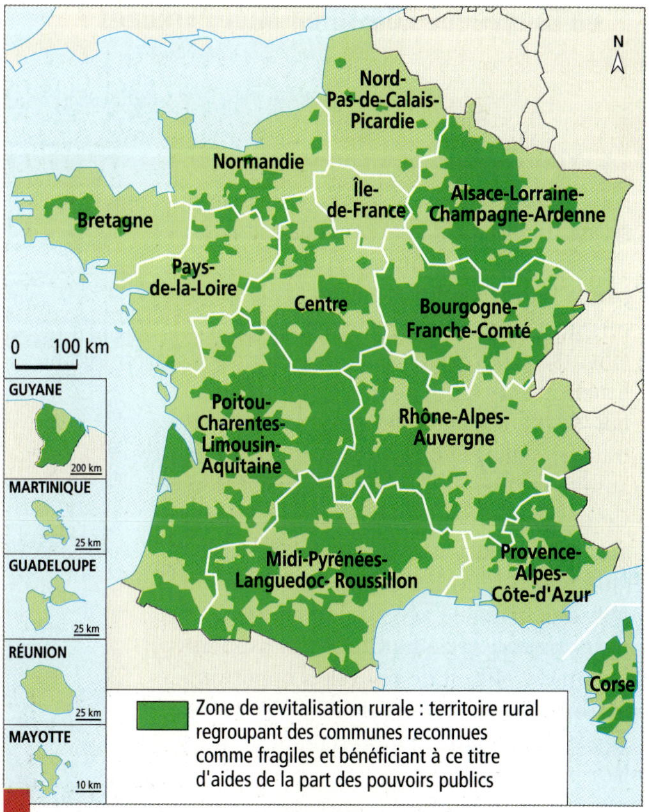

3 Les zones de revitalisation rurale (ZRR)

Questions sur les documents

1. Montrez que l'étalement urbain s'effectue au détriment des espaces ruraux. **(doc. 1)**
2. Pour quelles raisons les citadins quittent-ils les villes ? **(doc. 2)**
3. Quelles sont les régions épargnées par les ZRR ? À quoi correspondent-elles ? **(doc. 3)**
4. Montrez que les espaces ruraux sont inégalement exposés à l'urbanisation. **(doc. 1 à 3)**

L/ES
S

Exemple

L'urbanisation des campagnes du Languedoc-Roussillon-Midi-Pyrénées

le point sur… Languedoc-Roussillon-Midi-Pyrénées

Principales métropoles	Montpellier (565 000 hab.) Toulouse (1 250 000 hab.)
Superficie	74 724 km²
Population	5 725 000
Pourcentage de la population française	8,7 %
Densité de population	78 hab./km²
Croissance de la population régionale (1975-2014)	+ 41 %

Le Languedoc-Roussillon-Midi-Pyrénées est la région qui a connu la plus forte croissance démographique sur le territoire métropolitain au cours des quarante dernières années. Articulée autour de métropoles dynamiques (Montpellier, Toulouse, Perpignan), cette nouvelle région connaît une intense périurbanisation, conséquence de l'attraction de la mer et du soleil sur les populations. Ce processus devrait se poursuivre au cours des prochaines décennies.

Comment l'étalement urbain se matérialise-t-il en Languedoc-Roussillon-Midi-Pyrénées ?

1 L'urbanisation des campagnes

La croissance des espaces artificialisés se traduit par deux phénomènes distincts : étalement urbain d'une part pour une large bande littorale et jusque dans la plaine, et mitage d'autre part dans l'arrière-pays. Par ailleurs, le développement des infrastructures de transport, denses en région du fait de sa situation géographique (trafic transfrontalier France-Espagne), contribue aussi à la progression de l'artificialisation. Ce développement se fait principalement aux dépens des surfaces agricoles, plus vulnérables que les espaces naturels du fait de leur faible niveau de protection et de la crise des secteurs viticoles et fruitiers-légumiers offrant de nouvelles opportunités foncières dans les secteurs périurbains. Les terres de la plaine présentant le meilleur potentiel agronomique sont particulièrement exposées à cette pression foncière [...]. Enrayer cette tendance est un véritable défi pour la région, qui doit satisfaire les besoins importants qui se profilent encore pour au moins les 25 prochaines années (entre 0,5 et 1 million d'habitants attendus à l'horizon 2040).

Direction régionale de l'environnement, de l'aménagement et du logement (DREAL) Languedoc-Roussillon, www.languedoc roussillon.developpement-durable.gouv.fr, 25 juin 2014.

2 Un nouveau lotissement périurbain près de Perpignan

Plan d'aménagement d'un lotissement dans la commune de Baixas (2 567 habitants) situé près de l'aéroport de Perpignan, www.languedoc roussillon.developpement-durable.gouv.fr, 2013.

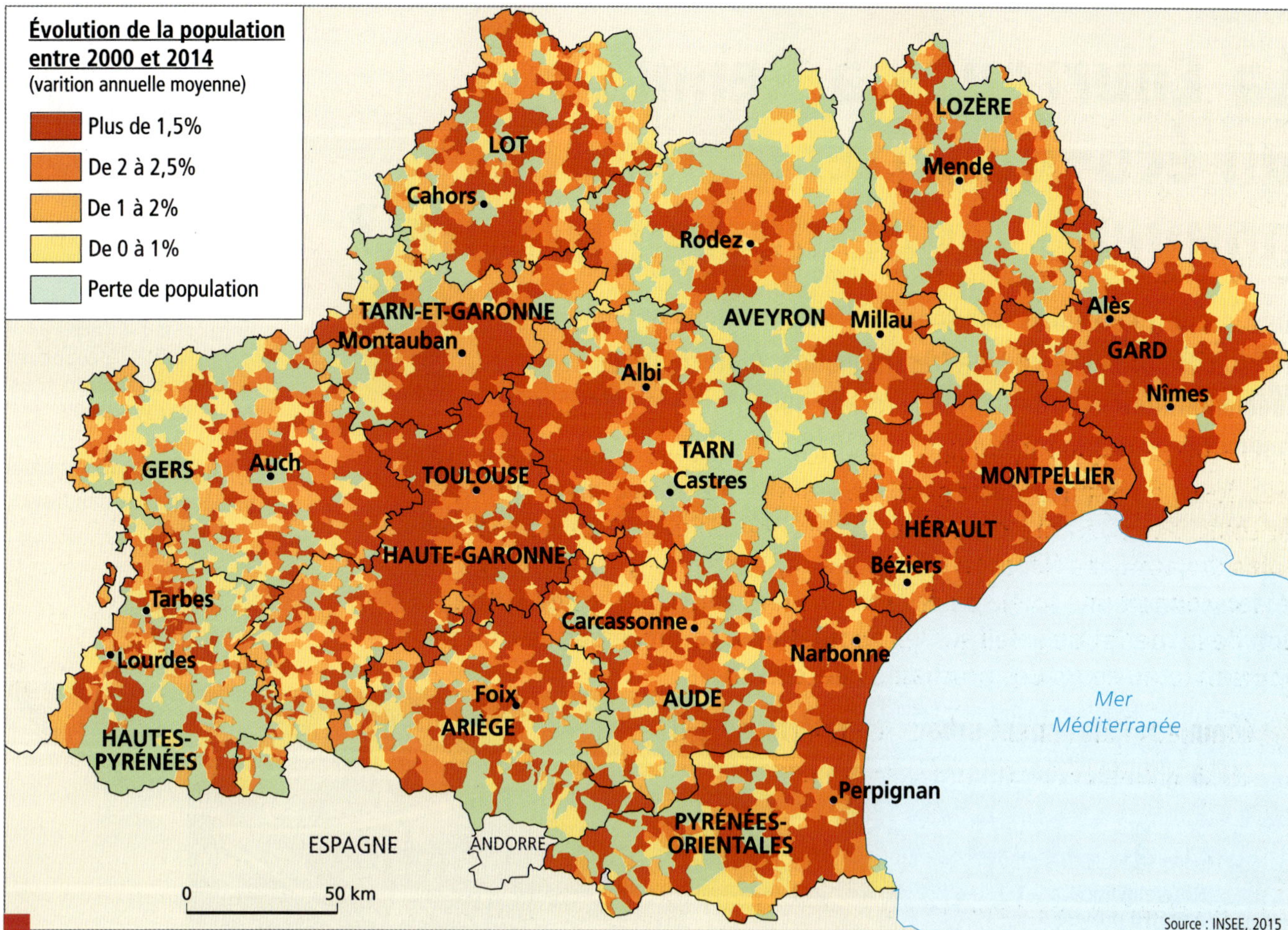

3 **L'évolution des populations communales**

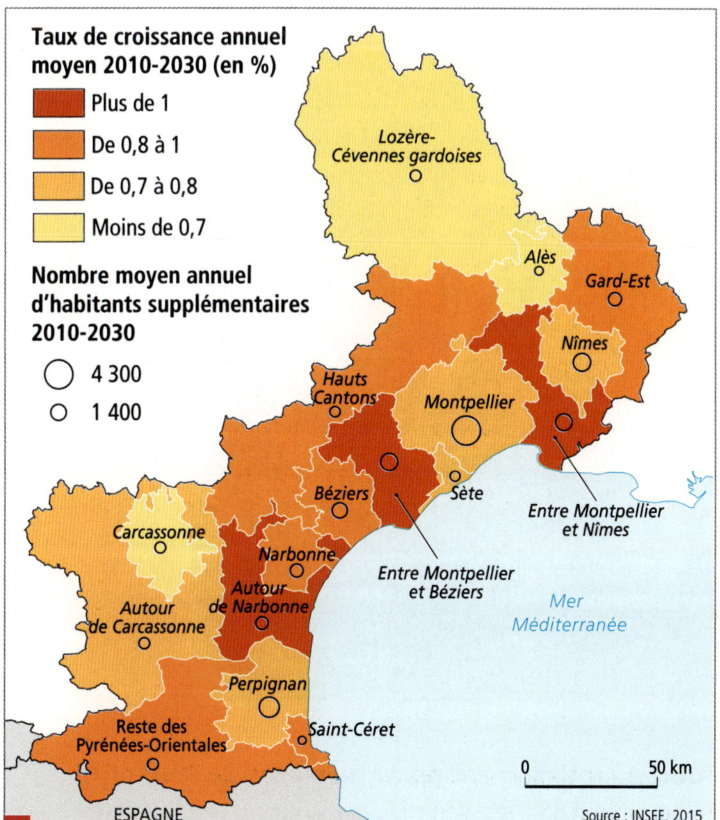

4 **La croissance de la population en Languedoc-Roussillon**

Analyse des documents

Confronter des situations géographiques à différentes échelles

1. De quelles façons se manifeste l'urbanisation dans la région ? **(doc. 1 et 2)**
2. Au détriment de quel type d'espace l'urbanisation de Baixas s'effectue-t-elle ? **(doc. 2)**
3. Quelles données montrent que l'urbanisation des campagnes du Languedoc-Roussillon-Midi-Pyrénées est un phénomène important ? **(doc. 1, 3 et 4)**
4. Quelles sont les perspectives pour les années à venir ? **(doc. 4)**

Vers le BAC

Consigne : Montrez que l'urbanisation concerne l'ensemble des campagnes du Languedoc-Roussillon-Midi-Pyrénées.

Aide pour répondre à la consigne

Pour répondre à la consigne, vous pouvez organiser vos idées selon les thèmes suivants :

- facteurs de l'urbanisation des campagnes ;
- manifestations de l'urbanisation ;
- conséquences sur les territoires.

L/ES
S

AUTRES REGARDS

La Courrouze à Rennes : un éco-quartier pour un nouveau mode de vie urbain ?

Au sud-ouest de Rennes, l'ancienne friche industrielle et militaire du quartier de La Courrouze est en pleine transformation. À proximité du centre de l'agglomération, à l'intérieur de la rocade qui entoure la ville, plus de 4 000 logements vont être construits d'ici à 2018.

➔ Quelles sont les ambitions de ce nouveau quartier ?

Info

- L'objectif d'un éco-quartier est de **proposer des logements pour tous** dans un **cadre de vie de qualité**, tout en **limitant** son **empreinte écologique**.
- Un label éco-quartier existe depuis 2012.

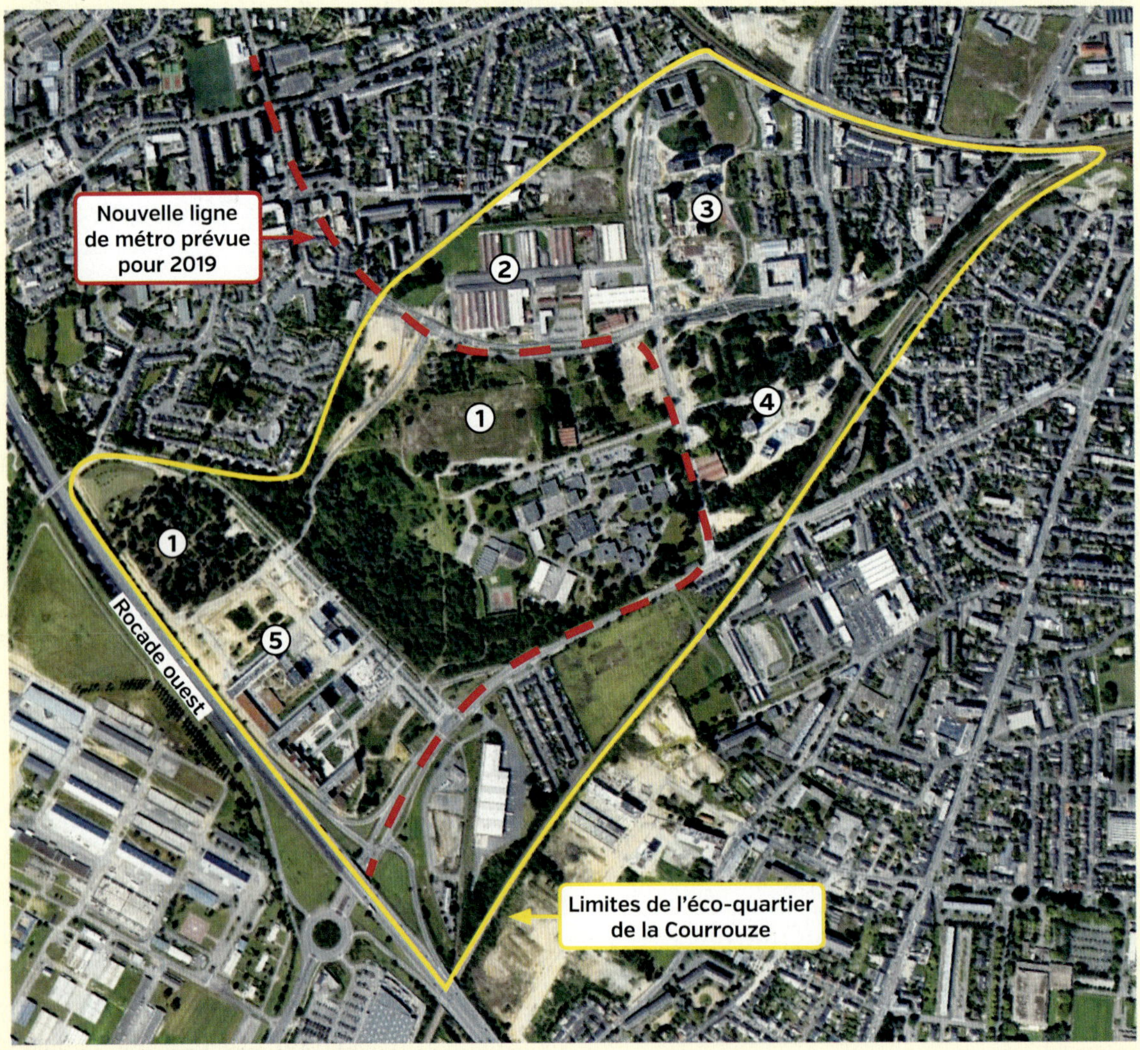

1 Un éco-quartier en cours d'aménagement

① Futurs parcs

② Anciennes usines, nouveaux logements prévus à partir de 2015

③ Nouveaux logements déjà construits

④ Logements, bureaux et commerces aménagés à partir de 2015

⑤ Bureaux et commerces aménagés à partir de 2015

2 Créer des liens entre les habitants

Extrait d'un article de www.ouest-france.fr, 11 juillet 2012.

3 Des potagers partagés

Inauguration des Petits potagers de La Courrouze, institut d'aménagement et d'urbanisme de Rennes, 6 avril 2014.

4 Un site à dépolluer

Le quartier de La Courrouze est situé sur d'anciens sites industriels et friches militaires, à l'intérieur de la rocade au sud-ouest de Rennes. En 1918, il y avait, en plus des régiments, jusqu'à 17 000 salariés qui travaillaient dans les usines de munitions de La Courrouze. Le territoire a ensuite été peu à peu délaissé par l'armée, surtout après 1940, avant d'être en grande partie abandonné en 2000. Résultat, quand le terrain a été récupéré par Rennes Métropole, il a fallu le dépolluer. Il y avait des explosifs et des métaux lourds tels que chrome, plomb et antimoine, ou encore des traces d'hydrocarbures.

Sylvaine Saillou, « Rennes/La Courrouze : le chantier suspendu jusqu'à la mi-2015... à cause d'une pollution », France 3 Bretagne, 10 octobre 2014.

5 Mixité sociale et diversité architecturale

Résidences de standing, logements intermédiaires ou sociaux sont répartis de manière équilibrée et raisonnée dans le quartier. [...] Toutes les catégories sociales trouvent leur place. Les familles, les jeunes, les seniors vivent dans le même lieu, ensemble. La Courrouze, c'est 50 % de logements aidés, dont 25 % en locatif social et 25 % en locatif intermédiaire et accession aidée ; 50 % de logements libres, en locatif ou en accession. [...] Sur le plan architectural, la variété et la diversité des formes construites créent un paysage urbain inédit, parfois original, qui participe à nourrir une identité forte pour le quartier.

Plaquette de présentation du projet « La Courrouze : Vivre en ville, habiter et travailler dans un parc », Rennes Métropole, 2013.

Préparer le débat

1. Quels sont les aménagements apportés à ce nouveau quartier ? Quels sont ses objectifs ? (doc. 1 et 5)
2. À quels défis le projet a-t-il été confronté ? (doc. 4)
3. Comment les habitants s'impliquent-ils dans la vie du nouveau quartier ? (doc. 2 et 3)

Débat

Et vous, souhaiteriez-vous vivre dans un éco-quartier ? Quels sont d'après vous les avantages de ce type de projet ? Quels sont les défis à relever ?

L/ES
S

Réviser

La France en villes

Synthèse

1 Une France urbaine

- **85 % de la population est urbaine.** Le processus d'urbanisation s'est accéléré ces dernières décennies, en raison de l'intensité de la périurbanisation.
- **L'armature urbaine est macrocéphale.** L'agglomération parisienne domine largement les métropoles régionales, qui sont cependant très dynamiques.
- **La métropolisation est inégale.** Les métropoles du Sud et de l'Ouest sont plus attractives que celles du Nord et du Nord-Est.

2 Des villes entre crise et aménagement

- **Centres et périphéries se complètent.** Les centres-villes sont fortement valorisés autour de leur patrimoine. Ils contrastent avec les espaces périphériques, où se combinent quartiers d'habitations, zones d'activités et nouveaux pôles commerciaux.
- **Les inégalités socio-spatiales sont fortes.** Aux quartiers gentrifiés s'opposent les quartiers prioritaires qui concentrent les indicateurs sociaux les plus défavorables.
- **Le développement urbain durable se généralise.** La multiplication des projets de réhabilitation, des lignes de transports durables, d'aménagement d'éco-quartiers, permettent de dessiner la ville de demain.

3 L'urbanisation des campagnes

- **L'étalement urbain affecte les territoires ruraux.** Le mitage et l'artificialisation des campagnes se généralisent.
- **Le monde des campagnes se transforme.** Les populations et les activités sont diversifiées. L'agriculture n'est plus dominante dans les espaces ruraux.
- **Une nouvelle hiérarchie rurale apparaît.** Aux campagnes périurbaines très dynamiques, et à celles en renaissance, s'opposent celles du rural profond.

Notions clés

- Aire urbaine p. 133
- Développement urbain durable p. 140
- Inégalités socio-spatiales p. 140
- Métropole p. 136
- Métropolisation p. 136
- Périurbanisation/Étalement urbain p. 136
- Urbanisation p. 136

Chiffres clés

- **85 %** de la population française vit dans des aires urbaines
- **95 %** de la population française vit sous l'influence des villes
- **792** aires urbaines
  1 300 quartiers prioritaires
- **3 millions de résidences** secondaires dans les campagnes soit 10 % des logements en France

Pour approfondir

Revues

- M. Reghezza-Zitt, « La France, une géographie en mouvement », *La Documentation photographique*, n° 8096, novembre-décembre 2013.
- *L'Atlas de la France et des Français, Le Monde-La Vie*, hors-série, 2014.

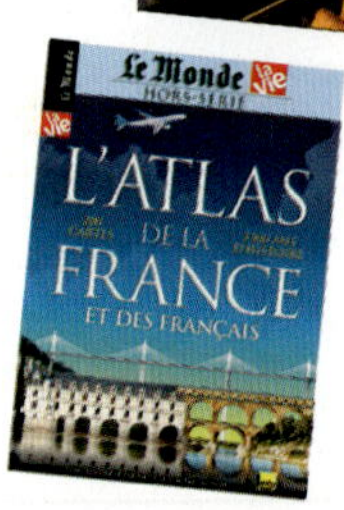

Sites Internet

- **Portail de la politique de la ville :** http://www.ville.gouv.fr/
- **Site de la communauté urbaine de Bordeaux :** http://www.lacub.fr/
- **Site des opérations d'aménagement du quartier Lyon Part-Dieu :** http://www.lyonpart-dieu.com/

Carte mentale

Retrouvez la carte mentale du chapitre sur le site Internet : www.nathan.fr/geo1re-2015

Schémas pour réviser

1 Les 10 principales aires urbaines en France

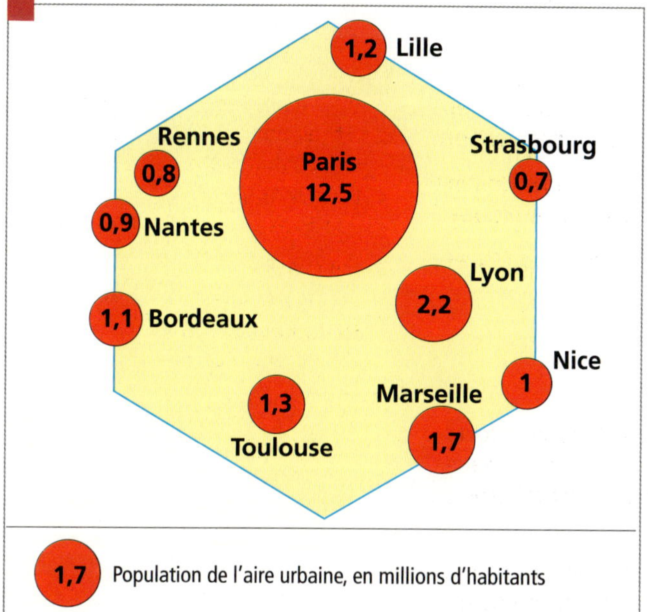

Source : Insee, 2015.

2 Le processus de métropolisation

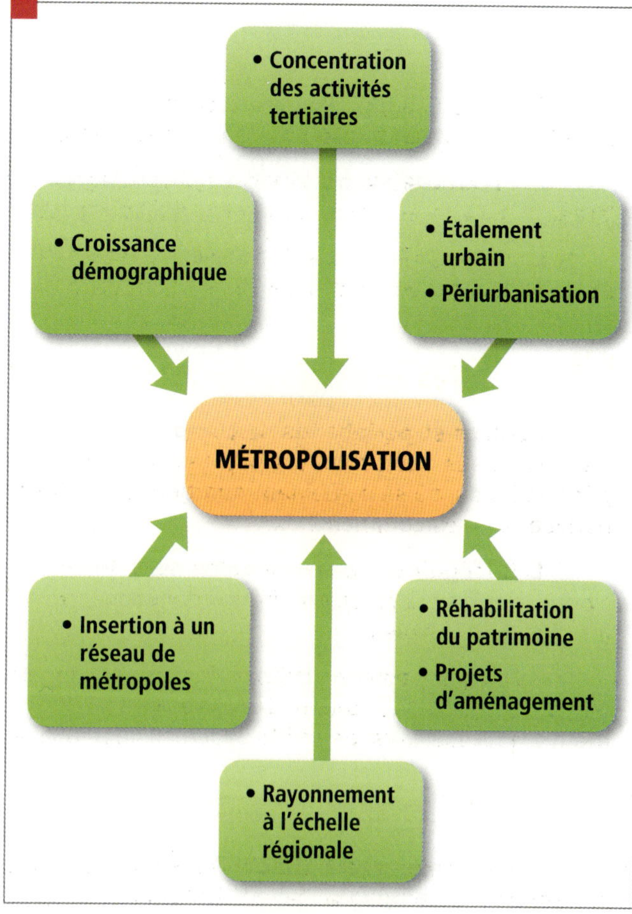

3 Les dynamiques socio-spatiales dans la ville

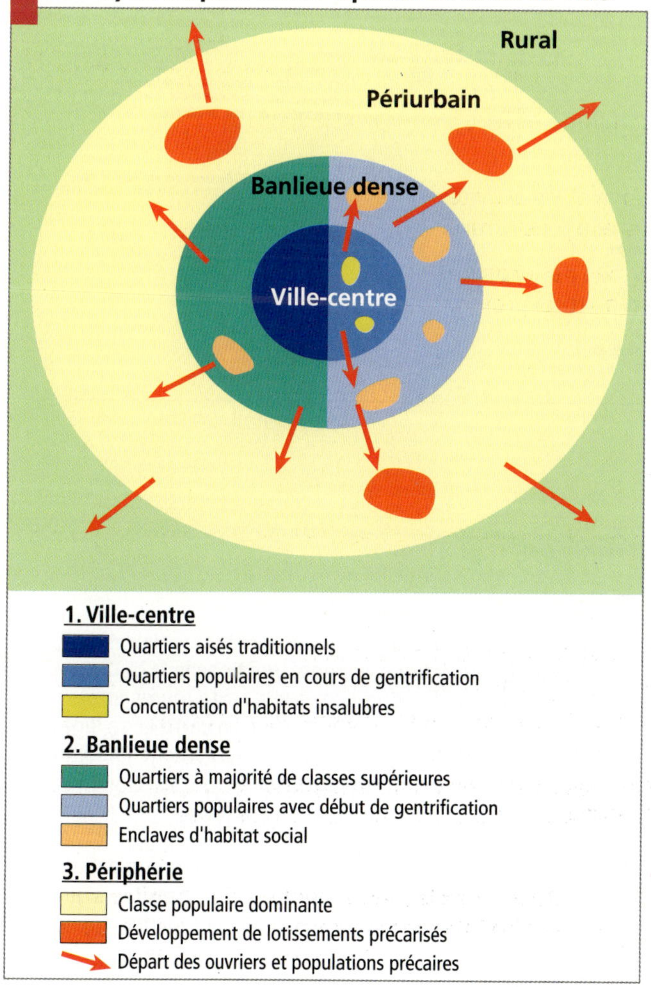

4 Le développement urbain durable

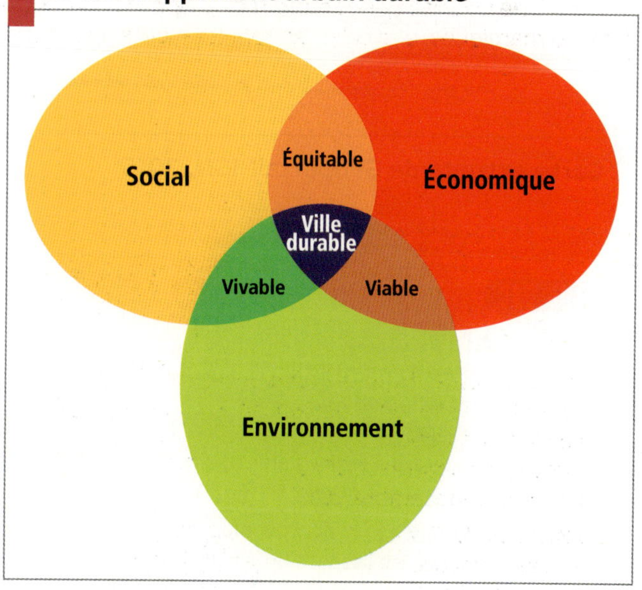

L/ES
S

Exercices BAC

1 Étudier un extrait de carte topographique

→ La carte topographique au 1/25 000 de la périphérie de Troyes (Aube)

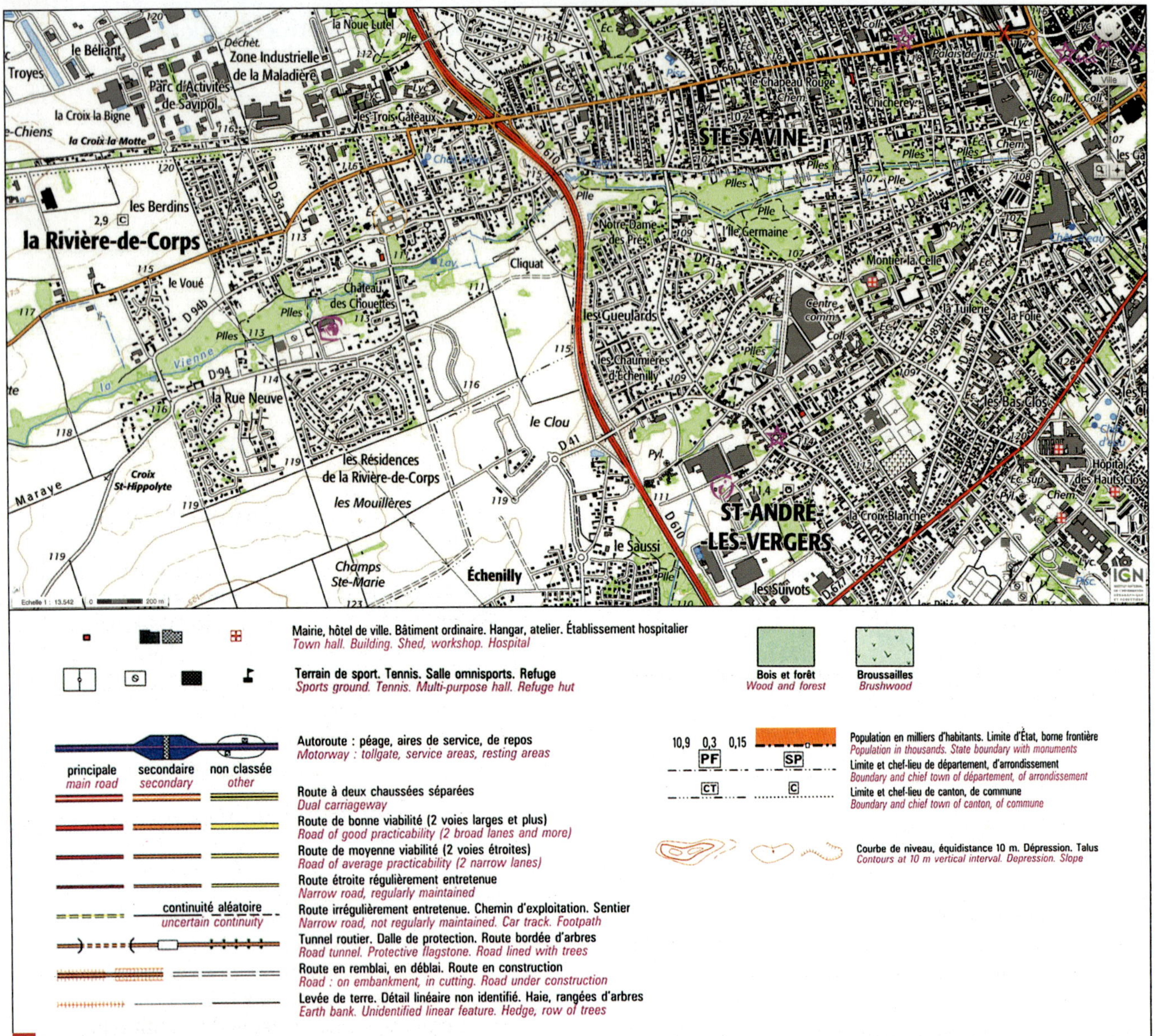

Carte extraite de Géoportail-IGN, 2015

Vers le BAC

Consigne : À l'aide du document et de vos connaissances, expliquez l'organisation et l'évolution des périphéries des villes en France.

Aide pour répondre à la consigne

- Localisez l'espace représenté.
- Identifiez les différents éléments composant ce territoire.
- Comment est organisé l'espace urbain ?
- Quelles informations montrent que l'espace rural est gagné par l'urbanisation ?
- Comment nomme-t-on ce phénomène ? Comment pouvez-vous l'expliquer ?

Méthode BAC

Analyser une carte topographique

- Une carte topographique est une **représentation d'un territoire à une échelle** donnée. Une échelle 1/25 000, par exemple, signifie que 1 cm sur la carte représente 25 000 cm, soit 250 m, sur le terrain. La carte et sa légende fournissent des informations sur le peuplement, l'habitat, les activités, les données naturelles.
- Pour analyser ce type de document, il faut :
  - **localiser** l'espace représenté ;
  - **identifier** les constructions, les axes de communication, les activités, les éléments naturels ;
  - **délimiter** des ensembles de paysage homogènes ;
  - **expliquer** l'organisation de l'espace représenté.

2 Faire de la géographie avec les TICE

→ Faire un croquis sur le site Géoportail

1. **Allez sur le site www.geoportail.gouv.fr.**
2. **Dans la zone de recherche, inscrivez « Ajaccio », puis ouvrez la rubrique « Dessiner sur la carte ». Cliquez sur « Créer un croquis », nommez le croquis, cliquez « OK ».**
3. **Passez en plein écran. Parcourez la photographie pour repérez les différentes parties de la ville :**
   → ville-centre, lotissements récents, zones d'activités économiques, principales voies de communication, infrastructures de transport, etc.

Conseil : utilisez le zoom qui permet de grossir l'image jusqu'à une échelle de 1/423, et ainsi de distinguer les différents types d'espaces.

4. **Préparez une légende :**
   → Listez ces éléments sur un brouillon ; déterminez un figuré pour représenter chacune de ces informations.
5. **Utilisez les outils de création : faites un clic de sélection sur l'outil choisi, un clic de début du dessin en un point de la carte, des clics intermédiaires (dans le cas de lignes brisées ou de tracé d'un polygone), un double clic de fin de tracé.**
   → Dessinez les surfaces des différents espaces.
   → Tracez les figurés linéaires.
   → Coloriez les aplats et les figurés en fonction de la légende que vous avez élaborée précédemment.
   → Nommez les lieux : Ajaccio, mer Méditerranée.

Conseil :

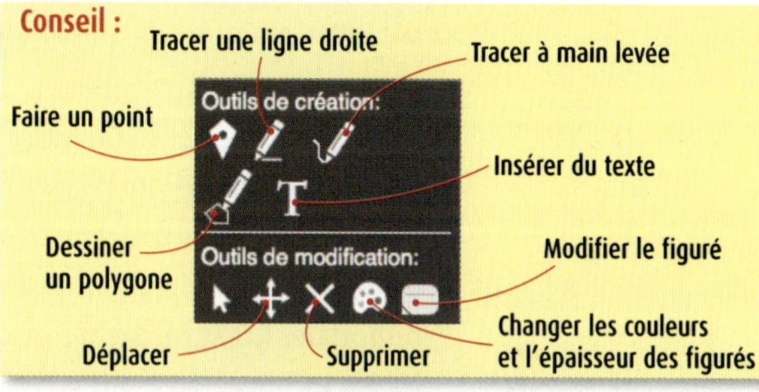

6. **Ouvrez l'onglet « Ma sélection de données » à gauche de la carte ; amenez le curseur de la photographie aérienne à 0 %.**
   → Sur le croquis, insérez la légende en utilisant les outils de création.
7. **Enregistrez votre travail.**
   → Vous pouvez vous entraîner en réalisant également un croquis de votre lieu de résidence.

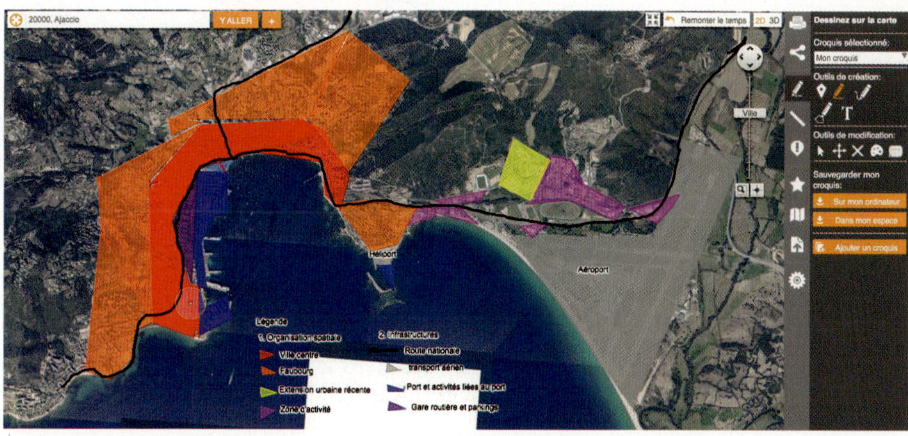

Exemple de croquis réalisé avec Géoportail

L/ES
S

Méthode BAC

1 Analyser le sujet et la consigne	p. 56
2 Identifier les documents	p. 126
3 Cerner le sens général d'un document	
4 Extraire et confronter des informations	p. 222
5 Montrer l'intérêt et les limites du document	p. 250
6 Porter un regard critique sur un document	p. 284
7 Rédiger la réponse à la consigne	p. 312

Analyser un texte

→ Cerner le sens général d'un document

Sujet

Les villes moyennes en France

Consigne : À partir de l'analyse du document, vous montrerez la place des villes moyennes dans l'armature urbaine française et leurs dynamiques actuelles. Vous mettrez le document en relation avec la notion de métropolisation.

À savoir

- L'analyse d'un texte permet d'en **expliquer le sens**. Cette démarche comporte **trois étapes** : **présenter le texte** (nature, auteur, source, date), **sélectionner et expliquer** les informations importantes, **dégager l'intérêt du texte** et la pensée de l'auteur.

Les villes moyennes, espaces en voie de disparition

Les villes moyennes font face à plusieurs processus de déstabilisation. La mobilité des personnes leur fait peu à peu perdre leur monopole administratif et économique sur leur bassin de clientèle. La croissance des grandes villes, qui attirent population et emplois, concentre les fonctions supérieures d'éducation, de culture, de loisir et grignote les « parts de marché territoriales » des villes moyennes. La réduction des effectifs atteint durement les industries situées dans les villes moyennes, particulièrement dans les régions les plus anciennement industrielles. [...] La distance aux capitales régionales et aux métropoles et les relations qu'elles nouent avec elles deviennent un facteur décisif pour les villes moyennes.

Certaines villes moyennes s'inscrivent fonctionnellement puis politiquement au sein d'un système métropolitain animé par la capitale régionale. C'est le cas de quelques villes autour de Lyon, ou de Toulouse, qui tissent des liens d'interdépendance économique, culturelle et touristique avec la grande ville, en assumant une forme de satellisation. [...] Ces intégrations « métropolitaines » sont plutôt bénéfiques aux villes moyennes qui voient croître leur population et leur emploi.

Une deuxième catégorie de villes moyennes, plus distantes des métropoles, peut bénéficier de leur influence sans pour autant perdre leur emprise sur leur territoire. C'est le cas de Rodez, du Puy-en-Velay ou d'Aurillac dans le Massif central. Elles maintiennent une activité économique et industrielle, commerciale et administrative et perpétuent une emprise sur leur bassin. [...]

Il reste une troisième catégorie, située dans le vaste croissant qui relie le cœur de la Basse-Normandie à la Bourgogne, en passant par la Picardie, le Nord-Pas-de-Calais et la Champagne-Ardenne. Les villes de ces espaces de vieille industrie et d'agriculture extensive représentent une part résiduelle du territoire et de ses habitants, mais leurs difficultés sont réelles et les perspectives d'évolution bien minces.

Daniel Behar et Philippe Estèbe, « Les villes moyennes, espaces en voie de disparition », *Libération*, 12 mars 2014.

Arguments

Idée importante à développer

Exemples

Auteur, source, date

Démarche	Guide de travail
1 Analyser le sujet et identifier le document	
→ **Analyser le sujet et la consigne**	**1.** Précisez ce qu'est une ville moyenne. Définissez « armature urbaine » et « métropolisation ». **2.** Quelles précisions importantes pour le sujet la consigne fournit-elle ? **Conseil :** lisez toujours attentivement la consigne qui accompagne le sujet, car elle fournit les grands axes de l'analyse du document.
→ **Identifier le document**	**3.** Indiquez la nature, la source et la date du document. **Attention !** Pour définir la nature du document, il faut déterminer le type du texte (texte de loi, article de presse ou de revue scientifique, roman, transcription d'un discours, etc.).
2 Analyser et critiquer les documents	
→ **Extraire et confronter les informations**	**4.** Définissez les termes entourés dans le texte. **5.** Relevez les idées importantes, les arguments qui les soutiennent, les exemples qui les illustrent. ***Exemple*** → *L'évolution des villes moyennes dépend en partie de leurs relations avec les métropoles (**idée**). La coopération voire l'interdépendance économique qui peut exister est un facteur de dynamisme des villes moyennes (**argument**). C'est le cas de plusieurs villes autour de Toulouse (**exemple**).* **Attention !** Vous devez compléter les informations relevées dans le texte avec vos connaissances personnelles. **6.** Comment la métropolisation du territoire influence-t-elle l'évolution de ces villes ?
POINT MÉTHODE → **Cerner le sens général du document** ▸ Formulez l'idée majeure qui se dégage de l'analyse du document. ▸ Mettez le document en relation avec la question géographique étudiée.	**7.** Quelle est la situation générale des villes moyennes en France ? ***Exemple*** → *Les villes moyennes constituent un ensemble très varié ; elles illustrent la diversité de la France urbaine.* **Attention !** Ne confondez pas le sens général du texte avec le thème sur lequel porte le texte. Par exemple ici, le sens général du document est la diversité des situations des villes moyennes ; son thème porte sur les villes moyennes.
→ **Déterminer les enjeux spatiaux**	**8.** Quelle est la place des villes moyennes dans l'armature urbaine française ? **9.** Quelle hiérarchisation des villes est proposée par les auteurs ?
3 Rédiger la réponse au sujet	
→ **Construire un plan**	**10.** Classez vos réponses aux questions, vos connaissances et les informations des documents en deux ou trois thèmes.
→ **Rédiger l'introduction, le développement et la conclusion**	**11.** Présentez brièvement le sujet et le document. **12.** Pour chaque paragraphe, rédigez l'idée principale et les explications accompagnées d'exemples extraits du document. **Conseil :** utilisez vos connaissances personnelles pour expliquer les informations. Pensez à intégrer les notions de géographie liées aux villes (voir p. 152) **13.** En conclusion, rédigez un bilan de l'étude.

L/ES
S

vers le BAC

Composition

→ Sélectionner les informations

Sujet

Les mutations des espaces urbains en France

Consigne : À l'aide de vos connaissances, rédigez une composition répondant au sujet.

À savoir

- Sélectionner les informations signifie **choisir parmi ses connaissances personnelles** celles qui permettent de répondre au sujet posé.
- Ces informations doivent répondre aux questions **où ? qui ? quand ? comment ? pourquoi ?**
- Elles peuvent être des **faits géographiques**, des **notions**, des **types d'espaces**, des **statistiques**, des **exemples précis** et des **idées de schéma**.

Notions géographiques à sélectionner

• Quelles formes de mutations urbaines ? • Quelles évolutions ?	• À quelle échelle ? • Quelles conséquences sur les paysages urbains et les activités ?	• Exemples à utiliser • Schémas à prévoir
– Métropolisation 1 – Croissance 2 – Périurbanisation (étalement) 3 – Polarisation (concentration) 4 – Mitage (urbanisation des campagnes) 5 – Ségrégation socio-spatiale 6 – 7	– Agglomération 1 – Ville-centre – Périphérie – Couronne périurbaine 3 – Banlieue 3 – Technopôle – .... –	– Plus de 80 % de citadins en France 1 – Agglomération de Toulouse : population × 2 et superficie × 6 en 50 ans. 2 – Schéma des espaces d'une métropole 1 – .... – 3

Démarche	Guide de travail
1 Analyser le sujet	
→ Définir les termes du sujet	**1.** Définissez « mutations » et « espaces urbains ». **Conseil :** vous devez bien cerner la notion d'espace urbain et réfléchir à l'utilisation du pluriel dans le sujet. **2.** Quelles sont les limites géographiques du sujet ? **⚠ Attention !** En l'absence d'autres précisions, « en France » désigne le territoire métropolitain et les départements français d'outre-mer.
→ Formuler la problématique	**3.** Reformulez le sujet pour le mettre en question. ***Exemple*** → *Quelles mutations transforment les espaces urbains en France ?*

Démarche	Guide de travail

2 Mobiliser et organiser les connaissances

POINT MÉTHODE

→ **Sélectionner les informations**

- Interrogez-vous sur le phénomène géographique à traiter :
  - Comment se manifeste-t-il ?
  - Où se localise-t-il ? À quelle échelle ?
  - Quelle est son ampleur ?
  - Depuis quand existe-t-il ?
  - Comment évolue-t-il ?
  - Quelles sont ses traductions dans les paysages et les activités ?
- Notez toutes les idées en rapport avec le sujet.
- Associez un exemple précis à chaque idée.

4. Le tableau p. 156 fournit des notions géographiques se rapportant au sujet. Recopiez-le et complétez-le avec les notions manquantes et d'autres exemples.

Conseil : comme le montre le tableau, vous pouvez associer des numéros à chaque notion et aux exemples les illustrant afin d'organiser votre brouillon.

⚠ Attention ! Pour chaque information, demandez-vous si elle est bien en rapport avec le sujet proposé.

5. Recherchez dans le chapitre du manuel ou dans votre cours un schéma pouvant illustrer une notion du sujet.

→ **Construire le plan**

6. Classez les informations en trois thèmes correspondant aux principales dynamiques urbaines.

Exemple → *Une métropolisation croissante ; la fragmentation des territoires urbains ; l'étalement des villes.*

Conseil : vous devez ensuite ordonner ces thèmes selon un ordre logique.

3 Rédiger la réponse au sujet

→ **Rédiger l'introduction**

7. Présentez le sujet en montrant que vous avez compris le sens des mots clés. Puis annoncez la problématique et le plan.

Exemple → *Depuis le milieu du XXe siècle, les espaces de la ville française connaissent des évolutions qui transforment leur organisation et leurs fonctions.*
Quels sont les aspects et les conséquences des mutations des espaces urbains en France ?
Nous verrons successivement que le territoire est de plus en plus métropolisé, que les villes s'étalent et qu'elles se fragmentent.

→ **Rédiger le développement**

8. Rédigez chaque partie du devoir à partir de vos notes de brouillon et en suivant le plan annoncé.

⚠ Attention ! Chaque partie doit commencer avec une phrase indiquant l'idée directrice de la partie.

→ **Rédiger la conclusion**

9. Répondez à la problématique posée en une ou deux phrases.

Exemple → *La concentration des hommes et des activités, l'extension de la ville et la spécialisation des espaces sont les trois grandes dynamiques qui ont transformé les espaces urbains. La ville est devenue un ensemble d'espaces hétérogènes marqué par la ségrégation.*

10. Pour terminer, rédigez une phrase ouvrant le sujet sur le développement urbain durable.

→ **Intégrer une production graphique**

11. Dans quelle partie pouvez-vous intégrer le schéma n° 3 p. 151 ? Justifiez votre réponse.

L/ES
S

Chapitre 5

Les dynamiques des espaces productifs dans la mondialisation

Depuis plusieurs décennies, la France s'adapte aux mutations de l'économie mondiale en favorisant l'innovation dans les secteurs les plus performants. Les espaces productifs connaissent des dynamiques en lien avec les marchés européens et mondiaux. Entre mondialisation et développement durable, les espaces agricoles se transforment, ceux de l'industrie se restructurent tandis que la tertiarisation de l'économie contribue aux mutations des espaces urbains.

- **Comment les espaces productifs s'intègrent-ils dans la mondialisation ?**
- **Comment les espaces productifs français et leurs acteurs s'adaptent-ils pour rester compétitif ?**
- **Comment les mutations économiques font-elles évoluer l'organisation des territoires ?**

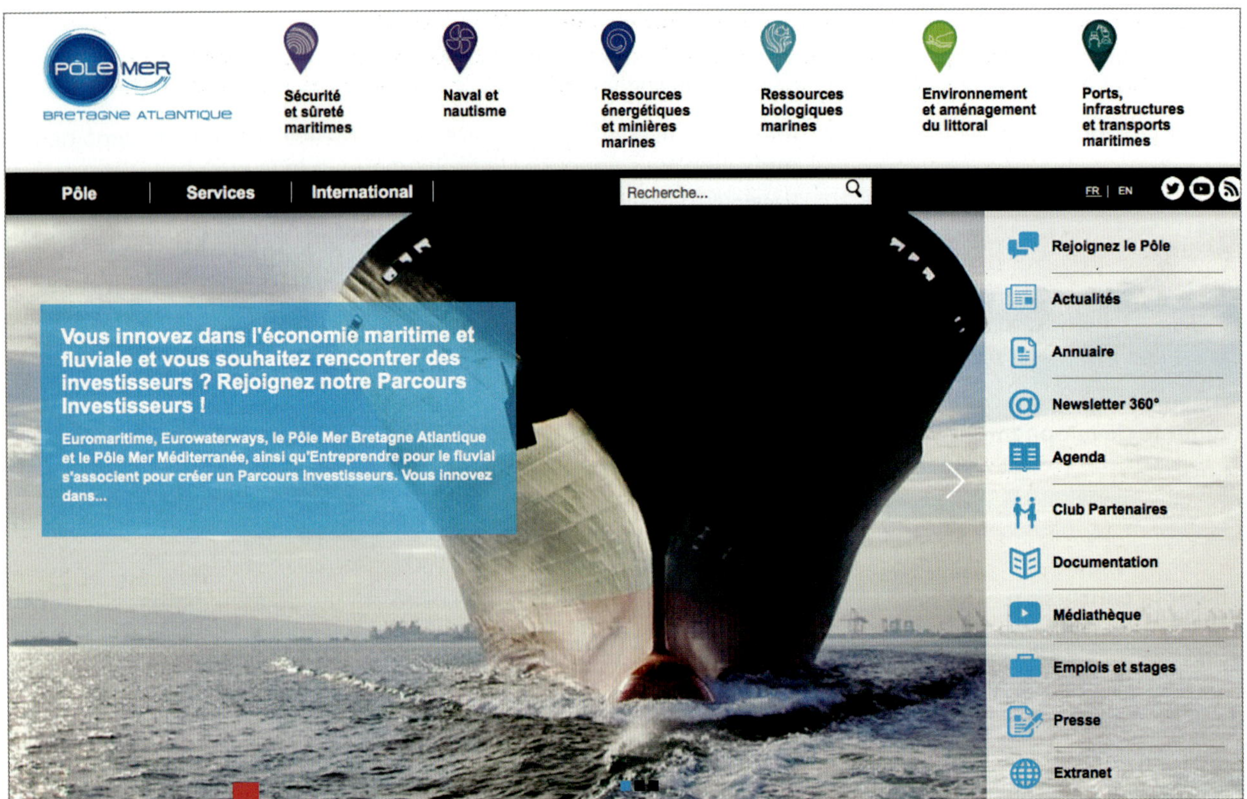

1 Le pôle de compétitivité Mer Bretagne Atlantique

Le pôle Mer Bretagne Atlantique rassemble, à Brest et dans sa région, de nombreuses entreprises et des centres de recherche spécialisés dans l'économie de la mer.
Site Internet du pôle Mer Bretagne Atlantique, www.pole-mer-bretagne-atlantique.com, 2015.

2 Campagne de promotion pour l'agriculture du département de la Manche

Le Salon de l'agriculture a lieu chaque année à Paris et accueille en moyenne 700 000 visiteurs. C'est dans le cadre de cette grande foire agricole que le conseil général de la Manche a lancé cette campagne de communication en 2012.

3 Le Louvre-Lens : un musée national au cœur d'un ancien bassin minier

Implanté sur un ancien site d'exploitation de charbon longtemps resté en friche et entouré de cités minières ①, le musée du Louvre-Lens ② est un des symboles de la reconversion du bassin minier du Nord-Pas-de-Calais.

Étude de cas

1 Paris-Saclay : un pôle d'innovation au rayonnement mondial

Le point sur… Paris-Saclay

Superficie	77 km²
Nombre de communes	49 (Yvelines et Essonne)
Nombre d'étudiants	50 000
Nombre de chercheurs	10 500 (10 % des effectifs de la recherche en France)
Reconnaissance internationale	2 prix Nobel de physique, 6 médailles Fields (équivalent du prix Nobel en mathématiques)

Le plateau de Saclay accueille, dès la fin des années 1940, des établissements scientifiques puis des grandes écoles. À partir des années 1990, plusieurs entreprises y installent leurs sièges sociaux ou leurs activités de R&D. Depuis 2010, le projet d'aménagement soutenu par l'État français valorise les atouts de ce territoire pour en faire un cluster. Les actions coordonnées des différents acteurs, facteurs d'innovation, renforcent sa compétitivité dans l'économie mondialisée. L'espace et les paysages locaux s'en trouvent aussi profondément transformés.

➔ En quoi le pôle Paris-Saclay est-il une vitrine de la compétitivité de la France dans la mondialisation ?

Vocabulaire

- **Cluster :** territoire regroupant écoles, centres de recherche et entreprises tournées vers l'innovation.
- **R&D (Recherche-développement) :** activité destinée à améliorer la qualité et la capacité de production d'une entreprise.

A Un pôle technologique

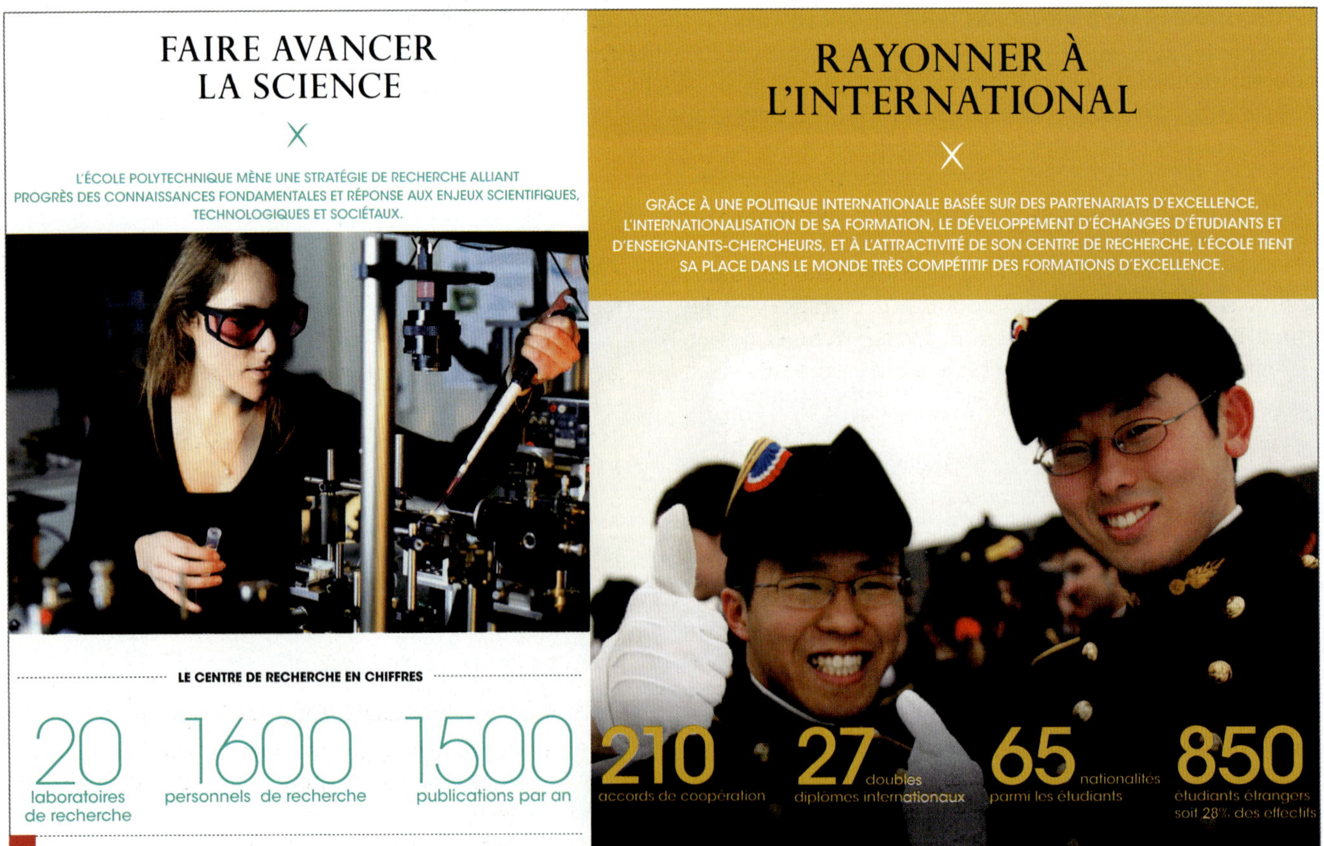

1 L'École polytechnique : une grande école d'ingénieurs
Plaquette de présentation de l'École polytechnique, 2015.

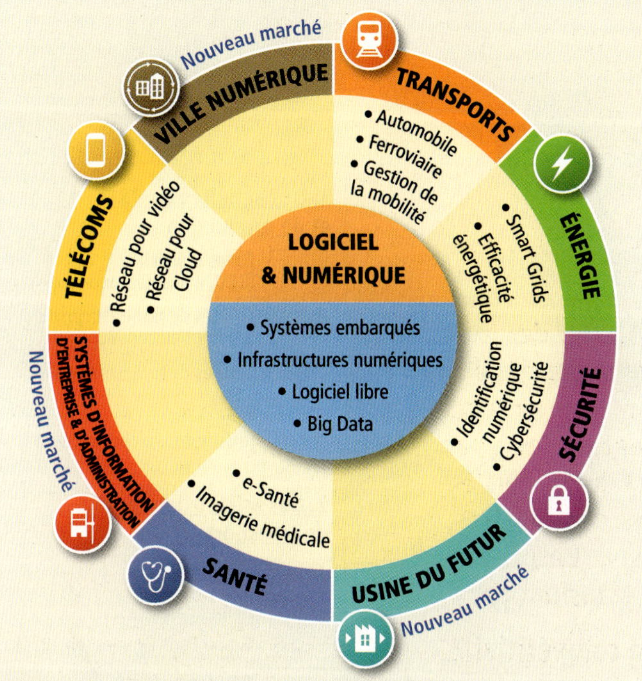

Source : Extrait du Plan stratégique du pôle de compétitivité Systematic, 2013-2018.

2 Les secteurs d'activité du pôle de compétitivité Systematic

Extrait du plan stratégique 2013-2018 du pôle de compétitivité, 2013.
Les *Smart Grids* sont des réseaux de distribution d'électricité utilisant les technologies informatiques.

3 Le quartier du Moulon sur le plateau de Saclay

① Synchrotron SOLEIL (accélérateur de particules)
② Commissariat à l'énergie atomique (CEA)
③ Institut national de la recherche agronomique (INRA)
④ École supérieure d'électricité (Supélec)
⑤ Espaces agricoles
⑥ Ville d'Orsay

4 Une Silicon Valley à la française

Devenir Harvard, la Silicon Valley[1] et la Sorbonne réunies… Le projet de l'université de Paris-Saclay (UPS), qui ouvrira officiellement ses portes en 2014, est l'exemple le plus emblématique et le plus ambitieux de la stratégie universitaire française.

Lancé en 2008, il consiste à regrouper, sur le plateau de Saclay, à 20 km au sud de Paris, des grandes écoles, une université, des organismes de recherche et des entreprises. Le club réunit la crème de la crème : Polytechnique, HEC, l'université Paris-Sud, le CEA, le CNRS, etc. […]

De Harvard, Paris-Saclay retient l'idée de créer une université pluridisciplinaire particulièrement exigeante. L'UPS sera constituée de neuf collèges (« droit et sciences politiques », « sciences fondamentales », « économie et sciences sociales », « biologie, médecine, pharmacie », etc.). […] L'un des objectifs de Paris-Saclay étant que les avancées scientifiques irriguent immédiatement l'innovation technologique et le développement économique, tout sera mis en œuvre pour faire travailler ensemble les chercheurs de différentes disciplines et les entreprises.

Benoît Floc'h, « Sur le plateau de Saclay, l'ambition de bâtir une Silicon Valley à la française », *Le Monde*, 12 septembre 2013.

1. Harvard : prestigieuse université américaine, près de Boston ; Silicon Valley : vaste cluster spécialisé dans les hautes technologies situé près de San Francisco.

Analyse des documents

Développer son sens critique

1. Quelle image de l'École polytechnique cette plaquette de présentation donne-t-elle ? **(doc. 1)**

Passer de la description à l'argumentation

2. Quels sont les secteurs d'activité du pôle de Paris-Saclay ? **(doc. 1 à 3)**
3. Montrez que le projet de Paris-Saclay s'inscrit dans une compétition mondiale entre territoires de l'innovation. **(doc. 1, 2 et 4)**

Synthétiser des informations

4. En quoi Paris-Saclay est-il un territoire innovant au service du rayonnement de la France ? **(doc. 1 à 4)**

Méthode BAC → Question 1

Analyser une brochure promotionnelle **(voir p. 284)**

- Identifiez l'auteur et la source du document.
- Décrivez le contenu des images et identifier les mots importants.
- Confrontez ces derniers et interprétez le discours.
- Montrez les objectifs de la brochure en faisant preuve de sens critique.

L/ES
S

B Un réseau d'acteurs

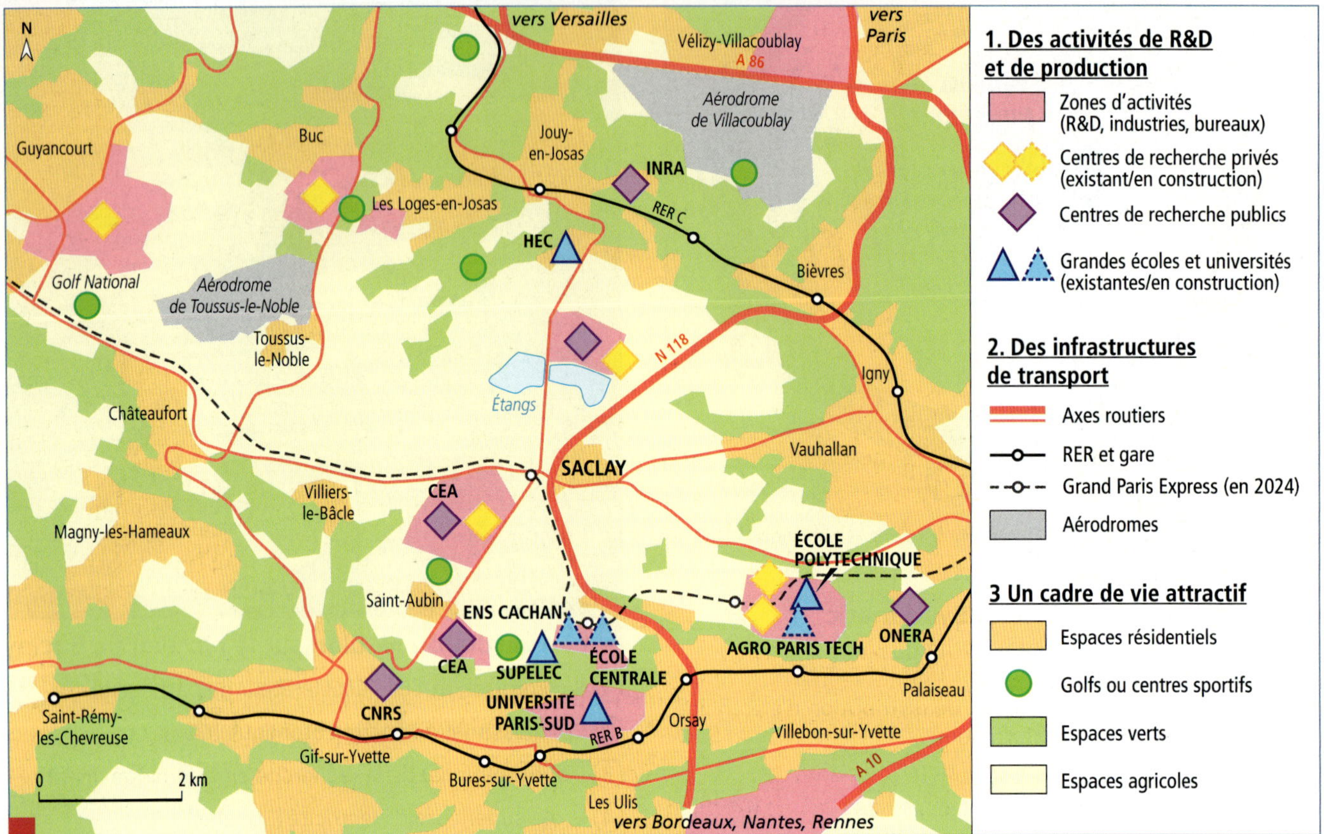

5 **L'organisation du cluster de Paris-Saclay**

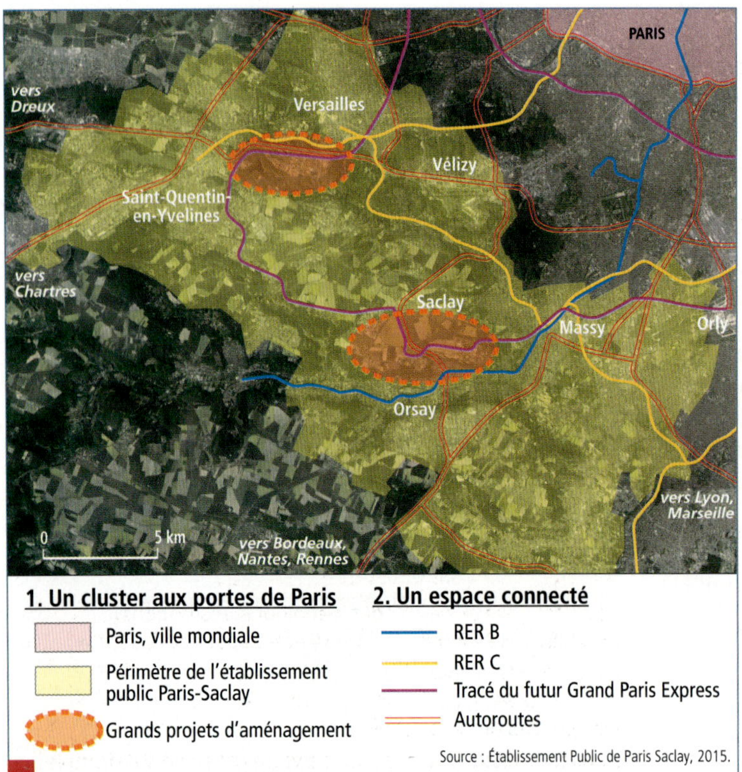

6 **Paris-Saclay dans son environnement régional**

7 Les acteurs du cluster de Paris-Saclay

Le plateau de Saclay et ses environs réunissent tous les ingrédients d'un « cluster » multisectoriel [...]. Depuis les années 1950, [...] universités, grandes écoles et grands centres de recherche publique sont venus s'y implanter. Saclay concentre aujourd'hui 15 % de la recherche publique française. [...] On trouve aussi une exceptionnelle concentration d'entreprises de technologie [...] animée notamment par les pôles de compétitivité System@tic[1] et Mov'eo.

[...] L'État engage à Paris-Saclay un effort financier considérable. [...] 2,5 milliards d'euros vont à de nouveaux projets immobiliers pour l'enseignement, la recherche et l'innovation. [...] À ces investissements publics, s'ajoutent des financements privés [...]. Pour coordonner ces actions, l'Établissement public Paris-Saclay (EPPS) travaille étroitement avec les collectivités locales.

Site Internet de l'Établissement public Paris-Saclay (EPPS), www.epps.fr, 2015.

1. Voir doc. 2 p. 161.

C Un territoire attractif

8 Le projet d'aménagement du quartier du Moulon

Brochure *Un projet urbain pour une ville campus*, Établissement public Paris-Saclay, mars 2013.

9 Les mutations du plateau de Saclay

Situé au sud de Paris, entre les vallées de l'Yvette et de la Bièvre, tout près du parc de la vallée de Chevreuse, Paris-Saclay est l'un des plus ambitieux chantiers du Grand Paris. […] À l'horizon 2025, plus de 20 000 enseignants-chercheurs et 30 000 étudiants travailleront sur le site. Pour les loger, 5 000 logements sortiront de terre sur le plateau de Saclay et 3 000 dans les villes situées au sud […].

À proximité de ces agglomérations, au milieu de zones boisées, de nouveaux quartiers accueilleront logements, bureaux et commerces. En attendant la mise en service du métro, « au plus tard en 2020 », des bus à haute fréquence permettront de faire patienter des usagers souvent exaspérés par les retards de la ligne B du RER.

Ceux qui auront investi dans des logements anciens situés dans les villes autour du campus profiteront certainement de leur désenclavement pour réaliser de confortables plus-values puisque le mètre carré oscille aujourd'hui entre 3 500 et 4 000 euros dans les villes de la vallée. Ceux qui achèteront des appartements dans les vastes complexes destinés aux étudiants pourraient également y trouver leur compte.

Jérôme Porier, « Le plateau de Saclay, un futur paradis pour scientifiques ? », *Le Monde*, 12 avril 2013.

Analyse des documents

Identifier et localiser

5. Quels facteurs de localisation expliquent le développement du cluster de Paris-Saclay ? **(doc. 5 et 6)**

6. Identifiez les différents types d'acteurs du projet Paris-Saclay ainsi que leur rôle. En quoi s'agit-il d'un cluster ? **(doc. 5 et 7)**

Passer de la description à l'explication

7. Montrez que le cluster de Paris-Saclay constitue un facteur majeur de transformation de la région parisienne. **(doc. 8 et 9)**

Vers le BAC

Consigne : Montrez que ce territoire innovant témoigne des mutations des espaces productifs dans la mondialisation.

Aide pour répondre à la consigne

- Vous pouvez vous aider des définitions des notions de « territoire innovant » p. 164 et « espace productif » p. 170.
- Montrez que l'innovation permet de faire face à la mondialisation et qu'elle contribue à transformer les espaces de production.
- Appliquez ensuite le contenu de votre réflexion à l'exemple de Paris-Saclay qui vous permettra d'illustrer votre propos.

L/ES
S

Bilan de l'étude de cas 1

Les notions à retenir

Territoire innovant

- **Espace productif** spécialisé **dans la mise sur le marché de nouveaux produits** et/ou l'amélioration de produits existants.
- Il repose sur des **actions coordonnées** entre des **entreprises**, des **pôles de recherche publics ou privés** et des **établissements d'enseignement supérieur**. Ceux-ci sont le plus souvent implantés dans un même lieu mais peuvent aussi être plus éloignés les uns des autres tout en fonctionnant en réseau.
- Un territoire innovant peut être spécialisé dans le **domaine industriel** (plasturgie à Oyonnax), dans celui des **services** (conception de logiciels informatiques en Île-de-France), ou de **l'agriculture** (Céréales Vallée dans le Massif central).

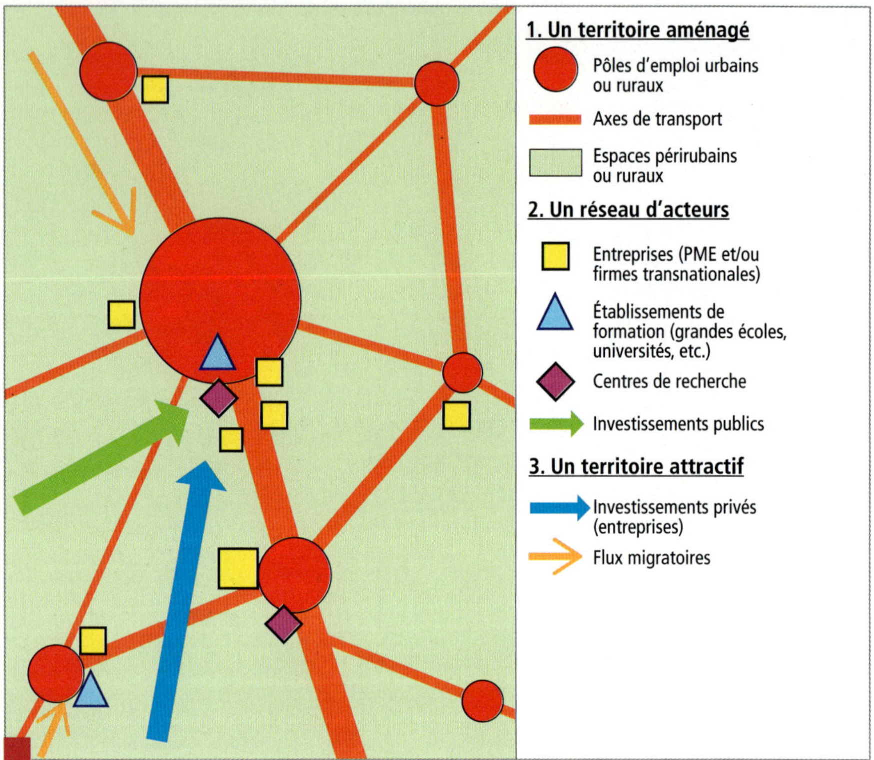

1 Exemple de territoire innovant

Pôle de compétitivité

- Type particulier de **territoire innovant soutenu par les pouvoirs publics** (État français, collectivités locales) qui stimulent et financent la coopération entre des entreprises de tailles diverses, des centres de recherche et des organismes de formation spécialisés dans un même secteur d'activité.
- L'objectif est de **soutenir des projets d'innovation** permettant aux entreprises de **mieux résister à la concurrence**, voire de **conquérir de nouveaux marchés**. Ces projets concernent des activités de haute technologie (nanotechnologies à Grenoble, biotechnologies en Alsace) aussi bien que des savoir-faire locaux hérités (parfums de Grasse, valorisation des produits de la pêche à Boulogne-sur-Mer).

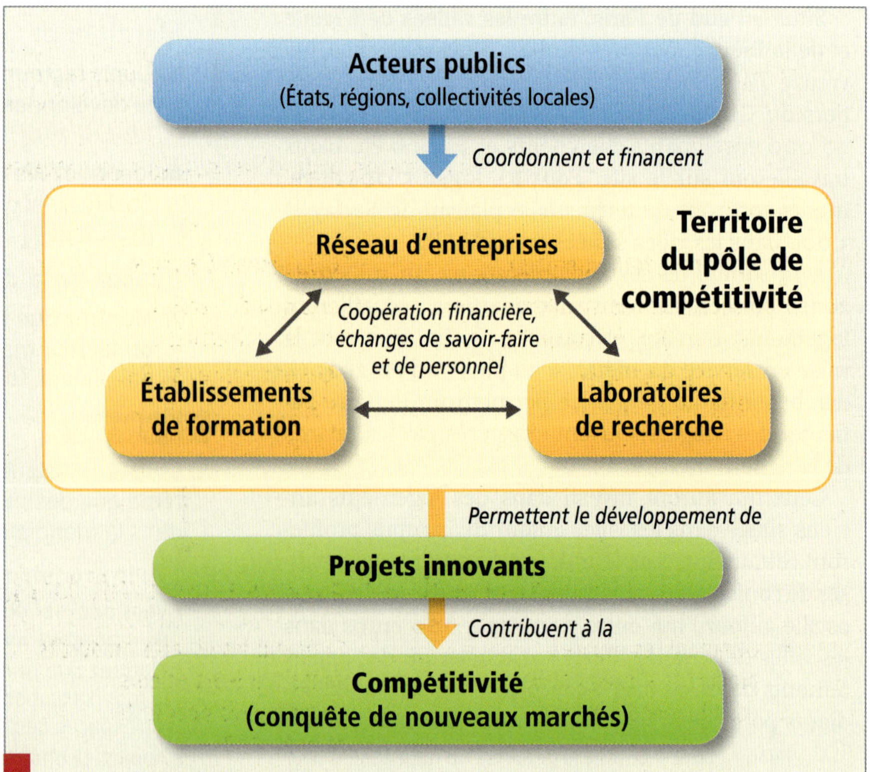

2 Le fonctionnement d'un pôle de compétitivité

Le croquis de l'étude de cas

→ Consigne : **Complétez le croquis grâce aux différentes informations contenues dans l'étude de cas sur Paris-Saclay.**

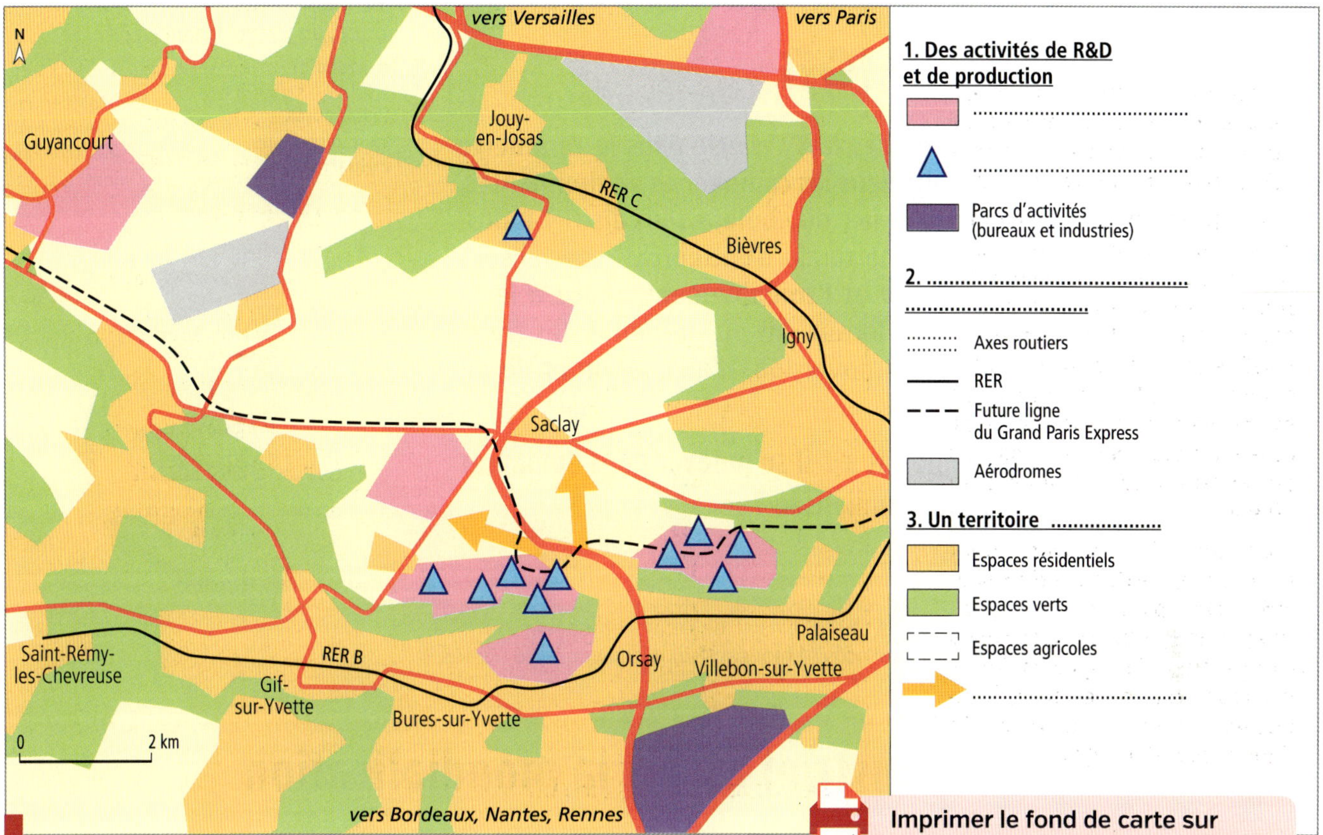

....

Imprimer le fond de carte sur **www.nathan.fr/geo1re-2015**

De l'étude de cas à la généralisation

Étude de cas

Paris-Saclay : un pôle d'innovation au rayonnement mondial

A. Un pôle technologique
- Des ambitions mondiales ;
- des activités stratégiques ;
- une Silicon Valley à la française.

B. Un réseau d'acteurs
- Des grandes écoles et des universités ;
- des entreprises de R&D ;
- l'État.

C. Un territoire attractif
- L'aménagement de nouveaux quartiers ;
- une densification des réseaux de transport.

Généralisation

Les dynamiques des espaces productifs dans la mondialisation

Comment les espaces productifs s'intègrent-ils dans la mondialisation ?
→ Voir cours 1 p. 182

Comment les espaces productifs français et leurs acteurs s'adaptent-ils pour rester compétitifs ?
→ Voir cours 2 p. 184

Comment les mutations économiques font-elles évoluer l'organisation des territoires ?
→ Voir cours 3 p. 186

L/ES
S

2 Le Choletais : de l'héritage industriel à l'innovation

La ville de Cholet s'est spécialisée dès le XVe siècle dans le commerce de toiles et de mouchoirs produits dans les campagnes environnantes. Au fil des siècles, ces activités ont fait du Choletais un district industriel fondé sur la dispersion en zone rurale d'entreprises spécialisées dans la chaussure, le prêt-à-porter et l'ameublement. Grâce à leurs capacités d'adaptation, les acteurs locaux ont pu surmonter les crises en engageant des stratégies de reconversion, d'innovation et de diversification de la production.

➔ **En quoi le territoire du Choletais a-t-il su innover pour demeurer compétitif dans l'économie mondialisée ?**

Le point sur... Le Choletais

Superficie	2 500 km²
Nombre de communes	120
Population	Plus de 300 000 habitants
Nombre d'entreprises	400
Nombre d'emplois	146 000
Principales spécialisations industrielles	Habillement, ameublement, électronique, plastique, etc.

Vocabulaire

▸ **District industriel** : concentration, sur un territoire rural, de petites et moyennes entreprises, spécialisées dans un secteur d'activité reposant sur des savoir-faire hérités.

A Un héritage industriel face à la mondialisation

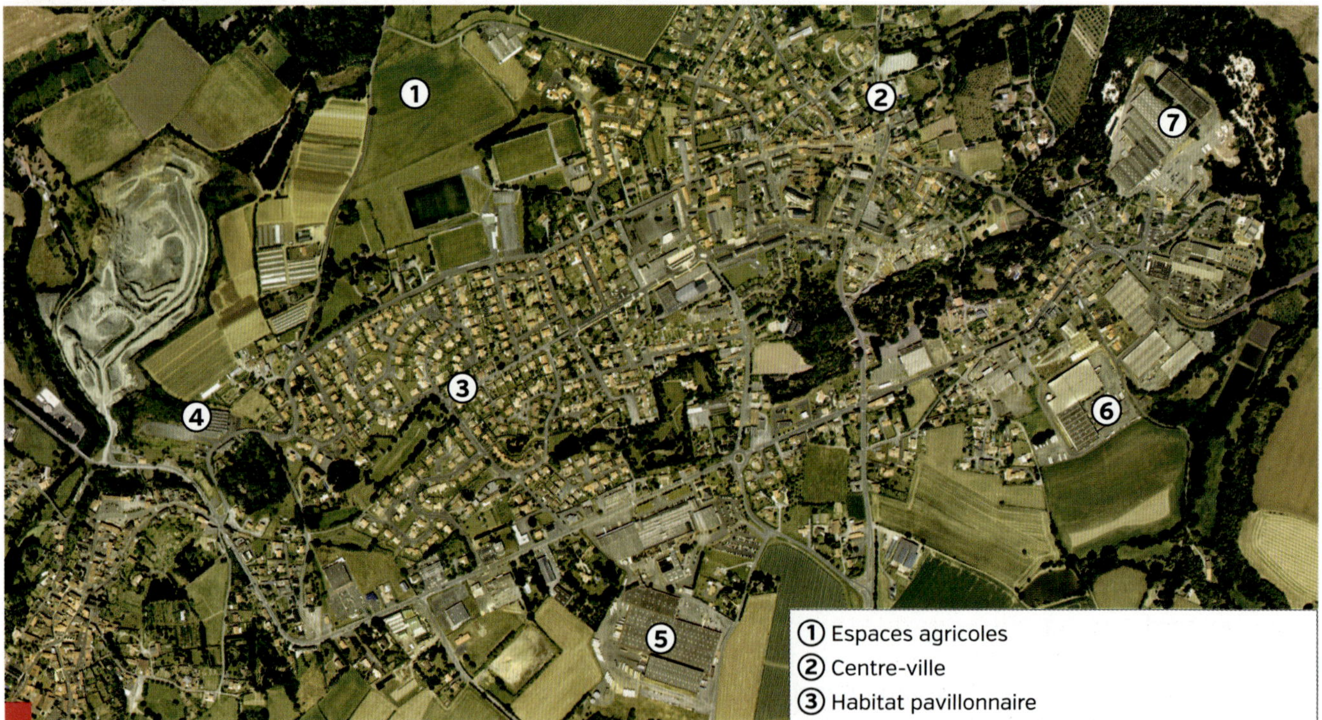

① Espaces agricoles
② Centre-ville
③ Habitat pavillonnaire
④ Société Peigné (fabrication de chaussures)
⑤ Société Lacroix Electronics (sous-traitant électronique pour l'aéronautique, la défense, le secteur médical et l'automobile)
⑥ Entreprise Éram (chaussure) : siège social
⑦ Entrepôts de l'entreprise Éram

1 Saint-Pierre-Montlimart, ville caractéristique du Choletais

Cette commune de 3 400 habitants regroupe 2 900 emplois.

2 **Nova Child : un cluster spécialisé dans le bien-être de l'enfant**

3 Historique de la création du cluster Nova Child

À la fin des années 1990, un groupe d'entreprises décide de mettre en place une association leur permettant d'échanger et de réfléchir à des solutions pour faire face aux difficultés économiques que traversent les secteurs de la chaussure et du textile. À l'époque, ce sont près de 15 000 emplois qui disparaissent. Très vite, l'enfant apparaît comme un point commun à ces entreprises qui ouvrent ainsi l'association à de nouveaux secteurs : puériculture, décoration, mobilier, etc. [...]

Dès 2003, le projet est impulsé par la chambre de commerce et d'industrie du Choletais, dont l'ambition est de faire du pôle enfant un pôle d'excellence, où créativité, innovation, recherche et expertise seront les moteurs d'un développement du territoire. [...]

En 2011, le pôle enfant est labellisé « Grappes d'entreprises » (opération soutenue par l'État) et le cluster est rebaptisé Nova Child.

Extrait du site Internet du cluster Nova Child, www.novachild.eu, 2015.

4 Le Choletais : un espace industriel original

Le Choletais est souvent décrit comme le « pays des usines à la campagne ». Il est marqué par la dissémination de petits et moyens ateliers industriels dans un grand nombre de communes rurales : cette nébuleuse industrielle compte plus de 400 établissements répartis entre 120 bourgs, offrant plus de 12 000 emplois (sans compter les usines et emplois dans la ville de Cholet).

Yves Colombel et Daniel Oster (dir.), *La France. Territoires et aménagement face à la mondialisation*, éditions Nathan, 2014.

Analyse des documents

Prélever et confronter des informations

1. Montrez que Saint-Pierre-Montlimart est une petite ville caractéristique du Choletais. **(doc. 1 et 4)**

Passer de l'observation à l'explication

2. Décrivez le fonctionnement d'un cluster et expliquez-en les objectifs. **(doc. 2 et 3)**

Synthétiser des informations

3. Pourquoi peut-on affirmer que le Choletais est un territoire innovant qui a su s'adapter à la mondialisation ? **(doc. 1 à 4)**

Méthode BAC → Question 1

Analyser une photographie aérienne (voir p. 126)

- Identifiez l'auteur et la source du document.
- Définissez la manière dont elle a été prise (vue verticale ou oblique).
- Identifiez les différents éléments qui composent le paysage (espaces agricoles, espaces résidentiels, espaces industriels, etc.) et évaluez leur emprise spatiale.
- Interprétez en mettant en relation les différents éléments paysagers (caractéristiques de l'espace photographié, originalité et/ou représentativité).

L/ES
S

B Un réseau d'acteurs

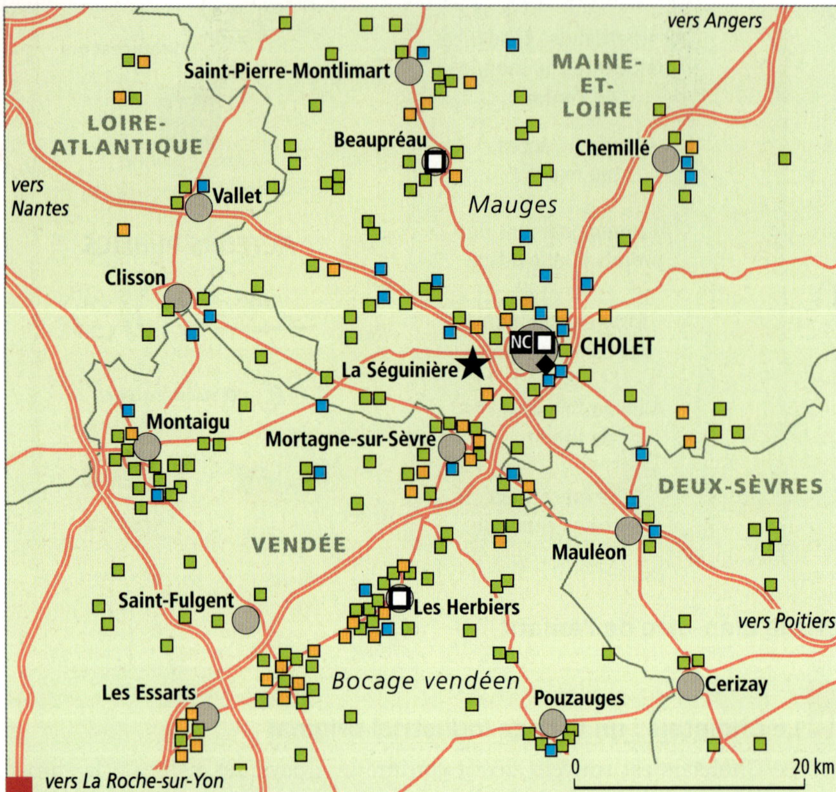

5 Un espace productif innovant

> **Vocabulaire**
>
> **Pépinière d'entreprises :** structure d'aide publique à la création d'entreprises dispensant des conseils ainsi qu'un soutien technique et financier.

6 La plate-forme technologique eMODE

a. Le témoignage d'un créateur textile (boutique en ligne Happyboardday)

L'impression, c'est ce qui donne aux T-shirts de Stéphane Blanchard toute leur identité. Depuis 2008, ce graphiste a lancé sa propre marque de t-shirts « propres », qu'il s'agisse du coton, des teintures ou des encres, tout étant garanti sans produit chimique, sans solvant, mais aussi dans le respect des valeurs de développement durable […].

Pour réaliser sa gamme de prototypes, Stéphane Blanchard a profité du partenariat avec eMODE. Un allié précieux pour le lancement d'Happyboardday : « J'ai pu faire plein d'essais, et réaliser de petites séries. Le résultat est impressionnant, car c'est du réel, et les encres ne bougent pas ».

L'encadrement professionnel dont il a bénéficié, et les nombreux contacts, lui permettent aujourd'hui de penser au développement de sa marque, dans le respect de l'environnement.

Site Internet d'eMODE, www.emode.fr/web/happyboardday/, 2015.

b. Le fonctionnement de la plate-forme eMODE

C Un territoire qui résiste à la crise

Terres d'entrepreneurs

Terres de Montaigu s'impose en Sud Loire et Nord Vendée comme un **territoire animé par l'esprit d'entreprendre.**

Fleurons de l'industrie, services toujours plus nombreux et enseignes nationales y trouvent un **environnement accueillant et propice à leur développement**.

Des disponibilités en zones d'activités artisanales, industrielles et tertiaires

LES CHIFFRES **CLÉS**

Un **pôle économique** majeur

- **1 400** entreprises du secteur marchand non agricole
- **234** exploitations agricoles
- **+158** entreprises par an en moyenne

Un bassin d'emploi **attractif**

- **13 000** emplois salariés du secteur marchand non agricole
  - Service 34%
  - Commerce 17%
  - Industrie 38%
  - Construction 11%
- **+136** emplois salariés par an en moyenne depuis 2006

7 Une « terre d'entrepreneurs »

Extrait de la plaquette de promotion de la communauté de communes « Terres de Montaigu », 2015.

8 La réussite du « Vendéopôle » du pays des Essarts

Les Vendéopôles sont des zones d'activités créées à l'initiative du conseil départemental de la Vendée.

Dans la zone intercommunale, née un peu avant les années 2000, le contenu est riche : 20 entreprises, plus de 1 200 emplois, 43 hectares déjà vendus et 33 autres encore disponibles. « Nous avons la chance d'être à un nœud routier [...] », se réjouit [...] le président de la communauté de communes du pays des Essarts. Ce positionnement [...] a attiré un poids lourd comme Louis Vuitton [...]. Le reste du Vendéopôle, tourné à l'origine vers le transport [...], s'est largement diversifié. On y trouve de la métallurgie [...] tout aussi bien que du commerce du bois [...]. La zone continue de grandir.

Marc Lambrechts, « Aux Essarts, le Vendéopôle de La Mongie est devenu un pôle économique », *Ouest-France*, 4 octobre 2012.

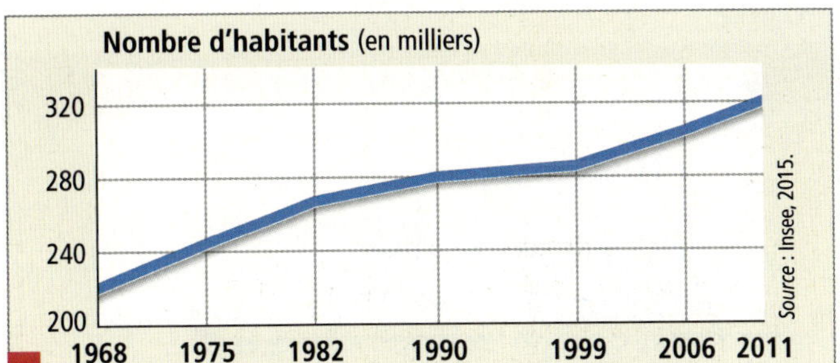

9 L'évolution démographique du Choletais

Analyse des documents

Prélever et exploiter des informations

4. Quels facteurs expliquent le dynamisme industriel du Choletais ? **(doc. 5)**

5. Identifiez les acteurs économiques du Choletais et montrez qu'ils travaillent ensemble. **(doc. 5 et 6)**

6. Comment les savoir-faire locaux sont-ils valorisés dans le Choletais ? **(doc. 5 et 6)**

Passer de la description à l'explication

7. Montrez que le Choletais est un espace attractif. Quelles sont les composantes de sa réussite ? **(doc. 7 à 9)**

Vers le BAC

Consigne : Presentez les apports du document 7 pour comprendre les mutations de l'espace productif « Terres de Montaigu ». Vous montrerez que ce type de document comporte cependant des limites.

Aide pour répondre à la consigne

- Commencez par identifier la nature et l'auteur du document.
- Expliquez comment les images et le texte sont mis au service de l'attractivité de ce territoire.
- Quelle technique est utilisée pour montrer le dynamisme de cet espace productif ? Faites preuve de sens critique en montrant que certaines informations ne sont pas proposées.

L/ES
S

Les notions à retenir

Acteurs spatiaux

■ Les **acteurs spatiaux** sont des **personnes** ou des **collectivités agissant** ou **intervenant sur les territoires**. On distingue les individus, les groupes (associations), les entreprises (privées ou publiques), les collectivités territoriales (communes, départements, régions), l'État.

■ **L'action d'un acteur spatial** peut ainsi relever de l'achat d'un bien immobilier, de la défense d'un milieu fragile, de l'implantation d'une usine dans une zone d'activité, de l'aménagement d'un quartier urbain, de la construction d'une autoroute, etc.

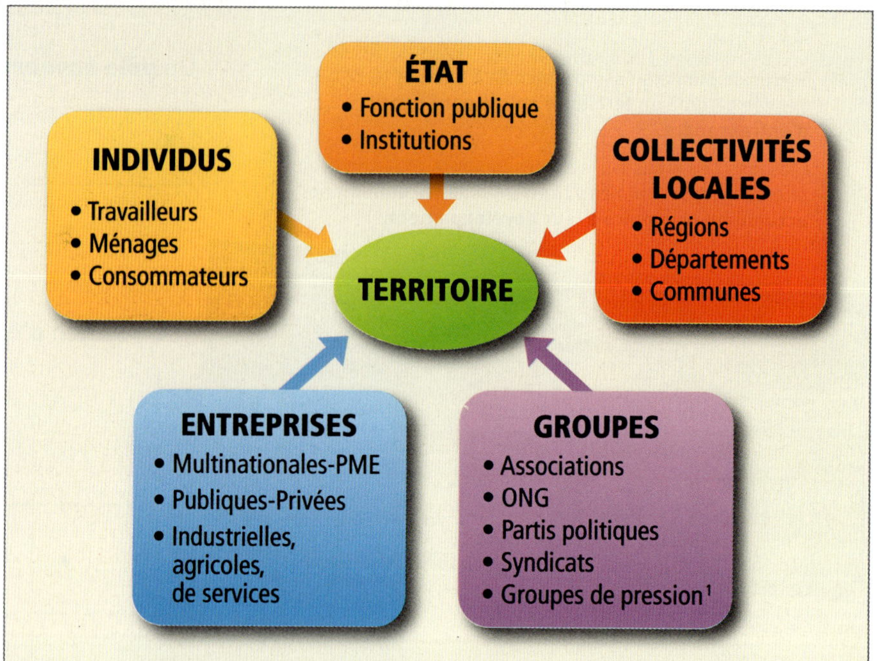

1. Structures collectives d'individus ayant des intérêts en commun et qui s'organisent pour les défendre.

1 Les différents types d'acteurs spatiaux

Espace productif

■ Un **espace productif** est un **ensemble de lieux** dont les potentialités sont **mises en valeur** dans le cadre d'une **activité économique** donnée.

■ Les espaces productifs peuvent être **définis en fonction de leur localisation géographique** (l'espace productif français ou normand), de leur **appartenance à une activité spécialisée** (l'espace productif agricole) ou **à une entreprise** (l'espace productif de Renault).

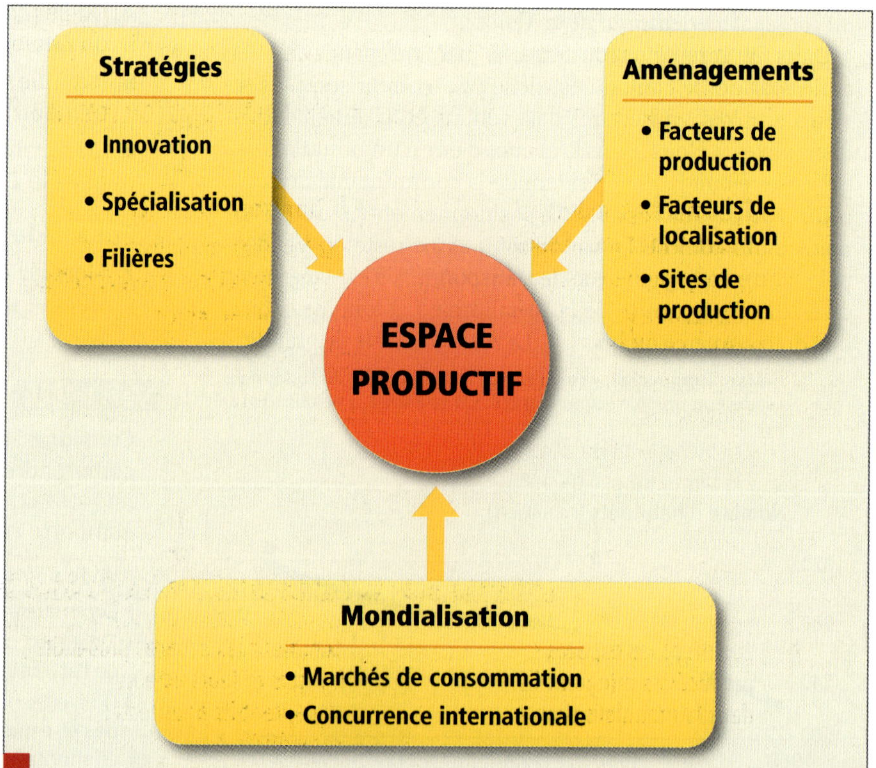

2 L'organisation d'un espace productif

Le croquis de l'étude de cas

→ **Consigne :** **Complétez le croquis grâce aux différentes informations contenues dans l'étude de cas sur le Choletais.**

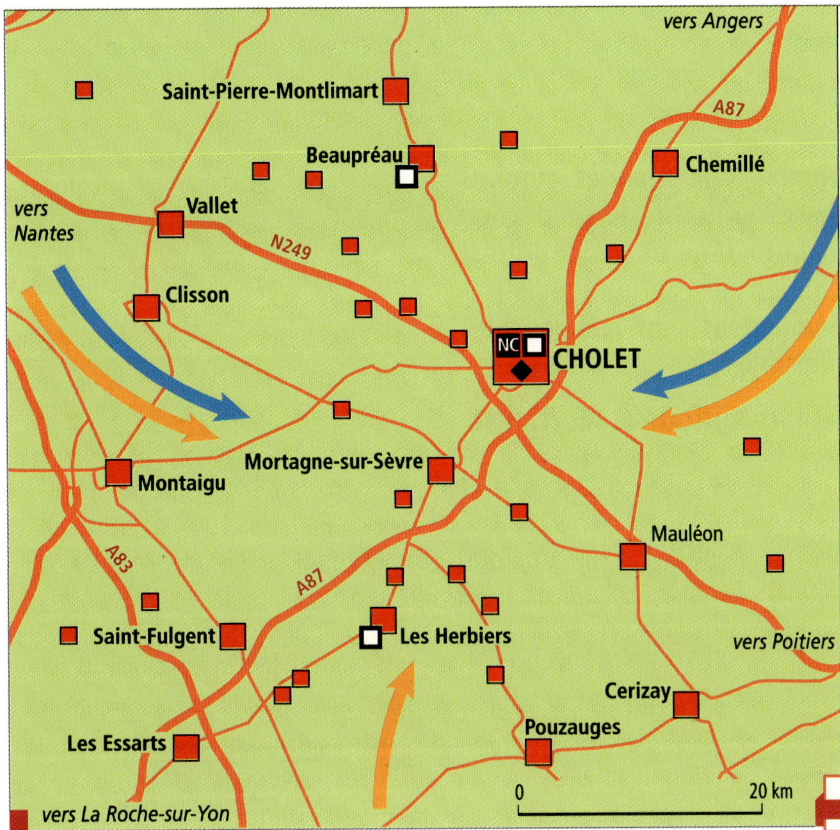

....

1. ....

- ....
- Industries diffuses
- Espaces ruraux

2. Un territoire ....

- Lycée et Institut des métiers de la mode
- Pépinières d'entreprises
- NC Siège du Cluster Nova Child

3. Un territoire ....

- Voies de communication
- Flux d'investissements
- Flux de ....

Imprimer le fond de carte sur **www.nathan.fr/geo1re-2015**

De l'étude de cas à la généralisation

Étude de cas

Le Choletais : de l'héritage industriel à l'innovation

A. Un héritage industriel face à la mondialisation
- Fabrication traditionnelle de chaussures, de textile et de meubles ;
- industries diffuses en zones rurales ;
- cluster spécialisé dans le bien-être de l'enfant.

B. Un réseau d'acteurs
- Entreprises spécialisées dans des filières traditionnelles ;
- industries récentes ;
- centres de formation.

C. Un territoire qui résiste à la crise
- Installation de nouvelles entreprises ;
- bassin d'emploi attractif ;
- croissance démographique soutenue.

Généralisation

Les dynamiques des espaces productifs dans la mondialisation

Comment les espaces productifs s'intègrent-ils dans la mondialisation ?
→ Voir cours 1 p. 182

Comment les espaces productifs français et leurs acteurs s'adaptent-ils pour rester compétitifs ?
→ Voir cours 2 p. 184

Comment les mutations économiques font-elles évoluer l'organisation des territoires ?
→ Voir cours 3 p. 186

L/ES
S

3 Le Bassin parisien : grenier à blé de la France

le point sur… Le Bassin parisien

Superficie	140 000 km², soit 25 % du territoire français
Production de blé	Un tiers des surfaces en blé du territoire français ; 1re région productrice de céréales en Europe
Rouen	1er port d'exportation de céréales en Europe

Vaste étendue très généralement favorable aux grandes cultures intensives, le Bassin parisien concentre l'essentiel de la production nationale de céréales. Cet espace agricole moderne et compétitif est parfaitement inséré dans les circuits commerciaux de la mondialisation. Toutefois, les activités qui s'y développent sont responsables d'atteintes environnementales non négligeables.

➔ En quoi le Bassin parisien est-il un espace agricole productiviste tourné vers les marchés mondiaux ?

A Un espace céréalier productiviste

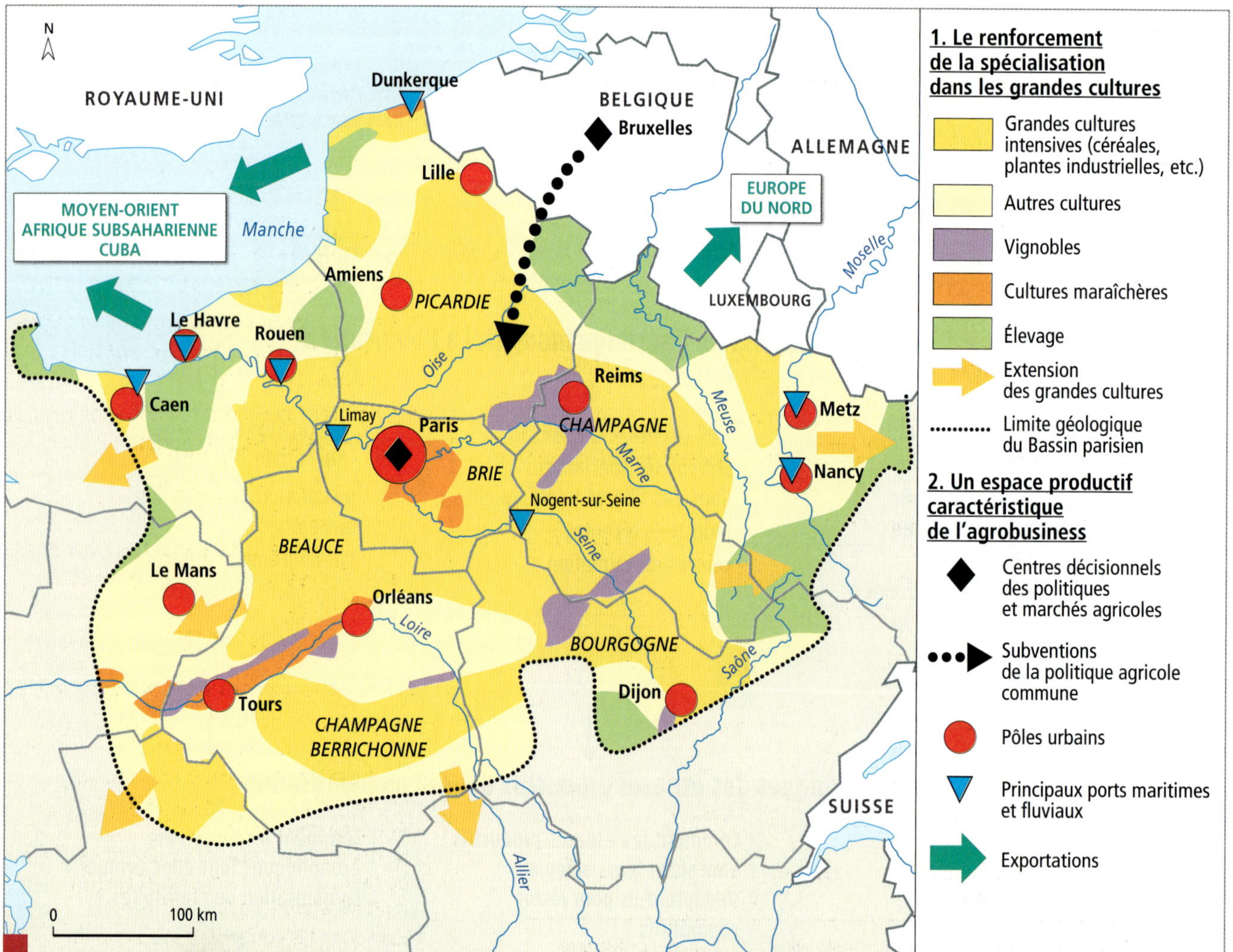

1 Les espaces agricoles du Bassin parisien

2 Grandes cultures et industries agroalimentaires dans la Beauce (Pithiviers, Loiret)

① Grandes cultures de la Beauce (blé en herbe, colza)
② Sucrerie
③ Silos de la coopérative agricole
④ Malterie (fabrication de malt)
⑤ Biscuiterie
⑥ Gare de marchandises

3 L'Eure-et-Loir, premier département céréalier de France

a. Une agriculture performante et spécialisée

	Eure-et-Loir	France métropolitaine
Superficie moyenne des exploitations (en hectares)	105	55
Part des cultures de céréales dans la SAU[1]	74 %	34 %
Part des cultures de blé tendre[2] **dans la SAU**[1]	43 %	17 %
Revenu annuel par actif agricole (en milliers d'euros)	56,3	31,3

1. SAU : surface agricole utilisée.
2. Froment.

Source : Recensement général de l'agriculture, 2015.

b. L'évolution du nombre d'exploitations

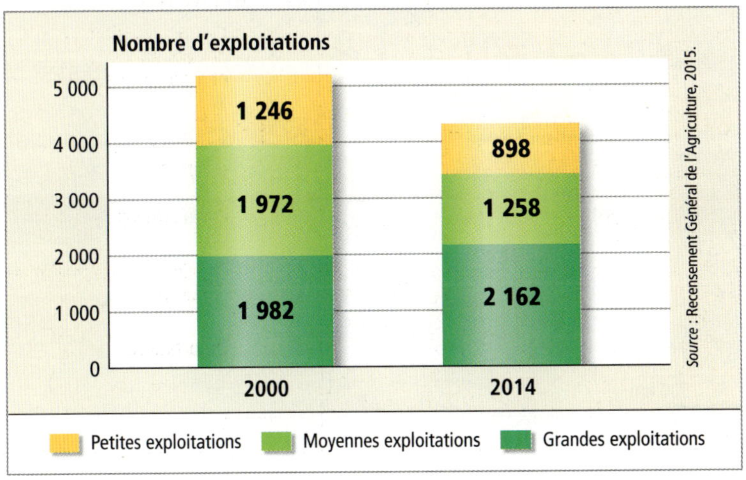

Analyse des documents

Exploiter et confronter des informations

1. Pourquoi peut-on dire que le Bassin parisien est un espace productif spécialisé dans la culture de blé ? **(doc. 1 à 3)**
2. Quelle place la céréaliculture occupe-t-elle dans l'organisation spatiale du Bassin parisien ? **(doc. 1 à 3)**
3. Comment évoluent les espaces productifs agricoles du Bassin parisien ? **(doc. 1 et 3)**

Passer de la description à l'argumentation

4. Montrez que la céréaliculture du Bassin parisien est à la fois intensive et productive. **(doc. 3)**

Méthode BAC → Question 3

Analyser des données statistiques (voir p. 222)

- Présentez les deux documents statistiques (nature, thèmes, indicateurs, source et dates).
- Analysez les statistiques en comparant les données **(doc. a)** et en mettant en évidence des évolutions **(doc. b)**. N'hésitez pas à recourir à des ordres de grandeur et/ou à des coefficients multiplicateurs (double, triple, etc.).
- Expliquez les contrastes et les évolutions observés.

S

B Des acteurs intégrés aux marchés mondiaux

4 Rouen, le premier port européen d'exportation de céréales

① Voie ferrée [acheminement des céréales du Bassin parisien]

② Terminal sucrier

③ Navires vraquiers en cours de chargement

④ Silos des terminaux céréaliers

5 Les exportations françaises de blé vers l'Égypte

Les plaines de l'Hexagone sont le grenier majeur du continent européen. La France possède cette chance immense de produire des céréales qui soient suffisantes pour satisfaire la consommation domestique et pour exporter des quantités chaque année. [...] Le poids de cet atout ne cesse de se renforcer face à des concurrents qui peinent parfois à produire des céréales avec la constance interannuelle qui caractérise l'origine française. C'est ce qui s'est passé au cours de la campagne 2010-2011, durant laquelle le blé français s'est positionné sur le marché de l'Égypte, premier pays importateur de la planète pour cette céréale. [...] Polarisant le tiers des achats annuels de céréales de la planète, l'Égypte fait de plus en plus jouer la concurrence entre les pays exportateurs. [...]

La quantité et la qualité sont deux impératifs complémentaires, avec lesquels la France peut miser dans sa relation avec la Méditerranée. Il ne faut pas tergiverser devant un tel objectif, étant donné que la concurrence s'aiguise, notamment avec les céréales de la mer Noire qui, depuis peu, parviennent à conquérir des parts de marché en Afrique du Nord.

Sébastien Abis et Thierry Pouch, *Agriculture et mondialisation. Un atout géopolitique pour la France*, Presses de Sciences Po, 2013.

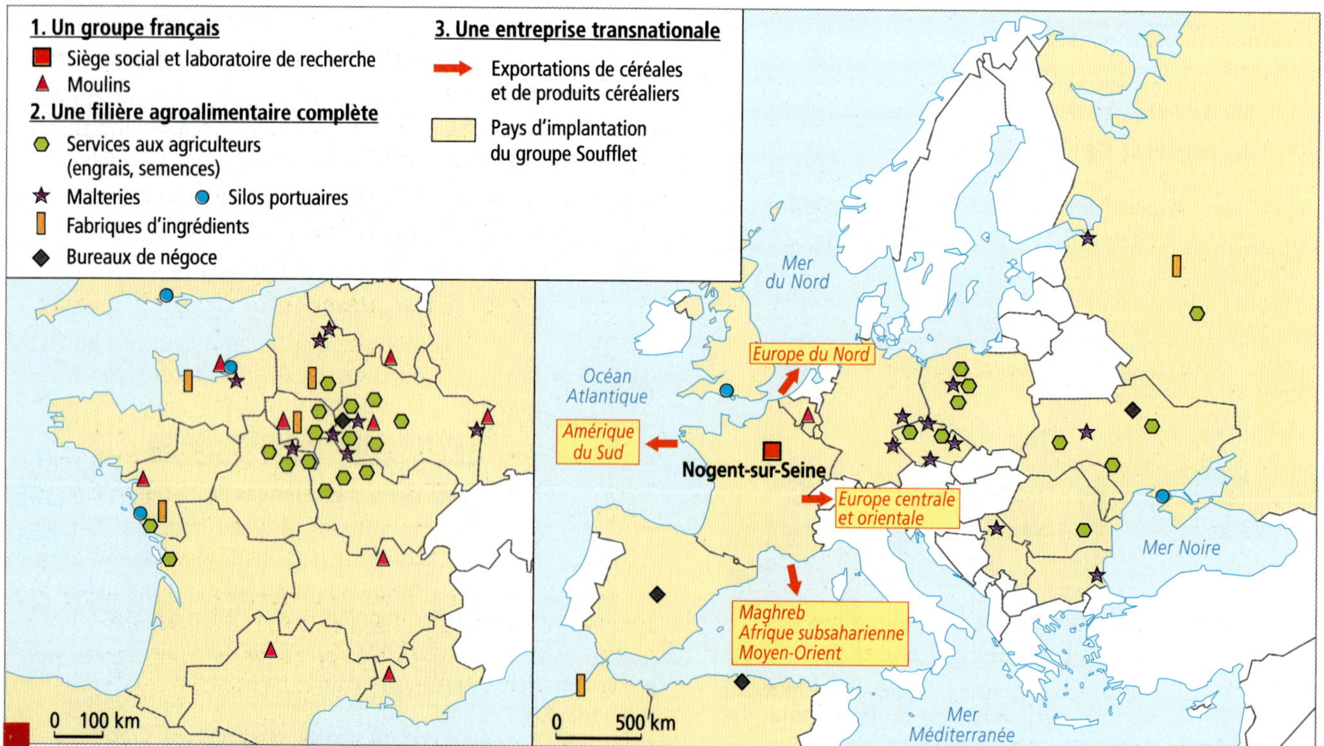

6 L'espace productif du groupe Soufflet

Le groupe Soufflet est le négociant céréalier le plus important en France.

C Vers une céréaliculture durable ?

Affiche du Pôle de compétitivité à vocation mondiale Industries & Agro-Ressources, 2014.

7 Le pôle de compétitivité « Industries et Agro-Ressources »

Le pôle IAR développe l'innovation industrielle sur les agro-ressources à travers des projets collaboratifs fédérant les industriels, la recherche publique, la formation et le monde agricole. À vocation mondiale, le pôle IAR génère des collaborations entre ses adhérents et des partenaires étrangers.

Passer du carbone fossile au carbone vert est une nécessité. À court terme, trois grands défis devront être relevés : défi alimentaire, défi climatique et défi énergétique. Une des clés de réponse se trouve dans l'adaptation et la mobilisation des agro-ressources[1] en faveur d'alternatives durables et renouvelables. Pour répondre à ces trois défis, le pôle IAR valorise l'innovation végétale pour la conception des produits et matériaux de demain nécessaires à la fabrication de biens de la vie courante. Le pôle IAR contribue ainsi à ouvrir de nouveaux marchés pour les produits issus de la biomasse.

Site Internet du pôle de compétitivité Industries et Agro-Ressources (IAR), www.iar-pole.com, 2015.

1. Matières premières agricoles dont la transformation industrielle permet de concevoir des produits aux impacts environnementaux réduits.

8 Les conséquences environnementales de l'agriculture productiviste

La nappe[1] de Beauce constitue un réservoir d'eau parmi les plus importants de France. De cette ressource dépendent de nombreux milieux aquatiques et maintes activités humaines.

Dans les années 1990, des périodes de sécheresse ont déclenché des prélèvements agricoles importants. Cette situation a entraîné une succession d'étiages[2] sévères des cours d'eau du territoire et a donné naissance à de nombreux conflits d'usage (pénuries pour l'alimentation en eau potable, mortalité des poissons, mécontentement des fédérations de pêcheurs ou des associations de riverains). [...]

Hormis dans sa partie sud, couverte par la forêt d'Orléans, la nappe de Beauce se caractérise par une vulnérabilité naturelle en raison de l'absence de couches imperméables empêchant la migration de polluants du sol vers la nappe[2]. Lorsqu'elle est vulnérable, la nappe apparaît fortement polluée par les nitrates[3] dans sa partie supérieure.

Schéma d'aménagement et de gestion des eaux de la nappe de Beauce, 2014.

1. Masse d'eau contenue dans le sous-sol.
2. Période de basses eaux.
3. Composés chimiques présents dans certains engrais.

Analyse des documents

Exploiter et confronter des informations

5. Quels sont les différents acteurs de l'activité céréalière du Bassin parisien ? **(doc. 4 à 6)**

6. Comment l'espace céréalier du Bassin parisien s'insère-t-il dans les marchés mondiaux ? **(doc. 5 et 6)**

7. Quelles sont les conséquences environnementales de la céréaliculture productiviste ? **(doc. 8)**

Passer de la description à l'argumentation

8. Montrez que les projets présentés se veulent innovants. **(doc. 7)**

Vers le BAC

Consigne : Quels sont les apports du document 7 pour comprendre les mutations de l'espace productif du Bassin parisien ? Vous montrerez jusqu'à quel point ces projets répondent aux objectifs du développement durable.

Aide pour répondre à la consigne

- Commencez par identifier l'auteur du document et définissez son objectif en montrant que son discours n'est pas neutre.
- Expliquez en quoi l'image vient appuyer le contenu du texte en soulignant le caractère dynamique et innovant de ce pôle de compétitivité.
- Faites preuve de sens critique en montrant que ce pôle de compétitivité semble privilégier deux des défis qu'il s'est fixé, au détriment du troisième.

S

Les notions à retenir

Agriculture productiviste

- **L'agriculture productiviste** est une **agriculture commerciale** dont l'intensivité et la productivité reposent sur un **recours aux techniques et aux progrès scientifiques**. Elle s'oppose à l'agriculture vivrière destinée à l'autoconsommation.
- L'agriculture productiviste se montre généralement **assez peu soucieuse** de ses **conséquences** négatives en matière **environnementale** et sociale.

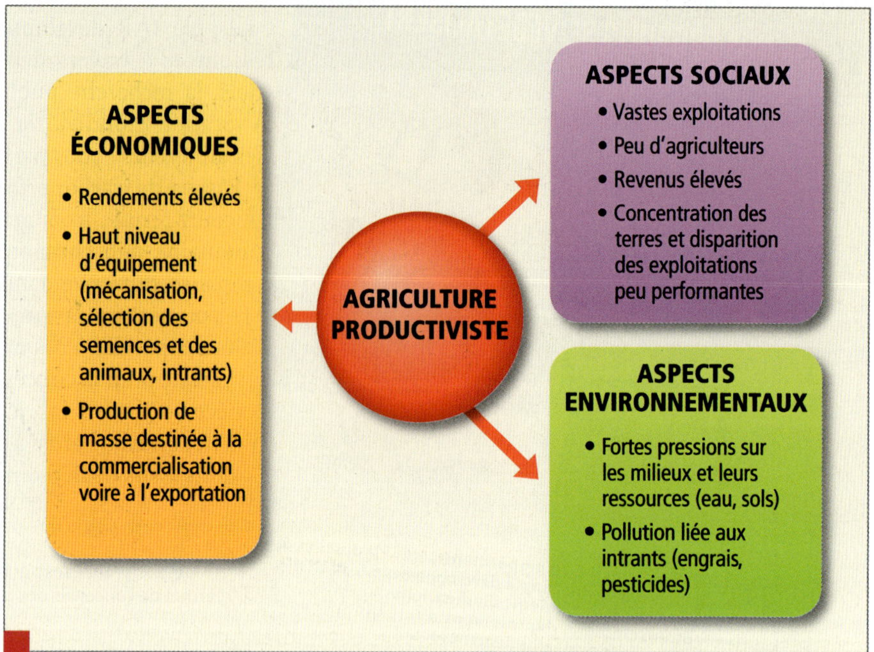

1 Les différents aspects de l'agriculture productiviste

Agrobusiness

- **L'agrobusiness** désigne **l'ensemble des activités économiques** qui s'organisent en filière **autour de l'agriculture productiviste**.
- Nécessitant des **capitaux importants**, il est dominé par des **grandes firmes transnationales** qui contrôlent aussi bien les facteurs de production en amont (semences, matériel agricole, financements, intrants : engrais, pesticides) que les débouchés en aval (transformation et vente des produits alimentaires).

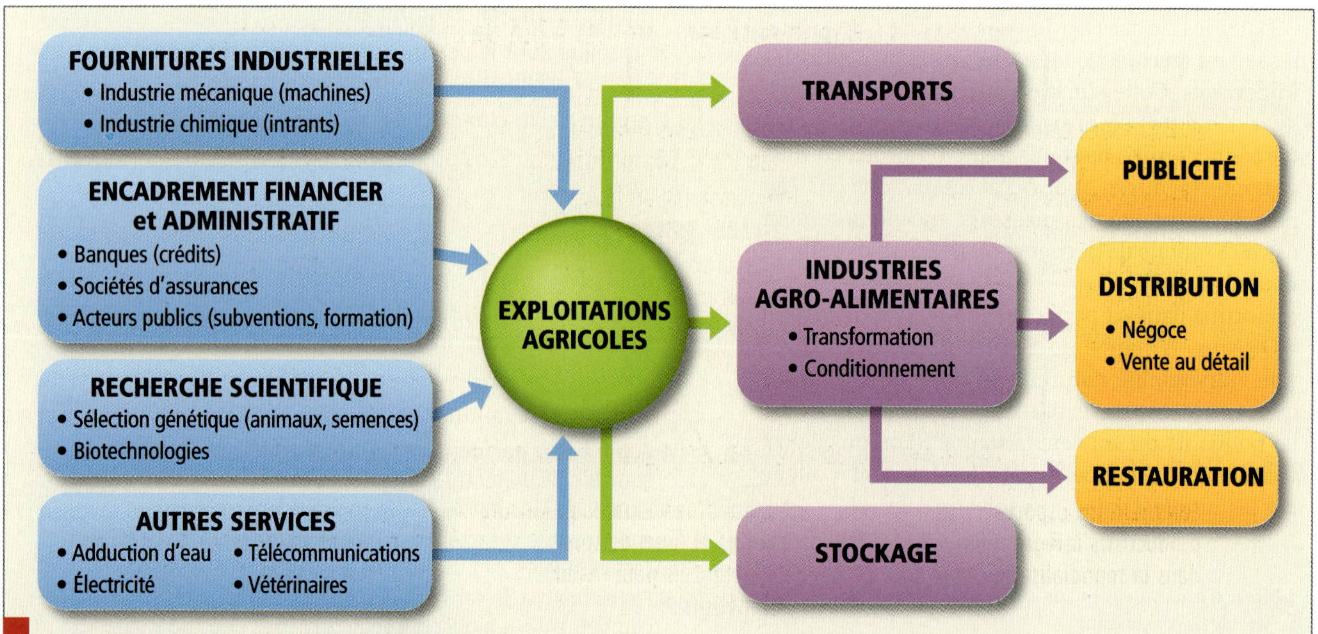

2 L'organisation de l'agrobusiness

Le croquis de l'étude de cas

→ Consigne : **Complétez le croquis grâce aux différentes informations contenues dans l'étude de cas sur le Bassin parisien.**

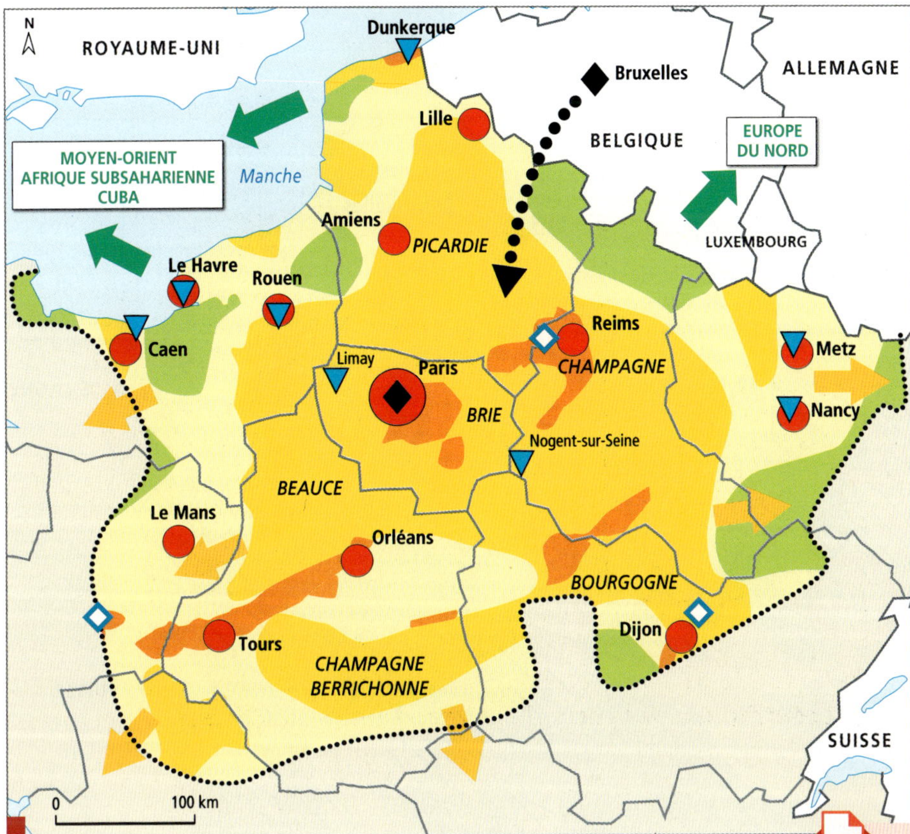

1. Une .... dans les grandes cultures
- Grandes cultures intensives (céréales, plantes industrielles, etc.)
- Autres cultures
- Cultures spécialisées
- Élevage
- ....
- .... Limite géologique du Bassin parisien

2. Un espace productif ....
- .... Centres décisionnels des politiques et marchés agricoles
- ....
- Pôles urbains
- Principaux ports maritimes et fluviaux
- ....
- Pôles de compétitivité spécialisés dans l'agroalimentaire

....

Imprimer le fond de carte sur **www.nathan.fr/geo1re-2015**

De l'étude de cas à la généralisation

Le Bassin parisien : grenier à blé de la France

Étude de cas

A. Un espace céréalier productiviste
- Forte spécialisation dans la céréaliculture ;
- agriculture intensive et productive ;
- modèle agricole en expansion.

B. Des acteurs intégrés aux marchés mondiaux
- Organisation en filière agroalimentaire ;
- agriculture commerciale exportatrice ;
- firmes transnationales.

C. Vers une céréaliculture durable ?
- Lourds impacts environnementaux ;
- agriculture innovante ;
- stratégie de développement durable.

Généralisation

Les dynamiques des espaces productifs dans la mondialisation

Comment les espaces productifs s'intègrent-ils dans la mondialisation ?

→ Voir cours 1 p. 182

Comment les espaces productifs français et leurs acteurs s'adaptent-ils pour rester compétitifs ?

→ Voir cours 2 p. 184

Comment les mutations économiques font-elles évoluer l'organisation des territoires ?

→ Voir cours 3 p. 186

Les dynamiques des espaces productifs français

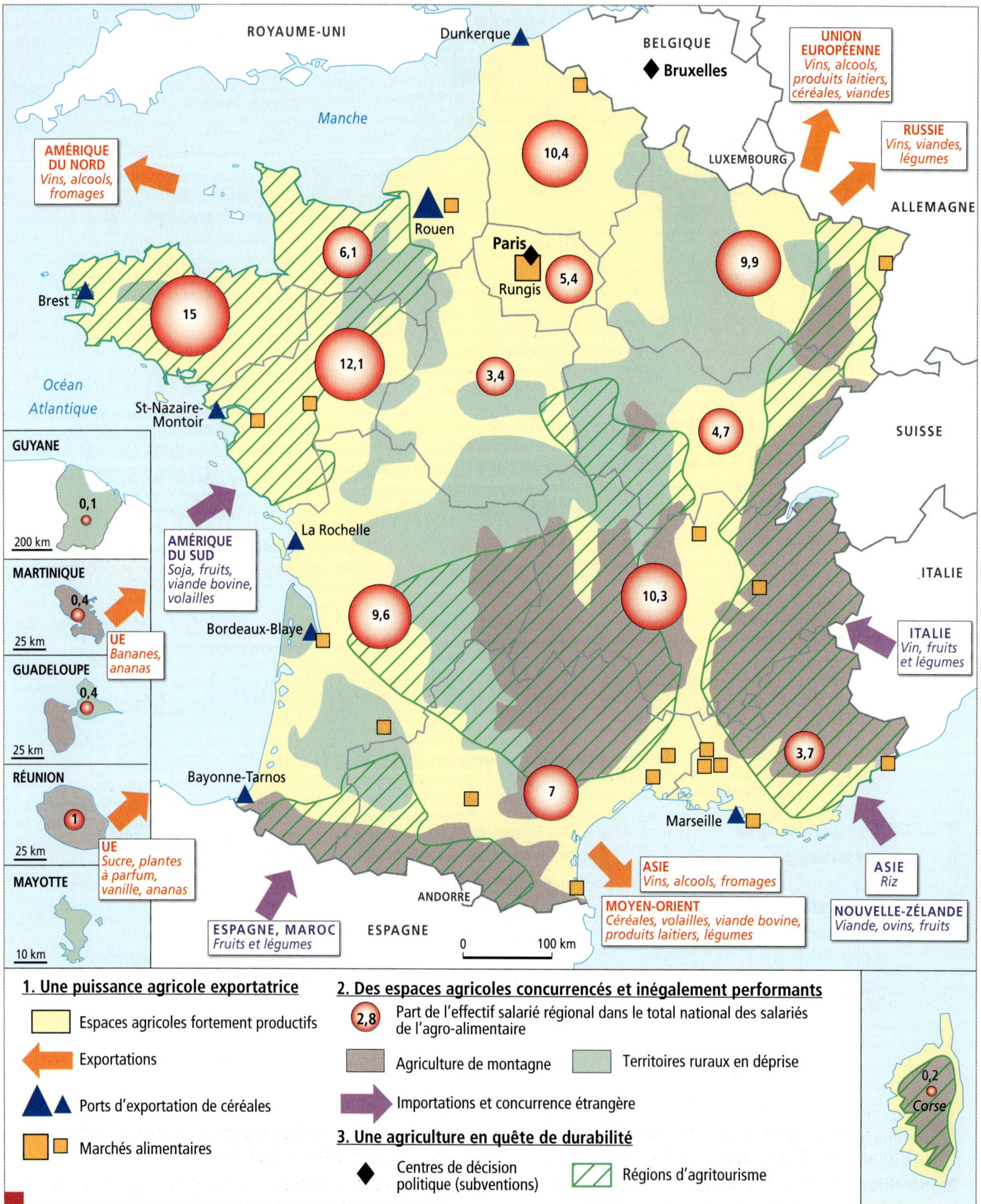

1 L'espace agricole français dans la mondialisation

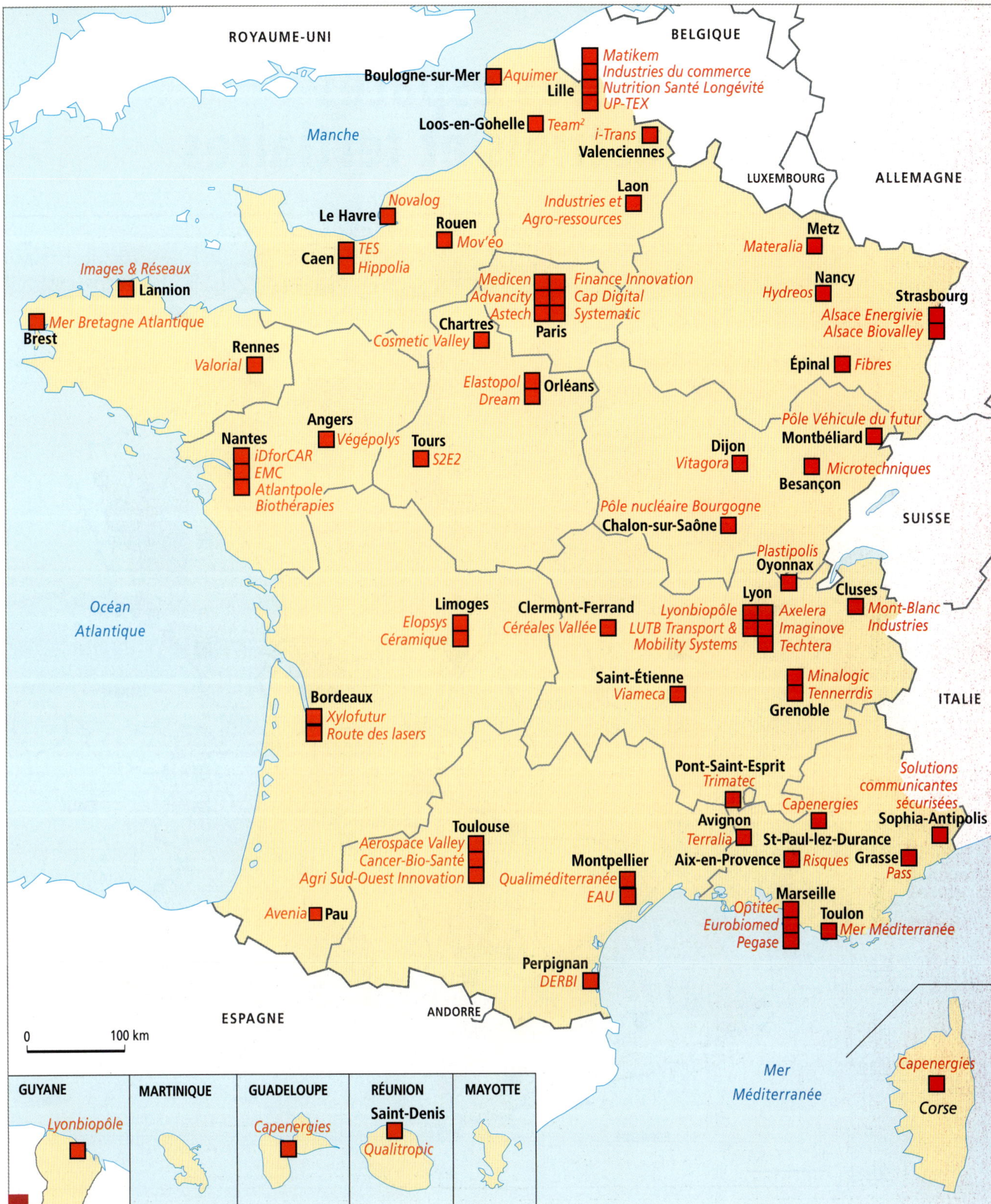

2 Les pôles de compétitivité français

Questions sur les documents

1. Quelles sont les régions qui font de la France un grand pays d'agriculture productiviste ? **(doc. 1)**
2. Identifiez les pôles de compétitivité spécialisés dans l'agriculture et dans l'agroalimentaire. **(doc. 2)**
3. Quels sont les pôles de compétitivité spécialisés dans les secteurs industriels ? **(doc. 2)**
4. Quels sont les pôles de compétitivité spécialisés dans le secteur des services ? **(doc. 2)**

L/ES
S

Les dynamiques des espaces productifs industriels et tertiaires

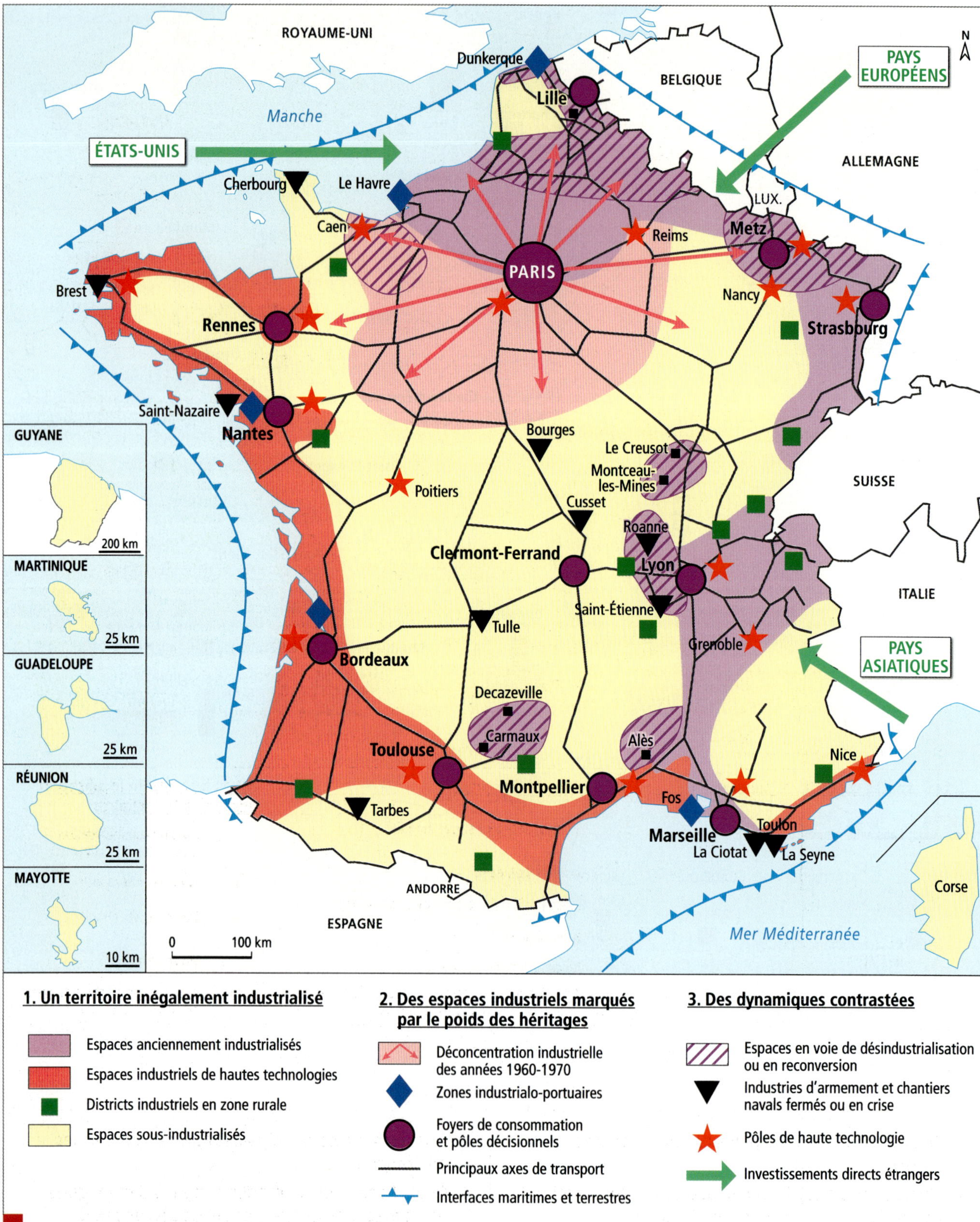

1 Les espaces industriels français

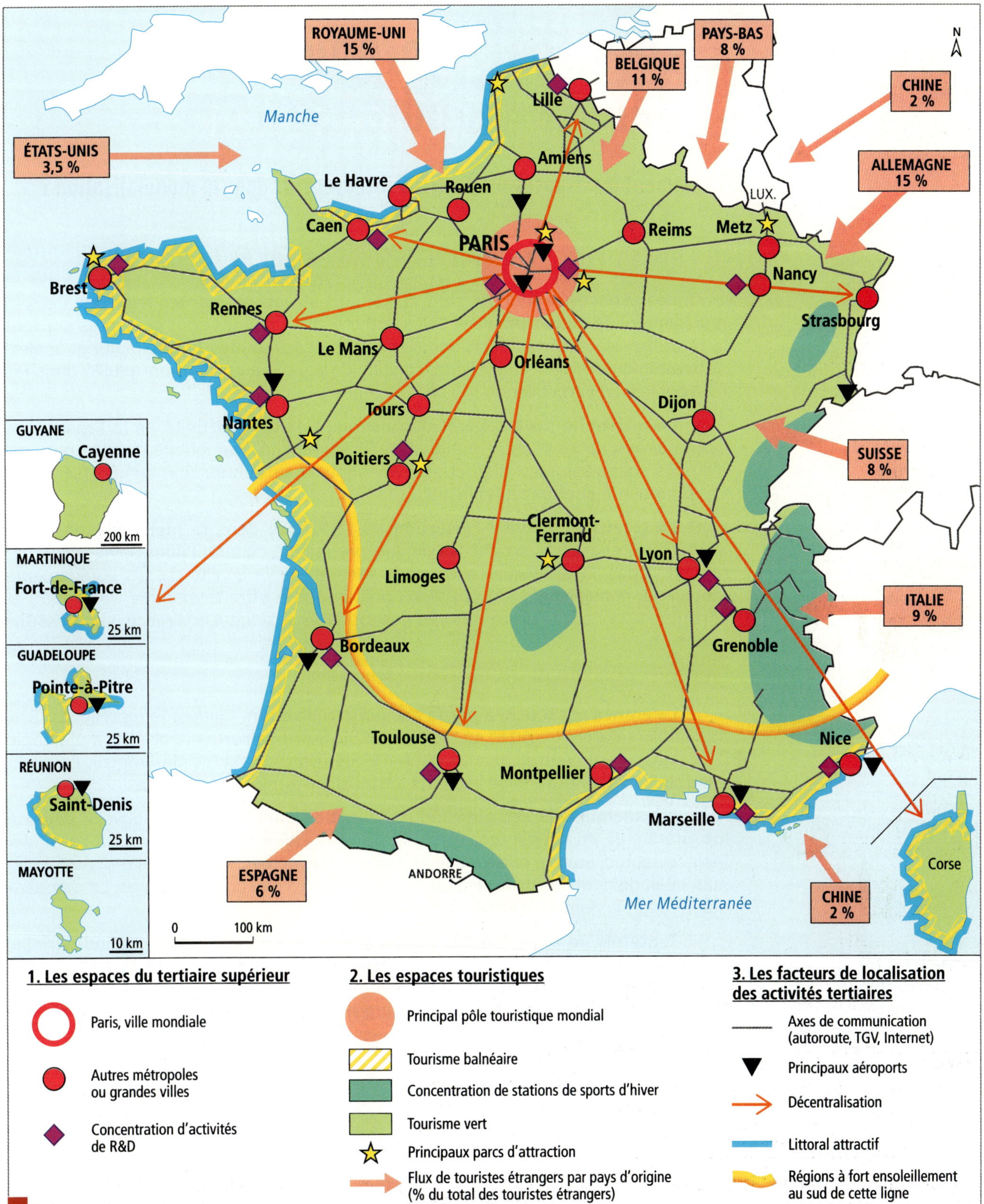

2 **Les espaces tertiaires en France**

Questions sur les documents

1. Quelles sont les principales régions industrielles en France ? **(doc. 1)**
2. Quels sont aujourd'hui les facteurs de localisation des activités industrielles en France ? **(doc. 1)**
3. Quelles sont les principales régions touristiques en France ? **(doc. 2)**
4. Quels liens peut-on établir entre les dynamiques des espaces industriels et celles des espaces tertiaires ? **(doc. 1 et 2)**

L/ES
S

1. Les espaces productifs dans la mondialisation

Comment les espaces productifs s'intègrent-ils dans la mondialisation ?

Repères

La place de la France dans les productions agricoles mondiales

	Rang mondial (en volume produit)
Céréales	5
Vins	1
Lait	7
Viande bovine	7
Volailles	9
Oléagineux	13
Viande porcine	8

Sources : Agreste et FAO, 2015.

1 Des services, moteurs du rayonnement de la France

Les espaces productifs sont largement structurés par les services. Ceux-ci représentent 78 % des emplois. Si les activités marchandes sont présentes sur tout le territoire, les activités décisionnelles (sièges sociaux des firmes multinationales) ou stratégiques (finance, publicité, conseil juridique) se concentrent plutôt dans les métropoles, en particulier en région parisienne.

La recherche-développement contribue à la compétitivité de la France. Les laboratoires publics (Centre national de la recherche scientifique, Centre national d'études spatiales) aussi bien que privés sont au service de l'**innovation** (aéronautique, industrie pharmaceutique, etc.).

Le tourisme favorise l'insertion de la France dans la mondialisation. Son attractivité repose sur la richesse de son patrimoine culturel (Mont-Saint-Michel) et naturel (Alpes, Côte d'Azur, La Réunion, etc.) et sur la qualité de ses équipements (hôtellerie, restauration) **(doc. 1)**. Paris présente une offre touristique très variée et constitue la principale porte d'entrée des touristes étrangers en France (voir p. 330).

2 Une puissance industrielle en crise

La France est touchée par la désindustrialisation. L'industrie représente 13 % de l'emploi total contre 40 % en 1968. Le textile (Nord, région lyonnaise), la métallurgie (Lorraine, Massif central, **doc. 2**), l'automobile (Nord-Ouest, Île-de-France), l'agroalimentaire (Bretagne) sont les secteurs les plus concernés par ce déclin.

Les facteurs de cette désindustrialisation sont variés. La nouvelle **division internationale du travail** repose sur la **délocalisation** de la fabrication à l'étranger (Asie, Maghreb, Europe orientale). Elle répond à la recherche d'une main-d'œuvre bon marché et de normes sociales et environnementales peu contraignantes. La robotisation a réduit le nombre d'emplois industriels.

Toutefois, le pays maintient son statut de grande puissance industrielle. Même si sa part dans le PIB (19 %) régresse, l'industrie représente 76 % des exportations nationales et certains secteurs (pharmacie, aéronautique, chimie) sont en forte croissance. La France se place au 8e rang mondial et au 4e rang européen pour la valeur de sa production industrielle.

3 Une agriculture intégrée aux marchés européens et mondiaux

L'agriculture française occupe la première place en Europe. Elle figure aux premiers rangs de l'Union européenne pour les céréales, l'élevage et des productions à forte valeur ajoutée (vins, fromages). La France est le 5e exportateur mondial de produits agricoles, mais elle doit faire face à de nouveaux concurrents (Allemagne, Brésil, Russie) **(doc. 3)**.

L'agriculture joue un rôle majeur dans le commerce extérieur de la France. Elle dégage un excédent annuel de 9 milliards d'euros en exportant principalement vers l'Europe, l'Amérique du Nord mais aussi l'Asie (vins, fromages) ainsi que l'Afrique et le Moyen-Orient (blé, volailles, lait). Rouen est le premier port céréalier d'Europe.

Toutefois, l'agriculture occupe une place modeste dans l'économie française. Sa part dans le PIB national est passée de 4 % en 1980 à 1,8 % actuellement. Les industries agroalimentaires représentent 1,6 % du PIB français. Certaines d'entre elles (abattoirs en Bretagne) sont en difficulté face à la concurrence mondiale (Allemagne, Brésil).

Vocabulaire

- **Délocalisation :** transfert de production vers des pays disposant d'une main-d'œuvre à bas coût et de réglementations sociales et environnementales peu contraignantes.
- **Désindustrialisation :** diminution ou disparition de l'activité industrielle.
- **Division internationale du travail :** répartition de la production mondiale de biens et de services entre plusieurs pays en fonction de différents critères (coût de la main-d'œuvre et niveau de qualification, législation salariale et environnementale).
- **Innovation :** capacité à améliorer les performances d'une production ou d'une activité.

1 Campagne de promotion touristique pour l'île de La Réunion, 2015

« Île de La Réunion, partez à la découverte d'une île faite pour les voyageurs. Pas de visa requis pour les détenteurs de passeports sud-africains. Et bien plus encore… » blog.welcometoreunionisland.com, office du tourisme de La Réunion, 2015.

2 Une friche industrielle à Uckange (Moselle)

① Ancien haut-fourneau
② La Moselle (voie navigable)
③ Voie ferrée Metz-Thionville

3 La viticulture française face aux marchés émergents

L'élévation des niveaux de vie dans plusieurs pays émergents modifie les habitudes alimentaires, poussant par exemple les ménages chinois à consommer davantage de vin et de boissons alcoolisées jusqu'alors absentes du marché national, notamment le champagne. […] Les ventes de vins de Bordeaux vers la Chine ont augmenté de quelque 93 % entre 2002 et 2011. […] La [concurrence] des vins australiens, chiliens, argentins, sud-africains et californiens, voire indiens demain peut donc [être moins forte] dans ce secteur compte tenue de la croissance de la demande mondiale et des effets de réputation qui caractérisent les productions de vin français. […]

Le basculement du centre de gravité de l'économie mondiale ne peut qu'être profitable à l'agriculture française, pour peu qu'elle sache renouveler ou préserver ses points forts dans le domaine des vins et des boissons alcoolisés face à des concurrents extra-européens, mais aussi intra-européens comme l'Italie ou l'Espagne. Cet enjeu doit être véritablement intégré dans la stratégie d'exportation des producteurs français.

Sébastien Abis et Thierry Pouch, *Agriculture et mondialisation. Un atout géopolitique pour la France*, Presses de Sciences Po, 2013.

Questions sur les documents

1. Sur quels atouts touristiques la France peut-elle s'appuyer ? **(doc. 1 et 3)**
2. À quels défis la mondialisation expose-t-elle les espaces productifs français ? **(doc. 1 à 3)**

L/ES
S

2. Des acteurs aux stratégies variées

➔ **Comment les espaces productifs français et leurs acteurs s'adaptent-ils pour rester compétitifs ?**

1 Les choix de localisation des activités de services

■ **La localisation des services répond à une mise en concurrence des territoires.** Leur attractivité dépend de différents critères (accessibilité, qualification de la population). Les entreprises françaises se développent aussi à l'échelle mondiale (**firmes transnationales** telles que GDF-Suez ou Carrefour). Certaines ont recours aux délocalisations (centres d'appels au Maroc).

■ **La proximité des marchés de consommation favorise le développement des services.** Les activités de **logistique**, de commerce de gros ainsi que les parcs d'attractions recherchent la proximité des nœuds de communication. La proximité des marchés de consommation (marché de Rungis, au sud de Paris, Futuroscope près de Poitiers, **doc. 1**) est également privilégiée.

■ **La localisation de certains services est liée au rôle de l'État.** Les services publics structurent aussi bien les espaces ruraux (écoles, mairies, poste) que les villes (préfectures, hôpitaux, universités). Le développement touristique peut résulter de stratégies étatiques (aménagement du littoral languedocien, années 1960).

2 L'industrie et ses stratégies d'adaptation à la mondialisation

■ **L'État est un acteur central de la compétitivité de l'industrie française.** Il soutient l'innovation, notamment en encourageant la coopération entre les entreprises et les activités de **R&D** au sein des pôles de compétitivité. Toutefois, la France est en retard dans le financement de la recherche.

■ **La concurrence mondiale incite les territoires à renforcer leur attractivité.** En effet, les entreprises de très hautes technologies (aéronautique, chimie, nucléaire) recherchent la proximité de grandes universités, de laboratoires de recherche mais aussi d'infrastructures de transport performantes (Paris, Lyon, Toulouse, Montpellier).

■ **Les entreprises recherchent les meilleurs facteurs de production.** Le coût de la main-d'œuvre française est compensé par sa productivité et ses savoir-faire. L'image positive du « *Made in France* » **(doc. 2)** incite certaines entreprises à rester en France, voire à y relocaliser leurs activités (lunetier Atol dans le Jura).

3 Des filières agroalimentaires soutenues par les acteurs publics

■ **Le secteur agricole est au centre de filières agroalimentaires mondialisées. Productiviste**, il intègre, en amont, les facteurs de production (engrais, matériel agricole) et, en aval, la transformation, le transport et la distribution. Il s'appuie sur des multinationales : Limagrain **(doc. 3)**, Danone (produits laitiers), Soufflet (céréales).

■ **L'augmentation de la production agricole résulte d'une volonté politique.** La **PAC** (politique agricole commune) a permis à la France de moderniser son agriculture. Mais elle est aussi accusée d'avoir encouragé un productivisme facteur de dégradations environnementales et d'inégalités sociales (soutien aux gros exploitants, disparition des petites fermes).

■ **En finançant la recherche, l'État soutient la compétitivité de l'agriculture française.** L'Institut national de la recherche agronomique (INRA) est au service de l'amélioration des performances (sélection génétique). L'innovation passe aussi par le développement des agrocarburants. La France finance la recherche sur les OGM mais en a suspendu les cultures commerciales.

Repères

■ **9 départements concentrent la moitié des emplois en conception-recherche**

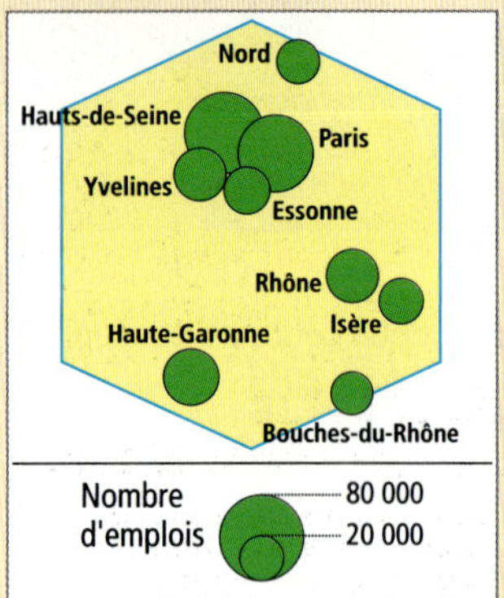

Source : *L'Atlas de la France et des Français*, Le Monde-La Vie, 2014.

Vocabulaire

▸ **Agriculture productiviste :** agriculture commerciale dont l'intensivité et la productivité reposent sur un recours aux techniques et aux progrès scientifiques. Elle s'oppose à l'agriculture vivrière destinée à l'autoconsommation.

▸ **Filière agroalimentaire :** ensemble des activités en lien avec la production agricole, en amont comme en aval.

▸ **Firme transnationale :** entreprise implantée dans de nombreux pays et qui réalise la majeure partie de son chiffre d'affaires en dehors de son pays d'origine.

▸ **Logistique :** ensemble des opérations visant à l'organisation la plus rapide et la moins coûteuse possible des flux de marchandises.

▸ **PAC (politique agricole commune) :** politique européenne créée en 1962 pour moderniser et développer l'agriculture des pays membres de la CEE puis de l'Union européenne.

▸ **R&D (recherche-développement) :** activité destinée à améliorer la qualité et la capacité de production d'une entreprise. C'est un facteur majeur d'innovation et donc de compétitivité.

1 Le parc du Futuroscope au nord de Poitiers

1. Université
2. École nationale supérieure de mécanique et d'aérotechnique
3. Palais des Congrès
4. Entreprises de services (centres d'appels)
5. Centre commercial
6. Zone industrielle et commerciale
7. Parc de loisirs
8. Gare TGV

2 La valorisation du « *Made in France* »

Affiche de publicité pour la marque Findus, 2012.

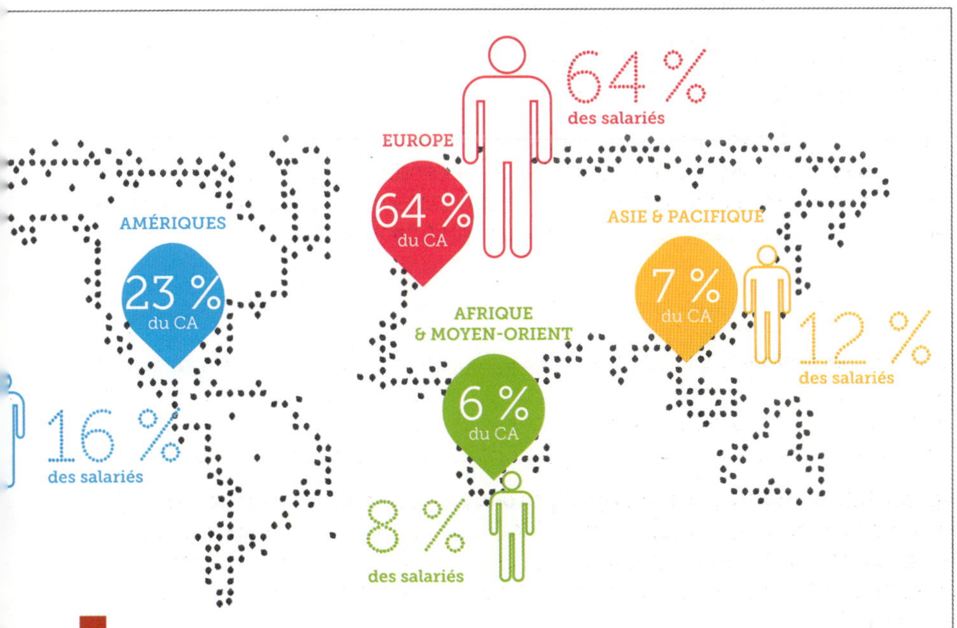

3 Répartition du chiffre d'affaires et des salariés de l'entreprise Limagrain par zone géographique

Le groupe Limagrain, 4e entreprise mondiale de semences, compte plus de 8 600 salariés dans le monde, et 69 % de son chiffre d'affaire est réalisé à l'international. Carte publiée par l'entreprise Limagrain, 2015.

Questions sur les documents

1. Quelles activités le Futuroscope regroupe-t-il et quels sont leurs facteurs de localisation ? (doc. 1)
2. Comment les entreprises s'adaptent-elles à la concurrence mondiale ? (doc. 2 et 3)

L/ES
S

3. Des dynamiques contrastées

Comment les mutations économiques font-elles évoluer l'organisation des territoires ?

1 Les mutations spatiales liées aux services

Plutôt concentrés dans les villes, les services structurent la hiérarchie urbaine. Les plus petites villes offrent des services élémentaires (supermarchés, lycées), tandis que ceux des villes moyennes et des grandes villes sont plus spécialisés **(doc. 1)** : préfectures (Laon, Auxerre), tourisme (Nice, Biarritz), assurances (Le Mans, Niort), vente par correspondance (Roubaix), etc.

Le dynamisme du tertiaire supérieur est un facteur de métropolisation. Les métropoles concentrent les fonctions de décision des entreprises et les services qui leur sont liés (finance, marketing, communication, conseil). L'agglomération parisienne détient près de la moitié des emplois du tertiaire supérieur en France.

Les réformes successives des services publics ont transformé les territoires. La fermeture des casernes militaires (Châlons-en-Champagne, Metz), des services hospitaliers (Ambert, Lure), des bureaux de poste (Orne, Sarthe) entraîne la disparition d'emplois directs ou induits (commerce, artisanat) dans des zones rurales ou des petites villes qui perdent alors de leur attractivité.

2 Des espaces industriels entre héritages et mutations

L'espace français demeure marqué par les héritages de l'industrialisation. Les régions frontalières du nord-est restent les plus industrialisées **(doc. 2)**. Les systèmes productifs locaux continuent de mobiliser des savoir-faire issus d'une longue tradition : coutellerie à Thiers, serrurerie et robinetterie du Vimeu (Somme).

La déconcentration industrielle a rééquilibré l'espace industriel français. Impulsée dans les années 1960, dans le cadre de l'aménagement du territoire, elle a permis l'industrialisation de l'Ouest (construction automobile et électronique) et le développement de **zones industrialo-portuaires** sur les littoraux (Dunkerque, Fos).

Certains espaces industriels ont connu de profondes transformations. Quelques industries textiles ont su se tourner vers le luxe (ganterie de Millau) ou les textiles techniques (région de Lyon et de Roanne). Les vieilles régions d'industries lourdes ont organisé leur **reconversion** vers des activités tertiaires (logistique à Nancy, culture à Lens).

3 Des espaces agricoles en quête de durabilité

La concurrence internationale renforce la spécialisation des espaces productifs. 24 % des exploitations sont spécialisées dans les céréales et les cultures industrielles, 24 % dans l'élevage bovin et 14 % dans la viticulture. À l'inverse, la **polyculture** régresse (Lorraine, Bassin aquitain).

Les inégalités sont fortes entre les espaces agricoles. L'**agrobusiness** du Bassin parisien contraste avec l'élevage extensif de certaines montagnes en **déprise**. La surface agricole régresse et les agriculteurs, de moins en moins nombreux, se trouvent à la tête d'exploitations toujours plus vastes (leur superficie moyenne a doublé depuis 1988).

La France s'efforce d'assurer la durabilité de son agriculture. Face aux impacts environnementaux du productivisme (pollution des rivières, irrigation excessive), certains producteurs adoptent une agriculture raisonnée qui limite ou interdit (dans le cas des cultures biologiques) l'utilisation des produits chimiques **(doc. 3)**. D'autres activités garantissent un complément de revenu (**agritourisme**).

Repères

Les 5 premières régions industrielles françaises (2014)

	Nombre d'emplois industriels
Île-de-France	473 723
Rhône-Alpes	426 608
Pays de la Loire	251 773
Nord-Pas-de-Calais	216 407
Bretagne	185 975

Source : INSEE, 2014.

Vocabulaire

- **Agritourisme :** activités touristiques pratiquées sur une exploitation agricole (gîtes ruraux, chambres d'hôtes, campings à la ferme).
- **Agrobusiness :** voir p. 176.
- **Déprise agricole :** abandon de l'activité agricole sur un territoire.
- **Polyculture :** production de différentes cultures sur une même exploitation.
- **Reconversion :** réorientation des activités d'une entreprise ou d'un espace vers un secteur plus compétitif suite au déclin d'une production.
- **Tertiaire supérieur :** activités de services hautement qualifiées et stratégiques destinées aux entreprises plutôt qu'aux particuliers (fonctions de décision, de formation, d'information, etc.).
- **Zone industrialo-portuaire :** espace portuaire aménagé afin d'accueillir des activités industrielles, le plus souvent des industries lourdes (sidérurgie, pétrochimie).

1 La Cité de la Méditerranée : un nouvel espace tertiaire à Marseille

① Siège social de CMA-CGM (1er armateur français)
② Les Quais d'Arenc (bureaux et logements de standing)
③ Le Silo (entrepôt à céréales transformé en salle de spectacle)
④ Les Terrasses du Port (centre commercial)
⑤ Les Docks (entrepôts transformés en bureaux et commerces)
⑥ Villa Méditerranée (centre culturel)
⑦ MUCEM (musée des Civilisations de l'Europe et de la Méditerranée)

2 Les mutations industrielles du Nord-Est

Les régions de l'Est qui présentent aujourd'hui les plus forts taux d'industrialisation ne sont pas celles des bases industrielles lourdes de la première ou de la seconde révolution industrielle, mais celles qui étaient marquées par une industrie diversifiée fondée sur des savoir-faire ouvriers, un dense réseau de PMI et une bonne desserte en infrastructures de transport, permettant une forte dissémination industrielle. L'Alsace ou la Franche-Comté relèvent de ce modèle.

Enfin, la place de l'industrie dans ces zones du territoire est aussi à comprendre par rapport à leur plus grande proximité de la dorsale européenne[1] et à la bonne qualité de leur système de transport qui en font des régions privilégiées. Le choix de l'implantation en 1997 par Mercedes de l'usine Smart à Hambach en Lorraine (1 600 salariés) correspond à un choix de localisation qui se comprend par rapport à l'accès au marché européen. [...]

En Alsace, plus de la moitié des IDE proviennent de l'implantation de firmes transnationales, choisissant une région frontalière [...] mais aussi de nombreuses PMI allemandes ou suisses.

Yves Colombel et Daniel Oster (dir.), *La France. Territoires et aménagement face à la mondialisation*, éditions Nathan, 2014.

1. Espace densément peuplé allant de Londres à l'Italie du Nord en passant par la vallée du Rhin.

3 Une campagne publicitaire en faveur de l'agriculture durable

Campagne émise par le ministère de l'Agriculture, de l'Agroalimentaire et de la Forêt, 2013.

Question sur les documents

- Montrez que les mutations récentes de l'économie ont contribué à transformer les espaces du port de Marseille et du nord-est de la France. **(doc. 1 et 2)**

L/ES
S

AUTRES REGARDS

La mondialisation est-elle une menace pour l'industrie de Belfort-Montbéliard ?

Dans l'est de la France, fortement touché par la désindustrialisation, le territoire de Belfort-Montbéliard constitue un pôle industriel dynamique et innovant spécialisé dans la construction automobile, les transports et l'énergie.
La présence de firmes transnationales françaises (PSA Peugeot-Citroën et Alstom) et états-unienne (General Electric) l'insère dans la mondialisation.

→ Comment l'industrie de Belfort-Montbéliard s'adapte-t-elle à la mondialisation ?

Info

- Le territoire de Belfort-Montbéliard s'est **très tôt industrialisé,** dès la **seconde moitié du XIXe** siècle. C'est le berceau de l'entreprise de la **famille Peugeot**.
- Actuellement, **l'usine PSA Peugeot-Citroën** de Sochaux est le **plus important site industriel de France**, avec près de **11 000 salariés.**

1 Belfort-Montbéliard, un pôle industriel

2 Sochaux, une usine moderne

L'arrivée en production de deux nouveaux véhicules sur le site PSA de Sochaux-Montbéliard favorise une modernisation des équipements de l'usine historique du constructeur national.

Yvan Lambert, directeur de PSA Sochaux-Montbéliard dans le Doubs en poste depuis juillet, a confirmé le 29 septembre [...] un programme de 300 millions d'euros d'investissement jusqu'en 2017 [...]. Il découle de l'arrivée en fabrication de deux nouveaux véhicules : la remplaçante de la Peugeot 3008 (projet P8) et un crossover pour le groupe General Motors[1] de marque Opel[2].

« C'est une bonne nouvelle compte tenu de la situation qu'a connue notre groupe et l'espoir d'une relance pérenne d'activité pour Sochaux pour préserver l'emploi », indique Pascal Pavillard, secrétaire et délégué du syndicat FO.

Didier Hugue, « PSA confirme 300 millions d'investissement sur son site de Sochaux-Montbéliard », *L'Usine nouvelle*, 29 septembre 2014.

1. Constructeur automobile états-unien.
2. Constructeur automobile allemand appartenant à General Motors.

3 Un territoire innovant

Belfort et son agglomération ont vu leurs efforts récompensés par le numéro d'octobre du magazine *L'Entreprise*. Dans son classement annuel des « villes où il fait bon innover », Belfort arrive en première place parmi des agglomérations de 70 000 à 100 000 habitants en se distinguant particulièrement pour la vivacité de son économie.

Pour Étienne Butzbach, maire de Belfort et président de la communauté d'agglomération belfortaine, « ce classement, qui reflète bien le dynamisme local dans un contexte de crise économique généralisée, n'est pas dû au hasard. Il est le fruit des politiques publiques mises en place par la majorité de gauche depuis plus de 30 ans à Belfort et dans le Territoire. Il faut se souvenir de la sinistrose qui régnait dans la première moitié des années 1990 lorsque Bull[1] a fermé et qu'Alstom était en difficulté. La mobilisation politique de l'époque a permis d'inventer une nouvelle manière pour les élus de participer à la vie économique locale. Grâce à ces efforts, il a été possible de renverser la vapeur et de disposer aujourd'hui d'une double spécialisation industrielle, dans l'énergie et les transports, largement confortée par les laboratoires de recherche et un enseignement supérieur de qualité. »

« Belfort, cité de l'innovation », *Belfort Mag*, n° 238, octobre 2012.

1. Constructeur informatique français.

4 Alstom Énergie rachetée par General Electric

Publicité émise par General Electric en 2014.

La branche énergie d'Alstom a été rachetée par la firme transnationale états-unienne General Electric en décembre 2014.

Préparer le débat

1. Pourquoi peut-on dire que Belfort-Montbéliard est un pôle industriel ? **(doc. 1)**
2. Pourquoi la mondialisation peut-elle représenter une chance et un risque pour l'industrie de Belfort-Montbéliard ? **(doc. 1 à 4)**
3. Quels sont les atouts de l'industrie de Belfort-Montbéliard pour s'adapter à la mondialisation ? **(doc. 3 et 4)**

Débat

Quels arguments un élu de Belfort-Montbéliard, interviewé par un journaliste, pourrait-il présenter pour expliquer que son territoire peut et doit résister aux délocalisations ? Vous vous appuierez sur les informations contenues dans les documents.

L/ES
S

Les dynamiques des espaces productifs dans la mondialisation

Synthèse

1 Des espaces productifs bien intégrés aux marchés mondiaux

- **La diversité des services contribue au rayonnement de la France.** Le secteur tertiaire concentre l'essentiel des emplois. Le tourisme et la recherche favorisent l'insertion de la France dans la mondialisation.

- **L'industrie et l'agriculture sont plus fragilisées par la concurrence internationale.** La désindustrialisation se poursuit et l'agriculture pèse de moins en moins dans le PIB national. Néanmoins, la France reste une puissance industrielle et est le 5e exportateur mondial de produits agricoles.

2 Des acteurs en quête d'espaces productifs attractifs

- **Certains territoires concentrent les investissements productifs.** Ainsi, les entreprises se localisent plutôt au sein des métropoles, des carrefours de communication et des territoires innovants.

- **Les acteurs publics soutiennent l'attractivité des espaces productifs.** L'État et les collectivités territoriales stimulent leur compétitivité face à la concurrence. Ils financent des infrastructures de transport ou des activités de recherche et de formation.

3 Des territoires gagnants et des territoires perdants

- **La concentration des activités dans les villes renforce la métropolisation.** Le dynamisme des métropoles est lié à la diversité des services, à leur capacité d'innovation et d'adaptation aux mutations de l'industrie.

- **D'autres territoires peinent à capter les activités économiques.** Ils sont souvent plus enclavés ou spécialisés dans des productions moins compétitives face à la concurrence internationale. Ils sont alors moins attractifs.

Notions clés

- Acteurs spatiaux p. 170
- Agriculture productiviste p. 176
- Agrobusiness p. 176
- Espace productif p. 170
- Pôle de compétitivité p. 164
- Territoire innovant p. 164

Chiffres clés

- Agriculture et industries agroalimentaires représentent respectivement **1,8 %** et **1,6 %** du PIB français.
- La France est le **premier producteur européen** de céréales, de vins, d'oléagineux, de viande bovine et de volailles en Europe.
- **L'industrie** représente **13 % des emplois français** contre 40 % en 1968.
- L'industrie génère **19 % du PIB national** et représente **76 % des exportations** de la France.
- **Les services** représentent **79 % du PIB** français et **78 % de la population active**.

Pour approfondir

Livres, dossiers

- Jacques Ferrandez et Yves Camdeborde, *Frères de terroirs*, Rue de Sèvres, 2014. Cette BD relate les voyages d'un cuisinier parisien à la rencontre de ses fournisseurs confrontés aux mutations des espaces productifs.

Films

- Jonathan Nossiter *Mondovino*, 2003. Documentaire décrivant les conséquences de la mondialisation sur les vignobles français.
- Raymond Depardon, *Profils paysans*, 2000. Documentaires sur les difficultés d'agriculteurs en moyenne montagne.
- *La Défense, un quartier d'affaires*, C'est pas sorcier, 2011.
- Gilles Perret, *De mémoire d'ouvriers*, 2012.

Sites Internet

- **Pôles de compétitivité :** http://competitivite.gouv.fr

Carte mentale

Retrouvez la carte mentale du chapitre sur le site Internet : www.nathan.fr/geo1re-2015

Schémas pour réviser

1 Les acteurs et le fonctionnement d'un territoire de l'innovation

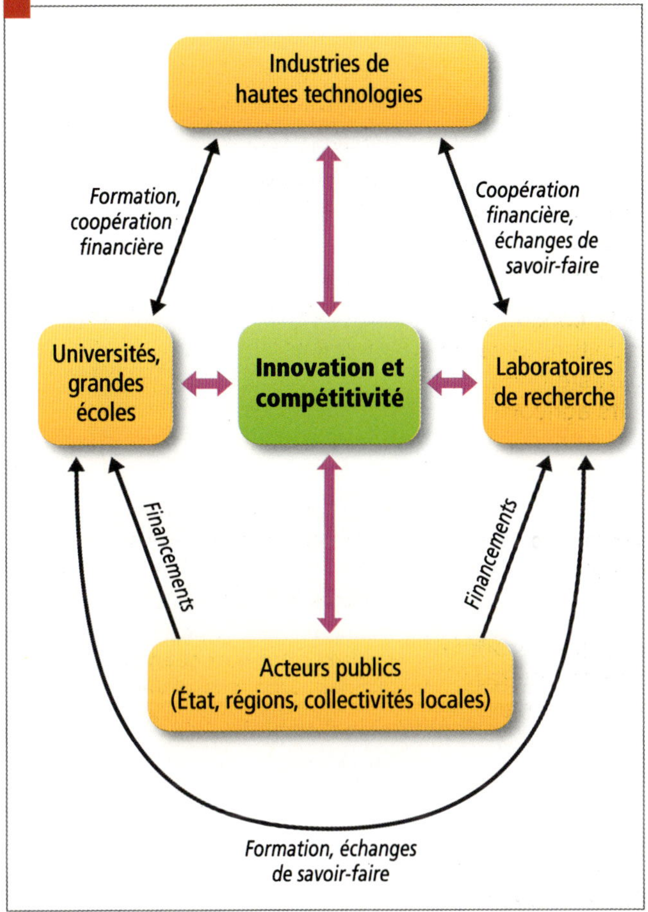

2 L'organisation d'un espace productif tertiaire

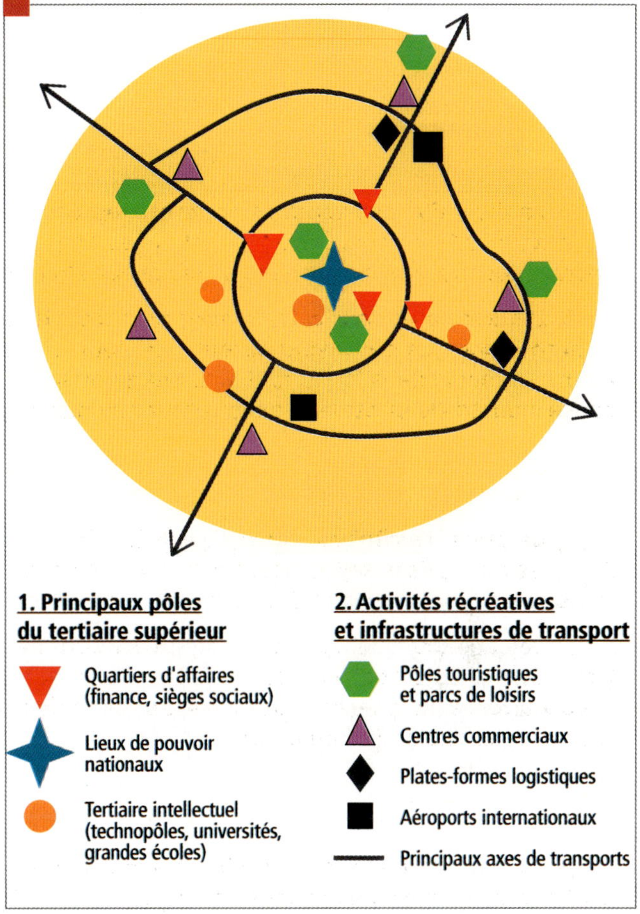

3 Les dynamiques des espaces industriels en France

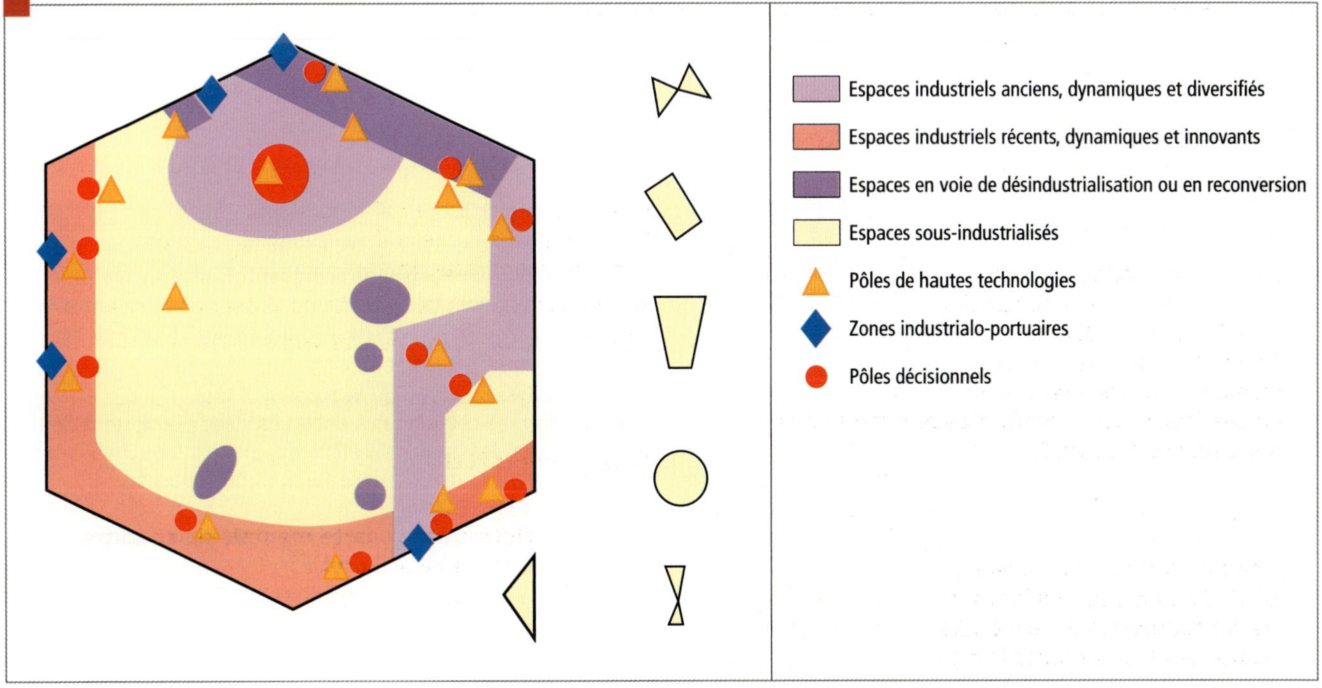

L/ES
S

Exercices BAC

1 Analyser un organigramme

→ Mondialisation et dynamiques des espaces productifs en France

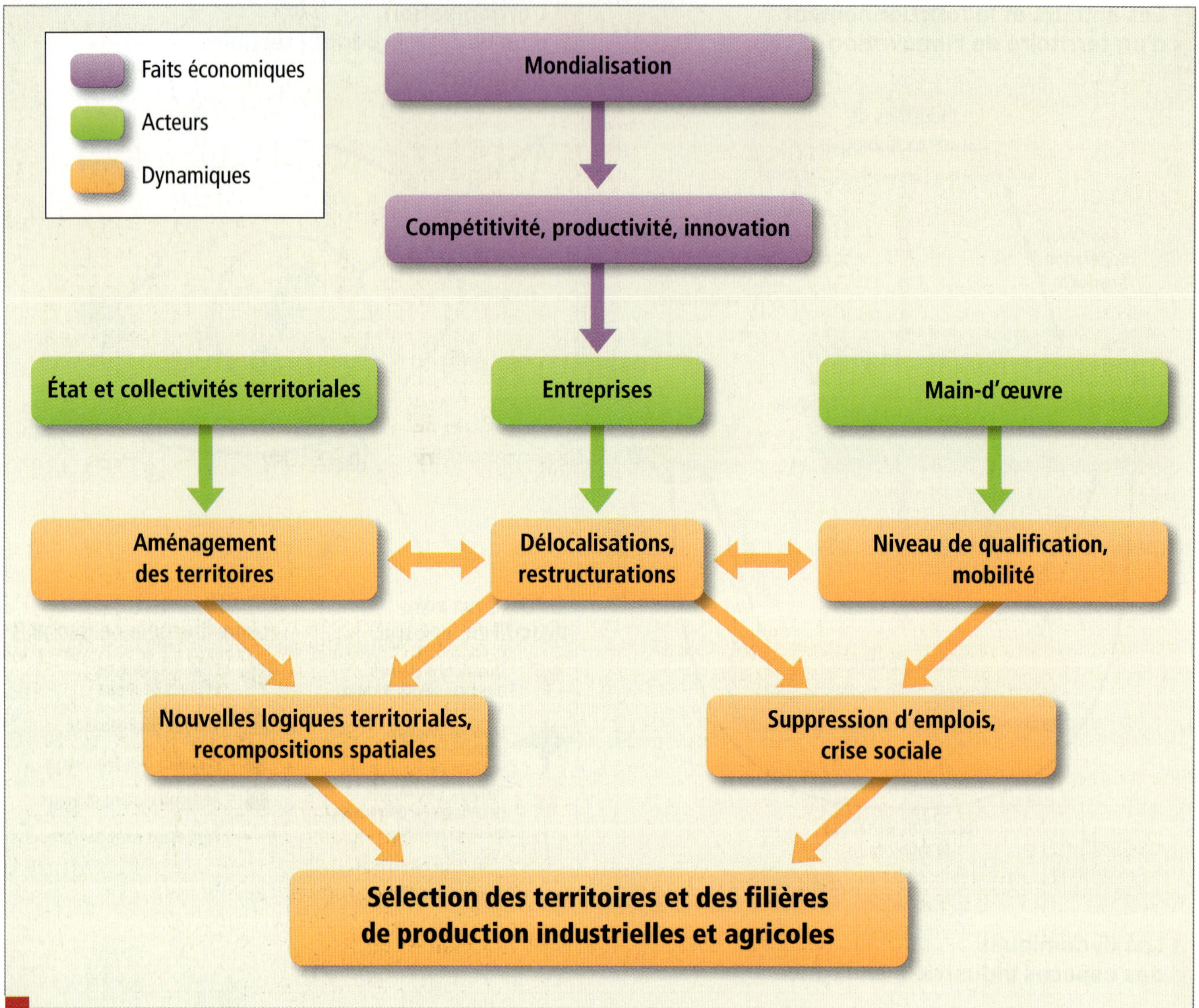

Mondialisation et dynamiques des espaces productifs en France

Vers le BAC

Consigne : À partir de l'analyse du document, vous présenterez les acteurs des espaces productifs ; vous montrerez et expliquerez les liens entre la mondialisation et les dynamiques de ces espaces en France.

Aide pour répondre à la consigne

- Repérez les ensembles de l'organigramme en vous aidant de la légende.
- Quels acteurs interviennent dans les espaces productifs ? Quel est leur rôle ?
- À quelles exigences de la mondialisation doivent-ils répondre ?
- Quelles décisions ces acteurs sont-ils amenés à prendre ?
- Quelles en sont les conséquences sur les espaces productifs ?

Méthode BAC

Analyser un organigramme

- Un organigramme est une **représentation d'un système**, d'un fonctionnement. Les éléments qui le composent sont reliés entre eux par des flèches qui indiquent un **lien de cause à effet** ou d'interaction.

Pour analyser ce type de document, il faut :

- **Analyser** les couleurs des encadrés. Elles permettent de distinguer des groupes d'éléments (par exemple fait, cause, conséquence ; ou phénomène, acteurs, espaces).
- **Définir** le vocabulaire.
- **Expliquer** les interactions et l'organisation du système.

2 Faire de la géographie avec les TICE

→ Faire une recherche sur le site de l'INSEE

1. **Allez sur www.insee.fr.**
   → Qu'est-ce que l'INSEE ?

2. **Explorez le site :**
   → Quels types d'informations pouvez-vous trouver sur la page d'accueil ?
   → À quels contenus vous donnent accès les onglets « Thèmes », « Bases de données », « Publications » et « Régions » ?

3. **Ouvrez l'onglet « Thèmes » ; choisissez un thème puis un sous-thème en relation avec un secteur économique étudié dans le chapitre 5 ; cliquez sur « Démarrer votre recherche ».**

> **Conseil :** vous pouvez consulter l'aide à la recherche thématique, dans l'encadré à droite de la page.

4. **Cochez « Chiffres clés » et « France », cliquez OK. Ouvrez le premier document de la liste :**
   → Quelles sont sa nature et sa date de parution ? Que vous permet-il de savoir ?
   → Quelles pistes d'approfondissement vous sont données en dessous du document ?
   → Cliquez sur « Téléchargement » : qu'obtenez-vous ?

> **Conseil :** pour faciliter votre navigation entre les pages, faites un clic-droit sur le lien puis « ouvrir dans une nouvelle fenêtre ».

5. **Revenez à « Démarrer votre recherche », décochez « Chiffres clés », cochez « Publications », puis « OK » ; cliquez sur un document de la liste puis téléchargez-le :**
   → À quelle collection appartient-il ?
   → Quels types d'informations fournit-il ?
   → Comment pouvez-vous l'utiliser ?

6. **Ouvrez votre outil de traitement de texte sur une page vierge.**
   → Donnez un titre à votre recherche.
   → Rédigez un paragraphe sur le secteur économique étudié, à partir de ce que vous avez appris sur le site.
   → Illustrez votre présentation avec un graphique ou un tableau de statistiques de l'INSEE.
   → Indiquez la source et la date des données.
   → Créez une rubrique « Pour approfondir » contenant les pistes de recherche que vous avez trouvées.

7. **Enregistrez votre fichier dans le dossier « TICE » que vous avez créé.**
   → Vous pouvez également l'imprimer pour illustrer votre cours.
   → Dans le prolongement de cette activité, vous pouvez affiner votre étude en faisant une recherche au niveau de votre région ou de votre département.

Méthode BAC

Faire une fiche de révision

À savoir

- Une fiche de révision est une **synthèse des connaissances** qui ont été exposées en cours et dans le manuel.
- Elle se compose d'un **résumé du chapitre**, de **définitions**, de **références aux documents** étudiés, de **données statistiques**, de **schémas**.
- Elle permet de **faciliter la mémorisation des leçons**. Il est recommandé de faire une fiche de révision dès qu'un chapitre est terminé.

Sujet

Les dynamiques des espaces productifs dans la mondialisation

Chapitre n° 5 : Les dynamiques des espaces productifs dans la mondialisation
(voir manuel pp. 158-191)

Étude de cas : titre, pages
→ Résumé de l'étude de cas et conclusion.

Titre du cours 1 : ....
· Sous-titre 1 ....
→ Idées : ....
→ Exemple : ....
→ Documents étudiés (nature, page) : ....
· Sous-titre 2 ....
→ Idées : ....
→ Exemple : ....
→ Documents étudiés (nature, page) : ....
· Sous-titre 3 ....
→ Idées : ....
→ Exemple : ....
→ Documents étudiés (nature, page) : ....

Titre du cours 2 : ....
· Sous-titre 1 ....
→ Idées : ....
→ Exemple : ....
→ Documents étudiés (nature, page) : ....
· Sous-titre 2 ....
→ Idées : ....
→ Exemple : ....
→ Documents étudiés (nature, page) : ....
· Sous-titre 3 ....
→ Idées : ....
→ Exemple : ....
→ Documents étudiés (nature, page) : ....

Notions et vocabulaire importants
· Territoire :
· Aménagement :

Données statistiques :
→ Sélectionnez les données dans les repères pp. 182, 184, 186 ou dans les chiffres clés p. 190.

Schéma avec un titre et une légende :
→ Reprenez les schémas de la p. 191.

Graphique avec un titre
→ Reprenez un des graphiques de l'étude de cas ou du cours.

Croquis avec un titre et une légende
→ Reprenez le croquis de l'étude de cas étudiée en classe.

Un modèle de fiche de révision

Démarche	Guide de travail
→ **Créer une fiche par chapitre**	1. Recopiez la fiche p. 194. Vous la compléterez en vous aidant des questions suivantes. 2. Comment la fiche est-elle organisée ? **Conseil :** utilisez une fiche cartonnée grand format.
→ **Faire une phrase par idée**	3. Relisez les cours pp. 182-187. 4. Résumez les idées importantes en phrases claires et précises. **⚠ Attention !** **Chaque phrase doit exprimer une idée essentielle. Chaque idée doit être illustrée par un exemple précis.** 5. Organisez vos idées en faisant apparaître des liens logiques : causes, conséquences, etc. **Conseil :** faites ressortir les titres et sous-titres avec des couleurs pour mieux visualiser le plan.
→ **Intégrer des données supplémentaires**	6. Écrivez les définitions importantes du vocabulaire du chapitre en bas de votre fiche. 7. Indiquez des statistiques importantes et significatives sous forme de tableau ou de graphique. ***Exemple*** → *Les chiffres clés p. 190, les repères dans chaque cours.* 8. Faites des petits croquis ou des schémas pour mieux mémoriser un phénomène. ***Exemple*** → *L'organisation d'un espace tertiaire.* 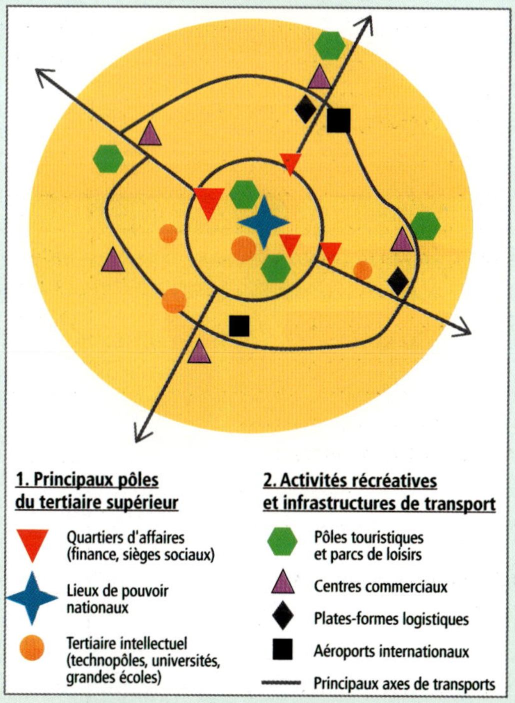 9. Recherchez les autres schémas p. 191.
→ **Classer les fiches**	10. Numérotez les fiches dans l'ordre des chapitres leur correspondant. Regroupez-les dans un classeur.
→ **Soigner la présentation**	**Conseil :** évitez les ratures. Écrivez lisiblement. Soulignez ou encadrez à l'aide d'une règle.

L/ES
S

vers le BAC

Composition

→ Construire le plan

Sujet

Les dynamiques des espaces agricoles français dans la mondialisation

Consigne : À l'aide de vos connaissances, rédigez une composition répondant au sujet.

À savoir

- Le plan d'une composition est **l'organisation cohérente des connaissances** permettant de répondre à un sujet.
- Le choix d'un plan **dépend du sujet et de la problématique** posée, mais aussi **des arguments** que l'élève veut mettre en évidence. Les principaux types de plan sont :
  - **le plan thématique :** une partie par thème (deux à quatre) pour étudier un espace ou un phénomène géographique ;
  - **le plan explicatif :** fait/causes-conséquences/limites (trois parties) pour montrer les relations de causes à effets ;
  - **le plan typologique :** étude hiérarchisée de différents espaces (une partie par espace) ;
  - **le plan de comparaison :** analyse des points communs et différences d'un phénomène géographique dans deux espaces (deux parties).

Les dynamiques des espaces agricoles français dans la mondialisation

dynamiques	espaces agricoles français	mondialisation
Notion à définir : idée d'évolution, d'adaptation	Thème central : Quel types d'espaces ? À quelle échelle ?	Notion à définir : indique le contexte

Démarche	Guide de travail

1 Analyser le sujet

→ Définir les termes du sujet

1. Précisez le sens de « dynamiques », « espaces agricoles » et « mondialisation ».
2. À quelle échelle le sujet doit-il être étudié ?

⚠ Attention ! Le mot « dans » donne un sens au sujet : il suggère un lien, une influence entre la mondialisation et les dynamiques des espaces agricoles.

→ Formuler la problématique

3. Parmi les questions suivantes, déterminez celle qui constitue le fil conducteur du sujet et justifiez votre choix :
   - Quelles sont les dynamiques des espaces agricoles en France ?
   - La France est-elle une puissance agricole mondiale ?
   - Comment les espaces agricoles français évoluent-ils pour s'intégrer dans la mondialisation ?
   - L'agriculture française est-elle influencée par la mondialisation ?
   - Comment la mondialisation transforme-t-elle les espaces agricoles français ?

⚠ Attention ! La problématique doit prendre en compte les termes clés du sujet.

Conseil : lorsque vous formulez une question problématique, réfléchissez à la réponse que vous pouvez lui donner : s'il s'agit juste de « oui » ou « non », vous devez rechercher une autre question.

Démarche	Guide de travail

2 Mobiliser et organiser les connaissances

→ Sélectionner les informations

4. Reportez-vous aux cours pp. 182-187 et aux cartes pp. 178-181 du manuel : relevez les informations permettant de répondre à la problématique.

Exemple → *Les différents types d'espaces agricoles : grande culture céréalière (ex : Bassin parisien), cultures maraîchères et fruitières (ex. : régions méditerranéennes), viticulture (ex. : Bordelais, Champagne) ; élevage intensif hors sol (ex. : Bretagne) ; polyculture ; filières agro-alimentaires ; politique agricole commune ; agriculture productiviste ; agriculture durable ; intégration aux marchés mondiaux ; etc.*

Conseil : listez les connaissances sur un brouillon. Vérifiez qu'elles sont bien en relation avec le sujet et sa problématique.

POINT MÉTHODE

→ Construire le plan

▸ Pour faire un plan, il faut élaborer une argumentation qui réponde clairement à la problématique :
- déterminer deux à quatre thèmes importants ;
- ordonner ces thèmes selon un ordre logique de démonstration ;
- classer les informations dans chacun des thèmes.

5. Soulignez sur votre brouillon les informations qui désignent les types d'espaces agricoles : quelle idée majeure permet de qualifier ces espaces ?

Exemple → *Les espaces agricoles français sont variés et spécialisés.*

6. Parmi les propositions suivantes, quelles sont celles qui peuvent constituer d'autres thèmes du plan ?
- des espaces en déclin ;
- les difficultés du monde agricole ;
- l'intégration aux marchés mondiaux ;
- les mutations en cours ;
- la première puissance agricole d'Europe.

Conseil : confrontez les idées de thèmes avec la problématique. Ne retenez que les thèmes qui sont un élément de réponse cohérent à cette problématique.

Exemple → *Évolutions / mutations ; intégration dans la mondialisation.*

7. Classez dans un ordre logique les thèmes dégagés dans les questions 5 et 6.

Exemple → ***I.*** *Les aspects ou la description du phénomène géographique et/ou des espaces concernés*
II. *Les causes/facteurs d'évolution*
III. *Les perspectives/les mutations/les limites*

3 Rédiger la réponse au sujet

→ Rédiger l'introduction

8. Présentez en quelques lignes le sujet ; annoncez la problématique et le plan.

→ Rédiger le développement

9. Rédigez les parties du devoir en commençant chacune d'elles par une phrase annonçant son idée principale (le thème de la partie).

⚠ Attention ! **N'oubliez pas de citer des exemples précis dans chacune des parties : cela rendra votre argumentation plus concrète.**

Conseil : vous devez utiliser un vocabulaire précis pour montrer que vous maîtrisez les notions géographiques liées au sujet.

→ Rédiger la conclusion

10. En conclusion :
- répondez à la problématique en deux ou trois phrases ;
- ouvrez le sujet vers une perspective plus large.

Exemple → *Évoquez les effets de la mondialisation sur les autres secteurs et espaces productifs en France.*

→ Intégrer une production graphique

11. Faites un schéma à partir du croquis p. 177. Dans quelle partie du développement peut-il être inséré ?

L/ES
S

Chapitre 6

Mobilités, flux et réseaux de communication dans la mondialisation

Avec la mondialisation, les mobilités se sont intensifiées sur l'ensemble du territoire français à toutes les échelles. Populations, marchandises, informations circulent à des vitesses croissantes, dans des volumes de plus en plus importants. Ces échanges jouent un rôle essentiel dans la vie économique et dans l'organisation de l'espace français. Ils insèrent la France dans les réseaux de communication européens et mondiaux. Les différents types de réseaux (routiers, ferroviaires, aériens, numériques, etc.) sont cependant hiérarchisés et les territoires inégalement desservis.

- Comment l'espace français s'intègre-t-il aux réseaux européens et mondiaux ?
- Comment les réseaux de transport structurent-ils les territoires ?
- Comment réduire l'inégale connexion des territoires ?

1 Campagne publicitaire pour Thalys

« Ils n'ont jamais été aussi proches », campagne pour Thalys International, 2014.
Thalys International est un ensemble d'entreprises ferroviaires gérant des liaisons en train entre la France, la Belgique, l'Allemagne et les Pays-Bas.

2 L'aéroport Roissy-Charles-de-Gaulle

Vue des terminaux de l'aéroport en 2015.

3 Le très haut débit dans le Calvados

En 2011, le conseil général (désormais conseil départemental) du Calvados a engagé un plan de développement du numérique afin de couvrir l'ensemble du département d'ici à 2015. Magazine du département, *Le Calvados*, n° 7, mars 2012.

Étude de cas

1 Roissy : plate-forme multimodale et hub mondial

L'aéroport Roissy-CDG (également appelé Paris-Charles-de-Gaulle) est le 8e aéroport mondial par l'importance de son trafic passager. Air France-KLM, 5e transporteur aérien mondial, 2e européen après Lufthansa, en a fait la plate-forme centrale de son réseau.
Ce vaste ensemble aéroportuaire est aussi au cœur des flux routiers et ferroviaires français et européens. Avec plus de 86 000 salariés, il constitue un des pôles économiques majeurs de l'Île-de-France. Sa croissance en fait un enjeu d'aménagement des territoires à différentes échelles.

➔ Quels sont les enjeux du développement de l'aéroport de Roissy ?

le point sur… Roissy

Nombre de passagers (2014)	63,8 millions
Nombre de compagnies aériennes	180
Nombre de vols par jour	1 300
Trafic de marchandises	2,2 millions de tonnes de fret
Nombre d'entreprises	700
Nombre d'emplois	86 000
Superficie (2014)	3 200 hectares
Équipements	4 pistes, 3 aérogares, 8 terminaux et 3 tours de contrôle

A Roissy : un grand aéroport international

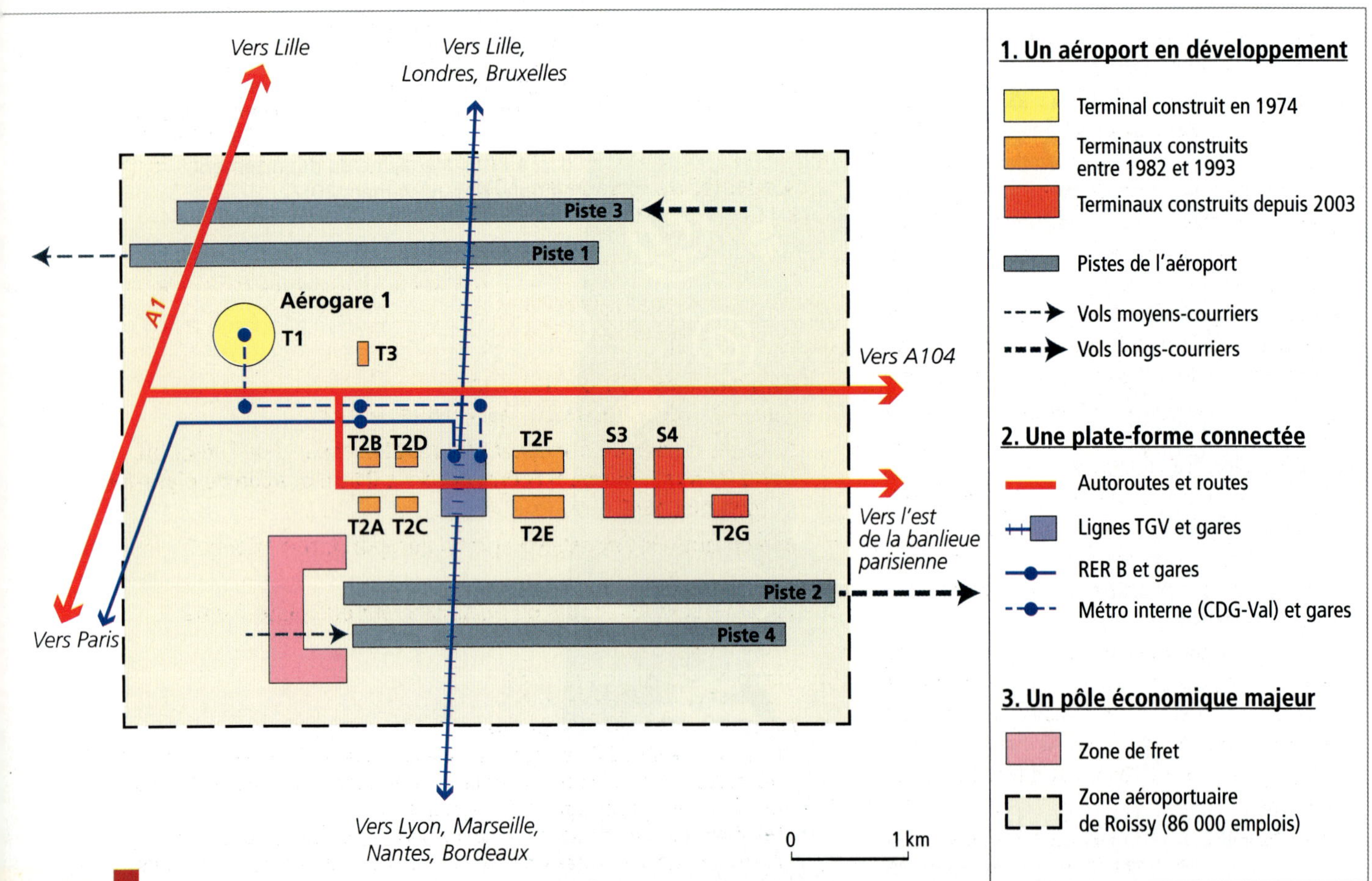

1 Un aéroport international, une plate-forme multimodale

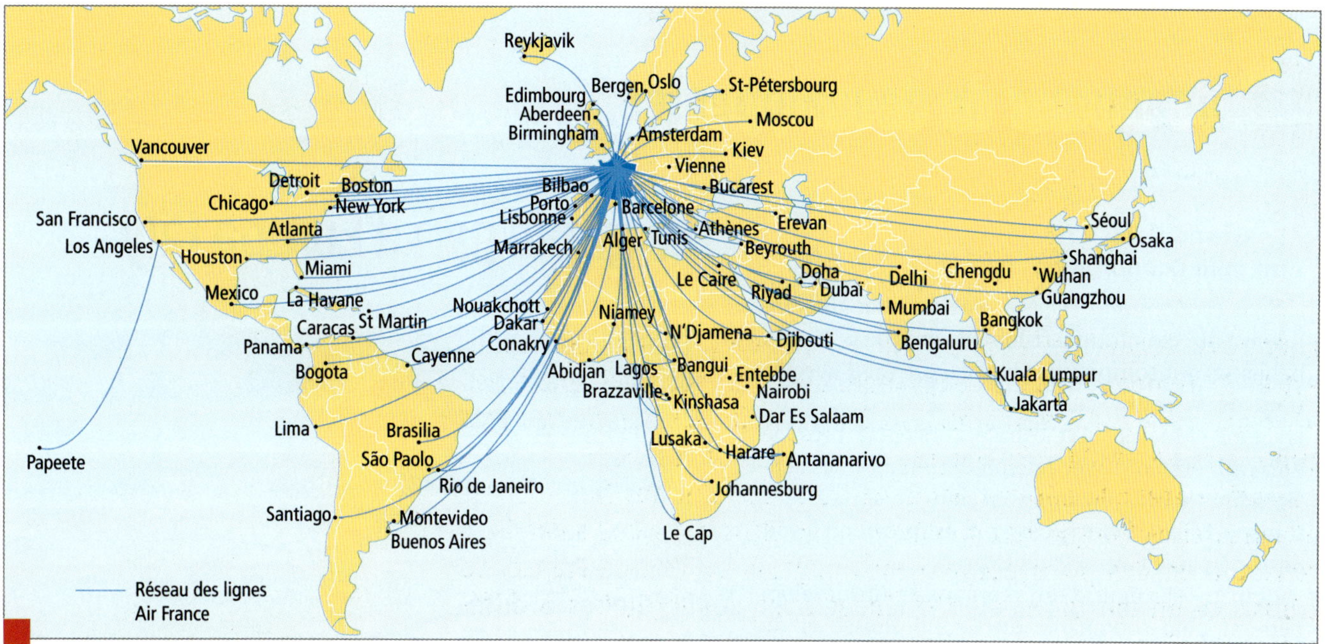

2 **Le réseau aérien couvert par Air France (au départ de Roissy), 2015**

Tous les aéroports des grandes métropoles du monde sont directement reliés à Paris-Charles-de-Gaulle, à l'exception de l'Australie en raison de la distance qui nécessite une escale.

3 Roissy-Charles-de-Gaulle : un pôle logistique

Au 1er rang européen (et au 6e mondial) pour le fret, Roissy-Charles-de-Gaulle est articulé à la plus puissante plate-forme logistique du continent. Lieu de transit bénéficiant d'une excellente accessibilité, l'aéroport facilite les déplacements à toutes les échelles de mobilité et les passages d'un mode à l'autre : lui sont en effet interconnectés des axes routiers majeurs (A1, N104) et surtout une gare TGV qui offre des liaisons cadencées à destination de toute la France et d'une partie de l'Europe du Nord.

Conjuguée à des équipements logistiques de haut niveau technologique, cette intermodalité permet à la plateforme de traiter 1,6 million de tonnes de fret par an. FedEx, 1re société mondiale de transport express, a choisi Roissy pour y implanter son hub européen qui, après son extension de 2009, est devenu le plus grand après sa base de Memphis (77 000 m²). L'ensemble des installations, incluant les aérogares de fret, la zone de tri, les entrepôts et les infrastructures des transitaires, occupe plus de 300 hectares.

L'espace logistique et aéroportuaire, qui présente l'avantage sur ses concurrents de disposer des vastes réserves foncières, est entouré d'une couronne des zones d'activités dynamiques (Roissy Tech, Paris Nord II, Paris Villepinte).

Yves Colombel, Daniel Oster (dir.), *La France territoires et aménagement face à la mondialisation*, éditions Nathan, 2014.

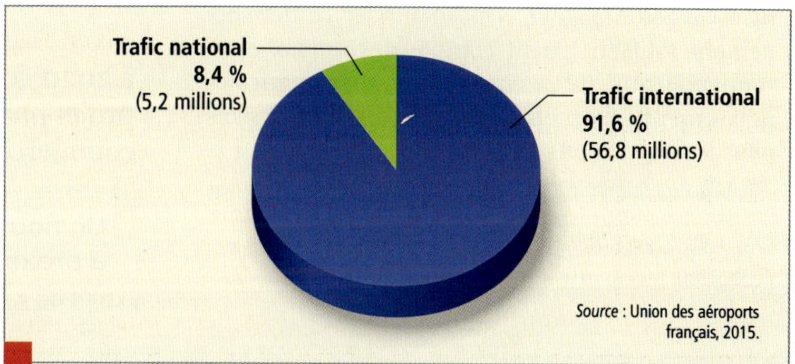

4 **Le trafic de Roissy en 2015**

Analyse des documents

Exploiter des informations sur des documents de types différents

1. Quels modes de transport assurent la desserte de l'aéroport de Roissy ? Pourquoi l'aéroport peut-il être qualifié de plate-forme multimodale ? **(doc. 1 et 3)**
2. Pourquoi Roissy est-il un grand aéroport international ? **(doc. 2 et 4)**
3. Quels sont les atouts de Roissy en tant que plate-forme logistique ? **(doc. 3)**

Méthode BAC → Question 1

Analyser un schéma (voir p. 312)

- Lisez le titre du schéma : quels sont les termes clés évoqués dans le titre ?
- Regardez la légende : comment la légende s'organise-t-elle ? Quelles sont les informations cartographiées et comment ?
- Repérez les éléments du schéma qui permettent de voir que l'aéroport est une plate-forme multimodale. Pour cela, reportez-vous à la définition p. 204.

L/ES
S

B Un moteur du développement territorial

5 Le Grand Roissy : un pôle économique majeur

Pôle économique majeur, l'aéroport a une influence directe sur un territoire de près de 600 000 habitants qui comprend le sud-est du Val-d'Oise, le nord de la Seine-Saint-Denis et le nord-ouest de la Seine-et-Marne. Cet espace concentre près de 280 000 emplois, avec une prédominance des activités productives, notamment dans le secteur des transports et de l'entreposage. Il est prévu qu'il soit desservi par le Grand Paris Express[1].

L'enjeu est aujourd'hui d'organiser un développement plus soutenable du Grand Roissy et de permettre la diversification de ses activités économiques, en particulier sur les secteurs du tertiaire et des rencontres professionnelles (congrès). De grands projets et équipements économiques sont prévus en ce sens comme Europa City [...]. L'objectif est d'accompagner et de maîtriser ce développement tout en tenant compte des enjeux environnementaux (préservation des terres agricoles notamment), de mobilités et d'accès aux emplois pour les populations locales.

Établissement public d'aménagement de la Plaine de France, www.plainedefrance.fr, 2012.

1. Projet de métro devant relier les communes périphériques de l'agglomération parisienne (voir p. 332).

Le grand pari d'Europa City

SIBYLLE VINCENDON 26 AOÛT 2013 À 20:26

230 000 m2 de commerces, 2 700 chambres d'hôtel, 20 000 m2 de restaurants... Les travaux devraient démarrer en 2017. (Photo Big-Europacity)

GRAND ANGLE Des pistes de ski dans le Val-d'Oise ? D'ici à 2020, le groupe Auchan entend réaliser à Gonesse son projet pharaonique : un complexe de 80 hectares mêlant commerces, loisirs, culture et tourisme.

6 Un nouveau centre commercial à proximité de l'aéroport

Extrait de www.liberation.fr, 26 août 2013.

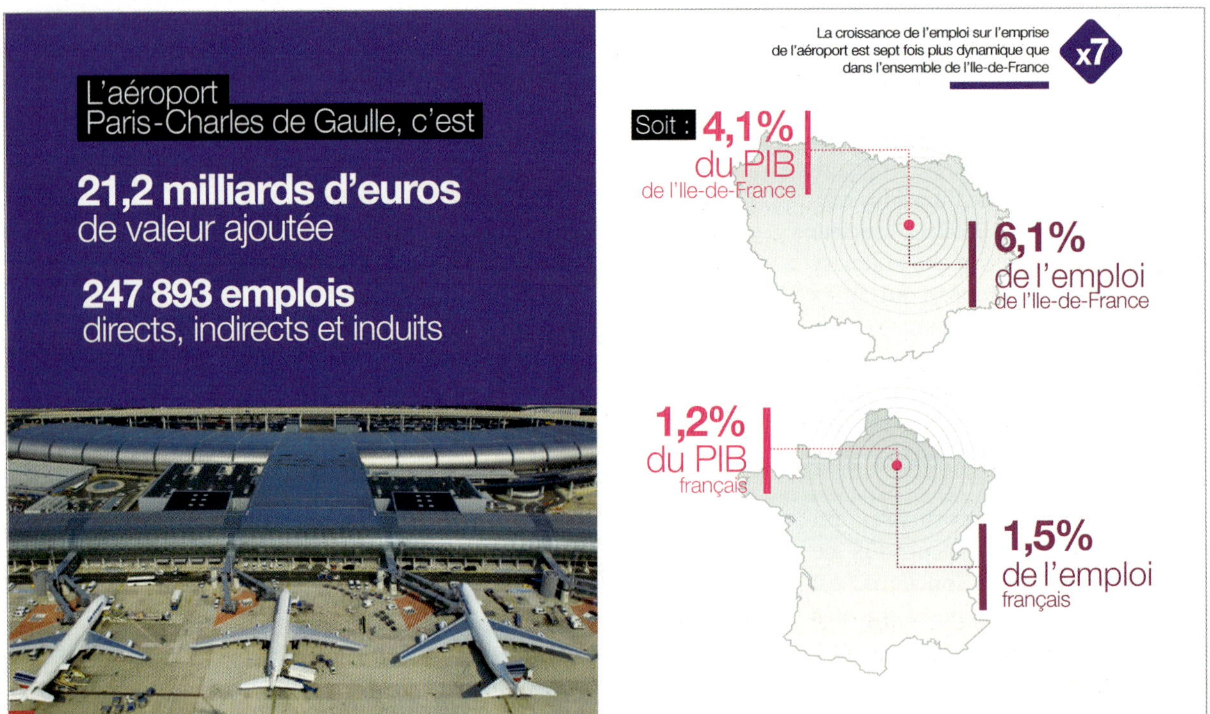

7 Les retombées économiques de l'aéroport

Dossier de présentation de l'aéroport de Roissy (Paris-Charles-de-Gaulle), publié par Aéroports de Paris, 2014.

C Roissy : les contraintes du développement

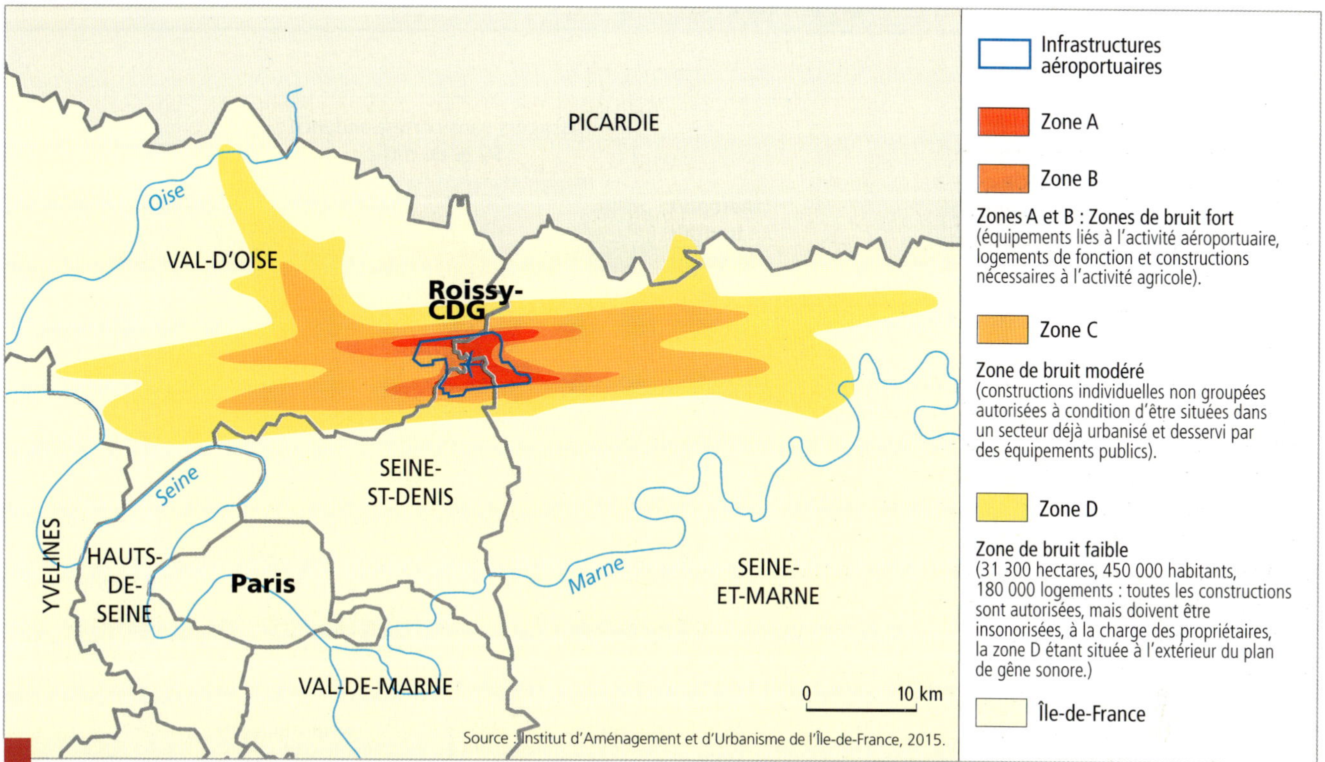

8 Les zones de bruit autour de l'aéroport

Le plan d'exposition au bruit (PEB) de Roissy prévoit les conséquences du trafic aéroportuaire de 2025 (680 000 vols, 95 millions de passagers et 3,4 milliards de tonnes de fret par an).

9 Une desserte locale à améliorer

« L'énorme faiblesse de Roissy, c'est de ne pas être relié à Paris par un moyen de transport express, dédié, confortable et sûr », estime Michel-Yves Labbé, fondateur du site Directours. Augustin de Romanet (président-directeur général d'Aéroports de Paris) le souligne d'ailleurs lui-même : « la construction du CDG Express est une ardente obligation ».

Reste que cette liaison rapide n'est pas attendue avant 2023. D'ici là, Roissy devra améliorer sa qualité de services. « Il doit s'attacher à tous les détails, rechercher l'excellence et raffiner le produit », suggère Jean-Pierre Nadir, président fondateur d'Easyvoyage. Pour Xavier Aymonod, l'un des spécialistes transport d'un cabinet de conseil en stratégie : « il était stratégique de capitaliser sur le luxe, qui apporte les marges les plus confortables, mais il faut désormais étoffer la gamme pour toucher davantage de passagers ». Pour lui, la différence entre les aéroports se fera en outre sur le digital. Être connecté aux passagers, les fidéliser, les aider à bien circuler dans l'aéroport, faciliter leurs achats, seront autant d'atouts pour demain.

Paris-Charles-de-Gaulle, porte d'entrée de la France et de Paris, devrait toutefois rester attractif. « L'image du pays et de sa capitale est une vraie force pour Aéroports de Paris », conclut Xavier Aymonod.

« Roissy : 40 ans après son ouverture, l'aéroport en quête d'excellence », AFP, 13 mars 2014.

Analyse des documents

Prélever, hiérarchiser et confronter des informations

4. Pourquoi l'aéroport de Roissy est-il un moteur du développement économique ? **(doc. 5 et 7)**

5. Quels sont les projets de développement ? **(doc. 5 et 6)**

6. À quels problèmes les territoires situés autour de l'aéroport sont-ils confrontés ? **(doc. 8 et 9)**

Vers le BAC

Consigne : Montrez que l'aéroport de Roissy est une plate-forme multimodale et un hub mondial confronté à d'importants enjeux.

Aide pour répondre à la consigne

- Dans une première partie, vous évoquerez les caractéristiques qui font de Roissy une plate-forme multimodale. Vous pouvez vous aider de la définition p. 204.
- Vous montrerez dans une deuxième partie que le hub de Roissy contribue à faire du Grand Roissy un pôle économique majeur. Vous pouvez vous aider de la définition p. 204.
- Dans une troisième partie, vous montrerez les problèmes liés au développement de l'aéroport.

L/ES
S

Bilan de l'étude de cas 1

Les notions à retenir

Hub

■ C'est une **plate-forme de correspondance dans un réseau** de transport. Ce terme vient du transport aérien aux États-Unis où les hubs sont apparus en premier.

■ Plutôt que de créer de nombreuses lignes directes peu fréquentées, une compagnie aérienne **crée des flux importants en regroupant en un même point (le hub) les passagers ou les marchandises** et les redistribue en fonction de leur destination.

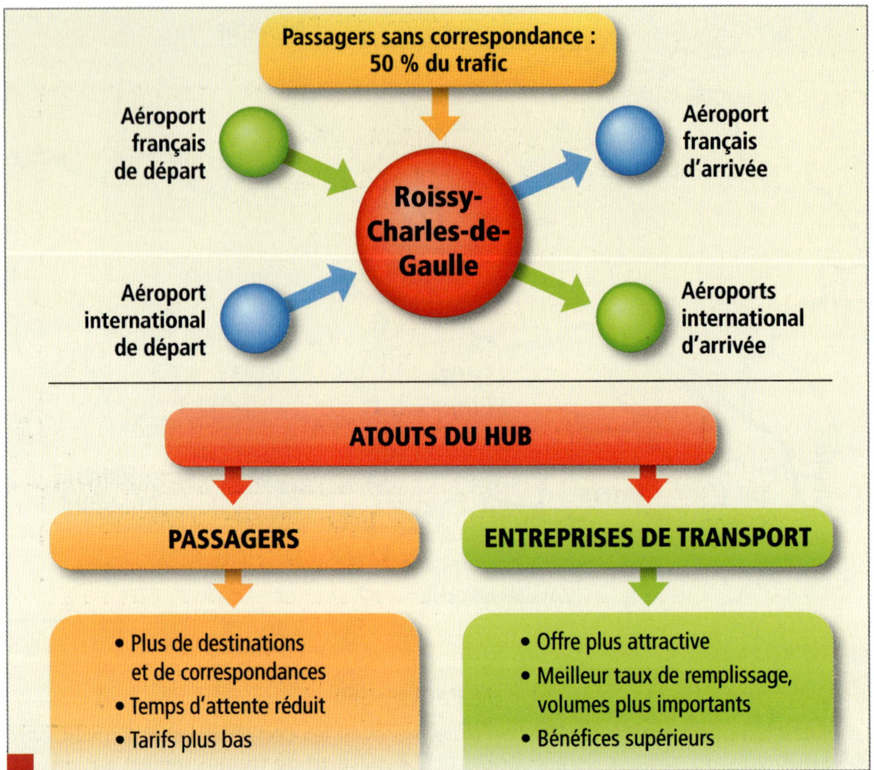

1 Fonctionnement et avantages du hub

Plate-forme multimodale

■ C'est un **lieu de correspondance entre différents modes et réseaux de transport.**

■ Les plates-formes multimodales ont **d'abord concerné les marchandises** pour faciliter les échanges entre rail, route et voie d'eau. Elles se développent **désormais pour les voyageurs** qui utilisent les transports aériens.

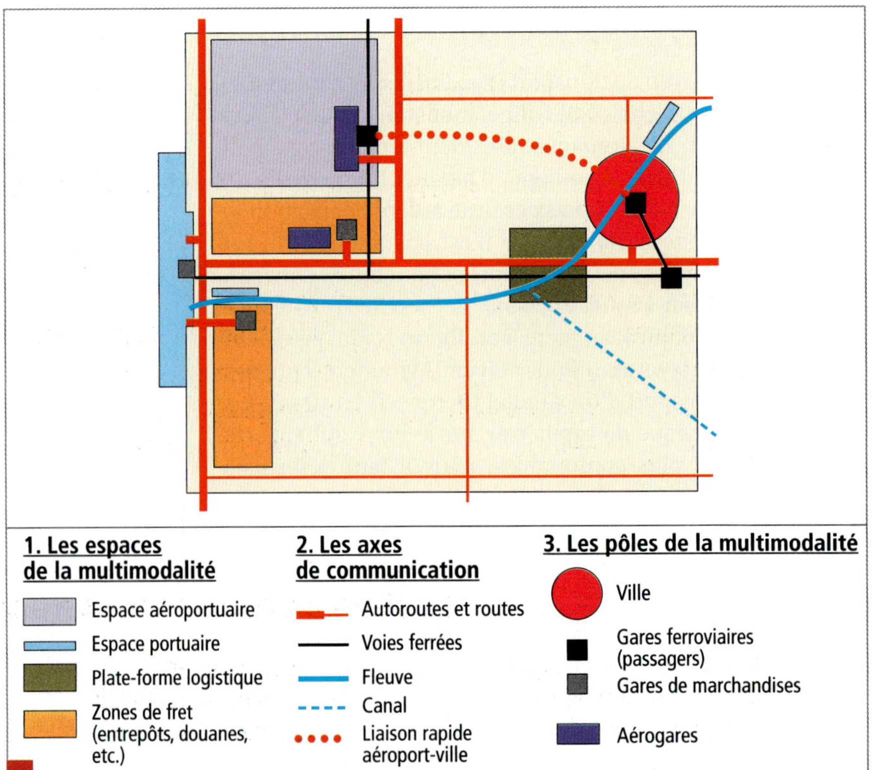

2 Un territoire multimodal

Le croquis de l'étude de cas

→ Consigne : Complétez le croquis grâce aux différentes informations contenues dans l'étude de cas sur Roissy.

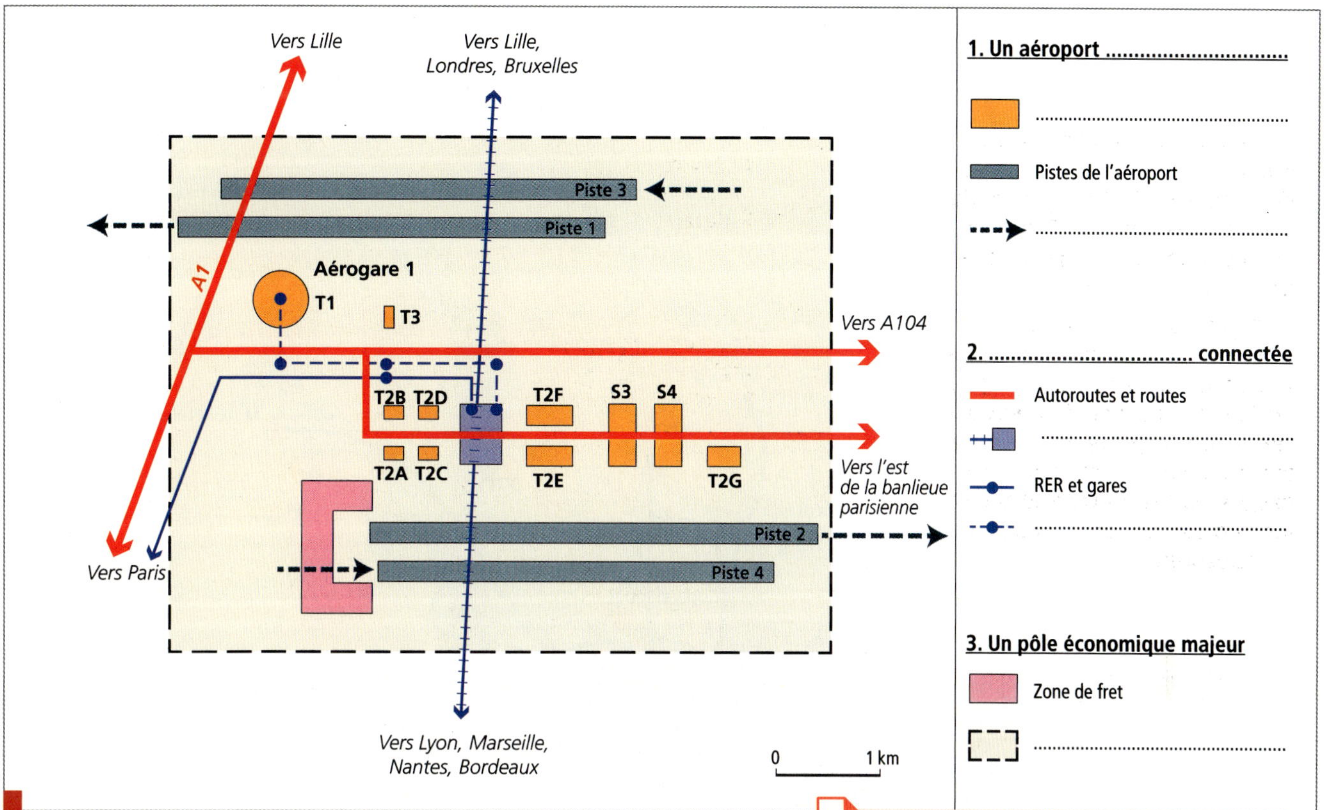

L'organisation spatiale de Roissy-Charles-de-Gaulle

Imprimer le fond de carte sur **www.nathan.fr/geo1re-2015**

De l'étude de cas à la généralisation

Étude de cas

Roissy : plate-forme multimodale et hub mondial

A. Roissy : un grand aéroport international
- Hub d'Air France ;
- aéroport d'envergure mondiale ;
- aéroport en expansion.

B. Un moteur du développement territorial
- Pôle économique majeur ;
- pôle logistique ;
- projets d'aménagement.

C. Roissy : les contraintes du développement
- Nuisances liées au bruit ;
- desserte locale à améliorer.

Généralisation

Mobilités, flux et réseaux de communication dans la mondialisation

Comment l'espace français s'intègre-t-il aux réseaux européens et mondiaux ?
→ Voir cours 1 p. 210

Comment les réseaux de transport structurent-ils les territoires ?
→ Voir cours 2 p. 212

Comment réduire l'inégale connexion des territoires ?
→ Voir cours 3 p. 214

L/ES
S

Des réseaux ouverts sur l'Europe et le monde

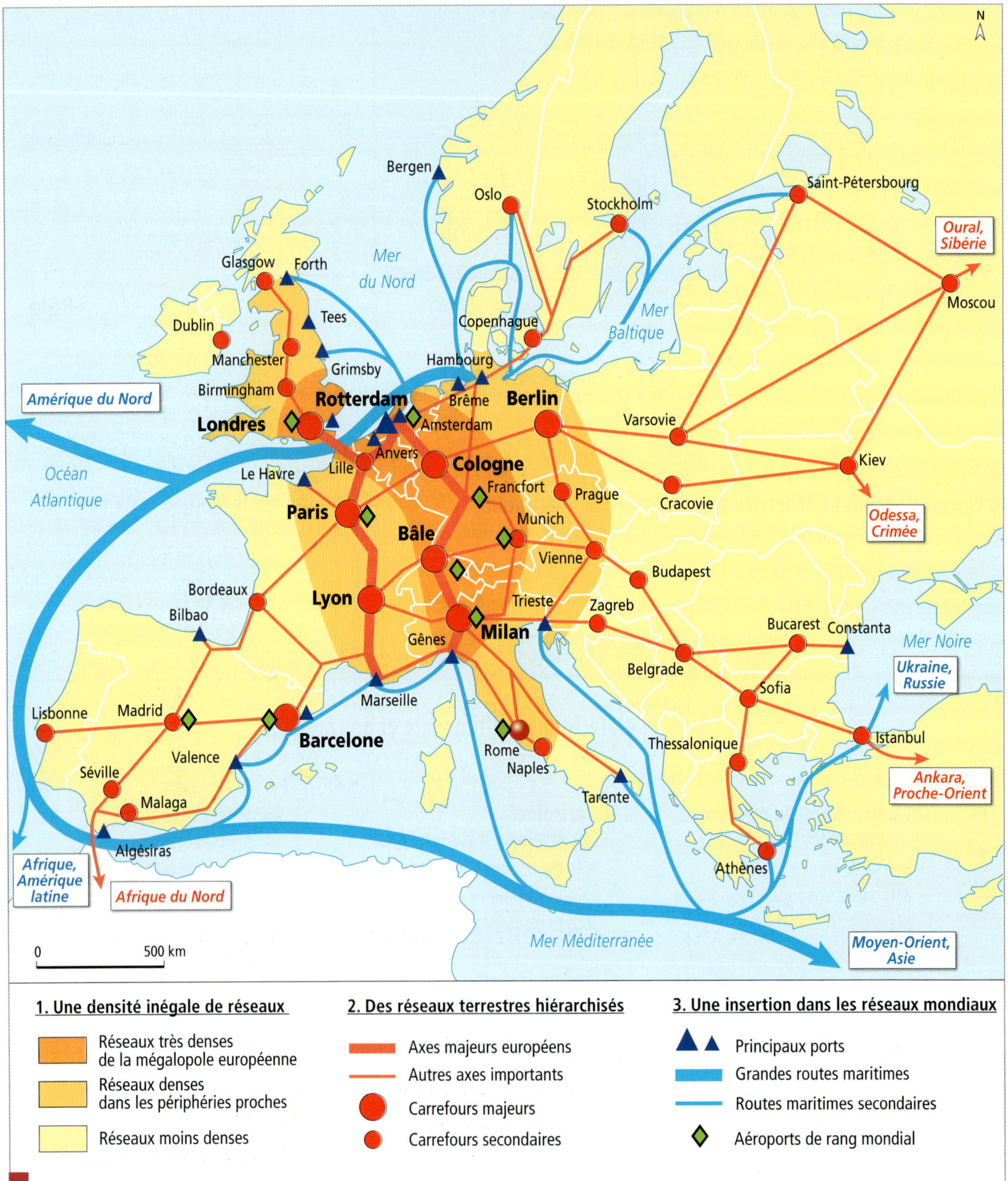

1 Le territoire français au cœur des réseaux européens

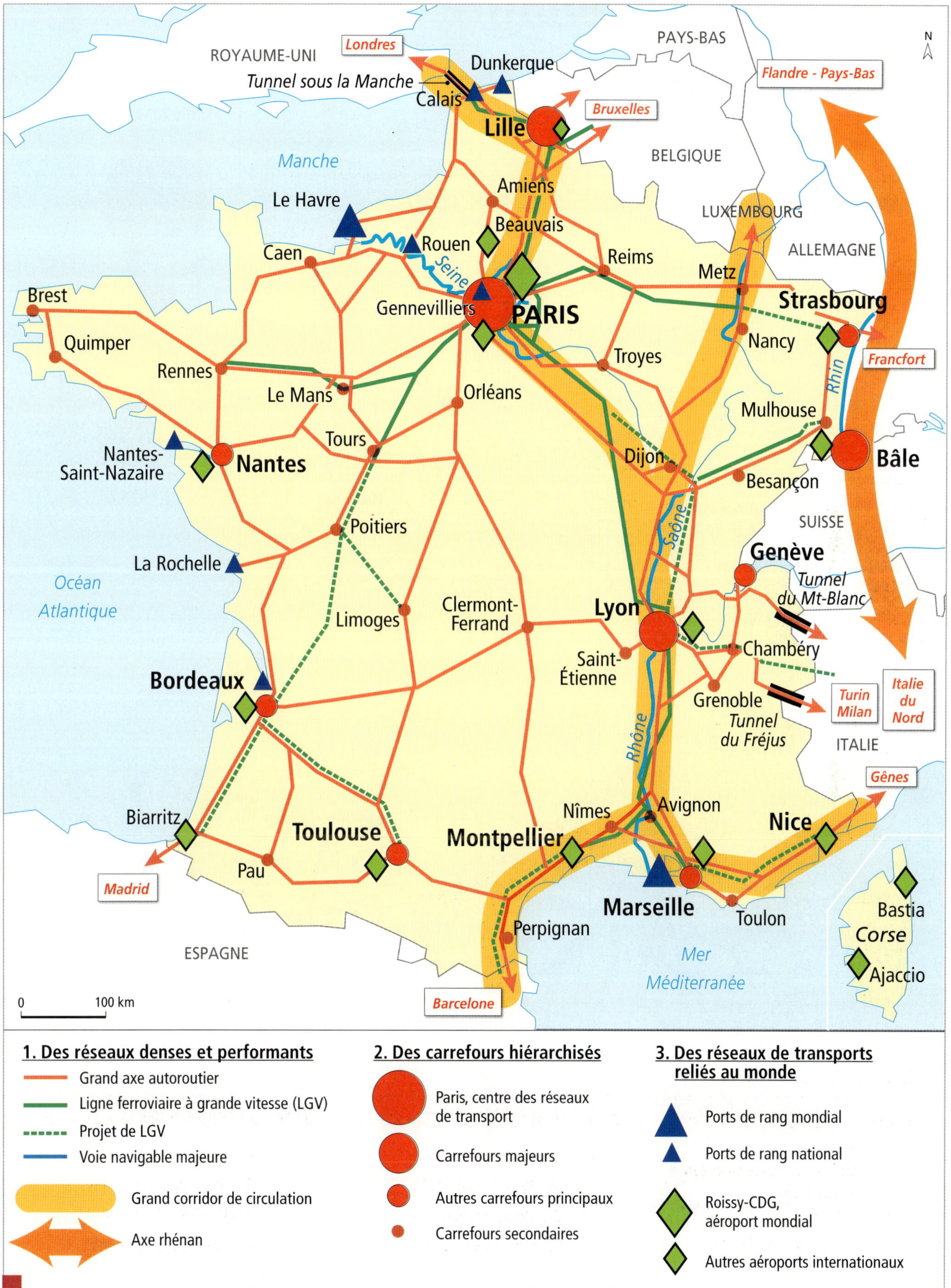

2 Les réseaux de transport en France

L/ES

La France des mobilités et des flux

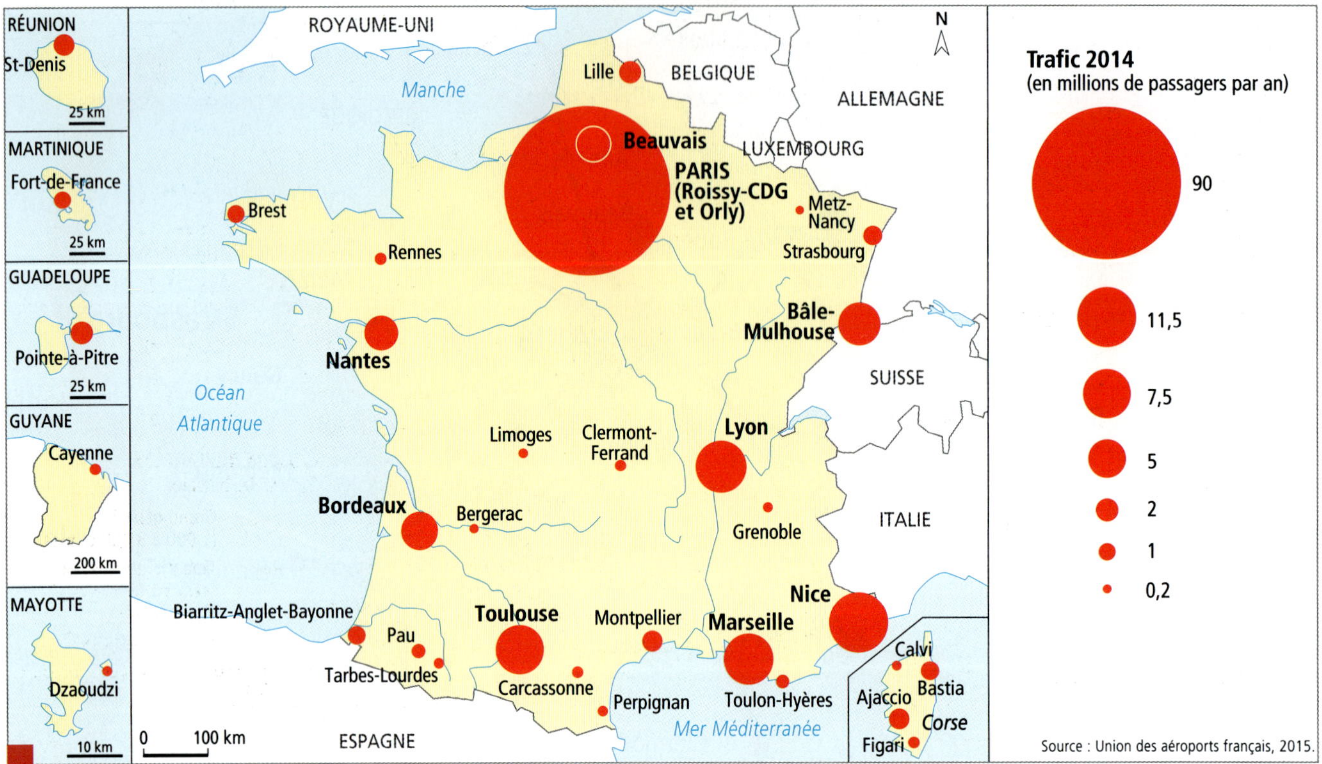

1 **Le trafic des aéroports (2014)**

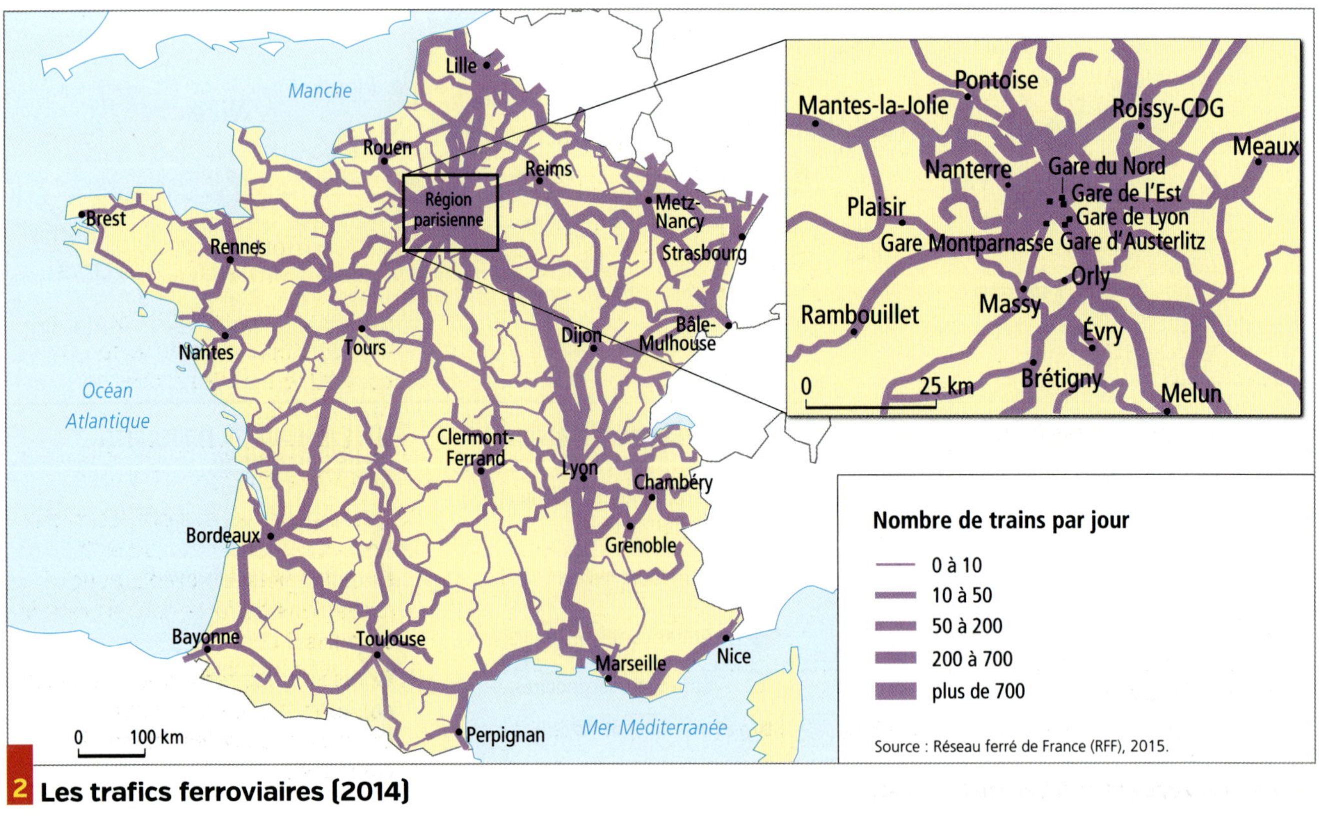

2 **Les trafics ferroviaires (2014)**

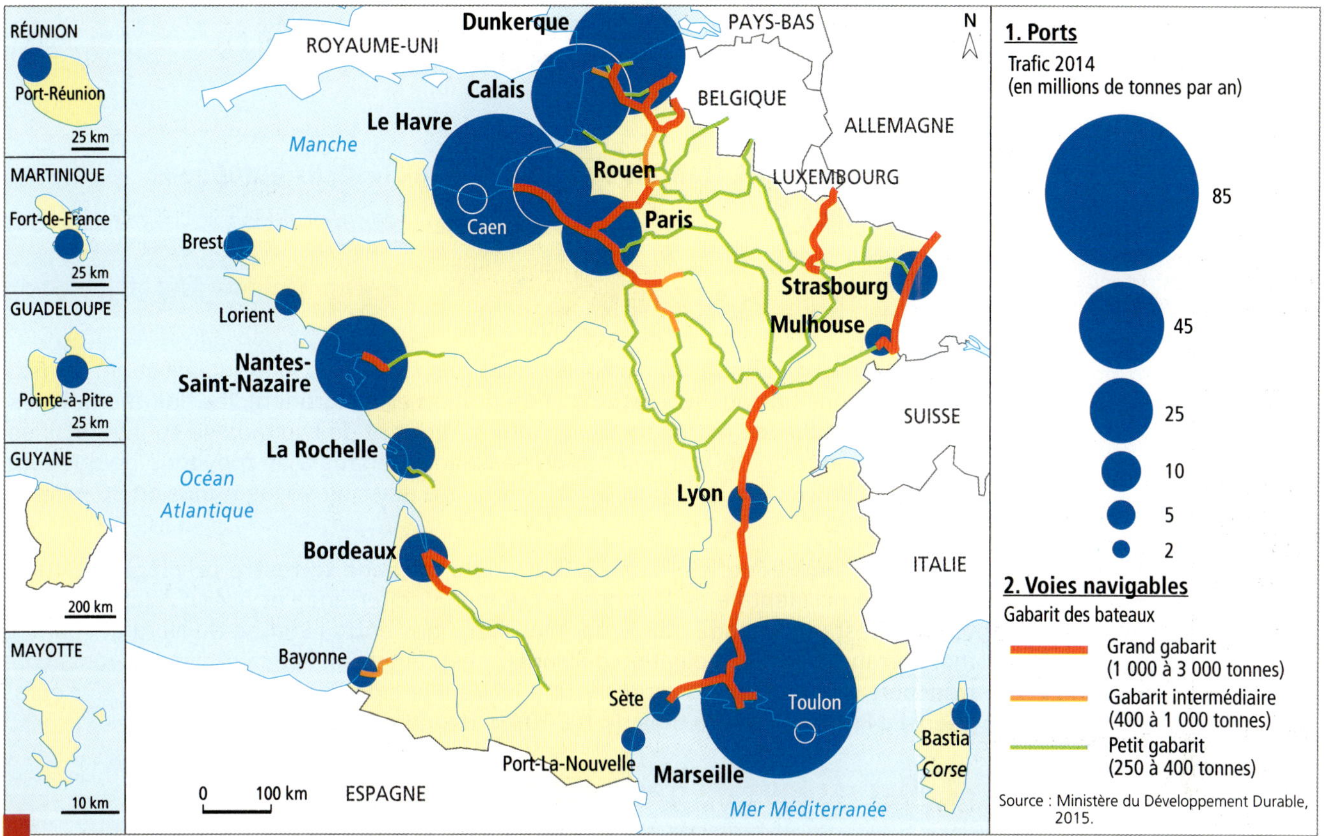

3 Les trafics portuaires (2014)

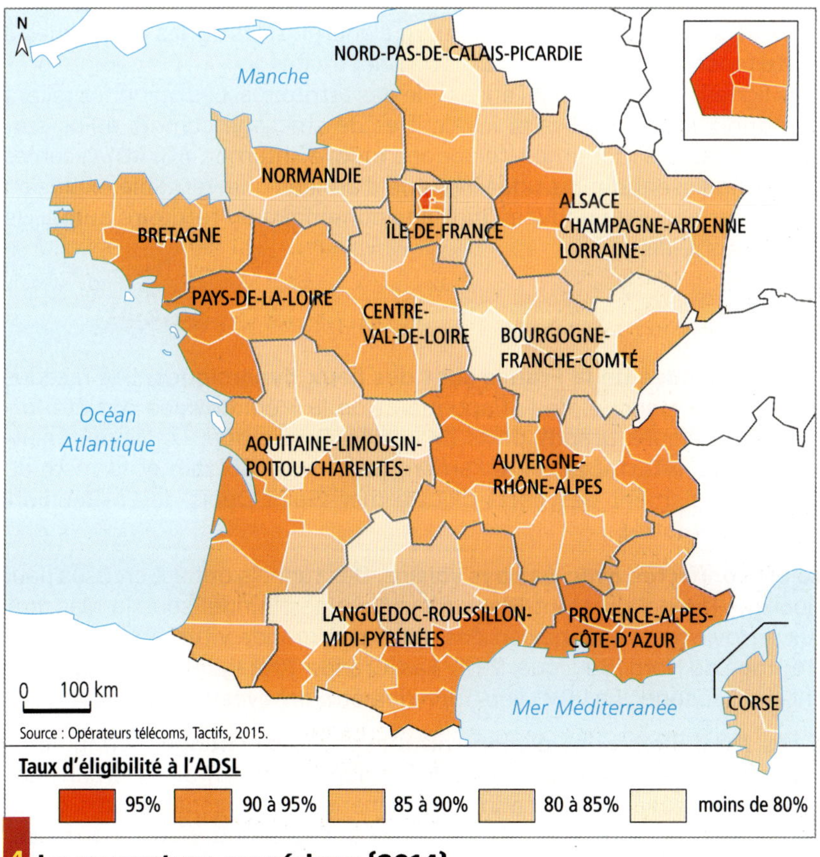

4 La couverture numérique (2014)

Questions sur les documents

1. Où le plus important trafic aéroportuaire en France se concentre-t-il ? Pour quelles raisons ? **(doc. 1)**
2. Comment s'organise le trafic ferroviaire en France ? **(doc. 2)**
3. Quelles sont les régions les mieux dotées en voies navigables ? Quel lien peut-on établir avec les régions de forte concentration de ports ? **(doc. 3)**
4. Quels sont les territoires les mieux couverts par le numérique ? Quels sont ceux les moins bien couverts ? **(doc. 4)**

L/ES

1. Un territoire au cœur des échanges

➔ **Comment l'espace français s'intègre-t-il aux réseaux européens et mondiaux ?**

Repères

■ Longueur des réseaux de transport (2014)

En km	
Autoroutes	11 469
Routes nationales	9 784
Routes départementales	377 965
Voies communales	666 343
Lignes à grande vitesse (LGV)	2 202
Voies ferrées	27 554
Voies navigables	8 500

Source : Ministère de l'Écologie, du Développement durable et de l'Énergie, 2014.

1 Des flux en forte croissance

■ **La France connaît un accroissement des flux.** Avec la mondialisation, les **flux** de populations dus aux **migrations** (immigration et émigration), les flux touristiques, ou encore les flux de marchandises, d'informations et de capitaux se sont intensifiés. Depuis les années 1960, le nombre de passagers aériens a en moyenne doublé tous les 10 ans. En 2014, le transport aérien français a ainsi fait voyager plus de 30 millions de personnes.

■ **La France bénéficie d'une situation de passage terrestre privilégiée.** Situé à l'extrémité occidentale de l'Europe, entre mer Méditerranée et océan Atlantique, son territoire est un passage obligé pour les échanges entre l'Europe du Nord et l'Europe méditerranéenne. La circulation de transit y est favorisée. Par sa densité, le **réseau** de transport routier français représente à lui seul le cinquième du réseau routier européen. La France possède près de 11 500 km d'autoroutes **(doc. 1)**.

2 Des réseaux de transport modernes et spécialisés

■ **Les réseaux de transport en France sont très modernes.** Ils reposent sur des infrastructures très performantes (autoroutes, lignes ferroviaires à grande vitesse, ports, aéroports internationaux, **oléoducs**, **gazoducs**, câbles numériques, etc.). Celles-ci permettent des **mobilités**, des flux et des communications intenses et rapides. Individus, marchandises et informations circulent abondamment.

■ **Les réseaux se sont spécialisés.** En matière d'énergies, les lignes électriques à haute et très haute tension sont les autoroutes de l'électricité **(doc. 2)**. On compte près de 100 000 km de lignes qui alimentent l'ensemble des territoires. Les oléoducs relient les ports d'importation, les raffineries et les centres de stockage comme à Fos-sur-Mer. Les télécommunications modernes (téléphone mobile, internet, 4G, ADSL, câbles numériques, etc.) connaissent depuis une vingtaine d'années une véritable explosion et contribuent à l'apparition d'un nouveau maillage numérique du territoire autour de gigantesques antennes relais.

3 Des réseaux aux dimensions européennes et mondiales

■ **Les façades maritimes de la France sont des lieux dynamiques.** Les façades de la mer du Nord, de la Manche, de l'Atlantique et de la Méditerranée ont été fortement aménagées. Quelques grands ports (Marseille, Dunkerque, Le Havre, Saint-Nazaire) constituent des **interfaces** entre l'arrière-pays métropolitain et le reste du monde. C'est le cas également des ports d'outre-mer (Saint-Denis-de-La-Réunion, Fort-de-France, Pointe-à-Pitre).

■ **La France est connectée avec les pays voisins.** Des tunnels ont été creusés pour favoriser les mobilités (tunnel du Mont-Blanc dans les Alpes, tunnel sous la Manche). Pour les réseaux ferroviaires, la connexion des réseaux à grande vitesse est en cours avec les pays d'Europe du Nord (Belgique, Pays-Bas, Grande-Bretagne) et d'Europe méditerranéenne (Italie, Espagne). La LGV Lyon-Turin doit être achevée en 2025 **(doc. 3)**.

■ **Les espaces frontaliers sont d'importants espaces d'échanges.** Longtemps considérés comme des périphéries du territoire, ils sont, avec l'affaiblissement des contrôles aux frontières et la multiplication des échanges, des espaces très dynamiques. Les grandes villes du nord et de l'est de la France constituent des carrefours ou des relais entre la France et l'axe rhénan.

Vocabulaire

- **Flux :** volumes de marchandises, de personnes, de capitaux ou d'informations en circulation.
- **Interface :** zone de contact et d'échanges entre deux ensembles géographiques aux caractéristiques différentes.
- **Migration :** déplacement définitif ou de longue durée entraînant un changement de résidence principale.
- **Mobilité :** déplacement des individus et des biens matériels (marchandises, etc.) ou immatériels (informations, capitaux, etc.).
- **Oléoducs/gazoducs :** conduites souterraines transportant les produits pétroliers et gaziers.
- **Réseau :** ensemble de lignes connectées entre elles dans des lieux précis. Certains réseaux se matérialisent dans l'espace géographique (réseaux ferroviaires ou routiers), contrairement à d'autres (réseaux aériens, de téléphonie mobile, etc.).

1 L'autoroute A75 près de Millau

L'autoroute A75, dite La Méridienne, relie Clermont-Ferrand à Béziers. Elle assure les liaisons entre le nord et le sud de la France, tout en contribuant au désenclavement du Massif central et en améliorant la desserte locale.

2 Une nouvelle autoroute de l'électricité

Une liaison électrique sous-marine est en projet entre la région de Southampton, en Angleterre, et le Calvados. Elle devrait être opérationnelle en 2020. Cette ligne sous-marine arrivera à hauteur de la plage est de Merville-Franceville pour aboutir au sud de Caen. Une liaison (interconnexion France-Angleterre) existe déjà dans le Pas-de-Calais depuis 1986. En France, c'est l'entreprise Réseau de transport d'électricité (RTE) qui est chargée du projet. Il s'agit essentiellement de répondre aux besoins croissants en énergie des deux pays. Dans un avenir proche, la capacité d'échange entre ces deux pays doit s'accroître de 4 gigawatts. [...]

D'enjeu national et européen, ce projet « d'intérêt commun » va s'étaler sur 5 ans : 2015, concertation publique et étude d'impact ; 2016, enquête publique ; 2016 et 2017, autorisations techniques ; 2018 et 2019, travaux terrestres et travaux maritimes ; 2020, mise en service.

« L'autoroute de l'électricité transmanche arrivera à la plage », Ouest-France.fr, 30 octobre 2014.

3 Le projet Lyon-Turin

Inscrite depuis 1994 par l'Union européenne sur la liste des RTE-T[1], la construction d'une ligne nouvelle à grande vitesse entre Lyon et Turin n'a fait l'objet d'une décision définitive qu'en 2001. Elle suppose le percement de plusieurs tunnels, dont un ouvrage international de 53 km entre Saint-Jean-de-Maurienne et la vallée de Suse. Outre une amélioration significative de l'offre de transport pour les voyageurs (réduction de 45 minutes à 1 heure de temps de parcours vers l'Italie) et la facilitation des conditions d'exploitation ferroviaire pour les trains de marchandises, la LGV doit aussi permettre le transfert des trains d'environ 1 500 000 poids lourds circulant entre la France et l'Italie (stratégie dite du « ferroutage[2] »). Selon ses promoteurs, elle contribuerait ainsi au désengorgement des vallées alpines d'accès aux grands tunnels routiers (Mont-Blanc et Fréjus) et à la réduction globale des nuisances environnementales dans le massif. Complexes et coûteux (la construction du seul tunnel transfrontalier a été estimée à 10 milliards d'euros), les travaux ont été retardés par une forte opposition des associations locales, notamment du côté italien, de telle sorte que la mise en service n'est pas prévue avant 2025.

Yves Colombel et Daniel Oster (dir.), *La France. Territoires et aménagement face à la mondialisation*, éditions Nathan, 2014.

1. Le réseau de transport transeuropéen (RTE-T) est un programme de développement des infrastructures de transport de l'Union européenne.
2. Transport de camions sur des trains.

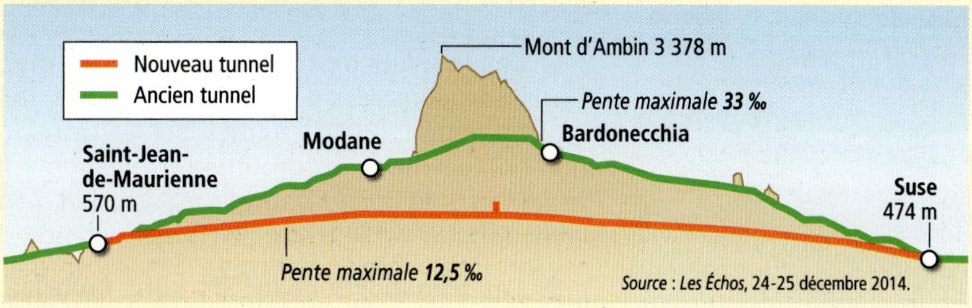

Question sur les documents

▸ Comment les réseaux de transport français répondent-ils à l'augmentation des flux ? **(doc. 1 à 3)**

L/ES

2. Des territoires structurés par les transports

➔ Comment les réseaux de transport structurent-ils les territoires ?

Repères

■ Le transport de voyageurs en France, 2014.

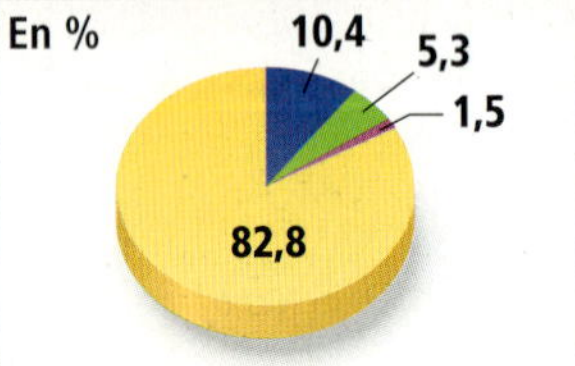

Voitures particulières
Transport ferroviaire
Transport collectif routier
Transport aérien

Source : Ministère de l'Écologie, du Développement durable et de l'Énergie, 2015.

1 L'augmentation des mobilités

■ **La société française a connu en 50 ans une explosion de la mobilité.** On compte environ 175 millions de déplacements par jour. Les seuls déplacements quotidiens domicile-travail, appelés mobilités pendulaires, s'établissent désormais sur une distance de 40 km en moyenne, contre 10 km dans les années 1960. Les mobilités liées aux loisirs ou au tourisme sont importantes. Chaque année 20 millions de personnes partent en vacances au mois d'août.

■ **Le territoire est structuré par différents axes de communication.** L'axe principal relie, du nord au sud, les grandes métropoles françaises : Lille, Paris, Lyon, Marseille **(doc. 1)**. Il reçoit les meilleurs équipements pour assurer la compétitivité de ces territoires en Europe et dans le monde. D'autres **corridors** voient aussi leur trafic augmenter : c'est le cas de l'axe entre l'Espagne et l'Italie *via* la plaine du Languedoc et la Provence. Depuis décembre 2013, une liaison directe en TGV Barcelone-Montpellier a été ouverte. Ce constat est également valable pour le corridor qui relie le Benelux à l'Espagne en passant par Paris et Bordeaux.

2 Des transports moteurs du développement territorial

■ **À l'échelle du monde, la France dispose de territoires relais de l'économie mondiale.** Les aéroports de Roissy et d'Orly font de Paris une métropole parfaitement reliée au reste du monde. Ce sont des **hubs** majeurs qui permettent de répondre à l'intensification des flux. Les **plates-formes multimodales** comme celles de Fos-sur-Mer ou Dunkerque **(doc. 2)** attestent l'ancrage de territoires dynamiques à l'économie mondiale.

■ **Les réseaux de transport transforment les territoires.** Une ligne à grande vitesse doit relier Bordeaux et Paris en 2 heures et 5 minutes à l'horizon 2017. Pour cela, la gare de Bordeaux va être agrandie et réaménagée. Les gares sont en effet devenues des lieux clés du développement économique en concentrant des mobilités à différentes échelles (locale, régionale, nationale). L'extension urbaine nécessite aussi de prendre en compte des mobilités en croissance entre le centre et la périphérie ainsi qu'au sein des périphéries urbaines. C'est pour cette raison que des lignes de transport en commun se multiplient dans toutes les métropoles (Bordeaux, Lille, Rennes, etc.).

3 Favoriser les mobilités durables

■ **Les réseaux de transport sont des moteurs du développement durable.** Avec la prise de conscience environnementale, la France cherche, depuis le Grenelle de l'environnement (2007), à favoriser les transports collectifs ferroviaires et fluviaux. La création de « deux autoroutes ferroviaires » (l'une traversant les Alpes, l'autre entre Perpignan et le Luxembourg) répond à la volonté de limiter les rejets de gaz à effet de serre produits par le trafic de transit des poids lourds.

■ **Les transports collectifs sont favorisés dans les centre-villes.** Pour y limiter la circulation automobile et favoriser les **mobilités durables**, les transports comme le métro, le tramway ou le bus sont développés. Le tramway de Besançon a été inauguré en 2014 **(doc. 3)**. Cela modifie les paysages urbains : l'aménagement des transports s'accompagne souvent de transformations paysagères et doit accompagner l'amélioration de la qualité de la vie en ville.

Vocabulaire

- **Corridor :** passage étroit où se concentrent les réseaux de transport et les flux.

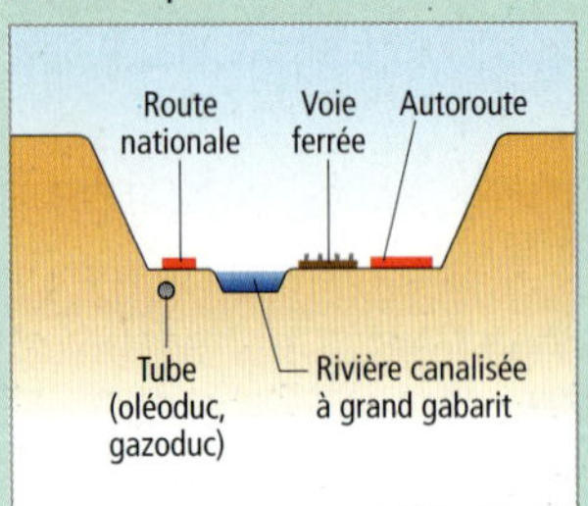

- **Hub :** voir p. 204.
- **Mobilités durables :** mobilités utilisant des moyens de transport peu polluants, respectueux de l'environnement (vélo, tramway, voiture électrique, etc.).
- **Plate-forme multimodale :** voir p. 204.

1 Les réseaux de communication dans la vallée du Rhône

① Lyon
② Rhône
③ Port Édouard Herriot
④ Raffinerie de Feyzin
⑤ Autoroute A7
⑥ Voie ferrée Lyon-Marseille

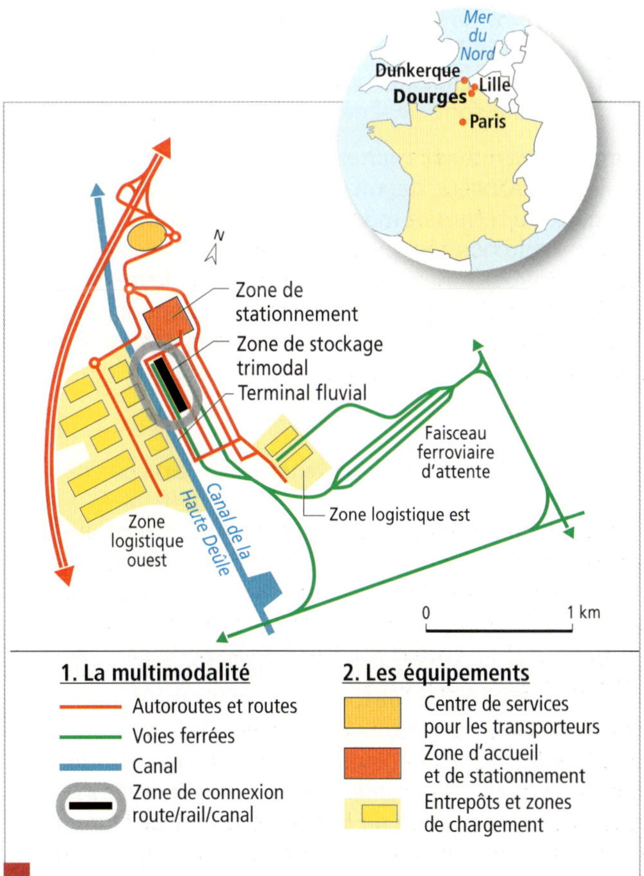

2 La plate-forme multimodale de Dourges (Pas-de-Calais)

3 Le tramway dans le centre-ville de Besançon (2015)

Le tramway de Besançon a été inauguré en août 2014.

Questions sur les documents

1. Quels réseaux de communication distingue-t-on sur cette photographie ? **(doc. 1)**
2. Quels moyens de transport se regroupent sur cette plate-forme ? **(doc. 2)**

L/ES

3. Un territoire français inégalement desservi

Comment réduire l'inégale connexion des territoires ?

1 Une France à plusieurs vitesses

Les réseaux de communication ont longtemps été marqués par la centralisation parisienne. Les réseaux de transport ont été pendant longtemps conçus dans une logique d'échelle nationale. Les routes royales (devenues par la suite les routes nationales), les voies ferrées puis les autoroutes ont été construites en étoile au départ de Paris, capitale de la France. Elles avaient pour fonction de relier très rapidement le principal foyer économique du pays aux régions périphériques **(doc. 1)**.

Les territoires sont inégalement accessibles. Certains territoires français, comme les métropoles régionales, sont parfaitement intégrés dans les dynamiques spatiales européennes et mondiales grâce à une desserte importante et variée (Lyon, Lille, etc.). L'attractivité des hommes et des activités y est renforcée. En revanche, d'autres espaces, comme dans les montagnes, restent parfois difficiles d'accès et **enclavés**. Dans les territoires de faible densité, la rentabilité des équipements est peu importante. Les investissements restent insuffisants pour développer l'accessibilité.

2 Le rôle des pouvoirs publics

Certains territoires ont des situations défavorables nécessitant l'action publique. Les infrastructures de transport (autoroutes, LGV) peuvent traverser les espaces de faible densité en France sans les desservir par des échangeurs ou des gares (**effet tunnel**). Par ailleurs, le prix à payer pour circuler sur une autoroute ou pour prendre le TGV peut représenter un coût élevé pour les populations aux revenus les plus modestes. Les espaces ruraux, les espaces périurbains, les espaces montagnards ou les espaces éloignés des DROM sont ainsi pénalisés.

La desserte équitable des territoires est recherchée. Le développement des infrastructures de transport en France s'inscrit depuis plus d'un demi-siècle dans le cadre des politiques d'aménagement du territoire menées par l'État et par les collectivités territoriales. La desserte équitable des régions et des villes contribue à garantir à toutes les parties de l'espace national les mêmes chances de développement **(doc. 3)**. Ainsi, elle participe au **désenclavement** des territoires. Les plans routiers mis en œuvre en Bretagne et dans le Massif central répondaient à cet impératif.

3 Des actions nécessaires mais insuffisantes

La crise économique pèse sur les projets d'infrastructures. Dans ce contexte de crise, les acteurs publics (État, collectivités territoriales) ont des difficultés à trouver les financements pour les futurs grands projets de transport. C'est ainsi que plusieurs chantiers d'autoroutes et de lignes à grande vitesse ont été reportés après 2030 **(doc. 2)**.

La liaison avec les territoires insulaires et ultramarins est un enjeu majeur. Pour la Corse et les départements d'outre-mer, les liaisons aériennes et maritimes sont vitales, car les échanges sont majoritairement tournés vers le territoire métropolitain. La desserte de ces territoires bénéficie du soutien de l'État, au nom de la **continuité territoriale**. Dans ces territoires, les déplacements sont souvent difficiles et il y a peu de solutions alternatives à la voiture. Depuis quelques années, des projets de voies rapides (Corse, Réunion) sont réalisés afin de réduire les temps de parcours.

Repères

Rames de métro en service

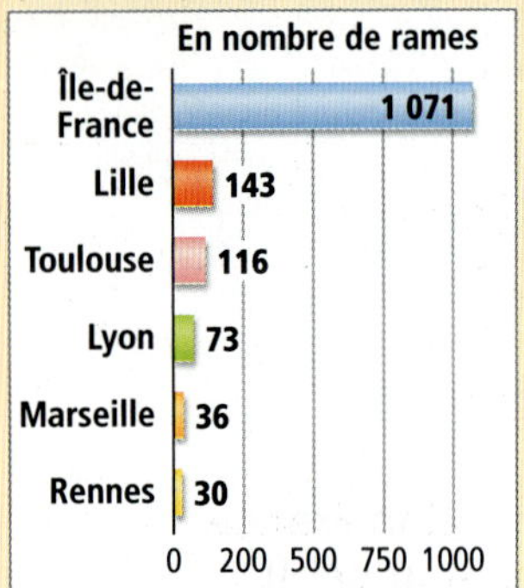

Source : Ministère de l'Écologie, du Développement durable et de l'Énergie, 2015.

Vocabulaire

- **Continuité territoriale :** principe de compensation de l'éloignement au sein d'un État, qui se traduit par des aides au déplacement. Les habitants des territoires insulaires (Corse, Martinique, etc.) ont droit à un tarif préférentiel ou à une aide financière pour se rendre en France continentale.
- **Effet tunnel :** par souci de raccourcir les « distances temps » entre les grands centres urbains, les espacements entre les nœuds des réseaux (gares, échangeurs) peuvent être importants. Aussi, des portions importantes des territoires sont traversées par des réseaux sans être desservies.
- **Enclavé :** territoire caractérisé par un certain isolement par rapport aux autres territoires : les réseaux de transport y sont peu développés. Le **désenclavement** consiste à construire des infrastructures de transport afin d'insérer ces territoires dans les réseaux existants pour les sortir de leur isolement.

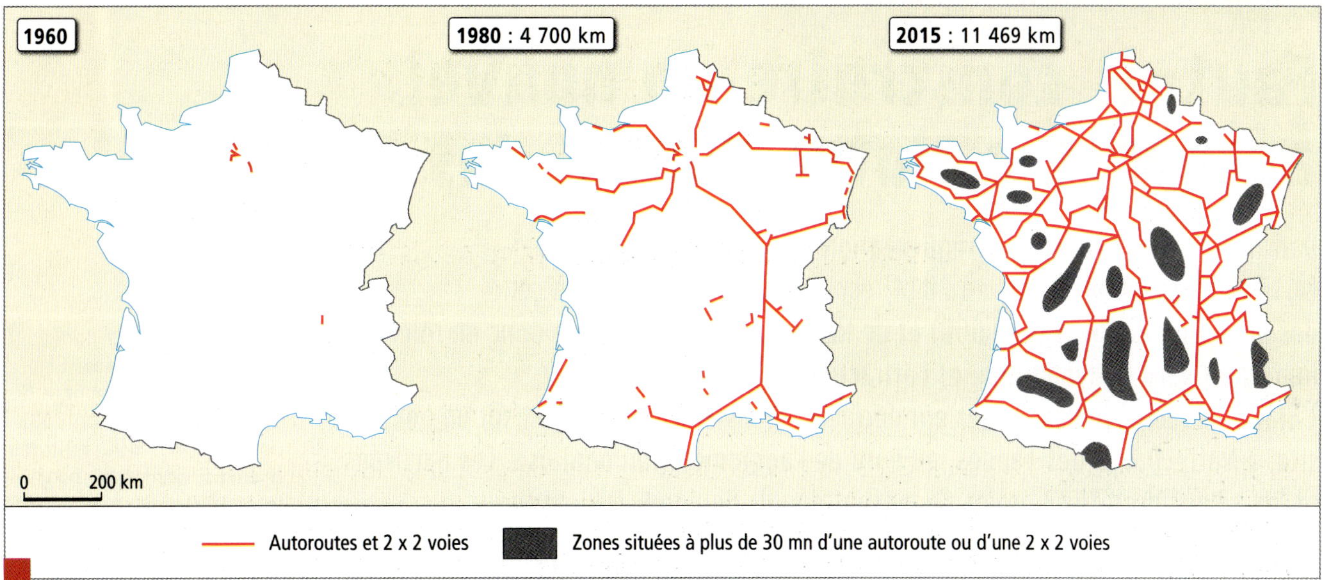

1 L'évolution du réseau autoroutier français (1960 - 2015)

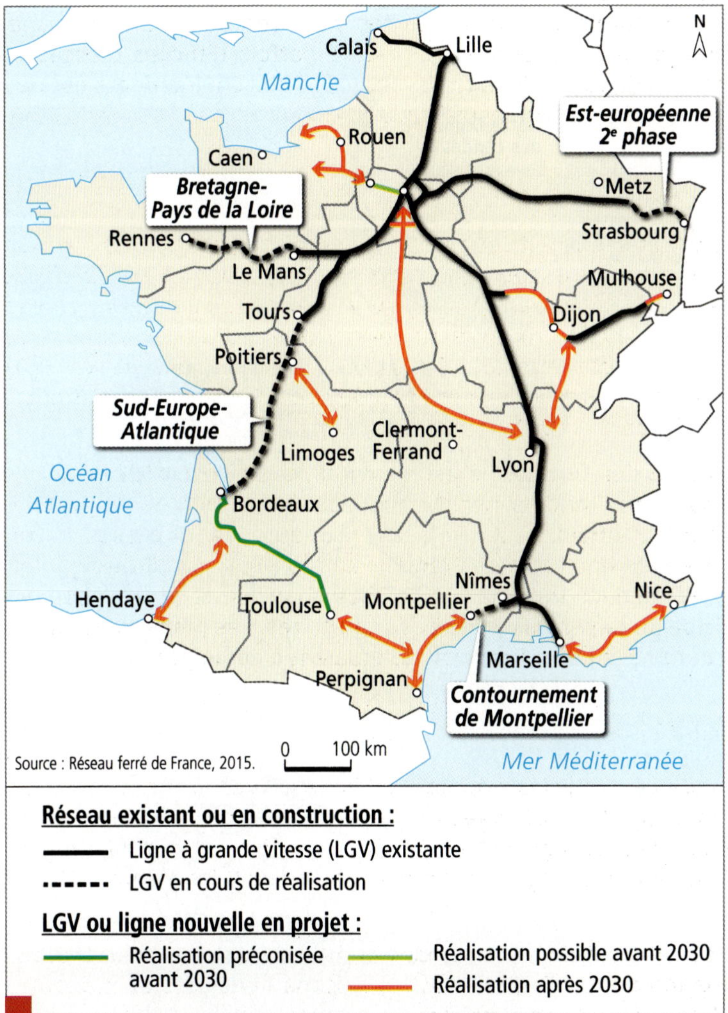

2 Des projets de construction suspendus

3 Le plan France très haut débit

Le Premier ministre Manuel Valls a donné son accord de principe au financement du déploiement de l'Internet en très haut débit pour sept nouveaux projets de réseaux d'initiative publique présentés par des collectivités locales. L'Alsace, la Bretagne, l'Eure, la Haute-Saône, la Manche, le Tarn-et-Garonne et le Val-de-Marne vont ainsi pouvoir finaliser leurs ambitieux projets d'infrastructures à très haut débit.

Ces nouveaux projets viennent en rejoindre d'autres. Au total, ce sont 56 dossiers de demande de subventions représentant 68 départements. Ils constituent un investissement de plus de sept milliards d'euros dans les cinq prochaines années et permettront d'apporter la fibre optique jusqu'à l'abonné à plus de 4 millions de foyers.

Le projet porté par la région Bretagne représente par exemple un investissement de près de 600 millions d'euros ; celui de l'Alsace près de 400 millions d'euros. De tels investissements traduisent l'ambition et la mobilisation des collectivités territoriales au service de l'aménagement numérique de leur territoire.

Par cet engagement commun et inégalé des collectivités territoriales, des opérateurs privés et de l'État, la logique du plan France très haut débit est confortée et l'objectif d'une couverture intégrale du territoire en très haut débit d'ici 2022 réaffirmé.

Ministère de l'Économie, de l'Industrie et du Numérique, *Plan France très haut débit : des avancées pour l'accès au très haut débit sur l'ensemble du territoire*, 17 juillet 2014.

Questions sur les documents

1. Pourquoi les acteurs publics mènent-ils des politiques de transport ? **(doc. 1 à 2)**

2. Pourquoi l'État participe-t-il à la modernisation des infrastructures numériques ? **(doc. 3)**

L/ES

Faut-il construire un nouvel aéroport à Notre-Dame-des-Landes ?

Dans l'ouest de la France, la fréquentation de l'aéroport de Nantes (4,16 millions de passagers en 2014) est nettement supérieure à celle des aéroports de Brest (998 000) et de Rennes (501 000). Il joue donc un rôle important dans le dynamisme et l'attractivité de la région.
L'État et les collectivités locales ont décidé de transférer cet aéroport sur un nouveau site, à Notre-Dame-des-Landes, au nord de l'agglomération nantaise. Les partisans et les adversaires de ce projet s'opposent depuis de nombreuses années.

➔ Quels sont les arguments favorables et opposés à ce projet de nouvel aéroport ?

Info

- Lancé dans les années 1960, le **projet** devrait occuper une superficie de 1 650 hectares. Son coût est estimé à **550 millions d'euros**, dont 446 pour le seul aéroport.
- Une **fréquentation de 9 millions de passagers** est attendue pour **2050**.
- Initialement prévue pour 2017, l'inauguration de l'aéroport n'est pas envisagée avant 2019.

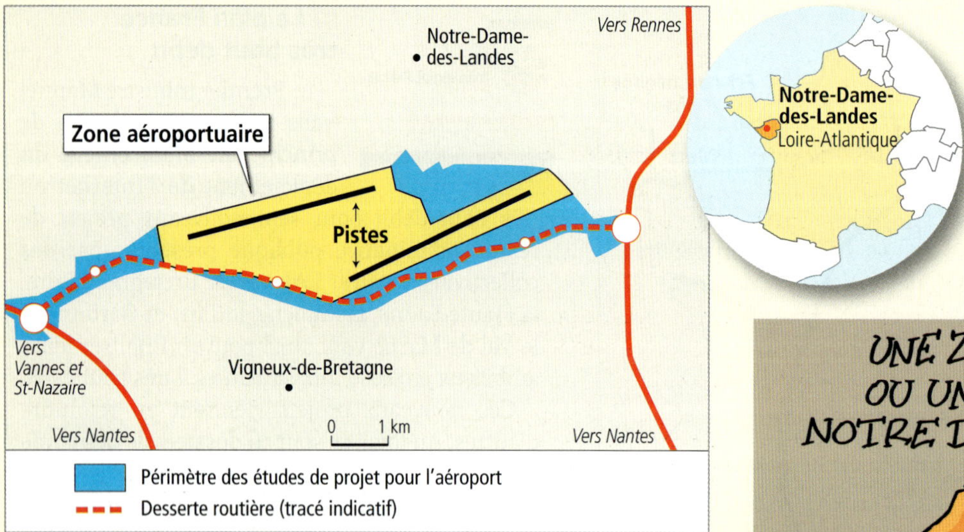

1 Un nouvel espace aéroportuaire

2 L'actuel aéroport de Nantes Atlantique en forte croissance

Entre 2009 et 2012, l'aéroport a gagné 1 million de passagers et 32 nouvelles destinations, dont 20 en Europe. La progression des trafics est due pour l'essentiel aux compagnies low cost, passées de 284 000 passagers à 707 000, soit de 10 % à plus de 25 % du trafic total. En effet, les compagnies à bas coût, comme Ryan Air et Volotea, n'ont cessé d'ouvrir de nouvelles destinations [...]. Au total, l'aéroport offre 101 destinations en 2012. [...] Cette réussite justifie-t-elle un transfert sur un nouveau site ? L'idée d'une nouvelle plate-forme aéroportuaire à proximité de Nantes est une vieille histoire. Apparu en 1966, le projet a vu ses logiques se modifier : aéroport international, aéroport pour le Concorde, aéroport de fret, puis troisième aéroport du Grand Paris, et aujourd'hui aéroport du Grand Ouest.

Jean Renard et Cécile Rialland-Juin, « Le projet d'aéroport de Notre-Dame-des-Landes : les rebonds d'un aménagement conflictuel », *Géoconfluences*, 4 février 2013.

3 Protéger ou développer ?
Caricature de Red, « Journée mondiale des zones humides : quand l'aéroport Notre-Dame-des-Landes prend l'eau... », www.notre-planete. info, 3 février 2013.

En novembre 2014, les syndicats d'entrepreneurs du bâtiment et des travaux publics et l'association pro-aéroport à Notre-Dame-des-Landes Des Ailes pour l'Ouest manifestent devant la préfecture de Nantes pour le démarrage des travaux.

4 Les arguments pour le projet

Les arguments des partisans relèvent surtout de l'aménagement des territoires et du développement économique. Ils annoncent la saturation prochaine des capacités de Nantes Atlantique à 4 millions de passagers, sans possibilité d'agrandir le site, enserré entre une zone urbaine et la réserve naturelle du lac de Grand Lieu.

En outre, ils invitent à prendre en compte les risques et les nuisances sonores subis par 42 000 habitants lors des survols de la ville, étant donné l'orientation sud-sud-ouest/nord-nord-est de la piste actuelle.

La construction d'un nouvel aéroport mieux situé répondrait mieux aux besoins des autres villes du Grand Ouest (Rennes, Lorient, Vannes) et toucherait une clientèle potentielle de 7 millions de personnes.

Jean Renard et Cécile Rialland-Juin, « Le projet d'aéroport de Notre-Dame-des-Landes : les rebonds d'un aménagement conflictuel », *Géoconfluences*, 4 février 2013.

5 Les arguments contre le projet

Pour [les opposants], l'argument de fond tient au non-sens du développement du transport aérien pour le futur. La consommation de 1 650 hectares d'espaces agricoles pour le périmètre de l'équipement, auxquels s'ajouteront les futures voies d'acheminement, serait une aberration économique et écologique. [...]

Ils ajoutent une question de coût car le montant des travaux connexes d'un nouvel aéroport en termes de desserte routière et ferroviaire n'a pas été chiffré et serait à la charge des collectivités locales. [...]

Jean Renard et Cécile Rialland-Juin, « Le projet d'aéroport de Notre-Dame-des-Landes : les rebonds d'un aménagement conflictuel », *Géoconfluences*, 4 février 2013.

En 2014, des opposants à l'implantation du nouvel aéroport occupent les espaces où ce projet est à l'étude.

Préparer le débat

1. Présentez la localisation du nouvel aéroport en projet. Quels sont les atouts de cette nouvelle localisation ? **[doc. 1]**
2. Comment les objectifs du projet ont-ils évolué depuis les années 1960 ? **[doc. 2]**
3. Classez les arguments pour et contre la construction d'un nouvel aéroport à Notre-Dame-des-Landes. **[doc. 3 à 5]**

Débat

Quels sont les enjeux du projet à l'échelle locale ? régionale ? nationale et européenne ?

L/ES
S

Réviser

Mobilités, flux et réseaux de communication dans la mondialisation

Synthèse

1 Un territoire au cœur des échanges européens et mondiaux

- **La France connaît un accroissement des flux.** Elle bénéficie d'une situation de passage terrestre privilégiée entre l'Europe du Nord et l'Europe méditerranéenne. L'intégration européenne et la mondialisation ont favorisé la connexion entre la France et ses voisins.

- **Les réseaux de transport sont modernes.** La France dispose d'équipements performants : lignes à grande vitesse, aéroports et ports internationaux, tunnels, etc.

2 Des territoires structurés par les réseaux de transport

- **La société française a connu une explosion de la mobilité.** L'axe de transport principal Nord-Sud est le corridor de mobilités le plus important. Il relie les grandes métropoles françaises Lille-Paris-Lyon-Marseille. D'autres corridors (Paris-Bordeaux) voient leur trafic augmenter.

- **Les réseaux de transport sont un moteur du développement territorial.** Cependant, les projets de nouveaux grands équipements (autoroutes, LGV) suscitent de nombreux débats.

3 Un territoire inégalement desservi

- **Le territoire national est inégalement connecté.** Les métropoles sont bien reliées entre elles. En revanche des territoires apparaissent enclavés : ce sont certains lieux des espaces périurbains, ruraux, montagnards ou des DROM.

- **Les politiques publiques sont insuffisantes.** Si la desserte équitable des territoires est recherchée par les acteurs publics, les politiques mises en œuvre en période de crise économique apparaissent insuffisantes pour pallier l'enclavement.

Notions clés

- Flux p. 210
- Hub p. 204
- Migration p. 210
- Mobilité p. 210
- Plate-forme multimodale p. 204
- Réseau p. 210

Chiffres clés

- Plus de **80 %** des trafics se font par la **route**
- **175 millions** de déplacements par jour en France
- Près de **11 500 km** d'autoroutes en France
- **Près de 30 millions** de voyageurs ont emprunté les transports aériens en France en 2014
- **Plus de 70 millions d'abonnement** à un forfait de téléphone mobile sont ouverts en France
- **57 %** des Français achètent des biens et des services en ligne au cours de l'année

Pour approfondir

Livres, dossiers

- A. Frémont, « Les transports en France. Quelles mobilités pour quelle société ? », *La Documentation photographique*, n° 8066, 2008.

Musées

- Musée de l'Air et de l'Espace (Le Bourget, Seine-Saint-Denis) : **www.museeairespace.fr**
- Musée des Arts et Métiers (Paris) : **www.arts-et-metiers.net**

- Cité du Train (Mulhouse) : **www.citedutrain.com**

Sites Internet

- **Site du ministère de l'Écologie, du Développement durable et de l'Énergie : www.developpement-durable.gouv.fr**
- **Site du Réseau ferré de France (RFF) : www.rff.fr**

Carte mentale

Retrouvez la carte mentale du chapitre sur le site Internet : www.nathan.fr/geo1re-2015

Schémas pour réviser

1 Les réseaux de transport français ouverts sur l'Europe et le monde

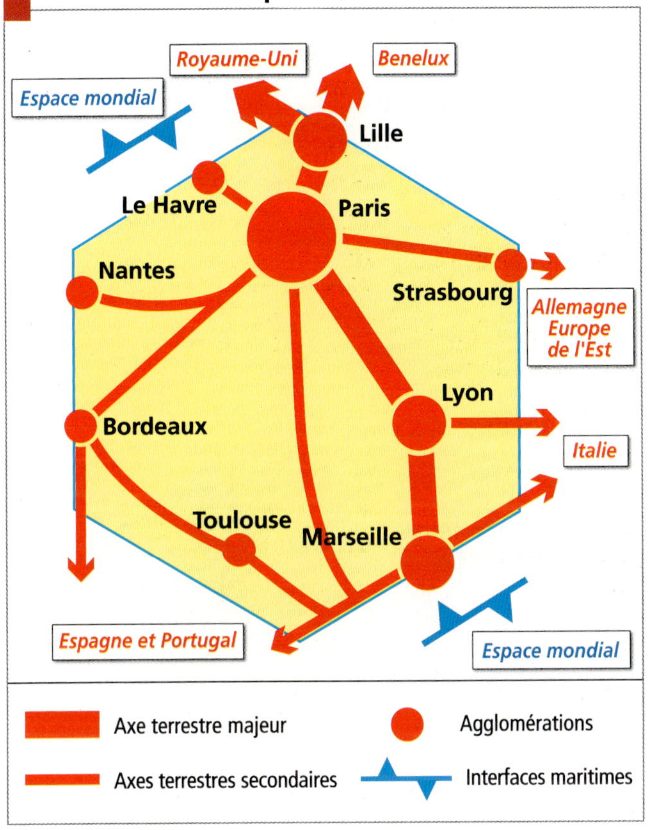

2 Roissy : plate-forme multimodale et hub mondial

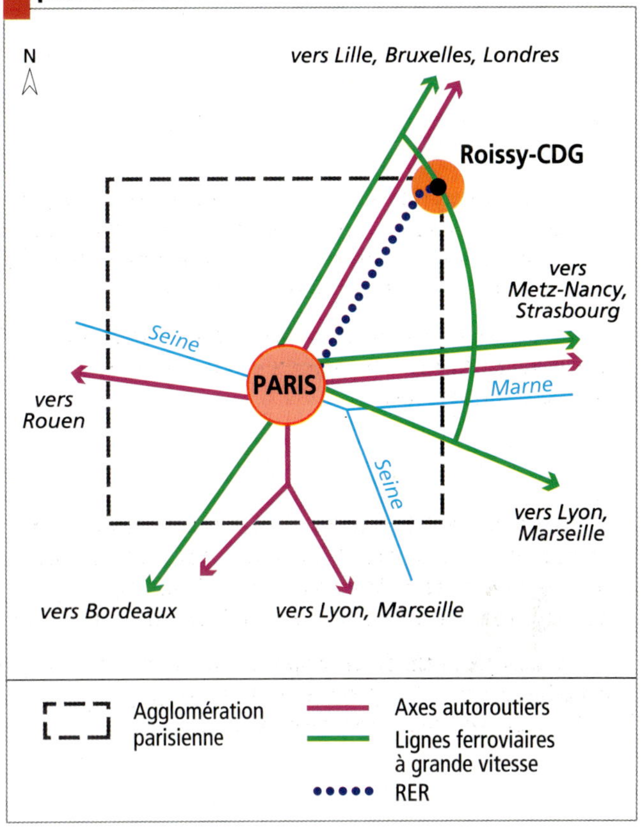

3 Les différentes formes de mobilités

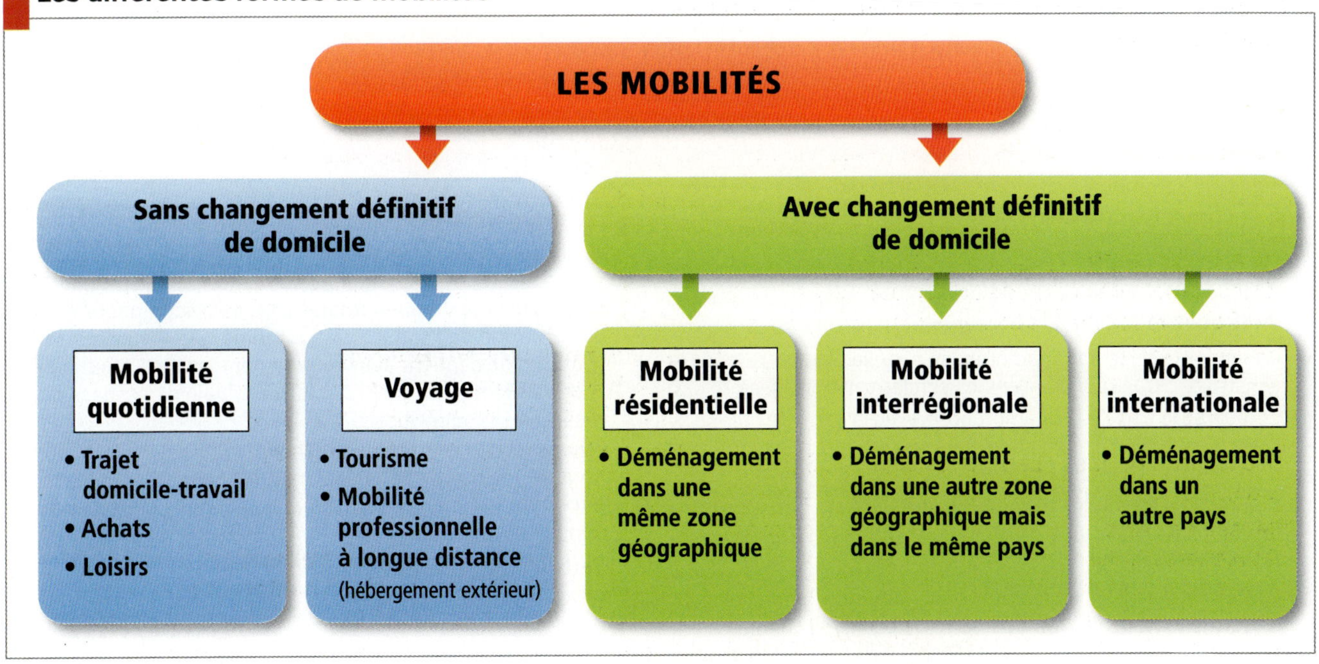

L/ES

1 Analyser une carte par anamorphose

→ TGV et organisation du territoire en France

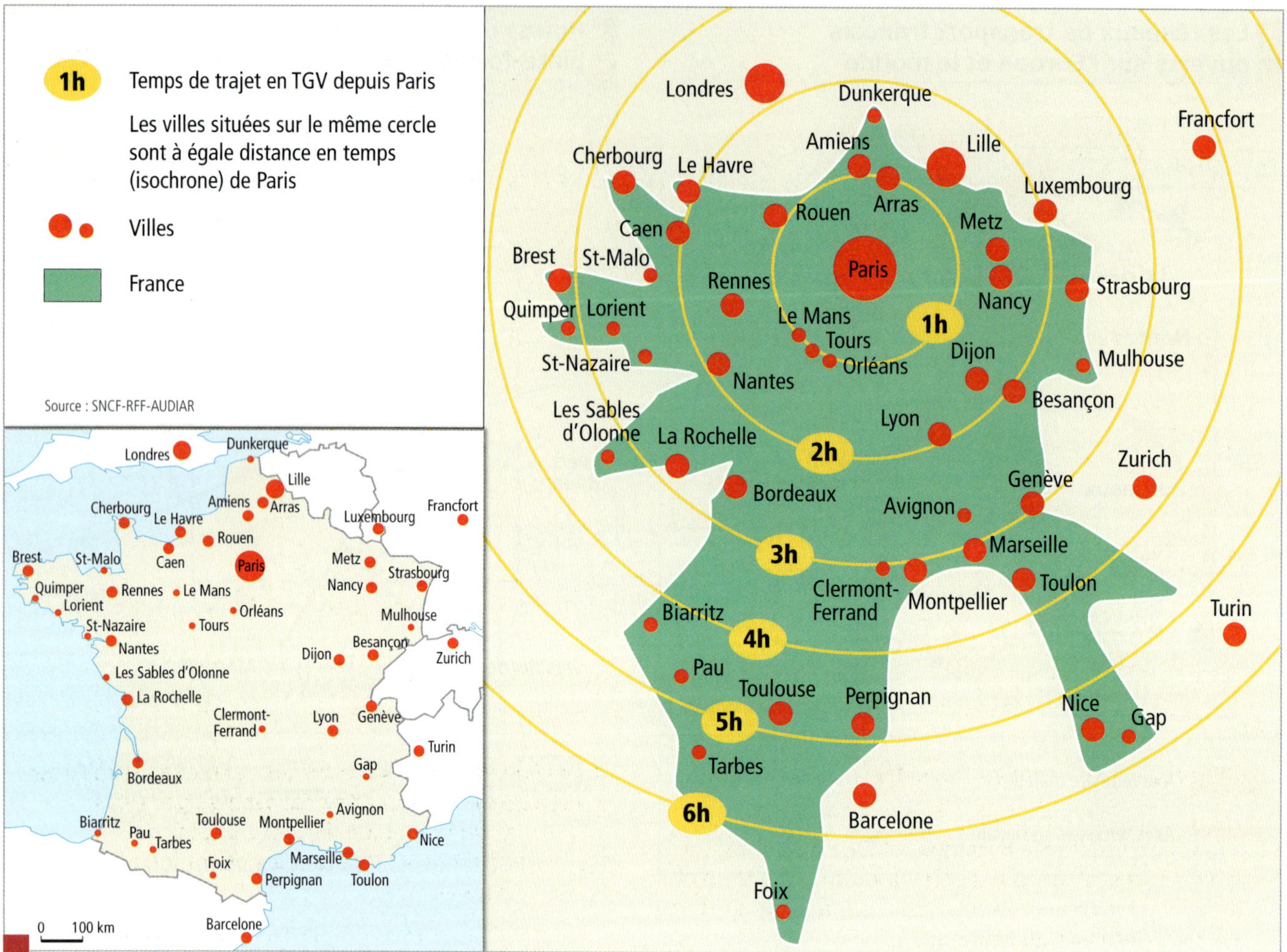

Carte isochrone de la France TGV en 2015

Vers le BAC

Consigne : En vous appuyant sur l'analyse du document, vous montrerez l'influence du TGV sur les mobilités, la desserte des villes et l'organisation du terrritoire français.

Aide pour répondre à la consigne

- Comment la carte par anamorphose a-t-elle été construite ? Que représentent les cercles concentriques ?
- Comparez la carte par anamorphose avec la carte de France : que pouvez-vous dire à propos de la localisation des villes dans l'anamorphose ?
- Comment le TGV a-t-il contribué à l'accélération des mobilités en France ?
- Quels avantages ce mode de transport offre-t-il ?
- Quels en sont les inconvénients pour l'organisation du territoire français ? Définissez ce qu'est l'effet tunnel.

Méthode BAC

Analyser une carte par anamorphose

- Elle **représente un espace à partir de données quantitatives ou statistiques** (temps de trajet, PIB, etc.). Ce procédé **ne représente pas la réalité géographique mais la réalité du phénomène**. Cela se traduit par une **déformation de l'espace cartographié**. Les inégalités spatiales deviennent alors directement visibles. Mais cela suppose de bien connaître la forme initiale de l'espace pour repérer les modifications.
- **Pour analyser ce type de document**, il faut :
  - **comprendre** comment il est construit ;
  - **expliquer** les changements importants dans les localisations géographiques ;
  - **dégager** les enjeux spatiaux traduits par cette représentation.

2 Faire de la géographie avec les TICE

→ Représenter des données avec Excel : la mobilité des étudiants en Europe

1. **Allez sur le site www.statisticsforall.eu/.**
2. **Cliquez sur « Enseignement supérieur », puis sur « Mobilité étudiante Erasmus ». Allez jusqu'au tableau de statistiques sur la mobilité par année et cliquez sur « Export Excel ». Une page Excel s'ouvre avec les données du tableau.**

   Attention ! L'ordinateur peut vous demander d'autoriser l'ouverture du fichier ou l'accès au programme : dans ces cas, cliquez sur « Ouvrir » ou « Accepter ».
3. **Dans la page Excel, ouvrez l'onglet « Insertion » pour faire apparaître les outils de traitement des statistiques.**
   → Sélectionnez les cellules du tableau depuis « Année » jusqu'à « Doctorat » et « 2012 ».
   → Sélectionnez un graphique dans la barre d'outils et observez le résultat.
   → Quel graphique est le plus approprié aux données à représenter ? Pourquoi ?

   Conseil : passez le pointeur de la souris sur les différents types de graphiques proposés dans la barre d'outils afin d'afficher un aperçu du graphique appliqué aux données du tableau.
4. **Revenez sur la page Internet ; exportez vers Excel le tableau des mobilités étudiantes par pays.**
   → Créez un graphique différent à partir de ces données en répétant les opérations développées en 3.

   Conseil : utilisez les icônes figurant à droite du graphique pour modifier les éléments de structure du graphique (titre du graphique, des axes, etc.), modifier le style et les couleurs, sélectionner ou modifier des entrées (années, catégories).

   Attention ! Pensez à indiquer la source des données en dessous de vos graphiques.
5. **Nommez et enregistrez votre travail.**
   → Vous pouvez approfondir votre travail sur le site « Statistics for all » en explorant d'autres données sur les mobilités étudiantes et en modifiant les filtres de sélection des données (un pays, une région, un type de diplôme, etc.).

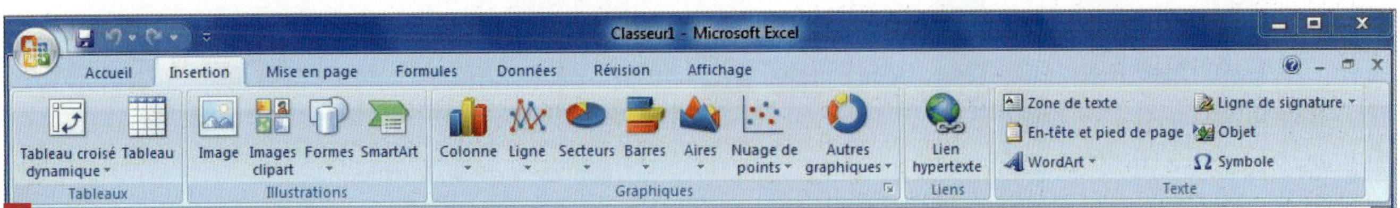

Les outils de traitement des statistiques sur Excel

L/ES

Méthode BAC

Analyser des statistiques

→ Extraire et confronter des informations

Sujet

Le maillage numérique du territoire français

Consigne : À partir de l'étude critique des documents, vous analyserez le développement du réseau de télécommunication français ; vous montrerez les inégalités d'accès à la mobilité numérique et vous dégagerez les enjeux liés au développement du numérique en France.

À savoir

- Les statistiques et les graphiques sont des **représentations**, respectivement **chiffrées et graphiques**, d'un **fait géographique, économique ou social**. Ils permettent d'avoir une connaissance de la situation ou de l'évolution de ce fait dans un espace ou pour une population donnés.
- **Leur analyse repose** sur la **description de l'évolution**, sur la **comparaison des situations** et sur **l'explication ou l'interprétation des observations** effectuées.

	Zones noires[1]		Zones grises[2]		Zones blanches[3]	
	Territoire (% de la superficie)	**Population** (% de la population)	**Territoire** (% de la superficie)	**Population** (% de la population)	**Territoire** (% de la superficie)	**Population** (% de la population)
France métropolitaine	86,70	98,75	11,74	1,23	1,56	0,02
Alpes-Maritimes	52,89	98,87	33,88	1,10	13,23	0,03
Ariège	49,46	86,01	38,26	13,26	12,28	0,73
Haute-Corse	56,18	90,58	34,71	9,32	9,10	0,10
Landes	75,76	96,85	23,81	3,15	0,43	0,00
Lozère	64,43	84,73	32,19	13,91	3,37	1,36
Meurthe-et-Moselle	89,42	98,67	10,33	1,33	0,24	0
Nord	98,61	99,88	1,38	0,11	0,01	0
Rhône	91,27	99,53	8,60	0,47	0,13	0
Paris	100	100	0	0	0	0
Seine-Saint-Denis	100	100	0	0	0	0
Val-d'Oise	98,91	99,92	1,09	0,08	0	0

Source : Autorité de régulation des communications électroniques et des postes, 2014.

1 Taux de couverture du réseau de téléphonie mobile en France

1. Zones noires : zones couvertes par tous les opérateurs.
2. Zones grises : zones couvertes par un ou deux opérateurs.
3. Zones blanches : zones non couvertes.

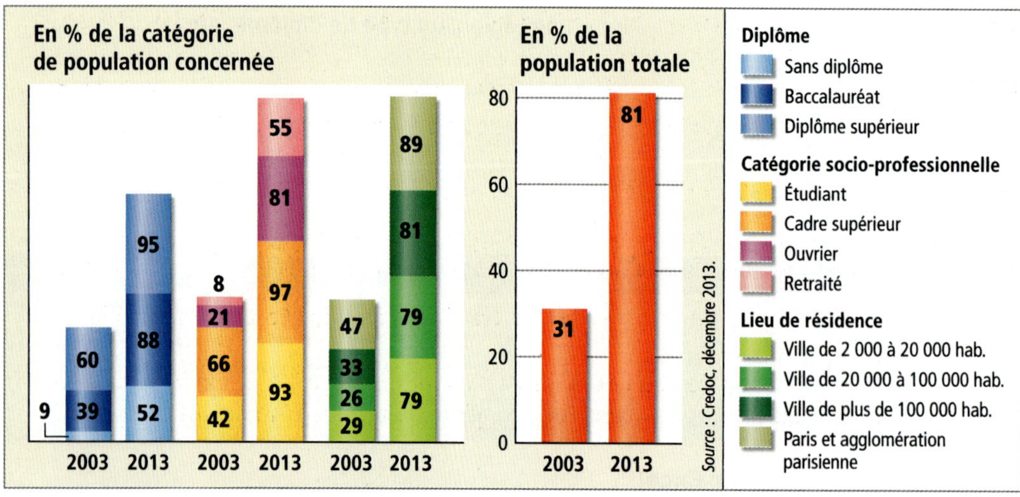

2 Population disposant d'une connexion Internet à domicile

Démarche	Guide de travail

1 Analyser le sujet et identifier les documents

→ Analyser le sujet et la consigne

1. Définissez « maillage numérique ».
2. Quelles précisions et quelle aide la consigne apporte-t-elle ?

→ Identifier les documents

3. Précisez la nature des documents, la source et la date des données.

Conseil : pour les documents statistiques, vous devez également présenter leur(s) thème(s) d'étude, les informations présentées, la période concernée et les unités utilisées.

2 Analyser et critiquer les documents

→ Extraire les informations

4. **Doc. 1.** Quelle différence relevez-vous entre les taux de couverture des zones noires, grises et blanches ?
5. Au brouillon, recopiez le tableau ci-dessous et classez les départements dans les colonnes correspondantes. Que constatez-vous ?

Territoire en zone noire > à la moyenne nationale	Territoire en zone noire < à la moyenne nationale	Population en zone noire > à la moyenne nationale	Population en zone noire < à la moyenne nationale
Paris	....	....	....

6. **Doc. 2.** Comment évolue la proportion de l'ensemble de la population disposant d'une connexion Internet entre 2003 et 2013 ? Dans chaque catégorie, relevez les pourcentages les plus élevés et les plus faibles pour les deux années. Que constatez-vous ?

POINT MÉTHODE

→ Confronter les informations

▸ Après avoir relevé les informations utiles pour répondre au sujet, vous devez les comparer :
- elles peuvent être complémentaires : les unes permettent d'expliquer les autres ;
- elles peuvent être contradictoires : elles permettent alors de nuancer les idées.

7. **Doc. 1 et 2.** Comment le document 1 complète-t-il le document 2 ? Comparez les informations de ces documents.

Exemple → *Le document 1 traite du réseau de téléphonie mobile, le document 2 du développement d'Internet en France : ce sont les deux principaux éléments du maillage numérique du territoire. Leurs informations permettent de comparer la connectivité des populations et des territoires.*

→ Cerner le sens général des documents et déterminer les enjeux spatiaux

8. Quelle idée majeure le travail ci-dessus vous permet-il de dégager des documents ?

Exemple → *Le maillage numérique français progresse mais est très inégal.*

9. Quels sont les enjeux liés au numérique en France ?

→ Porter un regard critique

10. Quelles sont les limites de ces documents ?

3 Répondre à la consigne

→ Construire le plan

11. Organisez vos idées selon les thèmes suggérés par la consigne.

→ Rédiger le devoir

12. Présentez le sujet et les documents. Rédigez la réponse au sujet en suivant votre plan. Pour conclure, faites un bilan de votre analyse.

L/ES

1 Qu'est-ce qu'un croquis régional ? p. 92
2 Construire la légende

Croquis

→ Construire la légende

Sujet

Les réseaux de communication dans l'organisation du territoire français

Consigne : Vous réaliserez un croquis d'organisation spatiale sur le sujet.

À savoir

- La **légende d'un croquis** est une **liste de tous les éléments cartographiés**. Elle **permet de les identifier** en mettant en relation les figurés et les informations qu'ils représentent.
- La légende doit être **organisée comme un plan de composition** : il faut déterminer **plusieurs parties** correspondant chacune à une idée majeure répondant au sujet du croquis. Dans chaque partie, il faut **regrouper et hiérarchiser les informations** liées à cette idée.

....

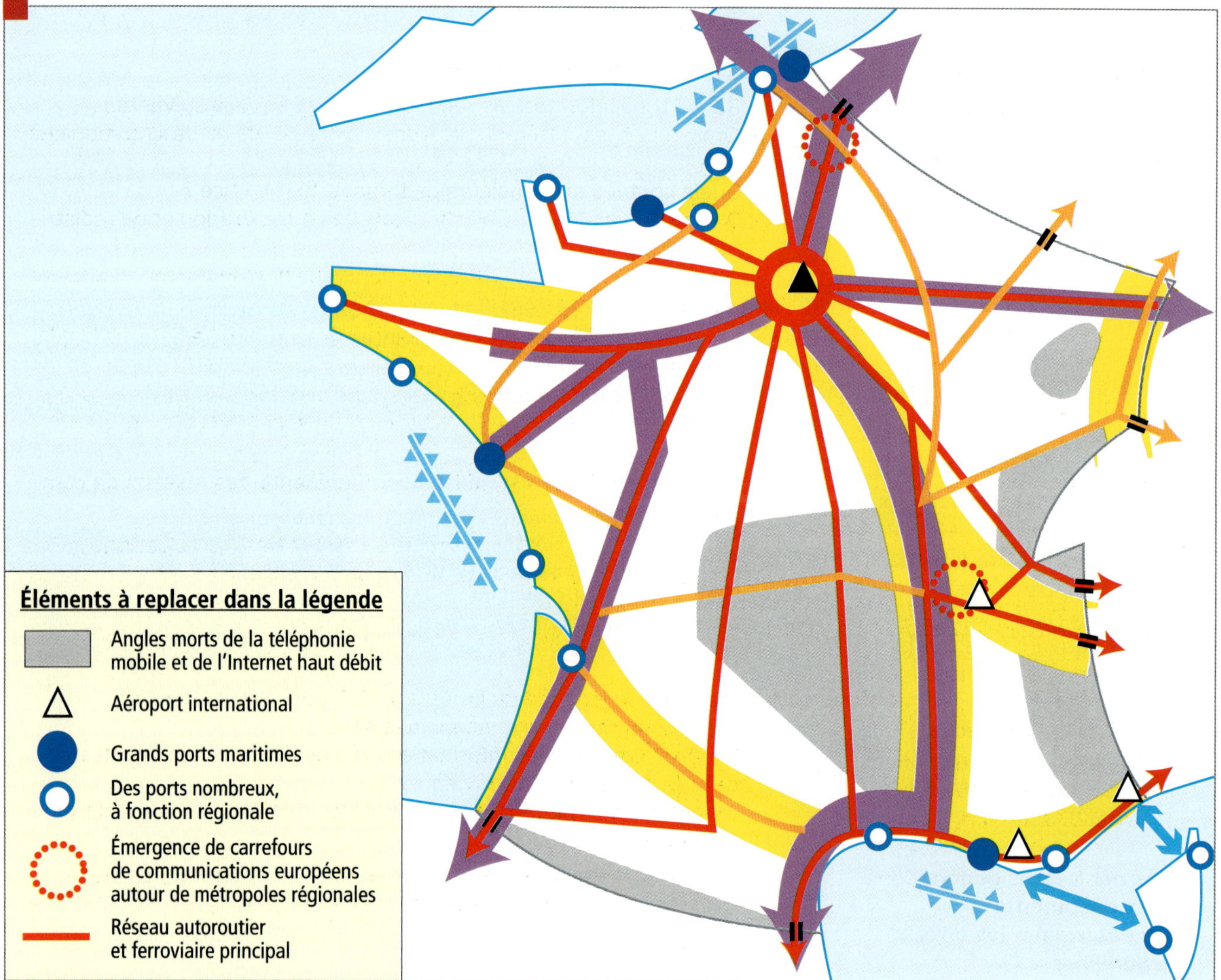

1. ....

- Carrefour majeur de communication
- ....
- Interface maritime
- ....
- ....

2. ....

- Renforcement d'axes majeurs à grande vitesse (autoroutes et LGV) : «effet tunnel»
- Hub aérien mondial : porte d'entrée continentale
- ....
- Améliorations de liaisons transfrontalières réalisées ou en projet
- Axes autoroutiers transversaux récents
- ....

3. ....

- Espaces attractifs : cumuls des trafics et saturation des réseaux
- ....
- Navette maritime avec la Corse

Imprimer le fond de carte sur **www.nathan.fr/geo1re-2015**

Démarche	Guide de travail

1 Analyser le sujet

→ Définir les termes du sujet
→ Définir les limites spatiales du sujet

1. Que désigne-t-on par « réseaux de communication » ?
   Attention ! Pensez à prendre en compte les réseaux de communication immatériels (téléphonie, ADSL, etc.).
2. Que signifie « organisation du territoire » ?
3. À quelle échelle devez-vous réaliser le croquis ?
4. Que devra montrer le croquis ?
   Exemple → *Le croquis devra montrer comment les différents réseaux de communication facilitent l'accès du territoire et son ouverture vers le monde, mais aussi les inégalités spatiales qui en découlent.*

2 Mobiliser les connaissances

→ Extraire les informations

Attention ! Un croquis comporte une quinzaine d'informations au maximum.

5. Reportez-vous aux cartes pp. 206-209.
6. Relevez les informations répondant aux questions suivantes :
   - Quels sont les différents moyens de transport et de communication ?
   - Quels sont les axes majeurs de transport en France ?
   - Quels sont les grands pôles français de concentration et de redistribution des flux ?
   - Comment les communications connectent-elles le territoire national au reste du monde ?
   - Quelles dynamiques sont générées par le développement des communications ?
     Exemple → *Ouverture, carrefour.*
   - Quelles inégalités persistent entre certaines parties du territoire ?

→ Choisir les figurés

7. Quel type de figuré est utilisé pour représenter les réseaux de communication ?
8. Quel type d'information est représenté par les figurés ponctuels ?
9. Quelle logique y a-t-il dans le choix des couleurs ?

3 Réaliser le croquis

POINT MÉTHODE

→ Construire la légende
- Classez les informations retenues en deux ou trois thèmes. Chacun des thèmes est une partie de la légende.
- Hiérarchisez les informations dans chaque thème, en commençant par la plus importante.

10. Observez la légende du croquis p. 224, puis sur un brouillon :
    - Trouvez un titre pour chacune des parties.
    - Intégrez chacune des informations qui ne sont pas encore classées dans le thème qui lui convient.
    - Identifiez la logique d'organisation des informations dans la première partie.

    Conseil : vous pouvez déterminer les différents thèmes de la légende en vous posant des questions sur le sujet (voir « Analyser le sujet »).

→ Compléter le croquis

11. Complétez la légende du croquis p. 224 ; écrivez les noms de lieux importants pour la compréhension du croquis.
    Exemple → *Alpes, océan Atlantique, Paris, etc.*
12. Complétez les informations, les figurés et les titres dans la légende.

→ Insérer le titre du croquis

13. Donnez un titre au croquis.
    Conseil : vous pouvez reprendre l'énoncé du sujet en guise de titre.

Chapitre 7

De l'espace européen aux territoires de l'Union européenne

L'Europe est un petit continent d'une extrême diversité : 47 États, des paysages très variés, une multitude de langues, de cultures et de religions. Les États européens se sont progressivement unis pour construire un espace de paix et de prospérité économique. L'Union européenne (UE) compte aujourd'hui 28 États membres. Avec la construction européenne, les relations entre les différents territoires de l'Union européenne se sont renforcées. Mais les disparités et les inégalités socio-spatiales restent grandes à l'intérieur de l'Europe.

- Qu'est-ce qui caractérise les frontières et les limites de l'Europe ?
- Comment la carte de l'Union européenne évolue-t-elle ?
- Comment l'Union européenne agit-elle pour réduire les inégalités entre ses territoires ?

1 La passerelle des Deux-Rives entre la France et l'Allemagne

La passerelle des Deux-Rives permet aux piétons et cyclistes de franchir facilement et sans contrôle le Rhin entre Strasbourg (France) et Kehl (Allemagne).

2 La Croatie : 28e État membre de l'Union européenne

Cérémonie d'accession à l'Union européenne de la Croatie, le 1er juillet 2013 au parlement européen de Strasbourg. À gauche sur le panneau est écrit « Bienvenue à la Croatie ».

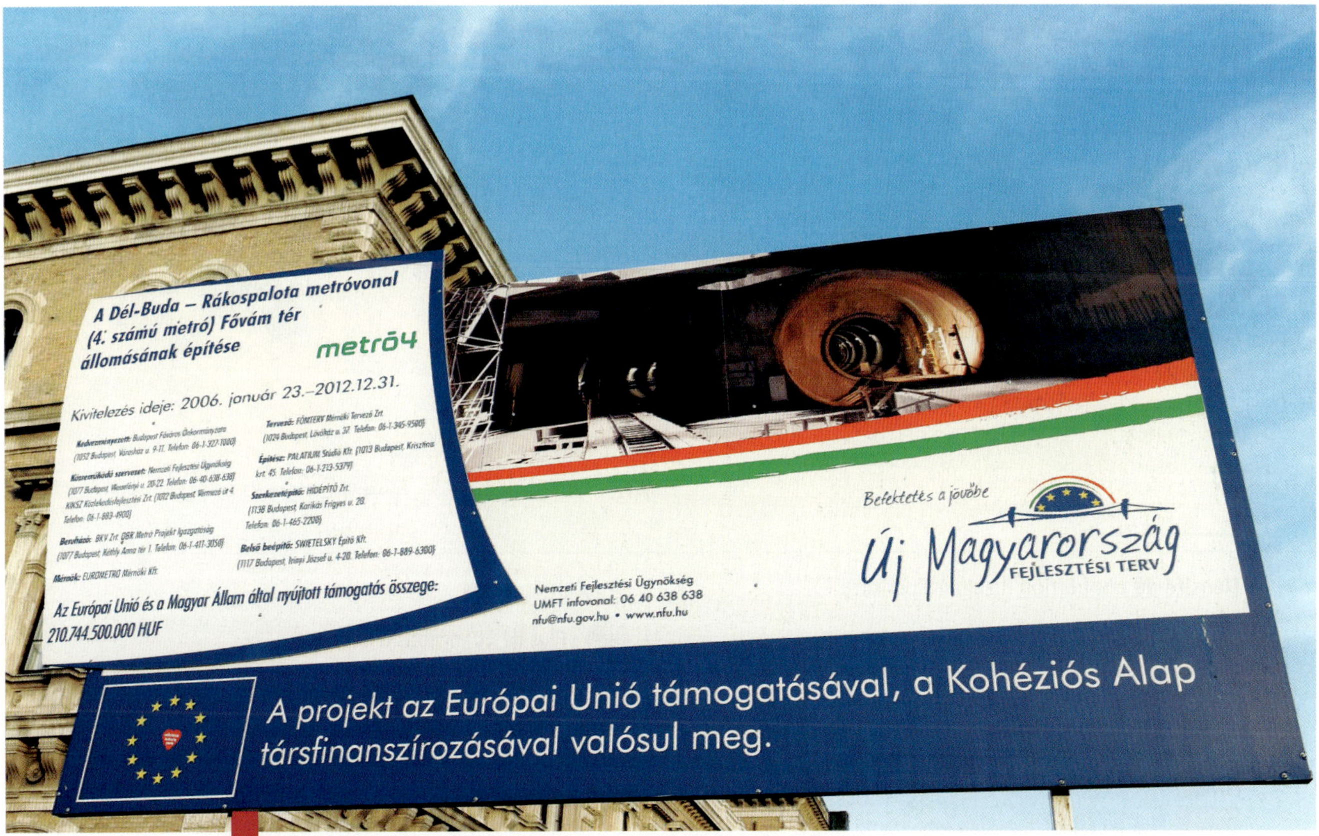

3 L'Union européenne agit pour le développement de Budapest (Hongrie)

Grâce au Fonds européen de développement régional (FEDER),
Budapest a pu se doter d'une nouvelle ligne de métro au 1er janvier 2013.

Les territoires européens

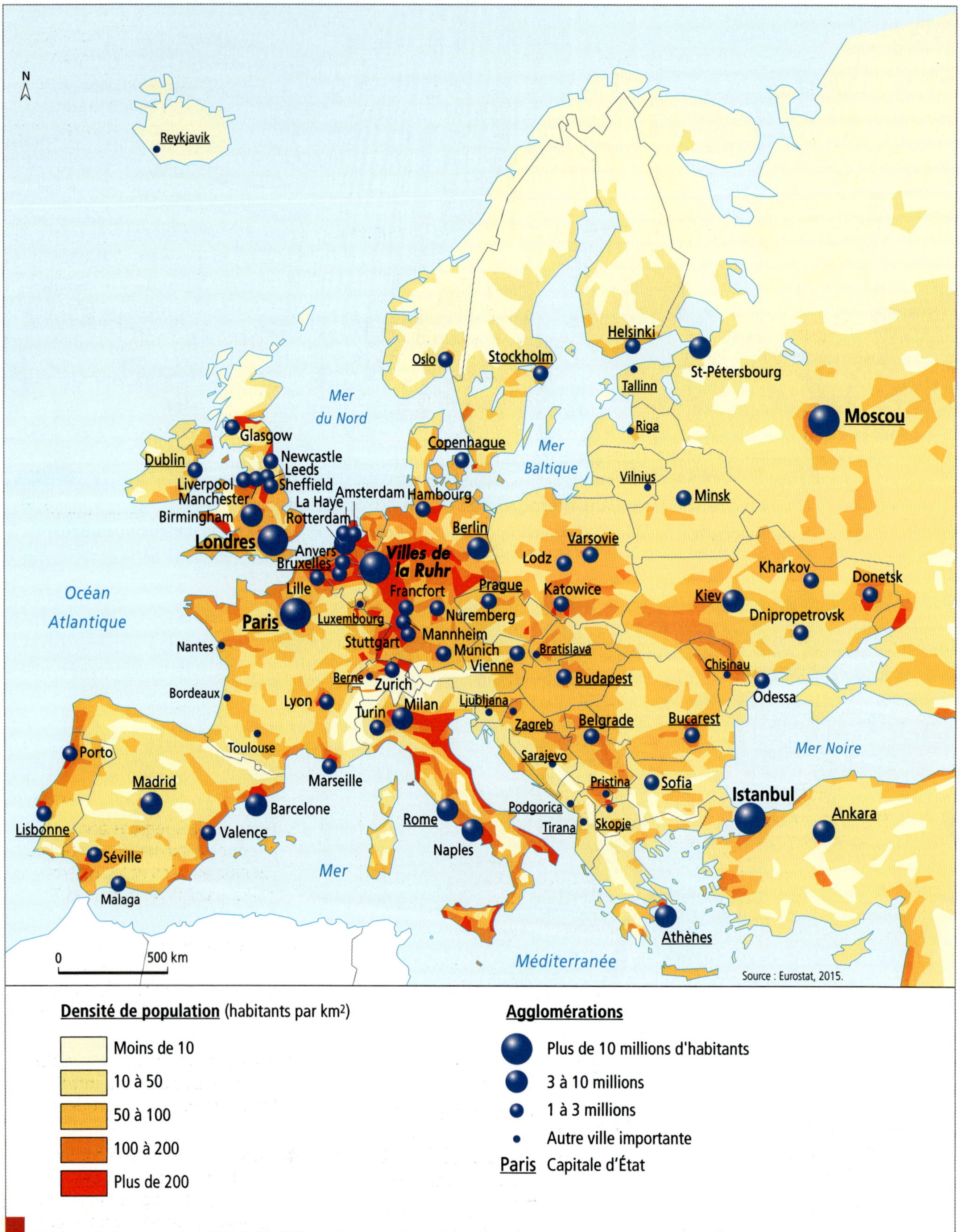

1 Population et villes en Europe

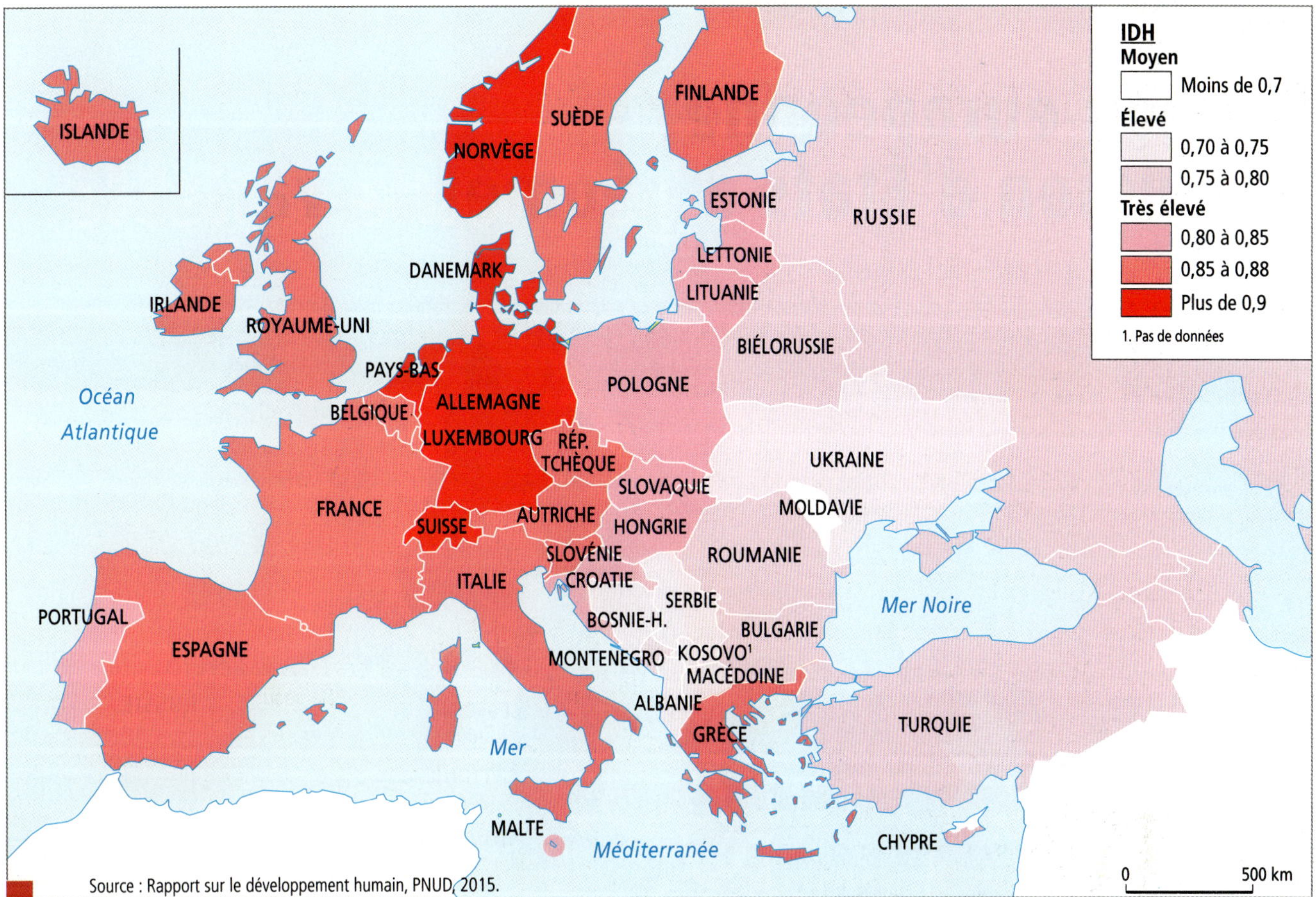

Source : Rapport sur le développement humain, PNUD, 2015.

2 Un développement inégal

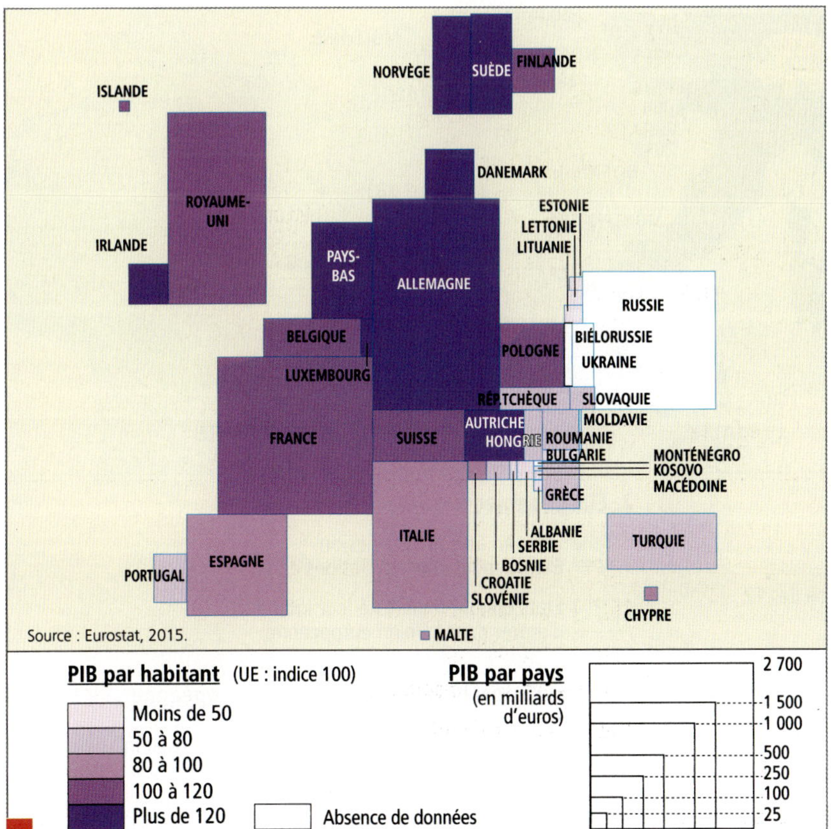

Source : Eurostat, 2015.

3 Différents niveaux de richesse

Questions sur les documents

1. Dans quelles régions européennes les densités sont-elles les plus élevées et les métropoles les plus nombreuses ? **[doc. 1]**
2. Dans quelles régions européennes les densités sont-elles les moins élevées et les métropoles les moins nombreuses ? **[doc. 1]**
3. Présentez les écarts de richesse et de développement entre les différents États européens. **[doc. 2 et 3]**
4. Montrez que l'Europe est un continent marqué par des inégalités démographiques, de richesse et de développement. **[doc. 1 à 3]**

L/ES
S

L'Union européenne : une union d'États à géométrie variable

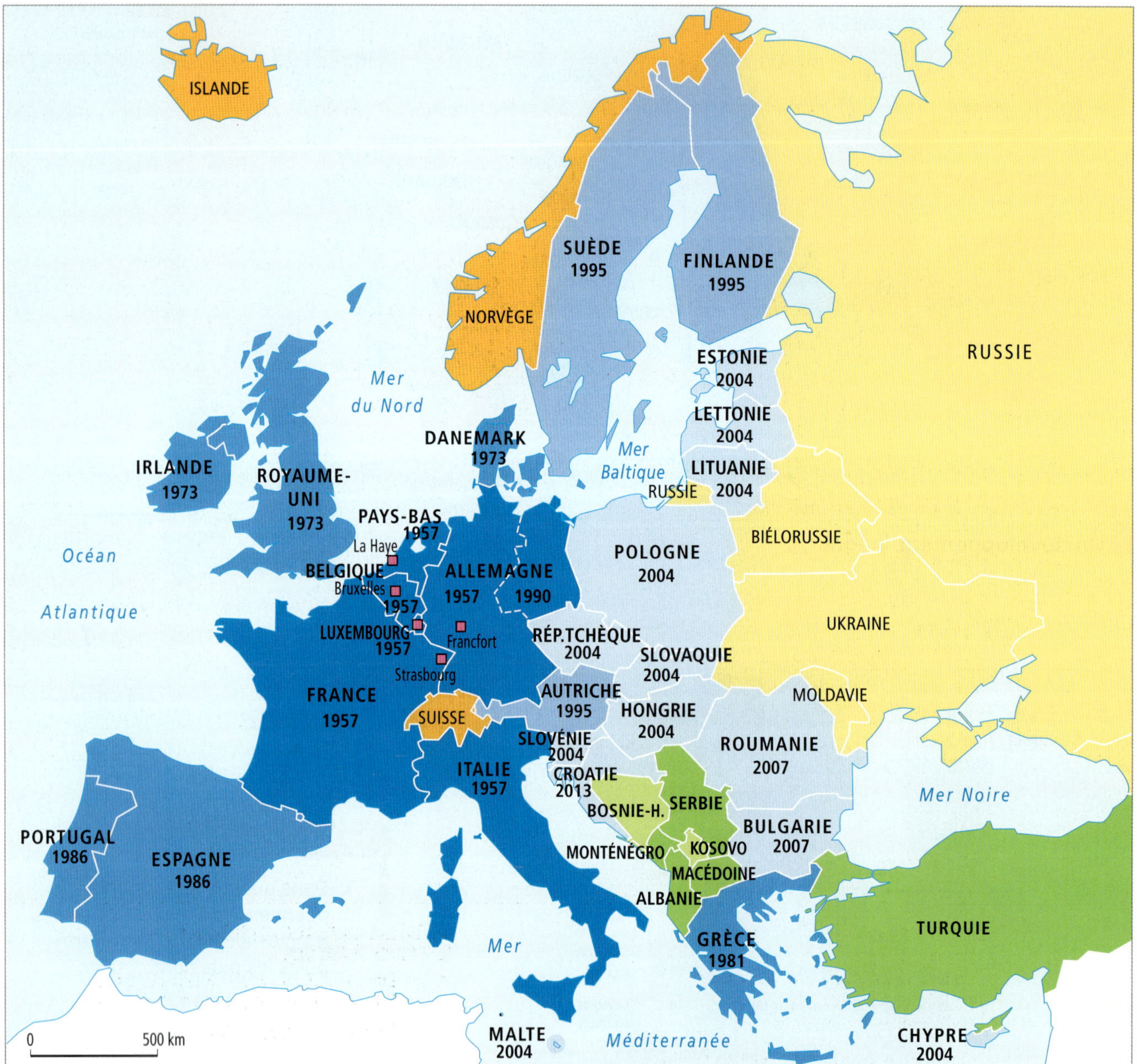

1. Union européenne : 28 États

- États fondateurs en 1957 : Europe des 6
- Élargissements de 1973, 1981 et 1986 : Europe des 12
- Élargissement de 1995 : Europe des 15
- Élargissements de 2004, 2007 et 2013 : Europe des 28
- Frontière entre l'Allemagne de l'Ouest et de l'Est, supprimée en 1990
- Sièges des principales institutions européennes

2. Élargissements à venir

- États en attente d'adhésion, États candidats, négociations en cours
- États qui ont manifesté leur intention d'entrer dans l'Union européenne

3. États n'appartenant pas à l'Union européenne

- États non membres de l'UE mais intégrés à son influence
- Russie et États sous influence russe

1 **L'Union européenne, de 6 à 28**

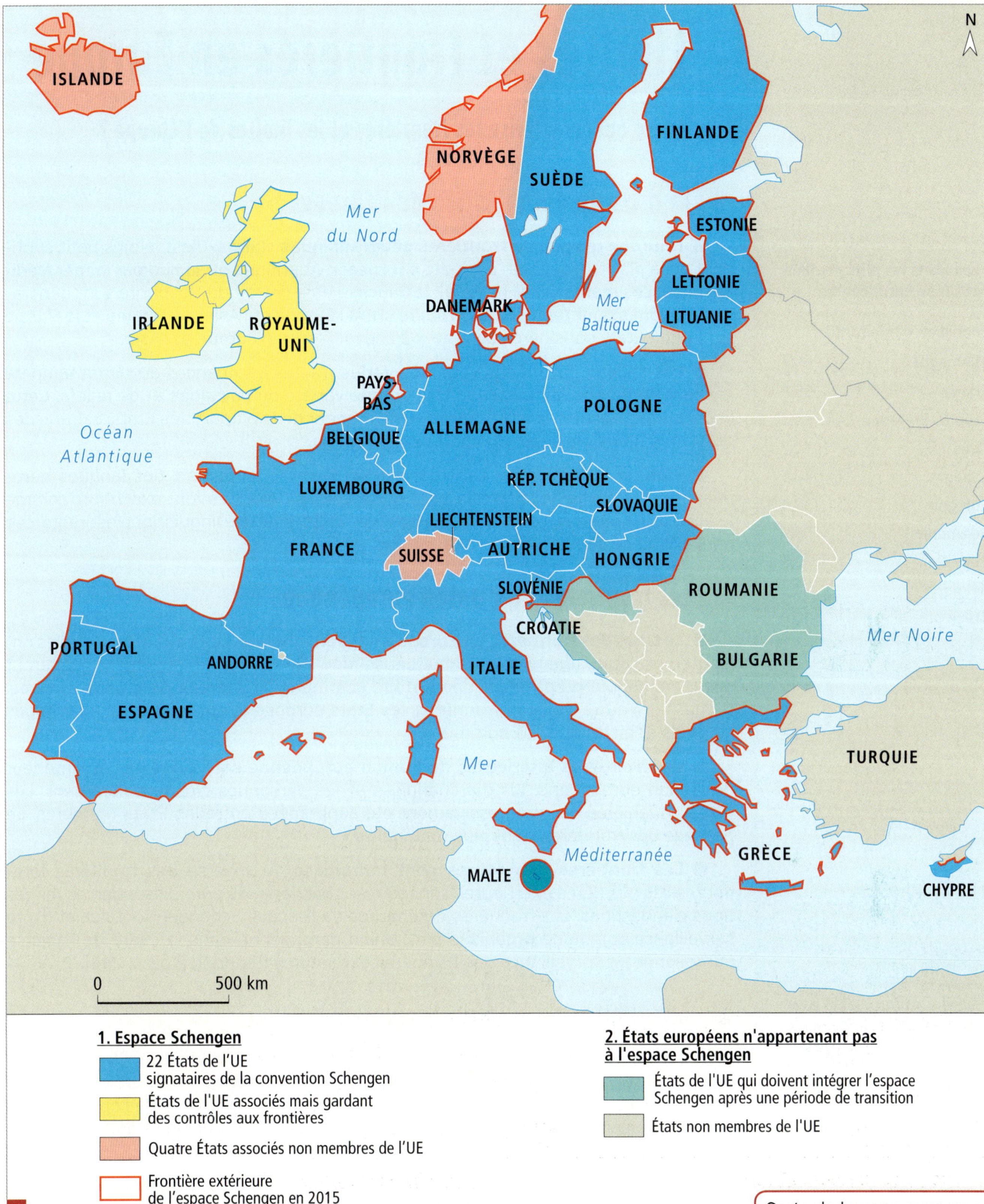

2 L'espace Schengen en 2015

Carte de la **zone euro** en p. 238.

Question sur les documents

- Pourquoi l'Union européenne est-elle une union d'États à géométrie variable ? **(doc. 1 et 2)**

L/ES
S

1. Limites et frontières en Europe

Qu'est-ce qui caractérise les frontières et les limites de l'Europe ?

1 La difficile délimitation de l'Europe

L'Europe n'a pas de frontières géographiques claires. C'est le plus petit continent de la planète, délimité à l'ouest par l'océan Atlantique et au sud par la mer Méditerranée. Les monts Oural (Russie), le Caucase et le détroit du Bosphore sont généralement admis pour représenter la limite entre l'Europe et l'Asie. La Turquie et la Russie sont deux États considérés comme « à cheval » entre l'Europe et l'Asie.

Les milieux européens sont très variés. Toutes les nuances du climat tempéré existent en Europe, ainsi qu'une très grande variété de paysages et de reliefs. Cette importante diversité, que l'on retrouve à l'intérieur de la plupart des États, est une des caractéristiques majeures du continent européen.

Plus de 200 langues sont parlées en Europe. La plupart des langues européennes font partie de la famille **indo-européenne**. Certaines font exception, comme le finnois, le hongrois, l'estonien et le basque. Cette diversité linguistique est renforcée par l'existence de langues régionales **(doc. 1)**.

2 Les frontières de l'Union européenne

Le tracé des frontières en Europe a souvent changé. Les pays et les peuples ont longtemps connu une histoire tumultueuse **(doc. 2)**. Les frontières actuelles séparent des États qui ont pu partager une histoire commune à l'intérieur de grands empires. De part et d'autre de leurs frontières, les États européens ont beaucoup d'héritages culturels et historiques en commun.

Les frontières intérieures de l'Union européenne sont ouvertes. À l'intérieur de l'Union européenne, les marchandises et les personnes circulent librement. Les taxes douanières ont progressivement été supprimées entre les États membres. Le passage des frontières n'est plus matérialisé.

Les frontières extérieures sont renforcées. À l'inverse des frontières intérieures, les frontières extérieures sont souvent **barriérisées** pour dissuader les migrations clandestines. Les frontières extérieures de l'espace Schengen font l'objet d'une surveillance commune organisée par l'Union européenne dans le cadre de l'agence européenne de surveillance des frontières extérieures (Frontex) (voir p. 244).

3 Aux limites de l'Union européenne

Plusieurs pays européens sont candidats à l'entrée dans l'UE. C'est le cas de certains États des Balkans issus de l'éclatement de la Yougoslavie (Serbie, Monténégro), de l'Albanie et aussi de la Turquie. Mais une partie importante de l'opinion européenne et plusieurs chefs d'État restent hostiles à une adhésion de ce dernier pays de plus de 80 millions d'habitants, majoritairement musulmans.

L'Union européenne échange beaucoup avec les autres pays européens. La Suisse par exemple, dont le territoire se trouve au milieu de l'espace européen bien qu'elle n'en fasse pas partie, est totalement intégrée aux échanges avec l'Union européenne. Les liens commerciaux avec la Russie sont très développés : l'Union européenne importe environ un quart de son gaz de Russie.

L'Union européenne a une politique de voisinage. De nombreux accords de coopération (éducation, justice, fiscalité, commerce) sont négociés entre l'Union européenne et ses voisins, qu'ils soient candidats à l'adhésion ou non. En Méditerranée, l'Union européenne négocie avec les pays du Maghreb et avec la Turquie la gestion des flux migratoires clandestins. En Europe de l'Est, c'est vers l'Ukraine **(doc. 3)** et le Caucase que l'Union européenne se tourne, malgré l'influence de la Russie dans ces territoires.

Repères

Les États les plus peuplés de l'Union européenne

En million d'habitants	
Allemagne	80,7
France	65,8
Grande-Bretagne	64,3
Italie	60,7
Espagne	46,5
Pologne	38,4
Roumanie	19,9
Pays-Bas	16,8
Belgique	11,2
Grèce	10,9

Source : Eurostat, 2015.

Vocabulaire

- **Barriérisation :** se dit d'un processus de renforcement des frontières au moyen de dispositifs techniques visant à empêcher le passage des migrants (murs, barbelés, surveillance électronique, etc.).
- **Indo-européen :** la plupart des langues parlées en Europe sont regroupées par les linguistes dans la famille indo-européenne. Ces langues ont de nombreux points communs, en grammaire, phonétique et vocabulaire.
- **Politique européenne de voisinage :** nom donné à la politique de l'Union européenne pour renforcer ses relations avec les pays voisins immédiats ou proches.

1. Langues indo-européennes

- Langues latines
- Langues germaniques
- Langues celtiques
- Langues slaves
- Langues baltes
- Grec
- Albanais

2. Langues non indo-européennes

1 L'Europe des langues

1. Les frontières en Europe

- Frontières actuelles
- Frontières modifiées après 1989
- Tensions et conflits frontaliers depuis les années 1990

2. Le territoire des États

- 15 États créés entre 1990 et 2008
- 2 États remaniés
- Pas de changement

1. BOSNIE-HERZÉGOVINE
2. CROATIE
3. KOSOVO
4. MACÉDOINE
5. MONTÉNÉGRO
6. SERBIE
7. SLOVÉNIE

2 Les États en Europe : 20 ans de bouleversements

3 L'Ukraine, en marche vers l'Union européenne ?

Manifestation pro-européenne à Kiev, novembre 2013. En 2015, le gouvernement ukrainien est pro-européen et envisage son intégration à l'UE. L'est du pays est en situation de guerre civile entre forces gouvernementales et opposants pro-russes.

Questions sur les documents

1. Quelles sont les langues dominantes en Europe ? **(doc. 1)**
2. Qu'est-ce qui explique les modifications du tracé de nombreuses frontières en Europe au cours du XXe siècle ? **(doc. 2)**
3. Quels sont les drapeaux brandis par la foule ? Quel message est adressé par ces manifestants ? **(doc. 3)**
4. Montrez que les frontières ne sont pas figées en Europe. **(doc. 2 et 3)**

L/ES
S

Exemple

La libre circulation en Europe

Des milliers d'Européens circulent en Europe et passent chaque jour d'un pays à l'autre. À l'intérieur de l'Union européenne, les frontières sont souvent devenues quasiment invisibles et leur franchissement est très facile. C'est l'espace Schengen, un des symboles forts de la construction européenne.

➔ **Quelles formes la libre circulation prend-elle en Europe ?**

le point sur… La libre circulation en Europe

1957	Le traité de Rome institue la libre circulation des personnes (6 États membres)
1985	Accord sur la suppression graduelle des contrôles aux frontières à Schengen (Luxembourg)
26 mars 1995	Entrée en vigueur de l'espace Schengen
2015	26 États membres dans l'espace Schengen (400 millions d'habitants)

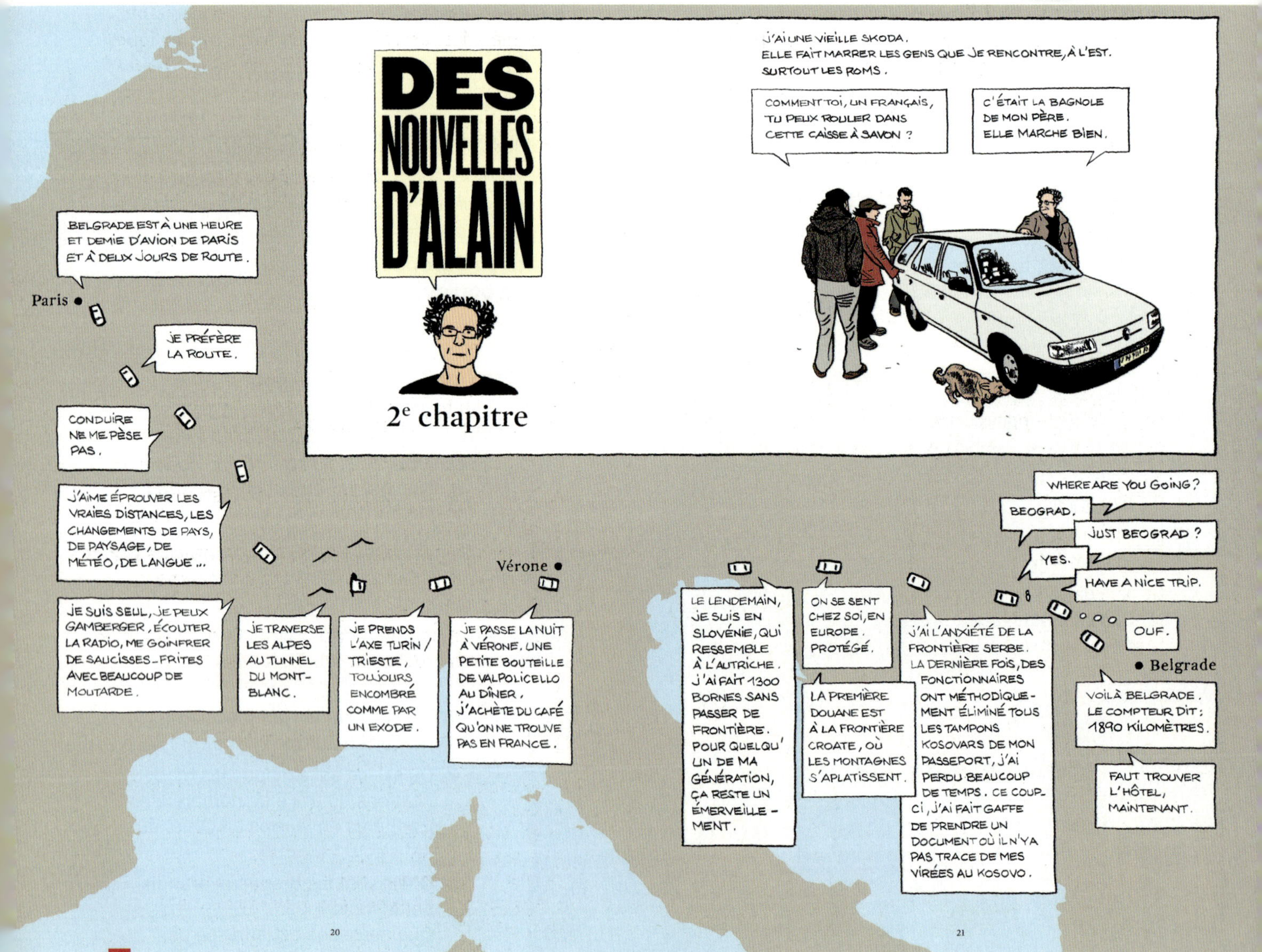

1 La liberté de circulation en Europe vue par un dessinateur

Dans le récit graphique *Des nouvelles d'Alain* (2011), le dessinateur Emmanuel Guibert suit le périple d'un photographe français à la rencontre des Roms à travers les frontières européennes, depuis Paris jusqu'aux Balkans.

2 Borne frontière dans les Alpes entre la France et l'Italie

L'alpiniste français Lionel Daudet a fait le tour de la France en suivant au plus près le tracé de la frontière [www.dodtour.com], entre le 10 août 2011 et le 15 novembre 2012. Les bornes qui marquent symboliquement la frontière ne sont pas toujours aussi visibles.

3 Genève et les travailleurs frontaliers

La deuxième agglomération de Rhône-Alpes en termes d'habitants, c'est Genève. Tous les jours, près de 90 000 frontaliers viennent travailler dans la cité de Calvin. Et de nombreux Suisses vivent « sur France » comme on dit ici. [...]

Entre 1 et 4 heures de trajet, aller-retour, chaque jour. C'est le temps passé par les frontaliers dans leur voiture ou dans les transports en commun pour aller travailler et revenir. Les routes sont notamment saturées autour d'Annemasse, la principale ville du Genevois français. Des bouchons énormes qui auraient de quoi surprendre un Parisien, mais qui ne rebutent toujours pas les travailleurs frontaliers. Et pour cause.

L'agglomération genevoise est une des régions les plus dynamiques d'Europe : en 2014 et en 2015, le taux de croissance du canton devrait être de 2,5 %. En 2014, le taux de chômage s'établit à 5,5 %. Des chiffres qui font rêver n'importe quel chef d'État de l'Union européenne. Avec 946 000 habitants, l'agglomération devrait passer la barre symbolique du million d'habitants en 2018. Et, selon *La Tribune de Genève*, ce n'est pas près de s'arrêter : entre 2011 et 2040, l'agglomération genevoise devrait voir sa population augmenter de 34 % à 40 %.

Matthieu Beigbeder et Laurent Burlet, « Le Grand Genève », *Rue89*, 25 septembre 2014.

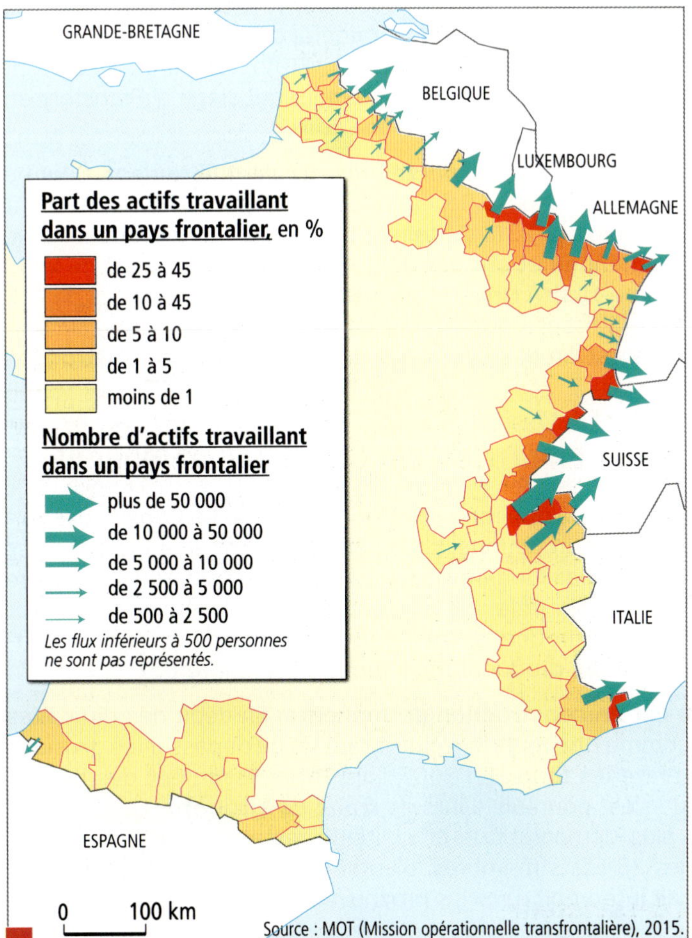

4 Les transfrontaliers français

Analyse des documents

Porter un regard critique

1. Comment le dessinateur Emmanuel Guibert évoque-t-il les frontières en Europe ? **(doc. 1)**

Exploiter et confronter des informations

2. Quels types de mobilités peut-on distinguer en Europe ? **(doc. 1 à 4)**

3. Quelles frontières les travailleurs frontaliers français traversent-ils le plus ? Réalisez un schéma de ce phénomène. **(doc. 4)**

4. Quelles en sont les conséquences pour les régions françaises proches de ces frontières ? **(doc. 3 et 4)**

Méthode BAC → Question 3

Réaliser un schéma à partir d'une carte (voir p. 94)

- Schématisez par un hexagone la France.
- Représentez par des aplats de couleur les territoires où les actifs transfrontaliers sont :
  - en forte proportion (plus de 25 %) : rouge ;
  - en proportion moyenne (entre 5 et 25 %) : orange ;
  - en faible proportion (moins de 5 %) : jaune.
- Représentez les flux de travailleurs frontaliers par des flèches :
  - épaisses (plus de 50 000) ;
  - moyennes (entre 5 000 et 50 000) ;
  - fines (moins de 5 000).
- Construisez la légende accompagnant votre schéma.

L/ES
S

2. L'Union européenne : une union d'États à géométrie variable

Comment la carte de l'Union européenne évolue-t-elle ?

1 La construction d'un espace de paix et de prospérité

En 1957, 6 pays européens décident de s'unir. Grâce à la réconciliation franco-allemande qui s'engage dès la fin de la Seconde Guerre mondiale, la construction européenne se met en place progressivement. Elle aboutit au traité de Rome (1957) qui marque les débuts de la CEE (Communauté économique européenne).

En un demi-siècle, le nombre d'États membres est passé de 6 à 28. La CEE s'est progressivement élargie et est devenue l'Union européenne en 1992. En 2004 et 2007, 12 nouveaux États ont rejoint l'Union européenne, la plupart d'entre eux étant d'anciens pays de l'URSS ou du bloc communiste d'Europe de l'Est (pays Baltes, Pologne, etc.). Le dernier pays à avoir intégré l'Union européenne est la Croatie en 2013.

Le fonctionnement de l'UE repose sur des institutions solides. C'est à Bruxelles que siègent la Commission et le Conseil européen. Le Parlement est installé à Strasbourg. 751 députés européens sont élus au suffrage universel direct tous les 5 ans, dont 74 pour la France. Les 28 États membres de l'Union européenne expérimentent ensemble un système politique nouveau, proche de la **confédération** (doc. 1).

2 La zone euro et l'espace Schengen

19 des 28 États de l'Union européenne ont adopté l'euro depuis 2002. Certains pays le refusent pour des raisons de souveraineté, comme le Royaume-Uni, le Danemark ou la Suède (voir p. 238). Les nouveaux États membres l'adoptent progressivement (doc. 2). La Banque centrale européenne, qui siège à Francfort en Allemagne, décide de la politique monétaire de la zone euro.

À l'intérieur de l'espace Schengen, les personnes circulent librement. Comme pour la zone euro, la géographie de l'espace Schengen ne correspond pas exactement à celle de l'Union européenne (voir p. 231). Certains États de l'Union européenne ne font pas partie de l'espace Schengen et ont décidé de maintenir le contrôle de leurs frontières extérieures (Royaume-Uni). À l'inverse, d'autres États non membres de l'UE ont intégré l'espace Schengen (Suisse). Pour la plupart des Européens, la libre circulation des personnes en Europe est un des symboles les plus forts de la construction européenne.

3 Approfondissement et élargissement de l'Union européenne

Les institutions de l'Union européenne sont nombreuses. Le Conseil des ministres, institution clé de l'Union européenne, prend ses décisions à la majorité des voix. Le Parlement européen n'a pas l'initiative des lois. Il existe des tensions entre les décisions prises par les États pour défendre en priorité leurs intérêts nationaux, et celles prises au nom de tous les Européens. C'est souvent le cas dans l'agroalimentaire ou dans l'industrie où les États producteurs défendent leurs intérêts.

L'Union européenne est en construction permanente. En dépit des difficultés rencontrées, elle apparaît comme une tentative plutôt réussie de dépasser les divisions et rivalités traditionnelles entre les États. En 2007, l'**approfondissement** des institutions de l'Union européenne s'est poursuivie lors du **traité de Lisbonne**. La construction d'une Europe encore plus démocratique et politique reste un des grands défis auxquels ont à faire face les 28 États membres, d'autant plus que l'**élargissement** à d'autres pays (Serbie) devrait intervenir dans les prochaines années (doc. 3).

Repères

Les étapes de la construction européenne

1951	CECA
1957	Traité de Rome : fondation de la CEE
1968	Suppression des droits de douane
1979	1re élection au suffrage universel
1992	Traité de Maastricht : fondation de l'UE
1995	Entrée en vigueur de l'espace Schengen
2002	Mise en circulation de l'euro
2007	Traité de Lisbonne

Vocabulaire

- **Approfondissement** : consolidation et modernisation du fonctionnement des institutions de l'Union européenne.
- **Confédération** : système politique fondé sur une union entre des territoires qui conservent une assez forte autonomie, mais gèrent ensemble des domaines comme la défense, la diplomatie, la politique générale.
- **Élargissement** : entrée de nouveaux États dans l'Union européenne.
- **Traité de Lisbonne** : signé le 13 décembre 2007 par les 27 chefs d'État et de gouvernement des pays membres de l'Union européenne, ce traité est entré en vigueur en 2009. Il a pour but de réformer les institutions pour en faciliter le fonctionnement.

1 **Les institutions européennes**

2 **L'entrée de la Lituanie dans la zone euro (janvier 2015)**

Question sur les documents

▸ Quelles sont, pour un État et ses citoyens, les conséquences de l'adhésion à l'UE ? **(doc. 1 à 3)**

3 La Serbie, futur État membre de l'Union européenne ?

Les négociations d'adhésion ont commencé avec la Serbie le 21 janvier 2014, conformément au calendrier. La Serbie espère devenir le 29e membre de l'Union européenne à l'horizon 2020. Elle a déposé sa candidature le 22 décembre 2009 et a été reconnue candidate en mars 2012 malgré le maintien de tensions avec le Kosovo. Belgrade refuse toujours de reconnaître l'indépendance de son ancienne province. [...]

Avec ses 7,5 millions d'habitants, la Serbie est le « poids lourd » démographique et économique des Balkans occidentaux, région ayant vocation à adhérer à terme à l'Union européenne. L'adhésion du pays est longtemps restée suspendue à l'arrestation des derniers criminels de guerre recherchés par le Tribunal pénal international (TPI) de La Haye. Surtout, un accord intervenu entre la Serbie et le Kosovo le 19 avril 2013, premier pas vers une normalisation souhaitée des relations entre les deux États, a été interprété comme un signe positif pour la Commission. Toutefois, les négociations avec la Serbie sont susceptibles de faire l'objet d'un véto de la Croatie voisine, qui réclame le jugement de plusieurs responsables présumés de massacres et de crimes de guerre commis lors des guerres d'ex-Yougoslavie.

Pascal Orcier, « L'Europe entre associations, alliances et partenariats », *geoconfluences.ens-lyon.fr*, janvier 2015.

L/ES
S

Exemple

La zone euro : forces et faiblesses

Partager une monnaie commune faisait partie des projets des fondateurs de l'Union européenne. Aujourd'hui, 19 États ont adopté l'euro qui est devenu un symbole fort de la construction européenne. Mais les fragilités persistent parmi les États membres.

➔ Quelles sont les forces et les faiblesses de la zone euro ?

Le point sur… L'euro

1992	Traité de Maastricht, projet d'une union économique et monétaire
1995	Adoption du nom de la monnaie unique : l'euro
1er janvier 1999	L'euro devient la monnaie unique de 11 États membres
1er janvier 2002	Mise en circulation de l'euro
2015	19 États membres ont adopté l'euro

Vocabulaire

▸ **Zone euro :** ensemble des pays ayant adopté l'euro comme monnaie commune.

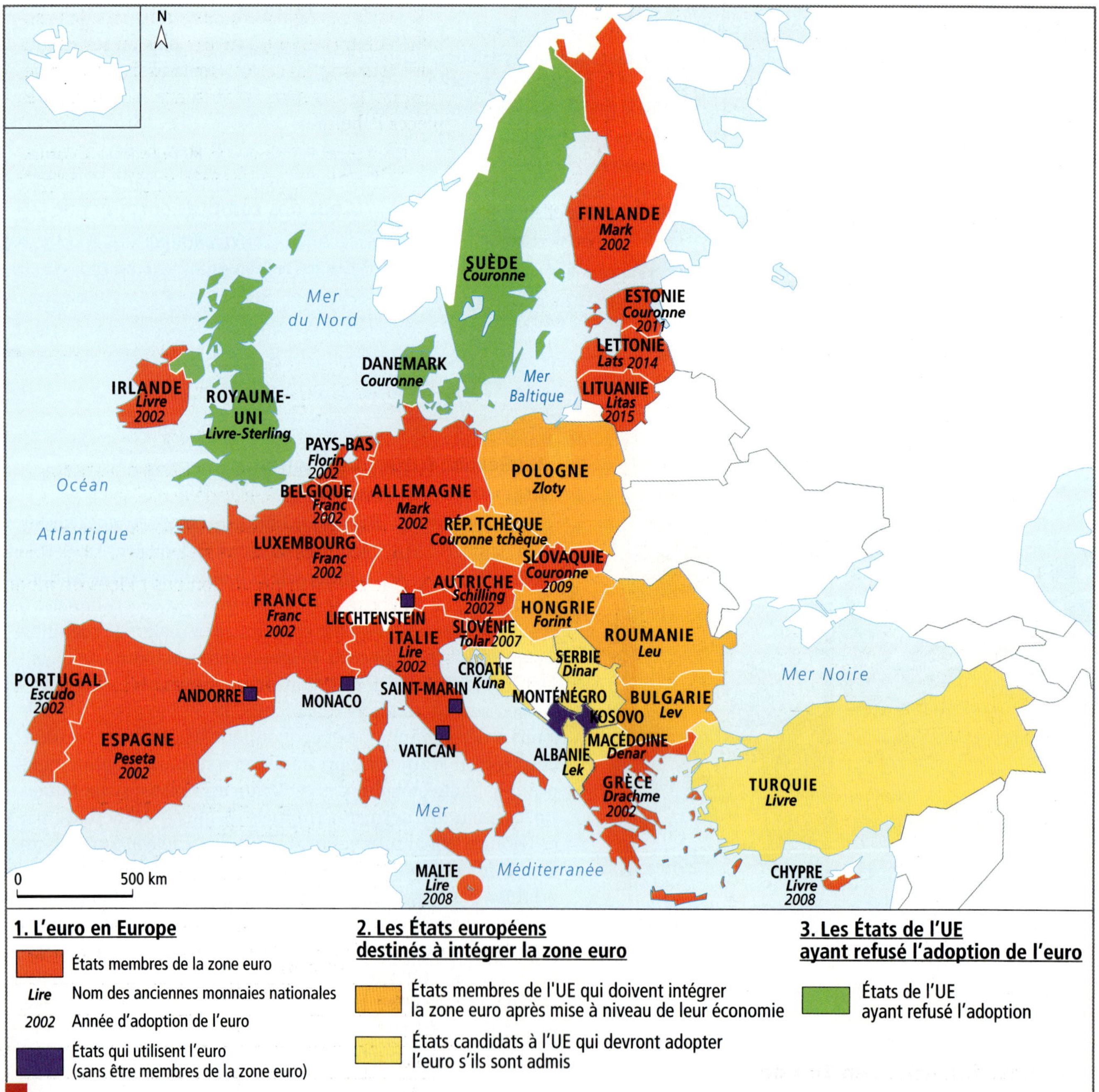

1 Une monnaie européenne : l'euro

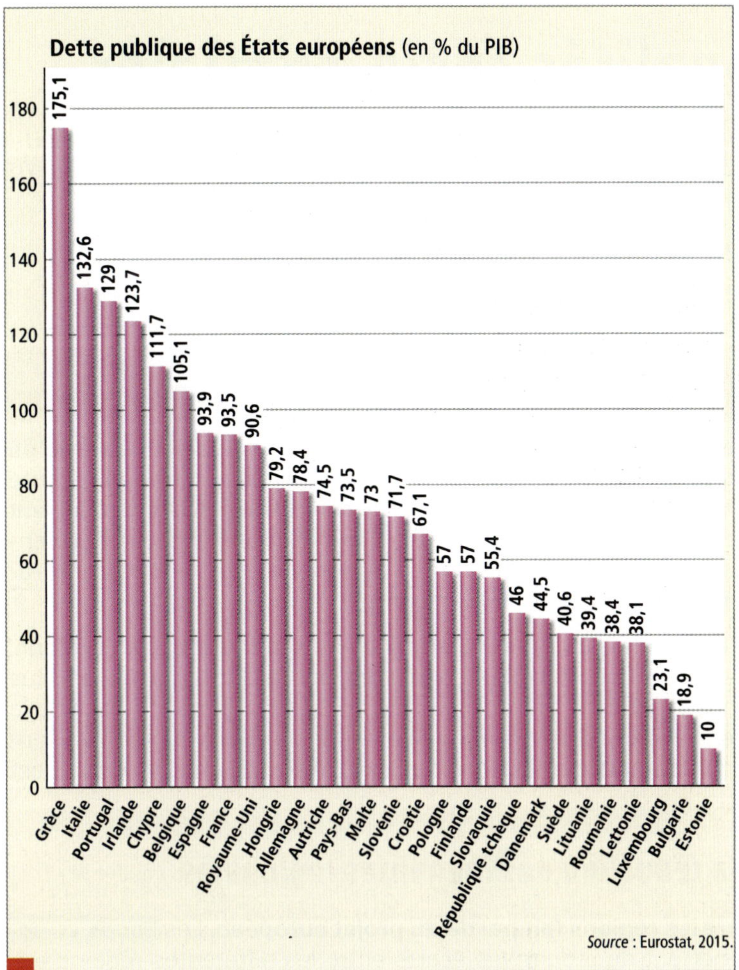

2 La dette publique des États européens

3 La circulation des euros d'un pays à l'autre

Depuis leur mise en circulation en 2002, les pièces d'euro ont été brassées de part et d'autre des frontières. L'examen de la face nationale des pièces permet de reconstituer indirectement les mobilités des individus qui les ont transportées et d'en déduire l'intensité des relations internationales.

En France, la proportion des euros d'origine étrangère est passée de 5 % en mars 2002 à 34 % en décembre 2011, plus élevée pour les pièces à forte valeur (50 centimes, 1 ou 2 euros) qui circulent davantage. La distance aux frontières demeure un élément déterminant expliquant la domination des pièces espagnoles dans le Sud-Ouest ; allemandes ou belges dans le Nord-Est.

Au-delà des déplacements frontaliers, les mobilités de travail entre métropoles ou les migrations touristiques contribuent aussi au mélange, comme le montre la présence ubiquiste des pièces italiennes.

C. Grasland, F. Guérin-Pace, M. Le Texier et B. Garnier, « Dix ans de diffusion des euros étrangers en France », *Populations et Sociétés*, n° 488, avril 2012.

4 La crise financière en Europe

« Et maintenant, l'Italie… ». Chappatte, *International Herald Tribune*, 11 novembre 2011.

Analyse des documents

Prélever des informations

1. Comment les différents États européens participent-ils à la zone euro ? **(doc. 1)**
2. Quels sont les États les plus confrontés au problème de la dette en Europe ? **(doc. 2 et 4)**
3. Que révèle la circulation des pièces de monnaie en Europe ? **(doc. 3)**

Vers le BAC

Consigne : Montrez les forces et les faiblesses de la zone euro.

Aide pour répondre à la consigne

Pour répondre à la consigne, vous pouvez classer vos idées dans un tableau selon les thèmes suivants :

- la situation des pays de l'Union européenne par rapport à la monnaie européenne ;
- les forces et les faiblesses de la zone euro.

	Pays de l'Union européenne	Forces	Faiblesses
Doc. 1			
Doc. 2			
Doc. 3			
Doc. 4			

L/ES
S

3. Les inégalités socio-spatiales dans l'Union européenne

Comment l'Union européenne agit-elle pour réduire les inégalités entre ses territoires ?

1 D'importants contrastes territoriaux

L'Union européenne compte 28 États très différents. Certains font partie de l'Union européenne depuis plus de 50 ans, tandis que 13 nouveaux États l'ont rejointe depuis 2004. À eux seuls, l'Allemagne, la France, le Royaume-Uni et l'Italie produisent les deux tiers du PIB européen. À l'inverse, certains États d'Europe centrale et orientale (Roumanie, Bulgarie) sont encore en retard de développement malgré le rattrapage opéré depuis leur **intégration** dans l'Union européenne.

Des contrastes de richesse et de développement existent entre les régions. Le Grand Londres, l'Île-de-France, le Luxembourg font partie des espaces les plus riches d'Europe. En France, le PIB de l'Île-de-France est 80 fois supérieur à celui de la Corse. En Allemagne, les régions de l'ex-RDA (ex-Allemagne de l'Est communiste) sont encore très en retard par rapport aux régions de l'ex-RFA (ex-Allemagne de l'Ouest capitaliste) **(doc. 1)**.

2 Un objectif : la réduction des inégalités régionales

La solidarité entre les régions fait partie du projet européen. Les **Fonds structurels européens** permettent de réduire les écarts entre les différentes régions européennes. L'objectif central du FSE (Fonds social européen) est l'emploi. **Le FEDER** (Fonds européen de développement régional), créé en 1975, vise à redistribuer une partie des contributions des États aux régions les plus pauvres.

Les aides régionales sont tournées vers les régions en difficulté. Ces dernières peuvent ainsi combler leur retard de développement. Pour la période 2014-2020, la **politique de cohésion** de l'Union européenne bénéficie d'un budget de 351,8 milliards d'euros **(doc. 2)**. Ce sont les régions d'Europe orientale dont le PIB par habitant est le plus faible qui en bénéficient le plus.

Les projets cofinancés par l'Union européenne sont variés. Le Feder a permis l'amélioration de nombreuses infrastructures : réseaux routiers (autoroutes en Espagne ou au Portugal), nouveaux ponts (sur le Danube entre Roumanie et Bulgarie). Pour favoriser l'intégration régionale, une attention particulière a été accordée au désenclavement des régions périphériques et à l'amélioration des communications entre les différentes régions de l'Union européenne.

3 La solidarité entre les États membres de l'Union européenne

Le niveau de vie de nombreux pays a beaucoup progressé. Grâce à l'intégration européenne, l'Irlande, qui avait le niveau de vie le plus bas d'Europe lors de son entrée dans la CEE en 1973, fait désormais partie des territoires les plus prospères de l'Union européenne. La Grèce, le Portugal et l'Espagne ont connu des trajectoires semblables, tout comme la Roumanie aujourd'hui **(doc. 3)**. Le PIB de l'Espagne a été multiplié par 4 depuis 1986, date de son adhésion à la CEE.

La solidarité financière entre les États membres connaît parfois des crises. Au moment de l'adhésion de l'Espagne et du Portugal, les États les plus solides financièrement craignaient d'avoir à en supporter le coût. Mais les aides européennes ne sont pas une simple compensation destinée aux régions les plus pauvres : les politiques de développement menées dans les régions en difficulté (anciens foyers industriels en Grande-Bretagne ou en France, par exemple) ont pour objectif de contribuer à la prospérité de l'ensemble de l'Europe.

Repères

■ Les 5 PIB les plus élevés de l'Union européenne en 2014

En milliards d'euros	
Allemagne	2 900
Royaume-Uni	2 200
France	2 100
Italie	1 600
Espagne	1 050

Source : Eurostat, 2015.

Vocabulaire

- **FEDER :** Fonds européen de développement régional. Créé en 1975, le FEDER finance des infrastructures et des projets de développement locaux dans l'Union européenne grâce aux contributions financières des différents États.
- **Fonds structurels européens :** aides financières de l'Union européenne en faveur du développement régional. On peut en distinguer deux : le **FSE** (Fonds social européen) dans le domaine de l'insertion professionnelle et le **FEDER** (Fonds européen de développement régional) pour les infrastructures.
- **Intégration européenne :** conséquence de la construction de l'Union européenne et de l'abolition des frontières, c'est un rattrapage économique et social entre les différentes régions européennes, qui atténue leurs disparités.
- **Politique de cohésion :** politique économique et sociale qui vise à réduire les écarts de développement entre les régions de l'Union européenne.

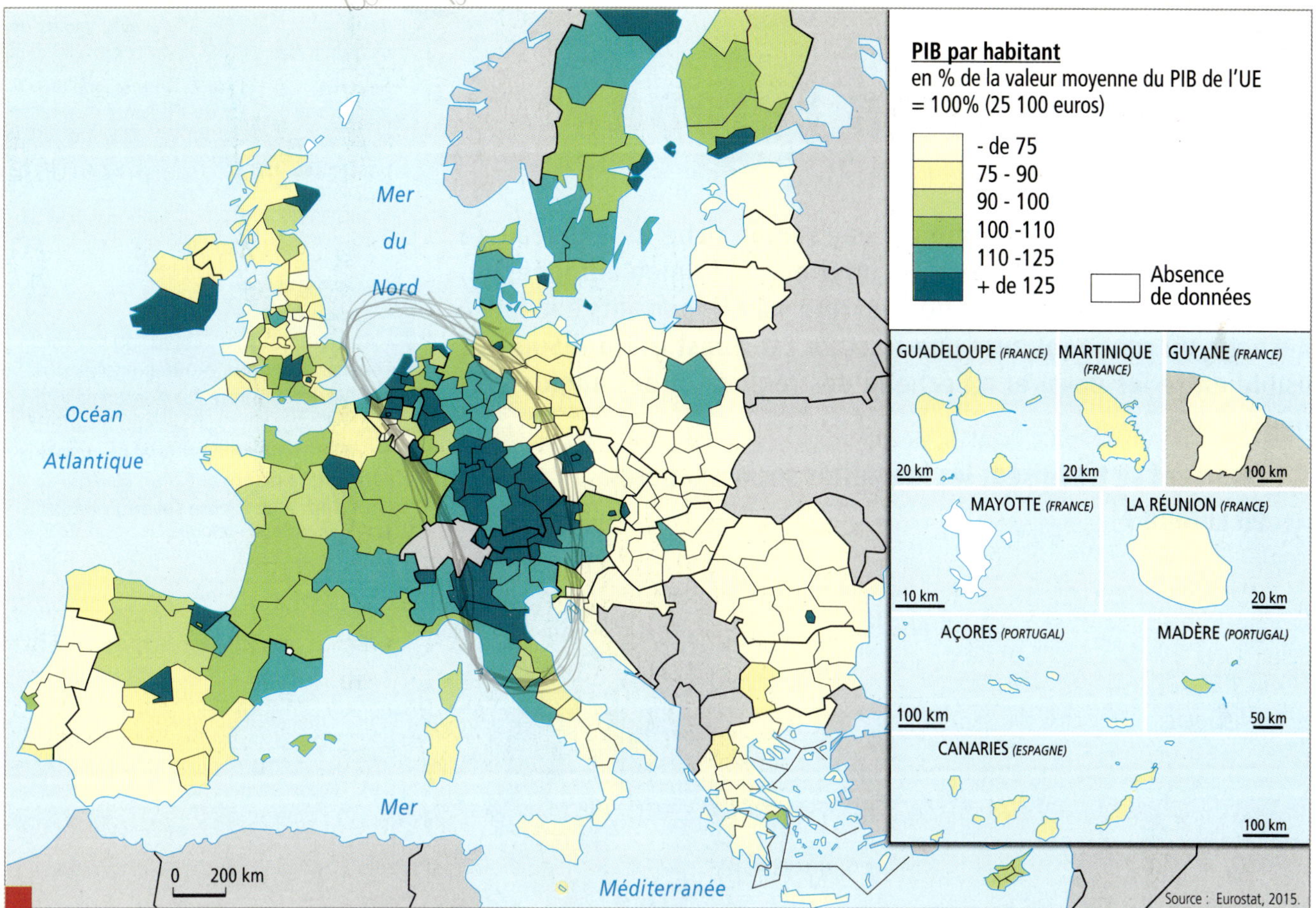

1 **Les inégalités de richesse dans l'Union européenne**

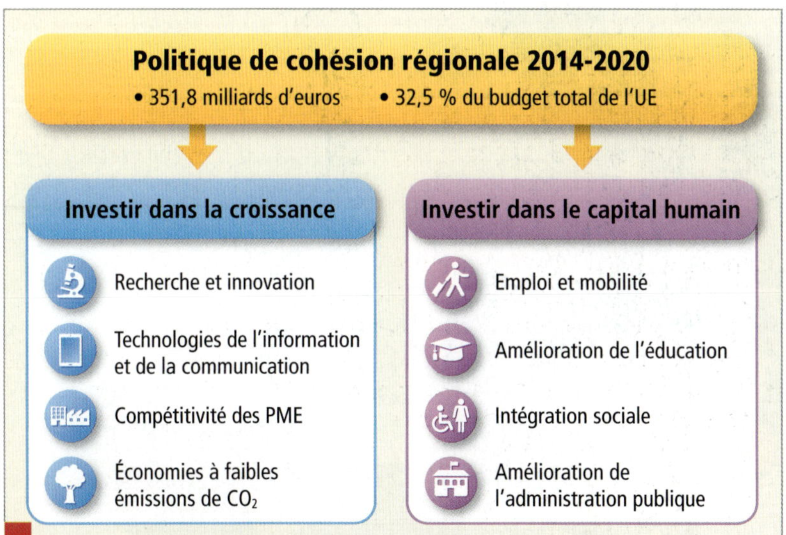

2 **La politique européenne de cohésion régionale (2014-2020)**

Questions sur les documents

1. Quelles sont les régions d'Europe les plus riches ? Celles qui sont les moins riches ? **(doc. 1)**
2. Quels sont les objectifs de la politique européenne de cohésion régionale ? **(doc. 2)**
3. Pour quelles raisons les terres agricoles roumaines sont-elles devenues attractives ? **(doc. 3)**

3 **La Roumanie, grenier de l'Europe ?**

Les fermiers occidentaux se ruent de plus en plus vers les vastes terres roumaines. Des terres depuis longtemps au repos, car après la chute de la dictature communiste en 1989, la plupart d'entre elles n'ont pas été exploitées. Les paysans, qui représentent la moitié des 20 millions de Roumains, avaient récupéré les terres nationalisées par le régime communiste mais, n'ayant pas les moyens de les exploiter à l'occidentale, ils s'étaient contentés d'une petite agriculture de subsistance et avaient laissé les grandes surfaces en jachère. Ces terres sont aujourd'hui une manne pour l'agriculture biologique dont les produits sont de plus en plus prisés en Europe de l'Ouest. S'ajoutent à cela leur prix modique et la possibilité d'exploiter des surfaces inimaginables à l'Ouest. Le traité d'adhésion à l'Union européenne signé par la Roumanie en 2007 l'oblige à libéraliser l'achat de terres. Désormais, tout citoyen européen a le droit d'acheter dans ce pays autant de terres qu'il le souhaite.

Mirel Bran, « La Roumanie est en passe de redevenir le grenier de l'Europe », *Le Monde*, 25 août 2014.

L/ES
S

Exemple

La pauvreté en Europe

À l'échelle mondiale, l'Europe est une région riche et le niveau de vie des Européens élevé. Mais, à l'intérieur de l'Union européenne, les contrastes de richesse et de pauvreté sont importants à la fois à l'échelle du continent avec une fracture Est-Ouest et Nord-Sud très lisible entre les pays, et à l'échelle des régions et des agglomérations.

➔ Comment se traduisent les inégalités socio-spatiales en Europe ?

le point sur… La pauvreté en Europe

Seuil de pauvreté	Vivre avec moins de 60 % du revenu médian
Pauvres en Europe	16,7 % de la population de l'Union européenne
Nombre de personnes pauvres	83,4 millions

Vocabulaire

▸ **Revenu médian :** valeur du revenu séparant en deux moitiés égales une population donnée. Le nombre d'individus disposant d'un revenu inférieur au revenu médian est égal au nombre d'individus disposant d'un revenu supérieur à ce même revenu médian.

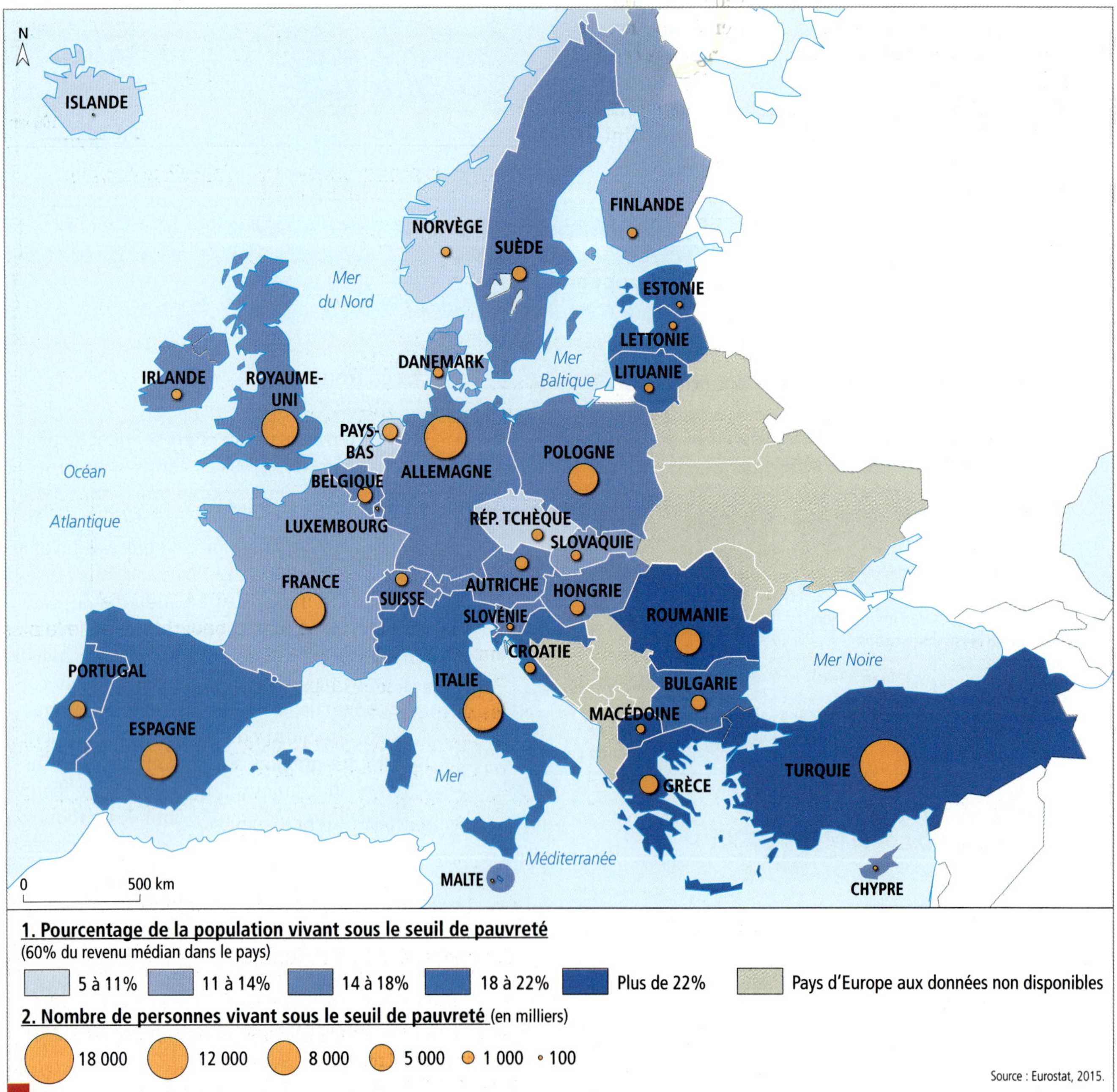

1 La pauvreté en Europe

2 Les seuils de pauvreté en Europe

On n'utilise pas un seuil de pauvreté identique pour mesurer la pauvreté en Europe, mais un seuil par pays, calculé en proportion du revenu médian. Le plus souvent, c'est le seuil à 60 % du revenu médian qui est utilisé. Les seuils varient donc en fonction du niveau de vie de chaque pays. [...]

Le seuil de pauvreté à 60 % du revenu médian le plus élevé [...] est observé en Norvège (1 286 euros par mois et pour une personne seule), devant l'Autriche (1 025 euros). La France figure parmi les seuils les plus élevés avec 935 euros par mois tandis que le seuil de pauvreté roumain (180 euros) est le plus faible. Les pays du sud de l'Europe se situent parmi les pays où ce seuil est le plus bas : 497 euros en Grèce, 478 euros au Portugal. L'Espagne et l'Italie ont un seuil de pauvreté légèrement plus élevé, respectivement 616 et 780 euros.

Si l'on considère la grande pauvreté (seuil à 40 % du revenu médian), le seuil vaut 120 euros en Roumanie, 193 euros en Bulgarie et 246 euros en Hongrie. À l'opposé, ce seuil est le plus élevé en Norvège (857 euros), en Autriche (683 euros) et en Suède (656 euros). La France, avec 623 euros, se situe devant le Royaume-Uni (588 euros) et juste derrière l'Allemagne qui affiche un seuil de 633 euros.

Observatoire des inégalités, « Les seuils de pauvreté en Europe », www.inegalites.fr, 16 mai 2014.

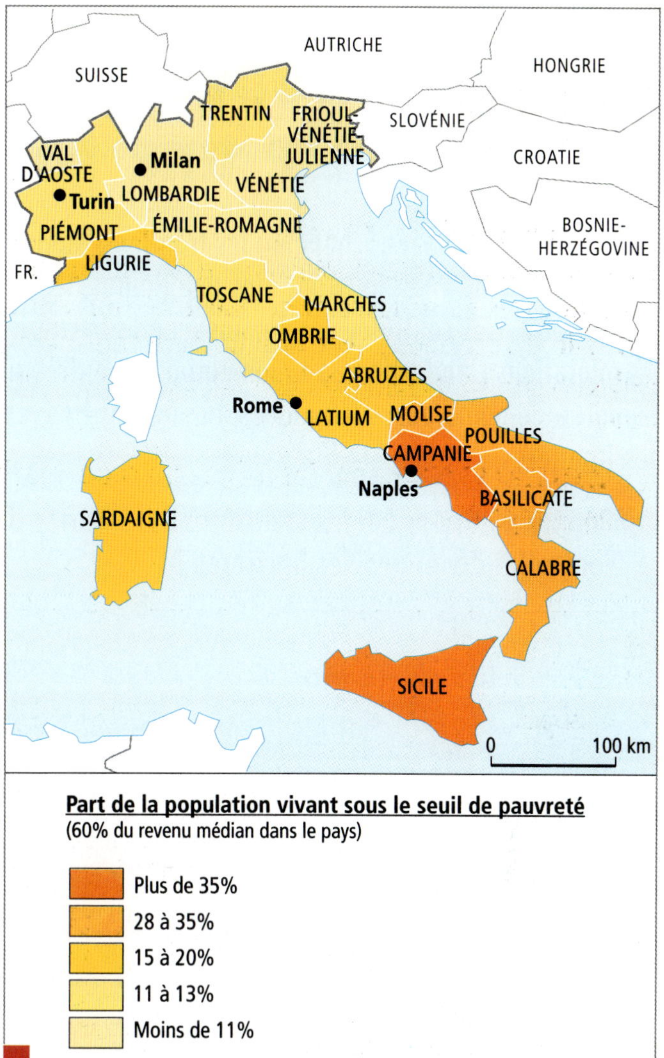

3 La pauvreté en Italie

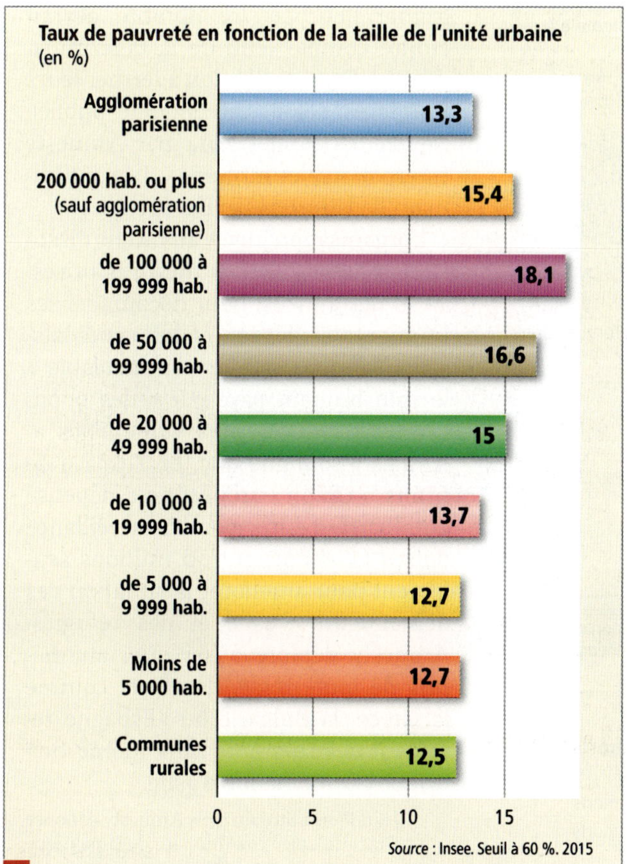

4 La pauvreté dans les villes en France

Analyse des documents

Exploiter et confronter des informations

1. Dans quels pays européens la pauvreté est-elle la plus importante ? (doc. 1)
2. Pourquoi le seuil de pauvreté varie-t-il entre les pays ? (doc. 2)
3. Montrez et expliquez l'existence d'un contraste est-ouest en Europe et nord-sud dans certains pays. (doc. 1 et 3)
4. Quelle relation peut-on établir entre taux de pauvreté et taille des villes en France ? (doc. 4)

Vers le BAC

Consigne : En utilisant tous les documents, montrez que la géographie de la pauvreté peut s'analyser à différentes échelles en Europe.

Aide pour répondre à la consigne

Vous pouvez organiser votre réponse en trois parties :

- à l'échelle de l'Europe ;
- à l'échelle d'un pays ;
- à l'échelle des villes.

L/ES
S

AUTRES REGARDS

L'Union européenne devient-elle une forteresse ?

À l'intérieur de l'espace Schengen, les frontières sont ouvertes et tout le monde circule librement. Mais les frontières extérieures de l'espace Schengen sont, au contraire, très contrôlées et de plus en plus barriérisées pour lutter contre les migrations clandestines. L'Union européenne, très riche et développée par rapport à de nombreuses régions du monde, est très attractive mais a refermé ses frontières.

➔ Pourquoi et pour qui les frontières extérieures de l'Union européenne sont-elles devenues des barrières ?

Info

- Depuis de nombreuses années, l'**Europe** est une **destination majeure** des **migrants** clandestins en provenance d'Afrique, du Moyen-Orient et d'Europe orientale.
- **Plus de 250 000 personnes** sont **entrées illégalement** dans l'Union européenne en **2014**, une hausse de 138 % par rapport à 2013. Les deux tiers arrivent par la Méditerranée.

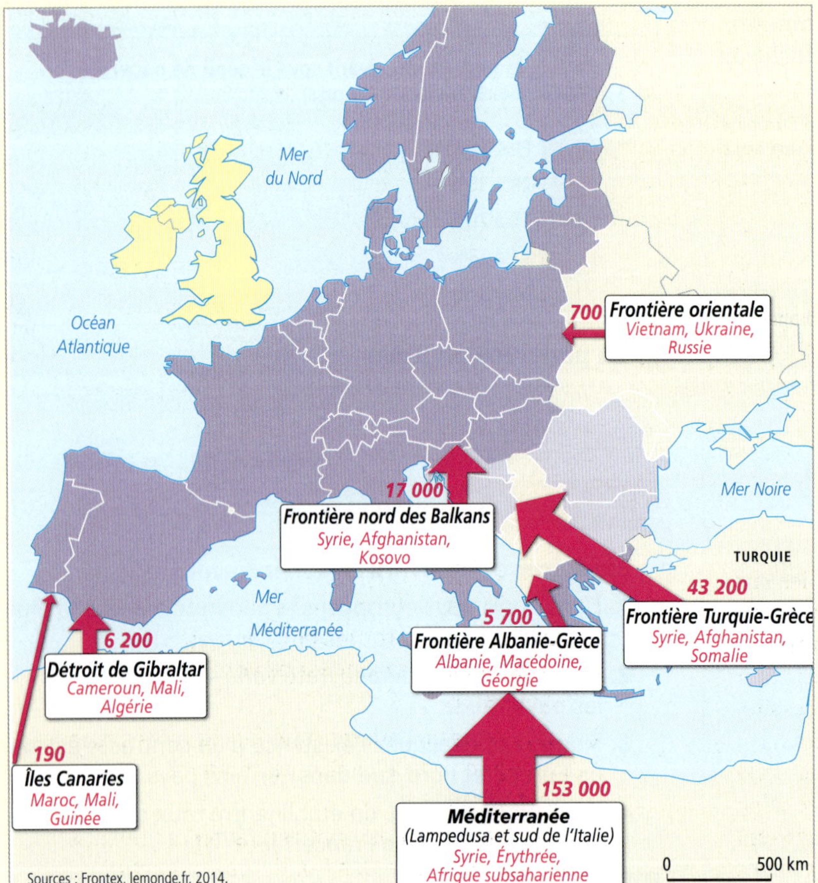

Espace Schengen — Pays associés à l'espace Schengen : contrôles aux frontières maintenus — États de l'UE non membres de l'espace Schengen

153 000 ↑ Nombre de passages illégaux de la frontière enregistrés par Frontex entre janvier et octobre 2014

Syrie, Érythrée Pays d'où vient la majorité des migrants

Îles Canaries Lieux de franchissement de la frontière

Nombre de migrants morts en tentant de traverser les frontières	
1992-2000	2 150 morts
2000-2014	23 260 morts

1 Les migrations clandestines vers l'Union européenne

2 Amnesty International dénonce « le coût humain de la forteresse Europe »

Depuis 2000, au moins 23 000 personnes ont perdu la vie en tentant de gagner l'Europe. Ce nombre devrait croître compte tenu de la détermination des États de l'Union à fermer leurs frontières, selon une enquête publiée mercredi 9 juillet 2014 par Amnesty International et intitulée « Le coût humain de la forteresse Europe ».

L'organisation juge « au moins discutable » l'efficacité des mesures prises, au fil des années, pour décourager les immigrants illégaux et les candidats-réfugiés, mais estime « incalculable » le coût humain payé par « des populations parmi les plus vulnérables ». Amnesty souligne que, en l'espace de 6 ans, l'Union européenne a dépensé 2 milliards d'euros pour la surveillance de ses frontières et 700 millions seulement pour améliorer la situation des demandeurs d'asile et des réfugiés. Amnesty déplore aussi que, au mépris de toute règle, des États comme la Grèce, la Bulgarie ou l'Espagne refoulent des migrants sans même examiner leur demande d'asile.

Jean-Pierre Stroobans, « Amnesty dénonce "l'incalculable" coût humain de la politique migratoire de l'Union européenne », *Le Monde*, 9 juillet 2014.

3 La barrière de Melilla

L'enclave espagnole de Melilla est séparée du Maroc par un grillage de 11 km, 6 m de haut, balisé de caméras. Des migrants clandestins tentent régulièrement de le franchir tout de même, comme ici en octobre 2014.

4 L'Europe peut-elle fermer ses frontières ?

Publié en 2000, un rapport des Nations unies sur la population mondiale mettait en garde l'Union européenne sur sa politique d'immigration trop restrictive, alors que le vieillissement de sa population et les déséquilibres entre actifs et inactifs nécessiteraient, au contraire, une plus grande ouverture.

En effet, une immigration zéro se traduirait, dans une cinquantaine d'années, par une baisse probable de la population de l'Union européenne à vingt-sept de 80 millions de personnes et par un accroissement très sensible de la part des plus de 65 ans. Autrement dit, par une baisse de la richesse des Européens, au moment où s'accroîtront les dépenses liées à la prise en charge des aînés. Dès aujourd'hui, si la population européenne croît encore un peu (+ 0,3 % chaque année), c'est pour les deux tiers grâce à l'arrivée d'étrangers (+ 0,2 %).

Antoine de Ravignan « Migrations : l'Europe peut-elle fermer ses frontières ? », *Alternatives économiques*, hors-série, n° 84, février 2010.

Préparer le débat

1. Quelles sont les routes empruntées par les migrants clandestins vers l'Union européenne ? **(doc. 1)**
2. Pourquoi les frontières extérieures de l'espace Schengen sont-elles décrites comme « barriérisées » ? **(doc. 2 et 3)**
3. Quels sont les arguments en faveur d'une plus grande ouverture des frontières de l'Union européenne ? **(doc. 4)**

Débat

Pourquoi la fermeture des frontières extérieures de l'Europe fait-elle débat ? Quels sont les problèmes posés par la barriérisation des frontières européennes ?

L/ES
S

Réviser

De l'espace européen aux territoires de l'Union européenne

Synthèse

1 La diversité du continent européen

- **Le continent européen regroupe 47 États en 2015.** C'est le plus petit continent du monde. La très grande variété de paysages et de climats, d'héritages historiques et culturels fait la richesse de l'Europe.

- **Les limites géographiques de l'Europe sont floues.** Une partie de la Russie, le Caucase et parfois même la Turquie sont souvent considérés comme intégrés à l'Europe.

2 L'Union européenne : au cœur de l'Europe

- **L'Union européenne est une organisation régionale majeure.** Créée en 1957 autour de 6 États, elle compte aujourd'hui 28 États membres. Ses objectifs sont de favoriser la paix et le développement en Europe, et de faire rayonner les valeurs auxquelles sont attachés les Européens, telles que les droits de l'homme et la démocratie.

- **À l'intérieur de l'Union européenne, les frontières se sont effacées.** Depuis sa création, l'Union européenne favorise les échanges de marchandises entre les pays européens. L'euro est la monnaie unique de 19 États membres. À l'intérieur de l'espace Schengen, les personnes circulent librement. Les contrôles aux frontières extérieures de l'Union européenne sont en revanche renforcés.

3 Des inégalités mais un rattrapage progressif

- **D'importants contrastes de richesse demeurent.** L'Europe de l'Ouest est plus développée que l'Europe de l'Est et que certaines périphéries du sud du continent.

- **L'Union européenne mène une politique de solidarité régionale.** Des aides européennes sont accordées par le FEDER aux régions les plus en difficulté, particulièrement dans les nouveaux États membres.

Notions clés

- Approfondissement p. 236
- Élargissement p. 236
- Intégration européenne p. 240
- Politique de cohésion p. 240
- Zone euro p. 238

Chiffres clés

- **Le continent européen :** 47 États, 836 millions d'habitants
- **Les territoires de l'Union européenne :** 4,4 millions de km², 28 États membres, 507 millions d'habitants
- **Les représentants de l'Union européenne :** 751 députés européens (dont 74 pour la France), élus au suffrage universel direct tous les 5 ans
- **PIB :** 12 971 milliards d'euros (soit 23 % du PIB mondial)
- **Densité de population :** 117 hab./km².

Pour approfondir

Livres

- Guibert, Keler et Lemercier, *Des nouvelles d'Alain*, Les Arènes XXI, 2011. Un récit graphique et photographique sur les périphéries de l'Union européenne et le monde des Roms.

- Henning Mankell, *Tea-Bag*, éditions du Seuil, 2008. Un roman qui raconte le parcours de jeunes femmes migrantes venues d'Afrique subsaharienne à travers l'Europe.

Sites Internet

- http://europa.eu/kids-corner/index_fr.htm : **site officiel de l'UE destiné aux jeunes.**

- www.olivierjobard.com : **le site du photographe Olivier Jobard avec de nombreux reportages sur les frontières de l'espace Schengen et les migrants en Europe.**

Carte mentale

Retrouvez la carte mentale du chapitre sur le site Internet : www.nathan.fr/geo1re-2015

Schémas pour réviser

1 Les limites conventionnelles de l'Europe

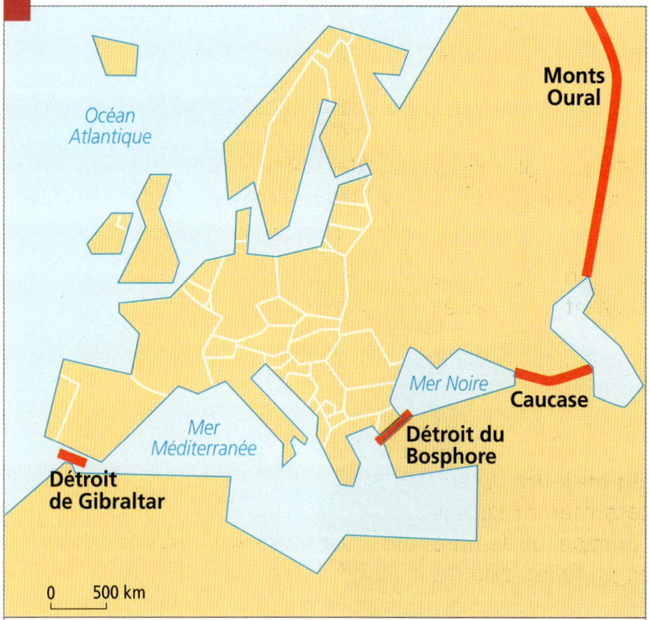

Limites du continent européen

2 Les frontières de l'UE

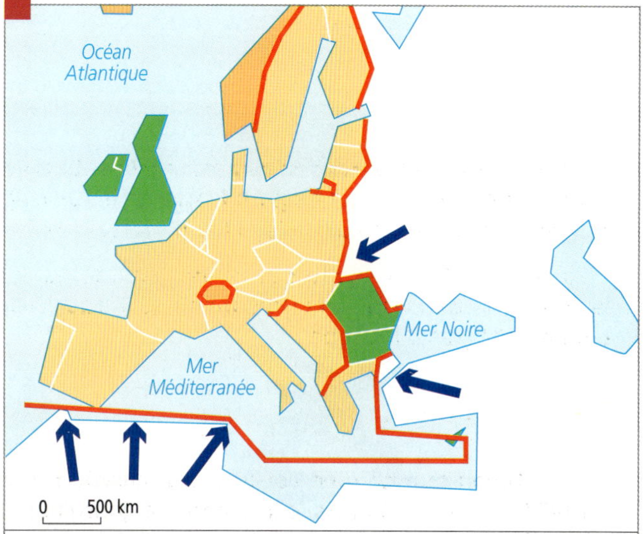

- Frontières extérieures de l'UE
- Flux de migrants clandestins
- États de l'UE n'appartenant pas à l'espace Schengen
- États associés à l'espace Schengen mais non membres de l'UE

3 Disparités et inégalités socio-spatiales dans l'Union européenne

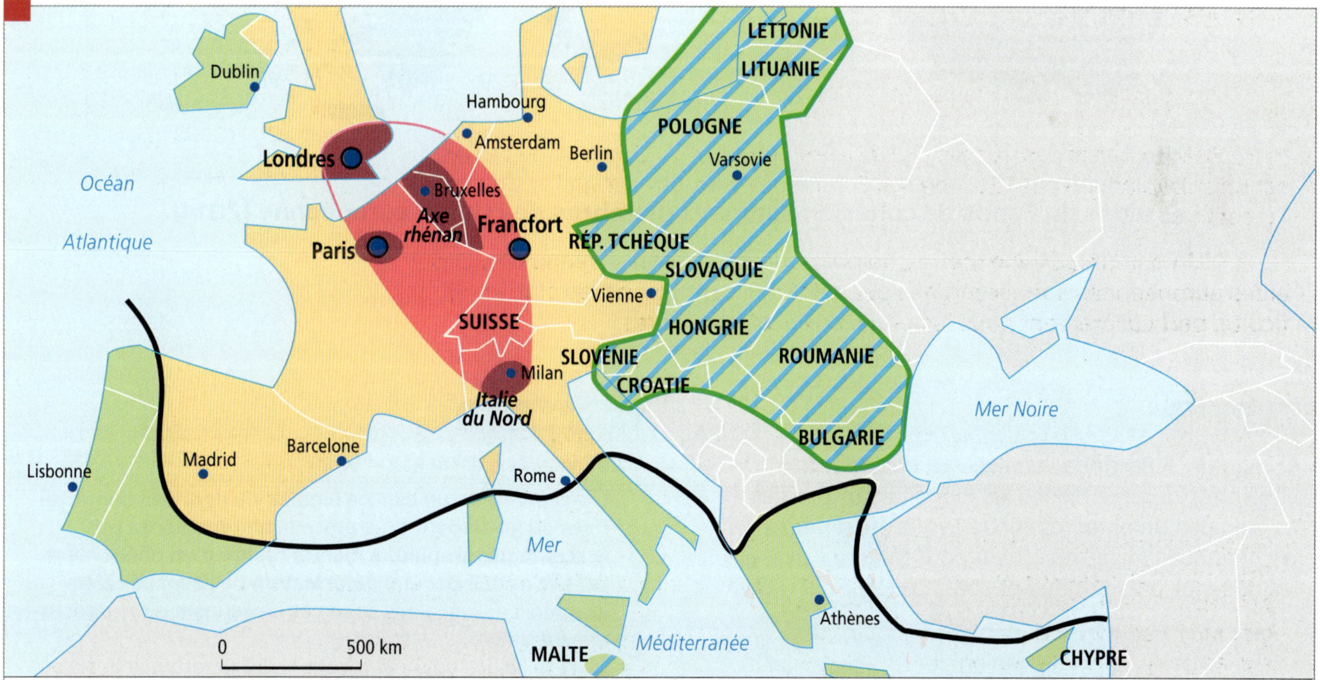

1. Le cœur économique de l'UE

- Quatre régions concentrent la richesse
- Espace central qui organise l'Europe
- Villes mondiales
- Métropoles

2. Des régions périphériques inégalement intégrées

- Régions très intégrées
- Régions périphériques
- Nouveaux États membres de l'UE depuis 2004
- L'est de l'UE : des périphéries en voie d'intégration
- Le sud de l'UE : des périphéries plus anciennement intégrées mais en difficulté

Exercices BAC

1 Analyser une carte par anamorphose

→ Inégalités régionales et politiques de développement dans l'Union européenne

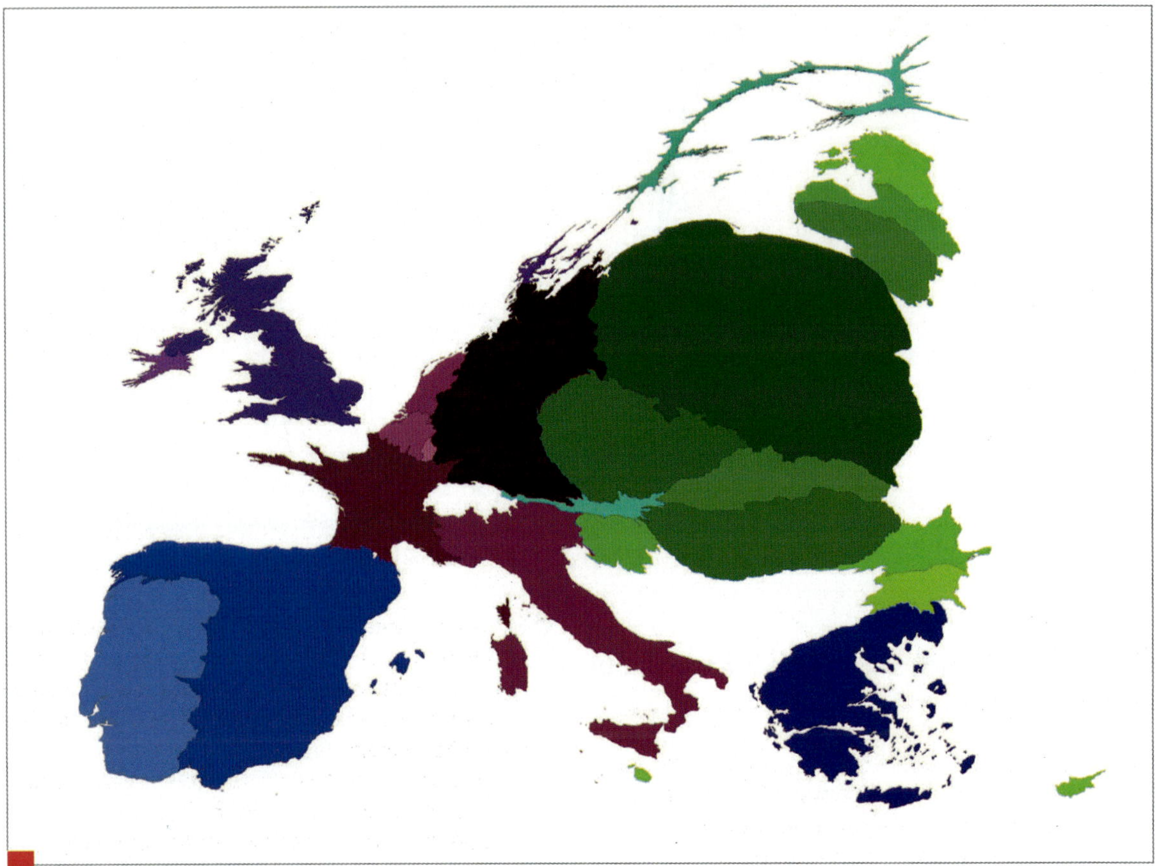

Les aides du Fonds de cohésion aux pays membres de l'Union européenne (2014)

Vers le BAC

Consigne : À partir de l'analyse du document, vous mettrez en évidence les inégalités régionales au sein de l'Union européenne ; vous présenterez les politiques mises en œuvre pour réduire les déséquilibres sociaux et spatiaux.

Aide pour répondre à la consigne

- Aidez-vous des pages pp. 230-231 « L'UE : une union d'États à géométrie variable » pour identifier les pays, leur localisation et leur superficie ainsi que la signification des couleurs utilisées dans le document.
- Pourquoi un pays est-il en blanc ?
- Quels pays sont agrandis et quels sont ceux qui sont diminués dans l'anamorphose ? Qu'est-ce que cela signifie ?
- Comment expliquez-vous ces inégalités ?
- Qu'est-ce que la politique de cohésion de l'UE ?

Méthode BAC

Analyser une carte par anamorphose

- Elle **représente un espace à partir de données quantitatives ou statistiques.** Ce procédé **ne représente pas la réalité géographique mais la réalité d'un phénomène.** Cela se traduit par une **déformation de l'espace cartographié.** Les inégalités spatiales deviennent alors directement visibles.
- Ici, la taille des pays est fonction de l'importance des aides européennes reçues. Une bonne connaissance de la géographie de l'Europe est nécessaire pour identifier chaque pays.
- Pour analyser ce type de document, il faut :
  - **comprendre** comment il est construit ;
  - **expliquer** les changements importants dans la taille et la forme des États ;
  - **dégager** les enjeux spatiaux traduits par cette représentation.

2 Faire de la géographie avec les TICE

→ **Créer des cartes avec Geoclip sur le site de l'Observatoire des territoires**

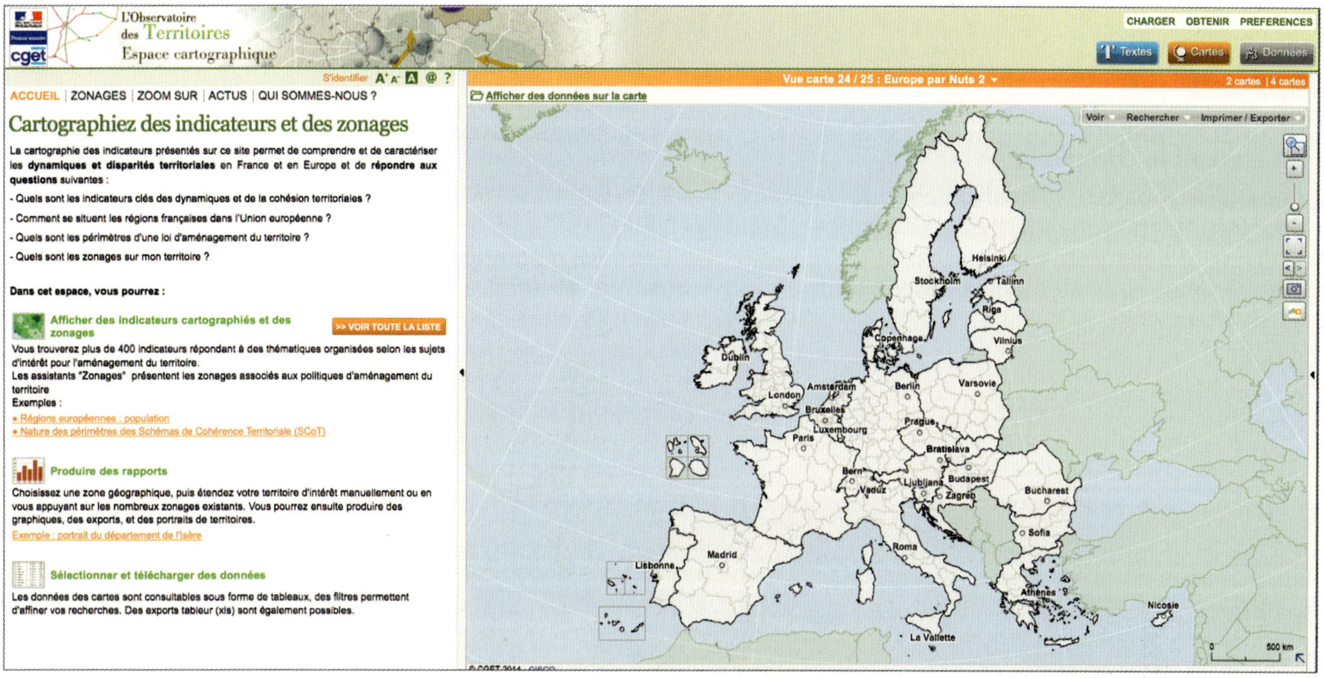

1. **Allez sur le site http://carto.observatoire-des-territoires.gouv.fr.**

2. **Cliquez sur le bandeau orange au-dessus de la carte puis choisissez « Europe par nuts 2 » ; sélectionnez « Afficher des données sur la carte » ; une fenêtre s'ouvre, cochez « compatibles avec cette carte » puis, dans le menu, sélectionnez « Population et évolutions » puis « densité démographique dans les régions européennes ».**
   → Observez la carte obtenue.

3. **Cliquez sur « Ajouter un autre indicateur », puis sélectionnez « Régions européennes : population » :**
   → Analysez la répartition de la population en Europe.

   Conseil : pour afficher ou masquer le nom des villes, cliquez sur « Voir » puis cochez ou décochez « Villes ».

4. **Cliquez sur « 2 cartes » dans la partie droite du bandeau orange pour juxtaposer deux cartes de l'Europe.**
   → Supprimez chacun des indicateurs en cliquant sur la croix à leur droite.

5. **Pour chacune des cartes, affichez les données du « PIB » puis choisissez « Écart à la moyenne des PIB régionaux européens par habitant » ; cliquez sur « options » dans la légende de la carte de droite, puis choisissez « deux teintes » :**
   → Qu'observez-vous ? Quelle carte vous paraît la plus lisible ? Pourquoi ?
   → Quelles sont les régions européennes les plus riches ? Quelles sont les moins riches ?

   Conseil : passez la souris sur la carte pour afficher le nom de chaque région.

6. **Sur la carte de droite, cliquez sur « Ajouter un autre indicateur » et double-cliquez sur « Évolution annuelle moyenne du PIB régional européen par habitant ».**
   → Confrontez et analysez les informations des deux cartes.

   Conseil : vous pouvez obtenir des précisions sur les indicateurs utilisés en cliquant sur ⓘ à côté de l'indicateur.

   → Dans le prolongement de cet exercice, vous pouvez créer des cartes sur d'autres thèmes et/ou à d'autres échelles. Toutes les cartes sont imprimables et exportables afin de pouvoir constituer des dossiers.

L/ES
S

Méthode BAC

Analyser un dessin de presse

→ Montrer l'intérêt et les limites des documents

Sujet

L'Union européenne, un ensemble complexe

Consigne : À partir de l'analyse critique des documents, vous mettrez en évidence la diversité des territoires de l'Union européenne ; vous en montrerez les atouts et les limites.

À savoir

- Le dessin de presse **porte** en général sur une **situation politique**, **économique** ou **sociale**. Il permet à son auteur de **transmettre un message** en utilisant la caricature et l'humour.
- Cet **outil médiatique** nécessite une **lecture particulière** : **observer et décrire** les éléments du dessin (personnages, objets, symboles, écrits, paroles prononcées, indications sonores, décor) ; **interpréter les références** ou les allusions politiques, économiques ou sociales et en préciser le contexte ; **déterminer le message** de l'auteur.

1 La mare aux grenouilles
Caricature de Samson, 2004.

2 Le Rubik's cube européen
Caricature de Frederick Deligne, *Nice-Matin*, 27 octobre 2012.

Démarche	Guide de travail
1 Analyser le sujet et identifier les documents	
→ **Analyser le sujet et la consigne**	**1.** Définissez ce qu'est l'Union européenne. **2.** Quels sont les mots clés de la consigne ?
→ **Identifier les documents**	**3.** Précisez la nature des documents. Puis relevez leur auteur, leur source et leur date de publication.
2 Analyser et critiquer les documents	
→ **Extraire et confronter les informations**	**4. Doc. 1.** À quel ensemble géographique la forme de la mare fait-elle penser ? – Quel est le point commun des sons provenant des grenouilles ? Quelle est leur différence ? – Montrez que les grenouilles ne sont pas localisées au hasard. ***Exemple*** → *Les grenouilles chantant du fado (chant typiquement portugais) sont situées sur le Portugal.* **5. Doc. 2.** Relevez les éléments qui montrent que les personnages travaillent à une construction. – Que cherchent-ils à construire ? **Conseil :** recherchez les symboles ou emblèmes faisant référence à une institution, un pays, une organisation régionale. Précisez leur signification. – Quel objet indique qu'il s'agit d'une tâche difficile ?
→ **Cerner le sens général des documents**	**6.** Quelles idées sur l'Europe et l'Union européenne sont exprimées ici ? ***Exemple*** → *Le continent européen est d'une grande diversité culturelle.*
POINT MÉTHODE → **Montrer l'intérêt et les limites des documents** ▸ Déterminez comment les documents permettent de mieux comprendre la question géographique étudiée : qu'apportent-ils d'intéressant pour étudier cette question ? ▸ Faites la critique des documents : évoquent-ils tous les aspects de la question géographique ? Sont-ils d'actualité ? Quel point de vue proposent-ils ? Avec quel degré d'objectivité ?	**7.** Pourquoi les documents sont-ils complémentaires ? – Quel éclairage apportent-ils sur la question européenne ? – Quels débats permettent-ils d'évoquer ? ***Exemple*** → *Ces documents permettent, entre autres, de faire le lien entre les difficultés de gouvernance de l'Union européenne et la diversité des États de plus en plus nombreux qu'elle réunit.* **8.** Quelle vision de cette question les auteurs présentent-ils ? Justifiez votre réponse. **⚠ Attention !** Un dessin de presse, comme une caricature, vise à transmettre l'opinion de l'auteur ou à dénoncer une situation. ***Exemple*** → *Ces dessins mettent en avant des points faibles de l'Union européenne mais ne présentent aucune argumentation. Ils ne sont donc pas objectifs. Ils reflètent l'opinion de leur auteur à un moment donné.* **Conseil :** vous devez avoir des connaissances précises et actualisées sur la question étudiée pour pouvoir montrer l'intérêt des documents et en faire la critique.
3 Répondre à la consigne	
→ **Construire le plan**	**9.** Classez vos idées en deux parties en suivant les thèmes de la consigne.
→ **Rédiger le devoir**	**10.** Présentez le sujet et les documents. Puis rédigez la réponse au sujet. **Conseil :** vous pouvez montrer l'intérêt et les limites des documents à l'intérieur de chaque partie ; vous pouvez aussi en faire l'objet d'une partie à elle seule. **11.** Pour conclure, faites un bilan de votre analyse.

L/ES
S

vers le BAC

Composition

→ Rédiger l'introduction

Sujet

Europe, Europes : un continent entre unité et diversité

Consigne : À l'aide de vos connaissances, rédigez une composition répondant au sujet.

À savoir

- L'introduction comporte la **présentation du sujet**, sa **problématique** et l'**annonce du plan de la composition**.
- Elle est une **partie très importante** du devoir : c'est par sa lecture qu'un examinateur se fera une première idée de la qualité du candidat. Elle doit donc être **claire** et **soigneusement rédigée**.

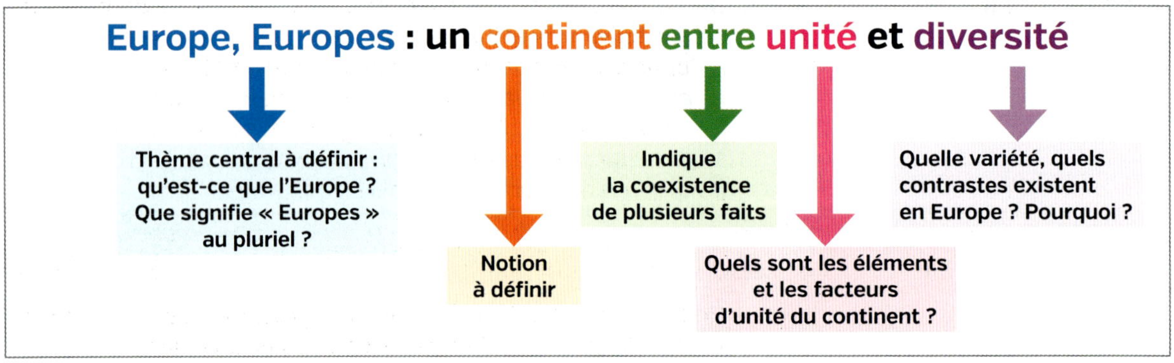

Démarche	Guide de travail

1 Analyser le sujet

→ Définir les termes du sujet

1. Précisez le sens des mots clés en vous interrogeant sur :
- « Europe » au singulier et « Europes » au pluriel ;
- la notion de continent ;
- l'adverbe « entre » ;
- la conjonction « et ».

Conseil : tenez toujours compte des mots de liaison (entre, face à, et, ou, etc.) car ils donnent un sens précis au sujet. Ils invitent à comparer, à relier des phénomènes géographiques, à mettre en évidence plusieurs aspects d'un phénomène.

2. Quelles sont les limites géographiques du sujet ?

Attention ! Ne confondez pas le continent européen et l'Union européenne.

3. Quels sont les mots du sujet que vous pouvez mettre en relation ?

Exemple → « Europe » et « unité ».

→ Formuler la problématique

4. Quel est le fil directeur du sujet ?

Démarche | **Guide de travail**

2 Mobiliser et organiser les connaissances

→ Sélectionner les informations

5. Au brouillon, recopiez et complétez le tableau ci-dessous à l'aide de vos connaissances.

	Éléments de diversité de l'Europe	Éléments d'unité de l'Europe
Peuplement et démographie		
Culture		
Économie et développement		
Politique		

Conseil : listez vos connaissances sous forme de notes ; indiquez les mots clés, les notions, les statistiques, les exemples que vous développerez dans le devoir.

→ Construire le plan

6. Déterminez le plan qui vous semble le plus adapté parmi les propositions suivantes et justifiez votre choix :
- ***I.*** *Population et culture ;* ***II.*** *Économie ;* ***III.*** *Politique*
- ***I.*** *Les éléments de diversité ;* ***II.*** *Les éléments d'unité*
- ***I.*** *Une diversité culturelle mais une civilisation commune ;* ***II.*** *Des disparités économiques qui s'atténuent ;* ***III.*** *Du morcellement politique à l'unité.*

3 Rédiger la réponse au sujet

POINT MÉTHODE

→ Rédiger l'introduction

En une quinzaine de lignes :
- Présentez le sujet : thème(s) essentiel(s), sens des mots clés, limites géographiques.
- Annoncez la problématique par une phrase déclarative ou sous la forme d'une question.
- Annoncez les différentes parties du plan en respectant leur ordre.

Conseil : rédigez toujours l'introduction après avoir achevé la recherche de la problématique et l'élaboration du plan.

7. Rédigez une brève présentation géographique de l'Europe : limites, superficie, nombre d'habitants et de pays, diversité.

Conseil : vous pouvez consacrer les deux tiers de l'introduction à la présentation du sujet.

8. Rédigez la problématique que vous avez définie dans la phase d'analyse du sujet.

9. Rédigez l'annonce des parties du plan que vous avez choisi.

Exemple → *Les éléments de diversité et d'unité de l'Europe peuvent être étudiés respectivement aux niveaux culturel, économique et politique.*

⚠ Attention ! **Certaines formulations pour annoncer le plan sont à bannir : « Plan : I ... II ... » ; « Notre/Ma première partie sera ....,» ; « En premier / En I, j'étudierai ... »**

→ Rédiger le développement

10. Rédigez chaque partie du devoir en suivant le plan annoncé.

⚠ Attention ! **Chaque partie doit commencer avec une phrase indiquant l'idée directrice de la partie.**

Exemple → *L'Europe présente une grande diversité culturelle, cependant une civilisation européenne s'est construite au cours de l'histoire.*

→ Rédiger la conclusion

11. Répondez à la problématique posée en une ou deux phrases.

12. Pour terminer, rédigez une phrase ouvrant le sujet sur l'élargissement de l'Union européenne.

→ Intégrer une production graphique

13. Dans quelle partie pouvez-vous intégrer le schéma p. 247 ? Justifiez votre réponse.

L/ES
S

Chapitre 8

Les territoires ultramarins de l'Union européenne et leur développement

Les territoires ultramarins de l'Union européenne sont dispersés sur tout le globe. Souvent très éloignés de leur métropole, ils bénéficient de statuts spécifiques et sont inégalement insérés dans leur environnement régional. Les sociétés ultramarines sont des sociétés multiculturelles et connaissent une démographie très dynamique. Malgré de nombreux atouts et le soutien de la métropole et de Bruxelles, le développement durable de ces territoires reste fragile.

- **Quelles sont les spécificités des territoires ultramarins ?**
- **En quoi le développement de ces territoires est-il dépendant de l'Europe ?**
- **Quelles sont les difficultés d'intégration de ces territoires ?**

1 Plage touristique aux Canaries (Espagne)

Doté de belles plages, l'archipel des Canaries est un des hauts lieux du tourisme de masse : l'île de Gran Canaria accueille chaque année plus de 4 millions de touristes.

2 L'Europe en Guadeloupe

Plaquette de présentation de l'action de l'Union européenne en Guadeloupe, 2013.

3 Papeete, capitale de la Polynésie française

L'aéroport de Tahiti Faa'a à Papeete est situé en bordure du lagon.

L/ES

1 La Réunion, un territoire de l'Union européenne dans l'océan Indien

le point sur… L'île de La Réunion

Population	841 000
Part des moins de 20 ans	32,2 %
Part des 60 ans et plus	14,7 %
Densité	334,6 hab./km²
Superficie	2 520 km²
PIB par habitant	19 477 euros

La Réunion est une île volcanique tropicale française de l'océan Indien. Dès le XIXe siècle, le tourisme s'y développe ; il occupe aujourd'hui un poids croissant dans l'économie réunionnaise. Située à 9 400 km de Paris, l'île est éloignée de la métropole avec laquelle elle entretient pourtant des liens étroits. Son développement fragile est soutenu par Paris et Bruxelles, mais les échanges commerciaux restent faibles avec son environnement régional.

→ Quels sont les atouts et les contraintes du développement à La Réunion ?

A Un territoire insulaire au fort potentiel touristique

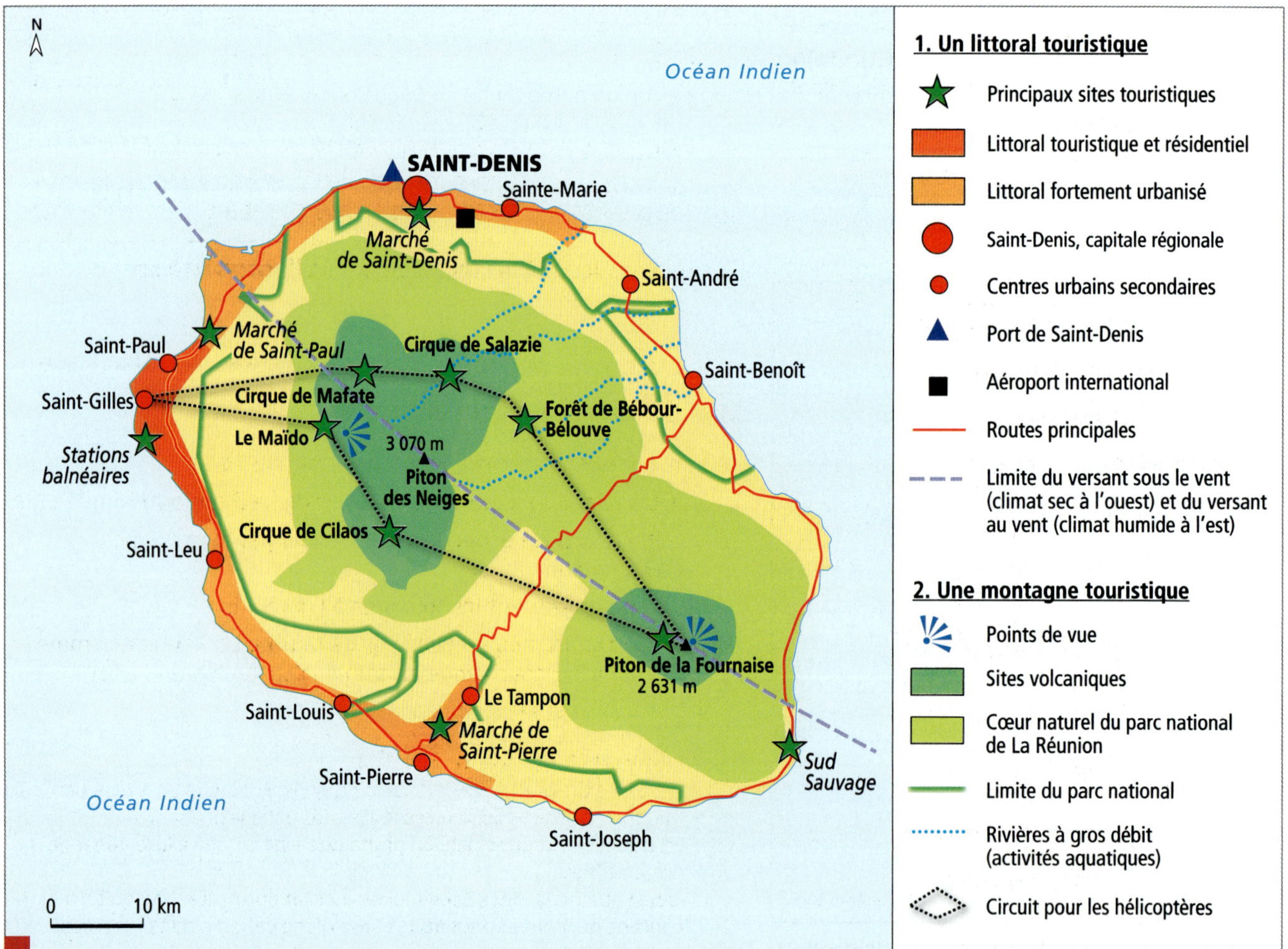

1 Le tourisme sur l'île de La Réunion

2 La pratique du parapente à La Réunion

Avec 70 sites et 160 000 vols par an, La Réunion est déjà un spot majeur de la pratique du vol libre dans le monde. Une activité de loisir en pleine nature sur laquelle le comité régional Île Réunion Tourisme (IRT) veut capitaliser pour promouvoir la destination, en s'impliquant notamment dans la gestion et l'entretien des sites. Ça tombe bien, les professionnels du secteur ne demandent que ça.

Du 14 au 18 octobre 2014, La Réunion accueillera une nouvelle étape de la Coupe du monde de vol libre, sur le site déjà mythique de Saint-Leu/Les Colimaçons. Sont attendus une soixantaine de pilotes de neuf nationalités différentes, dont un fort contingent de Chinois, mais aussi des Espagnols, des Bulgares, des Suisses, des Italiens, etc. Autant de futurs ambassadeurs pour une destination Réunion soucieuse de valoriser ses atouts, notamment celui des activités de loisirs et de tourisme de nature.

[...] L'île propose une grande variété de spots (70) ouvrant la porte à des séjours longue durée sur cette thématique du vol libre. Le site particulièrement exceptionnel de Saint-Leu permet en outre une pratique à longueur d'année (300 jours/an), alors que l'activité reste majoritairement saisonnière dans le reste du monde. Et les retombées économiques sont loin d'être négligeables.

« Le parapente, une filière qui ne manque pas d'air », www.clicanoo.re, 18 septembre 2014.

3 Campagne promotionnelle pour La Réunion

Cette campagne a été lancée en 2014 par le comité régional du tourisme de La Réunion en France, en Belgique et en Suisse.

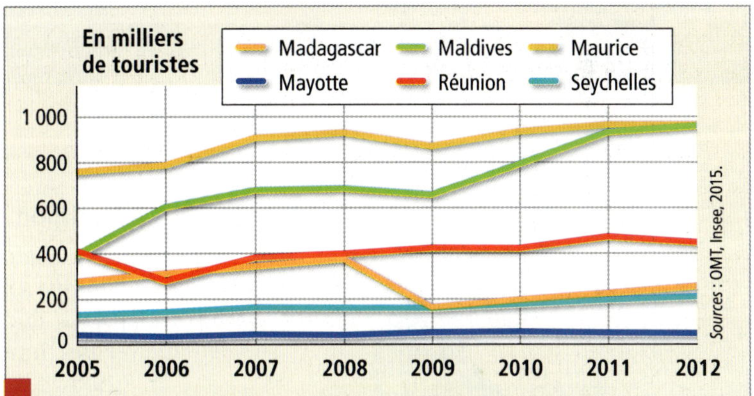

4 La fréquentation touristique de l'océan Indien

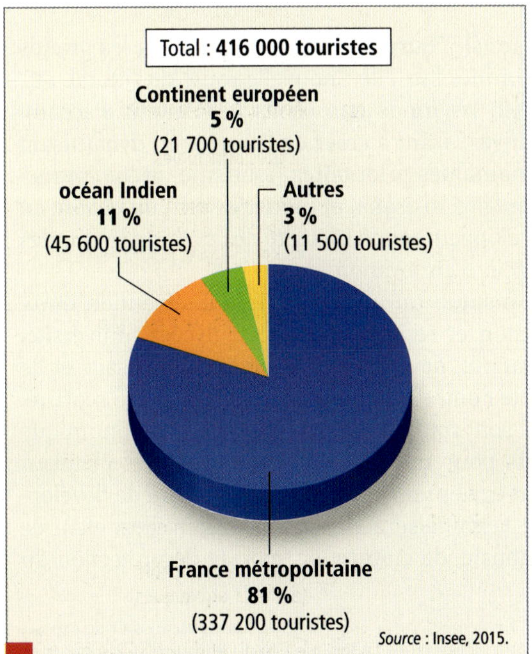

5 Origine géographique des touristes à La Réunion

Analyse des documents

Prélever et hiérarchiser des informations

1. Quels sont les atouts touristiques de La Réunion ? **(doc. 1 et 2)**
2. Quels sont les espaces mis en valeur par le tourisme à La Réunion ? **(doc. 1 à 3)**
3. D'où proviennent les touristes à La Réunion ? **(doc. 5)**
4. Selon le graphique, quelle place occupe La Réunion comme destination touristique au sein de l'océan Indien ? **(doc. 4)**

Méthode BAC → Question 4

Analyser un graphique (voir p. 222)

- L'analyse du graphique doit partir du général pour aller vers le particulier.
- Repérez le titre, la source, les unités, les échelles.
- Identifiez l'idée principale du graphique à partir de l'allure générale des courbes.
- Isolez quelques idées secondaires mais importantes. Lorsqu'on a plusieurs courbes qui correspondent à l'étude d'une variable dans le temps, comparer les niveaux de départ et d'arrivée et repérer les particularités.

L/ES
S

B Une île soutenue par la métropole et l'UE

6 Manifestations contre la baisse des aides

À l'appel de Didier Robert, président du conseil régional de La Réunion, des milliers de personnes ont manifesté dans les rues de Saint-Denis le 16 octobre 2014 afin de dénoncer la baisse des aides et crédits alloués à la région.

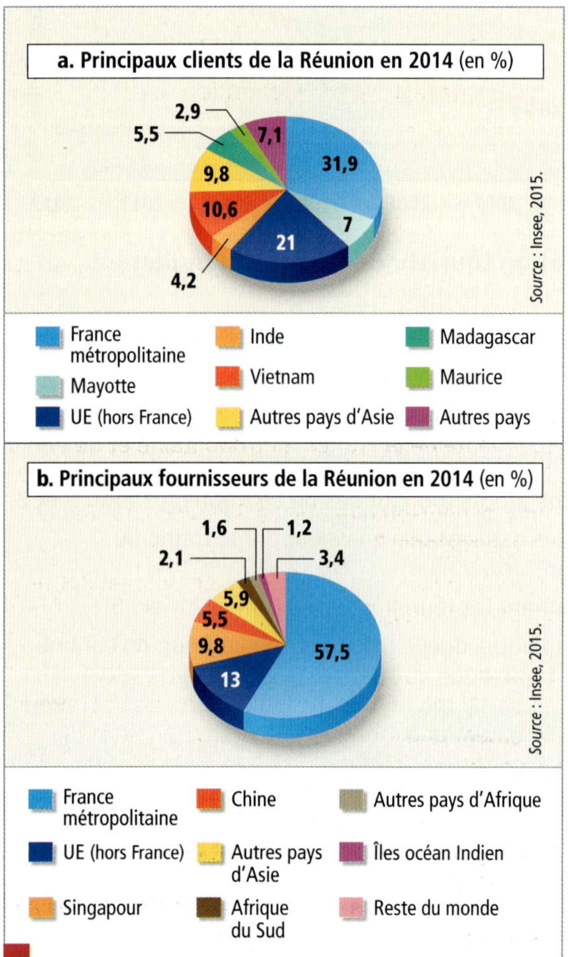

7 Le commerce extérieur de La Réunion

8 L'Union européenne et l'île de La Réunion

Partenaire incontournable pour le développement de l'île, [...] l'Europe a permis par le biais de ses fonds structurels[1] d'accompagner durablement la modernisation profonde de l'économie et des infrastructures réunionnaises. Ainsi, pour la période 2007-2013, l'Union européenne est intervenue à hauteur de 1,9 milliard d'euros dans le cadre du partenariat État-région-département [...].

Au niveau régional, l'Europe finance notamment les grands chantiers programmés sur l'île : nouvelle route du littoral, etc. [...]. Parallèlement, les fonds européens permettent d'accompagner les initiatives visant à créer de l'emploi en dynamisant les secteurs économiques prioritaires (tourisme, pêche, numérique, agroalimentaire, artisanat et industrie, etc.) ou encore en favorisant le développement de l'activité des entreprises locales (ingénierie financière, innovation, etc.).

La jeunesse constitue un autre champ d'intervention européen : construction et rénovation du bâti (lycées, université, centres de formation), développement de l'apprentissage et de la formation, lutte contre l'illettrisme et le décrochage scolaire, etc. Au-delà de son soutien au développement économique et aux dispositifs pour une plus grande égalité des chances, l'Europe soutient également des projets en matière de développement durable (assainissement, énergies nouvelles, etc.), de coopération régionale, de culture, de sport et de protection du patrimoine.

Région Réunion, dossier de presse, « La Réunion, terre d'Europe », 15 mai 2013.

1. Fonds structurels : aide financière accordées par l'UE afin de réduire les inégalités territoriales.

C Une faible intégration dans l'océan Indien

9 Une intégration inégale

a. L'île de la Réunion et l'intégration régionale

Les relations de La Réunion avec l'extérieur s'articulent autour de trois cercles potentiels de coopération. Les pays dits du « premier cercle », pays proches géographiquement, culturellement et historiquement et avec lesquels La Réunion recherche le codéveloppement dans toutes ses dimensions, correspondent aux membres de la COI, auxquels s'ajoute Mayotte. Plus pauvres, ces pays constituent souvent une source de concurrence pour La Réunion, notamment sur les produits manufacturés à faible valeur ajoutée, tels que le petit électroménager, les produits touristiques et d'artisanat […].

Les pays dits du « deuxième cercle » représentent des pays plus éloignés géographiquement, présentant des liens ancestraux avec l'île en tant que pays d'origine de peuplement, et avec lesquels cette dernière tente de développer ou d'approfondir ses relations. Peuvent être inclus dans ce cercle des pays africains riverains de l'océan Indien (Afrique du Sud, Mozambique et Tanzanie), mais aussi l'Inde et la Chine. Ces dernières années, les échanges avec certains de ces pays se sont particulièrement développés […].

Les pays dits du « troisième cercle » sont des pays très éloignés géographiquement, avec lesquels La Réunion entretient des relations ponctuelles, par l'intermédiaire d'initiatives isolées, mais qui présentent un potentiel de développement non négligeable, comme avec l'Australie.

Conseil général de La Réunion, « Profil insertion régionale », 3 mars 2013.

b. La participation de La Réunion aux coopérations multilatérales de l'océan Indien

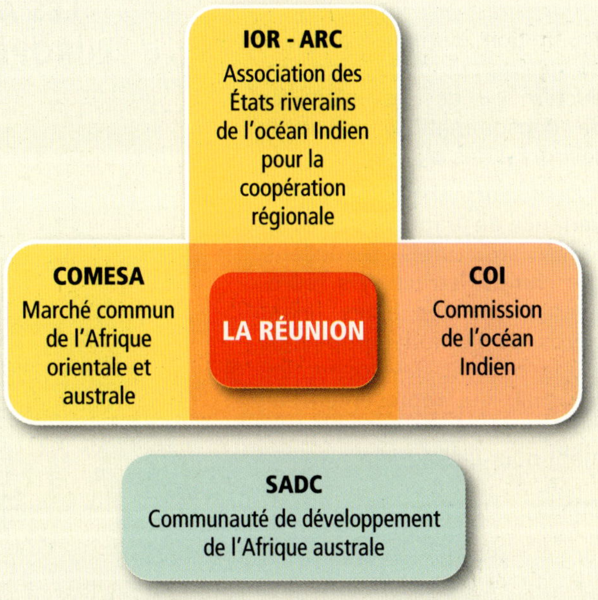

Les coopérations multilatérales :
- dont la Réunion est membre.
- dont la Réunion est observateur ou partenaire.
- dont la Réunion ne fait pas partie.

10 Le PIB par habitant des pays de la zone océan Indien

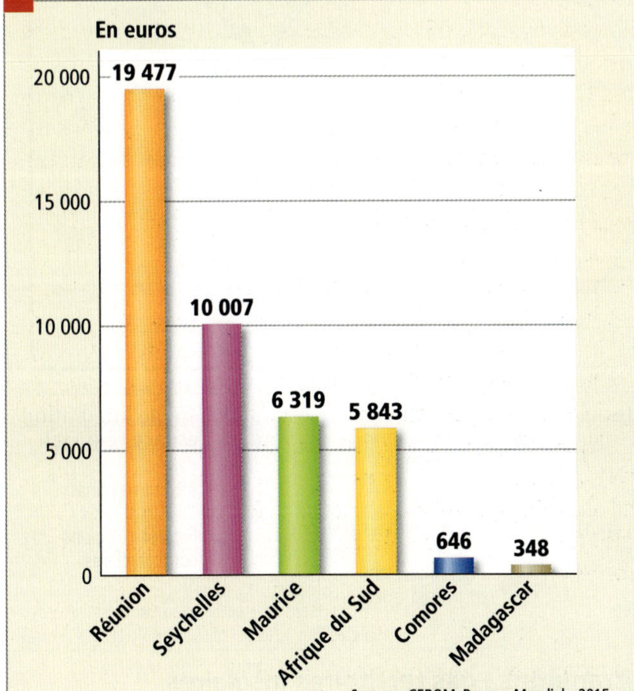

Sources : CEROM, Banque Mondiale, 2015.

Analyse des documents

Prélever des informations

5. Quels éléments montrent que La Réunion est dépendante de la France métropolitaine et de l'Union européenne ? **[doc. 6 à 8]**
6. Pourquoi peut-on dire que La Réunion a un faible ancrage régional ? **[doc. 9]**
7. En quoi La Réunion apparaît-elle comme un îlot de richesse dans son bassin régional ? **[doc. 10]**

Vers le BAC

Consigne : Montrez que le développement de La Réunion est fortement dépendant de la métropole et de l'Union européenne.

Aide pour répondre à la consigne

- Le 1er paragraphe peut porter sur les atouts du développement de La Réunion.
- Le 2e paragraphe peut porter sur le déséquilibre des échanges commerciaux.
- Le 3e sur l'importance des aides financières reçues.

L/ES
S

Les notions à retenir

Dépendance économique

■ Situation d'un **territoire** qui, du fait de ses déficits de production ou de ses habitudes de consommation, doit avoir **recours à des aides**.

■ On distingue les **aides en provenance** de la **métropole** et les fonds structurels européens. Les **fonds structurels** européens sont des **aides financières de l'Union européenne** en faveur du développement régional, qui représentent un puissant levier de développement pour La Réunion.

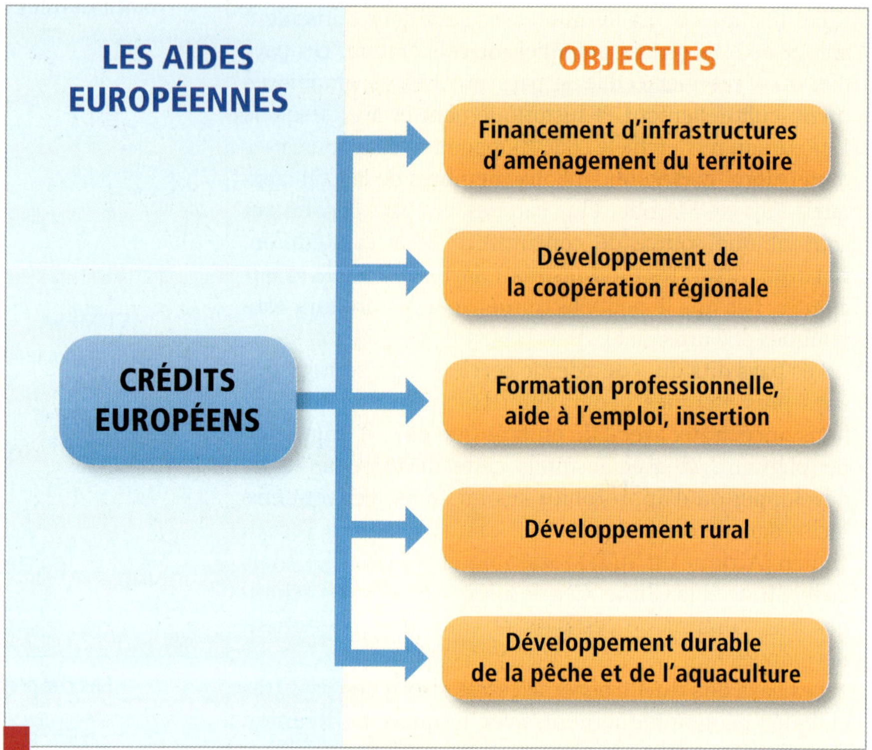

1 La dépendance économique

Insularité

■ **Caractéristique géographique** d'une île ou d'un groupement d'îles. **L'éloignement** (plus ou moins important) par rapport au continent, **l'étroitesse du territoire**, **l'opposition entre peuplement littoral et vide intérieur**, les **relations privilégiées avec la métropole**, l'**isolement** et des **contacts limités avec les pays limitrophes** sont les principales caractéristiques insulaires.

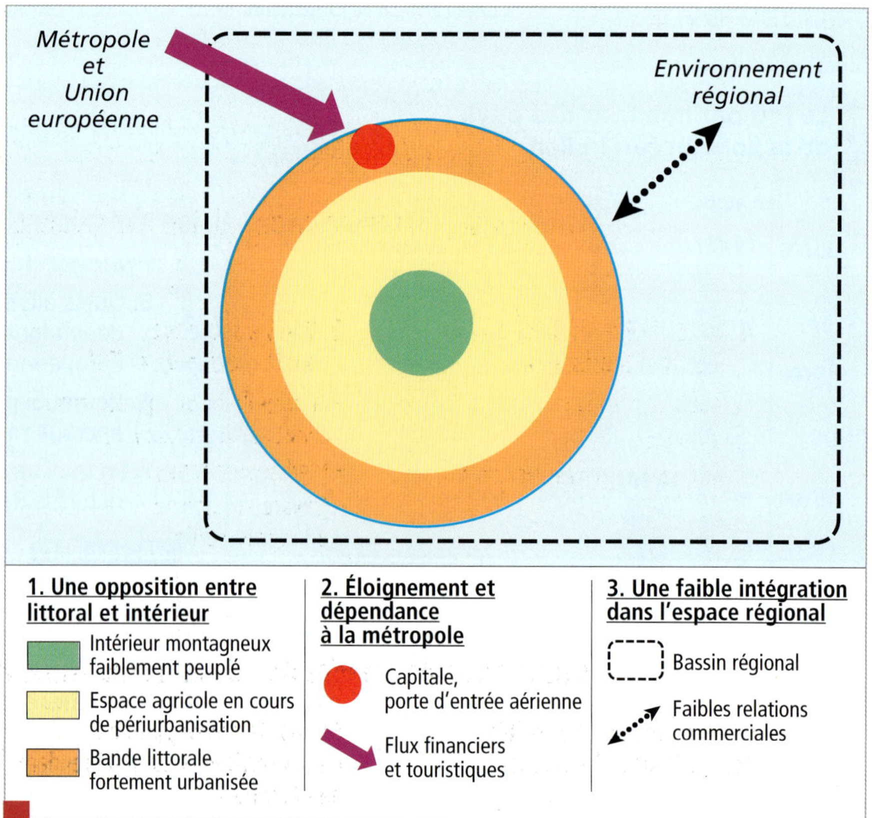

2 Les territoires ultramarins : des territoires insulaires

Le croquis de l'étude de cas

→ Consigne : Complétez le croquis grâce aux différentes informations contenues dans l'étude de cas sur La Réunion.

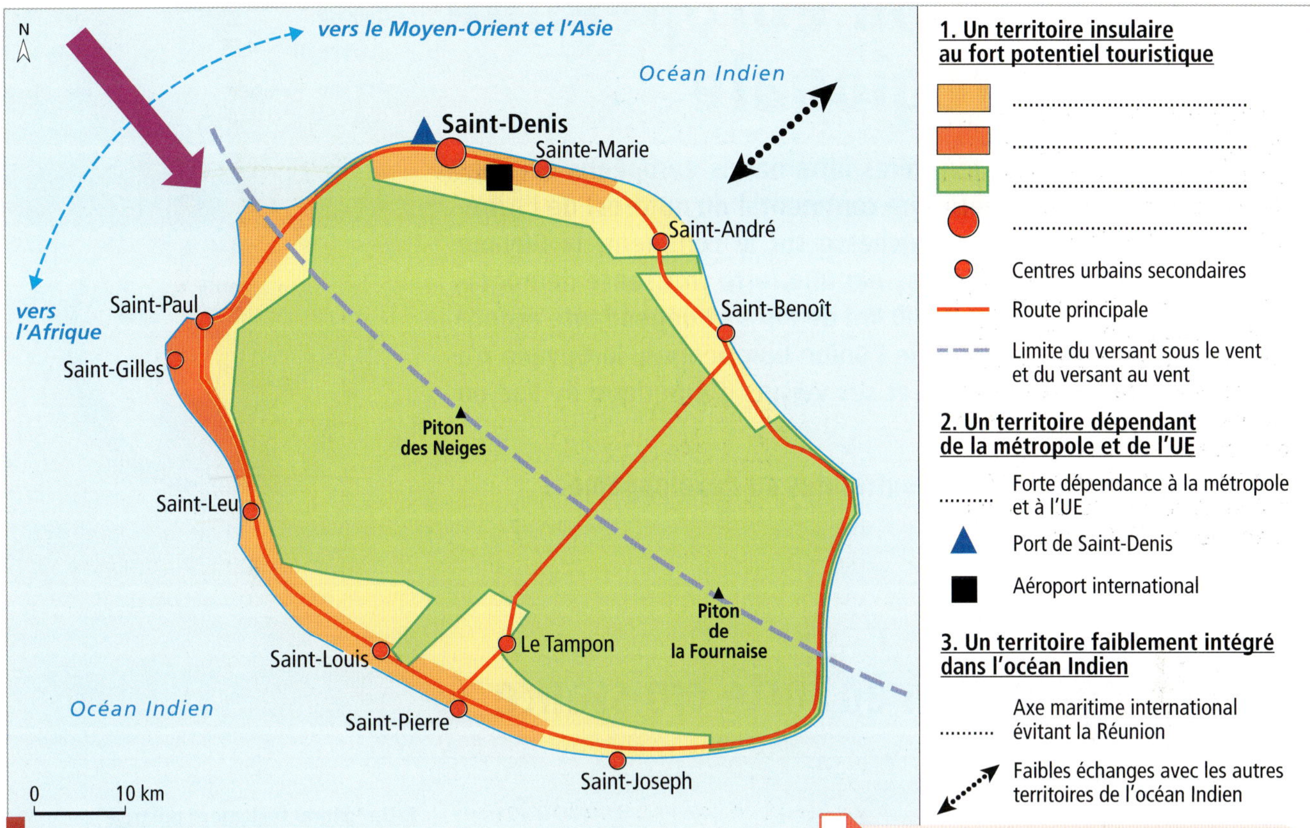

La Réunion, un territoire de l'Union européenne dans l'océan Indien

Imprimer le fond de carte sur **www.nathan.fr/geo1re-2015**

De l'étude de cas à la généralisation

Étude de cas

La Réunion, un territoire de l'Union européenne dans l'océan Indien

A. Un territoire insulaire au fort potentiel touristique
- Littoral et plages ;
- montagnes ;
- pratique d'activités sportives.

B. Une île soutenue par la métropole et l'UE
- Métropole et UE : principaux clients et fournisseurs ;
- fonds européens ;
- transferts financiers de la métropole.

C. Une faible intégration dans l'océan Indien
- Îlot de richesse au sein d'un environnement pauvre ;
- faible participation aux coopérations multilatérales.

Généralisation

Les territoires ultramarins de l'Union européenne et leur développement

Quelles sont les spécificités des territoires ultramarins ?
→ Voir cours 1 p. 272

En quoi le développement de ces territoires est-il dépendant de l'Europe ?
→ Voir cours 2 p. 274

Quelles sont les difficultés d'intégration de ces territoires ?
→ Voir cours 3 p. 276

L/ES
S

Étude de cas

2 La Guyane, entre Union européenne et aire régionale

le point sur… La Guyane

Population	250 100 hab.
Part des moins de 20 ans	43,3 %
Part des 60 ans et plus	7,4 %
Densité	3 hab./km²
Superficie	83 846 km²
PIB par habitant	15 416 euros

À la différence des autres territoires ultramarins européens qui sont des îles, la Guyane est un territoire continental du nord-est de l'Amérique du Sud. Véritable îlot de richesse sur le continent, la Guyane est très attractive et se singularise par une forte croissance démographique. Néanmoins, isolée à 7 000 km de Paris et dépendante économiquement de la métropole et de l'Union européenne, la Guyane n'a que des échanges très limités avec ses voisins d'Amérique du Sud ou de la Caraïbe.

➔ Quels sont les atouts et les contraintes du développement de la Guyane ?

A Une population en forte croissance

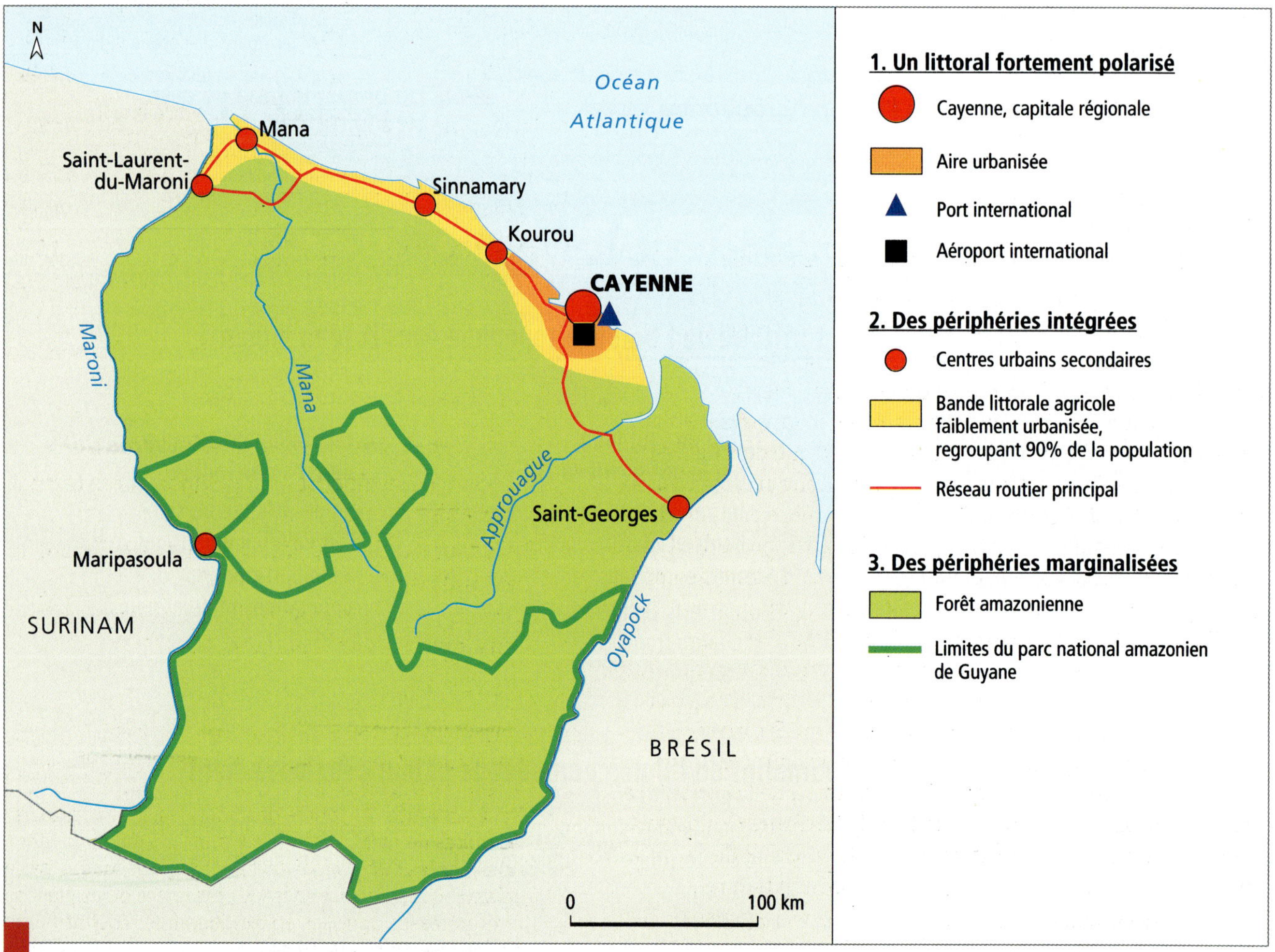

1 **Des territoires contrastés**

2 L'étalement urbain à Cayenne

Cayenne (60 000 habitants) connaît un phénomène d'étalement urbain en raison de sa forte croissance démographique.

1. Centre-ville
2. Zones d'étalement urbain
3. Réserves foncières disponibles

3 Le dynamisme de la croissance démographique guyanaise

Avec une population qui a doublé en 20 ans, la Guyane est très dynamique en termes de croissance démographique. Celle-ci est essentiellement portée par l'accroissement naturel du fait notamment d'un indice de fécondité[1] élevé.

La répartition de la population sur le sol guyanais est très inégale. La densité moyenne en 2013 n'est que de 3 habitants au km² puisqu'une grande partie du territoire n'est pas habitée. L'essentiel de la population est concentrée sur le littoral et le long des grands fleuves frontaliers. En 2011, 90 % des habitants étaient situés sur la bande côtière entre Saint-Georges-de-l'Oyapock et Saint-Laurent-du-Maroni, dont 45 % sur l'île de Cayenne dont la superficie est de 207 km².

Entre les années 1960 et 1990, l'évolution démographique était portée essentiellement par le solde migratoire (du fait notamment de la guerre civile sévissant au Suriname et de l'instabilité politique en Haïti). À partir des années 1990, le solde naturel devient le premier déterminant de la croissance démographique, soutenu par le fort dynamisme des populations immigrantes. Depuis 2006, presque 90 % de la variation de la population est liée à l'accroissement naturel.

Institut d'émission des départements d'outre-mer (IEDOM), 2013.

1. Nombre d'enfants moyen par femme.

4 Naissances et fécondité (2012)

Naissances de ...	... mère française	... mère étrangère	TOTAL
Effectif	2 927	3 368	6 295
Répartition	46,5 %	53,5 %	100 %
Femmes de ...	**... nationalité française**	**... nationalité étrangère**	**TOTAL**
Effectif	30 581	23 272	53 853
Répartition	57 %	43 %	100 %
Indice de fécondité	3,1	4,6	3,5

Source : INSEE, 2015.

Analyse des documents

Exploiter et confronter des informations

1. Comment se répartit la population sur le territoire guyanais ? **(doc. 1 et 3)**
2. Quelles sont les caractéristiques de la fécondité en Guyane ? **(doc. 3 et 4)**
3. Pourquoi peut-on parler de croissance urbaine mal maîtrisée en Guyane ? **(doc. 2)**

Méthode BAC → Question 2

Analyser un tableau statistique **(voir p. 222)**

- L'analyse du tableau doit partir du général pour aller vers le particulier.
- Repérez le titre, la source des données, les indicateurs, les unités de mesure, le thème principal du document.
- Analysez les statistiques en relevant pour chaque série de statistiques les données les plus fortes et les plus faibles.
- Interprétez les données en expliquant le résultat des observations effectuées.

L/ES
S

B Un territoire soutenu par la métropole et l'UE

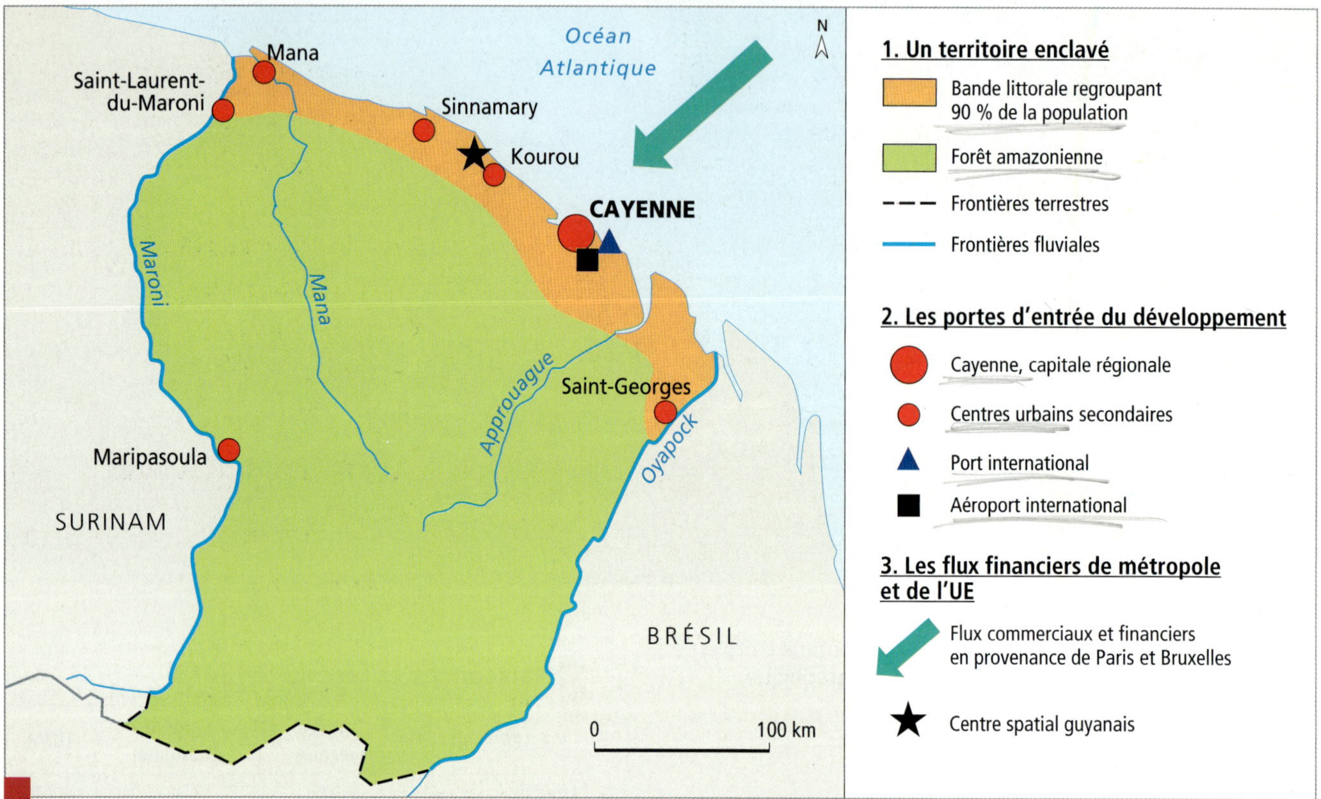

5 Un territoire ultramarin dépendant

6 Le centre spatial guyanais

Avec ses 1 700 salariés permanents, le centre spatial est le poumon économique du département. Il est la raison d'être de Kourou, ville horizontale aux toits de zinc qui abrite 30 000 habitants, tous liés de près ou de loin au grand Meccano des fusées qui jamais ne cesse. Celui-ci ne se limite pas au fleuron Ariane, symbole de l'excellence technique et scientifique à la française. Le centre spatial guyanais accueille également une version du lanceur russe Soyouz depuis 2011, et le lanceur européen léger Vega depuis 2012 [...].

Avec la décision de se doter d'un nouveau lanceur Ariane 6 d'ici à 6 ans, l'ESA (Agence spatiale européenne) ouvre une période hyperactive à Kourou. Onze Ariane 5 étaient au menu de 2014, un record. Le carnet de commandes étant bien rebondi, le rythme ne devrait pas faiblir dans les années à venir. Dans le même temps, il va falloir préparer la venue d'Ariane 6 et ses 60 m de haut. Et notamment construire un nouveau pas de tir, à chaque modèle de fusée correspondant des installations spécifiques [...].

Jean-Denis Renard, « À Kourou, du nouveau dans la saga Ariane », *Sud-Ouest*, 7 décembre 2014.

7 L'engagement de l'Union européenne en Guyane

Affiche du fonds européen de développement régional, 2014.

C Une difficile intégration régionale

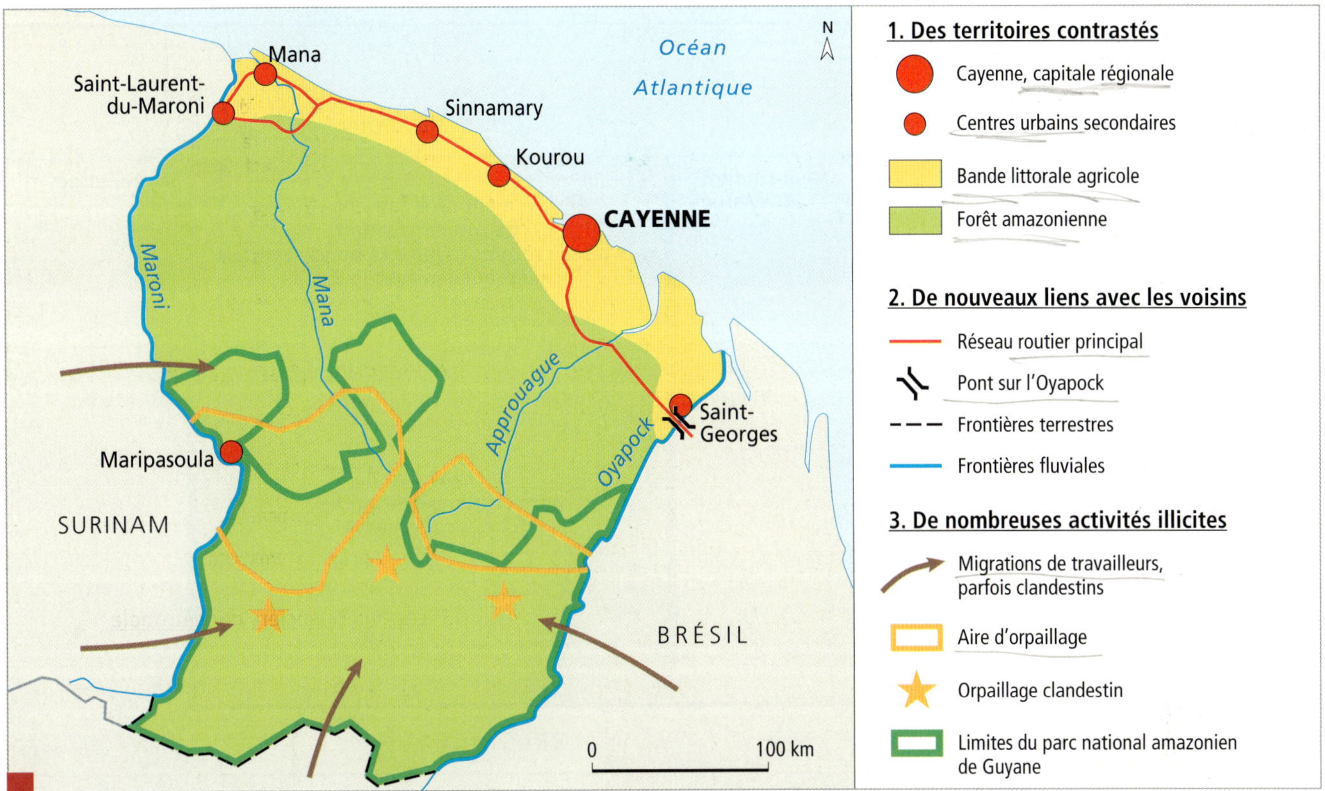

8 **Les lieux de l'intégration régionale**

9 **La Guyane française, un territoire européen en Amérique du Sud**

La Guyane se trouve physiquement isolée par la quasi-absence de voies de communication la reliant au reste du continent. Néanmoins, son haut niveau de vie, permis par son insertion française et européenne, ainsi que sa faible population au sein d'un continent pauvre provoquent toutes sortes de flux illicites : contrebande, immigration clandestine, orpaillage illégal, etc. [...]. On assiste aujourd'hui à l'opposition entre une volonté régionale et européenne d'ouverture vers les pays voisins, qui se traduit par des accords de coopération et une participation croissante à des regroupements sud-américains, et une crispation française sur les frontières guyanaises. Les appartenances multiples de la Guyane semblent l'écarteler entre enjeux et intérêts régionaux, nationaux et supranationaux. [...]

Alors que ses voisins et en premier lieu le Brésil l'avaient marginalisée pour son appartenance européenne, la Guyane, périphérie de la France, les attire désormais pour cette même raison dans un contexte de globalisation des échanges.

Stéphane Granger, *La Guyane et le Brésil ou la quête d'intégration continentale d'un département français d'Amérique*, Centre de recherche et de documentation de l'Amérique latine, 2012.

10 **Le PIB par habitant dans l'aire régionale de la Guyane (2014)**

	En dollars
Trinidad-et-Tobago	20 087
Guyane	15 153
Venezuela	13 615
Brésil	11 875
Suriname	12 398
Guyana	7 939
Haïti	1 242

Sources : IEDOM, FMI, 2015.

Analyse des documents

Prélever des informations

4. Pourquoi la Guyane est-elle un territoire stratégique pour l'Union européenne ? **(doc. 6)**

5. Quels éléments montrent la dépendance de la Guyane à la métropole et à l'Union européenne ? **(doc. 5 à 7)**

6. Quels éléments montrent que la Guyane est attractive dans son aire régionale et pourquoi ? **(doc. 8 à 10)**

Vers le BAC

Consigne : Montrez que l'intégration de la Guyane dans son aire régionale reste difficile et limitée.

Aide pour répondre à la consigne

- Le 1er paragraphe portera sur les atouts de la Guyane.
- Le 2e paragraphe évoquera l'enclavement de la Guyane.
- Le 3e paragraphe insistera sur les coopérations mises en place avec ses voisins.

L/ES
S

Bilan de l'étude de cas 2

Les notions à retenir

Enclavement

■ Expression qui qualifie un **territoire mal relié aux autres**, soit en raison de **contraintes naturelles**, soit par **l'absence d'axes de communication**, qui en limitent l'accessibilité effective.

■ L'enclavement est une situation de **fermeture spatiale**.

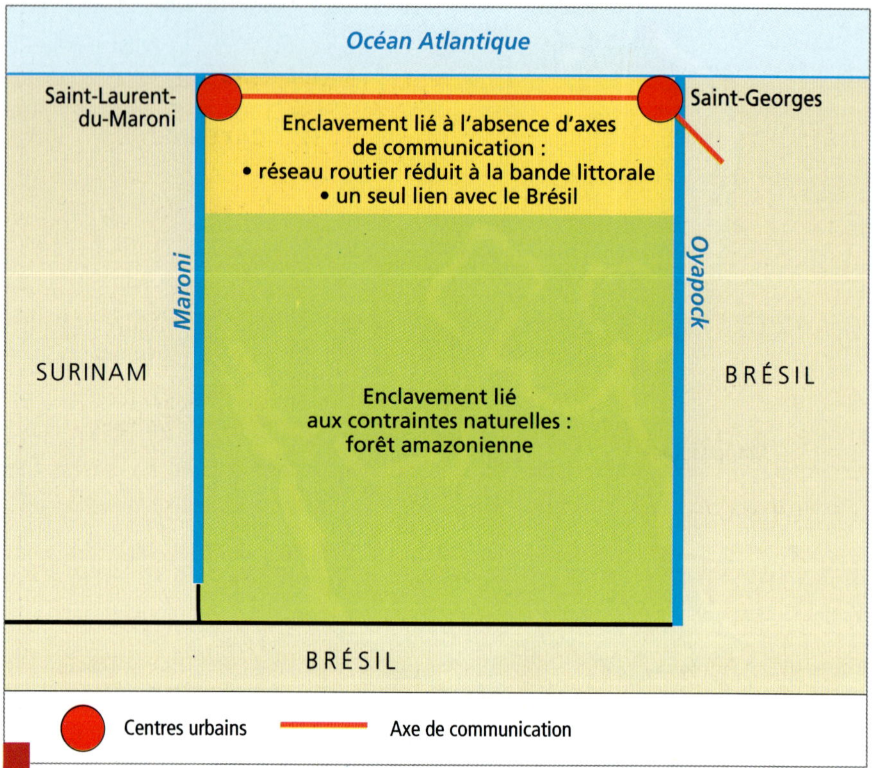

1 **La Guyane, un territoire enclavé**

Intégration régionale

■ Processus qui consiste à **surmonter, d'un commun accord, les obstacles**, politiques, physiques, économiques et sociaux qui séparent les pays de leurs voisins.

■ **L'intégration économique régionale** consiste à créer un **espace économique unifié** où les échanges se font sans entrave entre des pays géographiquement proches. On distingue plusieurs formes d'intégration régionale (voir ci-contre).

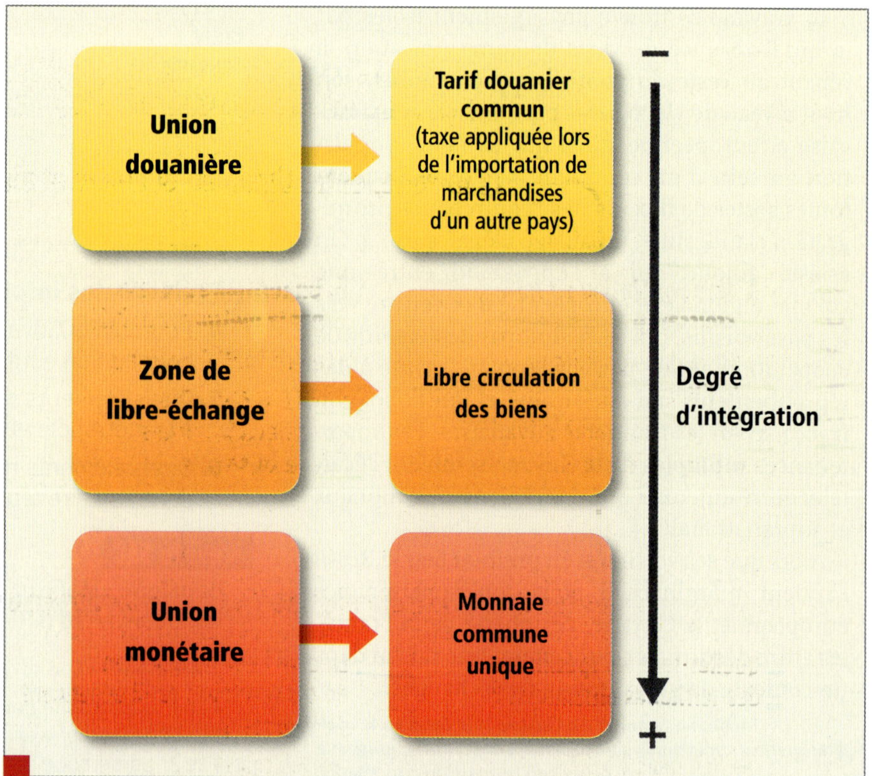

2 **Plusieurs formes d'intégration régionale**

Le croquis de l'étude de cas

→ **Consigne : Complétez le croquis grâce aux différentes informations contenues dans l'étude de cas sur la Guyane.**

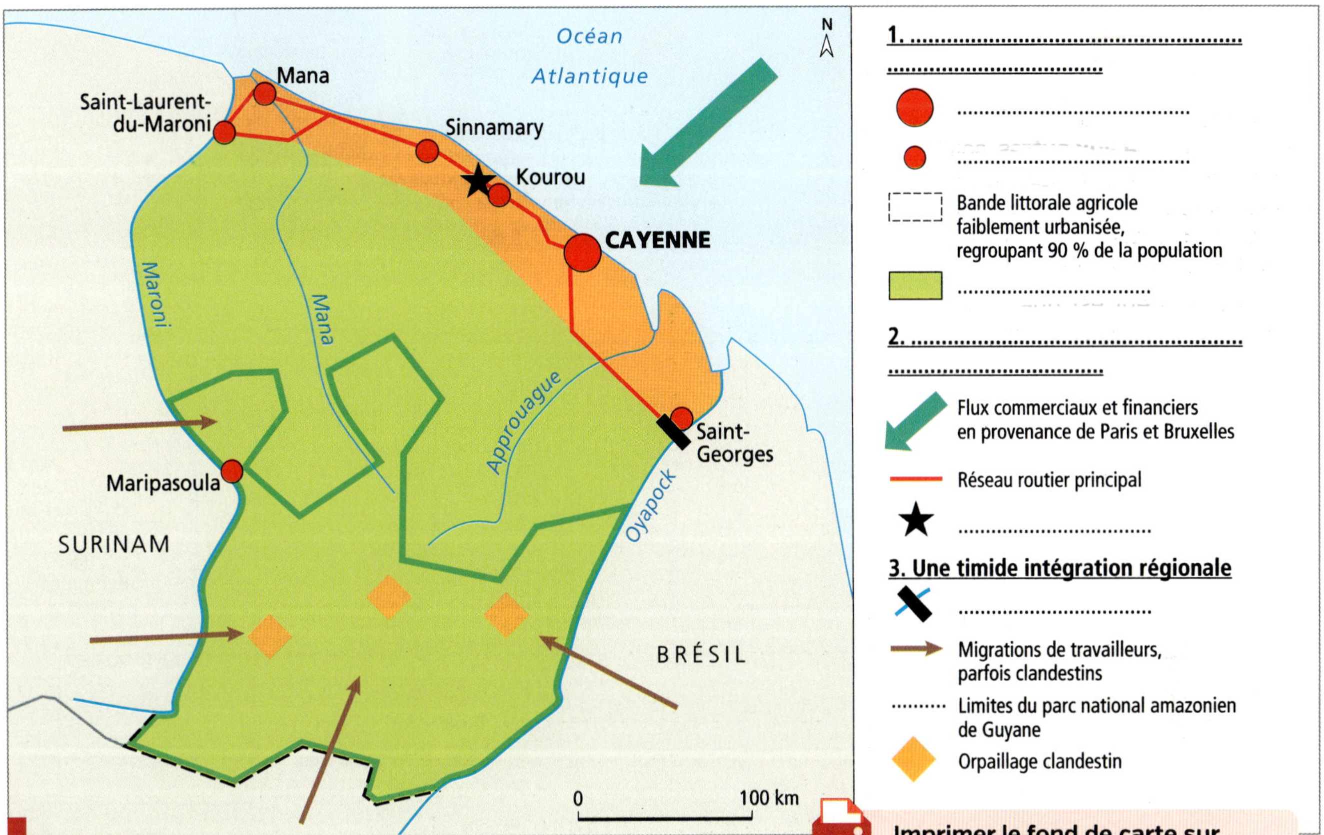

La Guyane française, entre Union européenne et aire régionale

Imprimer le fond de carte sur **www.nathan.fr/geo1re-2015**

De l'étude de cas à la généralisation

Étude de cas

La Guyane, entre Union européenne et aire régionale

A. Une population en forte croissance
- 90 % de la population sur le littoral ;
- fort accroissement naturel ;
- étalement urbain.

B. Un territoire soutenu par la métropole et l'UE
- Centre spatial guyanais ;
- fonds européens ;
- transferts financiers de la métropole.

C. Une difficile intégration régionale
- Îlot de richesse au sein d'un environnement pauvre ;
- activités illicites.

Généralisation

Les territoires ultramarins de l'Union européenne et leur développement

Quelles sont les spécificités des territoires ultramarins ?
→ Voir cours 1 p. 272

En quoi le développement de ces territoires est-il dépendant de l'Europe ?
→ Voir cours 2 p. 274

Quelles sont les difficultés d'intégration de ces territoires ?
→ Voir cours 3 p. 276

L/ES
S

Les territoires ultramarins de l'Union européenne

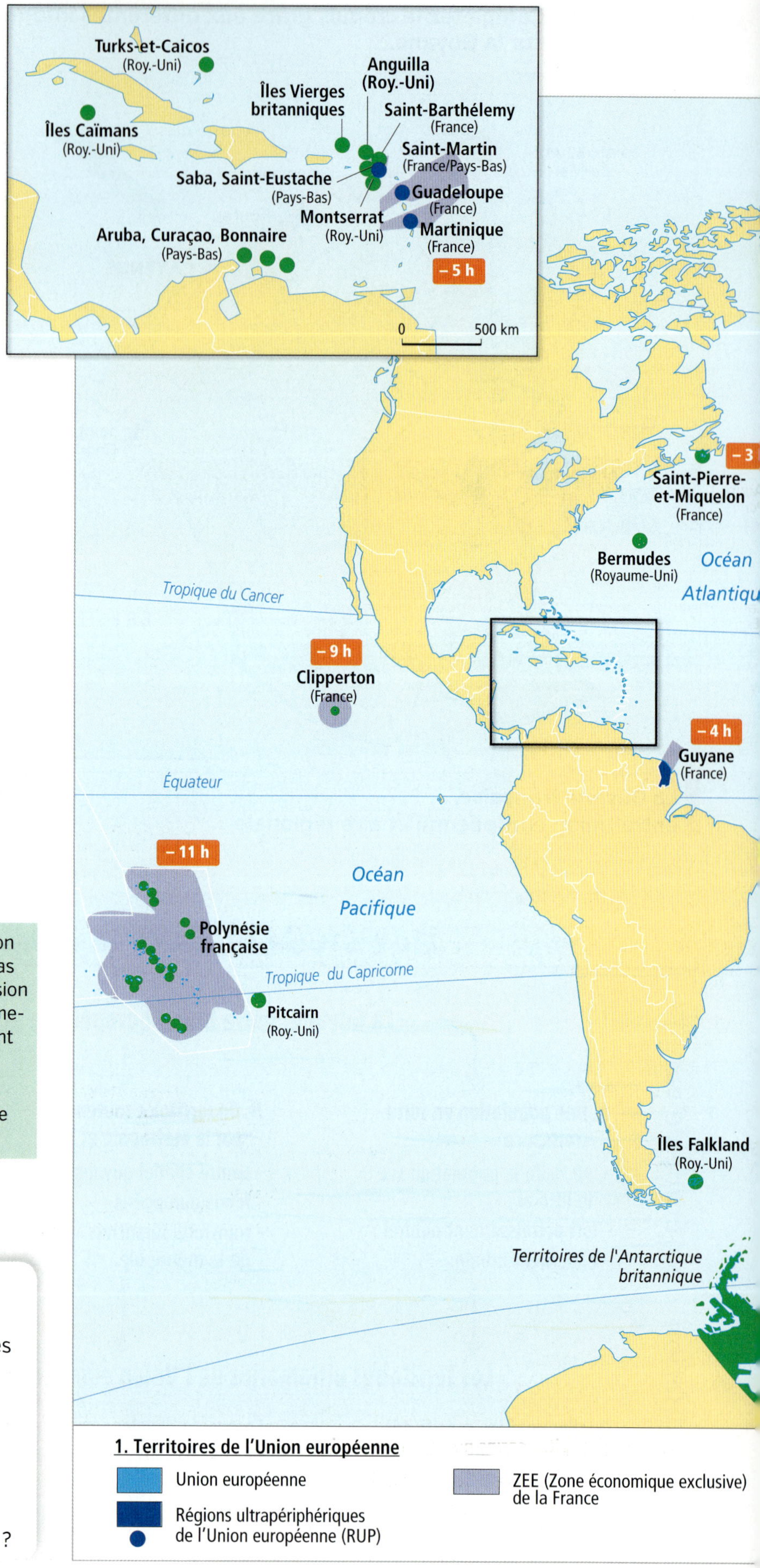

Vocabulaire

- **PTOM :** pays et territoires d'outre-mer de l'Union européenne ; territoires ultramarins ne faisant pas partie de l'Union européenne mais étant possession d'un État de l'Union européenne (France, Royaume-Uni, Pays-Bas ou Danemark). Leurs habitants sont des citoyens de l'Union européenne.
- **RUP :** régions ultrapériphériques de l'Union européenne ; territoires ultramarins faisant partie intégrante de l'Union européenne.

Questions sur le document

1. Quels sont les États de l'Union européenne possédant des régions ultrapériphériques ? et des pays et territoires d'outre-mer ?
2. Montrez la dispersion et l'éloignement des territoires ultramarins de l'Union européenne.
3. Existe-t-il une différence entre RUP et PTOM en termes d'éloignement à la métropole et à l'Union européenne ?

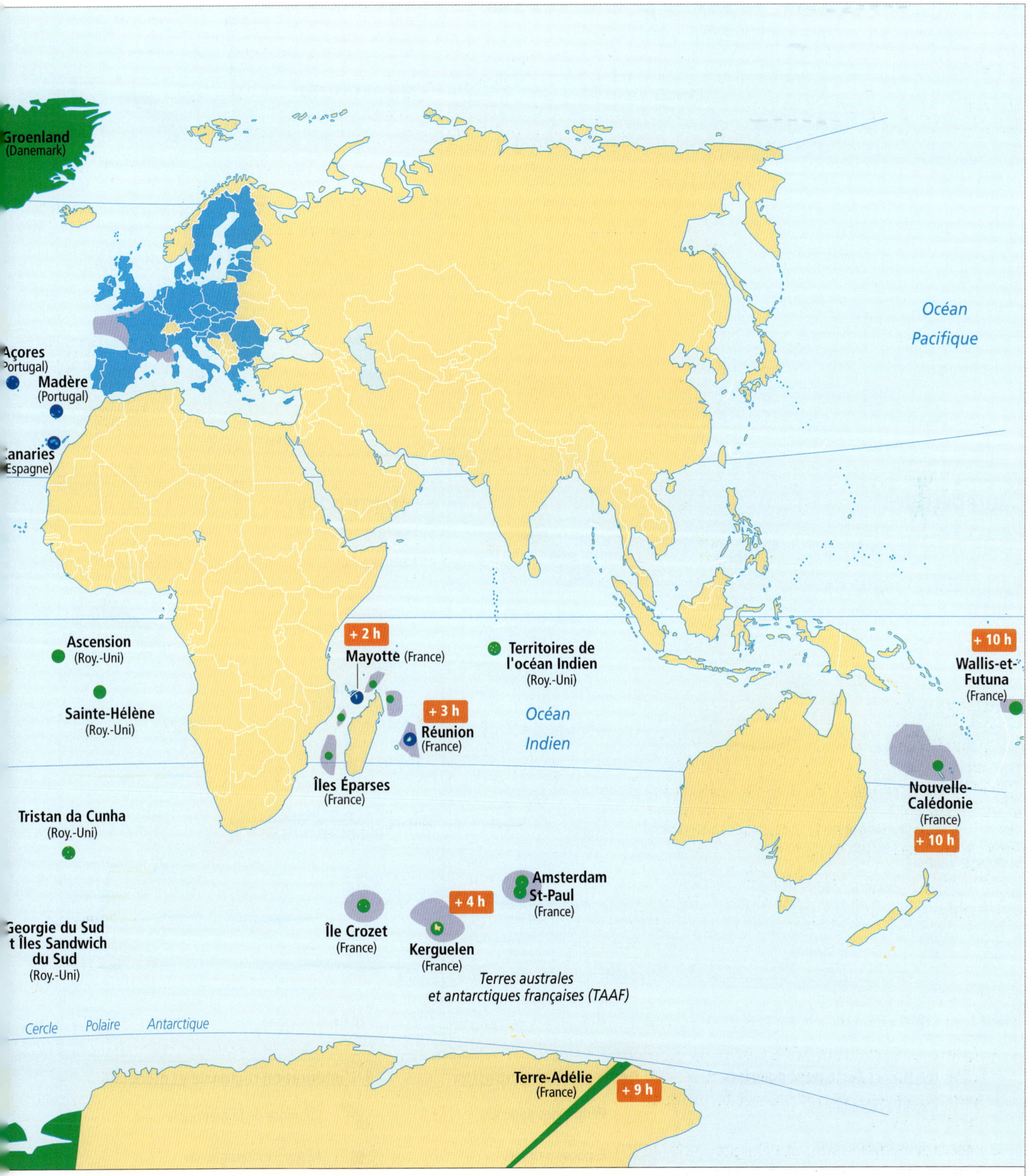

2. Territoires ultramarins non communautaires

Pays et territoires d'outre-mer de l'UE

+ 10 h Décalage horaire par rapport à l'heure d'hiver en France

L/ES
S

Les régions ultraphériphériques de l'Union européenne

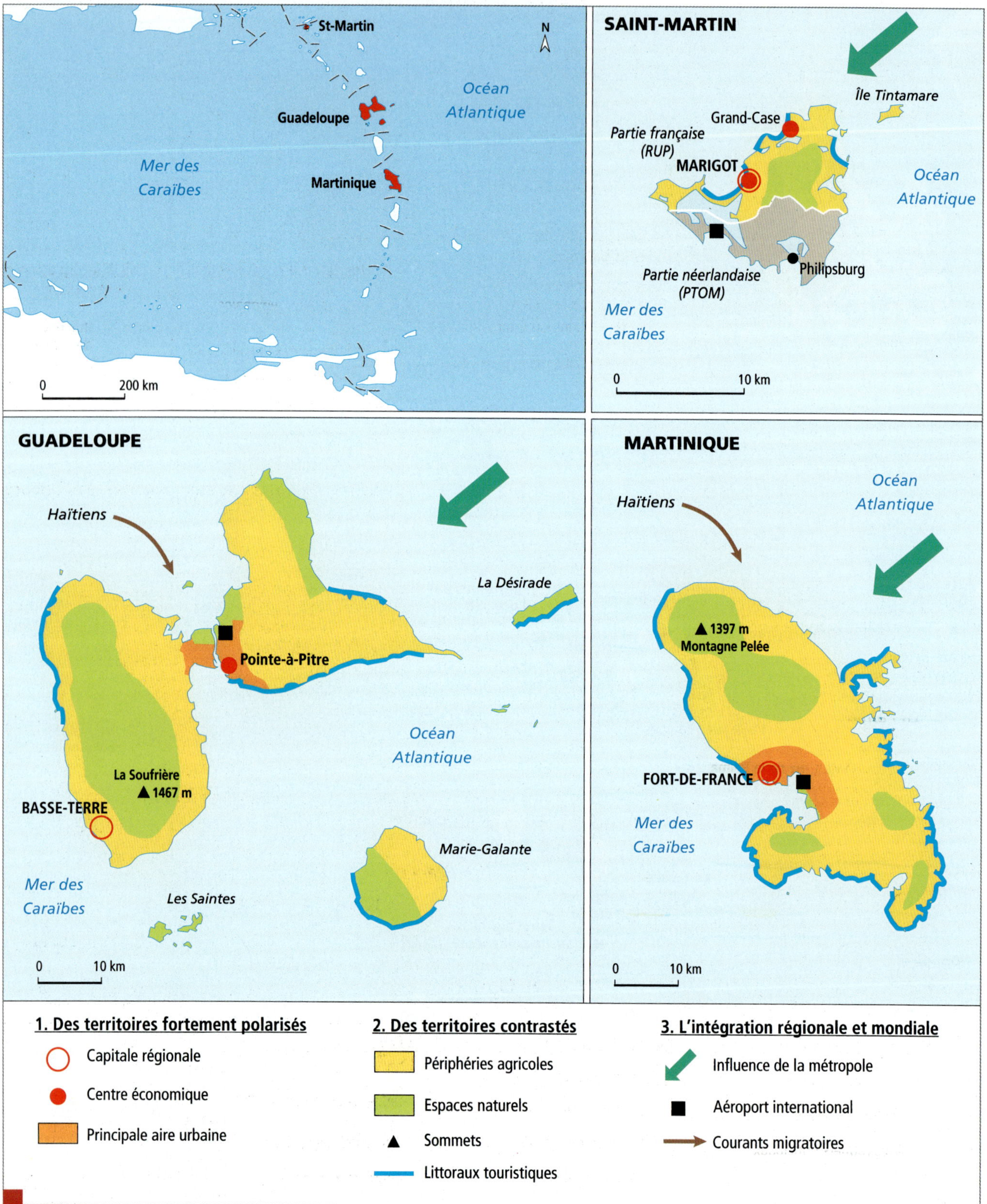

1 **Les RUP des Petites Antilles**

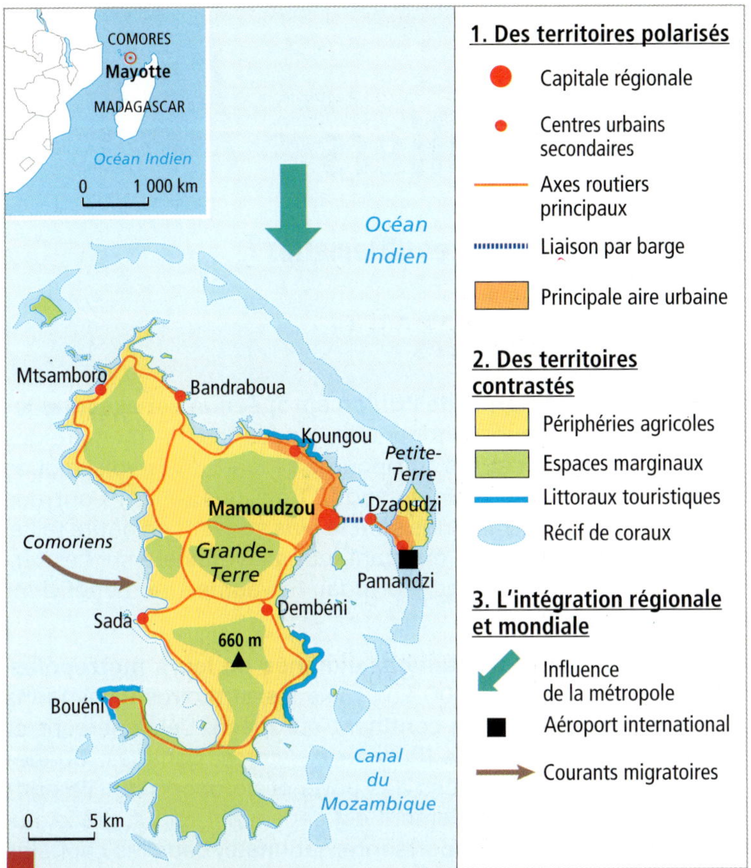

2 La RUP de Mayotte

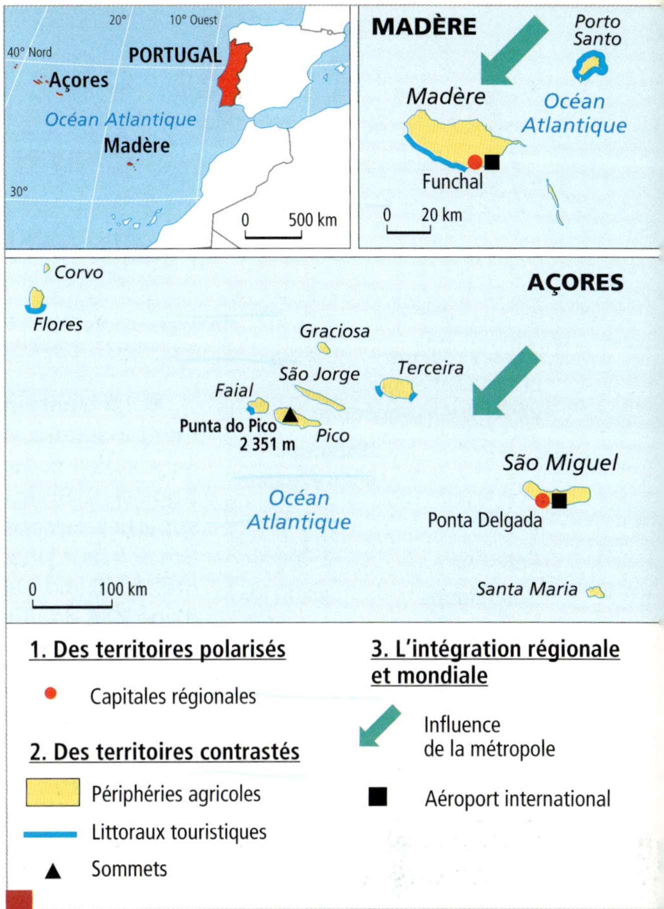

3 Les RUP portugaises : Açores et Madère

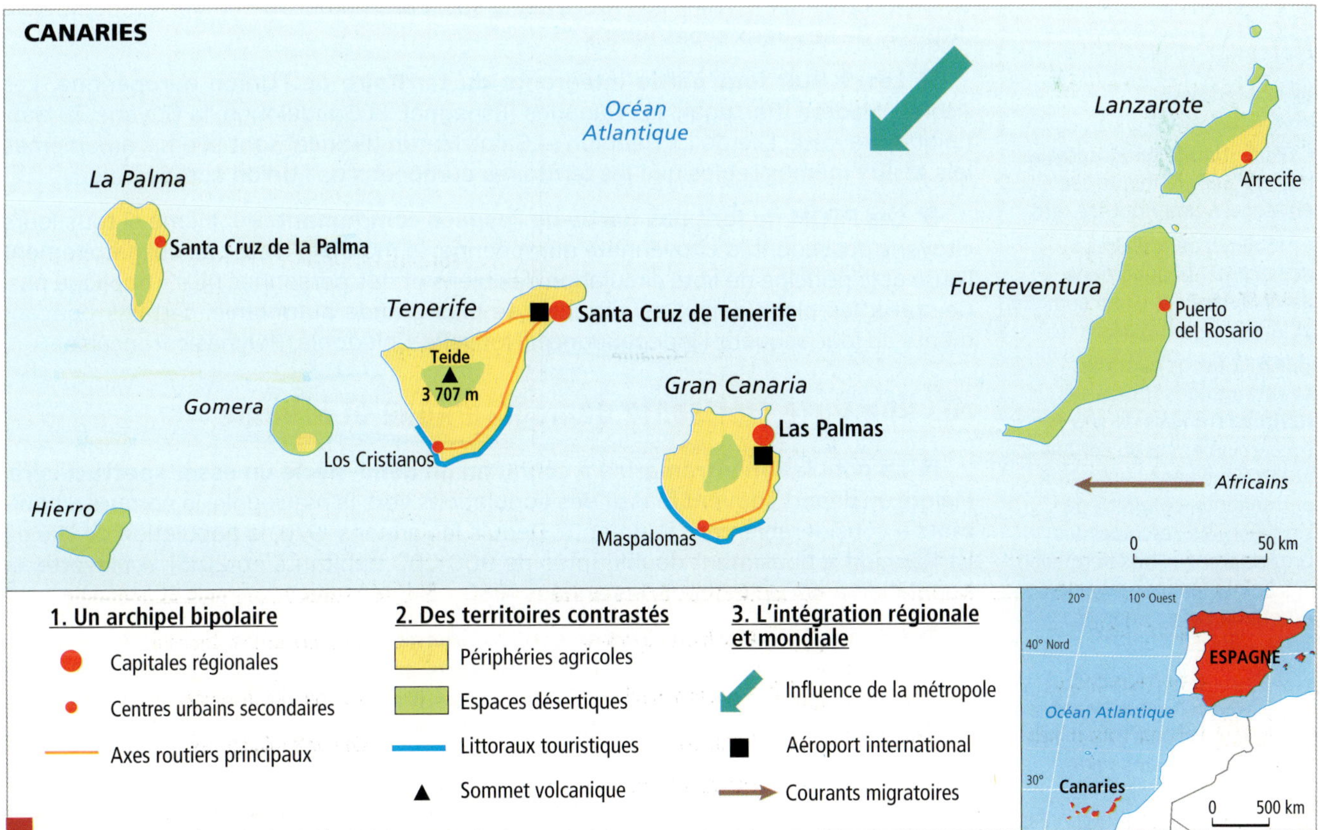

4 La RUP espagnole : les Canaries

1. Des territoires européens singuliers

Quelles sont les spécificités des territoires ultramarins ?

Repères

Les 9 régions ultrapériphériques de l'Union européenne

	Distance à la métropole
Açores	1 500 km
Canaries	2 000 km
Guadeloupe	6 800 km
Guyane	7 500 km
La Réunion	9 400 km
Madère	1 000 km
Martinique	6 850 km
Mayotte	8 000 km
Saint-Martin	6 700 km

1 Des terres lointaines et dispersées

La trentaine de territoires ultramarins de l'Union européenne est essentiellement insulaire. À l'exception de la Guyane, continentale, ou des îles des mers froides ou polaires comme les Kerguelen (France), il s'agit pour la plupart d'îles volcaniques tropicales. Si la Guyane (83 846 km²) et le Groenland (2,1 millions de km²) ont des superficies importantes, les territoires ultramarins sont le plus souvent de petite taille. Grâce à leur situation, les six États européens exerçant leur souveraineté sur ces territoires (Danemark, Espagne, France, Pays-Bas, Portugal, Royaume-Uni) bénéficient d'une **ZEE** de plusieurs millions de km².

Les territoires ultramarins sont inégalement éloignés de leurs métropoles. Wallis-et-Futuna est distant de Paris de 18 000 km, mais les territoires ultramarins espagnols et portugais sont plus proches du continent européen. L'éloignement et l'isolement sont exacerbés dans les archipels (Polynésie, Açores, Canaries, Guadeloupe). C'est dans les îles secondaires, éloignées des ports et aéroports de l'île principale, que l'isolement est le plus fort. L'éloignement est cependant relatif, grâce aux liaisons aériennes et à l'aménagement d'aéroports internationaux dans les capitales ultramarines. Le transport aérien a réduit la **discontinuité géographique** (doc. 1).

2 Des statuts variés

Les territoires ultramarins bénéficient de statuts variés. L'Union européenne distingue deux catégories : les régions ultrapériphériques (RUP) et les pays et territoires d'outre-mer (PTOM). La France est le seul État membre de l'Union européenne à disposer de ces deux types (doc. 2).

Les 9 RUP font partie intégrante du territoire de l'Union européenne. Les Açores, Madère (Portugal), les Canaries (Espagne), la Guadeloupe, la Guyane, la Martinique, Mayotte, l'île de La Réunion et Saint-Martin (France) sont soumis aux mêmes lois et aux mêmes règles que les territoires européens de l'Union européenne.

Les PTOM ne font pas partie de l'espace communautaire. Même si tous leurs citoyens possèdent la citoyenneté européenne, la monnaie n'est pas obligatoirement l'euro et le principe de libre circulation des biens et des personnes ne s'y applique pas. Ce statut les place dans une situation de plus grande autonomie, certains pouvant même un jour acquérir l'indépendance (Nouvelle-Calédonie, Polynésie française).

3 Une forte croissante démographique et urbaine

La population ultramarine a connu en un demi-siècle un essor spectaculaire. Malgré un départ souvent massif des populations vers la métropole, le nombre d'habitants a considérablement augmenté. Depuis les années 1970, la population de l'île de La Réunion a quasiment doublé (près de 900 000 habitants en 2015). À Mayotte, la population a décuplé depuis les années 1960.

Les sociétés ultramarines se sont rapidement urbanisées. L'explosion urbaine s'est particulièrement concentrée sur les villes principales (Fort-de-France, Pointe-à-Pitre, Mamoudzou, Nouméa) où les densités sont les plus élevées (doc. 3). Ces villes n'échappent pas à l'étalement urbain, ce qui provoque chaque jour d'intenses **mobilités pendulaires**.

Certains territoires n'ont pas de population permanente. Ils sont habités seulement par des scientifiques ou des militaires, comme les **TAAF** ou Clipperton (France). Ce sont des lieux d'observation de la faune et de la flore, ou de la météorologie.

Vocabulaire

- **Discontinuité géographique :** rupture géographique liée à la distance, à une frontière, etc.
- **Mobilités pendulaires :** déplacements quotidiens des individus entre leur domicile et leur lieu de travail.
- **TAAF :** Terres australes et antarctiques françaises ; territoire français du sud de l'océan Indien ou du continent antarctique sans population permanente, composé de cinq districts : archipel des Crozet, archipel des Kerguelen, îles Saint-Paul et Nouvelle-Amsterdam, îles Éparses, Terre-Adélie.
- **ZEE :** zone économique exclusive ; territoire maritime s'étendant jusqu'à 200 milles nautiques (370 km) à partir des côtes, dont l'exploitation et l'exploration sont réservées aux États bordiers souverains.

1 La piste d'atterrissage de Saint-Barthélemy (France)

La piste d'atterrissage mesure 651 mètres de long, une des plus courtes au monde.

2 Deux statuts pour les territoires ultramarins

	28 PTOM	9 RUP
Population	1,3 million	4,7 millions
Relations avec l'UE	Régime d'association	Territoires intégrés à l'UE
États de rattachement	**Danemark :** Groenland **France :** Clipperton, Nouvelle-Calédonie, Polynésie française, Saint-Barthélemy, Saint-Pierre-et-Miquelon, TAAF, Wallis-et-Futuna **Pays-Bas :** Aruba, Bonaire, Curaçao, Saba, Sint Eustatius, Sint Maarten **Royaume-Uni :** Anguilla, Ascension, Bermudes, Caïmans, Falkland, Géorgie du Sud et îles Sandwich, îles Vierges britanniques, Montserrat, Pitcairn, Sainte-Hélène, Territoire antarctique britannique, Territoires de l'océan Indien, Tristan da Cunha, Turks et Caicos	**Espagne :** Canaries **France :** Guadeloupe, Martinique, Mayotte, Réunion, Saint-Martin **Portugal :** Açores, Madère

3 Les densités de peuplement à Mayotte

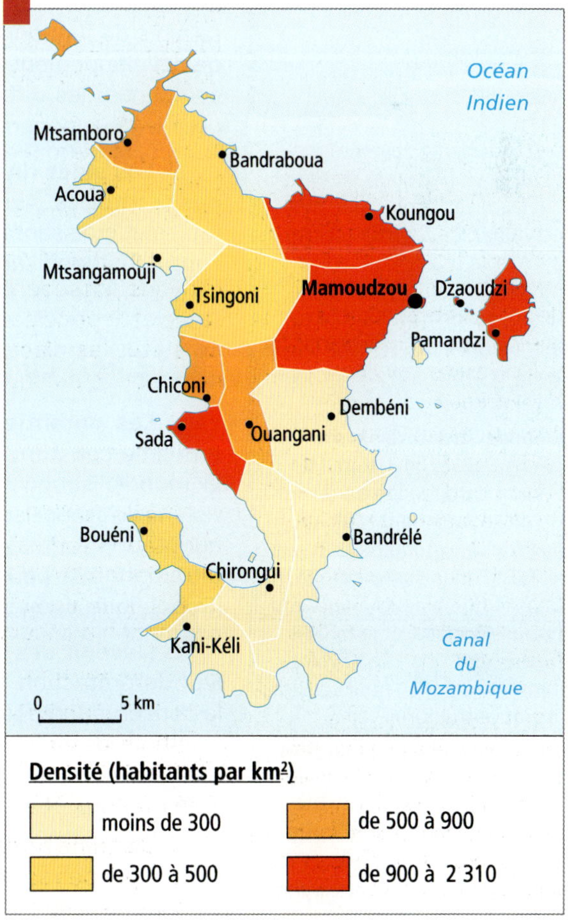

Questions sur les documents

1. À quelles contraintes Saint-Barthélemy est-elle exposée ? **(doc. 1)**
2. Quelles sont les différences entre les RUP et les PTOM ? **(doc. 2)**
3. Quelle partie de Mayotte est la plus densément peuplée ? **(doc. 3)**

L/ES

2. Un développement fragile soutenu par l'Union européenne

➔ **En quoi le développement de ces territoires est-il dépendant de l'Europe ?**

1 Des économies traditionnelles insuffisantes

■ **L'économie ultramarine a longtemps reposé sur l'agriculture.** Le modèle de l'économie de plantation fondé sur les cultures d'exportation (canne à sucre, vanille, ananas, etc.) est aujourd'hui en crise. La banane est désormais la dernière grande culture d'exportation. Elle domine l'agriculture martiniquaise. L'élevage (moutons) peut être aussi un élément majeur de l'économie, façonnant les paysages de Nouvelle-Calédonie (France) et des Falkland (Royaume-Uni), mais son maintien est difficile en raison de la pression urbaine.

■ **L'exploitation des matières premières et de la mer reste non négligeable.** Quelques territoires se détachent nettement : la Guyane avec l'or, la Polynésie française avec le phosphate et la perliculture, la Nouvelle-Calédonie avec le nickel **(doc. 2)**, Saint-Pierre-et-Miquelon (France) et le Groenland (Danemark) avec la pêche.

2 La dépendance à l'égard de la métropole

■ **Les marchés de consommation de l'outre-mer sont réduits.** Les territoires ultramarins sont dépendants des importations alimentaires (viandes, lait), de produits manufacturés (automobiles) et énergétiques (pétrole). Malgré la distance, la métropole est presque toujours le premier partenaire commercial de l'outre-mer.

■ **Le dynamisme de l'outre-mer est fragile.** Il repose sur les transferts d'argent de l'État ou de l'Union européenne sous forme d'aides, de prestations sociales ou de salaires de fontionnaires plus élevés qu'en métropole. En France, la loi d'orientation et de développement économique pour l'outre-mer (LODEOM), votée en 2009, permet de compenser les difficultés économiques et sociales. Elle favorise les investissements pour le développement local par une politique de réduction des taxes et impôts.

■ **Les aides financières accordées par l'Union européenne dépendent du statut des territoires.** Avec les **fonds structurels**, les RUP reçoivent des sommes considérables et croissantes. Une politique d'aide régionale spécifique vise également à lutter contre les handicaps liés à l'**ultrapériphéricité** **(doc. 1)**. Les PTOM quant à eux reçoivent des aides du Fonds européen de développement (FED).

3 Le défi du développement touristique durable

■ **Les potentiels touristiques des territoires ultramarins sont importants.** Le tourisme constitue le meilleur espoir de développement de l'outre-mer à l'heure de la mondialisation du tourisme. Les Canaries, Saint-Martin, Saint-Barthélemy et la Polynésie française se différencient par leur parc hôtelier international et leur fréquentation touristique importante, dominée par des étrangers **(doc. 3)**. Le tourisme ultramarin est pourtant souvent en crise, avec l'essor de destinations concurrentes (République dominicaine, île Maurice, Maldives).

■ **L'avenir des territoires ultramarins repose sur le tourisme durable.** Les projets de protection des patrimoines naturel et culturel se multiplient. L'**écotourisme**, la conservation des cultures locales (reconnaissance de la culture créole, respect des traditions des tribus de la forêt guyanaise) s'inscrivent dans cette perspective. S'adapter aux nouvelles exigences de la clientèle internationale en matière d'hébergement plus luxueux tout en conservant l'accueil d'un tourisme de masse constitue un véritable défi de développement durable pour ces territoires.

Repères

■ **La fréquentation touristique dans les RUP (2014)**

Source : Eurostat, 2015.

Vocabulaire

▸ **Écotourisme :** activité touristique se développant dans des espaces ruraux peu mis en valeur. Ce type de tourisme permet la promotion d'une région tout en contribuant à la protection de la nature et au bien-être des populations dans le cadre d'un développement durable.

▸ **Fonds structurels européens :** aides financières de l'Union européenne en faveur du développement régional. Il existe deux fonds structurels : le **FSE** (Fonds social européen) dans le domaine de l'insertion professionnelle, et le **FEDER** (Fonds européen de développement régional) pour les infrastructures.

▸ **Ultrapériphéricité :** se dit lorsqu'un territoire est marqué par l'éloignement des grands centres économiques. C'est le cas des îles situées au cœur de l'océan Pacifique.

1 Infrastructures routières à Madère

Les grandes infrastructures des régions ultrapériphériques sont financées grâce aux fonds publics, et notamment les aides européennes.

2 L'exploitation du nickel en Nouvelle-Calédonie

Plantée sur une presqu'île, la gigantesque usine pyrométallurgique de Koniambo où s'activent 5 000 employés, dans le nord de la Nouvelle-Calédonie, a produit, mercredi, sa première coulée de nickel. La proximité des infrastructures – mine, fonderie, centrale électrique, usine de dessalement, port – conjuguée à la richesse du massif du Koniambo fait de ce projet minier le site le plus rentable de la planète.

À l'échelle de la Nouvelle-Calédonie, le poids politique de l'usine Koniambo supplante presque son gigantisme économique. Aux mains des indépendantistes kanaks de la province Nord, la Société minière du Sud-Pacifique (SMSP) détient 51 % du capital de Koniambo, tête de pont de la politique de rééquilibrage[1], engagée depuis 25 ans sur le Caillou[2] en faveur de son peuple premier[3]. Exclus du nickel aux temps coloniaux, les Kanaks veulent faire de leur ascension dans l'industrie minière le moyen de réaliser leurs aspirations politiques. « La valorisation d'une ressource maîtrisée localement peut permettre de générer des gains financiers qui offriraient l'opportunité de s'affranchir des transferts de l'État. Reste à convaincre les réticents que l'indépendance est viable », estime Paul Néaoutyine, président de la province Nord.

Claudine Wéry, « Xstrata met en service l'usine de nickel de Koniambo, en Nouvelle-Calédonie », *Le Monde*, 13 avril 2013.

1. Politique de développement économique menée en faveur des peuples autochtones de Nouvelle- Calédonie.
2. Surnom donné familièrement à la Nouvelle-Calédonie.
3. Nom donné au peuple autochtone de l'île, les Kanaks.

3 Promotion touristique pour la Polynésie française

L'office Tahiti Tourisme a lancé de juin à août 2014, une campagne de promotion touristique à destination de l'Italie appelée « *Polinesia, Tutto il resto è realtà* », « Polynésie, tout le reste est réalité ; le rêve pour deux à un prix jamais vu. »

Questions sur les documents

1. À quels handicaps le territoire de Madère est-il confronté ? **(doc. 1)**
2. Quels sont les enjeux de l'exploitation du nickel en Nouvelle-Calédonie ? **(doc. 2)**
3. Quelles sont les caractéristiques du tourisme en Polynésie française mises en avant par cette campagne de promotion ? **(doc. 3)**

3. Des difficultés d'intégration

Quelles sont les difficultés d'intégration de ces territoires ?

Repères

▪ Le PIB/hab. dans les RUP

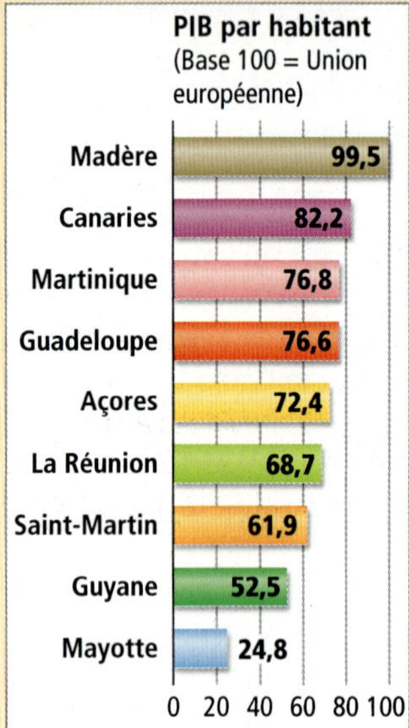

Source : Eurostat, 2015.

1 Des sociétés multiculturelles sous tension

Les sociétés ultramarines sont des héritages de l'histoire coloniale. Elles sont aujourd'hui composées de populations très largement métissées par l'apport de populations européennes et africaines. Ce sont majoritairement des sociétés pluri-ethniques **(doc. 1)**. En marge de la société **créole**, en Guyane, les communautés amérindiennes ont conservé leur langue, leur **économie de subsistance** et leur organisation sociale. En Polynésie, les îles sont toujours très largement peuplées par leurs populations originelles.

Depuis quelques années, les revendications identitaires se sont renforcées. La mise en œuvre tardive de l'égalité sociale avec les citoyens européens, l'héritage du passé colonial et l'accélération de la mondialisation ont accentué l'affirmation identitaire des populations locales. Des mouvements contestataires (Réunion, Mayotte) et indépendantistes (Guadeloupe) se sont parfois développés, posant à nouveau la question des identités de ces sociétés devenues multiculturelles.

2 Des îlots de richesse coupés de leur environnement régional

Les territoires ultramarins sont localement des espaces prospères. L'afflux financier en provenance de la métropole ou de l'Union européenne en fait des îlots de richesse au sein d'un environnement relativement pauvre. Qu'il s'agisse du PIB par habitant ou de l'IDH, l'outre-mer contraste avec les États voisins **(doc. 2)**.

Les économies des territoires ultramarins sont concurrencées. Les États voisins d'Amérique ou d'Afrique, souvent beaucoup plus peuplés, bénéficient de coûts de main-d'œuvre moins élevés. Ils offrent des structures économiques similaires tout en produisant beaucoup plus (bananes, canne à sucre, etc.). Les territoires ultramarins sont donc victimes de la petitesse de leur économie productive.

L'outre-mer connaît une faible intégration régionale. Les territoires ultramarins entretiennent des liens assez faibles avec les États alentour. Ils participent peu aux regroupements régionaux. Dans l'océan Indien, Mayotte est particulièrement isolée du fait de sa non-reconnaissance par la République fédérale islamique des Comores depuis la proclamation d'indépendance de cette dernière.

3 Des interfaces complexes

Les territoires ultramarins sont au cœur des flux internationaux. Le transport maritime assure plus de 80 % de leurs échanges, principalement avec l'Union européenne. Les espaces portuaires (Fort-de-France, Pointe-à-Pitre, Saint-Denis-de-La-Réunion, Funchal aux Açores) sont les portes d'entrée des marchandises sur ces territoires. Des investissements importants sont réalisés pour créer et aménager des **zones franches**.

D'importants flux migratoires affectent ces territoires. Les territoires ultramarins font face à un afflux de population difficilement contrôlable, notamment aux Canaries (Espagne), en Guyane et à Saint-Martin (France). En Guyane, la part de la population étrangère atteint 35 % en 2014 **(doc. 4)**. À l'inverse, à la recherche d'un emploi et d'un meilleur niveau de vie, les populations ultramarines migrent souvent vers l'Europe.

Les populations ultramarines sont également très mobiles. Les Antillais, Réunionnais, Açoriens installés en Europe créent des flux saisonniers (vacanciers, retraités revenant au « pays ») et investissent dans leur territoire d'origine (construction, création de PME) **(doc. 3)**.

Vocabulaire

- **Créole :** terme qualifiant une personne d'origine européenne née dans les anciennes colonies ultramarines.
- **Économie de subsistance :** économie à l'écart des échanges commerciaux, liée à l'autoconsommation, et reposant sur l'agriculture vivrière.
- **Zone franche :** espace délimité caractérisé par la suppression des droits de douane et l'exonération totale ou partielle des charges fiscales et sociales.

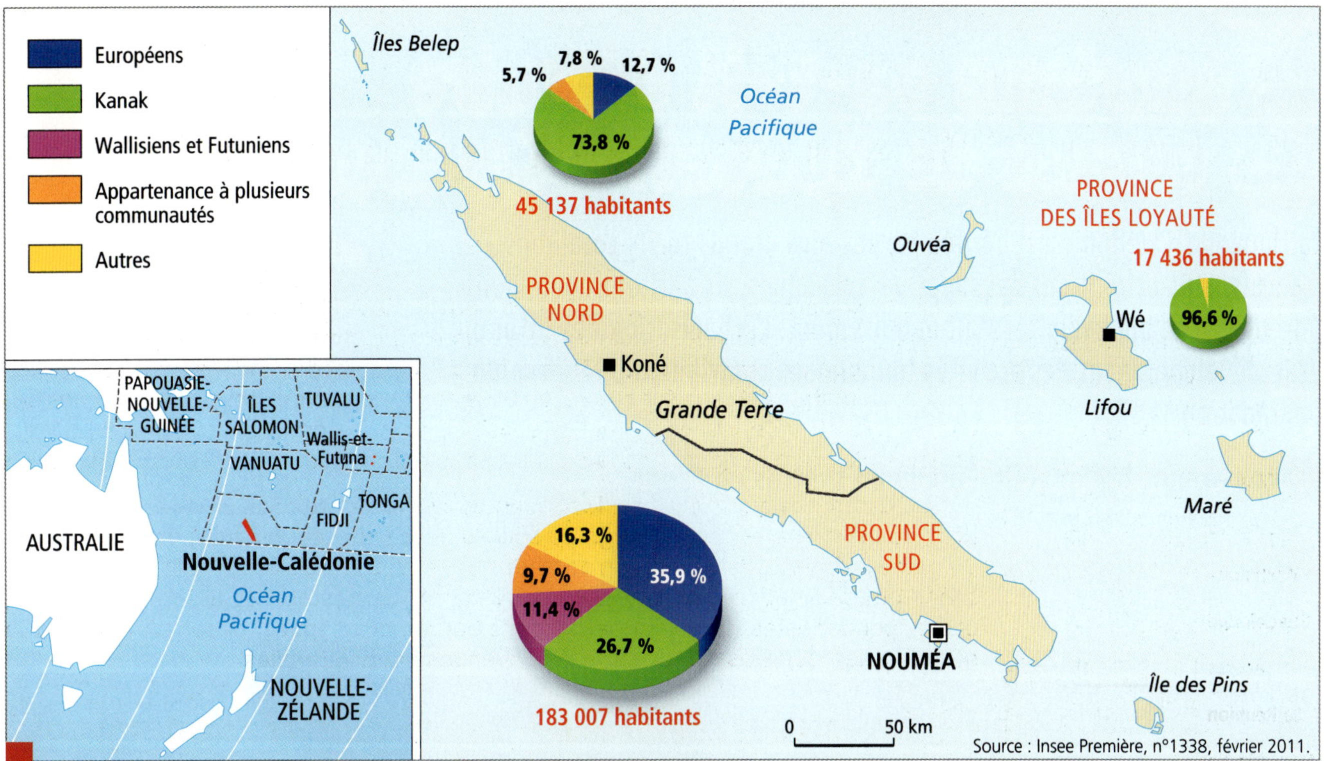

1 Les différentes communautés en Nouvelle-Calédonie

2 L'IDH des territoires de l'océan Indien

Pays ou DOM	IDH	Rang mondial
La Réunion	0,811	46
Seychelles	0,811	46
Île Maurice	0,755	76
Maldives	0,748	79
Mayotte	0,645	119
Madagascar	0,506	145
Comores	0,481	154

Source : Michael Goujon et Jean-François Hoarau, « L'évaluation du niveau de développement des économies ultramarines françaises », ASRDLF, 2014.

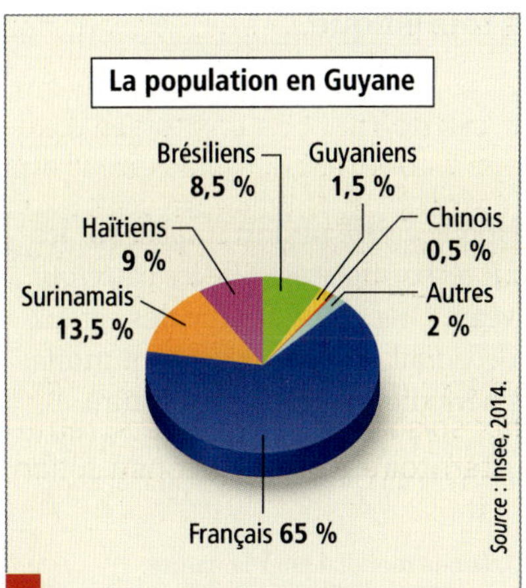

4 La population en Guyane

3 Les flux de population en Martinique

De tous les natifs des DOM, ce sont les Martiniquais qui paraissent les plus ouverts vers l'extérieur et les plus enclins à quitter leur île, provisoirement ou durablement. Parmi les 18-79 ans qui vivent dans le département, ils sont près d'un tiers (32 %) à l'avoir quitté durant une longue période (6 mois ou plus), avant de revenir s'y installer […]. Au total, seuls 13 % des Martiniquais vivant sur l'île ne l'ont de toute leur vie jamais quittée. En comparaison, les Réunionnais dans le même cas sont deux fois plus nombreux (26 %).

Quelle que soit la période de leur départ, les Martiniquais qui ont quitté l'île au moins 6 mois avant d'y revenir sont majoritairement partis aux âges jeunes : neuf sur dix avant 35 ans et plus de la moitié avant 25 ans. Pour plus de la moitié, ce départ a été motivé par la recherche d'un emploi ou la poursuite des études […]. Plus de huit fois sur dix (83 % des cas), la France métropolitaine a été la destination privilégiée ou obligée.

Les « immigrants », c'est-à-dire l'ensemble des personnes qui ne sont pas nées dans le département mais qui ont choisi d'y vivre plus ou moins durablement, forment 16 % de la population âgée de 18-79 ans en Martinique […] et sont, pour la plupart, nés en France métropolitaine. 42 % des immigrants nés en France métropolitaine ont au moins un ascendant – parent(s) et/ou grand(s)-parent(s) – né(s) dans ce département.

INSEE Antilles-Guyane, Ined, *Antiane échos*, n°20, septembre 2012.

Questions sur les documents

1. Quelles sont les communautés présentes en Nouvelle-Calédonie ? Comment se répartissent-elles sur le territoire ? **(doc. 1)**
2. Quels sont les niveaux de développement humain des territoires ultramarins de l'océan Indien par rapport à leurs voisins ? **(doc. 2)**
3. Quelles sont les caractéristiques des flux de population en Martinique ? **(doc. 3)**

L/ES

AUTRES REGARDS

Le tourisme va-t-il détruire les coraux de Nouvelle-Calédonie ?

La Nouvelle-Calédonie est bordée par les plus grands récifs coralliens français. S'ils offrent des paysages paradisiaques, ils abritent également une très riche biodiversité. Malheureusement, l'urbanisation des littoraux et le développement des activités touristiques contribuent à leur rapide dégradation.

➔ Les coraux de Nouvelle-Calédonie sont-ils en danger ?

Info

- Les **récifs coralliens** de la planète sont des **milieux fragiles**.
- Selon un rapport du PNUE (le programme des Nations unies pour l'environnement), le **réchauffement climatique** devrait **faire disparaître 60 %** des coraux d'ici à 2030.

1 Un paradis touristique…

2 … menacé ?

40 % des récifs coralliens et des mangroves ont déjà disparu au cours des quarante dernières années. La déforestation côtière, l'utilisation des littoraux pour les activités humaines, la dégradation de la qualité de l'eau, la pollution, le déversement des eaux usées, la pêche destructrice et la surexploitation de la vie marine ont eu un impact considérable sur ces écosystèmes vitaux, mettant en danger de nombreuses communautés et activités au sein du Triangle de Corail[1].

Le changement climatique a déjà un fort impact sur les écosystèmes côtiers car il réchauffe et acidifie les eaux tout en augmentant leur niveau. Une grande partie des coraux des récifs du Triangle de Corail ont blanchi et sont morts lors de réchauffements périodiques de la température.

« Le Triangle de Corail face au changement climatique », Rapport du WWF[2] et de l'université du Queensland, Australie, 2009.

1. Voir document 3.
2. WWF (World Wild Fund), Fonds mondial pour la nature, association engagée dans la protection de l'environnement.

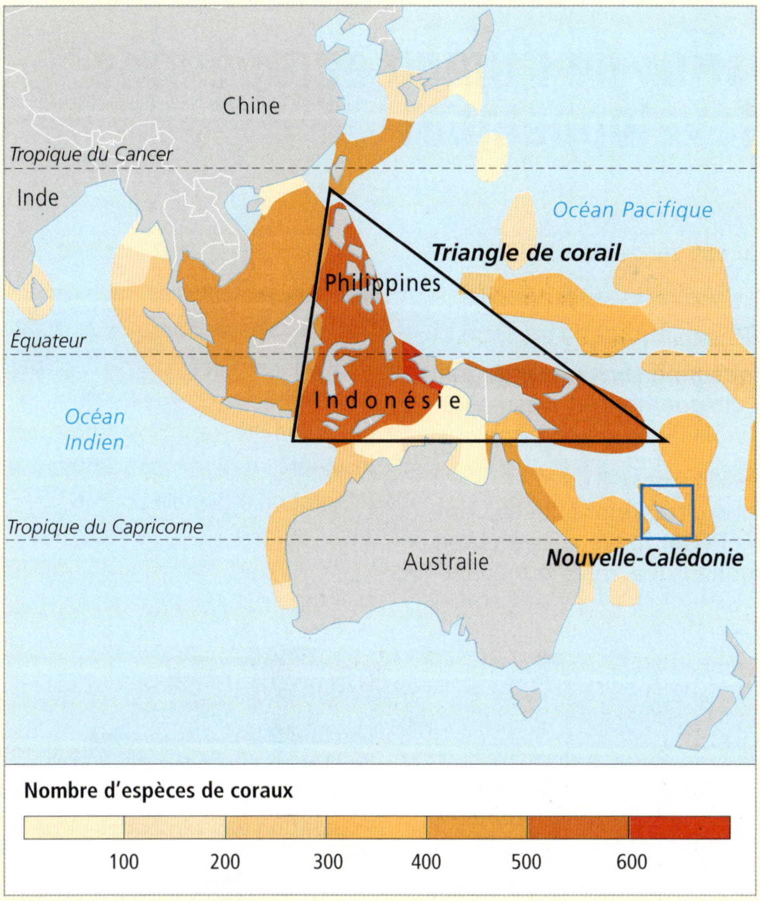

3 Une riche biodiversité

4 Le tourisme, une stratégie de développement

Le tourisme en Nouvelle-Calédonie a réellement commencé à se développer dans les années 1980. Mais depuis 30 ans, cette activité économique, longtemps présentée comme une alternative pour l'après-nickel[1], n'a jamais réussi à décoller…

L'éloignement géographique, le coût très élevé du transport aérien et sur place un rapport qualité/prix qui n'est pas à la hauteur n'ont jamais permis de dépasser avec aisance la barre des 100 000 touristes par an. Moins de touristes japonais, australiens et néo-zélandais et plus de métropolitains, c'est le profil actuel de la population touristique qui malgré tout continue de s'aventurer jusque sur le Caillou[2].

Mais les touristes en provenance de l'Hexagone logent majoritairement chez des membres de leur famille installés provisoirement ou durablement sur cette terre française lointaine, ce qui bien sûr n'arrange pas les affaires du secteur de l'hôtellerie.

Angela Palmieri, « Baisse de la fréquentation touristique en Nouvelle-Calédonie : un mal récurrent ? », *Nouvelle-Calédonie 1re*, 22 septembre 2013.

1. La Nouvelle-Calédonie dispose d'une des principales réserves mondiales de nickel, dont l'exploitation est très polluante.
2. Surnom de la Nouvelle-Calédonie.

5 La création du plus grand parc naturel marin français (2014)

Les grands objectifs du parc naturel de la mer de Corail :
– protéger, valoriser, connaître et faire connaître la vie, les ressources de ces environnements exceptionnels et créateurs de richesse pour la Nouvelle-Calédonie ;
– réunir les conditions d'une économie bleue respectueuse du milieu qu'elle exploite ;
– participer à la dynamique internationale de protection des océans.

Livret de présentation du « Parc naturel de la mer de Corail », Agence des aires marines protégées, septembre 2014.

Préparer le débat

1. Pourquoi les récifs coralliens renforcent-ils l'attractivité touristique de la Nouvelle-Calédonie ? Cette activité est-elle importante pour le développement de l'île ? **(doc. 1 et 4)**
2. Pourquoi le développement incontrôlé du tourisme peut-il représenter un risque pour la préservation des coraux ? **(doc. 1 à 3)**
3. Comment le parc naturel de la mer de Corail concilie-t-il développement touristique et préservation des coraux ? **(doc. 5)**

Débat

Les coraux de Nouvelle-Calédonie sont-ils menacés par le tourisme ?
Confrontez l'opinion d'un représentant de l'office de tourisme de Nouvelle-Calédonie à celle d'un représentant du WWF en vous appuyant sur les informations contenues dans les documents.

L/ES

Les territoires ultramarins de l'Union européenne et leur développement

Synthèse

1 Des territoires européens singuliers

■ **Les territoires ultramarins de l'Union européenne sont marqués par de nombreuses contraintes :** la discontinuité, l'éloignement et l'insularité. Dans le même temps, ils connaissent une forte croissance démographique et urbaine.

■ **Deux statuts s'opposent.** Les 9 RUP (régions ultrapériphériques) font partie intégrante de l'Union européenne. Les 28 PTOM (pays et territoires d'outre-mer) ne font pas partie de l'espace communautaire, mais leurs habitants sont tout de même européens.

2 Un développement fragile soutenu par l'Union européenne

■ **L'économie des territoires ultramarins est fragile.** L'agriculture est en crise et l'industrie quasi absente. Le tourisme, notamment durable, constitue le principal atout du développement de ces territoires.

■ **Les territoires ultramarins restent fortement dépendants.** Ils bénéficient d'aides financières des métropoles et de l'Union européenne afin de compenser leurs handicaps.

3 Des difficultés d'intégration

■ **Les sociétés ultramarines sont plurielles.** Elles se caractérisent par leur diversité ethnique. Les inégalités socio-spatiales sont importantes.

■ **Les territoires ultramarins contrastent avec leur environnement régional.** Ce sont des îlots de richesse et de prospérité comparés aux territoires les plus proches. L'insertion régionale reste limitée, même si des flux importants, migratoires ou de marchandises, concernent l'ensemble de ces territoires.

Notions clés

- Dépendance économique p. 260
- Enclavement p. 266
- Insularité p. 260
- Intégration régionale p. 266

Chiffres clés

- **Les territoires ultramarins de l'Union européenne :** 9 RUP et 28 PTOM en 2014.
- **Population des territoires ultramarins :** 6 millions d'habitants dont 4,7 millions dans les RUP et 1,3 million dans les PTOM.
- **Fréquentation touristique des RUP :** 17,5 millions de touristes (dont 23% pour les RUP françaises)

Pour approfondir

Livres, dossiers

- Aimé Césaire, *Cahiers d'un retour au pays natal*, 1936-1939.
- Patrick Chamoiseau, *Texaco*, 1992.

Sites Internet

- **Centre spatial guyanais :** www.cnes-csg.fr/

Films

- Marc Barrat, *Orpailleur*, 2010. Un jeune Parisien d'origine guyanaise rentre en Guyane suite à la disparition de son frère.
- Christophe Offenstein, *En solitaire*, 2013. L'arrivée d'un jeune clandestin à bord d'un voilier participant au Vendée Globe en solitaire bouleverse la course du skipper.

Carte mentale

Retrouvez la carte mentale du chapitre sur le site Internet : www.nathan.fr/geo1re-2015

Schémas pour réviser

1 Les régions ultrapériphériques de l'Union européenne : des interfaces entre Nord et Sud

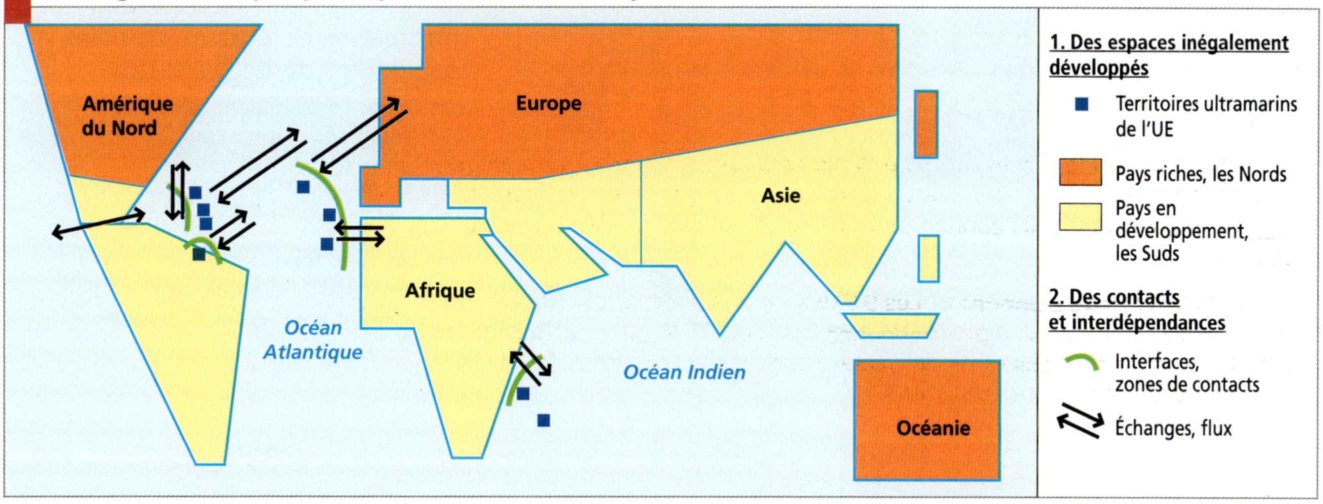

2 Hiérarchie des différents territoires de l'Union européenne

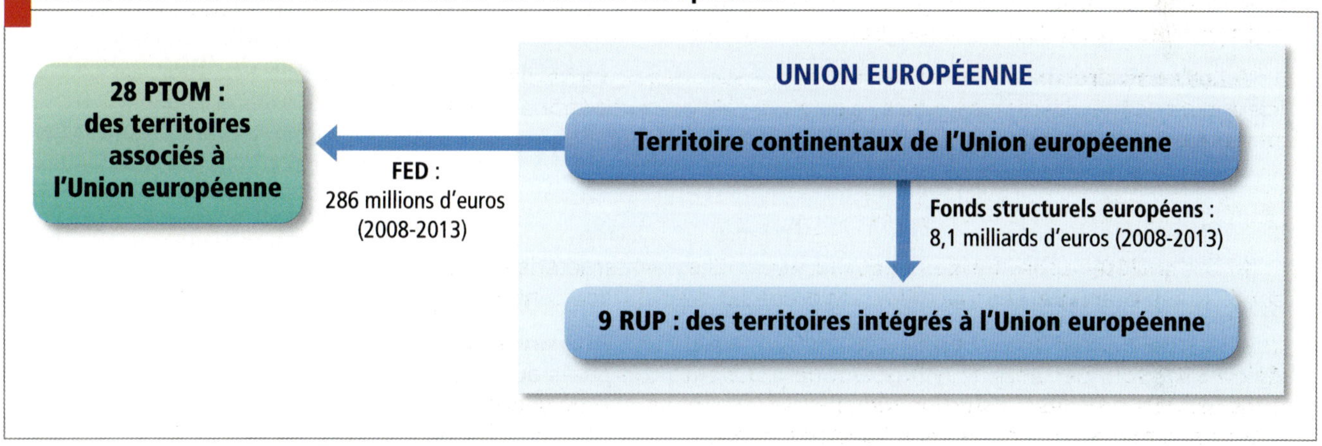

3 Les acteurs du développement des territoires ultramarins

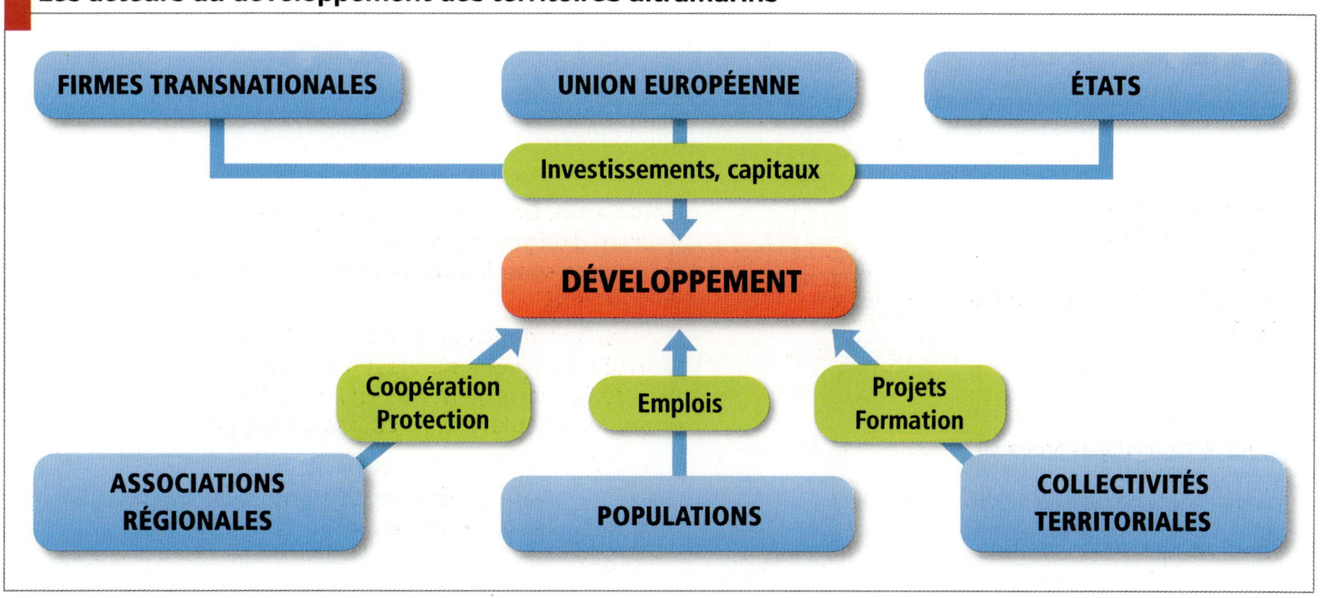

Exercices BAC

1 Analyser des graphiques

→ **Le développement humain dans les territoires ultramarins**

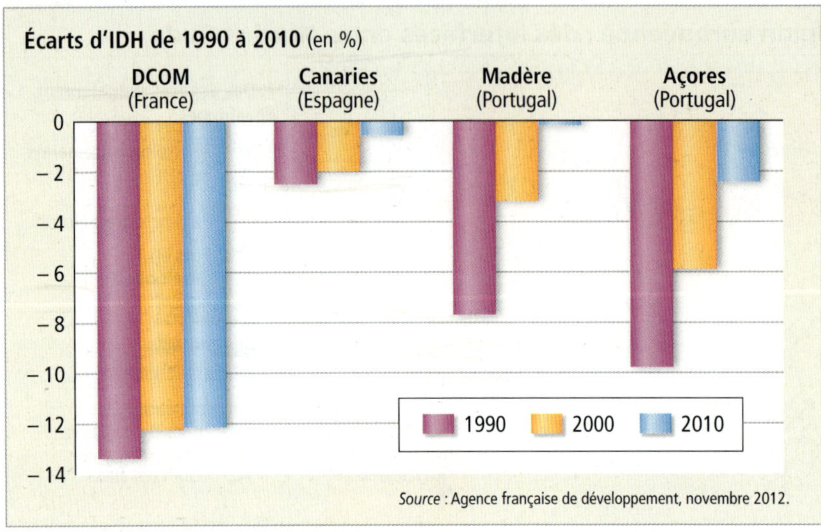

Source : Agence française de développement, novembre 2012.

1 Écarts d'IDH entre les territoires ultramarins et leurs métropoles respectives de 1990 à 2010

Les DCOM sont les départements et collectivités d'outre-mer.

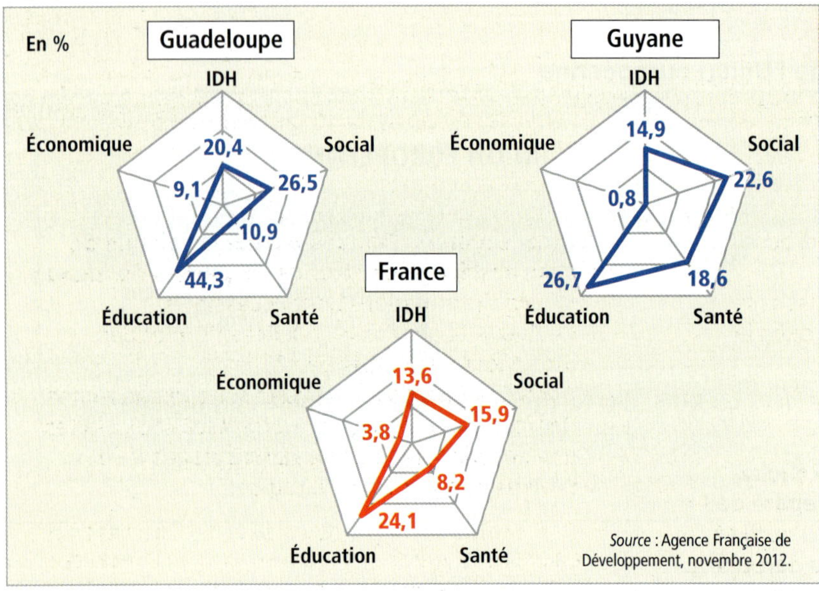

Source : Agence Française de Développement, novembre 2012.

2 Croissance de l'IDH et de ses composantes dans deux territoires ultramarins et en métropole de 1990 à 2010

Pour comprendre ces graphiques en radar, il faut les lire ainsi : « l'IDH s'est accru de x % entre 1990 et 2010 ; parmi les composantes de l'IDH, celle qui a le plus contribué à cette croissance est [nom du secteur] avec x % ; la contribution la plus faible est celle de [nom du secteur] avec x %. Le progrès de l'IDH est donc principalement dû au développement de [nom du secteur]. »

Vers le BAC

Consigne : À partir de l'analyse des documents, vous mettrez en évidence la croissance et les disparités du développement humain dans les régions ultramarines ; vous expliquerez les facteurs de ces évolutions.

Aide pour répondre à la consigne

- Précisez le thème, la nature, la date et la source de chaque document. Pour le document 1, indiquez l'unité utilisée dans le graphique.
- Expliquez ce que sont les DCOM.
- Quelle tendance observez-vous entre 1990 et 2010 pour chaque territoire ? Quel est l'écart entre l'IDH des DCOM et celui de la métropole en 2010 ? Comparez la situation des DCOM et celle de Madère.
- Pour le document 2, définissez IDH. Quelles sont ses composantes d'après les graphiques ? Quelle unité est utilisée pour les données ? Quelle est la tendance générale pour ces trois graphiques ? Repérez les différences entre les régions d'outre-mer et la métropole. Quel territoire se démarque particulièrement des autres ? De quelle façon ?

Méthode BAC

Analyser des statistiques (voir p. 222)

- Un **graphique représente** des **données statistiques** de façon visuelle : **histogramme** (en barres, document 1), **courbes**, **circulaire à secteurs** (« camembert ») ou **en radar** (document 2). Ils permettent tous de comparer des données et de montrer les variations d'un phénomène dans le temps.
- Pour analyser un graphique, il faut :
  - **lire** le **titre**, les **unités de mesure**, la **date** et la **source** ; le titre des **axes des abscisses et des ordonnées**, ainsi que la **légende** quand il y en a une ;
  - **dégager** la tendance globale ;
  - **repérer** les ruptures ou les écarts significatifs ;
  - **expliquer** les observations.

2 Faire de la géographie avec les TICE

→ Approfondir une notion avec Google Earth

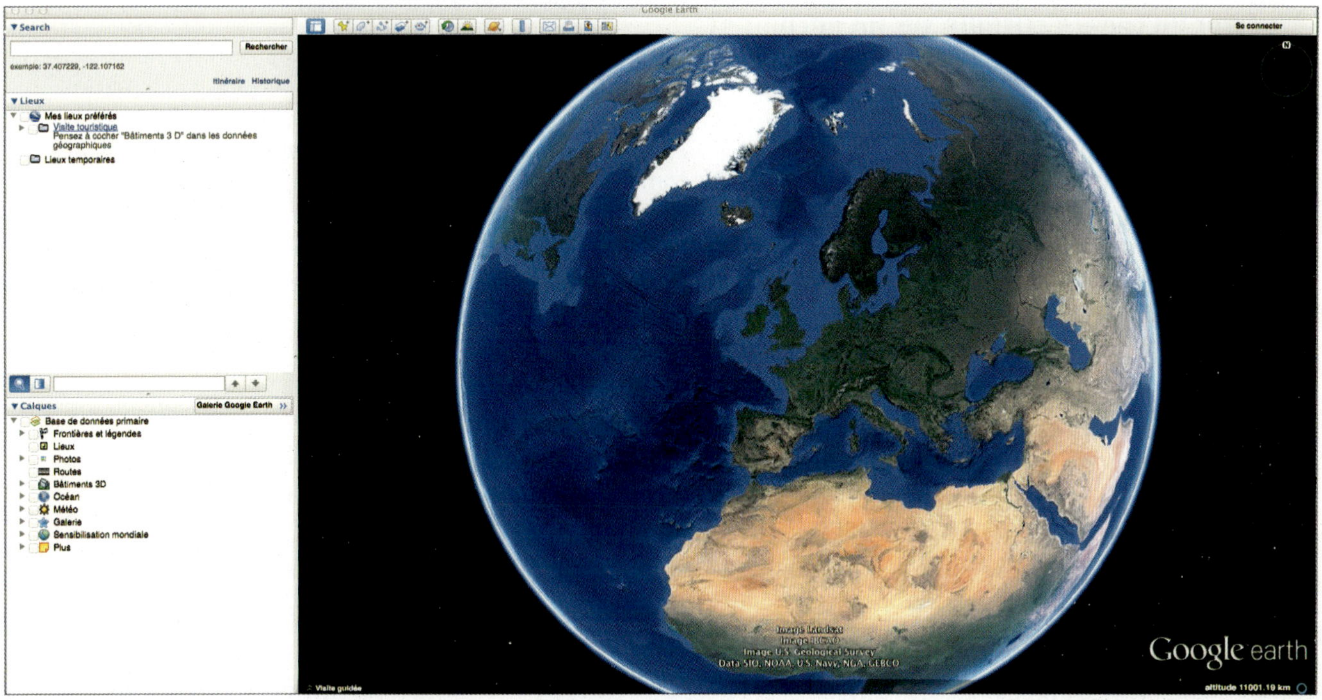

1. **Ouvrez ou téléchargez Google Earth à l'adresse https://www.google.fr/intl/fr/earth/**
   → Repérez la France sur le globe, puis saisissez le nom d'une région ultramarine française dans la barre de recherche.

   Exemple → *Guadeloupe, La Réunion, Martinique, Guyane, Mayotte.*

2. **Une fois que l'image s'est fixée sur le lieu choisi, vous allez déterminez la distance qui le sépare de la France. Cliquez sur la règle dans la barre d'outil et sélectionnez « kilomètres » dans le menu déroulant. Cliquez sur le lieu, relâchez et déplacez la souris : une ligne apparaît ; déplacez votre souris jusqu'à ce que cette ligne atteigne le centre de la France et cliquez :**
   → combien de kilomètres séparent ces deux lieux ?
   → Revenez au lieu choisi en cliquant sur « Rechercher ».

> **Conseil :** vous pouvez faire tourner le globe en bougeant la souris tout en maintenant le clic gauche appuyé. Pour continuer à tracer votre ligne, relâchez le clic gauche.

3. **Ouvrez le menu « Calques » dans la colonne de gauche et développez toutes les parties du menu :**
   → Quelles informations sont accessibles ?
   → Cochez « Légendes » : quelles informations s'affichent sur le territoire ?
   → Cochez « Photos » et cliquez sur quelques-unes des icônes sur l'image en variant les lieux : faites une description générale des paysages ruraux, urbains et naturels de la région.

> **Conseil :** vous pouvez également observer les différents types de paysages en zoomant au maximum sur un lieu. Certaines villes sont accessibles en mode « Street View » : cliquez sur le personnage orange, glissez et relâchez sur le lieu que vous voulez visiter.

4. **Cochez « Wikipedia » dans le menu « Plus » ; cliquez sur les icônes W apparues sur l'image :**
   → Quelles informations obtenez-vous ?
   → Comment les informations recueillies vous aident-elles à mieux comprendre les notions de discontinuité géographique et d'insularité ?
   → Dans le prolongement de cette activité, vous pouvez faire une recherche sur les notions de milieu et d'environnement (menu « océan »), mais aussi celle de risque naturel majeur (menu « Galerie »).

Méthode BAC

Analyser une affiche promotionnelle

→ Porter un regard critique sur un document

Sujet

L'agriculture d'exportation des territoires ultramarins français

Consigne : À partir de l'étude critique des documents, vous montrerez la place de l'agriculture d'exportation dans l'économie et le développement des territoires ultramarins français. Vous critiquerez l'image donnée par les documents d'une agriculture intégrée dans la mondialisation.

À savoir

- L'affiche promotionnelle est un **outil visuel de communication**. Elle associe image, texte, slogan et logo pour faire connaître ou **valoriser un produit, une activité, un lieu**. Le message qu'elle véhicule **s'adresse le plus souvent au grand public**, mais peut aussi viser les entreprises et les investisseurs.
- Pour analyser ce type de document, il faut :
  - **présenter** le commanditaire de l'affiche ;
  - **décrire** son contenu (personnages, objets, décor, rapport texte/image) ;
  - **étudier** les techniques d'argumentation (informations fournies, stratégie de persuasion, arguments).

1 La filière canne-sucre à la Réunion

Avec environ 210 000 tonnes de sucre fabriquées chaque année, La Réunion est la première région productrice de sucre de canne de l'Union européenne. 90 % de cette production est exportée dans les différents pays européens. Le sucre représente le premier poste d'exportation des produits fabriqués à La Réunion, soit 50 % des exportations totales de l'île en valeur et 80% en volume.

Affiche émise par le syndicat du sucre de La Réunion, 2013.

2 La banane dans les Antilles françaises

La filière banane est le premier employeur privé de Guadeloupe et de Martinique avec 10 000 emplois directs et indirects. 9 salariés sur 10 sont en CDI. Cela représente 80 % des emplois permanents dans l'agriculture antillaise. Dans des territoires connaissant un fort taux de chômage, la filière est un employeur socialement responsable. Elle regroupe aujourd'hui 650 planteurs en Guadeloupe et Martinique. Dans un contexte de mondialisation exacerbé, ces producteurs indépendants se battent pour respecter les normes françaises et européennes, améliorer les conditions de travail en production, défendre l'emploi et le modèle social qui nous est cher.

Chaque semaine, un bateau chargé de 250 conteneurs soit 27 millions de bananes, quitte les Antilles pour l'Europe. La quantité expédiée est telle que la mise en place d'une ligne de fret dédiée Antilles/Métropole s'imposait. Les bateaux porte-conteneurs arrivent dans les ports de Dunkerque, Le Havre, Rouen, Saint-Nazaire puis repartent en Guadeloupe et Martinique chargés de nouvelles cargaisons essentielles à la vie de ces territoires. Cette ligne dédiée assure donc la régularité des approvisionnements dans des régions ultrapériphériques qui souffrent de leur éloignement.

Union des groupements de producteurs de bananes de Guadeloupe et de Martinique, 2014.

Démarche	Guide de travail
1 Analyser le sujet et identifier les documents	
→ **Analyser le sujet et la consigne**	**1.** Définissez « agriculture d'exportation » ; que sont les territoires ultramarins français ? **2.** Quelles précisions et quelle aide la consigne apporte-t-elle ?
→ **Identifier les documents**	**3.** Présentez les documents : nature, source, date, thème.
2 Analyser et critiquer les documents	
→ **Extraire et confronter les informations**	**4.** **Doc. 1.** Observez le slogan et les logos en bas de l'affiche : quel organisme a commandé cette affiche ? Quelles institutions y ont apporté leur soutien ? **⚠ Attention !** Un slogan est une formule brève et facile à retenir ; il est directement associé à l'objet de la publicité. Un logo est une représentation graphique d'une marque, d'une entreprise ou d'une institution. **5.** **Doc. 1.** Décrivez l'image. Quel produit est vanté par cette publicité ? – Lisez le texte en haut de l'affiche : comment permet-il de mieux comprendre l'image ? – Quel message est véhiculé ici ? Quels en sont les destinataires ? – Les arguments sont-ils pertinents ? Justifiez votre réponse. **⚠ Attention !** Prenez en compte le texte qui accompagne le document (le paratexte) : il apporte des informations utiles pour l'analyse. **6.** **Doc. 2.** Qu'est ce que la filière banane ? Comment participe-t-elle au développement économique et social des Antilles françaises ? **7.** **Doc. 1 et 2.** Quels sont les territoires ultramarins concernés par les documents ? Quels sont leurs points communs ?
→ **Cerner le sens général des documents**	**8.** Formulez l'idée majeure qui se dégage de cet ensemble de documents.
→ **Déterminer les enjeux spatiaux**	**9.** Quels sont les enjeux spatiaux de l'agriculture d'exportation dans les territoires ultramarins ?
POINT MÉTHODE → **Porter un regard critique** ▸ Montrez comment le document permet de mieux comprendre la question géographique à laquelle il se rapporte ; ▸ Interrogez-vous sur le point de vue exprimé dans le document, son objectivité en rapport avec la réalité de la situation.	**10.** Comment ces documents permettent-ils de mieux comprendre la question du développement dans les territoires ultramarins ? ***Exemple*** → *Les documents font état d'une forte dépendance à l'égard des marchés français et européen : ils montrent aussi des difficultés de développement économique et social dans ces territoires éloignés de la métropole.* **11.** Montrez que le point de vue exprimé est probablement peu objectif. Quelles nuances pouvez-vous apporter sur l'efficacité du secteur agricole et sur l'insertion de ces territoires dans la mondialisation ?
3 Répondre à la consigne	
→ **Construire le plan**	**12.** Organisez vos idées selon les thèmes suggérés par la consigne. ***Exemple*** → ***I.*** *Un secteur essentiel dans l'économie des territoires ultramarins ;* ***II.*** *Un facteur de développement des territoires ;* ***III.*** *Une dépendance de l'UE et une relative ouverture au monde.*
→ **Rédiger le devoir**	**13.** Présentez le sujet et les documents. **14.** Rédigez la réponse au sujet en suivant votre plan. **15.** Pour conclure, faites un bilan de votre analyse.

L/ES

Composition

→ Rédiger le développement

Sujet

Le développement des territoires ultramarins de l'Union européenne : difficultés et enjeux.

Consigne : À l'aide de vos connaissances, rédigez une composition répondant au sujet.

À savoir

- Le développement correspond au **corps de la composition**, c'est-à-dire à **l'exposé des arguments** permettant de répondre au sujet.
- Il est **organisé à partir d'un plan** articulé autour de quelques grandes idées. Il est composé de **deux à quatre paragraphes**, également appelés parties.
- La construction d'un paragraphe et du développement obéit à des règles qu'il faut respecter : cela permet de montrer la maîtrise des connaissances et la cohérence de la pensée.

Le développement des territoires ultramarins de l'Union européenne : difficultés et enjeux.

- développement → Notion à définir
- territoires ultramarins → Thème central à définir. Préciser leur nom.
- de l'Union européenne → Contexte de l'étude à présenter
- difficultés → Lesquelles ? pourquoi ?
- enjeux → Quels changements ? avec quelles conséquences ? à quelle échelle ?

Démarche	Guide de travail
1 Analyser le sujet	
→ **Définir les termes du sujet**	**1.** Définissez « territoires ultramarins», « développement », « enjeux ». **2.** Quelles sont les limites géographiques du sujet ? **Attention !** Il ne s'agit pas d'étudier l'Union européenne mais les territoires ultramarins des pays de l'UE.
→ **Formuler la problématique**	**3.** Reformulez le sujet pour en dégager le fil conducteur.

Démarche	Guide de travail
2 Mobiliser et organiser les connaissances	
→ **Sélectionner les informations**	**4.** Listez vos connaissances sur : – l'originalité des territoires ultramarins de l'UE : insularité, régions ultrapériphériques éloignées de leur métropole, etc. ; – leur développement : les acteurs, les grands axes, les freins, les difficultés économiques, sociales, etc. ; – les enjeux du développement : migrations humaines, réduction des inégalités et de la dépendance, insertion régionale et mondiale, etc. **⚠ Attention ! Vous devez aussi connaître et utiliser les notions géographiques liées au sujet.** **Conseil :** illustrez vos connaissances avec des exemples pris dans divers territoires ultramarins européens (Madère, Canaries, Guyane, etc.).
→ **Construire le plan**	**5.** Classez les informations dans les thèmes proposés par l'énoncé du sujet.
3 Rédiger la réponse au sujet	
→ **Rédiger l'introduction**	**6.** Présentez le sujet en montrant que vous avez compris le sens des mots clés. Puis annoncez la problématique et le plan que vous avez définis.
POINT MÉTHODE → **Rédiger le développement** ‣ Rédigez un paragraphe par thème. ‣ Commencez chaque paragraphe par son idée principale. ‣ Développez cette idée en plusieurs idées secondaires expliquées à l'aide de vos connaissances personnelles. ‣ Illustrez les propos avec des exemples précis et variés. ‣ Rédigez une phrase de transition qui en récapitule le contenu et annonce le thème général de la partie suivante. ‣ Utilisez des connecteurs logiques, des mots de liaison (donc, en effet, mais, etc.). ‣ Allez à la ligne après chaque idée secondaire. ‣ Sautez des lignes entre chaque paragraphe.	**7.** Dans l'extrait de paragraphe ci-dessous, repérez l'idée principale, les idées secondaires et exemples. Quels éléments vous ont permis de les identifier ? ***Exemple*** → *Les territoires ultramarins connaissent un développement mal maîtrisé.* *Leur économie de production est insuffisante. En effet, l'économie ultramarine est marquée par la faiblesse de l'industrie et la domination du secteur des services. Quant à l'agriculture, depuis longtemps fondée sur les plantations et les cultures d'exportation, elle est en forte régression. Ainsi à La Réunion, le tertiaire occupe plus de 85 % des actifs et la superficie en canne à sucre a diminué de 20 % en 30 ans.* *Les indicateurs socio-économiques sont défavorables. La pauvreté, le chômage connaissent des taux plus élevés que dans les métropoles. Ils sont à l'origine d'importantes difficultés sociales et de fortes inégalités entre les territoires, comme en Guyane…* **8.** Terminez la rédaction de ce premier paragraphe. Rédigez le paragraphe suivant en vous appuyant sur la méthode proposée.
→ **Rédiger la conclusion**	**9.** Pour conclure : – répondez à la problématique posée ; – ouvrez le sujet sur une perspective plus large.
→ **Intégrer une production graphique**	**10.** Quel est l'intérêt du schéma n° 2 p. 260 ? Dans quelle partie du développement pouvez-vous l'intégrer ? **11.** Proposez un autre schéma pour illustrer cette composition.

L/ES
S

Chapitre 9

L'Union européenne dans la mondialisation

L'Union européenne constitue un des pôles majeurs de la mondialisation. Avec plus de 500 millions d'habitants et un quart de la richesse produite dans le monde, cette organisation régionale dépasse les États-Unis par sa puissance économique et commerciale. Elle est également un carrefour des mobilités internationales. Son puissant réseau d'entreprises, sa population riche et bien formée, font de ce territoire un centre d'impulsion majeur de l'espace mondial. C'est notamment la Northern Range, façade maritime du nord-ouest de l'Europe, qui relie l'UE au reste du monde

- En quoi l'Union européenne est-elle un pôle de la mondialisation ?
- Quels acteurs font de l'Union européenne un pôle de la mondialisation ?
- Comment la Northern Range relie-t-elle l'Europe à l'espace mondial ?

1 Londres, une métropole mondiale

Longtemps reliée à l'empire colonial britannique par la Tamise, Londres est depuis le XVIIIe siècle un centre de l'économie mondiale. Le quartier d'affaires du London Bridge (à gauche de l'image) est dominé par le nouveau gratte-ciel, The Shard (« l'éclat de verre »). Il fait face à la City (à droite de l'image).

2 Shell, un acteur européen de la mondialisation

Le savoir-faire technologique de la firme transnationale néerlandaise Shell permet d'exploiter du pétrole à plus de 1 200 m de profondeur au large de la Malaisie. Sur cette photographie, le vice-président de la compagnie intervient lors d'un sommet pour l'innovation en 2013.

3 Le Havre, un port de la Northern Range

Premier port à conteneurs français, Le Havre est un des nombreux ports de la Manche et de la mer du Nord qui constituent la Northern Range, la principale façade maritime de l'Europe.

L/ES
S

Carte

L'Union européenne, pôle et acteur de la mondialisation

Les 10 principales puissances économiques de l'Union européenne

	PIB en milliards d'euros
Allemagne	2 900
Royaume-Uni	2 200
France	2 100
Italie	1 600
Espagne	1 050
Pays Bas	670
Suède	435
Pologne	420
Belgique	403
Autriche	332

Sources : Eurostat, FMI, 2015.

1. Un pôle majeur des flux mondiaux

- Échanges majeurs de marchandises, de services et de capitaux
- Échanges secondaires
- Principaux flux de migrants
- 8 % Pôles du commerce mondial (% du total des échanges)

2. Une concentration de puissants acteurs géoéconomiques

- Principales concentrations de firmes transnationales
- Grandes places boursières

3. Les dynamiques de l'espace mondialisé

- Pays au système capitaliste libéral ancien
- BRICS : puissances émergentes
- Économies capitalistes libérales en développement
- Pays en marge de la mondialisation

Vocabulaire

- **Firme transnationale :** entreprise implantée dans de nombreux pays et qui réalise la majeure partie de son chiffre d'affaires en dehors de son pays d'origine.
- **Flux :** volume de marchandises, de personnes, de capitaux ou d'informations en circulation.
- **Pôle :** lieu qui exerce une attraction et qui influence l'espace qui l'environne.

Questions sur le document

1. Montrez que l'UE attire les flux mondiaux.
2. Quels sont les principaux partenaires commerciaux de l'UE ?
3. Pourquoi peut-on dire que l'Europe est un acteur majeur de la mondialisation ?

Océan Pacifique
Sydney
Tokyo
ASIE
31 %
Shanghai
Shenzhen/
Hong Kong
AUSTRALIE
Chicago
Toronto
AMÉRIQUE
DU NORD
New York
13 %
CEI
4 %
UE
36 %
Londres
Francfort
Paris
Mumbai
8 %
MOYEN-
ORIENT
Océan Indien
4 %
AFRIQUE
Source : OMC, 2015

Cartes

Le territoire européen dans la mondialisation

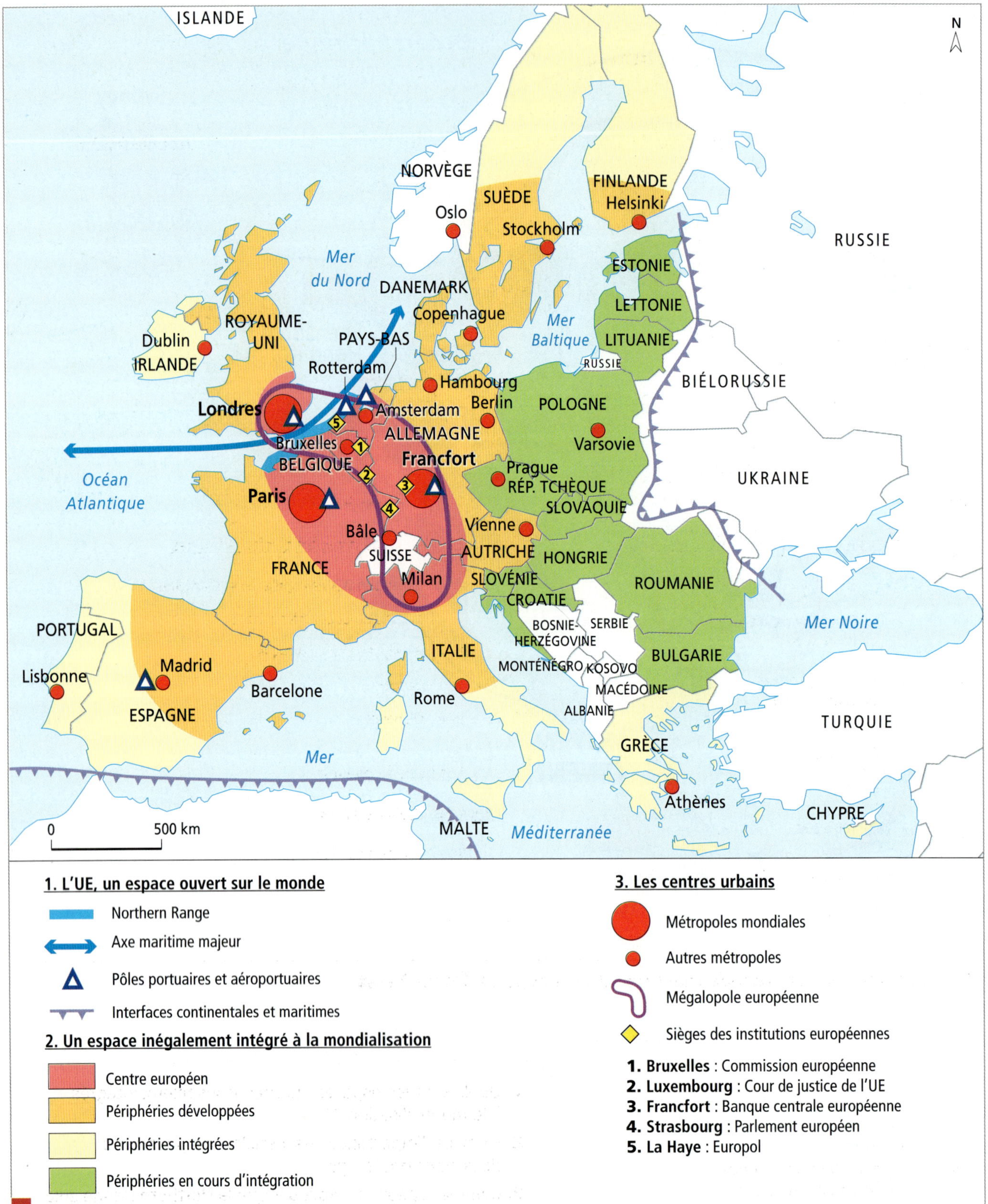

1 Les espaces de l'Union européenne dans la mondialisation

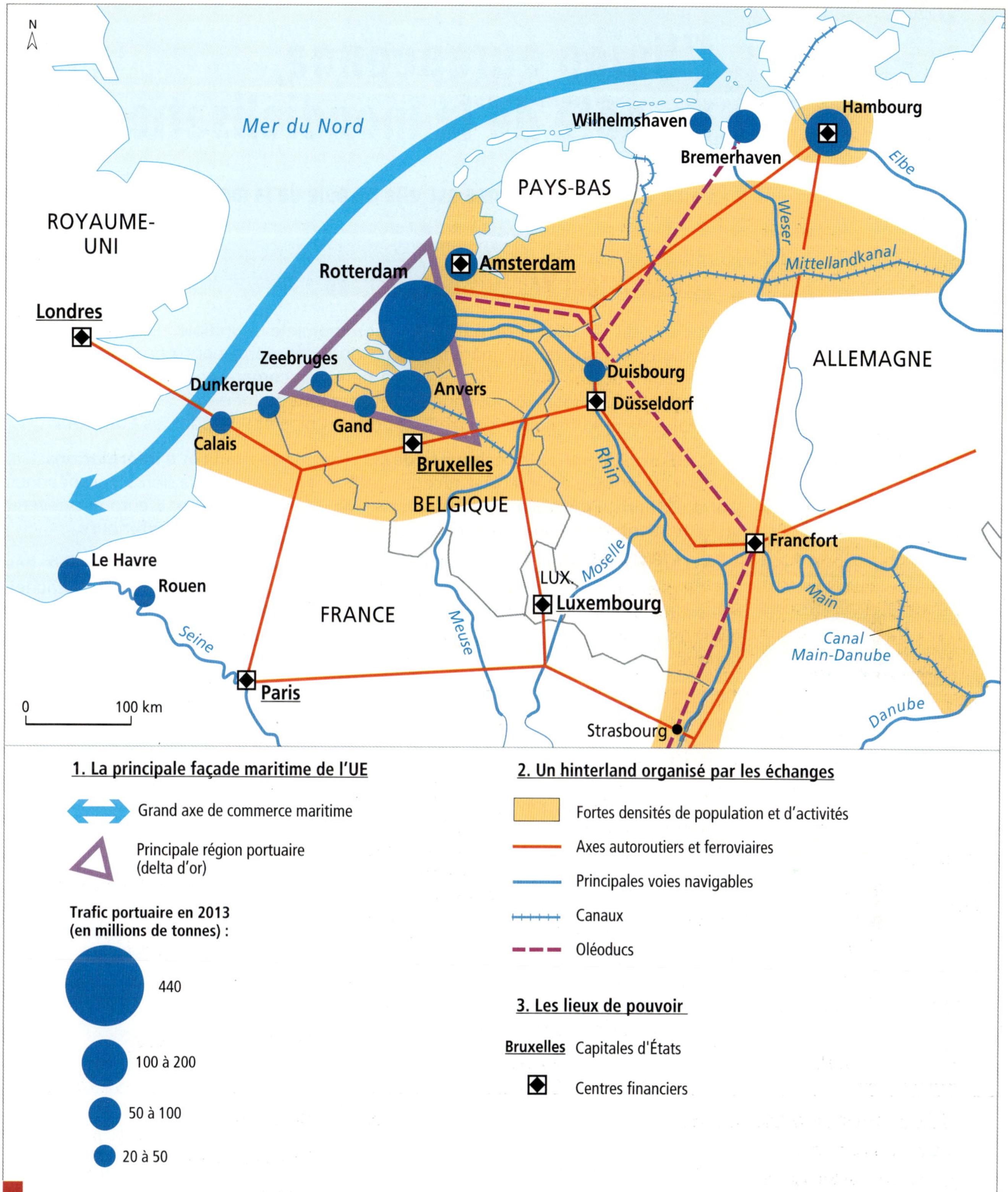

2 **La Northern Range, façade maritime de l'Europe du Nord-Ouest**

Questions sur les documents

1. Quels sont les espaces européens les mieux intégrés à la mondialisation ? **(doc. 1)**
2. Montrez l'importance des installations portuaires de la Northern Range. **(doc. 2)**
3. Comment peut-on expliquer que la Northern Range soit la principale façade maritime de l'Europe ? **(doc. 1 et 2)**

Vocabulaire

▸ **Interface :** zone de contact entre deux ensembles géographiques aux caractéristiques différentes.

L/ES
S

1. L'Union européenne, un pôle de la mondialisation

En quoi l'Union européenne est-elle un pôle de la mondialisation ?

Repères

■ Exportation et importation de marchandises dans le monde

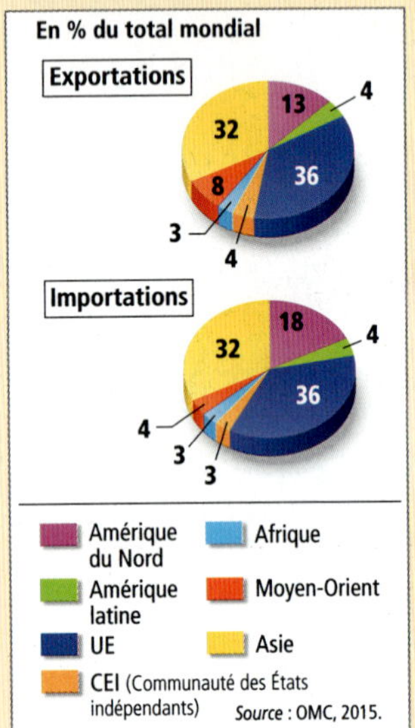

Source : OMC, 2015.

1 Un carrefour des flux mondialisés

■ **L'UE est la première puissance commerciale mondiale.** Elle réalise 36 % du commerce mondial de marchandises, dont les deux tiers correspondent aux échanges intracommunautaires. Si on ne tient pas compte des échanges entre ses États membres, l'Union européenne représente tout de même 12 % des exportations mondiales de marchandises contre 11 % pour la Chine et 9 % pour les États-Unis.

■ **L'Europe polarise les échanges de services, de capitaux et d'informations.** Elle est le premier **pôle** émetteur et récepteur d'**IDE**. Les places boursières européennes (Londres, Paris, Francfort) figurent aux premiers rangs mondiaux. L'euro est devenu une devise internationale et concurrence le dollar sur les marchés extérieurs.

■ **L'UE est une plaque tournante pour les mobilités internationales.** Malgré des lois de plus en plus restrictives dans certains États membres (Danemark, Autriche), elle est le premier foyer d'immigration dans le monde, devant les États-Unis. Le solde migratoire y dépasse 1 million de personnes chaque année. Première destination touristique, l'UE concentre la moitié des **flux** touristiques internationaux **(doc. 1)**.

2 Un centre d'impulsion économique majeur

■ **L'Union européenne est la première puissance économique du monde.** Avec un PIB d'environ 17 000 milliards de dollars (23 % du PIB mondial), l'Union européenne est la première puissance économique devant les États-Unis, la Chine et le Japon. Quatre de ses États membres (Allemagne, France, Royaume-Uni et Italie) font partie des dix principales puissances économiques mondiales.

■ **Les économies de l'Union européenne couvrent tous les secteurs d'activité.** Le commerce et les services représentent près des trois quarts du PIB. L'Union européenne est performante dans certains secteurs clés comme la grande distribution, la banque, les assurances, les transports et le tourisme. Les industries utilisent souvent de hautes technologies et sont très spécialisées (énergie, chimie, automobile, aéronautique, télécommunications, armement, etc.) **(doc. 3)**. Enfin, l'Union européenne est la 2e puissance agricole mondiale derrière les États-Unis.

3 Les métropoles, principaux relais de l'UE avec l'espace mondial

■ **Londres et Paris sont deux villes mondiales.** Leurs quartiers d'affaires (la City ou le London Bridge Quarter à Londres, la Défense à Paris) concentrent les sièges sociaux de **firmes transnationales**. Capitales politiques et économiques, ce sont aussi de grandes places financières et des foyers touristiques majeurs. Les aéroports de Londres et Paris tiennent les 3e et 7e places dans le monde pour le trafic passager.

■ **D'autres métropoles attirent et créent d'importants flux.** Il s'agit surtout de centres financiers (Amsterdam, Bruxelles, Luxembourg, Francfort), ou de centres industriels (Milan, région urbaine de la Ruhr) de rayonnement mondial. Hors de la **mégalopole** européenne, d'autres métropoles comme Barcelone ou Glasgow **(doc. 2)** connaissent un développement rapide de leurs fonctions internationales.

■ **Les territoires européens sont inégalement intégrés à la mondialisation.** Si les régions métropolitaines constituent des centres de la mondialisation, d'autres espaces sont des périphéries. Il peut s'agir d'anciens bassins industriels (Lorraine, Wallonie en Belgique), ou de pays récemment intégrés à l'UE (Bulgarie, Croatie).

Vocabulaire

- **Firme transnationale :** voir p. 290.
- **Flux :** voir p. 290.
- **IDE :** investissements directs à l'étranger ou investissements directs de l'étranger. Ensemble des capitaux investis par des entreprises étrangères sur un territoire.
- **Mégalopole :** vaste aire régionale urbanisée de plusieurs dizaines de millions d'habitants, constituée de plusieurs métropoles qui exercent un rayonnement mondial. La mégalopole européenne est comprise entre Londres et Milan. Sa partie centrale est constituée de l'espace rhénan.
- **Pôle :** voir p. 290.

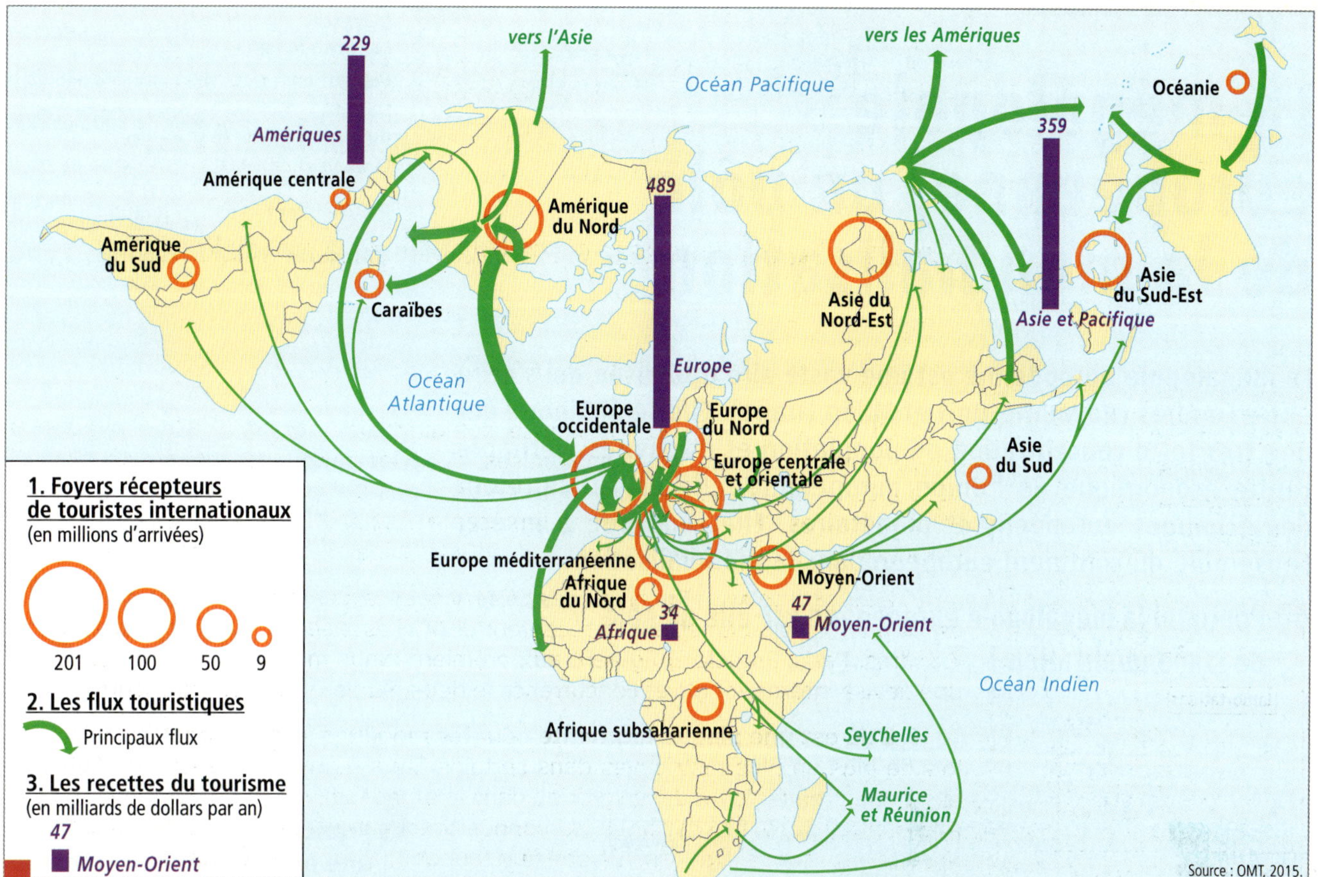

1 **L'Union européenne, un pôle touristique majeur**

2 **Glasgow, une métropole attractive**

Couverture d'une brochure publiée par la ville de Glasgow, *Invest Glasgow*, 2014.

3 **L'Union européenne, un pôle des industries d'armement**

À l'heure de la mise en place de l'Europe de l'armement[1], les industries européennes, et françaises en particulier, doivent compenser par leurs exportations l'important différentiel entre les crédits européens et les budgets américains (ces derniers sont 2 fois supérieurs à l'ensemble des budgets de défense des États de l'Union européenne, 3 fois supérieurs en crédits d'équipement et 6 fois supérieurs pour les crédits de recherche).

Dans ce contexte, le développement de programmes en coopération favorise l'émergence d'une véritable identité européenne de l'armement, par le biais d'une offre européenne unique à l'exportation sur le marché international. L'Union européenne assure environ 32 % des livraisons mondiales d'armements. La France, le Royaume-Uni et l'Allemagne figurent parmi les 6 États à l'origine de 90 % des exportations mondiales d'armement, aux côtés des États-Unis (44 % du marché), de la Russie et d'Israël.

« Défense et sécurité : un pôle d'excellence français et européen », www.diplomatie.gouv.fr, 2015.

1. Politique visant à développer les branches de l'industrie spécialisée dans la fabrication et la vente des armes dans les domaines civils et militaires.

Question sur les documents

▸ Par quels types de flux l'Union européenne est-elle reliée au reste du monde ? **(doc. 1 à 3)**

L/ES
S

Exemple

La mégalopole européenne, un pôle de la mondialisation

le point sur… La mégalopole européenne

Distance Londres-Milan	1 500 km
Population	80 millions d'habitants
Densité de population	Plus de 200 hab./km^2
Urbanisation	Plus de 90 %
PIB/habitant	Supérieur à 27 000 euros/hab.
IDH moyen	Supérieur à 0.940

La mégalopole européenne est une vaste aire urbanisée qui s'étire entre Londres (Royaume-Uni) et Milan (Italie). Elle se distingue par une très forte concentration de population et d'activités. Véritable centre économique de l'Union européenne, elle est au carrefour des échanges européens et planétaires. Elle contribue à insérer l'ensemble du continent européen dans la mondialisation.

➔ Pourquoi la mégalopole européenne est-elle un pôle de la mondialisation ?

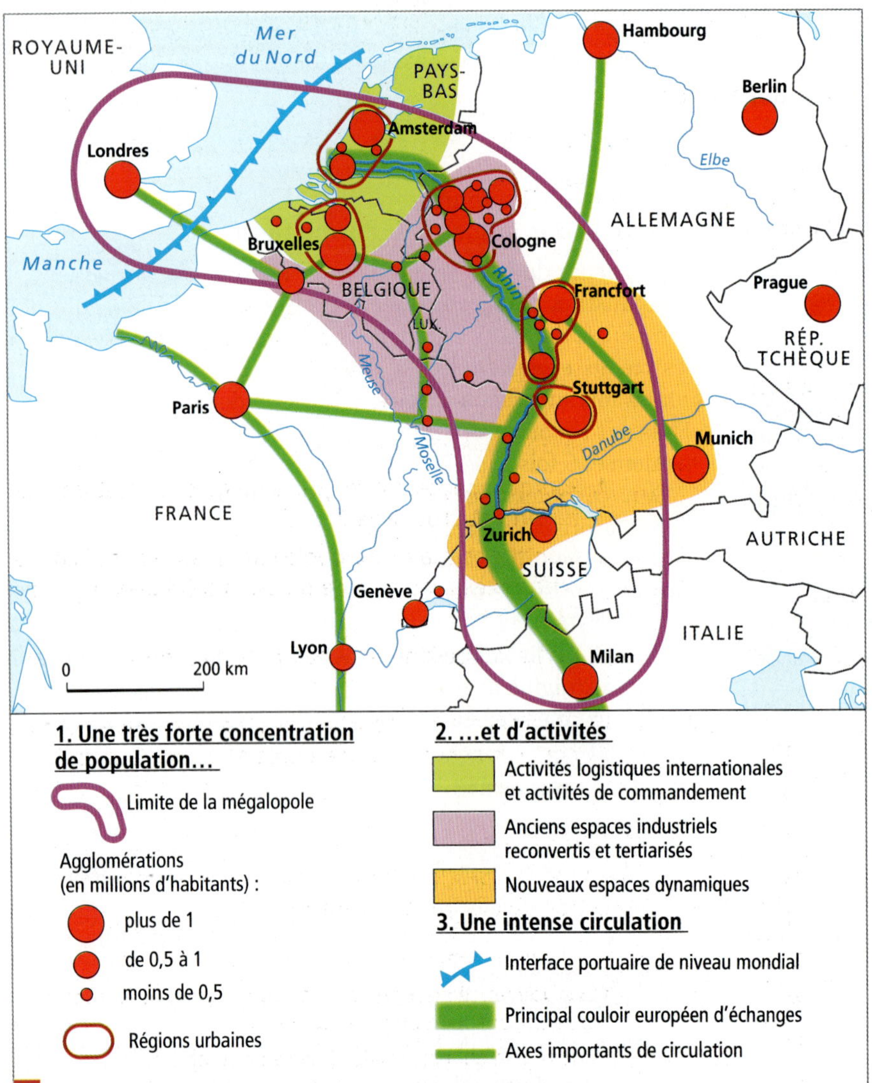

1 La mégalopole européenne

2 Francfort, une métropole financière

Dans le quartier d'affaires francfortois, parfois surnommé « Mainhattan[1] », les grues de construction s'activent chaque jour pour ériger de nouveaux gratte-ciel, signe du dynamisme économique de la ville qui accueille pas moins de 300 banques nationales et internationales.

Quatrième place financière en Europe, derrière Londres, Zurich et Genève, et troisième centre d'affaires, siège de la Banque centrale européenne (BCE) et de la Banque centrale allemande, Francfort, située dans l'État régional de la Hesse, est également l'une des plus riches métropoles allemandes.

La ville serait-elle en passe de détrôner Londres de son titre de capitale de la finance en Europe ? « Pour le moment, cela semble encore peu probable, mais il est tout à fait imaginable que le rôle de Francfort se renforce considérablement dans les années à venir », prévoit M. Schalast, professeur à la Frankfurt School of Finance & Management.

« La place financière de Francfort s'affirme face à ses concurrentes », AFP, 21 mai 2013.

1. Francfort est située sur un affluent du Rhin, le Main.

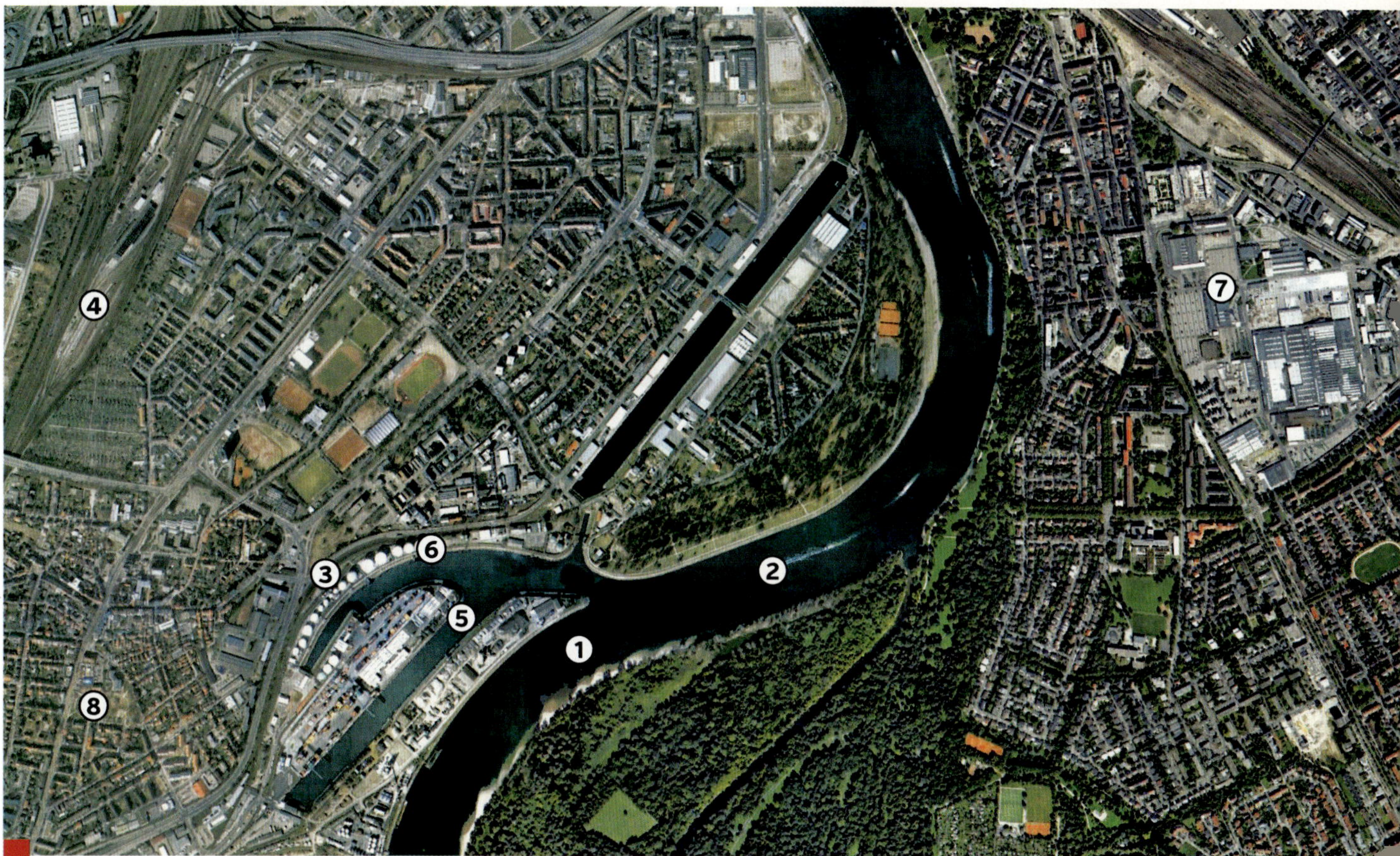

3 Mannheim-Ludwigshafen, une ville de la mégalopole

① Rhin
② Bateaux de transport
③ Voies rapides
④ Voies ferrées
⑤ Port
⑥ Réservoirs d'hydrocarbures
⑦ Industries
⑧ Habitations

Vocabulaire

▸ **Mégalopole :** vaste aire régionale urbanisée de plusieurs dizaines de millions d'habitants, constituée de plusieurs métropoles qui exercent un rayonnement mondial. La mégalopole européenne est comprise entre Londres et Milan. Sa partie centrale est constituée de l'espace rhénan.

4 Les 10 premiers aéroports européens

	Passagers (en millions)	Rang mondial
Londres-Heathrow	69	3
Paris-Charles-de-Gaulle	61	7
Francfort	56	9
Amsterdam	50	14
Madrid	50	15
Munich	38	27
Rome	38	29
Barcelone	34	35
Londres-Gatwick	34	36
Paris-Orly	27	52

Source : ACI (Airport council international), 2015.

Analyse des documents

Exploiter et confronter les informations

1. Pourquoi peut-on dire que la mégalopole est une région fortement urbanisée ? **(doc. 1 et 3)**
2. Montrez que la mégalopole est un espace qui concentre différentes fonctions de décision d'échelle mondiale. **(doc. 1 et 2)**
3. Quels flux relient la mégalopole à l'espace mondial ? **(doc. 2, 3 et 4)**
4. Comment le transport de marchandises est-il organisé pour connecter la mégalopole au reste du monde ? **(doc. 1 et 3)**

Vers le BAC

Consigne : Montrez que la mégalopole européenne est un pôle de la mondialisation.

Aide pour répondre à la consigne

Vous pouvez rédiger deux paragraphes pour présenter les deux aspects d'un pôle mondial :

- une région qui polarise les flux internationaux ;
- une région qui agit sur l'organisation du monde.

L/ES
S

2. L'Union européenne, acteur majeur de la mondialisation

➔ **Quels acteurs font de l'Union européenne un pôle de la mondialisation ?**

Repères

■ Les 5 premières entreprises européennes

	Rang mondial
1. Royal Dutch Shell (Pays-Bas/ Royaume-Uni)	1er
2. BP (Royaume-Uni)	6e
3. Volkswagen (Allemagne)	9e
4. Total (France)	10e
5. EON AG (Allemagne)	15e

Source : Fortune Global 500, 2015.

1 Des entreprises performantes mais soumises à la concurrence

■ **L'Union européenne présente une des plus fortes concentrations de firmes transnationales au monde.** Des entreprises comme Shell ou BP (pétrole), BNP Paribas (banque), Volkswagen (automobile), EON AG (énergie), Maersk (transport) figurent aux premiers rangs dans leurs secteurs d'activité **(Repères)**.

■ **Les firmes transnationales de l'UE s'organisent à l'échelle du monde.** La localisation de leurs activités est décidée en fonction des coûts et de la qualification de la main-d'œuvre. Les activités de commandement (sièges sociaux, laboratoires de recherche) se concentrent dans les grandes métropoles de l'Union européenne, tandis que les activités d'assemblage sont de plus en plus délocalisées vers les pays d'Asie.

■ **Les entreprises européennes cherchent à rester compétitives.** Si l'innovation constitue un enjeu clé, les dépenses de **recherche-développement** demeurent pourtant faibles : elles représentent 2 % du PIB européen, contre près de 3 % aux États-Unis et au Japon. L'accroissement de ces investissements est donc un objectif prioritaire au sein de l'Union européenne **(doc. 3)**.

2 Une population riche, qualifiée et engagée

■ **Le marché de consommation européen est le plus important du monde.** Avec plus de 500 millions d'habitants, et un PIB moyen de 24 422 euros par habitant en 2014, l'Union européenne est un foyer très dynamique qui permet à une grande majorité d'Européens de consommer en masse des produits fabriqués sur le continent et importés d'autres régions du monde (Asie).

■ **La main-d'œuvre européenne est une des mieux formées du monde.** Berceau de l'industrialisation, l'Union européenne bénéficie d'une tradition de savoir-faire industriels qui lui donne un avantage dans de nombreux secteurs (construction automobile, énergie). L'organisation d'un réseau de formation, dont le programme Erasmus, renforce la capacité d'innovation de la main-d'œuvre européenne **(doc. 2)**.

■ **La population européenne soutient de nombreuses ONG.** Par leurs actions sociales (Amnesty International, Médecins sans frontières) ou environnementales (WWF, Greenpeace), ces associations s'investissent pour une mondialisation plus durable mais aussi plus conforme aux valeurs des Européens.

3 Des États puissants, une Europe politique fragile

■ **La puissance de l'UE se fonde principalement sur celle de ses États.** L'Allemagne, la France, le Royaume-Uni et l'Italie sont aujourd'hui des acteurs majeurs de la **gouvernance** du monde en raison de leur poids économique et des héritages de la civilisation européenne (démocratie, capitalisme, langues, etc.) **(doc. 1)**.

■ **L'intégration de l'UE à la mondialisation est favorisée par ses politiques communautaires.** La **PAC**, le soutien aux projets industriels (Airbus, Ariane espace), sont des réussites économiques. Mais les pays européens doivent faire face aux nouveaux défis de la mondialisation : la reconversion des activités industrielles traditionnelles, la promotion d'une agriculture durable ou la gestion de la dépendance énergétique.

■ **L'UE est un acteur des négociations internationales encore modeste.** Présente à l'ONU, à l'Organisation mondiale du commerce, ou encore au **G8**, l'Union européenne concentre son action sur les espaces voisins, mais aspire à devenir un acteur politique et diplomatique mondial. Toutefois, elle reste une organisation régionale qui manque de poids face aux États-Unis et à la Chine.

Vocabulaire

▸ **Firme transnationale :** voir p. 290.

▸ **Gouvernance :** mode de contrôle, d'organisation et de coordination s'exerçant au sein d'entités économiques (entreprise, organisation régionale) ou politiques (État).

▸ **G8 :** groupe de concertation des principales puissances économiques mondiales (États-Unis, Japon, Allemagne, France, Royaume-Uni, Italie et Canada, Russie). Actuellement, le G8 est devenu le G7 en raison de l'exclusion temporaire de la Russie.

▸ **ONG :** organisation non gouvernementale ; association qui milite et agit dans des domaines humanitaires variés pour pallier les carences des États et des institutions internationales.

▸ **PAC :** politique agricole commune ; politique européenne créée en 1962 pour moderniser et développer l'agriculture des pays membres de la CEE puis de l'Union européenne.

▸ **Recherche-développement :** voir p. 160.

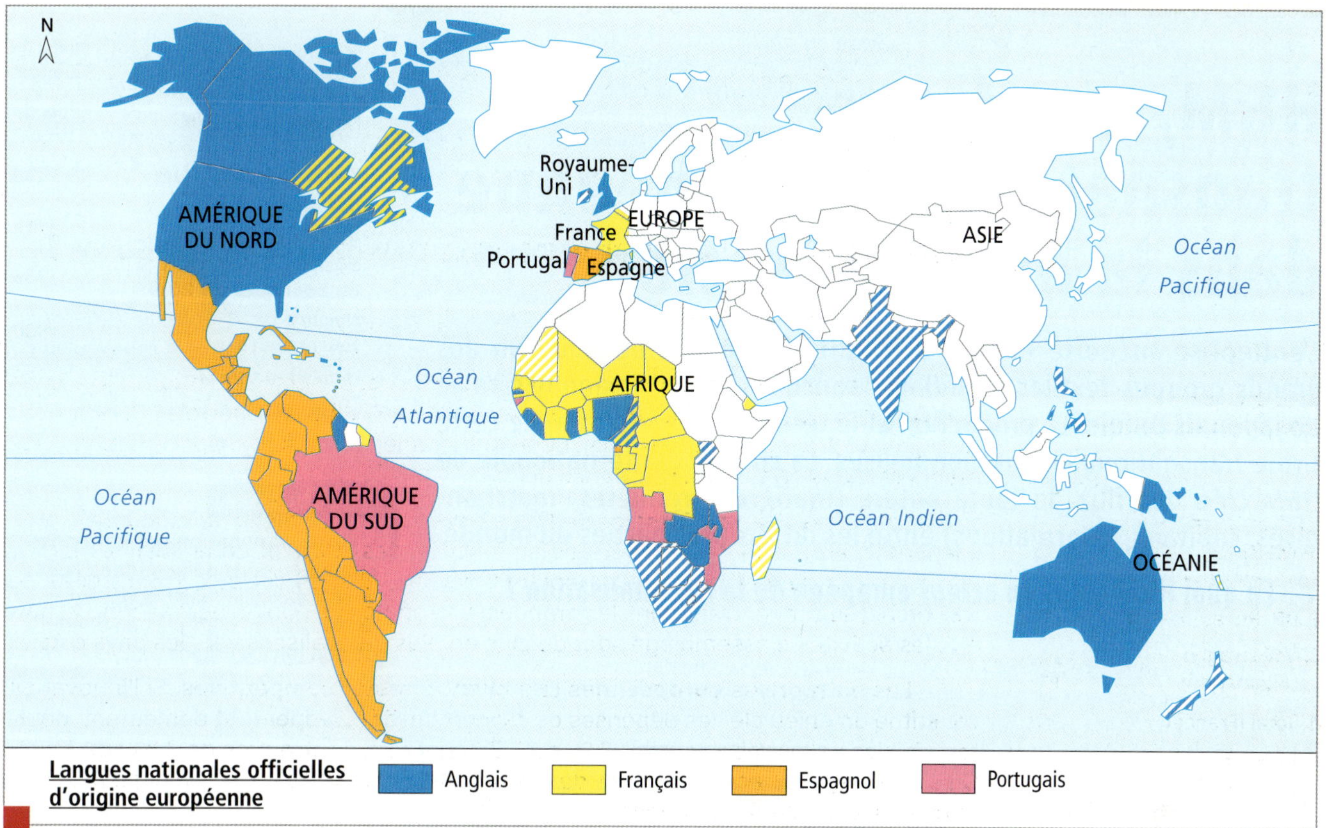

1 Les langues européennes dans le monde

2 Erasmus +, le renforcement d'Erasmus

Brochure Erasmus [*European Action Scheme for the Mobility of University Students*], 2014.

3 L'innovation, une priorité de l'Union européenne

La recherche et l'innovation sont des priorités de la stratégie de l'UE pour l'emploi et la croissance. Les États membres ont été encouragés à investir 3 % de leur PIB dans la R&D d'ici à 2020 (1 % de financement public et 2 % d'investissements du secteur privé). [...]

Pour la période 2014-2020, le programme « Horizon 2020 » destine 79 milliards d'euros aux établissements de recherche, universités, entreprises innovantes, etc.

Tous les secteurs de l'économie européenne en profiteront : agriculture, pêche, alimentation, santé, transports, énergie (sources renouvelables en particulier) et technologies de l'information et de la communication. Son premier objectif est de renforcer la position de l'Union européenne dans le monde en matière de recherche, d'innovation et de technologies, aussi bien vis-à-vis de ses concurrents traditionnels (Japon, États-Unis) que désormais vis-à-vis des pays émergents.

www.vie-publique.fr, 2015.

Question sur les documents

▸ Comment l'Union européenne demeure-t-elle un centre d'impulsion de la mondialisation ? **(doc. 1 à 3)**

L/ES
S

Exemple

H&M, une firme transnationale européenne dans la mondialisation

L'entreprise suédoise Hennes & Mauritz (H&M) est devenue un des grands groupes textiles mondiaux, concurrent de l'espagnol Zara et du japonais Uniqlo. La production et le réseau de distribution de cette firme transnationale sont mondialisés. La stratégie internationale de H&M crée des flux de toute nature (matières premières, marchandises, capitaux, informations) entre les différentes parties du monde.

➔ En quoi H&M est-il un acteur européen de la mondialisation ?

le point sur... H&M

Chiffre d'affaires 2013	17 milliards d'euros
Nombre d'employés	Plus de 116 000
Nombre de boutiques	3 132
Présence de boutiques H&M	53 pays
Nombre d'ouverture de boutiques en 2013	356
Nombre de fournisseurs	900
Nombre d'usines	1 900

Vocabulaire

- **Firme transnationale :** entreprise implantée dans de nombreux pays et qui réalise la majeure partie de son chiffre d'affaires en dehors de son pays d'origine.

1 H&M à Beijing (Chine)

La monnaie chinoise est le Yuan Renminbi (RMB). 99 RMB reviennent à environ 14 euros. Le revenu moyen mensuel est de 690 euros à Beijing en 2014.

2 La conquête de nouveaux marchés

Comme les consommateurs sont avides de petits prix, la croissance [de la firme H&M] ne peut venir de l'augmentation des ventes au mètre carré. Seule solution pour les multiplier : se lancer à la conquête du monde. Longtemps, H&M s'est contenté d'investir le marché européen, d'où une position trop dépendante dans cette zone aujourd'hui bien peu dynamique. [...]

« L'Afrique a un potentiel énorme, expliquait récemment Karl-Johan Persson, le président du groupe et petit-fils du fondateur de la marque. Beaucoup de pays africains ont une croissance rapide, la classe moyenne augmente. »

Le nombre de magasins a dépassé le seuil des 3 000 au cours de l'année 2013. [...] C'est surtout sur l'Asie, en particulier sur la Chine, qui ne pèse que 4 % des ventes, que portent désormais les efforts. En septembre, le 3 000e H&M dans le monde a été inauguré en grande pompe à Chengdu.

Francine Rivaud, « L'implacable recette de H&M pour rester au top de la mode », *Challenges*, janvier 2014.

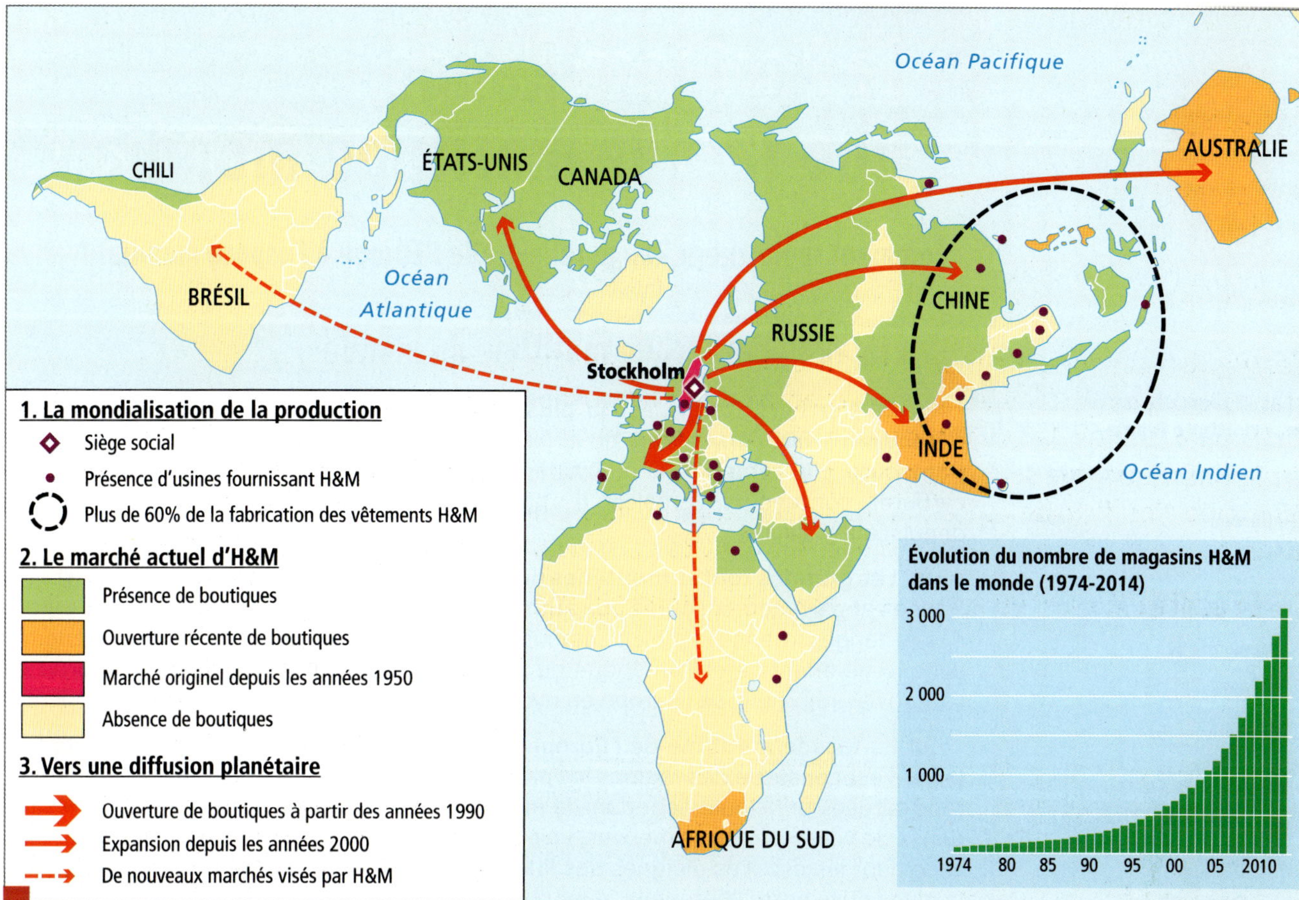

3 H&M dans le monde

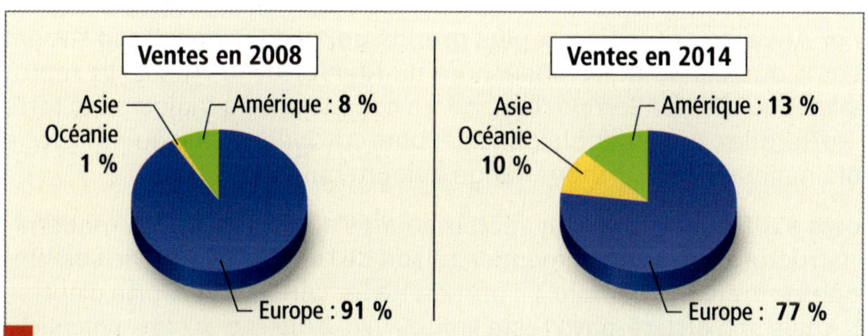

4 Les ventes d'H&M par régions

5 Un accord pour la sécurité au Bangladesh

Plus de 100 marques mondiales ont signé en 2013 un accord afin d'effectuer les changements nécessaires pour assurer la sécurité des ateliers de la confection.

Cet accord, qui engage les enseignes sur 5 ans, garantit la mise aux normes des usines. De quoi améliorer leur image et sécuriser leurs approvisionnements dans un pays à main-d'œuvre low-cost. Les géants de la mode tirent les leçons de la catastrophe du Rana Plaza. Trois semaines après l'effondrement de cet immeuble abritant des ateliers de confection textile, qui a fait plus de 1 200 morts au Bangladesh, 31 d'entre eux ont signé un accord de 5 ans pour améliorer la sécurité dans les usines de leurs sous-traitants. Les deux leaders mondiaux de l'habillement, l'espagnol Zara et le suédois H&M, ont rallié le mouvement, aux côtés notamment de Primark, Tesco, C&A, Benetton, Marks & Spencer, Arcadia (Topshop), Mango ou encore Carrefour.

©Anne-Sophie Cathala et Isabelle de Foucaud, « Zara, H&M,... 31 géants de la mode signent un accord pour la sécurité au Bangladesh », lefigaro.fr, 16 mai 2013.

Analyse des documents

Prélever, hiérarchiser et confronter des informations

1. Dans quelles régions du monde H&M est-il fortement implanté ? **(doc. 3)**
2. Quels pays constituent de nouveaux marchés pour H&M ? Pour quelles raisons ? **(doc. 1 et 2)**
3. Quelle a été l'évolution récente des ventes d'H&M par régions ? **(doc. 4)**
4. À quel problème H&M a-t-il été confronté au Bangladesh ? **(doc. 5)**

Vers le BAC

Consigne : Montrez que la firme H&M est un acteur européen de la mondialisation.

Aide pour répondre à la consigne

Vous pouvez rédiger trois paragraphes en décrivant et en expliquant :

- les caractéristiques de la mondialisation de la production d'H&M ;
- la mondialisation des ventes de cette firme transnationale ;
- les facteurs de la mondialisation de la firme.

L/ES
S

3. La Northern Range, une façade maritime mondiale

➔ **Comment la Northern Range relie-t-elle l'Europe à l'espace mondial ?**

Repères

■ **Les 10 premiers ports de la Northern Range**

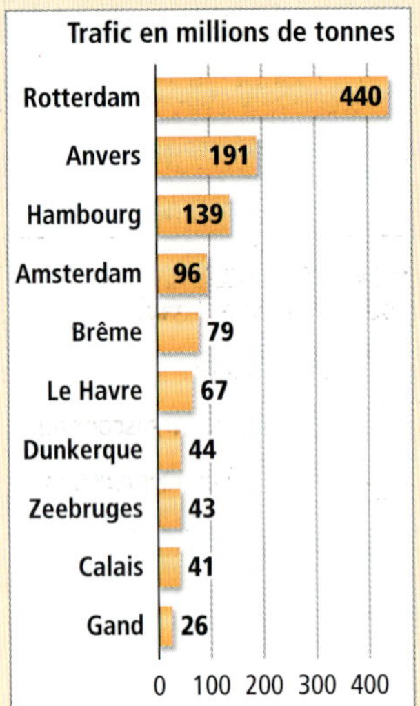

Source : Association des ports maritimes européens, www.espo.be, 2015.

1 La deuxième façade maritime du monde

■ **La Northern Range est la plus importante façade maritime d'Europe.** Elle s'étend sur 1 000 km, le long de la Manche et de la mer du Nord, du Havre jusqu'à Hambourg. Elle comporte une dizaine de grands ports aux trafics diversifiés (hydrocarbures, conteneurs, céréales). Il s'agit du débouché maritime majeur de l'Europe depuis le XIIe siècle.

■ **Les grandes routes maritimes ouvrent cette façade sur le monde.** La Northern Range est parfaitement reliée aux autres façades maritimes du monde. Elle entretient des échanges intenses de biens manufacturés, transportés par les porte-conteneurs, avec l'Asie orientale et l'Amérique du Nord **(doc. 1)**. Elle reçoit une grande partie de l'approvisionnement de l'Europe en hydrocarbures en provenance du Moyen-Orient.

■ **La façade maritime de l'Europe du Nord-Ouest est reliée à un vaste hinterland.** Il est constitué des régions les plus densément peuplées et les plus riches d'Europe, situées principalement dans la mégalopole européenne (voir p. 296). Un réseau dense de voies terrestres (fleuves, voies ferrées, autoroutes) permet de desservir efficacement les espaces éloignés des littoraux. La Northern Range est donc l'**interface** la plus active entre l'Europe et le monde.

2 Une façade européenne aux ports concurrents

■ **Rotterdam et Anvers sont les deux plus grands ports d'Europe.** Ils se situent dans le « delta d'or » que constitue l'embouchure du Rhin et de la Meuse. Ils représentent le principal débouché de l'Europe rhénane. La concurrence a toujours été forte entre eux. Avant Rotterdam, Anvers fut le principal port européen jusqu'au XIXe siècle et demeure un pôle majeur de la Northern Range aujourd'hui **(doc. 3)**.

■ **D'autres ports s'affirment.** Le trafic de Hambourg s'accroît grâce à la modernisation de ses infrastructures, mais également en raison de l'élargissement de son hinterland vers l'Europe centrale et orientale. Le port du Havre constitue la porte d'entrée portuaire de Paris, mais son arrière-pays reste limité.

■ **Des ports secondaires, spécialisés, complètent ces pôles portuaires.** Boulogne est le premier port de pêche européen et Rouen le premier port exportateur de céréales. Wilhelmshaven (Allemagne) est devenu un important terminal pétrolier.

3 Des ports aux aménagements modernes

■ **Les aménagements portuaires continuent de gagner du terrain.** Les ports construits sur des embouchures fluviales (Seine, Meuse, Rhin, Elbe) s'étendent vers la mer pour trouver des terrains disponibles. Ils proposent des bassins plus profonds pour offrir une meilleure accessibilité à des navires de plus en plus grands.

■ **Les aménagements portuaires sont sans cesse modernisés.** L'automatisation des infrastructures portuaires permet d'accélérer la manutention des marchandises et facilite l'**intermodalisme** **(doc. 2)**. Les ports sont opérationnels 24 h/24 pour faire face à l'accroissement du trafic. Plus de 90 % des échanges intercontinentaux de l'Europe sont assurés par voie maritime (voir p. 304).

■ **Ces nouveaux aménagements ont des impacts environnementaux.** La destruction de milieux naturels fragiles ou de terres agricoles pour permettre l'extension des **zones industrialo-portuaires** crée des conflits d'usage. Les littoraux sont également convoités pour la pêche, le tourisme ou comme lieux de résidence.

Vocabulaire

- **Hinterland ou arrière-pays :** espace terrestre desservi par un port.
- **Interface :** zone de contact et d'échanges entre deux ensembles géographiques aux caractéristiques différentes.
- **Intermodalisme (intermodalité) :** processus qui consiste à utiliser différents modes de transport pour le déplacement d'une marchandise.
- **Zone industrialo-portuaire :** espace portuaire accueillant une forte concentration d'activités industrielles (sidérurgie, chimie, raffinerie).

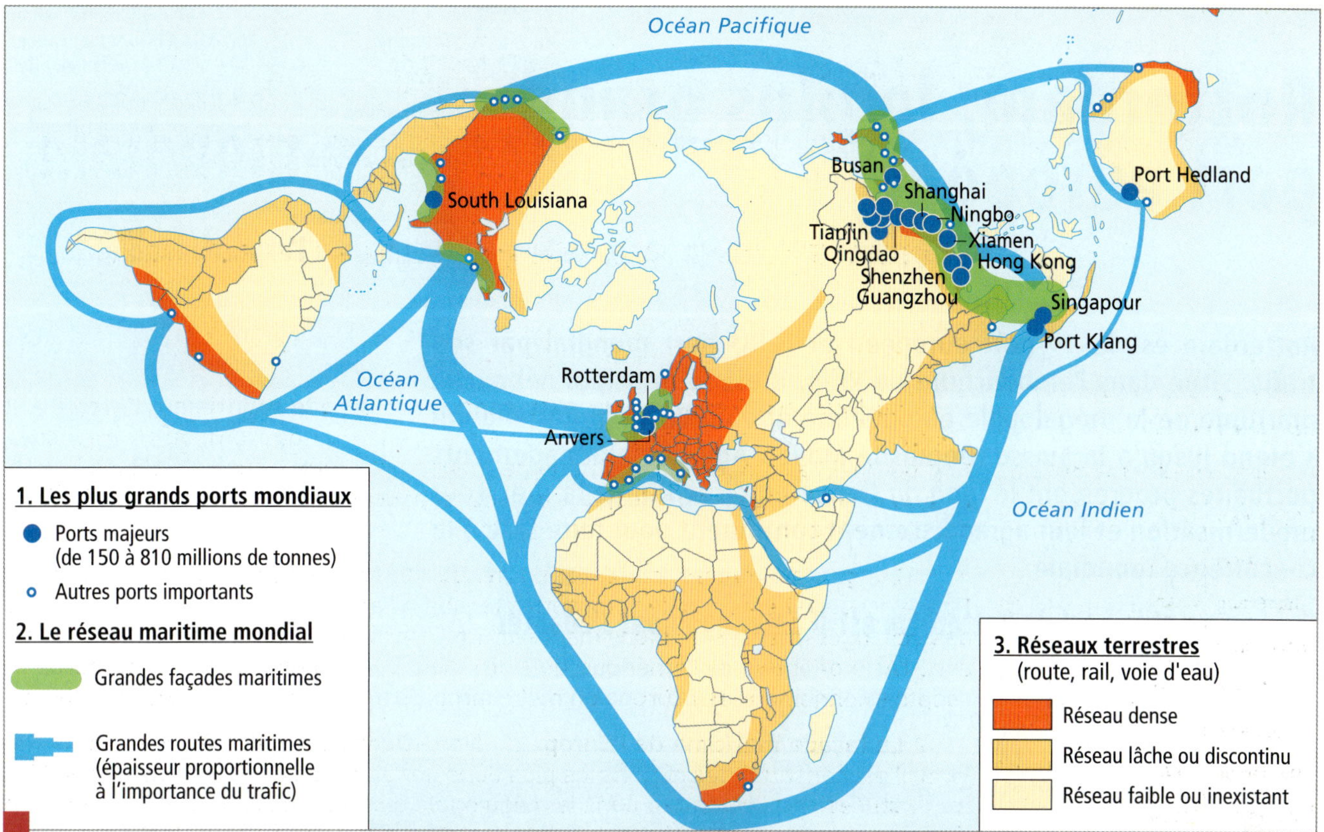

1 **La Northern Range dans les réseaux d'échanges mondiaux**

2 **Un terminal de conteneurs à Hambourg**

Les conteneurs sont ici déplacés entre les plates-formes ferroviaires (au premier plan) et les porte-conteneurs à quai dans le port (à l'arrière-plan).

3 **Le succès du port d'Anvers**

L'essentiel du succès du port d'Anvers repose sur la maîtrise des savoir-faire d'un port commercial traditionnel. Celui-ci peut se prévaloir d'une longue histoire, qui remonte à ses origines médiévales avec des acteurs portuaires fort anciens, comme les coopératives de dockers. Devenues des entreprises privées, ces structures sont des opérateurs efficaces de la manutention, du stockage et de la distribution de toutes sortes de produits – bois et papiers, aciers, fruits, véhicules, etc. Seule l'activité conteneurs du port [...] a échappé aux acteurs belges pour tomber aux mains du groupe singapourien PSA International [...].

Le trafic de conteneurs d'Anvers est le troisième en Europe. Il dépasse en tonnage celui de Hambourg et se rapproche du niveau de celui de Rotterdam. La conteneurisation anversoise rayonne sur la Belgique, l'Allemagne et la France.

Paul Tourret, « Rotterdam et Anvers : un duo portuaire original », *Questions internationales*, n° 70, novembre-décembre 2014.

Questions sur les documents

1. Pourquoi peut-on dire que la Northern Range est une façade maritime d'importance mondiale ? (doc. 1)
2. Montrez que le port de Hambourg est un port moderne. (doc. 2)
3. Quels facteurs expliquent la réussite du port d'Anvers ? (doc. 3)
4. Quels sont les atouts de la Northern Range dans la mondialisation des échanges ? (doc. 1 à 3)

L/ES
S

Exemple

Rotterdam, le plus grand port européen

Le point sur… Le port de Rotterdam

Tonnage	445 millions de tonnes en 2014 (1er port européen, 8e port mondial)
Conteneurs	11 621 EVP en 2014 (1er port européen, 11e port mondial)
Emplois directs du port	Plus de 87 000
Navires accueillis par an	Environ 30 000

Rotterdam est le 1er port européen et le 8e port mondial par son trafic. Situé dans l'embouchure du Rhin, il est le principal débouché maritime de la mégalopole européenne et d'un vaste hinterland qui s'étend jusqu'à la Suisse. Depuis le Moyen Âge, les aménagements portuaires progressent le long du fleuve en direction de la mer. Leur modernisation et leur agrandissement continuent pour faire face à la concurrence mondiale.

➔ Comment le port de Rotterdam est-il aménagé pour s'adapter à la mondialisation ?

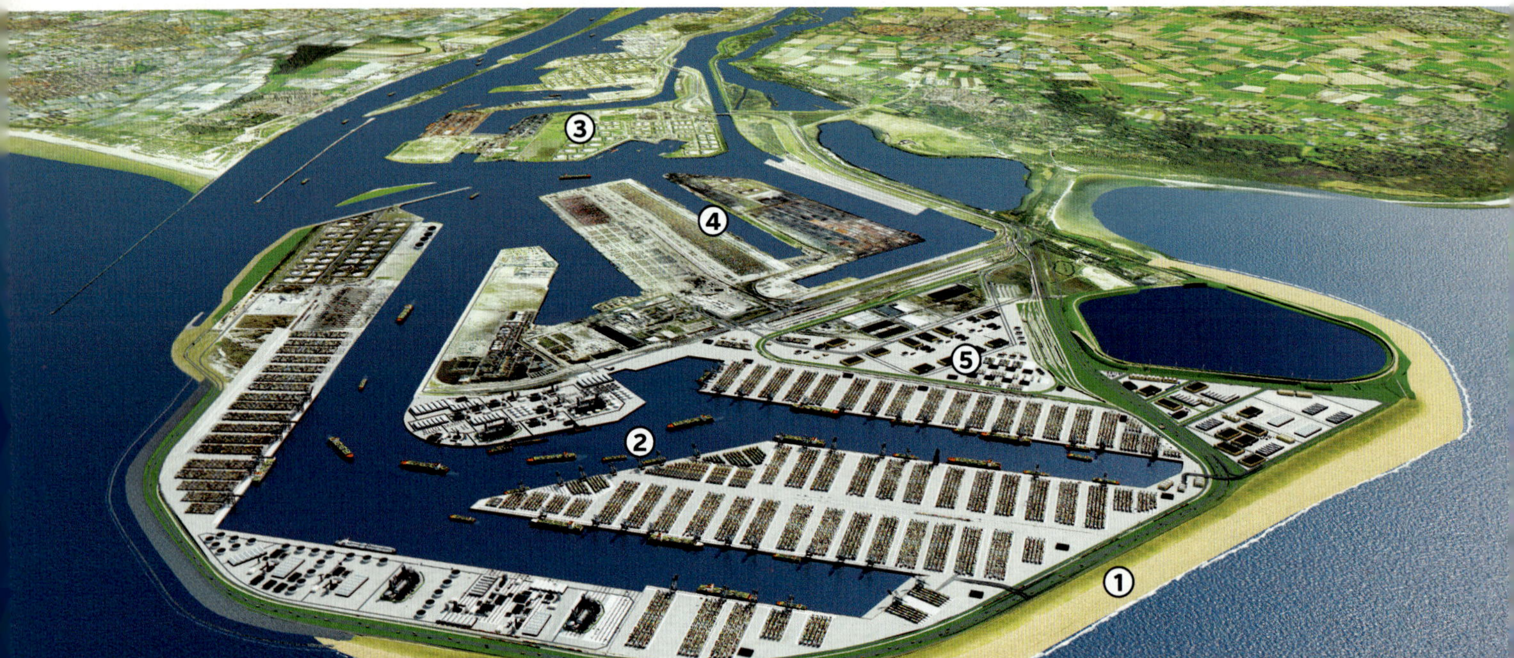

1 Le terre-plein Maasvlakte 2

① Plage artificielle
② Port de conteneurs
③ Réserves d'hydrocarbures
④ Port minéralier (charbon, etc.)
⑤ Terminal ferroviaire

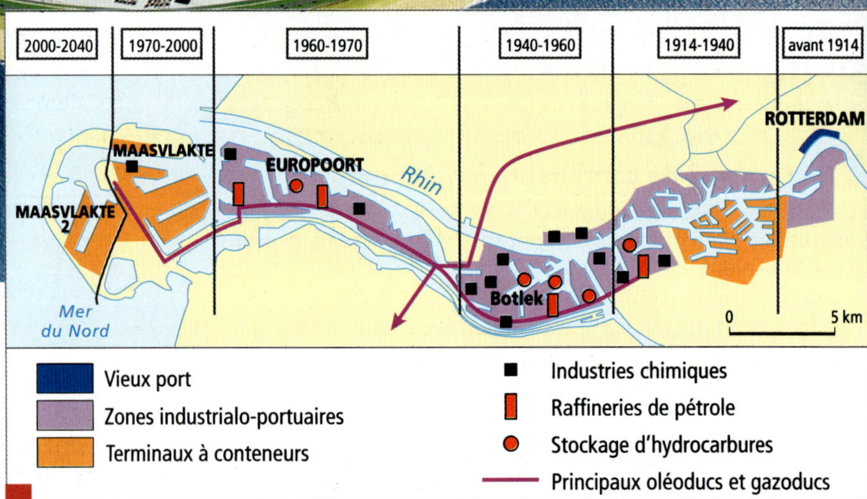

2 Les extensions du port de Rotterdam

3 Des aménagements modernes

Des portiques géants arrivent à Rotterdam pour être installés sur le terminal portuaire de Maasvlakte 2 afin d'y charger et décharger les porte-conteneurs de nouvelle génération, 2014.

4 Les facteurs du dynamisme du port de Rotterdam

Rotterdam offre une interface portuaire qui rayonne sur tout le nord-ouest de l'Europe. C'est un port de transit qui permet à tous les types de navires des escales rapides dans des terminaux spacieux, sans limite de taille. Des connexions ferroviaires et fluviales denses permettent aux marchandises d'irriguer ensuite profondément le continent européen. Des navires collecteurs de petits tonnages (*feeders*) permettent également de répartir les cargaisons dans les autres ports de la Northern Range.

Actuellement, les deux activités au cœur de l'économie du port de Rotterdam sont le pétrole et les conteneurs [...]. Bénéficiant d'un site d'accès rapide et profond, le port de Rotterdam a toujours eu une longueur d'avance sur ses concurrents européens [...]. Le dynamisme du port a séduit de nombreux acteurs du transport (maritime, ferroviaire, fluvial), mais aussi de grandes firmes transnationales qui y ont installé tout autour de multiples entrepôts destinés à leurs stocks ou à leurs approvisionnements.

Paul Tourret, « Rotterdam et Anvers : un duo portuaire original », *Questions internationales*, « *Les grands ports mondiaux* », n° 70, novembre-décembre 2014.

Analyse des documents

Changer les échelles et mettre en relation

1. Quels sont les facteurs du dynamisme du port de Rotterdam ? (doc. 4)
2. Calculez la superficie du port de Rotterdam. Quelle direction les extensions du port suivent-elles ? (doc. 2)
3. Quelles sont les ambitions du port de Rotterdam ? Comment la mondialisation permet-elle de les expliquer ? (doc. 3)
4. Quels aménagements répondent aux ambitions du port de Rotterdam ? (doc. 1, 2 et 3)

Vers le BAC

Consigne : Montrez que le port de Rotterdam a été aménagé pour s'adapter à la mondialisation.

Aide à la consigne

Vous pouvez rédiger trois paragraphes :
- un port en extension depuis un siècle ;
- la modernisation du port ;
- les ambitions pour un proche avenir.

L/ES
S

La reconversion en musée est-il l'avenir des usines de la Ruhr ?

Le bassin minier de la Ruhr constitue la région industrielle la plus puissante de l'Union européenne. L'exploitation du charbon, qui fut le moteur du développement de cette région allemande, est en voie d'achèvement. L'avenir des mines et des mineurs est donc en question. Il s'agit désormais de trouver une fonction aux anciens territoires industriels afin de les moderniser.

Transformer les mines de la Ruhr en musées permet-il le développement de cette région ?

Info

- **L'ancienne mine Zollverein d'Essen**, qui fut la plus grande et la plus moderne d'Europe, est symbolique de l'industrialisation de l'Europe.
- Elle a été **classée au patrimoine mondial de l'Unesco** en 2001.

1 Un patrimoine valorisé
La nuit du Patrimoine industriel, un événement culturel au milieu de l'été, valorise d'anciens sites miniers et sidérurgiques de la Ruhr, dont la mine Zollverein sur la photographie, qui ouvrent leurs portes à cette occasion.

Affiche pour la nuit du Patrimoine industriel, 2015.

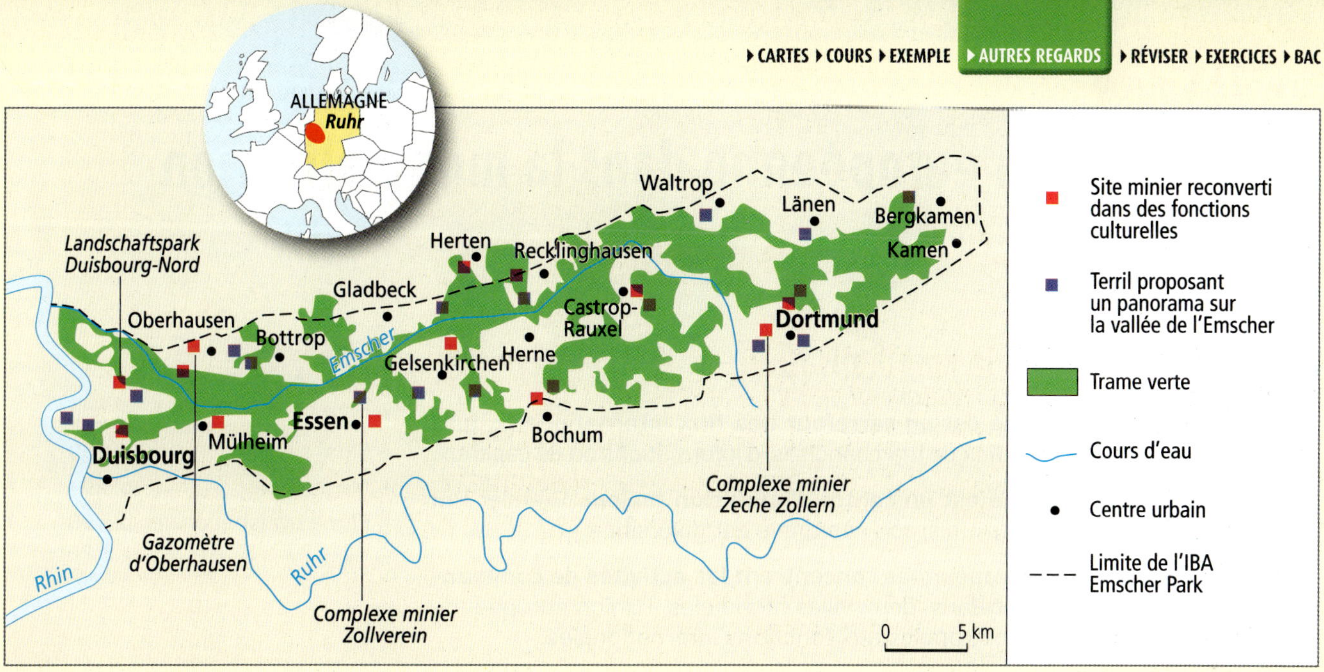

2 Du « pays noir » au « pays vert »

L'IBA Emsher park est un parc paysager mettant en valeur le patrimoine industriel.

3 « Des mines de charbon en solde sur le Net »

Tout doit disparaître ! Grues, engins d'extraction, machines de forage, etc. Dans l'ancien bassin minier de la Ruhr, fini l'exploitation du charbon, l'heure est désormais au déstockage. La société minière allemande, RAG, brade aujourd'hui son matériel à prix cassés. Car l'abandon du charbon approche à grands pas outre-Rhin : la fermeture des trois dernières mines, encore en activité dans la Ruhr, est prévue pour 2018. Que faire alors des centaines de machines et infrastructures minières toujours en état de marche ? Du business, pardi ! Plutôt que d'envoyer sa ferraille à la casse, l'Allemagne se lance aujourd'hui dans une grande opération commerciale : elle revend, pièce par pièce, ses équipements miniers à la Chine, à la Turquie ou encore à la Russie, etc. Autant de pays émergents où le charbon a encore la cote et où les besoins en équipements miniers sont en plein boom.

Le blogueur d'Arte, « Mines de charbon en solde sur le Net », 18 août 2013.

4 Que deviennent les mineurs ?

Les mineurs sont tous employés par la RAG, la société chargée de l'exploitation du charbon outre-Rhin. Celle-ci joue un rôle central aujourd'hui dans le virage post-charbon. C'est elle qui gère la réduction continue des effectifs, à coup de départs en préretraite et de reconversions, à chaque nouvelle fermeture de mine. La Ruhr compte également aujourd'hui sur les secteurs de l'énergie, de la production mécanique ou encore de la chimie, avec la présence d'Evonik à Essen. « Mais il ne faut pas se faire d'illusions, la reconversion est un processus sans fin », prévient Rolf Heinze (professeur à l'institut des sciences sociales de l'université de Bochum, dans la Ruhr). Le taux de chômage dans la Ruhr n'est pas très bon, en règle générale de 2 à 3 % supérieur à la moyenne nationale, soit légèrement inférieur à 10 % à l'heure actuelle, mais il atteint les 15 % dans certaines zones.

Pauline Houédé, « La Ruhr aussi apprend à vivre sans acier ni charbon », *La Tribune*, 3 juin 2013.

Les derniers mineurs
Die Letzten Kumpel (les derniers mineurs) de l'artiste Stefan Enders, 2010.
Ce cliché présente des mineurs de la mine Prosper-Haniel de Bottrop, la dernière à fermer ses portes dans la Ruhr en 2018.

Préparer le débat

1. Comment est mis en valeur le patrimoine minier ? (doc. 1 et 2)
2. Quelles sont les autres actions de reconversion menées dans la Ruhr ? (doc. 3 et 4)
3. Quels problèmes sociaux pose la reconversion des activités minières ? (doc. 4)

Débat

Doit-on se réjouir de la transformation des usines en musées ? Confrontez des arguments économiques, sociaux et culturels pour alimenter ce débat.

L/ES
S

Réviser

L'Union européenne dans la mondialisation

Synthèse

1 L'UE, un pôle de la mondialisation

- **L'Union européenne est un carrefour des flux internationaux,** qu'il s'agisse des mobilités, des flux de marchandises, d'informations ou de capitaux.
- **L'Union européenne est un centre d'impulsion majeur.** Premier PIB du monde devant les États-Unis, son économie est diversifiée.
- **Les métropoles européennes concentrent les activités de commandement.** Outre Londres et Paris, deux villes mondiales, l'Union européenne compte de nombreuses métropoles aux fonctions internationales.

2 L'UE, acteur majeur de la mondialisation

- **Les firmes transnationales européennes participent à l'organisation de l'espace mondial.** Les flux d'investissement, les décisions prises depuis les sièges sociaux leur donnent un grand pouvoir de décision.
- **La population européenne représente le premier marché économique de la planète.** Son niveau de formation en fait également une main-d'œuvre recherchée. Mais le poids de l'UE reste encore modeste dans les grandes négociations internationales.
- **L'Union européenne et les États qui la composent sont des acteurs politiques de premier plan.** Ils sont fortement représentés dans les institutions internationales.

3 La Northern Range, une façade maritime mondiale

- **La Northern Range est la deuxième façade du monde.** Elle est reliée à un vaste hinterland européen et permet l'intégration de l'Union européenne dans l'espace mondial.
- **Les ports de la Northern Range sont à la fois concurrents et complémentaires.** Rotterdam et Anvers sont toujours les ports les plus importants.
- **Les aménagements portuaires sont étendus et modernisés.** L'augmentation du trafic portuaire nécessite des infrastructures toujours plus vastes, parfois sources de conflits.

Notions clés

- Pôle p. 290
- Flux p. 290
- Mégalopole p. 294
- Firme transnationale p. 290

Chiffres clés

- **Union européenne :** 40 % du commerce mondial
- Parmi les 20 premières **firmes transnationales mondiales, 8 sont européennes.**
- **Northern Range :** 10 % du trafic mondial de marchandises.
- **Trafic du port de Rotterdam :** 445 millions de tonnes (2014).

Pour approfondir

Livres, dossiers

- P. Beckouche et Y. Richard, *Atlas de la grande Europe*, Autrement, 2013

Films

- Marie Maurice, *Le Monde selon H&M*, 2014. Émission spécial investigation Canal +.

- Woody Allen, *To Rome With Love*, 2012. Un des films de Woody Allen consacrés aux capitales européennes et à leur attraction pour les touristes américains.

Sites Internet

- **Le site du port de Rotterdam : http://www.portofrotterdam.com/en/Pages/default.aspx**

Carte mentale

Retrouvez la carte mentale du chapitre sur le site Internet : www.nathan.fr/geo1re-2015

Schémas pour réviser

1 Les interfaces de l'Union européenne avec l'espace mondial

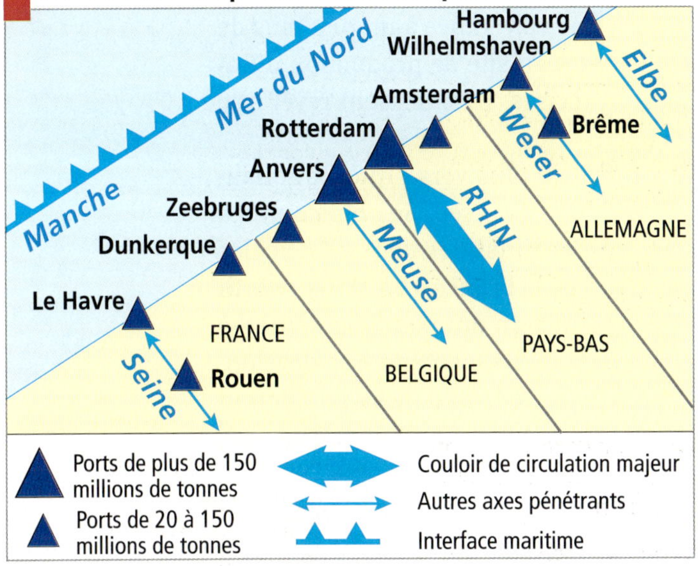

2 L'espace rhénan relié à l'espace mondial

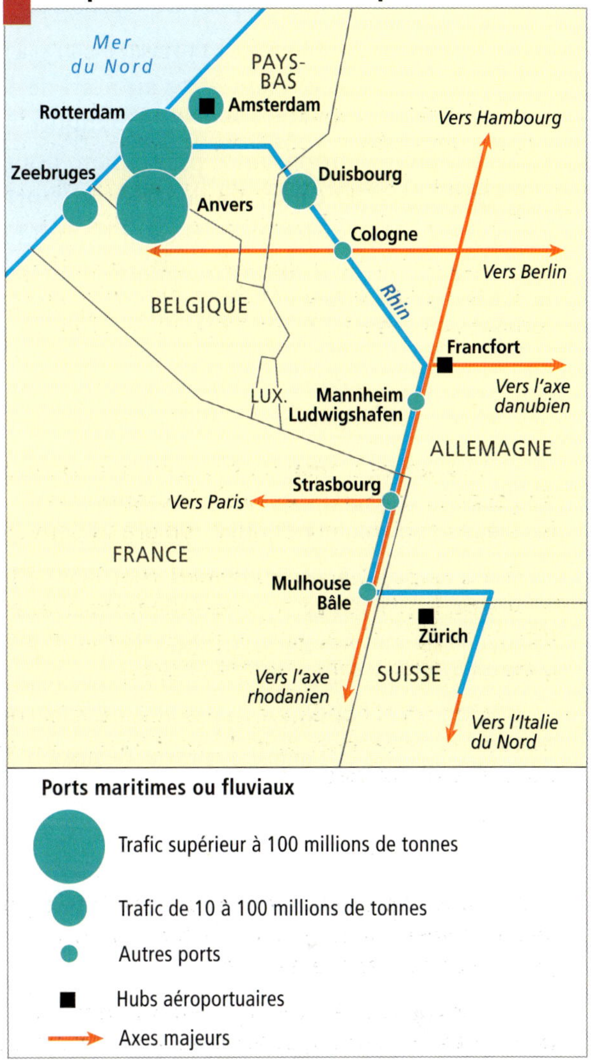

3 La Northern Range, une façade maritime mondiale

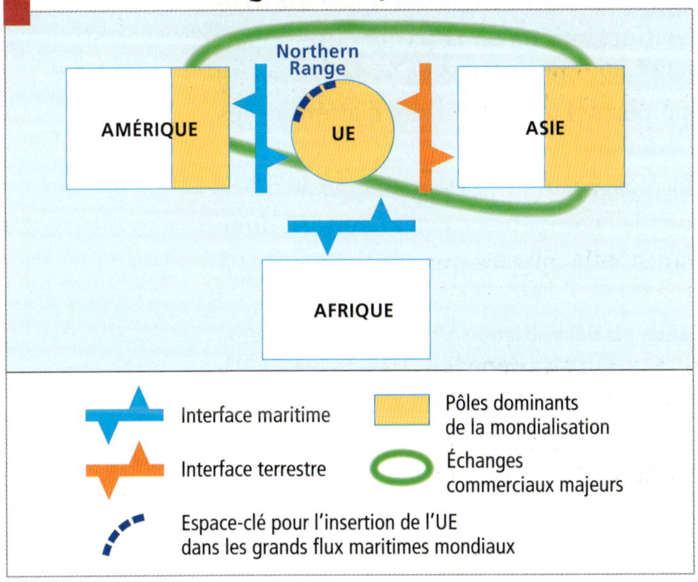

4 Le port de Rotterdam

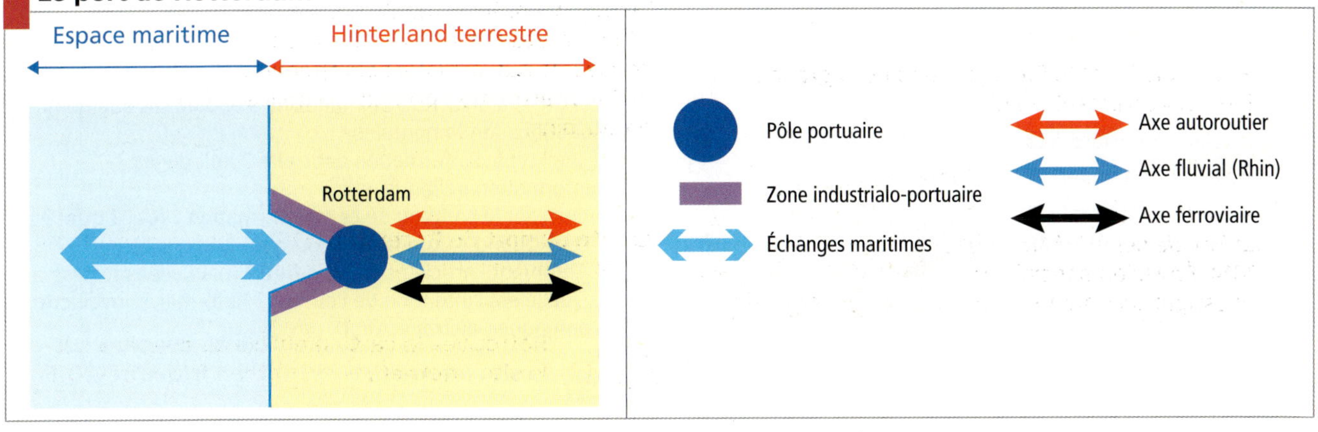

L/ES
S

1 Étudier un article de magazine → Eurocopter au Mexique

Eurocopter au Mexique

Mercredi 13 février 2013, à Querétaro, une ville située à un peu plus de 200 kilomètres au nord de Mexico, le nouveau site de production d'Eurocopter doit être inauguré à 11 heures précises. L'événement revêt une importance particulière pour Eurocopter.

Cette nouvelle usine représente un pas de plus vers l'internationalisation de son outil de production[1] déjà bien avancée. Ses hélicoptères sortent principalement de ses usines européennes, les deux principales étant implantées à Marignane dans le sud de la France, et à Donauwörth en Allemagne. Mais d'autres sites de production ont peu à peu émergé dans le monde, à mesure que les marchés de l'hélicoptériste se développaient. La filiale d'EADS[2] estime à près de 20 % la part de sa production réalisée hors d'Europe. La filiale mexicaine couvre une vingtaine de pays d'Amérique centrale.

Les faibles coûts salariaux du Mexique par rapport à l'Europe permettent à Eurocopter d'améliorer sa rentabilité. Tout en employant une main-d'œuvre qualifiée, l'université de Querétaro dispensant une formation en aéronautique. Surtout, en s'implantant au Mexique, la filiale d'EADS peut contrer les effets négatifs des fluctuations de la parité euro-dollar. L'euro fort pénalise les exportateurs (Eurocopter réalise 72 % de ses ventes à l'export). Produire hors d'Europe permet à ces derniers d'atténuer les répercussions des variations entre devises.

Reste que l'hélicoptériste ne délocalise pas n'importe quel type de fabrication. Il conserve près de ses bases les compétences clés. Ce sont donc les pièces les moins stratégiques des hélicoptères qui sont produites à l'étranger, voire sous-traitées.

Arnaud Dumas, « Mondialisation : la délocalisation sélective d'Eurocopter », *L'Usine Nouvelle*[3], n° 3322, 14 mars 2013.

1. Eurocopter, devenu Airbus Helicopters depuis janvier 2014, est le numéro 1 mondial de l'hélicoptère.
2. EADS : European Aeronautic Defence and Space company, devenu Airbus Group en janvier 2014.
3. *L'Usine Nouvelle* est un magazine hebdomadaire consacré à l'économie et aux technologies dans le monde industriel.

Vers le BAC

Consigne : Montrez qu'Eurocopter est un acteur de la mondialisation de l'économie européenne.

Aide pour répondre à la consigne

- Présentez le document et expliquez les termes soulignés.
- Que vous apprend ce document sur Eurocopter ? Quelles sont les causes et les objectifs de son implantation au Mexique ?
- Quelle notion clé de votre cours désigne ce type d'entreprise ?
- Relevez les éléments qui montrent que l'intention de l'auteur est d'informer.

Méthode BAC

Analyser un article de magazine (voir p. 154)

- L'analyse d'un article de magazine s'appuie sur quelques questions fondamentales :
  - Quel type d'information est traité ? (fait divers, information politique, etc.)
  - Quel est le contenu de cette information ? (Qui ? Quoi ? Où ? Quand ? Comment ? Pourquoi ?)
  - Comment l'article est-il structuré ? (plan, idées fortes)
  - Quelle est l'intention de l'auteur ? (Informer, convaincre, provoquer, distraire, etc.)

2 Faire de la géographie avec les TICE

→ Représenter des statistiques avec le site Eurostat

1. **Allez sur http://ec.europa.eu/eurostat ; cliquez « Données », puis « base de données ». Dans les «Tableaux par thèmes », sélectionnez « Commerce international », puis déroulez les menus pour trouver « Commerce de l'UE28 par État membre, partenaire et groupe de produit », puis « Commerce extra UE28, par États membre, produit total ».**

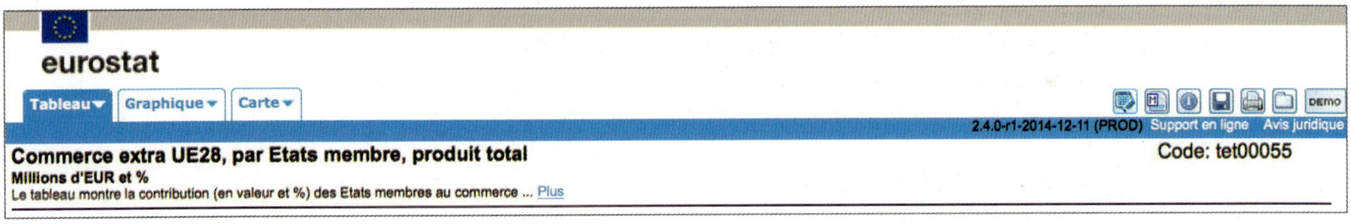

2. **Dans le menu déroulant choisissez « Balance commerciale », puis cliquez sur l'onglet « Carte ».**
   → Comment les données sont-elles représentées ? Faites une analyse rapide de la carte.

3. **Dans la boîte à outil à droite de la carte, cliquez sur « Classe » puis sur « Intervalle égal ».**
   → Quels changements observez-vous ? Quel regard critique pouvez-vous porter sur la représentation et l'interprétation des statistiques ?

4. **Cliquez sur l'onglet « Graphique », puis dans la boîte à outils sur « Données ». Dans la liste « Géo », sélectionnez uniquement les pays membres de l'UE (CTRL + clic). Dans la liste « Time », sélectionnez 2013 et 2012 ; dans la liste « Indic », sélectionner « Balance commerciale » ; puis cliquez sur « Rafraîchir ».**

   Conseil : cliquez sur « Rafraîchir » à chaque fois que vous changez des données.

   → Analysez le graphique obtenu.
   → Comment le graphique est-il complémentaire de la carte obtenue dans la question 2 ?

5. **Dans la liste « Indic » choisissez « Part des exportations » et 2013 dans « Time ». Sélectionnez l'onglet « Type » :**
   → Sélectionnez un type de graphique : observez et analysez le résultat obtenu.
   → Sélectionnez et observez les autres types de graphiques les uns après les autres : quelles remarques et quelles critiques pouvez-vous faire ?

   Conseil : vous pouvez classer les pays et les valeurs en allant dans l'onglet « étiqueter et trier »

   → Dans le prolongement de cet exercice, vous pouvez explorer d'autres thèmes.

L/ES
S

Méthode BAC

1 Analyser le sujet et la consigne	p. 56
2 Identifier les documents	p. 126
3 Cerner le sens général d'un document	p. 154
4 Extraire et confronter des informations	p. 222
5 Montrer l'intérêt et les limites du document	p. 250
6 Porter un regard critique sur un document	p. 284
7 Rédiger la réponse à la consigne	

Analyser une carte

→ Rédiger la réponse à la consigne

Sujet

Le rayonnement mondial de l'Union européenne

Consigne : À partir de l'analyse du document, vous dégagerez les facteurs du rayonnement mondial de l'UE ; vous montrerez comment la situation décrite par le document permet d'illustrer la notion de pôle.

À savoir

- La carte de géographie **permet de visualiser la répartition spatiale d'un phénomène** ainsi que ses **dynamiques** (flux, axes, etc.).
- Pour en faire l'analyse, il faut : **préciser la nature de l'élément cartographié**, le **type de carte** (thématique, de synthèse, etc.) et son **échelle** ; **lire** attentivement la **légende** et **localiser** les informations ; **repérer** les espaces ; **dégager** les phénomènes majeurs et secondaires.

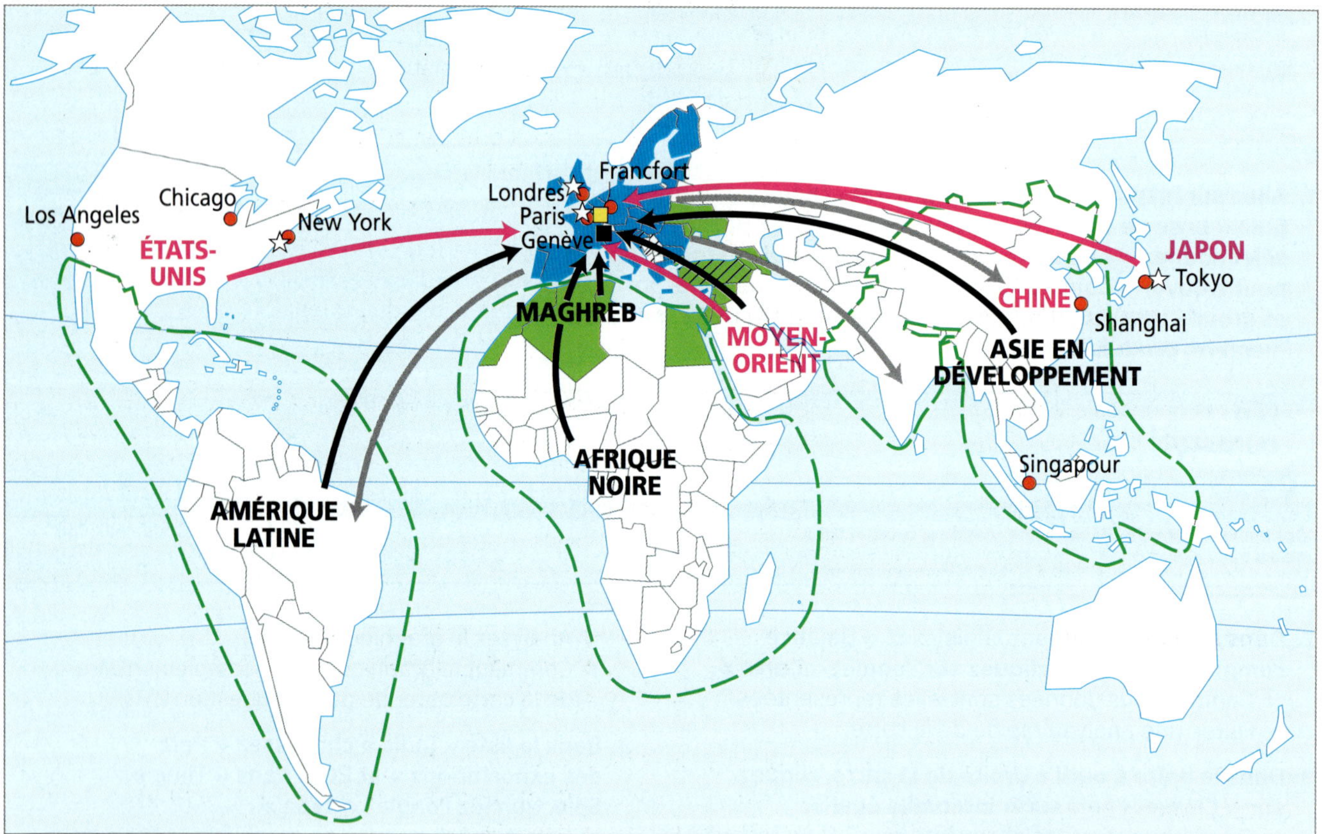

1. L'UE : un pôle majeur de la mondialisation
- Principales villes globales
- 1er ensemble commercial du monde
- Places boursières majeures
- Siège de l'OMC
- Siège de l'UNESCO

2. L'UE : un pôle attractif
- Flux majeurs d'immigration
- Investissements étrangers
- Un ensemble qui s'élargit depuis 60 ans
- Pays candidats à l'adhésion

3. L'UE : un partenaire essentiel des pays du Sud
- Politique européenne de voisinage
- Partenaires continentaux
- Délocalisations

Le rayonnement mondial de l'Union européenne

Démarche	Guide de travail
1 Analyser le sujet et identifier le document	
→ **Analyser le sujet et la consigne**	1. Définissez « rayonnement mondial » et précisez ce qu'est l'Union européenne. 2. D'après la consigne, quels sont les thèmes que vous devrez développer dans votre devoir ?
→ **Identifier le document**	3. Présentez le document en vous aidant du « À savoir ».
2 Analyser et critiquer les documents	
→ **Extraire et confronter les informations**	4. Expliquez ce que sont une ville globale, l'OMC, l'Unesco, les investissements étrangers, la politique européenne de voisinage, les délocalisations. **Conseil :** vous devez bien comprendre les informations fournies dans la légende et être capable de les expliquer. 5. Quelles informations pouvez-vous tirer des flux représentés et de la présence de villes globales et d'organismes internationaux dans l'UE ? **⚠ Attention !** Il faut mettre en relation les informations entre elles pour donner du sens à l'analyse. 6. Qu'est-ce qui permet d'évoquer l'évolution et le dynamisme de l'UE dans le temps et dans l'espace ? 7. Pourquoi l'UE est-elle un partenaire essentiel des pays du Sud ? **⚠ Attention !** Pensez à définir ce que sont les pays du Sud.
→ **Cerner le sens général du document**	8. Quelle est la situation décrite par le document ?
→ **Déterminer les enjeux spatiaux**	9. Quels sont les enjeux du rayonnement de l'UE dans le monde ? ***Exemple*** → *attractivité, influence, puissance dans la mondialisation, etc.*
→ **Porter un regard critique**	10. Comment le document illustre-t-il la notion de pôle ?
3 Répondre à la consigne	
→ **Construire le plan**	11. Organisez vos idées selon les thèmes suggérés par la consigne. ***Exemple*** → ***I.*** *Un espace attractif et influent* ***II.*** *Un pôle mondial*
POINT MÉTHODE → **Rédiger la réponse à la consigne** ▸ Pour répondre à la consigne, vous devez : – rédiger un paragraphe par thème ou idée importante ; – développer et expliquer les idées à l'aide de vos connaissances personnelles ; – illustrer les idées par des exemples pris dans les documents.	12. Présentez le sujet et le document. 13. À l'aide du point méthode ci-contre, rédigez les paragraphes pour répondre au sujet et à sa consigne. **Conseil :** chaque paragraphe débute par une phrase qui en exprime l'idée principale. Le développement de divers aspects de cette idée (idées secondaires), les explications et les exemples font l'objet de sous-parties dans ce paragraphe. **⚠ Attention !** Il faut analyser, expliquer le document et non le décrire ou le raconter. 14. Pour conclure, faites un bilan de votre analyse.

L/ES
S

Composition

→ Intégrer une production graphique

Sujet

L'Union européenne :
pôle et acteur de la mondialisation

Consigne : À l'aide de vos connaissances, rédigez une composition répondant au sujet.

À savoir

- Pour **valoriser leur copie**, les candidats sont encouragés à **intégrer dans leur composition une production graphique** : il s'agit généralement d'un **schéma d'organisation spatiale**.
- Il permet d'**illustrer** une partie du devoir, ou bien une notion géographique. Il **peut également remplacer une partie de l'écrit** qui serait trop longue, par exemple une description. L'intérêt est de montrer la maîtrise des connaissances et des outils cartographiques.

L'Union européenne : pôle et acteur de la mondialisation

- L'Union européenne → Thème central à définir. Échelle de l'étude à présenter
- pôle → Notion à définir
- acteur → Quel rôle ? Comment ?
- mondialisation → Notion à définir, contexte de l'étude.

Démarche	Guide de travail
1 Analyser le sujet	
→ **Définir les termes du sujet**	1. Définissez « Union européenne», « mondialisation», « pôle », « acteur ». 2. Quelles sont les limites géographiques du sujet ?
→ **Formuler une problématique**	3. Reformulez le sujet pour en dégager le fil conducteur : il s'agit ici de s'interroger sur la place (pôle) et le rôle (acteur) de l'Union européenne dans le processus de la mondialisation.
2 Mobiliser et organiser les connaissances	
→ **Sélectionner les informations**	4. Rassemblez vos connaissances en partant des notions de pôle, d'acteur, de mondialisation. Pour cela, construisez une arborescence.

Exemple →

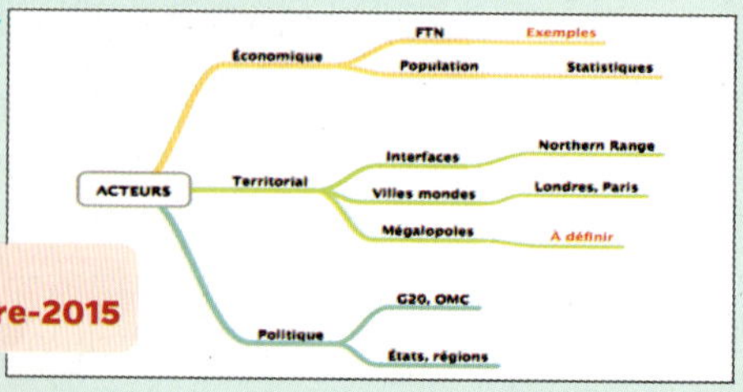

À imprimer sur **www.nathan.fr/geo1re-2015**

Attention ! L'arborescence est toujours construite de la notion la plus générale vers le détail ou l'exemple.

Conseil : utilisez cette forme de mobilisation des connaissances particulièrement si vous avez des difficultés pour organiser vos idées.

Démarche	Guide de travail
→ **Construire le plan**	**5.** Quel est le plan suggéré par le sujet ? **6.** Quel thème ne figurant pas dans l'énoncé pouvez-vous traiter en 3e partie pour une étude plus complète : - les conséquences de la puissance ? - les limites de la puissance ?

3 Rédiger la réponse au sujet

→ **Rédiger l'introduction**	**7.** Présentez le sujet en montrant que vous avez compris le sens des mots clés. Puis annoncez la problématique et le plan que vous avez définis.
→ **Rédiger le développement**	**8.** Rédigez chaque partie du plan. **9.** Entre chaque partie, rédigez une phrase de transition qui en récapitule le contenu et annonce le thème de la partie suivante.
→ **Rédiger la conclusion**	**10.** Pour conclure : - répondez à la problématique posée ; - ouvrez le sujet sur une perspective plus large. ***Exemple*** → *Construisez votre mise en perspective sur l'élargissement de l'Union européenne, ou bien sur l'originalité de l'UE.*

POINT MÉTHODE

→ **Intégrer une production graphique**

- Choisissez ce que vous voulez illustrer : une notion, un phénomène, etc.
- Sélectionnez 4 à 10 informations à représenter sur le schéma.
- Réalisez le schéma (voir p. 94) et insérez-le dans une partie de la composition.

11. Que permet d'illustrer le schéma suivant ? Dans quelle partie de la composition pouvez-vous l'intégrer ? Justifiez votre réponse.

Schéma 1

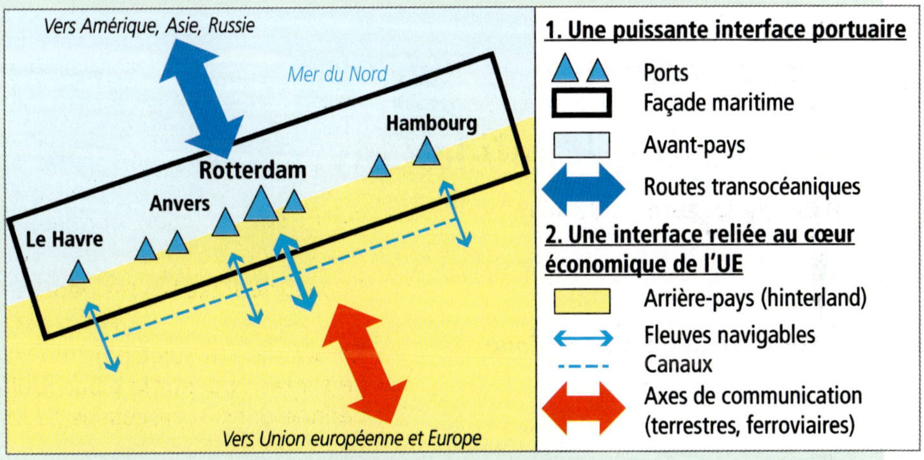

12. Reproduisez ce schéma dans votre devoir.

⚠ Attention ! Intégrez le schéma à proximité de ce qu'il illustre, ou bien à la fin de la composition s'il s'agit d'un schéma général.

13. Donnez-lui un titre.

L/ES
S

Chapitre 10

La France dans la mondialisation

Grande puissance à vocation mondiale, la France possède de nombreux atouts économiques et culturels et peut s'appuyer sur le poids de ses héritages historiques. Elle dispose d'un rayonnement linguistique et diplomatique important, ainsi que d'entreprises dynamiques qui permettent de peser sur la scène internationale. Paris fait également partie des grandes métropoles mondiales.
Toutefois, si la France demeure encore un acteur majeur de la mondialisation, elle doit composer avec une concurrence étrangère croissante.

- **Quels sont les aspects du rayonnement international de la France ?**
- **Quelle est la place de la France dans l'économie mondiale ?**
- **Quels sont les atouts et les faiblesses de Paris dans la mondialisation ?**

1 Le lycée français Claude Gay d'Osorno (Chili)
Le réseau d'enseignement français à l'étranger rassemble aujourd'hui 488 établissements scolaires, implantés dans 130 pays, qui scolarisent environ 320 000 élèves dont 200 000 étrangers. Page d'accueil du site Internet du lycée Claude Gay, www.afosorno.com, 2015.

2 L'Oréal, une firme mondialisée

L'Oréal est une entreprise française leader sur le marché mondial des cosmétiques. Publicité pour la marque à Riga (Lettonie), 2014.

3 La tour Eiffel : un des hauts lieux du tourisme à Paris

La tour Eiffel accueille chaque année environ 7 millions de touristes. Paris est la première destination du tourisme urbain dans le monde. Son patrimoine et ses richesses culturelles contribuent à en faire une ville mondiale.

L/ES
S

La France dans le monde

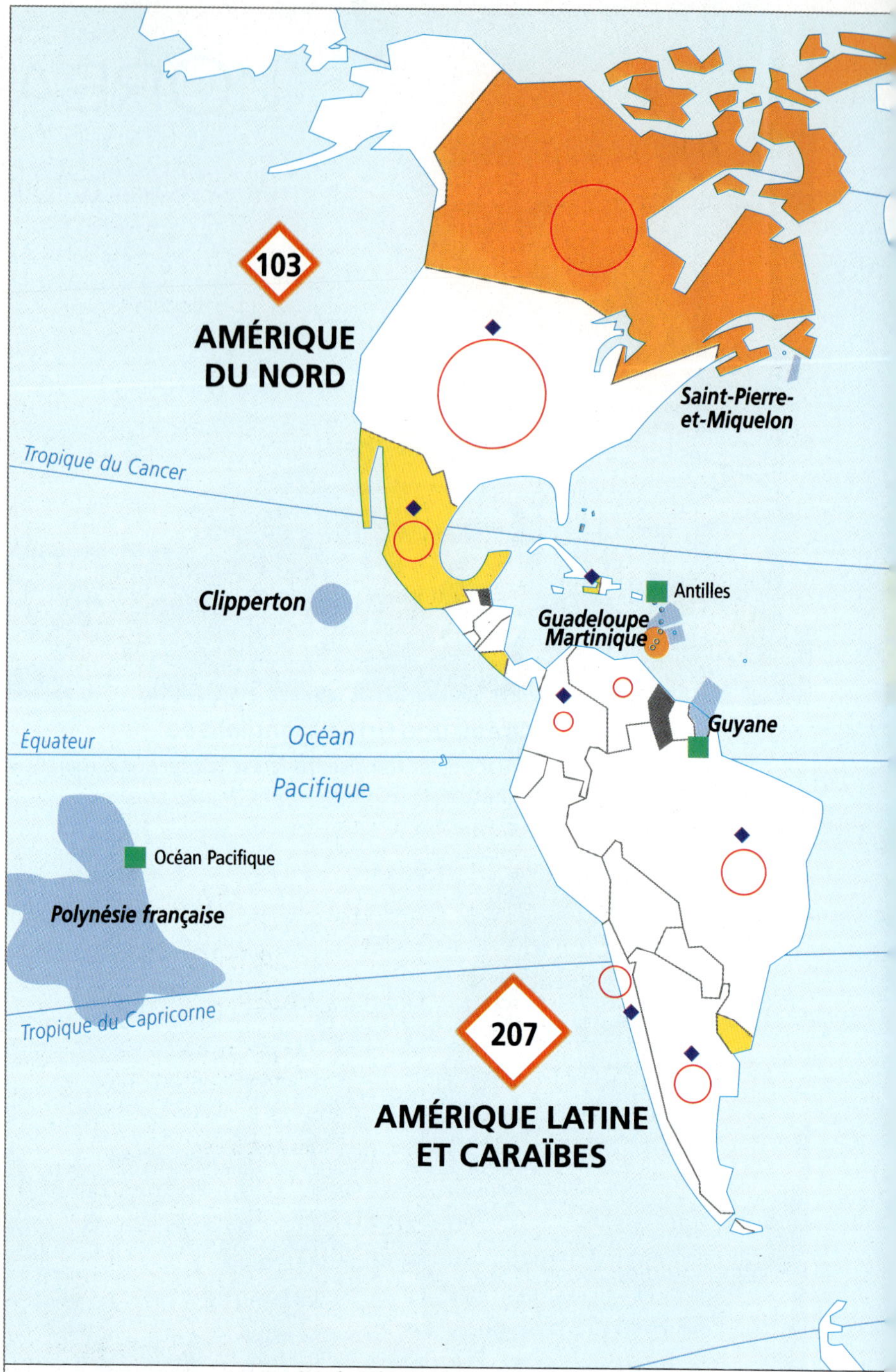

1. Une présence sur tous les continents

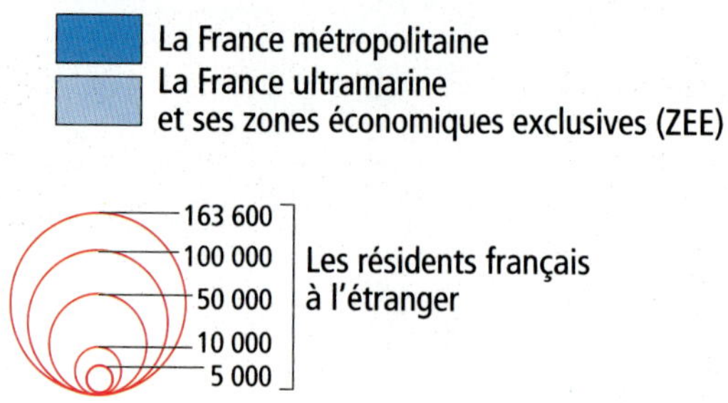

Vocabulaire

- **Organisation internationale de la Francophonie :** institution regroupant les pays francophones, soit 77 États, dont 20 pays observateurs, répartis sur 5 continents.
- **ZEE :** zone économique exclusive ; territoire maritime s'étendant jusqu'à 200 milles nautiques (370 km) à partir des côtes, dont l'exploitation et l'exploration sont réservées aux États bordiers souverains.

Questions sur le document

1. Quels sont les différents aspects de la présence française dans le monde ?
2. Dans quelles régions du monde la France est-elle la plus présente ? Pour quelles raisons ?
3. Dans quelles régions du monde la présence française est-elle réduite ? Pour quelles raisons ?

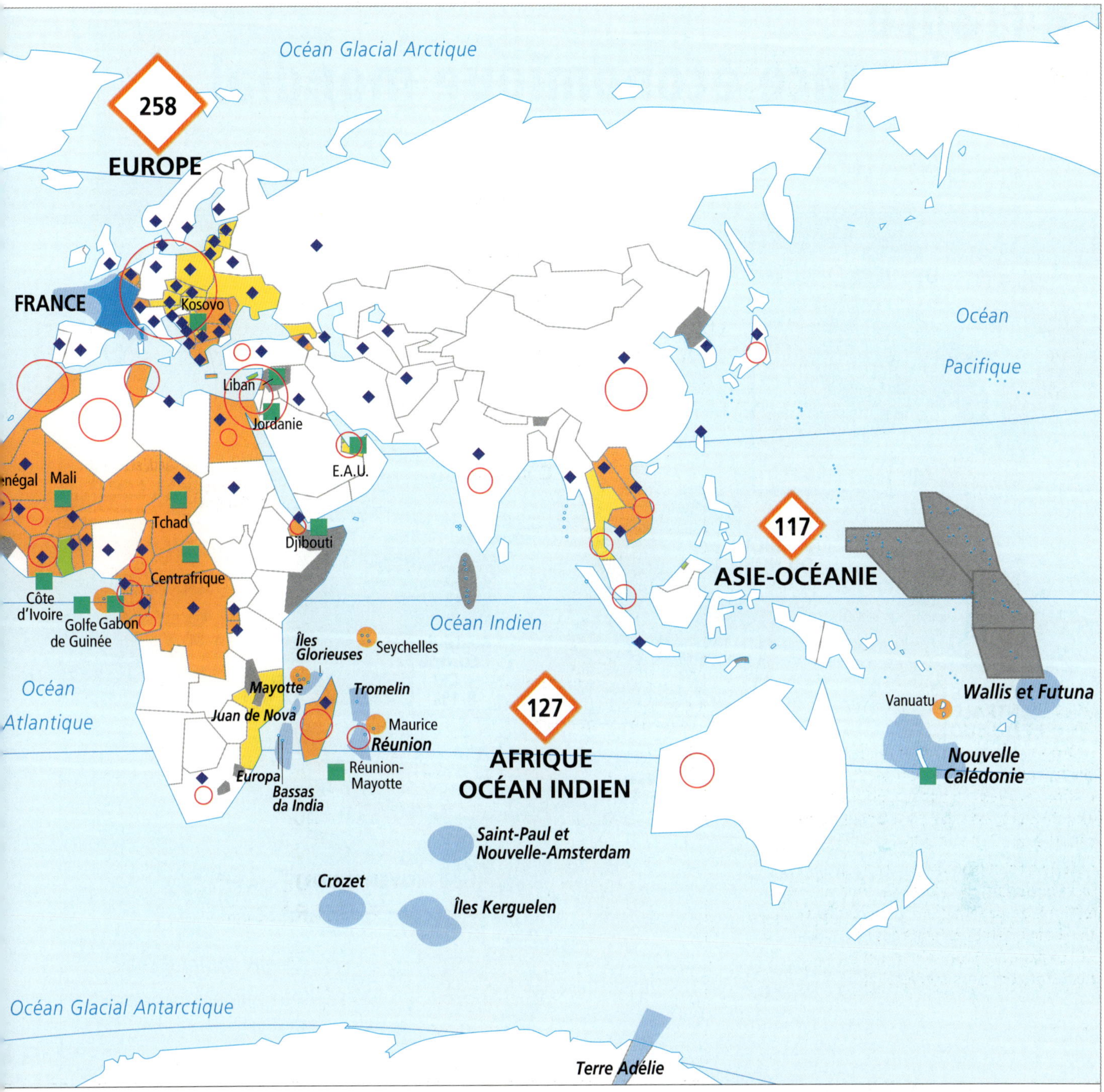

2. Francophonie et rayonnement culturel

- Membres de l'Organisation internationale de la Francophonie (OIF)
- États observateurs au sein de l'OIF
- Membres associés
- 103 Nombre d'alliances françaises

3. L'influence diplomatique et militaire

- Pays sans ambassade de France
- Instituts français
- Présence militaire française

La France dans l'espace économique mondial

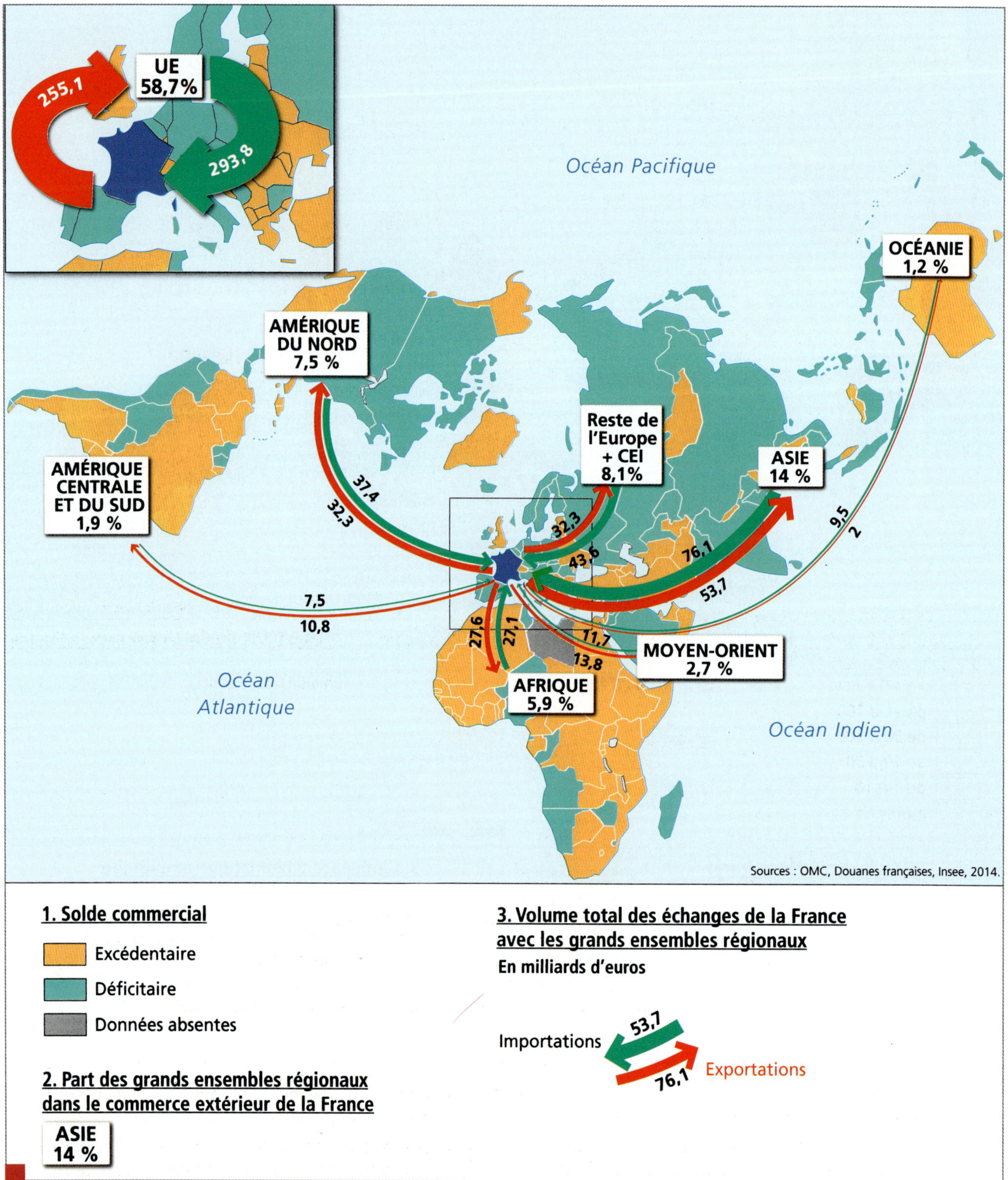

1 Le commerce extérieur de la France en 2014

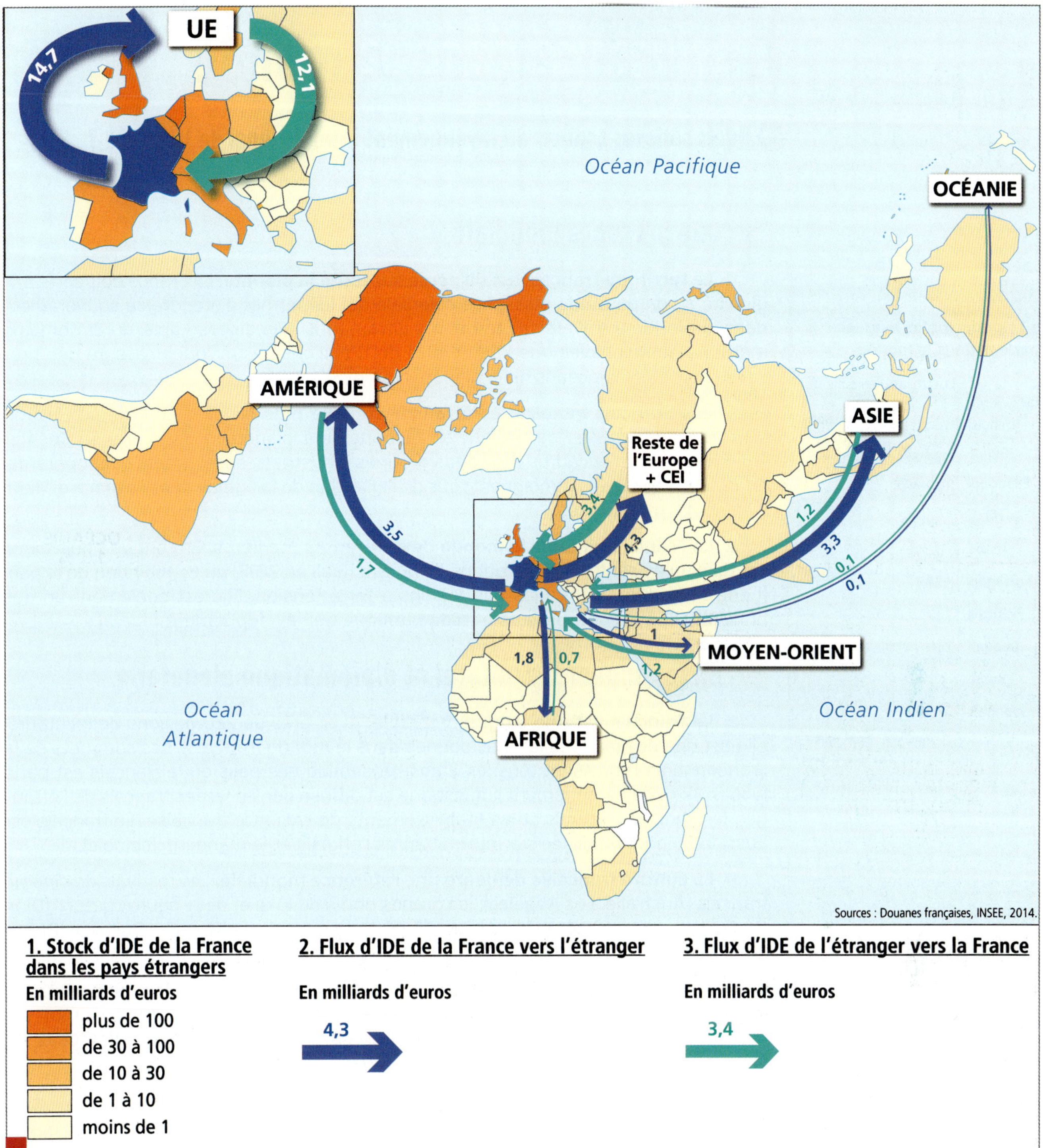

2 **La France et les flux d'investissements en 2014**

Vocabulaire

- **IDE :** investissements directs de l'étranger ou bien investissements directs à l'étranger. Ensemble des capitaux placés par des entreprises étrangères dans un pays tiers ou par des entreprises nationales à l'étranger.
- **Solde commercial :** différence entre les exportations et les importations. Le solde est excédentaire lorsque les exportations sont supérieures aux importations.

Questions sur les documents

1. Avec quelle région du monde la France entretient-elle l'essentiel de ses relations commerciales ? **(doc. 1)**
2. Quelles sont les régions avec lesquelles le commerce est excédentaire ? Celles avec lesquelles il est déficitaire ? **(doc. 1)**
3. Vers quelles régions du monde les investissements français se dirigent-ils principalement ? **(doc. 2)**
4. Quelles sont les régions du monde qui dirigent le plus leurs investissements vers la France ? **(doc. 2)**

L/ES
S

1. La France dans le monde

➔ Quels sont les aspects du rayonnement international de la France ?

1 Une présence mondiale

■ **Le territoire français est dispersé sur toute la planète.** La France doit cette originalité à son passé de puissance coloniale qui lui permet d'étendre sa souveraineté dans le monde à travers ses territoires ultramarins. Elle dispose ainsi du 2e domaine maritime mondial avec une **ZEE** de plus de 11 millions de km² qui lui assure une présence sur tous les océans de la planète (voir p. 318-319).

■ **Les Français installés à l'étranger sont de plus en plus nombreux.** Environ 2 millions d'**expatriés** participent au rayonnement planétaire de la France. Techniciens, ingénieurs et cadres de grands groupes industriels, enseignants et coopérants, chefs d'entreprise, ils témoignent tous de l'insertion de la France dans l'espace et dans l'économie mondialisés.

■ **La France agit dans le monde de différentes manières.** En tant que puissance militaire, elle assure des opérations de guerre (Mali en 2013) ou de maintien de la paix (Centrafrique en 2014) dans des régions à forte tension. Elle est également un des principaux pays contributeurs à l'**aide publique au développement** **(doc. 1)**.

2 Un rayonnement culturel et diplomatique planétaire

■ **Le français est une langue mondiale.** Avec près de 220 millions de locuteurs, elle est une des langues les plus parlées dans le monde **(repères)**. Les sommets de la Francophonie réunissent tous les 2 ans l'ensemble des pays où le français est parlé (voir p. 324). Ce rayonnement linguistique est diffusé par les lycées français de l'étranger, les centres culturels et les établissements de l'Alliance française. Le français est aussi la 3e langue utilisée sur Internet après l'anglais et le mandarin (chinois).

■ **La culture française demeure une référence mondiale.** Les festivals de cinéma français (Australie, Los Angeles), les grands noms du luxe et de la haute couture (Dior, Cartier, Yves Saint Laurent, etc.), ou bien de la gastronomie (Bocuse, Ducasse, Robuchon), rayonnent à l'étranger.

■ **La France est aussi un acteur diplomatique très influent.** Membre du **G8**, disposant d'un siège permanent au Conseil de sécurité de l'ONU, elle est un des moteurs de la construction européenne. Elle organise également des grandes conférences sur la paix concernant des régions en guerre (Moyen-Orient, Afrique).

3 Une position qui résiste à la concurrence

■ **La France doit composer avec une concurrence accrue sur le marché du Soft Power.** Dans les classements internationaux, les universités françaises sont loin derrière celles des États-Unis et de certains pays émergents (Chine). Le cinéma français doit également résister face aux cinémas américain et asiatique (voir p. 334).

■ **La France conserve une diplomatie volontariste.** Bien que le budget du ministère des Affaires étrangères soit inférieur à 1 % du budget global de l'État, la France est toutefois présente diplomatiquement dans 192 pays, ce qui la place au 2e rang mondial derrière les États-Unis **(doc. 3)**. Elle accueille encore le siège de certaines organisations internationales comme l'Unesco.

■ **L'image culturelle et intellectuelle de la France demeure forte.** Elle est reconnue comme la patrie des droits de l'homme. Ses **ONG** (Action contre la faim, Médecins sans frontières, etc.) sont mondialement réputées pour leur efficacité **(doc. 2)**. Par ailleurs, ce sont deux Français qui ont obtenu les prix Nobel d'économie (Jean Tirole) et de littérature (Patrick Modiano) en 2014.

Repères

■ Les principales langues parlées dans le monde

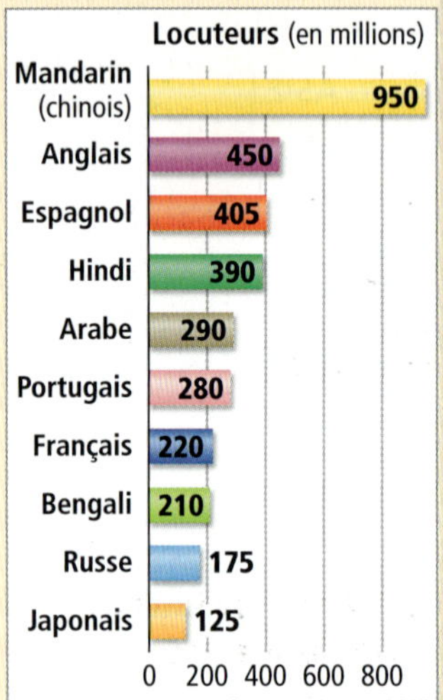

Sources : Unesco, 2015.

Vocabulaire

- **Aide publique au développement :** ensemble des aides financières octroyées par un pays riche à un pays en voie de développement.
- **Expatrié :** individu résidant dans un autre pays que son pays d'origine, souvent pour des motifs professionnels et pour une durée limitée.
- **G8 :** voir p. 298.
- **ONG :** voir p. 298.
- **Soft Power :** littéralement « puissance douce » ; terme apparu dans les années 1990 afin de qualifier le rayonnement, l'influence, le prestige culturel d'un État. Il se démarque du Hard Power qui se fonde sur la puissance militaire.
- **ZEE :** voir p. 318.

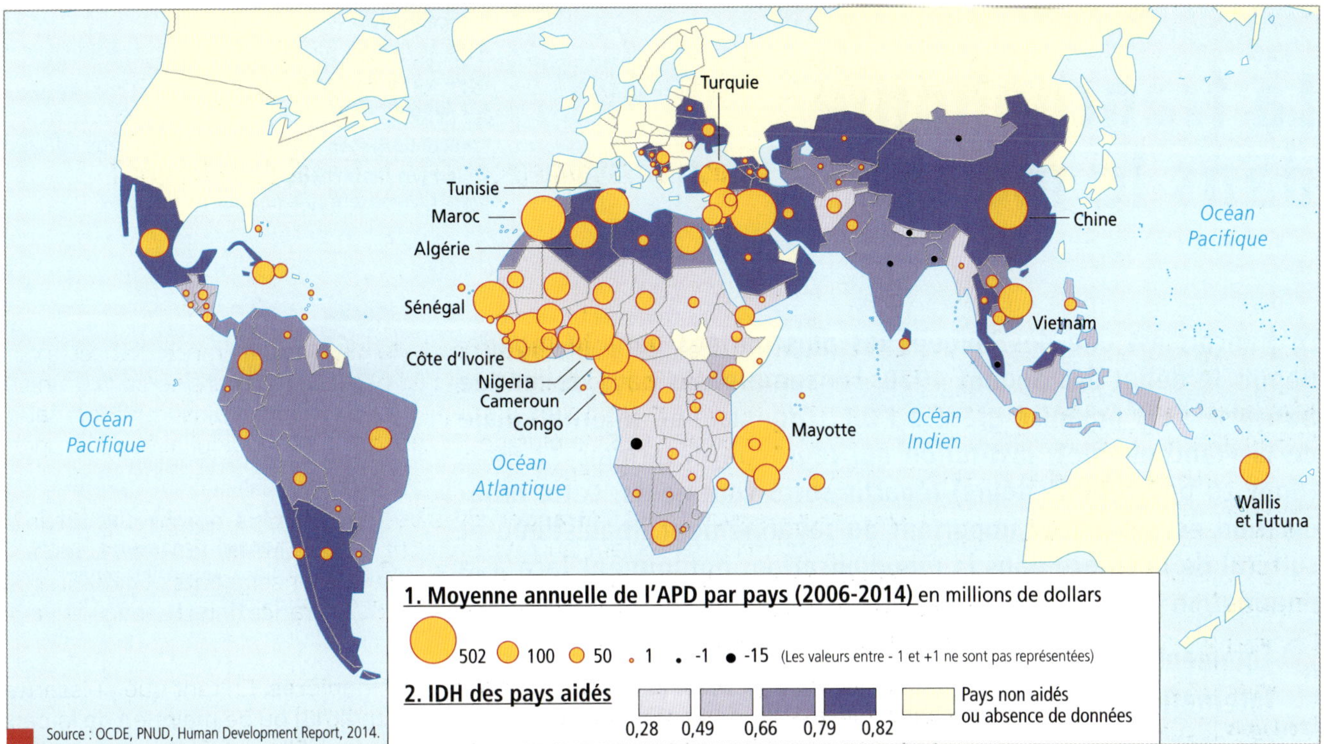

1 La France et son aide publique au développement

2 L'ONG Médecins sans frontières contre le virus Ebola

Centre de traitement installé par Médecins sans frontières pour soigner les victimes du virus Ebola en Guinée, juillet 2014.

Questions sur les documents

1. Vers quelles régions du monde l'aide française au développement se dirige-t-elle le plus ? Pourquoi ? **(doc. 1)**
2. Pourquoi l'ONG Médecins sans frontières intervient-elle en Afrique ? Quelles en sont les conséquences pour le rayonnement international de la France ? **(doc. 2)**
3. Quelle est la place du réseau diplomatique français dans le monde ? **(doc. 3)**

3 Les réseaux diplomatiques et culturels de la France

Dans le grand basculement du monde contemporain, la France doit composer avec les contraintes de la réduction de sa dépense publique, conséquence de la crise financière de 2007-2008. Les impératifs budgétaires pèsent lourdement sur les stratégies et sur les réseaux de la France à l'étranger, et donc sur sa capacité à demeurer une puissance culturelle et diplomatique à vocation mondiale [...].

L'organisation des réseaux de l'État français à l'étranger est définie par le principe de l'universalité. Ses relais sont donc nombreux, en matières diplomatique, culturelle, éducative [...] et militaire, en certaines circonstances. L'universalité de cette présence passe tout d'abord par 163 ambassades et 16 représentations, ce qui permet à la France de disposer du second réseau diplomatique mondial, derrière les États-Unis et devant la Chine. En comptant les consulats, les représentations permanentes et les antennes diplomatiques, la France est présente dans 192 pays. Ce réseau lui permet de conserver une diplomatie active.

Éric Janin, « La France à l'étranger : un rayonnement remis en cause ? », *Carto*, n° 24, juillet-août 2014.

L/ES
S

La francophonie dans le monde

le point sur… La francophonie

Francophones dans le monde (2014)	220 millions
Pays où le français est langue officielle	32 pays
Francophones en 2050 (estimation)	700 millions
2e langue maternelle dans l'Union européenne après l'anglais	

Le français est une des langues les plus parlées dans le monde. Depuis le début des années 1970, l'ensemble des pays de langue française s'est organisé grâce à l'OIF (Organisation internationale de la Francophonie), institution qui regroupe désormais 77 États (dont 20 pays observateurs) répartis sur 5 continents. Cette organisation est un acteur important du rayonnement linguistique et culturel de la France dans la mondialisation, notamment face à la domination de la langue anglaise.

Info

- Francophonie avec un « f » minuscule désigne le monde des **locuteurs de français**.
- Francophonie avec un « F » majuscule évoque le **dispositif institutionnel** organisant les relations entre les pays francophones.

→ Comment la langue française contribue-t-elle au rayonnement international de la France ?

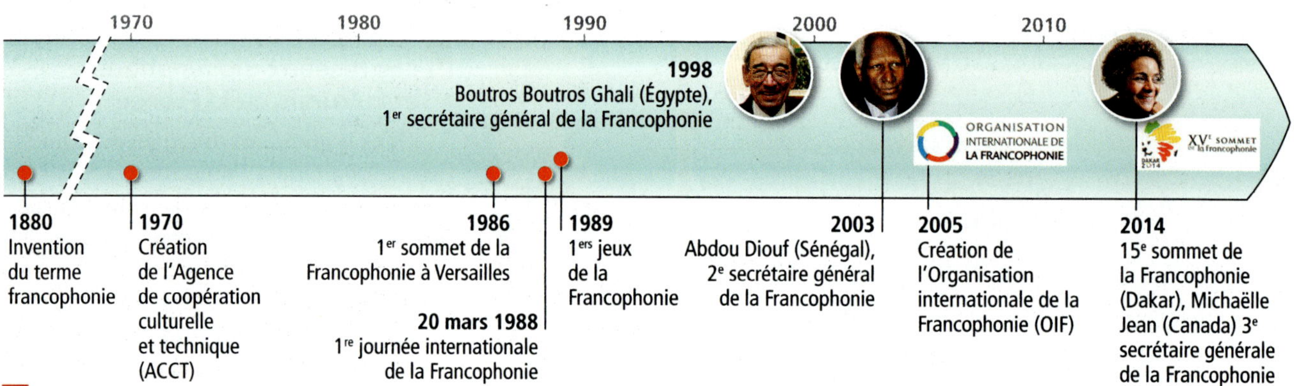

1 Chronologie de la Francophonie

2 Les objectifs de la Francophonie

La Francophonie, consciente des liens que crée entre ses membres le partage de la langue française et des valeurs universelles, et souhaitant les utiliser au service de la paix, de la coopération, de la solidarité et du développement durable, a pour objectifs d'aider : à l'instauration et au développement de la démocratie, à la prévention, à la gestion et au règlement des conflits, et au soutien à l'État de droit et aux droits de l'homme ; à l'intensification du dialogue des cultures et des civilisations ; au rapprochement des peuples par leur connaissance mutuelle ; au renforcement de leur solidarité par des actions de coopération multilatérale en vue de favoriser l'essor de leurs économies ; à la promotion de l'éducation et de la formation.

La Francophonie respecte la souveraineté des États, leurs langues et leurs cultures. Elle observe la plus stricte neutralité dans les questions de politique intérieure.

Charte de la Francophonie, 2005.

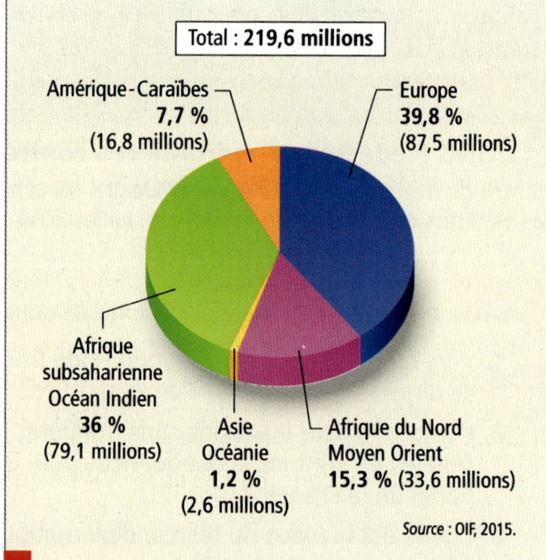

3 Les francophones dans le monde

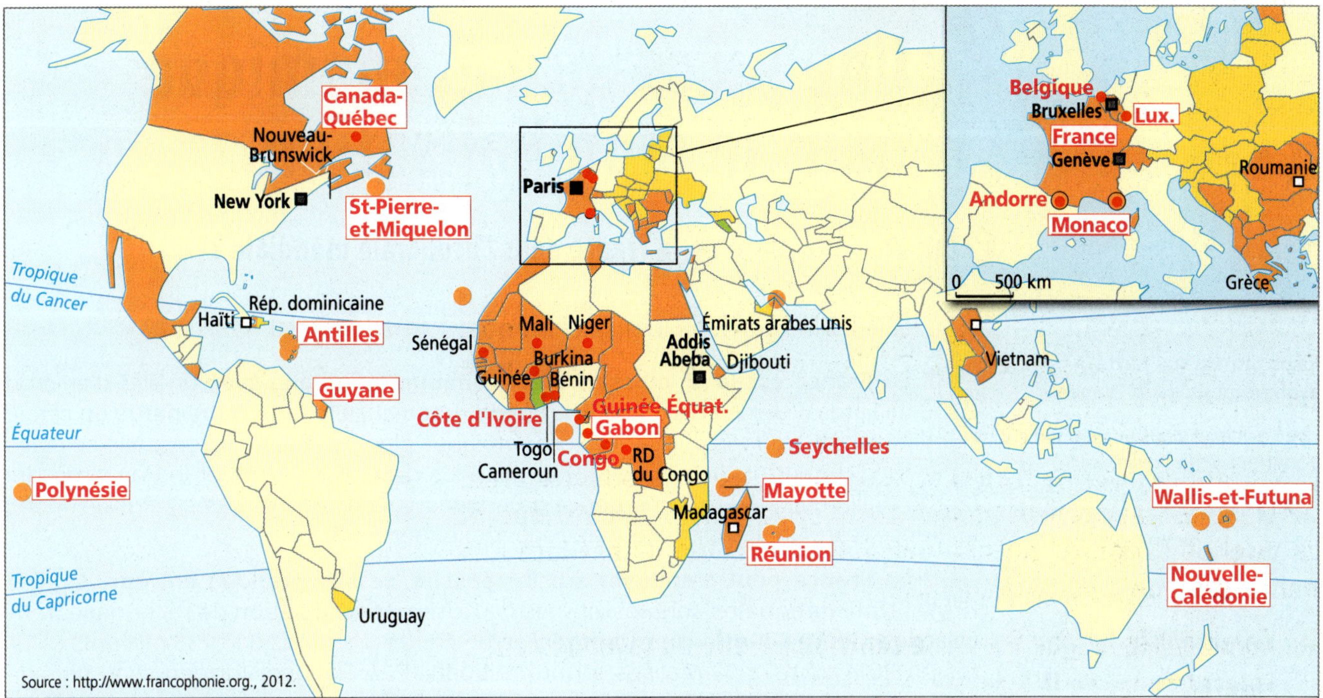

Source : http://www.francophonie.org., 2012.

1. Des États-membres sur tous les continents

- États membres de l'Organisation internationale de la Francophonie (OIF)
- États observateurs
- Membres associés

2. La place de la langue française

- ● Pays où le français est la seule langue officielle et/ou administrative

Part des francophones dans la population :

Antilles Supérieure à 75 % Congo Supérieure à 50 %

3. Les implantations de la Francophonie

■ Siège de l'OIF ■ Représentations permanentes □ Représentations régionales

4 La francophonie dans le monde

5 Quel avenir pour la langue française ?

Pour que le français reste l'« autre » langue, dans les rapports de force géopolitiques entre les nations, il faut ainsi qu'il reste une langue de service[1] ; il faut qu'il reste parlé comme langue seconde dans la mosaïque des territoires issus de la colonisation et qu'il reste appris partout ailleurs.

À s'obnubiler sur l'usage du français dans les seules organisations internationales, on oublie que si l'on ne parle plus le français dans les rues de Québec, si on ne le comprend plus sur les marchés de Kinshasa, dans les médinas de Casablanca ou d'Alger, si on ne l'apprend plus à Shanghai, à Sao Paulo ou à Bombay, on ne le parlera plus bientôt dans les couloirs des Nations unies. Et, pour qu'il reste désiré, il faut évidemment qu'il reste fonctionnel, un véhicule de savoir, de divertissement, de culture et, surtout, qu'il donne accès dans les pays francophones à l'emploi, à la vie professionnelle, à la reconnaissance sociale [...].

En dernière instance, l'avenir du français dépend de la prospérité du pays qui en est le berceau historique, mais plus encore de sa capacité créatrice. Tout autant que sur des facteurs démographiques ou économiques, tout autant que sur la puissance, la vitalité d'une langue – et partant, son influence – repose sur la créativité artistique, littéraire ou conceptuelle de la culture qu'elle exprime.

Michel Foucher (dir.), *Atlas de l'influence française au XXIe siècle*, Robert Laffont, 2013.

1. Se dit d'une langue utilisée dans les administrations et/ou dans les organisations internationales.

Analyse des documents

Exploiter et confronter les informations

1. Quand l'organisation de la Francophonie a-t-elle été créée ? Quelles sont les étapes de son organisation et de son internationalisation ? **(doc. 1)**
2. Quels sont les objectifs de la Francophonie ? **(doc. 2)**
3. Quels sont les pays et les régions du monde où la francophonie est la mieux implantée ? Quels facteurs peuvent l'expliquer ? **(doc. 3 et 4)**
4. À quels enjeux la langue française est-elle confrontée aujourd'hui ? **(doc. 2 et 5)**

Vers le BAC

Consigne : Analysez les facteurs, les aspects et les limites du développement de la francophonie dans le monde.

Aide pour répondre à la consigne

▸ **Vous pouvez organiser vos idées dans un tableau à trois colonnes.**

Facteurs	Aspects	Limites

L/ES
S

Cours

2. Une puissance économique dans la mondialisation

Quelle est la place de la France dans l'économie mondiale ?

Repères

■ Les principaux partenaires économiques de la France

Part des pays dans le commerce extérieur de la France (en %)

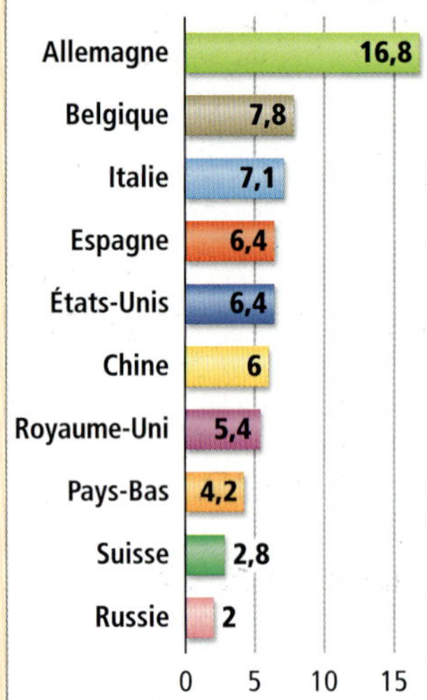

Sources : OMC, douanes française, 2015.

1 Une puissance économique et de grandes entreprises

La France est la 6e puissance économique mondiale. Avec un PIB d'environ 2 100 milliards d'euros en 2014 (3,6 % du PIB mondial), elle fait encore partie du cercle fermé des très grandes puissances économiques planétaires. En Europe, elle se place au 3e rang derrière l'Allemagne (2 900 milliards d'euros en 2014) et le Royaume-Uni (2 200 milliards). Malgré l'émergence de nouveaux concurrents (Brésil, Russie, Inde), la France reste un acteur majeur de l'économie mondiale.

La France peut s'appuyer sur la réussite de ses grandes entreprises. Les **firmes transnationales** sont les vitrines de l'**internationalisation** de l'économie française **(doc. 1)**. Les 20 premières ont réalisé un chiffre d'affaires de 1 735 milliards d'euros en 2014 dont 72 % réalisés à l'international. PSA Peugeot-Citroën vend plus de voitures en Chine qu'en France. Entre 2010 et 2014, la croissance de ces entreprises est pour plus de 85 % liée à l'augmentation de leur chiffre d'affaires à l'étranger.

2 Une économie ouverte sur le monde

L'économie française est très intégrée au commerce international. Insérée dans les grands réseaux d'échanges de biens, de services, de capitaux et d'informations, la France représente 3 % du commerce mondial. Plus de 21 % du PIB national est réalisé par les exportations. La France commerce avec les pays développés, particulièrement ceux de l'Union européenne (voir p. 320-321).

La France est au cœur des flux d'investissements planétaires. Elle est le 4e pays récepteur et le 5e pays émetteur d'**IDE**. Malgré la crise, la France peut s'appuyer sur des organismes bancaires performants sur les marchés extérieurs. Les groupes BNP Paribas, Société Générale et Crédit Agricole font partie des premières banques mondiales par leur chiffre d'affaires.

La France est la 1re destination touristique mondiale. Avec près de 85 millions de visiteurs étrangers (7,8 % des touristes internationaux dans le monde) en 2013, elle devance nettement les États-Unis et l'Espagne **(doc. 4)**. Les touristes des pays européens proches sont près de 60 millions à séjourner chaque année en France.

3 Des signes de fragilité

La concurrence sur les marchés mondiaux est forte. Areva, Total, GDF-Suez et EDF, leaders mondiaux de l'énergie, doivent composer avec la montée en puissance des groupes coréens, chinois ou russes. Dans l'automobile, Renault et PSA sont confrontés à la concurrence des entreprises des pays émergents, tout comme Carrefour dans la grande distribution ou Veolia dans l'environnement. Néanmoins, 31 de ces entreprises restent classées dans les 500 plus grandes firmes mondiales en 2014 **(doc. 3)**.

Le tourisme international pèse pour près de 3 % dans l'économie de la France. C'est une activité importante pour toutes les régions françaises. Toutefois, si les touristes étrangers dépensent chaque année près de 60 milliards d'euros, les dépenses par individu sont nettement plus faibles qu'en Espagne ou aux États-Unis.

La balance commerciale est très déficitaire. L'économie de la France demeure dépendante des importations de matières premières énergétiques et de produits manufacturés en provenance de Chine. Les exportations de services et de produits de haute technologie (aéronautique, nucléaire, etc.) ne compensent pas ces importations. Dans ce contexte, les régions contribuent de manière inégale au commerce extérieur de la France **(doc. 2)**.

Vocabulaire

- **Balance commerciale :** la balance commerciale d'un pays représente la différence entre la valeur des marchandises exportées et la valeur des marchandises importées.
- **IDE :** investissements directs de l'étranger ou bien investissements directs à l'étranger. Ensemble des capitaux placés par des entreprises étrangères dans un pays tiers ou par des entreprises nationales à l'étranger.
- **Internationalisation :** stratégie ou processus économique d'un État, d'une entreprise, ayant pour objectif de réaliser une partie importante de l'activité économique en dehors du pays d'origine.
- **Firme transnationale :** entreprise implantée dans de nombreux pays et qui réalise la majeure partie de son chiffre d'affaires en dehors de son pays d'origine.

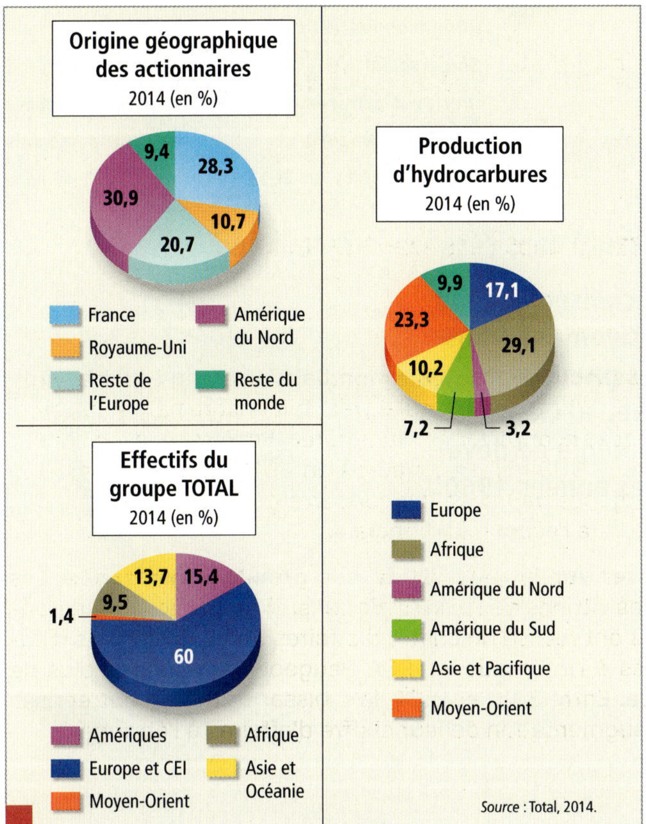

1 **Total, un groupe mondialisé**

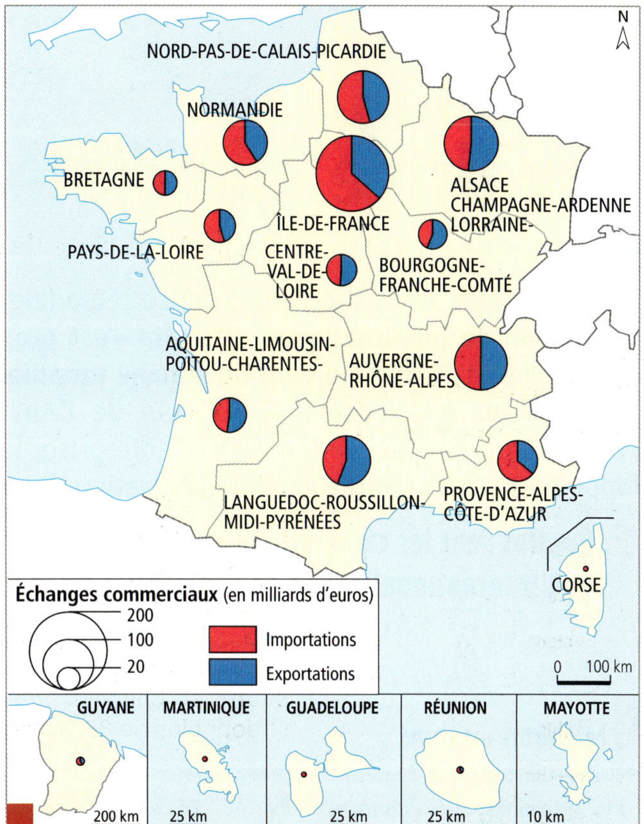

2 **Les régions dans le commerce extérieur de la France**

3 L'évolution des 10 plus grandes entreprises françaises

	Chiffre d'affaires 2010 (en milliards de dollars)	Rang mondial 2010	Chiffre d'affaires 2014 (en milliards de dollars)	Rang mondial 2014
Total (énergie)	155,8	14e	227,8	11e
Axa (assurances)	175,2	9e	165,8	16e
Société Générale (banque)	84,1	62e	132,7	33e
BNP Paribas (banque)	130,7	18e	121,9	40e
GDF Suez (énergie)	111,1	29e	118,5	44e
Carrefour (distribution)	121,4	22e	101,7	65e
EDF (énergie)	92,2	52e	100,3	70e
Crédit Agricole (banque)	106,5	36e	93,6	83e
PSA Peugeot-Citroën (automobile)	67,3	94e	71,8	119e
Banque populaire – Caisse d'Épargne (banque)	76,4	71e	66,4	136e

Source : Fortune 500, 2015.

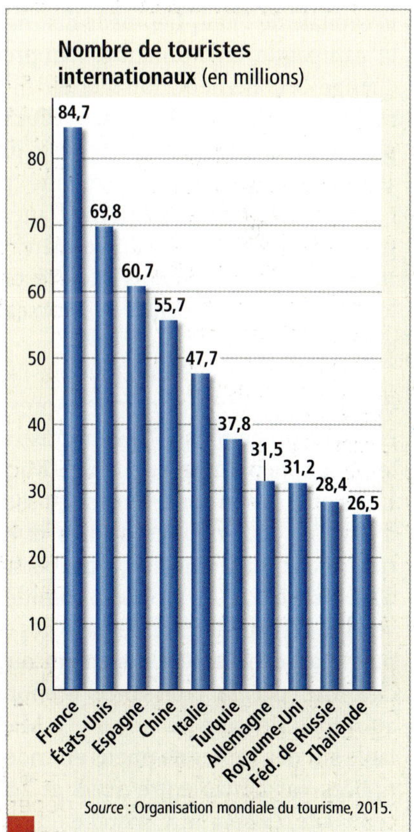

4 **La France, championne du tourisme mondial**

Questions sur les documents

1. Montrez que le territoire et l'économie français sont fortement mondialisés. **(doc. 1 à 4)**
2. Quelles sont les régions qui contribuent le plus au commerce extérieur de la France ? Pour quelles raisons selon vous ? **(doc. 2)**

L/ES
S

Exemple

Michelin, une firme mondiale

Le point sur… MICHELIN — *Une meilleure façon d'avancer*

Rang mondial (2014)	448e firme mondiale
Siège social	Clermont-Ferrand
Chiffre d'affaires (2014)	20 milliards de dollars
Employés (2014)	105 700 personnes
Pneus produits en 2012	171 millions

Créée en 1889, alors simple entreprise régionale spécialisée dans la production de pneumatiques, Michelin s'est progressivement transformée en une firme majeure du marché mondial des pneus. Si son siège social demeure au cœur de l'Auvergne, à Clermont-Ferrand dans la ville qui a vu naître l'entreprise, sa stratégie de développement s'est adaptée à la mondialisation depuis les années 1960.

➔ Quelles sont les caractéristiques de l'internationalisation de l'entreprise Michelin ?

1 Michelin en Inde

Avec ses petites maisons nichées sous les palmiers, ses champs secs et ses maigres troupeaux, ses bosquets et ses étendues de buissons épineux, Thervoy est caractéristique du paysage rural du Tamil Nadu, au sud-est de l'Inde. Ce gros village a beau être proche de Chennai [ex-Madras], la capitale de l'État, rien ne le distingue de la campagne environnante. L'impression change brutalement, lorsque au fil de la route apparaît un immense bâtiment : pas moins d'un kilomètre de long, jusqu'à 36 mètres de haut en certains points [...]. C'est ici que le fabricant français de pneumatiques ouvre sa première usine indienne. Les bâtiments sont terminés, les machines sont installées, 1 100 salariés s'activent [...].

En 2008, le groupe de Clermont-Ferrand décide de s'installer en Inde. Après avoir envisagé un partenariat, l'entreprise a finalement opté pour un site 100 % Michelin. L'opération représente un investissement d'environ 500 millions d'euros et entraînera le recrutement de 1 500 personnes d'ici à 2016 [...]. Le groupe a commencé à vendre des pneus dans le pays dès 1999, puis a observé le développement du marché, tiré par la croissance économique au milieu des années 2000 [...]. Michelin table sur des ventes de pneus en Inde multipliées par douze entre 2008 et 2023. À cette date, ce sera le 3e marché du monde, aussi important que l'Europe.

Patrick de Jacquelot, « Michelin sur la route des Indes », *Enjeux-Les Échos*, décembre 2013-janvier 2014.

2 Michelin en Chine

Michelin a ouvert en 2013 une nouvelle unité de production en Chine, dans la zone de développement économique et technologique de Shenyang, dans la province du Liaoning.

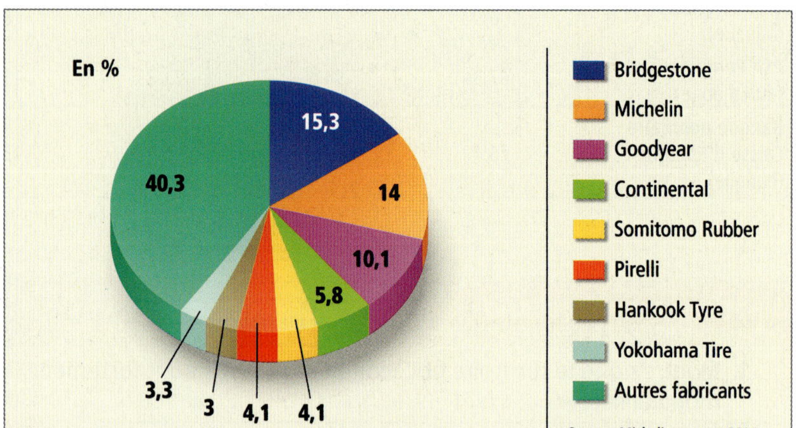

Source : Michelin, rapport 2014.

3 Le marché mondial des pneumatiques (2014)

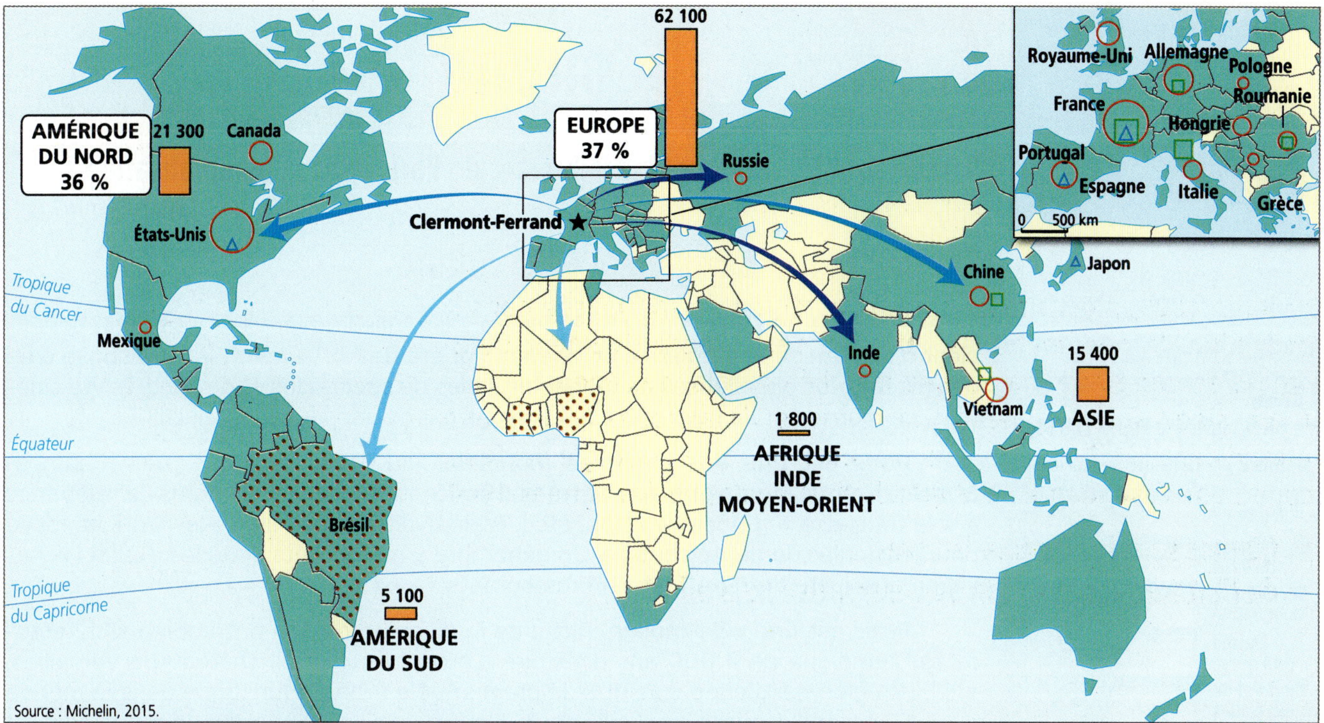

Source : Michelin, 2015.

1. Les pôles d'activité de la firme

★ Siège social

Sites de production de pneumatiques (nombre par pays) : 12, 5, 1

Sites de fabrication de composants (nombre par pays) : 3, 1

Centres de recherche et d'essais (nombre par pays) : 1, 2

2. Une firme mondialisée

Pays où Michelin est présent (services, vente, production, etc.)

Régions de production d'hévéa (matière première pour les pneus)

EUROPE 37 % — Principaux marchés régionaux

15 400 — Effectifs

3. Les étapes de la diffusion mondiale

Années 1960-1970

Années 1980-1990

Années 2000-2010

4 Michelin dans le monde

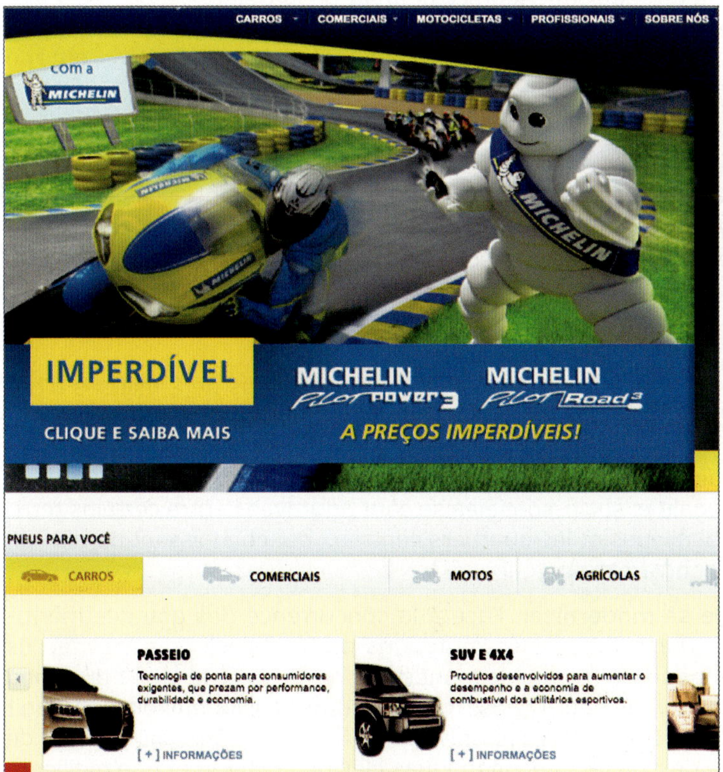

5 La communication Michelin au Brésil

Page d'accueil du site Internet www.michelin.com.br, 2015.

Analyse des documents

Confronter des situations géographiques

1. Dans quelles régions du monde Michelin est-elle implantée ? Pour quelles raisons ? **[doc. 1, 2, 4 et 5]**
2. Quelle est la place de Michelin sur le marché mondial des pneumatiques ? **[doc. 3]**
3. Quelle place la France occupe-t-elle dans la géographie mondiale de Michelin ? **[doc. 4]**

Vers le BAC

Consigne : Montrez que Michelin est une firme mondiale.

Aide pour répondre à la consigne

Vous pouvez organiser votre réponse en développant les aspects suivants :

- la place de Michelin dans le marché mondial des pneumatiques ;
- les étapes de diffusion de la firme dans le monde ;
- les pays dans lesquels Michelin se développe actuellement.

L/ES
S

3. Paris, ville mondiale

➔ Quels sont les atouts et les faiblesses de Paris dans la mondialisation ?

1 Une capitale mondiale de la culture

■ **Paris est une ville d'art et de culture.** La « Ville Lumière » et sa région bénéficient d'une image prestigieuse unique en matière de **Soft Power**. Paris dispose d'un des réseaux les plus denses au monde de salles de spectacles et de congrès, de cinémas, de musées et de lieux d'accueil pour les expositions (Grand Palais) **(doc. 2)**.

■ **Paris est une des capitales mondiales du luxe.** Quelques rues (Champs-Élysées, avenue Montaigne, rue de la Paix) concentrent les grands noms de l'élégance « à la française » (Chanel, Vuitton, etc.). Paris rivalise avec Milan, New York et Tokyo pour les défilés de haute couture. On dénombre 9 restaurants 3 étoiles (Guide Michelin) à Paris, juste derrière Tokyo (14 restaurants).

■ **Paris est une ville-musée.** Riche de la diversité de son patrimoine architectural qui témoigne de 2 000 ans d'histoire (Louvre, tour Eiffel, château de Versailles, etc.), la région parisienne constitue le premier pôle urbain touristique dans le monde avec 47 millions de visiteurs. À elle seule, Paris accueille 30 millions de touristes dont 17 millions d'étrangers.

2 Un territoire urbain de la mondialisation

■ **Paris est un pôle de l'archipel métropolitain mondial.** Malgré la concurrence, il s'agit toujours d'une capitale économique parmi les plus puissantes au monde. Elle concentre 30 % du PIB national (5 % du PIB européen) et c'est la première région économique d'Europe avec plus de 615 milliards d'euros de PIB.

■ **Paris est une ville mondiale.** Elle est généralement placée au 3e rang des grandes mégapoles, derrière Londres et New York, grâce aux investissements étrangers dans la finance et le tertiaire supérieur. Le quartier de la Défense **(doc. 1)** est une des plus fortes concentrations de sièges sociaux de firmes transnationales de la planète. Paris est aussi le siège de grandes écoles (HEC, Essec, Sciences Po Paris, etc.) de réputation internationale.

■ **Paris dispose d'atouts importants en matière d'accessibilité.** Ses pôles d'activités (La Défense, Saclay, Roissy, Rungis) sont intégrés aux échelles locale, régionale et mondiale. Les aéroports de Roissy, d'Orly et du Bourget ont accueilli plus de 90 millions de passagers en 2014. Paris est aussi à la tête de la deuxième plate-forme fluviale d'Europe.

3 L'avenir de Paris dans la mondialisation

■ **Paris doit gérer son évolution démographique.** Avec plus de 2 millions d'habitants intra-muros, Paris est à la tête d'une aire urbaine qui dépasse désormais 12,5 millions d'habitants, dont la croissance annuelle reste forte (en moyenne 170 000 habitants supplémentaires). L'insuffisance de logements provoque spéculation et hausse des prix. Les inégalités socio-spatiales se sont aggravées entre certains territoires défavorisés des banlieues et les quartiers centraux qui connaissent de plus en plus le phénomène de **gentrification**.

■ **Paris continue de se moderniser.** Face à la concurrence des grandes métropoles du monde entier, Paris anticipe les mutations du XXIe siècle afin d'éviter les risques de déclassement dans la hiérarchie mondiale **(doc. 3)**. Avec le projet du Grand Paris (voir p. 332), la capitale aspire à conserver son rang de ville mondiale. Il s'agit notamment de résoudre la saturation des moyens de transport. Cela permettrait de garantir la compétitivité des secteurs économiques clés de la région et une meilleure cohérence territoriale.

Repères

■ Sites les plus visités à Paris (2014)

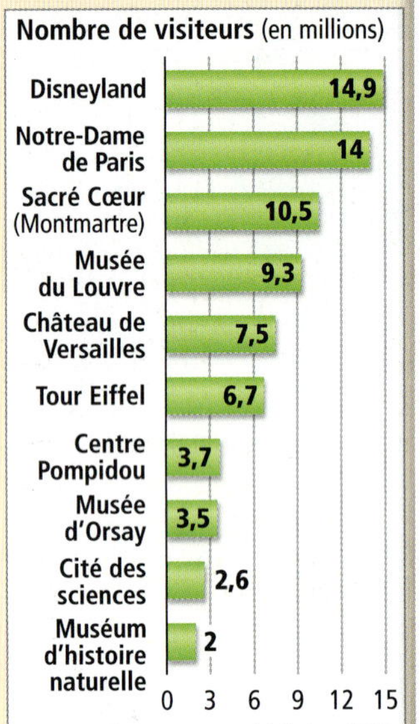

Sources : www.parisinfo.com, 2014.

Vocabulaire

- **Archipel métropolitain mondial :** ensemble des villes mondiales (New York, Tokyo, Paris, Londres, etc.) qui, connectées en réseau, organisent et dominent l'économie mondiale.
- **Gentrification :** processus de rénovation urbaine des quartiers centraux dégradés afin de faciliter le retour des classes aisées au cœur des villes.
- **Soft power :** voir p. 322.
- **Ville mondiale :** ville qui constitue un centre d'impulsion majeur de la mondialisation. Elle concentre des fonctions décisionnelles, économiques et financières, et souvent des fonctions politiques et/ou culturelles lui permettant d'exercer un rayonnement à l'échelle mondiale. C'est aussi un carrefour de communication et une ville cosmopolite.

1 La Défense : un des principaux quartiers d'affaires en Europe

① Suez Environnement ③ Areva ⑤ Société Générale
② Total ④ EDF

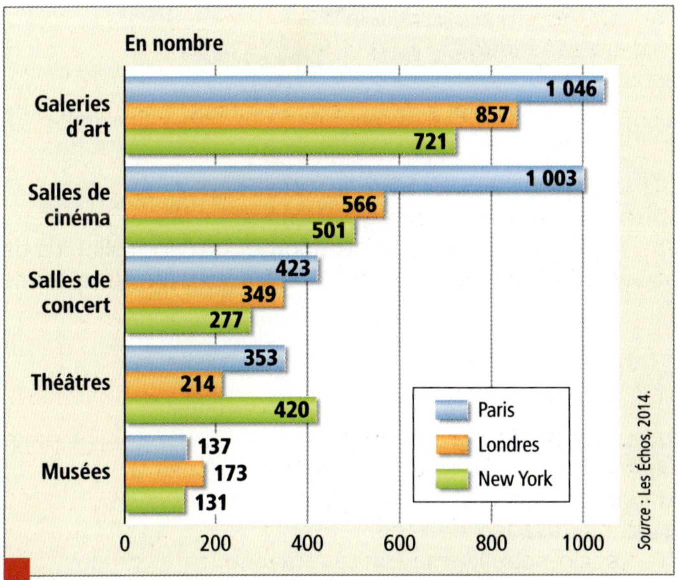

2 Paris, capitale mondiale de la culture

Questions sur les documents

1. Dans quels domaines Paris s'impose-t-elle comme ville mondiale ? **(doc. 1 et 2)**
2. À quels problèmes Paris est-elle confrontée ? **(doc. 3)**

3 Le risque de déclassement de Paris

Locomotive de l'économie nationale, l'Île-de-France est en perte de vitesse. Sa croissance est « languissante », son attractivité « se détériore », « sa dynamique touristique s'essouffle ». [...] Plusieurs indicateurs conduisent à diagnostiquer le « déclassement » de l'Île-de-France dans le palmarès des métropoles internationales. Sa croissance « a été plus faible que beaucoup d'autres villes mondiales » entre 2000 et 2010.

En dix ans, le PIB par habitant de la région a crû de 0,8 %, contre 1,4 % pour New York et 2,7 % pour Londres. Selon les projections de croissance actuelles, son PIB par habitant pourrait croître de 1 % entre 2010 et 2030. [...] Paris et sa région sont passées de la 4e place en 2008 à la 7e place en 2013 des villes qui accueillent des projets financés par des capitaux internationaux. Leur nombre a baissé de plus de 40 % entre 2008 et 2012. Or, un emploi sur cinq en Île-de-France dépend des capitaux internationaux. [...]

L'Île-de-France attire moins de sièges sociaux d'entreprises étrangères que Londres, Bruxelles ou Amsterdam. Dans la compétition internationale, la région est pénalisée par le niveau élevé de la fiscalité sur les entreprises – le plus élevé d'Europe – et par le prix des logements.

Béatrice Jérôme, « Paris en perte de vitesse dans la compétition internationale », *Le Monde*, 20 mai 2014.

L/ES
S

Exemple

Le point sur… LE GRAND PARIS	
Population Paris	2 250 000 habitants
Population aire urbaine	12 500 000 habitants
PIB Île-de-France	615 milliards d'euros
Nombre de touristes étrangers	17 millions
Trafic aérien (Roissy et Orly)	90 millions de passagers

Le Grand Paris : une métropole dans la mondialisation

Le projet du Grand Paris a été lancé au milieu des années 2000, afin de répondre à la compétition croissante entre les grandes métropoles mondiales. L'objectif de ce projet est d'anticiper les mutations de l'agglomération parisienne afin de l'adapter aux exigences de la mondialisation. C'est toute l'organisation du premier pôle économique européen qui doit être envisagée autour des transports, de l'habitat et du développement économique. Il s'agit de concilier développement territorial et cadre de vie agréable pour les populations.

➔ Quelles sont les caractéristiques du projet du Grand Paris ?

1 Les ambitions du Grand Paris

L'objectif principal du projet du Grand Paris est le développement durable de l'économie et de l'emploi dans la région afin de maintenir, voire de renforcer, la position de l'Île-de-France parmi les métropoles les plus attractives au niveau international. Il s'appuie sur la création d'un réseau de transports publics dont le but est d'être à la fois une armature reliant les grands pôles économiques de la région, mais aussi un support de développement local, dont les futures gares du nouveau réseau seraient les têtes de pont […].

Le projet du Grand Paris favorise également la recherche, l'innovation et la valorisation industrielle. Sept territoires (ou « clusters »[1]) ont ainsi été identifiés comme pôles de développement stratégiques : Saclay (pôle de l'Innovation et de la Recherche), Villejuif-Évry (pôle de la Santé), La Défense (pôle de la Finance), Saint-Denis-Pleyel (pôle de la Création), Roissy-CDG (pôle des Échanges internationaux et de l'Événementiel), Le Bourget (pôle de l'Aéronautique) et Descartes-Marne-la-Vallée (pôle de la Ville Durable) […].

L'attractivité de la place de Paris se trouvera ainsi renforcée et offrira une meilleure visibilité aux investisseurs internationaux.

www.grand-paris.jll.fr/le-projet-du-grand-paris/presentation-generale/id/48, 2015.

1. Voir p. 160.

2 Le Grand Paris express : futur métro périphérique

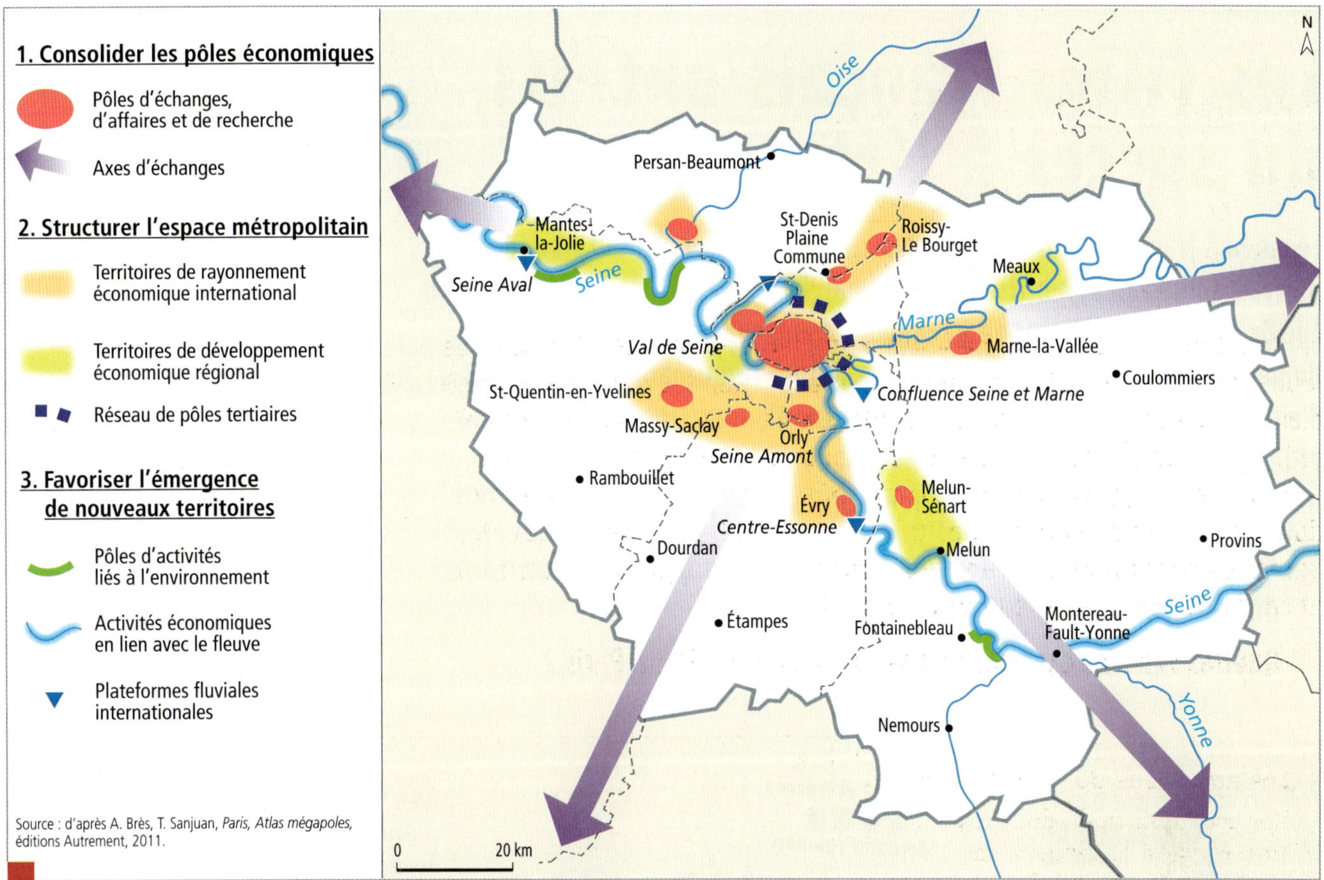

3 L'organisation spatiale de la future métropole

Vocabulaire

▸ **Métropole :** grande ville qui concentre une population et des activités importantes sur un territoire comprenant la ville-centre, les banlieues et les espaces périurbains. Elle est dotée de fonctions de décision de niveau régional, national ou international.

4 Les limites du Grand Paris

En 10 ans, la région parisienne s'est transformée. La proche banlieue est de plus en plus parisienne, les limites de la région sont de plus en plus floues, des pôles importants se sont affirmés dans les périphéries et ont accru leur visibilité à l'échelle de l'agglomération [...]. La région est analysée comme une métropole complexe et non plus comme une ville entourée de sa banlieue. Le modèle économique et territorial francilien a été réinventé [...].

À l'échelle de la métropole, les principaux enjeux pointés par les habitants renvoient à deux logiques : il existe à la fois des problèmes locaux partagés par tous (transport et logement au premier chef) et des problèmes liés aux inégalités constatées entre territoires (inégalités sociales mais aussi dans l'éducation, l'accès aux services, etc.). Cette région est l'une des capitales de la planète, mais les Franciliens ne s'estiment pas égaux devant la possibilité de tirer parti des opportunités offertes par une telle situation [...].

S'il faut d'abord résoudre les problèmes de logement et de transport, la question des inégalités entre territoires devient un enjeu majeur pour que le développement de la métropole se poursuive dans de bonnes conditions.

Frédéric Gilli, *Grand Paris. L'émergence d'une métropole*, Les Presses de Sciences Po, 2014.

Analyse des documents

Prélevez des informations

1. Quels sont les objectifs annoncés du Grand Paris pour les prochaines années ? **(doc. 1)**
2. Quels seront les principes de l'organisation spatiale du futur Grand Paris ? **(doc. 2 et 3)**
3. À quelles limites le projet du Grand Paris est-il confronté ? **(doc. 4)**

Vers le BAC

Consigne : En vous appuyant sur les documents 3 et 4, montrez les ambitions et les limites du projet du Grand Paris à l'heure de la mondialisation.

Aide à la consigne

▸ **Vous pouvez réaliser un tableau à deux entrées :**

	Ambitions	Limites
Document 3		
Document 4		

L/ES
S

AUTRES REGARDS

Les films français ont-ils du succès à l'étranger ?

Le cinéma français s'exporte partout dans le monde et connaît fréquemment de vrais succès au box-office international. En 2014, le film *Lucy*, réalisé par Luc Besson, a compté plus de 52 millions d'entrées dans une soixantaine de pays. C'est le plus gros succès depuis le film *Intouchables* (32 millions d'entrées internationales en 2012). Les films d'auteur, les téléfilms et les séries françaises sont également souvent récompensés dans les festivals à l'étranger, même si leur succès reste plus confidentiel.

➔ Comment le cinéma fait-il rayonner la culture française dans le monde ?

Info

- La **France** est le **deuxième exportateur de films au monde**, derrière les États-Unis. C'est dans ce pays que les films français sont le plus vendus, devant la Chine.
- Le **festival de Cannes** est, chaque année, une importante **vitrine mondiale** de la production cinématographique française.

1 ***Lucy***

Affiche chinoise de *Lucy* de Luc Besson, 2014.

2 Le succès des films français

Incroyable, mais vrai : le cinéma français a bonne réputation à l'étranger. Il est même celui qui s'exporte le mieux – derrière le cinéma américain, bien entendu. [...]

Après 2012, année de tous les records, avec 301 millions d'euros de recettes sur le marché international, engrangés pour plus de la moitié par *Intouchables*, *Taken 2* et *The Artist*, 2013 s'annonce comme un millésime modeste, avec une estimation autour de 200 millions d'euros. Pas de quoi pavoiser, mais rien d'alarmant.

D'après Gilles Renouard, directeur général adjoint d'Unifrance, association chargée de promouvoir le cinéma français à l'étranger, « c'est un retour à la normale après l'épiphénomène 2012. » [...] Autrement dit, à l'international, les gros budgets tricolores ne sont pas les champions. Exception faite des productions de Luc Besson, style *Colombiana* ou *Malavita*, ce sont les films d'auteur qui ont la cote. « S'il n'est pas américain, un film d'action est rejeté d'emblée, confirme le distributeur Jean-Thomas Bernardini, installé au Brésil. Et, pour la grosse comédie, le public choisira toujours celle qui vient de chez lui. »

©Christophe Carrière, « Les atouts du cinéma français à l'étranger », lexpress.fr, 17 janvier 2014.

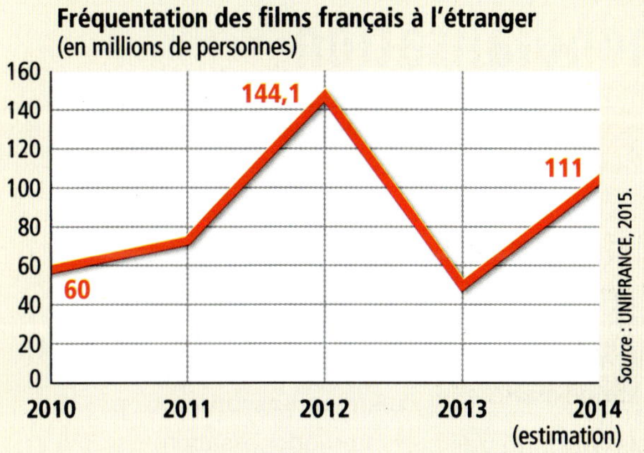

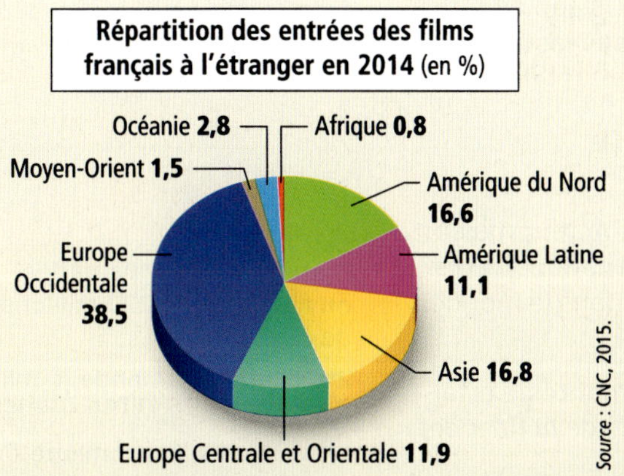

3 Les films français à l'étranger : des chiffres

5 Festival du film français en Inde

4 Les séries télévisées françaises à l'étranger

« Peut mieux faire », disait-on trop souvent il y a encore quelques années aux séries télé françaises. C'est chose faite ! Et elles se vendent désormais sur les marchés anglo-saxons mais restent handicapées par la langue et le faible nombre d'épisodes produits.

[...] Le renouveau de la création française dérive d'un changement des mentalités lié à l'arrivée en masse des séries américaines sur les écrans français, de la multiplication des chaînes thématiques en demande de programmes originaux, et d'un « effet Canal+ ». [...]

Les ventes à l'étranger restent toutefois handicapées par la langue car à Londres comme outre-Atlantique, « on n'aime pas le doublage, ni le sous-titrage ». [...] Aux États-Unis, l'attrait croissant pour les séries *Made in France* s'est ainsi d'abord traduit par la vente des droits de remake d'une dizaine de séries françaises dont *Engrenages*, *Braquo*, *Pigalle la nuit*, *Mafiosa*, ou *Les Hommes de l'ombre*, la mini série phénomène de France 2. Des coproductions internationales, à initiative fr ançaise mais tournées en anglais, se sont également multipliées avec notamment *Borgia* ou *Le Tunnel* pour Canal+, *Jo* pour TF1 ou *Le Transporteur* pour M6.

« Les séries télé françaises s'exportent mieux, dopées par "l'effet Canal+" », ©lexpress.fr, 3 février 2013.

Préparer le débat

1. Quels sont les films français qui s'exportent le plus à l'étranger ? Pour quelles raisons ? (doc. 1 et 2)
2. Dans quelles régions du monde les films français font-ils le plus d'entrées ? Où sont-ils le plus rentables ? (doc. 3)
3. Comment les festivals contribuent-ils au rayonnement du cinéma français à l'étranger ? (doc. 5)
4. À quels défis la diffusion à l'étranger des séries françaises est-elle confrontée ? (doc. 4)

Débat

D'après vous, une meilleure diffusion à l'étranger doit-elle faire partie des grands objectifs du cinéma français ? Quels sont les arguments pour et contre ?

L/ES
S

Réviser

La France dans la mondialisation

Synthèse

1 Un rayonnement planétaire

■ **La France est très présente dans le monde.** Son territoire, dispersé sur toute la planète, 2 millions d'expatriés, une présence militaire dans les régions en guerre, etc., lui permettent d'assurer un rôle diplomatique mondial.

■ **La culture française demeure une référence.** Le français est parlé par près de 220 millions d'individus. La France peut également s'appuyer sur une image prestigieuse grâce à son patrimoine, son cinéma, ses restaurants gastronomiques, ses boutiques de luxe.

2 Une économie mondialisée

■ **La France est la 6e puissance économique mondiale.** Acteur majeur de la mondialisation, elle représente 3 % du commerce international. Puissance financière, elle est au cœur des flux d'investissements dans le monde. Elle résiste face à la concurrence des pays émergents.

■ **Ses firmes transnationales sont parmi les plus performantes.** Certaines d'entre elles sont des leaders mondiaux dans les secteurs de la finance, des hautes technologies, de l'énergie, du luxe, etc.

3 Paris, ville mondiale

■ **Paris est une ville mondiale.** Ville-musée, elle est aussi un des hauts lieux planétaires de la culture et du luxe. Elle est un des pôles de la finance mondiale et est parfaitement connectée au reste du monde.

■ **Paris doit composer avec la concurrence d'autres villes mondiales.** Face au risque de déclassement, le projet du Grand Paris a pour objectif de lui permettre de rester une métropole compétitive dans la mondialisation.

Notions clés

- Archipel métropolitain mondial p. 330
- Firme transnationale p. 326
- Internationalisation p. 326
- Soft Power p. 322
- Ville mondiale p. 330

Chiffres clés

- **Français : 7e langue parlée au monde** avec **220 millions** de locuteurs
- **2e ZEE dans le monde** (11 millions de km²)
- **6e puissance économique mondiale** (PIB d'environ 2 100 milliards d'euros en 2014)
- **3 % du commerce mondial**
- **5e pays investisseur** dans le monde
- **1re destination touristique dans le monde** (85 millions de visiteurs)
- **Région parisienne : 1re région économique d'Europe** (PIB de plus de 615 milliards d'euros)

Pour approfondir

Livres, dossiers

- Michel Foucher (dir.), *Atlas de l'influence française au XXIe siècle*, éditions Robert Laffont, 2013.
- Antoine Brès et Thierry Sanjuan, *Atlas de Paris*, éditions Autrement, 2011.

Films

- Woody Allen, *Minuit à Paris*, 2011. Un film consacré à Paris et à son attraction pour les touristes américains.
- *Paris, je t'aime*, 2006. Un film écrit par de nombreux réalisateurs internationaux témoignant de leur fascination pour la ville.

Musée

- Musée du Louvre : www.louvre.fr

Sites Internet

- **Portail de ressources sur la France :** www.france.fr
- **Organisation internationale de la Francophonie :** www.francophonie.org
- **Site de la firme Michelin :** www.michelin.com
- **Site d'information sur le Grand Paris :** www.territoires.gouv.fr/Grand-Paris

Carte mentale

Retrouvez la carte mentale du chapitre sur le site Internet : www.nathan.fr/geo1re-2015

Schémas pour réviser

1 La France parmi les 15 premières puissances économiques mondiales

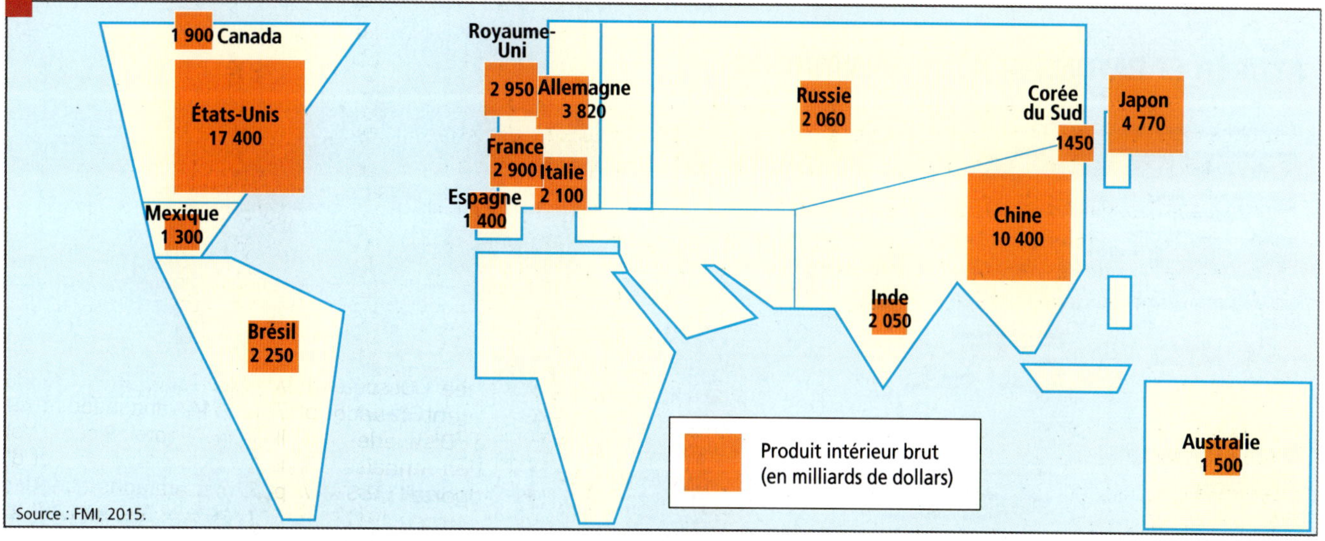

2 Les dynamiques socio-spatiales dans le Grand Paris

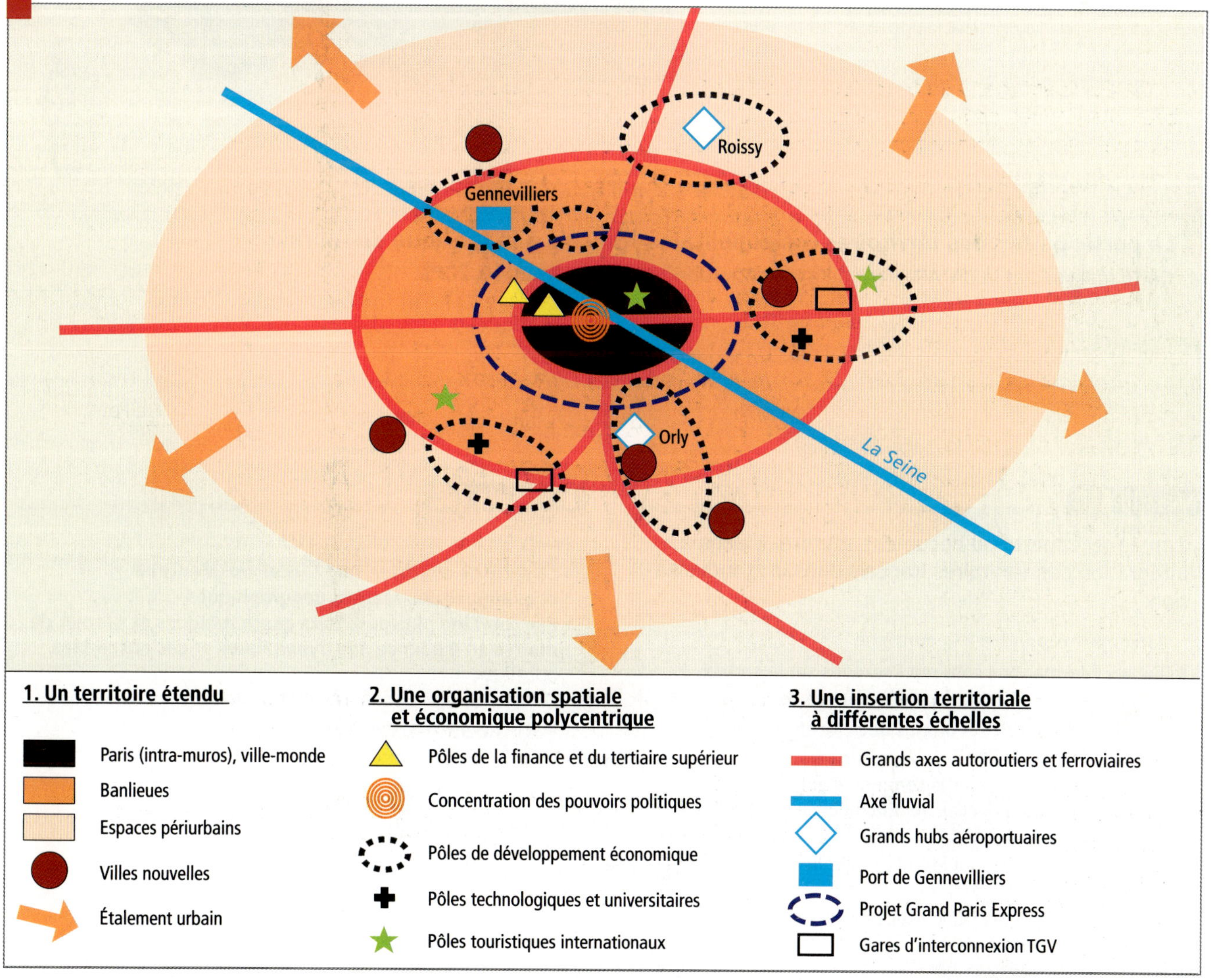

Exercices BAC

1 Étudier une carte de synthèse

→ La France : attractivité et rayonnement international

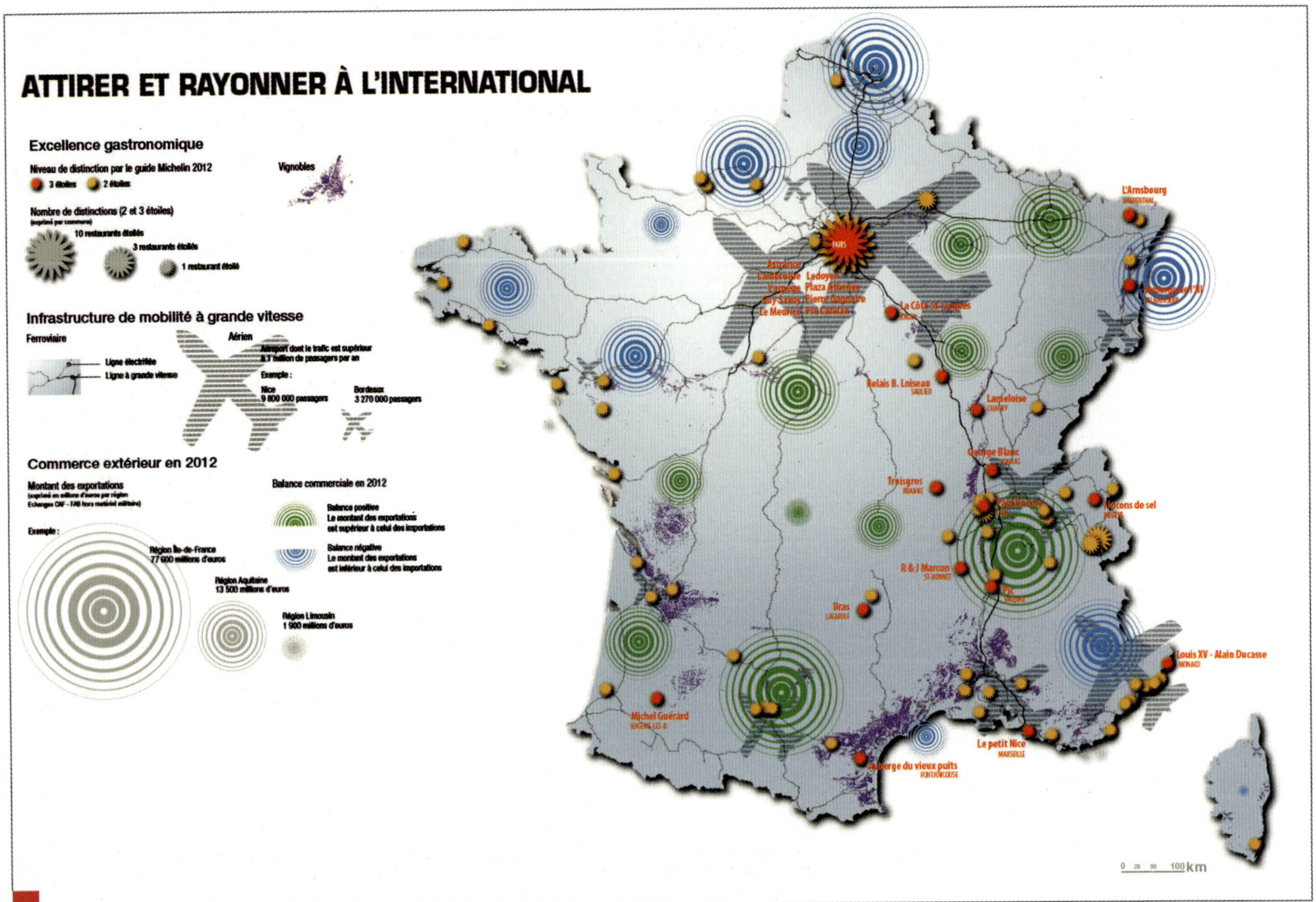

La participation des territoires métropolitains français à la fabrique du monde

Carte réalisée par la DATAR, www.datar.gouv.fr, rubrique Territoires 2040, 2015.

Vers le BAC

Consigne : À partir du document, montrez l'inégale intégration des territoires français dans la mondialisation.

Aide pour répondre à la consigne

- Quelles informations sont représentées sur la carte ?
- Où sont localisés les principaux aéroports ?
- Que pouvez-vous dire à propos de la localisation des restaurants étoilés ?
- Repérez les régions dont le commerce extérieur est le plus développé et celles dont la balance commerciale est positive.
- Où sont situés les vignobles ? Pour quelle raison figurent-ils sur la carte ?
- Comment les régions françaises participent-elles à la mondialisation ?

Méthode BAC

Analyser une carte (voir p. 312)

- La carte de synthèse sert à **localiser**, **identifier** et **expliquer des réalités géographiques**.
- Elle **combine plusieurs faits géographiques et permet de mettre en évidence des dynamiques** et des **ensembles spatiaux**.
- Ce type de carte est le résultat d'une réflexion et répond à une problématique.

2 Faire de la géographie avec les TICE

→ **Faire un diaporama avec Powerpoint sur l'aide publique française au développement**

1. **Ouvrez l'application Powerpoint.**
   → Créez une page de titre

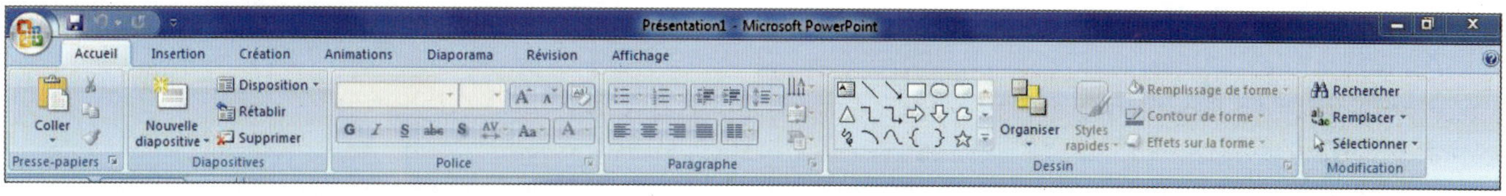

2. **Allez sur le site www.diplomatie.gouv.fr/ ; cliquez sur « Politique étrangère de la France » et recherchez le lien sur l'aide publique au développement française.**
3. **Recherchez sur le site les informations nécessaires à votre présentation Powerpoint. Aidez-vous des questions suivantes :**
   → Définissez ce qu'est l'aide publique au développement.
   → Quels sont les objectifs et les enjeux de la politique d'aide de la France ?
   → À l'aide de l'infographie « L'aide publique au développement en chiffres », relevez quelques exemples concrets d'application de cette aide.
   → Quelles sont les principales régions bénéficiaires de l'aide ?
   → Quel pourcentage du revenu national est consacré par la France à l'aide publique ? Quelle est la part de l'aide française dans le total de l'aide publique mondiale ?
   → Comment évolue l'aide publique au développement depuis 2001 ?
   → Comment l'aide publique est-elle mise en œuvre ?
   → Quels sont les autres acteurs de l'aide publique au développement française ?
4. **Élaborez un plan simple pour structurer votre présentation.**
   → Faites une ou deux diapositives pour chaque partie ou thème prévu.

   Conseil : illustrez vos pages Powerpoint en faisant des copier/coller d'images ou de graphiques pris sur le site.

   → Indiquez sur la dernière page les sources des informations et des illustrations que vous avez utilisées.
5. **Dans la barre d'outils de Powerpoint, choisissez un mode de transition entre les diapositives ; allez dans « diaporama » et cliquez sur « à partir du début » pour visualiser votre présentation.**
   → Vous pouvez explorer les nombreuses possibilités offertes par Powerpoint en créant d'autres présentations sur les domaines d'intervention de la diplomatie française, dans la culture, l'économie, etc.

L/ES
S

Méthode BAC

Analyser un croquis de synthèse

→ Sujet guidé

Sujet

La présence française dans le monde

Consigne : À partir de l'étude critique des documents, vous mettrez en évidence les différentes formes de la présence française dans le monde. Après avoir dégagé les enjeux du rayonnement international de la France, vous en montrerez les limites.

À savoir

- Un **croquis de synthèse** montre **l'organisation d'un espace** ou les composantes d'un phénomène géographique. **Les informations sélectionnées sont mises en relation** afin de traduire les dynamiques et l'originalité du phénomène ou de l'espace représenté.
- L'analyse du croquis repose dans un **premier temps sur la description** des faits cartographiés. Il faut ensuite **établir des liens logiques** entre les informations et les expliquer.

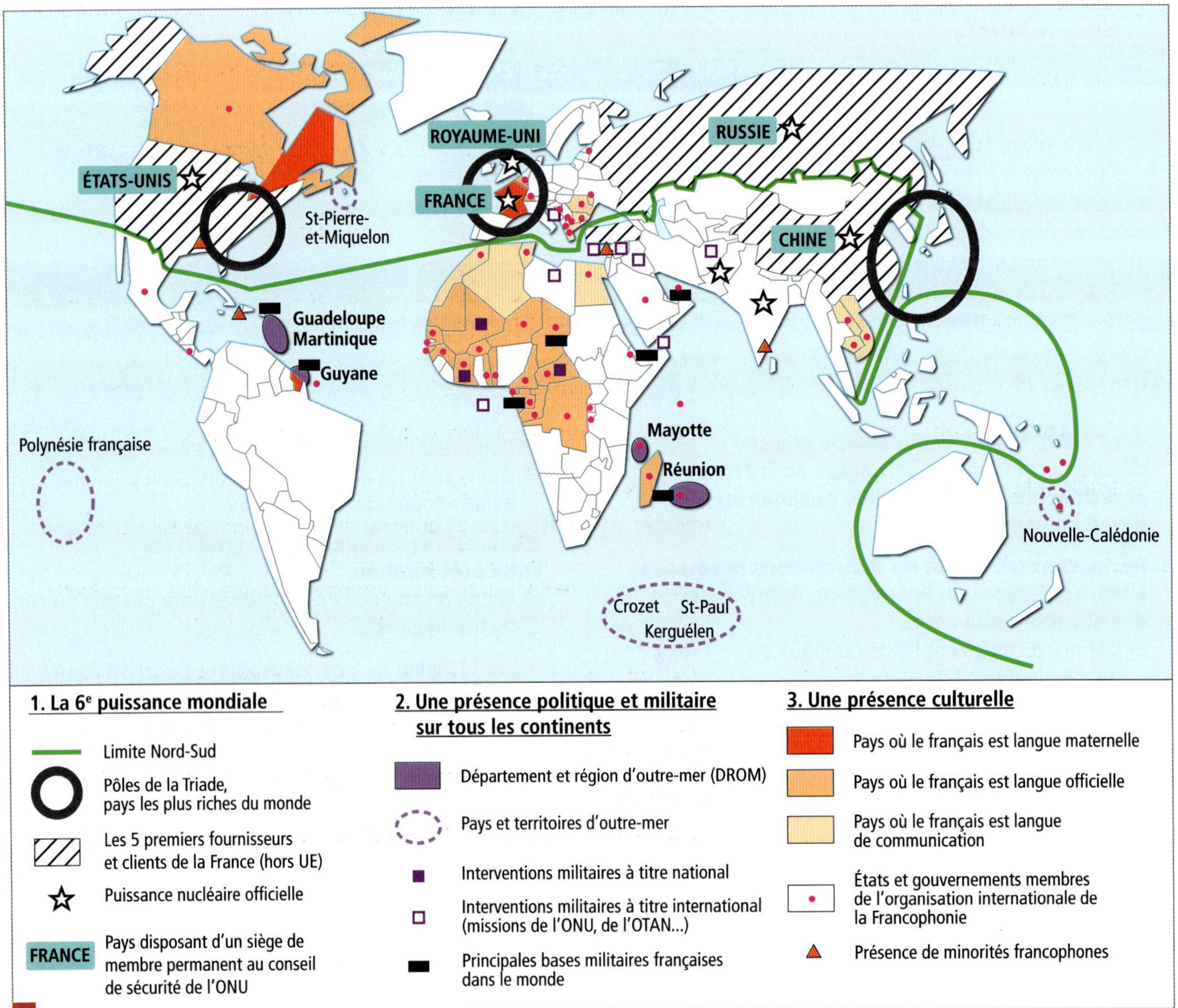

La présence française dans le monde

Démarche	Guide de travail
1 Analyser le sujet et identifier les documents	
→ **Analyser le sujet et la consigne**	**1.** Définissez les termes du sujet. **2.** D'après la consigne, quels sont les trois thèmes que vous devrez développer dans votre devoir ?
→ **Identifier les documents**	**3.** Présentez les documents (voir p. 126).
2 Analyser et critiquer les documents	
→ **Extraire et confronter les informations**	**4.** Quelles sont les possessions territoriales de la France ? Par quels moyens et dans quelles régions du monde la France assure-t-elle sa présence ? Comment s'explique ce rayonnement international ? **5.** Qu'est-ce que la Francophonie ? Quels sont les pays qui la composent ? **Attention !** Il faut distinguer la francophonie (l'usage de la langue française) et la Francophonie (l'organisation de coopération des États francophones).
→ **Cerner le sens général des documents**	**6.** Formulez l'idée majeure qui se dégage de cet ensemble de documents. ***Exemple*** → *La présence française est effective sur tous les continents, mais de façon inégale.*
→ **Déterminer les enjeux spatiaux**	**7.** Quel avantage territorial et économique les possessions d'outre-mer donnent-elles à la France ? **8.** Pourquoi la Francophonie est-elle une organisation importante pour la France ?
→ **Porter un regard critique sur les documents**	**9.** Quelle vision le document donne-t-il de la présence française dans le monde ? Argumentez votre réponse.
3 Répondre à la consigne	
→ **Construire le plan**	**10.** Organisez vos idées selon les thèmes suggérés par la consigne.
→ **Rédiger le devoir**	**11.** Présentez le sujet et le document. **12.** Rédigez trois paragraphes pour répondre au sujet et à sa consigne. **Conseil :** chaque paragraphe débute par une phrase qui en exprime l'idée principale. Le développement de divers aspects de cette idée (idées secondaires), les explications et les exemples font l'objet de sous-parties dans ce paragraphe. ***Exemple*** → • *La France assure sa présence territoriale, militaro-diplomatique et culturelle à l'échelle mondiale = idée principale du 1er paragraphe.* • *La présence territoriale + explications et exemples = idée secondaire → 1re sous-partie).* • *La présence militaro-diplomatique + explications et exemples = 2e sous-partie.* **13.** Pour conclure, faites un bilan de votre analyse.

vers le BAC

Composition

→ Rédiger la conclusion

Sujet

Les atouts de la France dans la mondialisation

Consigne : À l'aide de vos connaissances, rédigez une composition répondant au sujet.

À savoir

- La conclusion **termine la composition**. Au terme de l'argumentation constituée par le développement, **elle répond à la problématique du sujet**.
- La rédaction de la conclusion représente une **dizaine de lignes** ; elle se fait en trois étapes : d'abord, un **rappel des idées fortes** qui ont structuré le développement, puis la **réponse à la question problématique** et enfin une **ouverture de la réflexion** vers un autre thème ou un autre espace géographique.

Les atouts de la France dans la mondialisation

- atouts → Quels avantages ? Quels points forts ? Quelles ressources ?
- France → Quel territoire ? Quelle puissance ? Avec les territoires ultramarins ?
- dans la → Introduit le contexte de l'étude
- mondialisation → Notion à définir

Démarche	Guide de travail
1 Analyser le sujet	
→ **Définir les termes du sujet**	1. Définissez « atouts », « mondialisation ». 2. Quel est l'espace concerné par le sujet ? **Attention !** Pensez à intégrer les territoires d'outre-mer dans votre réflexion.
→ **Formuler une problématique**	3. Reformulez le sujet en une question pour énoncer la problématique. **Conseil :** vous pouvez forger plusieurs problématiques plus ou moins complexes à partir d'un même sujet, puis choisir celle qui vous semble la plus appropriée. ***Exemple*** → *Quels sont les atouts de la France dans la mondialisation ? Comment les atouts de la France favorisent-ils son intégration dans la mondialisation ?*

Démarche	Guide de travail
2 Mobiliser et organiser les connaissances	
→ **Sélectionner les informations**	**4.** Déterminez cinq catégories d'atouts dont dispose la France. ***Exemple*** → *territoriaux, touristiques, diplomatiques, etc.* **⚠ Attention ! Reportez-vous au chapitre 10 mais aussi au chapitre 5 sur les dynamiques des espaces de production dans la mondialisation.** **5.** Classez les informations suivantes dans les catégories d'atouts que vous avez définies : *Entreprises ; domaine maritime et ZEE ; gastronomie ; siège de l'Unesco ; sites touristiques ; réseau d'expatriés et de lycée français à l'étranger ; ville mondiale ; ONG ; francophonie ; banques ; membre permanent du Conseil de sécurité de l'ONU ; industrie du luxe ; membre du G8 ; secteur agroalimentaire ; réseau et infrastructures de communication.* **Conseil :** utilisez les notions géographiques en rapport avec le sujet (firme transnationale, etc.). Prévoyez les exemples que vous développerez dans le devoir.
→ **Construire le plan**	**6.** Construisez deux plans différents à partir de chacune des questions suivantes. – Dans quels grands domaines la France a-t-elle des atouts ? – Quels sont les atouts qui participent à la puissance française ? Quels sont ceux qui contribuent au rayonnement de la France dans le monde ? **Conseil :** vous devez élaborer un plan en deux ou trois parties. Il doit être construit en fonction de la problématique.
3 Rédiger la réponse au sujet	
→ **Rédiger l'introduction**	**7.** Présentez le sujet, sa problématique et l'un des deux plans que vous avez élaboré dans la question 6. **Conseil :** vous pouvez présenter la France avec quelques données générales (superficie, population, rang de puissance mondiale, etc.).
→ **Rédiger le développement**	**8.** Rédigez chaque partie du devoir à partir de votre brouillon et en suivant le plan annoncé. **Conseil :** faites débuter chaque partie avec une phrase indiquant son idée directrice.
POINT MÉTHODE → **Rédiger la conclusion** ▸ Faites la synthèse des idées directrices de chaque partie du développement. ▸ Répondez à la problématique. ▸ Ouvrez une nouvelle réflexion (mettez le sujet en perspective). **⚠ Attention !** **N'émettez pas d'avis personnel ; ne posez pas de questions ; n'intégrez pas une idée oubliée dans le développement.**	**9.** Rédigez une phrase exprimant l'idée générale du développement. ***Exemple*** → *La France dispose de nombreux atouts dans les domaines économiques, diplomatiques culturels, et territoriaux.* **10.** Construisez une réponse à la problématique en utilisant les notions suivantes : atouts, puissance, rayonnement, mondialisation. **11.** Pour terminer, rédigez une phrase ouvrant la réflexion sur les limites de la puissance de la France dans la mondialisation. ***Exemple*** → *La puissance française doit cependant faire face à des facteurs d'affaiblissement tels que l'affirmation de concurrents économiques en Asie ou la contestation de son engagement dans les conflits en Afrique et au Moyen-Orient.* **Conseil :** il est préférable de rédiger la conclusion au brouillon et de la mettre au propre ensuite.
→ **Intégrer une production graphique**	**12.** Dans quelle partie pourriez-vous intégrer le schéma n° 2 p. 337 ?

L/ES
S

Le relief de l'Europe

La construction de l'Union européenne

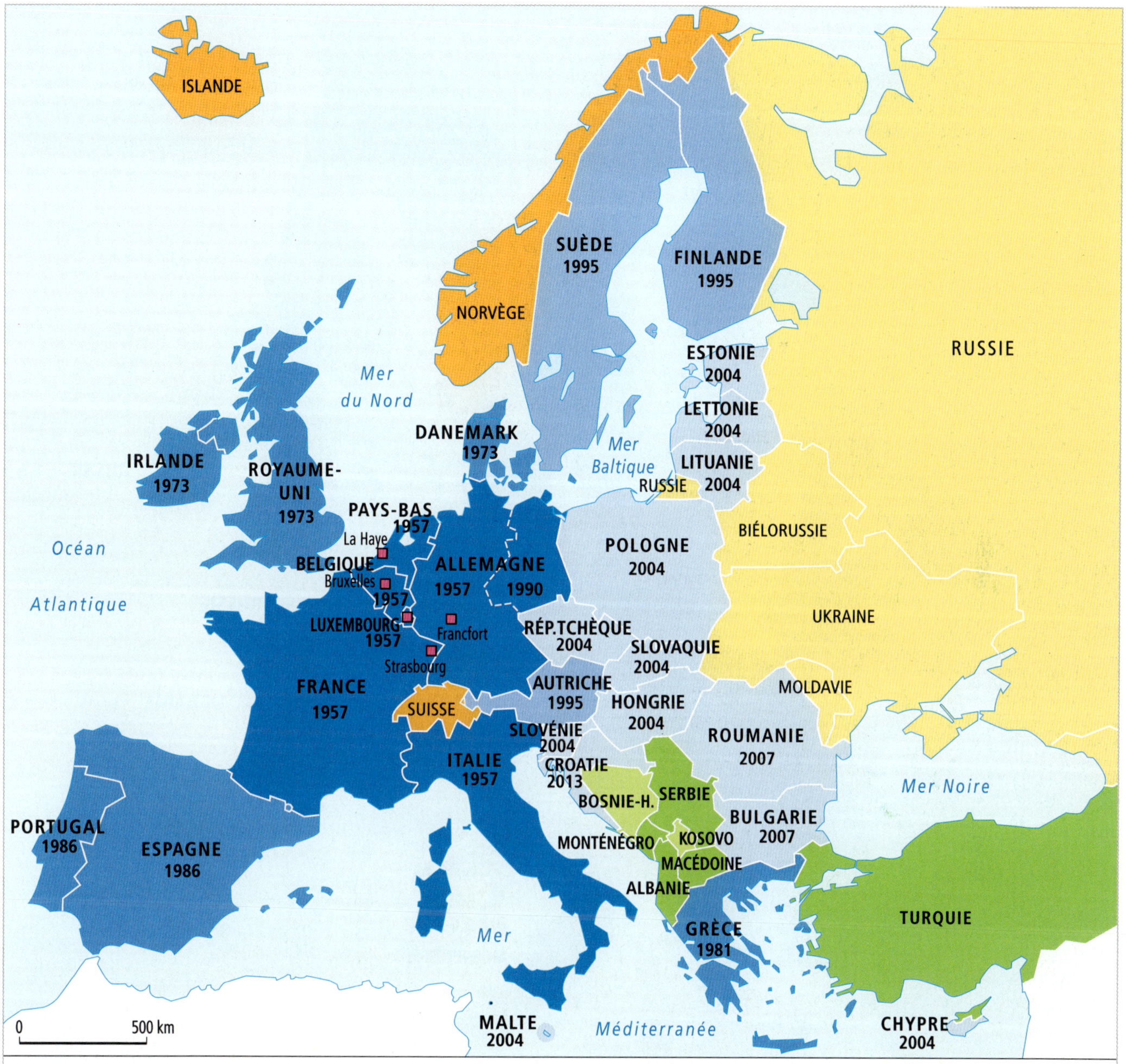

1. Union européenne : 28 États

- États fondateurs en 1957 : Europe des 6
- Élargissements de 1973, 1981 et 1986 : Europe des 12
- Élargissement de 1995 : Europe des 15
- Élargissements de 2004, 2007 et 2013 : Europe des 28
- Frontière entre l'Allemagne de l'Ouest et de l'Est, supprimée en 1990
- Sièges des principales institutions européennes

2. Élargissements à venir

- États en attente d'adhésion, États candidats, négociations en cours
- États qui ont manifesté leur intention d'entrer dans l'Union européenne

3. États n'appartenant pas à l'Union européenne

- États non membres de l'UE mais intégrés à son influence
- Russie et États sous influence russe

Les grands ensembles géopolitiques de l'Europe

1. Union européenne
- 28 États membres

2. États associés à l'UE
- Candidats acceptés, négociation en cours
- États non membres de l'UE mais fortement intégrés à son influence

3. Autres États
- États balkaniques susceptibles d'intégrer l'UE
- Russie
- Ex-Républiques soviétiques indépendantes depuis 1991

1. Région ayant proclamé son rattachement à la Russie par référendum au printemps 2014 ; rattachement validé par la Russie mais non reconnu par la communauté internationale.

La population des États de l'Union européenne en 2015

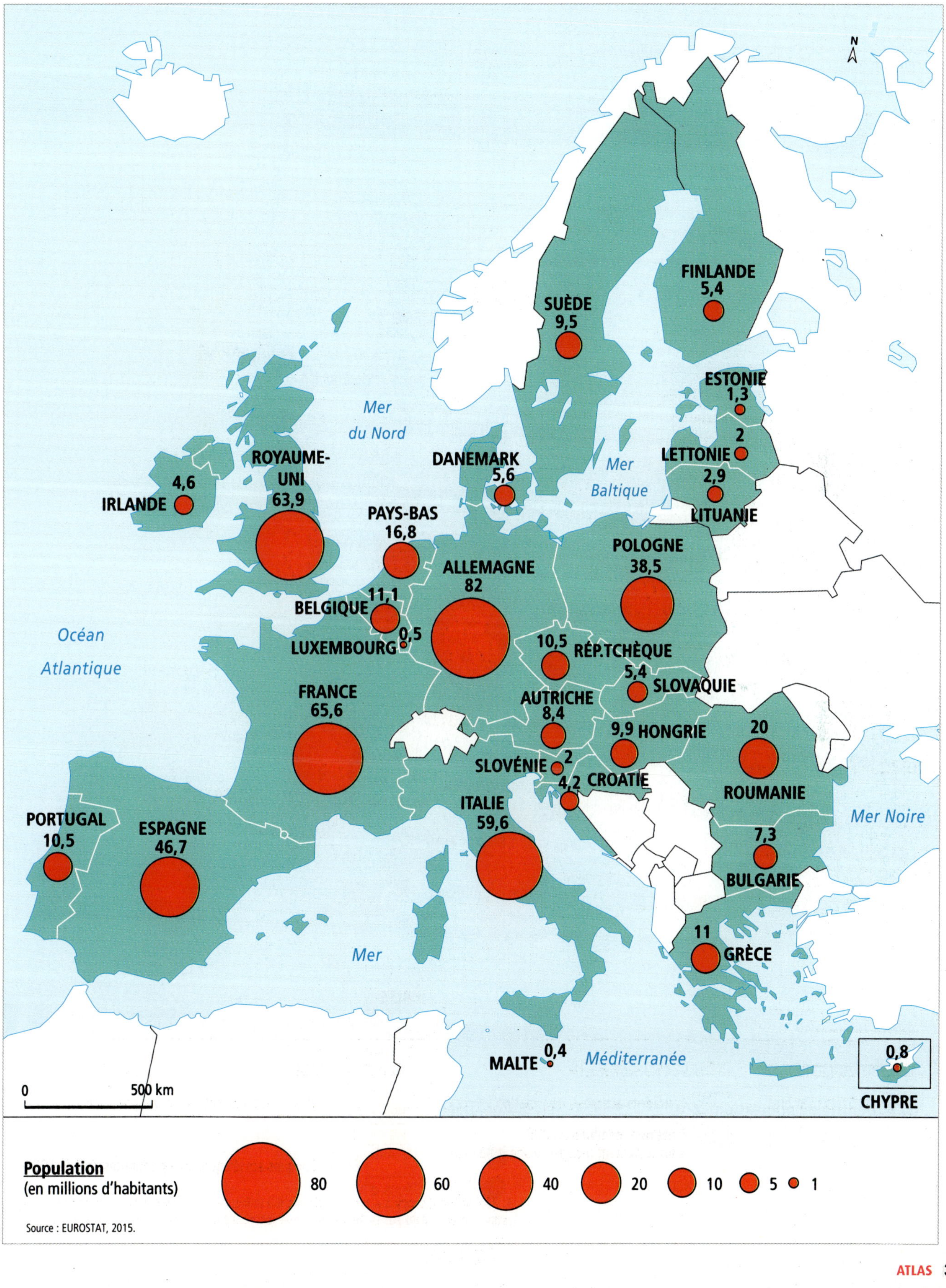

Source : EUROSTAT, 2015.

Densités et peuplement dans l'Union européenne

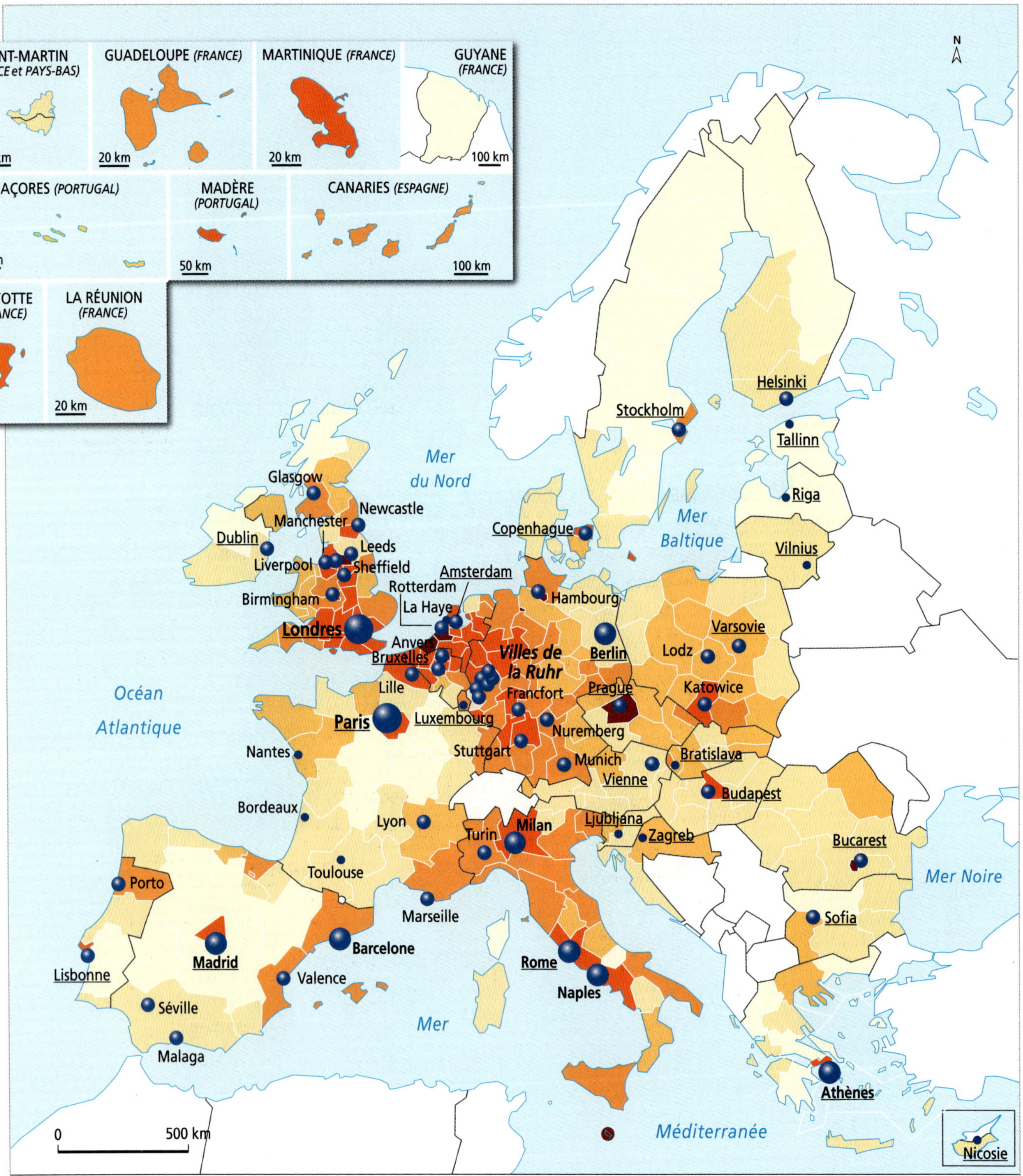

1. Densité de population
(habitants par km² par régions statistiques de l'UE)

- Moins de 50
- 50 à 100
- 100 à 150
- 150 à 300
- 300 à 1 000
- plus de 1 000

2. Agglomérations

- Plus de 10 millions d'habitants
- 3 à 7 millions d'habitants
- 1 à 3 millions
- Autre ville importante
- Paris Capitale d'État

Source : EUROSTAT, 2015.

Les villes d'Europe

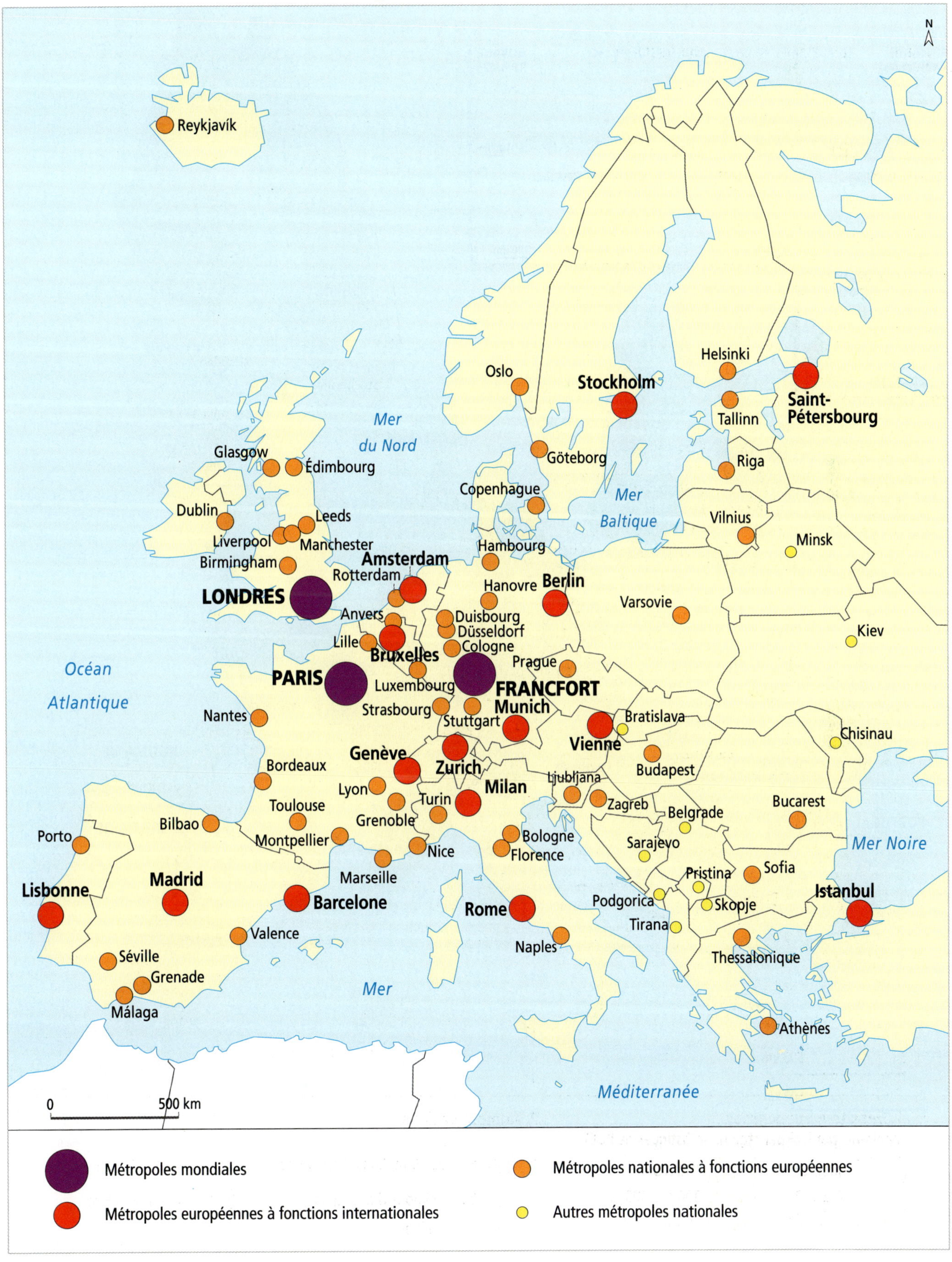

Les inégalités de revenus dans l'Union européenne

Les revenus disponibles des ménages par habitant (par région statistique de l'UE, en euros)

- Plus de 25 000
- de 20 000 à 25 000
- de 15 000 à 20 000
- de 10 000 à 15 000
- moins de 15 000
- Absence de données

Source : EUROSTAT, 2015.

Les inégalités de richesse dans l'Union européenne

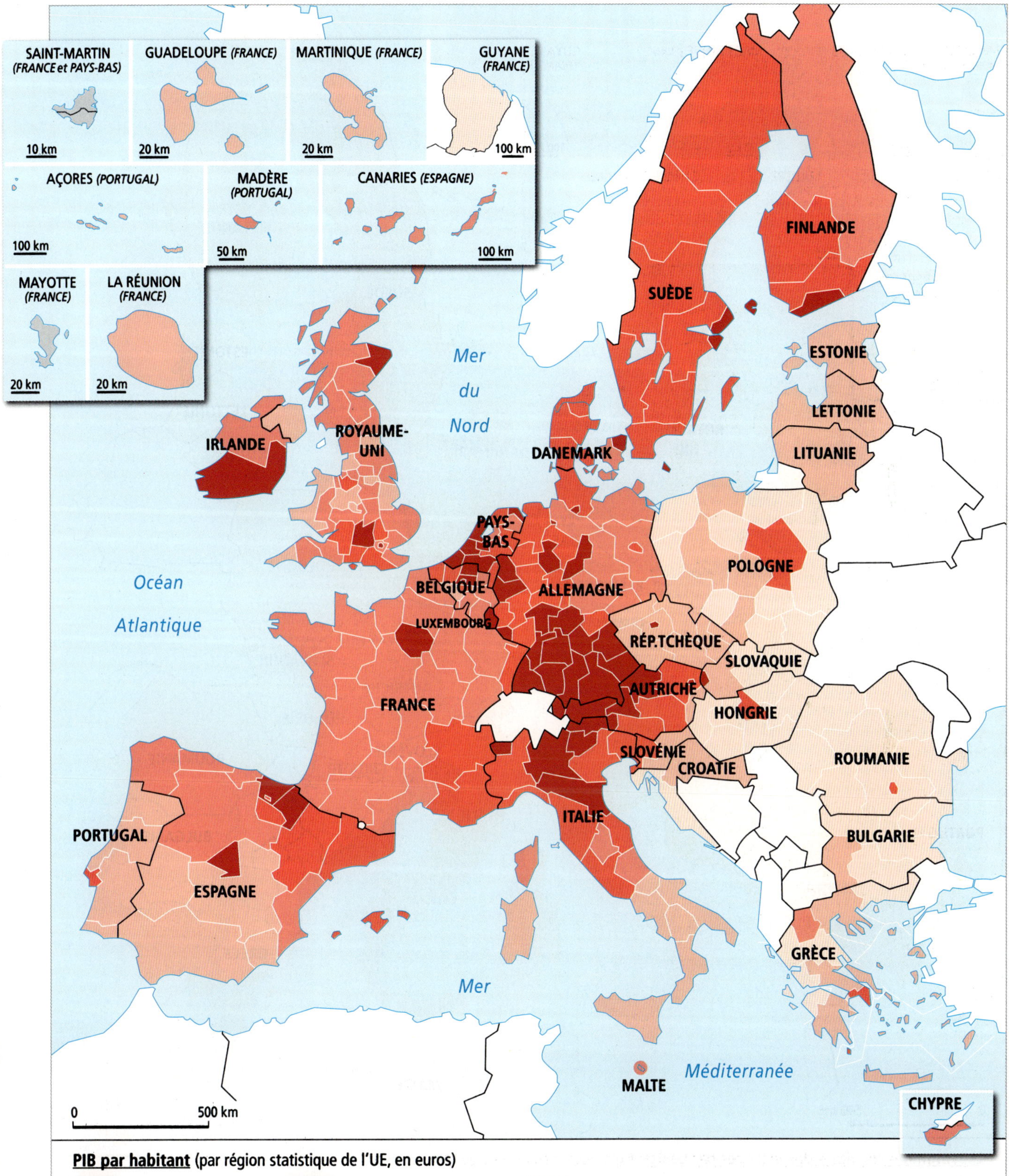

PIB par habitant (par région statistique de l'UE, en euros)

- Plus de 30 000
- de 25 000 à 30 000
- de 20 000 à 25 000
- de 15 000 à 20 000
- de 10 000 à 15 000
- absence de données

Source : EUROSTAT, 2015.

L'espérance de vie dans l'Union européenne

Espérance de vie (par région statistique de l'UE)

- Plus de 83 ans
- de 81 à 83 ans
- de 80 à 81 ans
- de 78 à 80 ans
- Moins de 78 ans
- Absence de données

Source : EUROSTAT, 2015.

Les niveaux de formation dans l'Union européenne

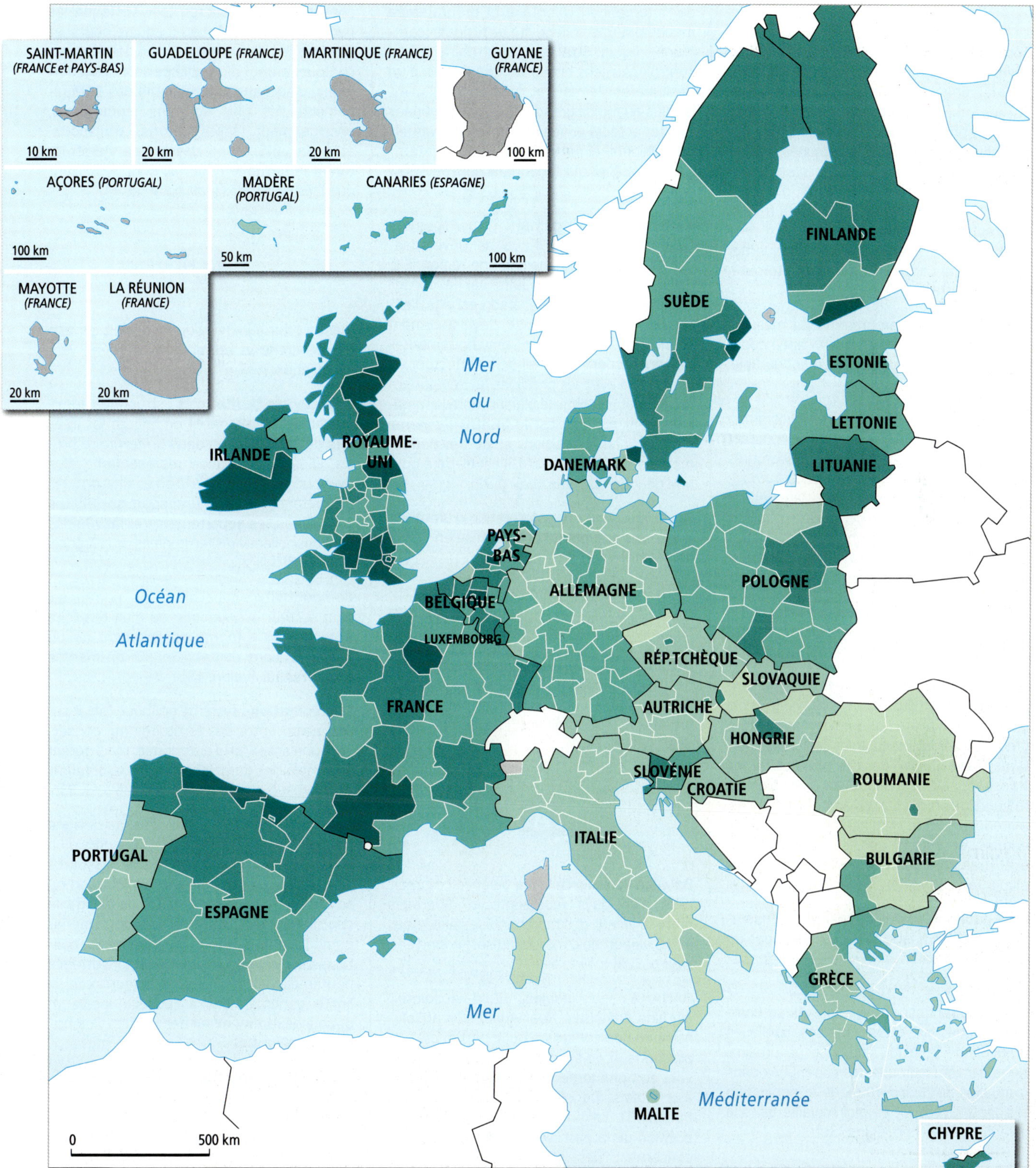

Pourcentage des 30-35 ans disposant d'un niveau de formation universitaire (par région statistique de l'UE)

- Plus de 50 %
- de 40 à 50 %
- de 30 à 40 %
- de 20 à 30 %
- Moins de 20 %
- Absence de données

Source : EUROSTAT, 2015.

Lexique

A

Acteurs spatiaux : les acteurs spatiaux sont des personnes ou des collectivités agissant ou intervenant sur les territoires. On distingue les individus, les groupes (associations), les entreprises (privées ou publiques), les collectivités territoriales (communes, départements, régions), l'État. L'action d'un acteur spatial peut ainsi relever de l'achat d'un bien immobilier, de la défense d'un milieu fragile, de l'implantation d'une usine dans une zone d'activité, de l'aménagement d'un quartier urbain, de la construction d'une autoroute, etc. (voir p. 170)

Agenda 21 local : programme de mesures concrètes d'aménagement local visant à appliquer les objectifs du développement durable. (voir pp. 48 et 82)

Agriculture productiviste : agriculture commerciale dont l'intensivité et la productivité reposent sur un recours aux techniques et aux progrès scientifiques. Elle s'oppose à l'agriculture vivrière destinée à l'autoconsommation. L'agriculture productiviste se montre généralement assez peu soucieuse de ses conséquences négatives en matière environnementale et sociale. (voir pp. 176 et 184)

Agritourisme : activités touristiques pratiquées sur une exploitation agricole (gîtes ruraux, chambres d'hôtes, campings à la ferme). (voir p. 186)

Agrobusiness : l'agrobusiness désigne l'ensemble des activités économiques qui s'organisent en filière autour de l'agriculture productiviste. Nécessitant des capitaux importants, il est dominé par des grandes firmes transnationales qui contrôlent aussi bien les facteurs de production en amont (semences, matériel agricole, financements, intrants : engrais, pesticides) que les débouchés en aval (transformation et vente des produits alimentaires). (voir pp. 176 et 186)

Aide publique au développement : ensemble des aides financières octroyées par un pays riche à un pays en voie de développement. (voir p. 322)

Aire urbaine : espace continu qui se compose d'une ville-centre, de ses banlieues immédiates et d'une couronne périurbaine. Cette dernière regroupe des communes dans lesquelles au moins 40 % de la population résidente ayant un emploi travaille dans la ville-centre. (voir pp. 133 et 136)

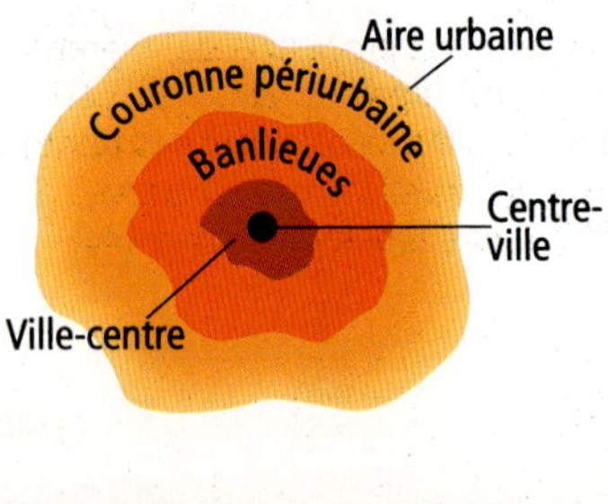

Aménagement : un aménagement résulte de l'intervention volontaire et programmée menée par une collectivité territoriale (commune, région, État) sur le territoire qu'elle contrôle. Au sens large, l'aménagement d'un territoire est le résultat d'actions multiples, de plus ou moins grande envergure, menées par des acteurs privés ou publics, individuels ou collectifs, qui interviennent sur un territoire donné et qui façonnent son paysage. (voir p. 38)

Aménagement régional : l'aménagement régional est une politique de développement territorial à l'échelle d'une région. Elle est déterminée et conduite par le conseil régional, qui coordonne, à son échelle, l'ensemble des politiques de développement économique, social et environnemental. L'aménagement régional doit s'effectuer en conformité avec les principes du développement durable. L'outil de planification de l'aménagement régional est le SRADDT, schéma régional d'aménagement et de développement durable du territoire. Il est élaboré pour une période de 5 ans. (voir p. 72)

Anthropisation : transformation d'un milieu due à son occupation et à sa mise en valeur par les hommes. (voir p. 114)

Approfondissement : consolidation et modernisation du fonctionnement des institutions de l'Union européenne. (voir p. 236)

Archipel métropolitain mondial : ensemble des villes mondiales (New York, Tokyo, Paris, Londres, etc.) qui, connectées en réseau, organisent et dominent l'économie mondiale. (voir p. 330)

B

Balance commerciale : la balance commerciale d'un pays représente la différence entre la valeur des marchandises exportées et la valeur des marchandises importées. (voir p. 326)

BANANA : de l'anglais *Build Absolutely Nothing Anywhere Near Anyone* (« absolument ne rien construire nulle part ni près de personne »). Le syndrome « BANANA » renvoie aux phénomènes de résistance locale aux projets. De connotation plus extrême que NIMBY, il exprime mieux la volonté d'opposition de la part d'une partie de l'opinion concernant des projets d'aménagement. (voir p. 82)

Barriérisation : se dit d'un processus de renforcement des frontières au moyen de dispositifs techniques visant à empêcher le passage des migrants (murs, barbelés, surveillance électronique, etc.). (voir p. 232)

Bassin de vie : selon l'INSEE, le bassin de vie constitue le plus petit territoire sur lequel les habitants ont accès aux équipements et services les plus courants. On délimite ses contours autour d'un pôle de services (commune) disposant d'au moins 14 des 31 équipements les plus courants (commerces, enseignement, santé, sports, transports, etc.). En 2015, 1 666 bassins de vie structurent le territoire national, dont 1 287 sont qualifiés de ruraux. (voir pp. 41 et 44)

C

Cluster : territoire regroupant écoles, centres de recherche et entreprises tournées vers l'innovation. (voir p. 160)

Collectivités territoriales : structures administratives qui prennent en charge les intérêts de la population dans un territoire précis. Elles disposent de représentants élus ayant un pouvoir de décision et elles ont des compétences propres (transport, social). Les communes, les départements et les régions sont des collectivités territoriales de la France. (voir p. 78)

Compétitivité : capacité d'une entreprise, d'un secteur économique ou d'un territoire à vendre ou à fournir durablement un ou plusieurs biens ou services sur un marché concurrentiel. (voir p. 48)

Confédération : système politique fondé sur une union entre des territoires qui conservent une assez forte autonomie, mais gèrent ensemble des domaines comme la défense, la diplomatie, la politique générale. (voir p. 236)

Conflit d'usage : un conflit d'usage désigne les rivalités entre les différents usagers d'un même territoire ou d'une même ressource pour son appropriation, son exploitation ou sa gestion. Il peut aussi naître de la difficile conciliation des différents enjeux d'aménagement de ce territoire (économiques, politiques et écologiques). Si cette concurrence peut impliquer de multiples acteurs, elle se limite généralement à l'échelle locale et débouche rarement sur des conflits violents. (voir p. 102 et 114)

Continuité territoriale : principe de compensation de l'éloignement au sein d'un État, qui se traduit par des aides au déplacement. Les habitants des territoires insulaires (Corse, Martinique, etc.) ont droit à un tarif préférentiel ou à une aide financière pour se rendre en France continentale. (voir p. 214)

Contraintes : difficulté que présente un milieu pour son occupation ou sa mise en valeur. Sa maîtrise dépend des moyens techniques dont dispose une société. (voir p. 116)

Contrat de plan État-région (CPER) : document par lequel l'État et une région s'engagent sur le programme et le financement de projets importants d'aménagement du territoire (création d'infrastructures, soutien à des filières innovantes, etc.). Ces contrats ont une durée de 5 ans. (voir p. 80)

Corridor : passage étroit où se concentrent les réseaux de transport et les flux. (voir p. 212)

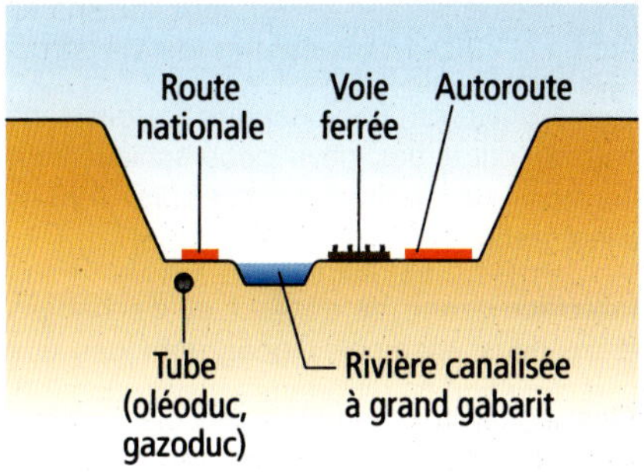

Créole : terme qualifiant une personne d'origine européenne née dans les anciennes colonies ultramarines. (voir p. 276)

D

DATAR : Délégation à l'aménagement du territoire et à l'attractivité régionale ; administration qui impulse et coordonne la politique d'aménagement des territoires en France. (voir p. 46)

Délocalisation : transfert de production vers des pays disposant d'une main-d'œuvre à bas coût et de réglementations sociales et environnementales peu contraignantes. (voir p. 182)

Démocratie participative : désigne l'ensemble des procédures, instruments et dispositifs qui favorisent l'implication directe des citoyens au gouvernement des affaires publiques. (voir p. 80)

Dépendance économique : situation d'un territoire qui, du fait de ses déficits de production ou de ses habitudes de consommation, doit avoir recours à des aides. On distingue les aides en provenance de la métropole et les fonds structurels européens. Les fonds structurels européens sont des aides financières de l'Union européenne en faveur du développement régional, qui représentent un puissant levier de développement. (voir p. 260)

Déprise agricole : abandon de l'activité agricole sur un territoire. (voir p. 186)

Désindustrialisation : diminution ou disparition de l'activité industrielle. (voir p. 182)

Développement urbain durable : mode de développement dont l'objectif est de concilier à la fois progrès économique, harmonie sociale et préservation de l'environnement dans les villes. La ville, en tant que lieu de vie et d'activités, doit répondre aux besoins des citadins actuels sans compromettre la capacité des générations futures à répondre aux leurs. (voir p. 140)

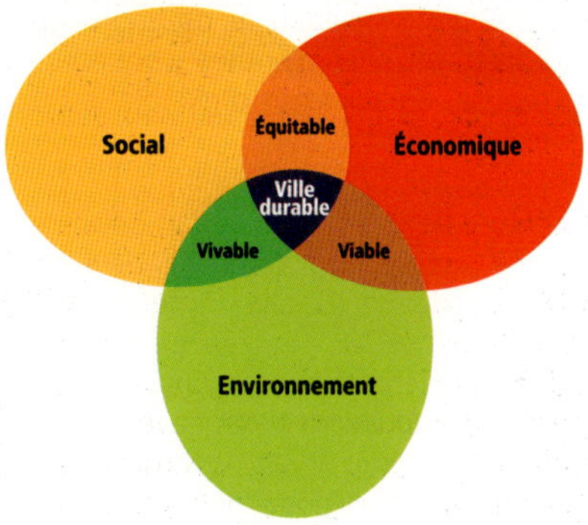

Directive Seveso : acte pris par l'Union européenne en 1982 afin d'identifier les risques liés aux activités industrielles dangereuses et de prendre les mesures nécessaires pour y faire face. Cet acte fait suite à une grave pollution chimique dans la ville de Seveso, en 1976, en Italie. (voir p. 113)

Discontinuité géographique : rupture géographique liée à la distance, à une frontière, etc. (voir p. 272)

District industriel : concentration, sur un territoire rural, de petites et moyennes entreprises, spécialisées dans un secteur d'activité reposant sur des savoir-faire hérités. (voir p. 166)

Division internationale du travail : répartition de la production mondiale de biens et de services entre plusieurs pays en fonction de différents critères (coût de la main-d'œuvre et niveau de qualification, législation salariale et environnementale). (voir p. 182)

E

Éco-quartier : quartier d'une ville relevant d'un projet d'aménagement qui cherche à intégrer des objectifs de développement durable. (voir p. 140)

Économie de subsistance : économie à l'écart des échanges commerciaux, liée à l'autoconsommation, et reposant sur l'agriculture vivrière. (voir p. 276)

Écotourisme : activité touristique se développant dans des espaces ruraux peu mis en valeur. Ce type de tourisme permet la promotion d'une région tout en contribuant à la protection de la nature et au bien-être des populations dans le cadre d'un développement durable. (voir p. 274)

Effet tunnel : par souci de raccourcir les « distances temps » entre les grands centres urbains, les espacements entre les nœuds des réseaux (gares, échangeurs) peuvent être importants. Aussi, des portions importantes des territoires sont traversées par des réseaux sans être desservies. (voir p. 214)

Élargissement : entrée de nouveaux États dans l'Union européenne. (voir p. 236)

Enclavé : territoire caractérisé par un certain isolement par rapport aux autres territoires : les réseaux de transport y sont peu développés. Le **désenclavement** consiste à construire des infrastructures de transport afin d'insérer de tels territoires dans les réseaux existants pour les sortir de leur isolement et les intégrer au reste du territoire. (voir p. 214)

Enclavement : expression qui qualifie un territoire mal relié aux autres, soit en raison de contraintes naturelles, soit par l'absence d'axes de communication, qui en limitent l'accessibilité effective. L'enclavement est une situation de fermeture spatiale. (voir p. 266)

EPCI : établissement public de coopération intercommunale, regroupement de communes ayant pour objet l'élaboration de projets communs de développement. (voir p. 44)

Espace productif : un espace productif est un ensemble de lieux dont les potentialités sont mises en valeur dans le cadre d'une activité économique donnée. Les espaces productifs peuvent être définis en fonction de leur localisation géographique (l'espace productif français ou normand), de leur appartenance à une activité spécialisée (l'espace productif agricole) ou à une entreprise (l'espace productif de Renault). (voir p. 170)

Espace vécu : manière dont les populations perçoivent et se représentent l'espace dans lequel elles vivent. (voir p. 78)

Étalement urbain : processus d'expansion des surfaces urbanisées en périphérie des villes, au détriment des espaces ruraux. Cette urbanisation prend principalement la forme de lotissements d'habitats individuels, de résidences secondaires, de zones d'activités ou commerciales, de plate-formes multimodales, etc. (voir p. 144)

État semi-fédéral : État souverain composé de plusieurs entités autonomes (entités fédérées) dotées de leur propre gouvernement. Toutefois, le fédéralisme n'y est pas complet, comme c'est le cas des régions autonomes en Espagne qui ne disposent pas de l'indépendance judiciaire. (voir p. 84)

Exode urbain : processus de migration des populations urbaines vers les périphéries immédiates mais aussi vers des territoires à dominante rurale, plus lointains, qu'elles contribuent à urbaniser. (voir p. 144)

Expatrié : individu résidant dans un autre pays que son pays d'origine, souvent pour des motifs professionnels et pour une durée limitée. (voir p. 322)

F

FEDER : Fonds européen de développement régional. Créé en 1975, le FEDER finance des infrastructures et des projets de développement locaux dans l'Union européenne grâce aux contributions financières des différents États. (voir pp. 80 et 240)

Filière agroalimentaire : ensemble des activités en lien avec la production agricole, en amont comme en aval. (voir p. 184)

Firme transnationale : entreprise implantée dans de nombreux pays et qui réalise la majeure partie de son chiffre d'affaires en dehors de son pays d'origine. (voir pp. 184, 290, 294, 298, 300 et 326)

Flux : volume de marchandises, de personnes, de capitaux ou d'informations en circulation. (voir pp. 210, 290 et 294)

Fonds structurels européens : aides financières de l'Union européenne en faveur du développement régional. Il existe deux fonds structurels : le FSE (Fonds social européen) dans le domaine de l'insertion professionnelle, et le FEDER (Fonds européen de développement régional) pour les infrastructures. (voir pp. 240 et 274)

G

G8 : groupe de concertation des principales puissances économiques mondiales (États-Unis, Japon, Allemagne, France, Royaume-Uni, Italie et Canada). Actuellement, le G8 est devenu le G7 en raison de l'exclusion temporaire de la Russie. (voir pp. 298 et 322)

Gentrification : processus de rénovation urbaine des quartiers centraux dégradés afin de faciliter le retour des classes aisées au cœur des villes. (voir pp. 140 et 330)

Geopark : label délivré par l'Unesco à des territoires présentant un patrimoine géologique, naturel et culturel remarquable. (voir p. 104)

Gestion durable : la gestion durable d'un milieu consiste à assurer son développement économique tout en respectant ses équilibres environnementaux en vue d'améliorer les conditions de vie de ses habitants. Aménagement et préservation sont conciliables lorsque la valorisation du patrimoine et des ressources respecte les milieux. La gestion durable veille aussi, par la concertation, à la cohérence des aménagements en arbitrant les conflits d'usage, c'est-à-dire en assurant la compatibilité des activités des différents acteurs spatiaux. (voir p. 108)

Gouvernance : au sens local, gestion de l'aménagement des territoires prenant en compte la multiplicité des acteurs, leurs intérêts et leurs interactions (voir p. 46). C'est aussi, à plus petite échelle, un mode de contrôle, d'organisation et de coordination s'exerçant au sein d'entités économiques (entreprise, organisation régionale) ou politiques (État). (voir p. 298)

H

Hinterland ou arrière-pays : espace terrestre desservi par un port. (voir p. 302)

Hub : plate-forme de correspondance dans un réseau de transport. Ce terme vient du transport aérien aux États-Unis où les hubs sont apparus en premier. Plutôt que de créer de nombreuses lignes directes peu fréquentées, une compagnie aérienne crée des flux importants en regroupant en un même point (le hub) les passagers ou les marchandises et les redistribue en fonction de leur destination. (voir pp. 143, 204 et 212)

I

IDE : investissements directs de l'étranger ou investissements directs à l'étranger. Ensemble des capitaux placés par des entreprises étrangères dans un pays tiers ou par des entreprises nationales à l'étranger. (voir pp. 294, 321 et 326)

Indo-européen : la plupart des langues parlées en Europe sont regroupées par les linguistes dans la famille indo-européenne. Ces langues ont de nombreux points communs, en grammaire, phonétique et vocabulaire. (voir p. 232)

Inégalités socio-spatiales : contrastes entre les territoires, à différentes échelles, reposant sur des critères sociaux (emploi, revenus, structure de la famille, etc.). (voir p. 140)

Innovation : capacité à améliorer les performances d'une production ou d'une activité. (voir p. 182)

Insularité : caractéristique géographique d'une île ou d'un groupement d'îles. L'éloignement (plus ou moins important) par rapport au continent, l'étroitesse du territoire, l'opposition entre peuplement littoral et vide intérieur, les relations privilégiées avec la métropole, l'isolement et des contacts limités avec les pays limitrophes sont les principales caractéristiques insulaires. (voir p. 260)

Intégration européenne : conséquence de la construction de l'Union européenne et de l'abolition des frontières, c'est un rattrapage économique et social entre les différentes régions européennes, qui atténue leurs disparités. (voir p. 240)

Intégration régionale : processus qui consiste à surmonter, d'un commun accord, les obstacles, politiques, physiques, économiques et sociaux qui séparent les pays de leurs voisins. L'intégration économique régionale consiste à créer un espace économique unifié où les échanges se font sans entrave entre des pays géographiquement proches. On distingue plusieurs formes d'intégration régionale. (voir p. 266)

Interface : zone de contact et d'échanges entre deux ensembles géographiques aux caractéristiques différentes. (voir pp. 210, 293 et 302)

Intermodalisme (intermodalité) : processus qui consiste à utiliser différents modes de transport pour le déplacement d'une marchandise. (voir p. 302)

Internationalisation : stratégie ou processus économique d'un État, d'une entreprise, ayant pour objectif de réaliser une partie importante de l'activité économique en dehors du pays d'origine. (voir p. 326)

L

Logistique : ensemble des opérations visant à l'organisation la plus rapide et la moins coûteuse possible des flux de marchandises. (voir p. 184)

Lois de décentralisation : lois de 1982 et 2003 qui ont transféré une partie des pouvoirs de l'État aux collectivités territoriales. Lorsque ces pouvoirs sont transférés aux régions, on parle aussi de « régionalisation ». (voir p. 78)

M

Macrocéphalie : se dit d'un système urbain déséquilibré et dominé par une seule et très grande métropole. (voir p. 136)

Marketing territorial : promotion d'un territoire utilisant les techniques publicitaires. (voir p. 48)

Mégalopole : vaste aire régionale urbanisée de plusieurs dizaines de millions d'habitants, constituée de plusieurs métropoles qui exercent un rayonnement mondial. La mégalopole européenne est comprise entre Londres et Milan. Sa partie centrale est constituée de l'espace rhénan. (voir pp. 294 et 297)

Métropole : au sens administratif, structure intercommunale d'au moins 400 000 habitants ayant pour objet l'élaboration de projets communs de développement. On en compte 14 en France. (voir pp. 41 et 78)

Métropole : grande ville qui concentre une population et des activités importantes sur un territoire comprenant la ville-centre, les banlieues et les espaces périurbains. Elle est dotée de fonctions de décision de niveau régional, national ou international. (voir pp. 136 et 333)

Métropole de Bordeaux : territoire intercommunal qui remplace depuis le 1er janvier 2015 l'ancienne communauté urbaine de Bordeaux. La métropole regroupe 28 communes qui mettent en commun leurs moyens en matière de transport, de logement, d'éducation, etc. (voir p. 139)

Métropolisation : processus de transformation des grandes villes en métropoles. (voir p. 136)

Migration : déplacement définitif ou de longue durée entraînant un changement de résidence principale. (voir p. 210)

Milieu : territoire servant de cadre de vie à des acteurs spatiaux qui entretiennent de multiples interactions avec lui. Les milieux ne sont pas « naturels » mais dynamiques, évolutifs et plus ou moins aménagés. L'ampleur de leur transformation varie en fonction de leurs potentialités (ressources) et de leur attractivité pour les sociétés, selon les usages qu'elles en font. Les milieux reposent sur des équilibres plus ou moins fragiles et sont inégaux face aux risques, ce qui suppose des mesures de surveillance et de protection adaptées à chacun d'eux. (voir p. 102)

Mitage : processus irrégulier de grignotage de l'espace rural par des formes d'urbanisation (lotissements, habitat isolé) et d'artificialisation (routes, parkings, entrepôts, etc.). (voir p. 144)

Mobilité : déplacement des individus et des biens matériels (marchandises, etc.) ou immatériels (informations, capitaux, etc.). (voir p. 210)

Mobilités durables : mobilités utilisant des moyens de transport peu polluants, respectueux de l'environnement (vélo, tramway, voiture électrique, etc.). (voir p. 212)

Mobilités pendulaires : déplacements quotidiens des individus entre leur domicile et leur lieu de travail. (voir pp. 44 et 272)

N

Natura 2000 : label concernant des sites naturels européens, terrestres et maritimes, identifiés pour la rareté ou la fragilité de leur faune et de leur flore. (voir p. 111)

Néoruraux : nom donné aux populations ayant quitté les villes pour s'installer dans les villages ou dans les zones rurales. (voir p. 144)

NIMBY : de l'anglais *Not In My Backyard* (« pas dans mon jardin »). Comportement d'individus ou de groupes, qui s'opposent à des aménagements considérés comme générateurs de nuisances pour les riverains. (voir pp. 82 et 114)

Norme HQE (haute qualité environnementale) : norme d'urbanisme visant à limiter les impacts environnementaux en matière de construction (recours aux matériaux recyclables, gestion économe de l'eau, de l'énergie, des déchets, etc.). (voir p. 118)

O

Oléoducs/gazoducs : conduites souterraines transportant les produits pétroliers et gaziers. (voir p. 210)

ONG : organisation non gouvernementale ; association qui milite et agit dans des domaines humanitaires variés pour pallier les carences des États et des institutions internationales. (voir pp. 298 et 322)

Organisation internationale de la Francophonie : institution regroupant les pays francophones, soit 77 États, dont 20 pays observateurs, répartis sur 5 continents. (voir p. 318)

P

PAC : politique agricole commune ; politique européenne créée en 1962 pour moderniser et développer l'agriculture des pays membres de la CEE puis de l'Union européenne. (voir pp. 184 et 298)

Parc national : territoire sous tutelle de l'État dont la mission est de gérer et de protéger le patrimoine naturel et culturel tout en assurant le développement local. Une protection stricte s'applique à certains périmètres réservés aux études scientifiques. (voir p. 118)

Parc naturel régional : territoire régi par une charte et géré par des représentants des communes, des départements et des régions, autour d'un projet de conservation et de développement local. La protection y est moins stricte que dans un parc national. (voir p. 118)

Pays : délimitation administrative et territoriale. Les pays s'articulent autour de la notion d'espace cohérent sur les plans géographique, historique, culturel et social. (voir p. 44)

Paysage : ensemble des éléments que l'on peut observer à partir d'un lieu précis. Un paysage est à la fois social et naturel, et connaît de constantes évolutions. (voir p. 114)

Pépinière d'entreprises : structure d'aide publique à la création d'entreprises dispensant des conseils ainsi qu'un soutien technique et financier. (voir p. 168)

Périurbanisation : extension des espaces urbains à la périphérie des agglomérations, soit sous la forme de lotissements, soit par absorption des espaces urbanisés préexistants. (voir p. 136)

Plate-forme multimodale : lieu de correspondance entre différents modes et réseaux de transport. Les plates-formes multimodales ont d'abord concerné les marchandises pour faciliter les échanges entre rail, route et voie d'eau. Elles se développent désormais pour les voyageurs qui utilisent les transports aériens. (voir pp. 143, 204 et 212)

PLU (plan local d'urbanisme) : document qui, à l'échelle d'une commune ou d'un groupement de communes, établit un projet global d'aménagement et fixe les règles générales d'utilisation du sol sur le territoire considéré. (voir pp. 44 et 46)

Pôle : lieu qui exerce une attraction et qui influence l'espace qui l'environne. (voir pp. 290 et 294)

Pôle de compétitivité : territoire innovant soutenu par les pouvoirs publics (État français, collectivités locales) qui stimulent et financent la coopération entre des entreprises de tailles diverses, des centres de recherche et des organismes de formation spécialisés dans un même secteur d'activité. L'objectif est de soutenir des projets d'innovation permettant aux entreprises de mieux résister à la concurrence, voire de conquérir de nouveaux marchés. Ces projets concernent des activités de haute technologie (nanotechnologies à Grenoble, biotechnologies en Alsace) aussi bien que des savoir-faire locaux hérités (parfums de Grasse, valorisation des produits de la pêche à Boulogne-sur-Mer). (voir pp. 43, 80 et 164)

Pôle multimodal : voir plate-forme multimodale.

Politique de cohésion : politique économique et sociale qui vise à réduire les écarts de développement entre les régions de l'Union européenne. (voir p. 240)

Politique de la ville : ensemble d'actions mises en place par les pouvoirs publics afin de revaloriser les zones urbaines en difficulté. (voir p. 48)

Politique européenne de voisinage : nom donné à la politique de l'Union européenne pour renforcer ses relations avec les pays voisins immédiats ou proches. (voir p. 232)

Polyculture : production de différentes cultures sur une même exploitation. (voir p. 186)

Potentialités : ensemble des caractéristiques d'un territoire pouvant être considérées comme des atouts pour leur mise en valeur (fertilité d'un sol, ressources en matières premières, etc.). (voir pp. 99, 104 et 114)

PPR (Plan de prévention des risques) : document d'urbanisme qui vise à limiter l'exposition aux risques majeurs en informant, en organisant les secours et en réglementant l'utilisation des sols d'une commune. (voir p. 116)

Prévention : ensemble des aménagements ou des réglementations qui cherchent à éviter ou limiter un risque. (voir p. 116)

Prévision : ensemble des techniques visant à déterminer le lieu, le moment de survenue et l'ampleur d'une catastrophe. (voir p. 116)

PTOM : pays et territoires d'outre-mer de l'Union européenne ; territoires ultramarins ne faisant pas partie de l'Union européenne mais étant possession d'un État de l'Union européenne (France, Royaume-Uni, Pays-Bas ou Danemark). Leurs habitants sont des citoyens de l'Union européenne. (voir p. 268)

Q

Quartier : le terme désigne le plus souvent une portion d'espace urbain située à un niveau intermédiaire entre l'îlot (le « pâté de maisons ») et la ville tout entière. Le quartier est un espace vécu au quotidien, support d'une identité parfois forte. Un quartier peut se définir par sa situation (centrale, péricentrale, périphérique, etc.), par ses fonctions (quartier d'affaires, quartier de la gare, quartier résidentiel, etc.), par sa morphologie urbaine (quartier de grands ensembles, quartier pavillonnaire, etc.), par sa composition sociale (quartier bourgeois, quartier populaire, etc.). (voir p. 32)

Quartier prioritaire : quartier bénéficiant d'aides spécifiques des pouvoirs publics afin de lutter contre le chômage élevé et le déficit d'activités économiques. (voir p. 140)

R

R&D (Recherche-développement) : activité destinée à améliorer la qualité et la capacité de production d'une entreprise. C'est un facteur majeur d'innovation et donc de compétitivité. (voir pp. 160, 184 et 298)

Reconversion : réorientation des activités d'une entreprise ou d'un espace vers un secteur plus compétitif suite au déclin d'une production. (voir p. 186)

Réforme territoriale : la réforme territoriale de 2015 a pour objectif d'adapter administrativement les territoires de proximité (communes, départements, régions) à la réalité des modes de vie des habitants. Elle permet de favoriser la mise en place des intercommunalités, d'accroître la taille et le poids économique des régions en diminuant leur nombre. Enfin, elle permettra de donner naissance aux métropoles (Paris, Marseille, Lyon, Nice, etc.). Celles-ci disposeront d'un nouveau statut et de compétences territoriales élargies en matière de développement et d'aménagement territorial. (voir p. 72)

Région : la région est un territoire de vie de taille moyenne entre les échelles locale et nationale. Le terme a plusieurs sens : on parle de région historique (la Bourgogne qui fut autrefois un duché), de région naturelle (les Pyrénées), de région culturelle (le Pays basque). Aujourd'hui, on parle surtout de région administrative (la région Bretagne) ou en référence aux aires d'influence des villes (la région parisienne). Structure la plus récente de l'administration locale (créée en 1955), la région est devenue collectivité territoriale à la suite des lois de décentralisation en 1982. La carte des régions administratives a été réorganisée à la faveur de la réforme territoriale de 2015. (voir p. 66)

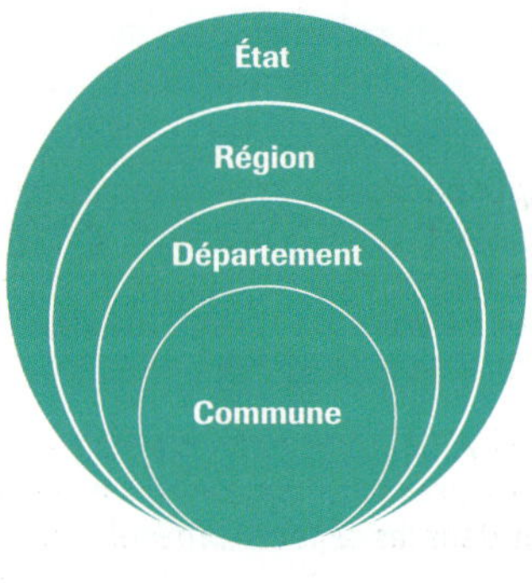

Régionalisme : revendication d'une autonomie, affirmation d'une culture ou d'un particularisme régional, parfois favorisée par le renforcement de la décentralisation et de la compétition entre les régions dans la mondialisation. (voir p. 84)

Régions ultrapériphériques : territoires ultramarins faisant partie intégrante de l'Union européenne. Ce statut repose sur plusieurs critères dont les contraintes de l'éloignement, de l'insularité, et de la dépendance économique, etc. (voir p. 82)

Rénovation urbaine : action qui consiste à renouveler entièrement l'organisation d'un espace urbain en remplaçant son bâti et ses activités anciennes par un bâti moderne et de nouvelles activités. Cette politique s'applique à des quartiers urbains dont le bâti est très dégradé et/ou dont l'activité économique a disparu (friche ferroviaire, industrielle ou commerciale). Elle aboutit généralement à une densification du tissu urbain existant. La rénovation urbaine correspond aux objectifs du développement durable : viabilité économique, équité sociale, qualité environnementale. (voir p. 32)

Réseau : ensemble de lignes connectées entre elles dans des lieux précis. Certains réseaux se matérialisent dans l'espace géographique (réseaux ferroviaires ou routiers), contrairement à d'autres (réseaux aériens, de téléphonie mobile, etc.). (voir p. 210)

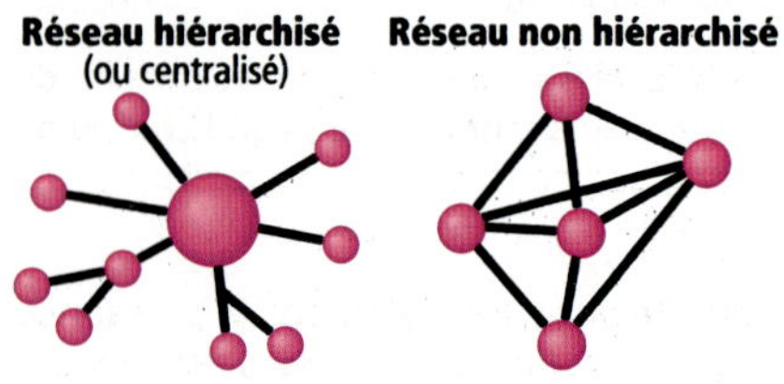

Ressource : richesse potentielle que l'homme peut prélever pour répondre à ses besoins. (voir p. 114)

Revenu médian : valeur du revenu séparant en deux moitiés égales une population donnée. Le nombre d'individus disposant d'un revenu inférieur au revenu médian est égal au nombre d'individus disposant d'un revenu supérieur à ce même revenu médian. (voir pp. 43 et 242)

Risque : un risque résulte de la présence simultanée d'un évènement naturel (l'aléa) et de l'exposition de biens et/ou de personnes (l'enjeu ou la vulnérabilité). Lorsqu'un risque survient dans une situation de forte vulnérabilité, il peut déboucher sur une catastrophe. La vulnérabilité dépend aussi de la capacité d'une société à faire face à l'aléa (outils de prévision, niveau de prévention) donc de son niveau de développement. Il existe des risques naturels (inondation, éruption volcanique, séisme, avalanche, glissement de terrain, etc.), des risques technologiques (explosion, marée noire, fuite radioactive, etc.) et des risques sanitaires (épidémie, infection alimentaire). (voir p. 108)

RUP : régions ultrapériphériques de l'Union européenne ; territoires ultramarins faisant partie intégrante de l'Union européenne. (voir p. 268)

S

SCOT : Schéma de cohérence territoriale, document d'urbanisme élaboré à l'échelle d'une intercommunalité. Il définit les grands objectifs d'aménagement et d'urbanisme en matière d'habitat, de développement économique, de loisirs, de déplacements, d'équipements et d'environnement. Il doit respecter les principes du développement durable. (voir p. 46)

Ségrégation : processus, volontaire ou non, de séparation des populations dans l'espace selon des critères sociaux, ethniques ou d'âge. (voir p. 82)

Sites Ramsar : zones humides (marais, etc.) reconnues pour l'originalité et la fragilité de leur biodiversité. Ces sites bénéficient d'un périmètre de protection. La convention sur les zones humides a été signée à Ramsar (Iran) en 1971, et ratifiée par la France en 1986. (voir p. 111)

Société civile : organisation volontaire de citoyens en dehors du cadre de l'État ou de l'entreprise, sous forme d'associations ou de groupes de pression. (voir p. 46)

Soft Power : littéralement « puissance douce » ; terme apparu dans les années 1990 afin de qualifier le rayonnement, l'influence, le prestige culturel d'un État. Il se démarque du « Hard Power » qui se fonde sur la puissance militaire. (voir p. 322)

Solde commercial : différence entre les exportations et les importations. Le solde est excédentaire lorsque les exportations sont supérieures aux importations. (voir p. 321)

SRADDT : schéma régional d'aménagement et de développement durable du territoire ; outil de planification de l'aménagement régional, élaboré pour une période de 5 ans. (voir pp. 72 et 80)

T

TAAF : Terres australes et antarctiques françaises ; territoire français du sud de l'océan Indien ou du continent antarctique sans population permanente, composé de cinq districts : archipel des Crozet, archipel des Kerguelen, îles Saint-Paul et Nouvelle-Amsterdam, îles Éparses, Terre-Adélie. (voir p. 272)

Territoire : un territoire est une portion d'espace occupée, appropriée et aménagée par les sociétés humaines. Le territoire n'a pas de dimension particulière, il peut être local, régional, national, etc. Il peut être délimité ou faire partie d'autres territoires. Il peut être composé de portions d'espaces continus (exemple : le quartier d'une ville) ou discontinus (exemple : un État insulaire) ou virtuels (exemple : le réseau Facebook). (voir p. 38)

Territoire de vie : ce terme désigne un territoire dans lequel les habitants réalisent l'essentiel de leurs activités familiales, professionnelles et quotidiennes. Entre lieu d'habitation, lieu de travail, lieu des loisirs, les déplacements contribuent à produire ce territoire. Ainsi ses habitants se l'approprient, développent des liens affectifs et émotionnels. De cette manière, la région peut être considérée comme un territoire identitaire. (voir p. 66)

Territoire innovant : espace productif spécialisé dans la mise sur le marché de nouveaux produits et/ou l'amélioration de produits existants. Il repose sur des actions communes entre des entreprises, des pôles de recherche publics ou privés et des établissements d'enseignement supérieur. Ceux-ci sont le plus souvent implantés dans un même lieu mais peuvent aussi être plus éloignés les uns des autres tout en fonctionnant en réseau. Un territoire innovant peut être spécialisé dans le domaine industriel (plasturgie à Oyonnax), dans celui des services (conception de logiciels informatiques en Île-de-France), ou de l'agriculture (Céréales Vallée dans le Massif central). (voir p. 164)

Tertiaire supérieur : activités de services hautement qualifiées et stratégiques destinées aux entreprises plutôt qu'aux particuliers (fonctions de décision, de formation, d'information, etc.). (voir p. 186)

Traité de Lisbonne : signé le 13 décembre 2007 par les 27 chefs d'État et de gouvernement des pays membres de l'Union européenne, ce traité est entré en vigueur en 2009. Il a pour but de réformer les institutions pour en faciliter le fonctionnement. (voir p. 236)

U

Ultrapériphéricité : se dit lorsqu'un territoire est marqué par l'éloignement des grands centres économiques. C'est le cas des îles situées au cœur de l'océan Pacifique. (voir p. 274)

Urbanisation : processus d'expansion spatiale des villes et de concentration des populations dans les espaces urbains. (voir p. 136)

V

Ville mondiale : ville qui constitue un centre d'impulsion majeur de la mondialisation. Elle concentre des fonctions décisionnelles, économiques et financières, et souvent des fonctions politiques et/ou culturelles lui permettant d'exercer un rayonnement à l'échelle mondiale. C'est aussi un carrefour de communication et une ville cosmopolite. (voir p. 330)

Z

ZAC : zone d'aménagement concerté ; territoire délimité sur lequel des acteurs publics (commune) et privés (promoteur immobilier) élaborent une opération d'aménagement permettant l'implantation de logements, d'activités, d'équipements collectifs, etc. (voir pp. 28 et 48)

ZEE : zone économique exclusive ; territoire maritime s'étendant jusqu'à 200 milles nautiques (370 km) à partir des côtes, dont l'exploitation et l'exploration sont réservées aux États bordiers souverains. (voir pp. 272, 318 et 322)

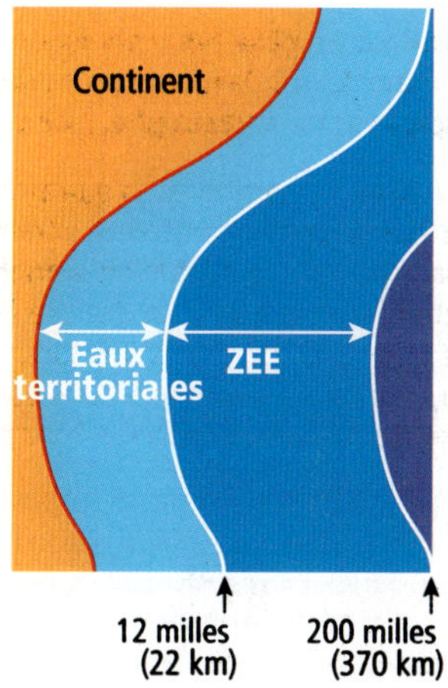

Zone de chalandise : zone d'où provient la majorité de la clientèle d'un commerce. (voir p. 44)

Zone euro : ensemble des pays ayant adopté l'euro comme monnaie commune. (voir p. 238)

Zone franche : espace délimité caractérisé par la suppression des droits de douane et l'exonération totale ou partielle des charges fiscales et sociales. (voir p. 276)

Zone industrialo-portuaire : espace portuaire accueillant une forte concentration d'activités industrielles (sidérurgie, chimie, raffinerie). (voir pp. 186 et 302)

Crédits photographiques

18 Frank Buchin ; **20g** Thierry Roquet/Survol de France ; **20m** Terres de Montaigu, Communauté de Communes ; **20d** Camille Moirenc/hemis.fr ; **21h** Caroline Fontana ; **21b** Le Havre Port-Haropa ; **22h** François Monier/Septième Ciel Images ; **22b** AilleursExactement-Ricardo Porro & Renaud de La Noue, architectes ; **23bm** Syndicat Mixte du Pays de la Provence Verte ; **26** Bertrand Rigier/hemis.fr ; **27h** Metz Métropole ; **27b** Sevgi/Sipa ; **28h** Côté Caen ; **28b** François Monier/Septième Ciel Images ; **30** Les Rives de l'Orne/Apsys Group ; **31** Valery Joncheray ; **35** Thierry Roquet/Survol de France ; **36** Communauté de Communes de l'île de Ré ; **47g** Syndicat Mixte du Pays de la Provence Verte ; **49** Ville de Montsinéry-Tonnégrande ; **50h** Metz Métropole ; **50b** lesechos.fr ; **60** Yuzuru Sanada/Presse Sports ; **61h** CENTRECO/Projectil ; **61b** Région Aquitaine/StJohns ; **63** Henn Photography/Age Fotostock ; **64h** IAU Île-de-France ; **64b** AilleursExactement-Ricardo Porro & Renaud de La Noue, architectes ; **69h** jacques pierre/hemis.fr ; **69b** © Deligne ; **70h** conseil régional d'Auvergne ; **70b** © – 2014 – Conception & réalisation : DREAL Rhône-Alpes & Asconit Communication – Crédits Photos : Arkema - Asconit Communication – Asconit Consultants – SYMASOL ; **79** Patrice Seiler ; **81h** © aprim-caen.fr ; **81b** © Charline Bourbon/Région Rhône-Alpes 2014 ; **85** Gustau Nacarino/Reuters ; **87** Michel Pieyre/www.midilibre.fr ; **95** Michel Bureau/Bios ; **97h** David Le Déodic ; **97b** Simon Descamps/Hemis/Corbis ; **98** Camille Moirenc/hemis.fr ; **100h** © PNCal ; **100b** Patrice Magnien/Maxppp ; **101h** Amandine Ridet/Calanques Propres ; **101b** © PNCal ; **105h** Syndicat Interprofessionnel de la Tome des Bauges © Maison Despine ; **105b** Jacques Brunet-Manquat/Naturimages ; **106** Quentin Crozet ; **107g** Parc naturel régional du Massif des Bauges ; **107d** ONCFS-DRAMC ; **115** Gérard Labriet/Photononstop ; **117hg** Philippe Roy/Epicureans ; **117hd** polynesie-francaise.pref.gouv.fr ; **117b** S'pace Architectes – Unité PCD Bio-Diesel – Raffinerie de Dunkerque ; **119h** Communauté d'agglomération du Pays Ajaccien-communication CAPA 2011–cl. Erika Thorpe/Fotolia ; **119b** arcangelegroupe.com, 2014 ; **120** Photopqr/La Provence/Duclet/Maxppp ; **124g** Philippe Tastet ; **124d** Archives Nathan ; **126** Frank Buchin ; **130** Société ECTM ; **131h** Westend61 GmbH/Alamy/Photo12 ; **131b** Francis Cormon/hemis.fr ; **133** Source Insee, 2006-DGAC, 2008 – Union des Aéroports français – MESR, 2012–Sncf, 2007–Times Higher Education, 2008–Fortune, 2011-GaWC research Bulletin 157–Réunion des opéras de France, 2012– Datar, 2011, réalisé par la Datar : Stéphane Cordobes, Karine Hurel, Florian Muzard, 2012 d'après les travaux de Michel Lussault dans le cadre de Territoires 2040–2011 ; **137** Campagne de communication de la Communauté d'Agglomération Perpignan Méditerranée - Octobre 2011/agence Attrap Temps ; **138** Jacques Rouaux/API ; **141** Franck Crusiaux/REA ; **143** Agence Valode & Pistre ; **145** Laurent Grandguillot/REA ; **148** languedoc-roussillon.developpement-durable.gouv.fr ; **148** Google Earth ; **149g** Réalisation graphique : Distillerie-nouvelle.com – Photo : Richard Volante ; **149d** Agence d'urbanisme et de développement intercommunal de l'agglomération rennaise et l'Institut d'aménagement et d'urbanisme de Rennes/Conception graphique : Anne Rouat ; **152** Ign/Géoportail ; **135** Géoportail ; **158** www.pole-mer-bretagne-atlantique.com ; **159h** dgc-communication pour le CG50 ; **159b** Francis Bocquet ; **160** École polytechnique ; **161** D. R. ; **163** MSTKA ; **166** Ign ; **169** Terres de Montaigu, Communauté de Communes ; **173** Caroline Fontana ; **174** Grand port maritime de Rouen/photo F. Leroy ; **175** © CR Picardie-CR Champagne-Ardenne ; **183** Terranodrone Gilles Gallinet ; **185g** Patrick de Goumoëns, www.airspective.ch; **185d** avec l'aimable autorisation de Findus France. Création Publicis Activ 2012 ; 187h Golem Image/Euroméditerranée ; **187b** Campagne du Ministère de l'Agriculture, 2011 ; **189h** Ville de Belfort ; **189b** General Electric ; **198** © Thalys/agence Rosapark ; **199h** Photo Aéroports de Paris/Jean-Marc Jouanneaux ; **199b** Conseil général du Calvados ; **202h** Libération/photo Big-Europacity ; **202b** Aéroports de Paris ; **211** Alamy/Photos12 ; **213h** Patrice Blot/photo-aerienne-de-France ; **213b** Badias/Andia.fr ; **216** © Patrick Redon ; **217h** Salom Gomis Sébastien/Sipa ; **217b** Pierre Gleizes/REA ; **226** Cus/archi. M. Mimram ; **227h** Frédérick Florin/Afp ; **227b** Xavier Testelin/Cit'Images ; **233** Vasily Maximov/Afp ; **234** Des nouvelles d'Alain, Alain Keler-Emmanuel Guibert- Frédéric Lemercier © Éditions des Arènes, Paris, 2011 ; **235** Lionel Daudet ; **237** Mindaugas Kulbis/AP Photo/Sipa Press ; **239** © Chappatte dans The International New York Times – www.globecartoon.com ; **245** Jose Palazon/Reuters ; **248** www.worldmapper.org/europemapper; **250h** Samson-Iconovox ; **250b** Deligne ; **254** Robert Harding/Hemis.fr ; **255h** Europe-Guadeloupe.fr ; **255b** Philippe Guignard/air-images.net ; **257** Île de La Réunion Tourisme-HTC ; **258** Richard Bouhet/Afp ; **263** www.leuropevueduciel.com ; **264** Europe-Guyane.fr ; **273** Richard Soberka/hemis.fr ; **275h** Acorn 2/Alamy/Photos12 ; **275b** Tahiti Tourisme ; **278** Sébastien Mérion/Tikiwaka.com ; **279** parc naturel de la mer de Corail ; **284** Syndicat de la filière sucre de la Réunion ; **288** Richard Boll/Getty Images ; **289h** Shell ; **289b** Le Havre Port-Haropa ; **295** City of Glasgow ; **297** © 2014 AeroWest/Google Earth ; **299** Erasmus + ; **300** He Jinwen/ImagineChina/Afp ; **303** Engel & Gielen ; **304** © DPI Animation House ; **305** Jerry Lampen/Anp/Afp ; **306h** ©Ruhr Tourismus GmbH/Christian Nielinger ; **306b** ©Ruhr Tourismus GmbH ; **307** Stefan Anders/Gruppe28-REA ; **316** http://www.afosorno.com ; **317h** Bertrand Rigier/hemis.fr ; **317b** Raphaël Fournier/Divergence ; **323** Samuel Aranda/The New York Times-Redux/REA ; **328-329** © Michelin ; **331** ph.guignard/air-images.net ; MyFrenchFilmFestival.com.

Documents de couverture :

Vue du quartier d'affaires de Londres, 2014.
© Vladimir Zakharov/Getty Images

Vue du Mont-Saint-Michel, 2014.
© DEA/W. Buss/DeAgostini Editore/Age Fotostock

L'ombrière sur le vieux port de Marseille, 2013.
© image courtesy of Foster + Partners.

Édition : Agnès Botrel

Relecture : Isabelle Macé

Couverture : Grégoire Bourdin

Conception graphique intérieure : Frédéric Jély

Mise en pages : Christine Chenot, Julie Lannes, Christiane Roca

Iconographie : Any-Claude Médioni

Cartographie : AFDEC

Infographie : Renaud Scapin

N° d'éditeur : 10210821 – IRILYS – Avril 2015 – Imprimé en Italie par ROTOLITO

Le langage cartographique

	LES FIGURÉS PONCTUELS	LES FIGURÉS DE SURFACE	LES FIGURÉS LINÉAIRES
Pour représenter des informations	Ville Usine Aéroport Port Tunnel, col Lieu fermé	Zone peuplée Espace agricole Région industrielle Dynamisme régional	Flux migratoire Exportation Voie ferrée Axe de communication Limite Cours d'eau
Pour hiérarchiser des informations (faire varier la taille, la couleur, l'épaisseur des traits)	*Exemple : la taille des villes* faible → forte *Exemple : la taille des ports* Majeur – Secondaire *Exemple : la croissance des villes* Négative – Positive	*Exemple : la densité de population* – → + ou – → + *Exemple : l'évolution de la population* – ← 0 → +	*Exemple : le trafic de marchandises* faible – moyen – fort *Exemple : les axes de communication* Majeur – Secondaire *Exemple : les limites administratives* État – Région – Département *Exemple : les tracés naturels* Fleuve – Rivière
Pour différencier des informations	*Exemple : les activités industrielles* Usine chimique – Usine textile – Usine automobile *Exemple : les transports* Port – Aéroport	*Exemple : l'agriculture* Élevage – Vignes – Céréales *Exemple : l'occupation du sol* Forêt – Cultures – Marais	*Exemple : les échanges de marchandises* Importations – Exportations *Exemple : les flux* Capitaux – Personnes *Exemple : les axes de communication* Route – Voie ferrée – Canal *Exemple : les tracés naturels* Rivière – Escarpement
	Il est possible de représenter deux informations différentes en superposant la couleur et les hachures.		